U0595619

中国地震学会成立四十周年
学术大会论文摘要集

◎ 中国地震学会

地震出版社

图书在版编目（CIP）数据

中国地震学会成立四十周年学术大会论文摘要集 /
中国地震学会编. —北京 : 地震出版社, 2019.8

ISBN 978-7-5028-5078-4

Ⅰ.①中… Ⅱ.①中… Ⅲ.①地震学—文集 Ⅳ.①P315-53

中国版本图书馆CIP数据核字（2019）第143050号

地震版 XM4443

中国地震学会成立四十周年学术大会论文摘要集

中国地震学会　编

责任编辑：樊　钰　董　青

责任校对：刘　丽

出版发行：**地 震 出 版 社**

北京市海淀区民族大学南路 9 号　　　　邮编：100081

发行部：68423031　68467993　　　传真：88421706

门市部：68467991　　　　　　　　 传真：68467991

总编室：68462709　68423029　　　 传真：68455221

http://seismologicalpress.com

经销：全国各地新华书店

印刷：北京地大彩印有限公司

版（印）次：2019 年 8 月第一版　　2019 年 8 月第一次印刷

开本：787×1092　1/16

字数：1097 千字

印张：31.75

书号：ISBN 978-7-5028-5078-4/P(5796)

定价：80.00 元

编 委 会

中国地震学会成立四十周年纪念

仰视星空浮想联翩 上穷碧落探究
宇宙奥秘 发展地震科学初心不忘
俯察大地 入海登极下至黄泉防范
震灾风险 预防减轻震灾使命牢记

陈远泰 二〇一九年 七月十五日

中国地震学会要为中国和世界防震减灾事业做出贡献，要协助政府向公众和社会提供安全，可靠，成熟和有效的防震减灾公共产品和大众服务。要注意防止一些尚不成熟，甚至还够不上可靠的防震减灾技术流向社会，误导公众。

宁积礼之
2019-07-10

吹响地震
数值预报的
起床号

石耀霖

2019.7.7

促进地震科学发展，
服务防震减灾事业。

　　　　　庆贺中国地震学会成立四十周年

　　　　陈晓非　二〇一九年七月十日

祝贺中国地震学会成立四十周年

发展地震科学
造福人类社会

张培震

二〇一九年八月

发展地震科学　造福人类社会

——中国地震学会成立四十周年学术大会论文摘要集之序

1979年，百废待兴的中国大地刚刚吹响改革开放的集结号，来自全国各地的地震科学工作者齐聚美丽的渤海之滨大连，共商成立了自己的学术团体——中国地震学会，到今天已经走过了四十年的风雨历程。

学会成立之时，中国地震学界刚刚经历了海城地震某种程度预报成功的喜悦，又遭受了唐山地震预报全面失败的沉重打击，正处于思索未来发展方向的迷茫时期。改革开放打开了中国科技界被封闭多年的大门，地震学家们惊奇地发现，国际地球科学刚刚经历了一次深刻的革命，板块构造学说已经成为包括地震科学在内的地球科学的指导理论。地震科学本身从理论到方法也都发生了翻天覆地的变化，我们几乎在地震科学的所有领域都距离国际前沿如此遥远。例如，在地震观测技术方面，全球标准地震观测网已成功对全球地震进行了有效观测，使得地震科学研究成果成为创立板块构造理论的三大支柱之一，同时数字地震观测技术已经成熟并开始在全球台网布设。在地震构造研究领域，以古地震研究为代表的活动断裂定量研究正在快速发展，成功地将长时间尺度的地质参数与短时间尺度的地震参数联系起来，极大地拓展了强震的历史记录时段，开辟了地震科学的研究和应用领域。在地震孕育发生理论方面的研究更是活跃，将地震活动性与岩石力学实验相结合，针对地震孕育发生的物理过程，在"弹性回跳"理论的基础上，又提出了"破裂成核模型"、"膨胀-扩容模型"等等，来解释地震孕育过程中伴随的各种地球物理现象；根据断层黏滑-蠕滑运动的动力学模型和断层破裂的摩擦本构关系，提出了"特征地震模型"、"时间可预测模型"、"位移可预测模型"等地震旋回破裂的复发模型，有效地指导了地震预测和地震危险性评价实践。在地震工程领域，强地面运动观测已经成熟并成为了地震灾害评价的主导参数，特别是建立并实现了地震危险性的概率分析方法，为地震区划、工程地震和地震灾害评估开辟新途径。

面对巨大的差距，我国地震学界并没有消沉和气馁，而是确立了以国家需求为导向、以大陆地震为对象、以国际前沿为目标的发展路径，开展了扎扎实实的地震科学研究和地震预测实践的活动，在服务于国家需求的同时，力争缩短与国际前沿的差距。四十年风雨历程，四十年酸甜苦辣，中国地震学界一路砥砺前行，取得了令人瞩目的成就。我们已经建立了覆盖全国的数字化地震台网，除青藏高原的部分地区之外，能够对2.5级以上地震进行监测，地震速报已经接近了美国地质调查局的水平，地震预警系统正在加紧建设。我国地震学家提出了地震孕育发生的"坚固体理论"和"红肿理论"等，很好地揭示了地震孕育的力学过程及其地球物理响应，为中国的经验性地震预测体系提供了理论基础。我国地震学家还提出了"加卸载响应比"等具有物理意义的地震预测方法，特别是创立了以地震"前兆"信息识别和统计分析为核心的经验性地震预测体系，对一些中等强度地震进行了一定程度的成功预测，形成了中国特色的地震预测模式。针对大陆地震分布广泛、成因复杂和灾害严重的特点，中国地震学家提出了大陆强震的"活动地块"假说，揭示大陆强震发生地点和成因机制，并不断改进和完善地震危险性概率评价方法，编制了一系列地震动参数区划图，为抗震设防和防震减灾奠定了坚实基础。更为重要的是，通过四十年的努力，造就了一大批事业心强、理论基础扎实和具有国际视野的地震科学研究队伍，这支队伍以年轻科学家为主，广泛分布在中国地震局系统、高等院校和研究机构，是中国地震科学赶超世界先进水平的希望所在，更是中国地震学会的中坚力量。

中国是地震灾害最严重的国家，中国的地震科学曾经有过辉煌的历史。近2000年前的东汉张衡就发明了地动仪，开创了地震观测的先河。但闭关锁国的国策和"文化大革命"的耽误使中国地震学家失去了许多的宝贵时光，也错过了参与国际地球科学革命、为人类社会做出贡献的机会。当前，我们正处于发展地震科学、造福人类社会的极好机遇和黄金时代。虽然中国地震科学总体上仍处于"跟跑"阶段，但已足够接近"领跑"方阵，已经能够听到"领跑者"的呼吸声了。只要我们发扬中国地震学界的光荣传统，以老一辈地震学家为榜样，努力工作，潜心专研，锐意创新，做好每个人的日常工作，就能够加速推进中国地震科学从"跟跑"到"并跑"、再到"领跑"的转变，为地震科学的发展再次做出中华民族的贡献。

张培震

二〇一九年七月

目　录

地震学

地震地质

地震预测

地震观测

工程减灾与灾害管理

2004年苏门答腊和2012年印度洋地震在云南的动态触发研究

李　璐[1]　王宝善[2]　彭志刚[3]　李丹宁[4]

1. 中国地震局地球物理研究所，北京　100081；2. 中国科学技术大学，安徽合肥　230026；
3. 佐治亚理工学院，美国　30332-0340；4. 云南省地震局，云南昆明　650225

　　地震动态触发是近年来地震学研究的热点问题，为研究地震发生时断层间的相互作用和从临界到失效时局部应力状态的演化过程提供了很好的实例，相关研究有助于深化认识中小地震发生机理，在区域地震灾害风险评估方面有重要的参考价值。2004年9.1级苏门答腊地震之后，在中国云南及其周边地区观测到明显的动态触发现象，而基于中国地震台网（CENC）目录的地震活动性分析发现，2012年8.6级印度洋地震之后该地区并没有明显的地震活动性增加。两次大地震发震位置接近，为何在同一地区会产生不同的动态触发现象？深入研究这一问题，有助于我们更好地理解动态触发发生机理，评估当地的地震风险性。

　　本研究中，我们利用中国地震台网的固定台数据和喜马拉雅科学探测台阵（ChinArray）Ⅰ期的流动台观测数据，运用频谱分析、高频包络线分析、模板匹配滤波技术等方法，系统寻找2012年印度洋地震之后云南及其周围地区可能遗漏的动态触发地震事件。研究结果发现，与2004年苏门答腊地震不同，2012年印度洋地震之后没有在云南地区观测到大范围的即时触发地震活动，但在大地震发生几天后有地震活动性的升高，可能与延迟触发有关。此外，2012年印度洋地震之后在四川宜宾等地观测到一些当地小震，可能与当地的页岩气开采活动有关。通过理论计算，我们认为，两次大地震产生的动态应力的绝对大小可能是导致不同触发现象的最主要因素。

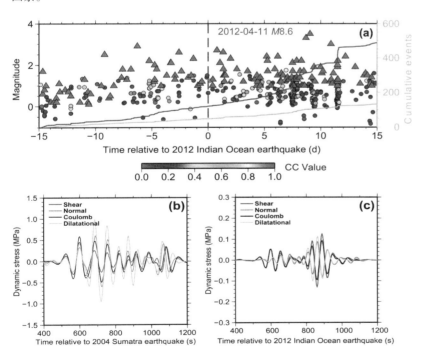

图1　（a）2012年印度洋地震前后云南腾冲火山区地震的匹配滤波扫描结果。模板地震事件用红色三角形表示，圆点表示新检测到的地震事件，颜色对应扫描得到的互相关系数。模板地震事件和新检测地震事件的数目随时间的变化分别由浅绿色和深绿色曲线表示。（b）2004年苏门答腊地震在腾冲台（TNC）位置上的动态应力变化图。（c）2012年印度洋地震在TNC台的动态应力变化图

　　注：在中国地震学会官网（www.ssoc.org.cn）通知公告栏发布本书电子文件（四色），欢迎下载。

2018年5月28日吉林松原5.7级地震发震构造研究

李永生

黑龙江省地震局，黑龙江哈尔滨　150090

据中国地震台网（CENC）测定，2018年5月28日01时50分52.5秒，在吉林省松原市宁江区（45.27°N，124.71°E）发生$M5.7$地震，震源深度13km。本次地震震中处于第二松花江断裂和扶余—肇东断裂交汇部位，与2017年7月23日吉林松原$M4.9$地震属于同一构造部位。哈尔滨、长春白城等地震感明显，地震造成了震中区部分房屋损毁，震中区烈度达到Ⅶ度，没有人员伤亡报道。

近年来，松原地区是东北地区地震活动强度和频度最高的地区，在扶余—肇东断裂南端于2006年和2013年分别发生了5.0级地震和5.8级震群。此次松原$M5.7$地震发生前，从2017年7月23日开始先后发生了4次$M4.0$以上地震及系列小震。目前关于2018年松原$M5.7$地震的研究文章较少，对于此次地震的发震构造还没有统一的认识。因此，确定此次地震的发震断层对深入研究该地区发震构造十分必要。

本文利用黑龙江省地震台网，以及吉林、内蒙古部分台站记录到的宽频带三分量地震波形数据，通过建立合适的地壳速度模型，进行频谱滤波、消除仪器响应等步骤，使用ISOLA软件对2018年5月28日发生在松原的$M5.7$地震事件进行地震三分量全波形矩张量反演，获取此次地震的震源机制解和矩心位置。最佳矩张量解深度为7km；矩心位置：45.224°N，124.672°E；节面Ⅰ：走向/倾角/滑动角=217°/81°/162°；节面Ⅱ：走向/倾角/滑动角=310°/73°/10°；DC=87.2%，VR=0.88，M_W=5.2。

矩心代表地震破裂区的重心。对于$M5.7$地震，破裂尺度一般在7~8km里至十几千米不等，震源和矩心不重合。因此可以根据Zahradnik等（2008）的H–C方法分析松原$M5.7$地震矩心、震源和节面的相对位置从而推断发震断层；使用中国地震台网中心（CENC）、吉林省地震台网（JL）和黑龙江地震台网（HLJ）定位结果的震源定位信息，与本文反演得到的矩心位置和两个节面进行分析。图1显示了松原$M5.7$地震事件H–C方法分析结果，我们发现震源HLJ与质心的距离是9.43km，距离节面Ⅰ（绿色）3.32km，距离节面Ⅱ（红色）8.25km。而JL和CENC定位结果距离质心、节面Ⅰ和节面Ⅱ的距离分别为5.91km、0.57km、3.98km和10.41km、3.97km、7.09km。三个定位结果虽然稍有偏差，但是都显示节面Ⅰ是发震断层面，该节面与扶余—肇东断裂走向一致，所以据此判断扶余—肇东断裂为此次地震的发震断层。

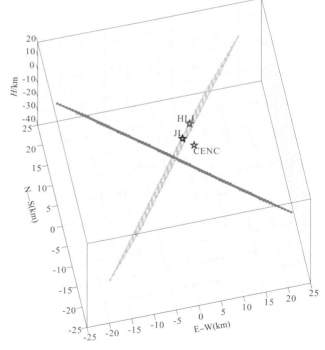

图1　松原$M5.7$地震H–C图

作者信箱：yongsheng4733@163.com

2018年12月16日兴文5.7级地震序列定位

宫 悦 赵 敏 龙 锋 傅 莺

四川省地震局，四川成都 610041

据中国地震台网（CENC）测定，2018年12月16日12时46分07秒，在四川省宜宾市兴文县发生$M5.7$地震（简称兴文$M5.7$地震），自2018年12月16日兴文$M5.7$地震开始，截止到12月25日，本次兴文地震序列共记录到$M_L \geq 0.0$地震856次，余震序列发育。兴文$M5.7$地震发生在四川东南地区，构造位置上属于川东南陡褶带（罗宇翔等，2012），历史上属于少震、弱震的人口密集区和工业重镇。但是该区域自2008年5月12日汶川$M8.0$地震后，出现中强地震频发的态势，这或许意味着区域应力水平的改变。本研究采用Long等（2015）的多阶段定位方法（multi-step locating method），对兴文$M5.7$序列进行重新定位，对本次地震序列的特征获得了一些认识。

（1）利用Long等（2015）的多阶段定位方法（multi-step locating method），对本次兴文$M5.7$序列进行重新定位，最终得到了776次地震的精确定位结果。平均水平误差约440m，深度误差约630m，走时残差约0.03s。其中主震的位置为104.941°E、28.226°N，深度4.49km。

（2）重新定位后的震中分布图显示此次地震序列发生在兴文和珙县交界处，余震区长轴呈NNW—SSE向，主震位于余震区的中部偏北段。在余震密集区的北、西侧也有不少小震散落，然而它们并不是此次地震序列的一部分，而是属于长久以来持续存在的宜宾地区小震群中的背景地震。余震密集区长度约12km，说明该序列不是由简单的一次性破裂形成的，可能混入了某些"额外的"激发因素。另外，余震致密区有沿长轴方向逐渐变深的迹象：从8km处的3km深度到11km处的7km深度，说明发震构造较为复杂。

（3）深度统计结果表明，序列中绝大多数地震分布于3～6km深度处，表明这是一次发生于上地壳浅层的破裂事件。为确保结果的可靠性，同时采用区域深度震相建模（RDPM）方法验证了主震的震源深度，并采用HASH方法计算其震源机制解，结果显示，由RDPM得出的主震震源深度在5～6km之间，和精定位结果较为吻合；机制解结果也与我们从余震剖面中初步测量得到的结果接近。

安宁河断裂带重复地震检测与特征研究

宿 君 王未来

中国地震局地球物理研究所，北京 100081

本文采用模板匹配滤波方法，对西昌台阵2013年1月至2017年9月的观测数据进行检测。此期间西昌台阵记录到10246个区域地震，通过控制数据信噪比，结合台站分布情况，共筛选出位于27.4°～30.1°N、101.6°～102.8°E区域内的3740个地震作为模板。用每一个模板对每一天的连续波形进行互相关检测，然后叠加所有台站和通道的互相关系数，计算每个采样点的互相关系数的平均值，并以9×MAD（Median Absolute Deviation）为阈值；最终共检测到62511个事件。检测到的地震事件分布如图1所示，互相关系数分布在0.1～1之间，其中有3157个事件的互相关系数CC≥0.7。

由于重复地震的波形在相同台站具有高度相似性的特征，因此，我们采用CC≥0.7的检测事件及它们的模板事件共4360个地震进行重复地震拾取。此外，重复地震发生于断层同一位置（破裂区域重叠），考虑到地震震级一般小于3级，破裂面尺度不大，因此，我们对震中距不超过10km的地震两两进行波形互相关计算。时间窗为P波到时前0.5s至P波到时后14.5s。计算结果显示，有些事件在不同台站的互相关系数差别很大，这可能是由于震级较小，较远的台站信噪比相对较差。即使是同一台站，不同分量的互相关系数也可能存在较大差异，垂直分量通常较水平分量的更高。所以无法用平均互相关系数作为重复地震的判据。因此，初步将至少有两个台站垂直分量的互相关系数CC≥0.9的一对地震视为相似地震对。满足条件的地震对共1078个，依据两两相关组成相似地震组，共识别280组相似地震，其中组内成员数量在两个以上的有105组。相似地震组中，持续时间多数在几十天甚至数小时内，这些相似地震组可能是震后滑移或偶发滑移引起的余震和震群。此外，还有数十组地震的时间跨度在数月到几年间，并且发震间隔体现出准周期性。相似地震组的持续时间长短、发震频率等特征，可能反映着地下介质的局部应力改变、物理性质变化等过程。对相似地震组进行进一步分析，筛选出稳定的重复地震组，将为估算断层带深部的滑动速率提供可能性。

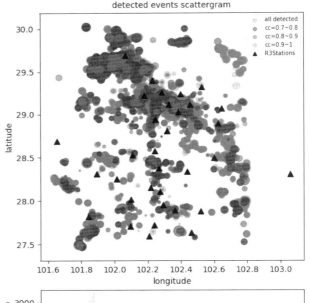

图1 模板匹配滤波方法检测事件分布图

| 作者信箱：sujun@cea-igp.ac.cn

川滇地区背景噪声的勒夫波层析成像

郑定昌[1]　王　俊[2]

1. 云南省地震局，云南昆明　650224；
2. 江苏省地震局，江苏南京　210014

被誉为"世界屋脊"的青藏高原是地球科学家们最为关注的活动碰撞造山带，其形成与印度板块和欧亚板块的碰撞有关。在过去的几十年里，为了解释青藏高原的隆升与演化机制，不同研究人员根据所获得的观测数据提出了不同板块碰撞模式。高分辨率的川滇地区地壳层析成像研究能为探讨青藏的构造演化及动力学研究提供重要信息。目前，背景噪声层析成像已成为探测地球深部结构的有效手段之一。利用互相关函数可以从水平向地震背景噪声数据中提取出勒夫波。提取的勒夫波研究有利于改善浅部地层的分辨率，而且可以反演出SH波速度结构。鉴于目前利用背景噪声提取勒夫波进行川滇地区层析成像鲜有报道，本文使用提取的勒夫波进行了层析成像研究。

本研究所使用的背景噪声连续波形资料来源于云南省和四川省区域地震台网的98个台站。连续波形数据的时间段为2008年1月至2009年12月。数据选择时对有问题台站数据进行了删除。参照Bensen等（2007）和Lin等（2008）的数据处理流程，数据处理流程主要分为5步：①单台数据预处理；②互相关函数计算和叠加；③频散曲线的测量；④质量控制和误差分析；⑤面波层析成像。其中，单台预处理阶段主要包括以下步骤：数据重采样，去除直流分量及线性趋势，截取长度为6小时的数据单元，1～50s带通滤波、时域归一化和谱白化。通过台站对水平分量的互相关函数（E-E，N-N，E-N，N-E）与台站对间方位角和反方位角线性组合得到切向分量（T-T）。T-T分量即代表勒夫波互相关函数。面波层析成像使用了Ditmar与Yanovskaya的软件包。最后给出了周期为8s，12s，16s，20s，25s，30s的勒夫波群速度及分辨率分布图。

对比其他学者已有的基于背景噪声的瑞雷波研究，在相同短周期情况下（如8s，10s），勒夫波群速度分布图揭示出了更多浅层地壳构造特征，如小尺度的西昌盆地、四川盆地的内部结构形态、思茅—元江低速区等。总体来说，川滇地区存在强烈的横向不均匀性，高低速异常交错分布。沉积层厚度变化是短周期群速度分布图中速度分布形态变化的主要原因。在短周期分布图上，低速异常主要由盆地内的沉积层厚度引起，极厚的沉积层地区（思茅—元江和四川盆地西北部）显示为极低的速度异常。在浅层，四川盆地内部整体表现为"成都平原低，盆中丘陵地区高"的特征。随着周期的增大，四川盆地逐渐转变为高速的克拉通特征。攀枝花地区在不同周期均为高速异常，该异常可能与古地幔活动有关，幔源物质以侵入岩和底侵岩浆的形式停留在了地壳的不同深度。本研究中的结果与其他地球物理观测结果具有很好的一致性，在一定程度上提高了研究区浅层结构的分辨率。

本研究由云南省地震局地震科技自立项目（2017ZX01）资助。

川滇地区公共速度模型构建：方法与进展

姚华建　杨　妍　张智奇　刘　影　吴含笑　方洪健　张　萍　张海江

中国科学技术大学，地球和空间科学学院，安徽合肥　230026

我国川滇地区构造复杂，地震频发，震害显著，虽然近些年来与地震监测和结构研究相关的台网布设密度和质量有了本质的提高，但研究成果还比较零散，已经发表的速度结构模型复杂多样，模型构建的方法也很多，不同速度模型之间仍然存在较为明显的差异，到目前为止尚未形成公认的、广为使用的川滇地区公共速度结构模型，这制约了川滇地区很多其他基础性的地震研究工作。

在中国地震科学实验场项目的资助下，我们从2017年开始实施川滇地区公共速度结构模型构建的系统性研究工作，通过两年多的努力，已经基本收集了该区域固定和流动台阵的不同类型的波形数据和体波走时数据，为高精度速度模型构建奠定了必要的数据基础。此外，我们还发展了一系列更为可靠和稳定的联合地震学成像方法，包括基于单台数据的面波频散曲线、瑞利面波ZH振幅比、P波接收函数联合反演台站下方一维地壳上地幔顶部Vs结构的反演方法（Zhang & Yao et al.，2017），基于多路径面波频散走时和区域地震体波走时联合反演三维地壳上地幔V_p、V_s及V_p/V_s结构的联合成像方法（Fang et al.，2016；Fang et al.，2019）。新的联合成像方法为构建川滇地区三维公共速度结构模型奠定了更可靠的算法基础。

我们基于川滇地区及其邻域150多个固定台站的数据，采用基于背景噪声的瑞利面波频散资料（5～40s周期）、地震瑞利面波ZH比资料（20～60s周期）、远震P波接收函数数据（频率为0.1～1Hz）联合反演获得川滇地区固定台站下方的一维地壳和上地幔顶部（至70km深度）的Vs结构模型，其中四川盆地地壳浅层的初始速度结构模型来自石油物探和测井数据（Wang et al.，2016）。最后所有台站的一维结构模型最终组合成川滇地区三维地壳和上地幔顶部Vs结构模型SWChinaVs_2018（Yao et al.，2019），模型的横向分辨率约50～100km。

我们还处理了近10年的远震地震面波波形数据，采用双台法获取了20～150s周期的瑞利面波双台间相速度频散曲线，联合背景噪声方法得到的5～40s周期的瑞利面波双台相速度频散资料，以SWChinaVs_2018模型为初始模型，并基于我们发展的面波直接成像方法（Fang et al.，2015）反演获得了川滇地区地壳上地幔（至300km深度）的三维横波速度结构模型。此外，我们正在开展该区域固定和流动台站体波和面波频散走时联合反演高分辨率的三维V_p和V_p/V_s结构模型的研究工作，预期在2019年底给出川滇地区三维地壳上地幔公共速度结构模型SWChinaCVM1.0版本。

目前，基于我们已经获得的SWChinaVs_2018三维速度结构模型，相关研究小组正在开展结构模型可靠性和精度评价的研究工作，以及震源参数（震源机制解，破裂方向性等）的反演工作。此外，川滇地区多尺度结构模型构建的研究工作是今后研究的重要方向，通过不同密度的固定和流动台阵资料，分别获得区域尺度（横向分辨率约10～50km）、断裂带尺度（横向分辨率约1～5km）、断层尺度（横向分辨率约0.1～0.5km），以及城市尺度（横向分辨率约1km）的三维结构模型，为川滇地区的地震科学和地震工程研究提供更为可靠的多尺度三维结构模型，更好地服务于我国的防震减灾事业。

| 作者信箱：hjyao@ustc.edu.cn

川滇地区三维壳幔密度结构

徐志萍　王夫运　赵延娜　姜　磊　徐顺强

中国地震局地球物理勘探中心，河南郑州　450002

受自45Ma以来印度板块与欧亚板块碰撞的影响，川滇地区发生了强烈的构造变形，该区火山和岩浆活动强烈、深大断裂发育、强震活动频繁。受印度板块的挤压，川滇地区西北部发生强烈隆升，地壳显著增厚，达到60～70km，关于其隆升和增厚机制尚存争议，国际上主要有"大陆逃逸"模型（Tapponnier et al.，1982）、连续变形模型（England et al.，1986）和下地壳流模式（Royden et al.，1997）等假说，因此，研究该区的地壳上地幔结构，对研究该区火山形成机理、强震孕震环境及认识青藏高原构造动力学过程等具有重要意义。

本文基于高精度布格重力异常资料，以川滇地区（22°～33°N，97°～107°E）P波速度三维层析成像结果为约束建立初始模型，采用预优共轭梯度（Preconditional Conjugate Gradiem，PCG）反演方法得到了川滇地区（23.5°～31.5°N，98°～106°E）地壳上地幔（深度范围0～65km）三维密度结构[网格间距为15km（横向）×15km（横向）×5km（深度）]。密度成像结果表明：①龙门山断裂带南段两侧，地壳密度结构存在明显差异，四川盆地有约10km厚的低密度沉积层，松潘—甘孜块体因沉积层较薄，且部分地区有基岩出露，上地壳表现为高密度结构；松潘—甘孜块体中、下地壳有大范围低密度层分布，介质强度明显低于高密度的四川盆地，青藏高原东移物质受到四川盆地阻挡后更易于在低密度的一侧发生挤压形变及隆升，从而形成龙门山逆冲推覆构造带。②峨眉山大火成岩省玄武岩分布内带区域内（25°～27°N，100°～102.5°E），从地壳浅部至20km均表现为高密度异常特征，20km以下，高密度体分布范围逐渐减少，仅在攀枝花附近有小范围高密度体分布。③川滇菱形块体北部的川西北次级块体在地壳30km以内为高、低密度异常交替分布的特征，在35km以下表现出明显的低密度异常特征，在65km深度处，地壳密度最低约2.75g/cm³，与高家乙等（2016）得到的结果基本一致。④川滇地区的一系列块体边界断裂，如红河断裂、安宁河断裂、小江断裂、鲜水河断裂等大型走滑断裂对壳内密度结构有较大影响，这些断裂下方多表现为相对低密度特征或高低密度转换带，为川滇地区板块内部物质的侧向挤出和运移提供了有利条件。⑤川滇菱形块体在中下地壳有大范围低密度体分布，在45km深度的地壳密度切片上可以看出这些低密度体具有较强的连通性，为高原物质向SE方向运移提供了条件，但是否为下地壳流，仍需要进一步探讨。

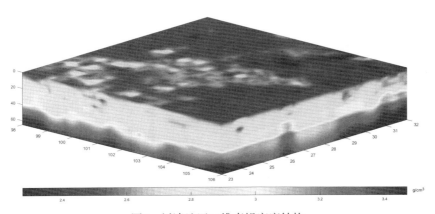

图1　川滇地区三维壳幔密度结构

大地电磁测深剖面揭示松原地震群深部孕震环境

李卓阳[1]　韩江涛[1,*]　刘文玉[2]

1. 吉林大学地球探测科学与技术学院，吉林长春　130026；
2. 东华理工大学地球物理与测控技术学院，江西南昌　330013

近年来松原地区中小地震频发，对深部孕震环境的研究是讨论地震成因的重要手段。松辽盆地的形成与演化具有复杂的地质背景，它经历了完整的兴衰过程，在演变过程中，因为多期构造运动所以导致了断裂较为发育。据研究，松原地区附近有一条规模较大的断裂带：扶余北断裂（F2）位于此次布设测线的附近，处在松原市的北部，是确定此次深部孕震环境的一条重要的东西向断裂，长度约27m，为逆断层性质。一般来说地震的发生与深部断裂活动有密切关系，该地区的地震也可能受扶余北断裂的控制。扶余北断裂属于深大基底断裂，该断裂地处基底等深线的突变带上，控制了区域第四纪沉积，在构造上易于积累能量以孕育地震。

本文通过采集松原地区的大地电磁测深数据，并对其进行了标准化处理以及二维非线性共轭梯度反演，获得了沿剖面的二维电性结构剖面。剖面反映出浅地表存在着薄层低阻层，在沉积盖层下的结晶基底的电性结构表现为高阻异常，而震中集中分布在电阻率低的区域。结合重磁异常信息以及MT三维水平切片的信息，得到如下结论：①剖面显示松原地区发育叠瓦逆冲断层体系，断裂构造处的电阻率低于围岩电阻率，震中密集地聚集在断裂附近，松原地区处在两条断裂的交汇处，地震可能受扶余北断裂的控制。②结合松原构造应力场发现松原地区地震动力主要来源于盆地构造本身的应力积累，震中处在南北向断裂和东西向断裂的交汇处，并且震中贴近重磁电梯度带区域。③结合查干花地震的发震原因，松原地区位于呈东西向分布的扶余北断裂和南北向分布的第二松花江断裂的交汇处，且主要受到扶余北断裂的控制作用，这可能是松原地区深部的孕震环境。

本文由吉林省科技发展计划项目（20180101093JC）、国家自然科学金项目（41504076）和中国地质调查项目（DD20160207）共同资助。

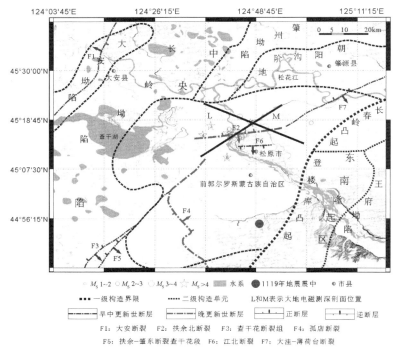

图1　研究区大地构造图

大震后近地表剪切波速与卓越频率恢复过程

张 昊 苗 雨 王苏阳 姚二雷 阮 滨

华中科技大学土木工程与力学学院，湖北武汉 430074

大震作用下，近地表土体性质会发生变化，表现在剪切模量下降，阻尼比升高，卓越频率下降等。这些土体参数会在之后逐渐恢复。我们利用日本KiK-net强震台网中IBRH15台站从2003年1月到2018年12月记录的地震动数据，研究了2011年东日本M9.0大地震后近地表剪切波速与卓越频率恢复过程。

如式（1）、式（2）所示，井上井下谱比法和地震干涉测量法分别被用于提取近地表卓越频率与剪切波速，考虑到场地各向异性，我们采用傅里叶级数计算了场地各项同性分量作为我们的主要研究对象。对于强震过程中的非线性场地反应，我们提出一种基于S变换的时频分析方法来研究震中及震后24小时场地参数快速恢复过程，传统方法被用于研究长期缓慢恢复过程和估计震前水平。我们定义2011年3月11日东日本大地震主震中剪切波速和卓越频率最低点为恢复过程起始点，为10^{0}s。

$$H(r_s, s, \omega) = \frac{\left|u(r_s, s, \omega)\right|}{\left|u(r_b, s, \omega)\right|} \tag{1}$$

$$G(r_s, s, \omega) = \frac{u(r_s, s, \omega)}{u(r_b, s, \omega)} \approx \frac{u(r_s, s, \omega)u^*(r_b, s, \omega)}{\left|u(r_b, s, \omega)\right|^2 + \varepsilon} \tag{2}$$

结果如图1所示，在主震持时内，近地表卓越频率下降了33.4%，剪切波速下降了21.7%。剪切波速和卓越频率在对数坐标系内表现出相同的两阶段线性恢复过程。第一阶段为短期快速恢复阶段，持续时间约为$10^{2.12}$s与$10^{2.87}$s，残余的卓越频率与剪切波速改变量为8.5%与3.4%。第二个长期缓慢恢复阶段持续时间约为$10^{8.19}$s与$10^{8.47}$s，卓越频率与剪切波速恢复到了震前水平，我们认为剪切波速下降幅度更小而恢复时间却更长的原因可能是因为剪切波含有多个频率分量，这增强了剪切波速在大震过程中的稳定性，所以下降幅度更小，但需要所有频率分量都恢复到震前水平，所以需要更长的恢复时间。第一阶段恢复过程可能与土颗粒在应力作用下重新排列有关，第二阶段可能与土的长期沉积有关。

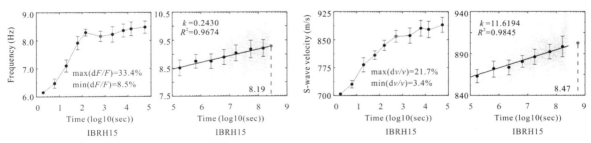

图1 IBRH15台站2011年东日本M9.0大震后卓越频率与剪切波速短期与长期变化过程，短期变化过程中红点表示平均时间区间内有余震的PGA>0.1g，长期变化过程中红点标出了震前水平

东准噶尔地区壳幔结构的短周期密集台站探测

杨旭松[1]　　田小波[2]

1. 中国科学院地质与地球物理研究所，北京　100029；2. 中国科学院大学，北京　100049

位于我国新疆自治区东北部的东准噶尔地区是中亚造山带的重要组成部分，该地区地处塔里木地块与哈萨克斯坦地块以及阿尔泰蒙古地块的交汇地带，古生代以来的构造演化历程以岛弧、微陆块等造山拼贴体随古亚洲洋的闭合而汇聚为特征，是全球显生宙陆壳增生最显著的区域。然而，该地区的地壳组成以及该地区古生代大洋的俯冲极性等问题目前仍有争议。前人已在该区域进行过人工地震宽角与天然地震接收函数的深部结构探测研究工作，但是由于宽频带仪器的布设间距较大，得到的地下速度结构图像分辨率有限。为了得到该地区更加精细的速度结构图像，我们在阿尔泰山、东准噶尔盆地和东天山范围内布设了一系列短周期密集流动台站进行天然地震的观测。短周期测线长度共计900km，布设短周期点位近1500个，台间距约为500m，测线跨越了阿尔泰山、额尔齐斯构造带、阿尔曼太蛇绿岩带、克拉美丽蛇绿岩带以及东天山等关键区域。我们通过对观测期间记录良好的87个天然地震事件进行反褶积运算，得到26353条P波接收函数，并利用接收函数的共转换点叠加成像的方法对所有接收函数进行叠加偏移成像，最终得到了该区域高分辨率的地壳几何结构图像。结果显示阿尔泰山下莫霍面较深，东准噶尔下的莫霍面较浅，在46.2°N附近观察到莫霍面的错断，从阿尔泰较厚的地壳到东准噶尔地块突然变浅，与该地区宽角折射的资料吻合较好。同时，阿尔泰下方的莫霍面明显向东准噶尔地块下方延伸，最深到达约70km，并且在阿尔泰山下的地壳中出现了一个明显向南倾斜的界面，该结构与柴达木盆地和东昆仑山的接触关系类似，可能反映了东准噶尔向阿尔泰山的仰冲。从克拉美丽构造带至东天山地区的莫霍面起伏较大，在45.2°N和43.8°N存在两个中间高、南北低的突起，同时在其南北两侧存在莫霍面叠置现象。我们认为叠置的莫霍面是由于板块俯冲所引起的，而中间高、南北低的莫霍面形态则可能代表了古生代洋盆的俯冲消亡具有南北双向的极性。我们推测，位于两个莫霍面突起中间的区域为在古生代位于克拉美丽洋中的一条岛弧，该岛弧在古生代随克拉美丽洋的消亡而夹于野马泉弧和哈里克弧之间，只是由于其地表由于被沙漠覆盖而不具有良好的露头，在之前的地质调查中未曾发现。

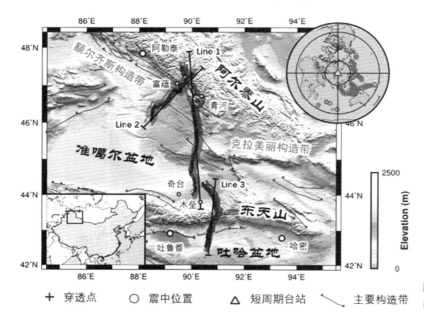

图1　短周期测线分布及计算接收函数所采用地震事件分布

| 作者信箱：yxs@mail.iggcas.ac.cn

鄂尔多斯西部及邻区Moho性质研究

黄柳婷[1]　沈旭章[1]　郑文俊[1]　钱银苹[2]

1. 中山大学，广东广州　510275；
2. 广东省地震局，广东广州　510275

长期以来，包含古老大陆地壳岩石的稳定克拉通一直是人们研究的热点，中生代早期以前华北克拉通相对稳定，中生代晚期以后，华北克拉通东部发生大规模的岩石圈减薄而西部保持稳定。鄂尔多斯位于华北克拉通西部，人们通常认为鄂尔多斯是稳定的克拉通，没有遭到明显破坏，但是目前较多地球物理证据表明鄂尔多斯下方地壳结构并未呈现典型克拉通的性质，因此利用更多资料和更新的方法，开展鄂尔多斯深部结构的研究对于了解不同构造环境下大陆地壳的形成和演化过程具有十分重要的意义。此外，鄂尔多斯西部与青藏高原和阿拉善接壤，由于印度板块向北俯冲和太平洋向西俯冲的相互作用，鄂尔多斯及其周缘地区一直处于不同的构造应力环境下，形成了块体内部稳定而周缘地震活动强烈的局势，其西南缘受到青藏高原与扬子板块的共同影响，发育了一系列活动断裂，因此这一区域深部结构研究对于理解地块之间的相互作用模式以及青藏高原的隆升机制等科学问题都具有重要意义。

接收函数是研究地壳和上地幔地震学结构的重要方法之一，利用接收函数一次波和多次波到时信息确定地壳厚度和波速比是较为经典也广泛应用的一种地震学手段，随着台站分布的密集以及观测仪器精度的提高，利用接收函数一次波与多次波幅度信息确定Moho面速度和密度跃变也得以实现。本文基于喜马拉雅二期项目中呈南北向线性分布且穿过鄂尔多斯地块的129个流动台站远震记录，获取了20267条远震P波接收函数。通过叠加转换点相同的接收函数，稳定地提取到了P-S一次转换波和多次波到时，进而确定了南北向横跨鄂尔多斯地块剖面的地壳厚度与波速比分布。同时，对于一次波和多次波都较为稳定清晰的台站，利用单台速度-密度（δβ-δρ）扫描叠加方法确定了Moho面速度和密度跃变。

结果显示：相对于扬子板块，秦岭下方具有较薄地壳，秦岭到渭河盆地地壳厚度逐渐减薄，并存在低波速比（1.66～1.72）以及相对较小的密度跃变，表明该区域地壳主要以长英质酸性岩石为主，中、下地壳并不存在局部熔融，引起该现象的主要原因可能是下地壳拆沉；鄂尔多斯南部地壳较厚（比北部厚约3.7km）、波速比较高、速度跃变相对较小，可能是青藏高原的挤压增厚导致；鄂尔多斯北部地壳自38°N向北逐渐增厚、波速比逐渐增大（>1.87），此外北缘局部速度跃变较大、密度跃变较小，结合其他地球物理结果推断河套盆地之下存在上涌的地幔物质可能自北向南侵入鄂尔多斯北部地壳内，在鄂尔多斯中部及北部部分台站下观测到直达P波时间延迟，因此鄂尔多斯中部到北部逐渐增大的波速比可能是侵入的地幔物质与沉积层的共同影响导致的。

甘肃分区地壳结构的波形反演研究

李少华[1]　王彦宾[2]　陈彦阳[2]　王洲鹏[2]　洪　敏[1]

1. 甘肃省地震局，甘肃兰州　730000；
2. 北京大学，北京　100871

甘肃地处黄土高原、青藏高原和内蒙古高原三大高原的交汇地带，省内地壳结构变化剧烈。本研究利用了甘肃省内2008年8月1日在甘肃东部发生地震（M_w5.5）、2013年7月22日在甘肃中部发生地震（M_w5.4）、2015年11月23日在青海与甘肃西部交界发生地震（M_w5.2）。甘肃台网及邻近的青海台网、四川台网宽频带天然地震固定观测台站记录到了这3次地震。在研究中，甘肃地区被划分为东区、中区和西区三个研究区域。我们对三个研究区域应用小生境遗传算法和反射率方法结合的地震波形反演方法，分别给出三个分区的 1–D 地壳速度结构模型。最终反演结果显示：①东区地壳厚度为47.9km，中区地壳厚度为46.7km，西区地壳厚度为51.3km。②甘肃东区沉积层厚6.4km，P波速度为5.78km/s，上地壳层厚17.3km，P波速度为6.28km/s，中地壳层厚14.83km，P波速度为6.79km/s，下地壳层厚9.28km，P波速度为6.41km/s，上地幔P波速度为8.05km/s。③甘肃中区沉积层厚3.15km，P波速度为4.47km/s，上地壳层厚15.69km，P波速度为6.07km/s，中地壳层厚13.08km，P波速度为6.12km/s，下地壳层厚14.83km，P波速度为6.87km/s，上地幔 P波速度为8.18km/s。④甘肃西区沉积层厚4.1km，P波速度为5.17km/s，上地壳层厚 21.5km，P波速度为6.74km/s，中地壳层厚17.8km，P波速度为5.73km/s，下地壳层厚20.9km，P波速度为6.44km/s，上地幔P波速度为7.55km/s。⑤东区对应青藏高原块体与鄂尔多斯块体之间的过渡带，下地壳速度为6.41km/s由中性岩组成；上地幔顶部P波速度为8.05km/s，对应稳定的古老地块。和PREM模型给出的全球平均地壳速度值相比，东区的地壳速度值整体偏低。⑥西区根据Christensen和Mooney（1995）的统计规律可推得，西区沉积层为沉积岩，上地壳为中性岩石，中地壳为长英质岩石，下地壳为中性岩石。西区沉积层较薄为4.1km，P波速度较高，上中下地壳普遍较厚。上地壳很厚21.5km，P波速度很高为6.74km/s，中地壳P波速度很低为5.73km/s，下地壳速度也相对较低为6.44km/s。我们对三个分区反演得到的地壳上地幔速度结构进行对比，发现甘肃地壳上地幔的横向非均匀性十分明显。东区沉积层较厚，中区沉积层较薄。甘肃东区中地壳较薄、速度最高，中区中地壳速度略高于上地壳速度，西区中地壳在三个分区中最低，明显存在低速厚层。展望未来，甘肃地区依然有很多的科研工作要做，可以开展二维、三维结构反演，同时对这一地区地下的横向非均匀性做更多的研究。

本研究由中国地震局地震预测研究所基本科研业务费专项（2015IESLZ04）资助。

华北地区地壳P波和S波速度结构的双差地震层析成像

马梦丹　赵爱华

中国地震局地球物理研究所，北京　100081

华北地区的地震活动十分活跃。地震的孕育与地壳的构造密切相关，获取华北地区地壳体波速度结构对我们研究该地区的地震孕育环境及地震活动性分析等都有重要意义。为此，我们使用近震体波数据，采用双差层析成像方法，研究了华北地区地壳的三维P波和S波结构，并对地震事件进行了重定位。

1. 数据与方法

本文的研究区域为：37°～42°N，113.5°～118.5°E。研究区内有199个固定地震台站。根据中国地震编目系统2008年6月1日至2018年6月1日的震相报告，获得Pg波走时153549个、Sg波走时167071个、Pn波走时14548个、Sn波走时2517个，涉及地震事件6350个。为了保证反演结果的可靠性，对获取的震相到时进行了筛选：仅选取震级≥1.0、走时残差≤0.5s、至少被8个地震台站观测到的地震事件；剔除偏离地震波走时曲线较大的震相数据。筛选后，地震事件减少至5541个，Pg波走时为88161个，Sg波走时96354个，Pn波走时10620个，Sn波走时1466个。

双差地震层析成像法是基于双差定位的成像方法，可同时给出速度结构和重定位结果。为使反演结果最优，对控制参数进行了调试。最后控制参数设置为：限定地震对之间的最小距离和最大距离分别是0.1km和10km；每个地震最多可以与20个地震进行配对；地震对到台站的最大距离为500km；每个地震对所需要的震相数的最大值和最小值为50和8。满足条件的地震事件共有5515个，获得196465条绝对到时数据（P波98704个，S波97761个）及1115402个相对到时数据（P波550578个，S波564824个）。反演过程中赋予P波震相的权重为1.0，S波震相的权重为0.5。

2. 结果

经过15次迭代计算，最终得到了5515个地震事件的重定位结果。重定位前后地震的走时残差均方根的平均值由定位前的0.27s下降到了0.08s。重定位后的大部分地震主要集中在0～25km的深度上，重定位后的地震更集中在断裂带地区，条带状更为清晰，且都显示出相似的特点，即：地震主要位于低速区和高速区的交界地带，只有极少数的地震分布在高速区。对比发现该地区的5km的浅层速度结构与地表地质构造特征有一定的对应关系。P波和S波的速度异常的走向与区域构造走向基本一致。在燕山隆起、太行山隆起处显示高速异常，而在华北盆地内的冀中坳陷、黄骅坳陷呈现低速异常。在两个坳陷中间的沧县隆起呈现高速特征。随着深度增加，整个研究区内的速度结构的非均匀性逐渐减弱。在10km深度处，P波和S波速度结构在太行山与燕山隆起的交汇区、北京地区和夏垫断裂呈现低速异常；燕山西部地区呈现低速异常，唐山北侧表现为高速异常，S波速度结构的异常尺度较大。在15km深度处，P波和S波速度结构在唐山西部地区依旧呈现低速异常，但与10km异常处相比，尺度有所下降。20～30km处，P波和S波速度结构在唐山地区为明显的低速异常，燕山隆起处为高速异常区，P波速度结构的异常尺度较大。根据棋盘格测试结果，S波速度结构在30km及以下区域可靠性较低。在35～55km深度上，P波速度结构发生了明显的变化，35km处大多数区域为低速异常区，而在42～50km处大多数区域为高速异常区。低速异常可能源于地幔岩浆的长期底侵作用。

本项研究得到国家自然科学基金项目（41374098，40974050）资助。

华北克拉通地壳各向异性研究

郑　拓[1, 2, 3]　丁志峰[1]　宁杰远[2]

1. 中国地震局地球物理研究所，北京　100081；2. 北京大学，北京　100871；
3. 南京工业大学，江苏南京　211816

　　华北克拉通是我国东部的重要组成部分，是我国最大最古老的克拉通，许多研究表明华北克拉通东部自中生代以来发生了显著的岩石圈破坏和减薄，这种深部岩石圈结构的破坏过程必然伴随着地壳构造变形。地震各向异性的形成与构造应力、地壳变形以及地球深部动力学过程有密切关系，因此华北克拉通高分辨率的地壳各向异性结果对于加深理解克拉通东部的破坏过程和方式有重要意义。本研究对布设在华北克拉通的200个地震台站记录的波形进行了接收函数计算，采用了最新开发的去除沉积层技术，有效地消减了近地表多次反射波对接收函数产生的影响，然后利用接收函数中Moho面反射震相（Pms波）和壳内间断面反射震相（Pis波）到时偏移的方法得到了研究区112个台站的地壳各向异性结果（图1a）。结果显示，台站下方地壳的快慢波分裂时间从0.06s到0.54s不等，平均值为0.25s。张家口—蓬莱断裂带的快波方向与断裂带走向基本一致，各向异性强度也比较大（图1b），可能反映了由流体充填的断裂结构控制的各向异性，并且断裂带深部可能存在大范围的剪切带。研究区内历史强震多发生在地壳各向异性强度大的区域，表明各向异性与地壳变形的程度有密切的关系。各向异性的空间分布显示张家口—蓬莱断裂带对于华北克拉通西部影响有限，断裂带西北部的终点约为114°E。此外，以南北重力梯度带为分界线的燕山隆起的东、西两侧的结果存在显著差异：东侧ENE—WSW向的快波方向主要归因于最大水平主压应力场作用下定向排列的张性裂隙；而西侧NW—SE向的快波方向可能与华北克拉通破坏峰期岩石圈NW—SE向强烈的伸展变形有关。研究区西北部的地壳各向异性结果与GPS结果和远震SKS波分裂得到的上地幔各向异性结果一致性较好（表1），而研究区东部的地壳和上地幔结果不一致，暗示华北克拉通不同块体的壳幔耦合程度可能存在差异。

表1　华北克拉通不同块体的地壳各向异性参数平均值与GPS、上地幔各向异性参数平均值的统计结果

华北克拉通数据	西燕山隆起	东燕山隆起	大同盆地	渤海湾盆地
地壳各向异性快波方向（°）	120.0 ± 26.1	90.6 ± 20.2	56.6 ± 33.6	53.6 ± 25.2
地壳各向异性快慢波分裂时间（s）	0.29 ± 0.09	0.27 ± 0.09	0.25 ± 0.07	0.19 ± 0.04
上地幔各向异性快波方向（°）	107.8 ± 9.7	110.5 ± 13.5	118.2 ± 27.0	111.4 ± 9.8
上地幔各向异性快慢波分裂时间（s）	0.93 ± 0.19	0.91 ± 0.20	0.92 ± 0.21	0.96 ± 0.18
GPS方向（°）	121.3 ± 7.4	121.3 ± 7.4	140.2 ± 9.3	129.1 ± 19.7

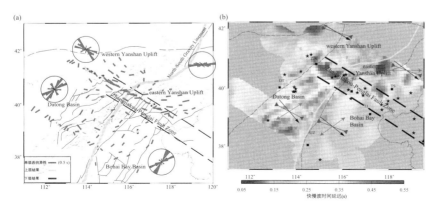

图1　接收函数方法得到的研究区112个台站的地壳各向异性结果

（a）玫瑰图表示不同块体的快波方向分布情况，虚线表示张家口—蓬莱断裂带的大致范围，灰色曲线表示南北重力梯度带。（b）快慢波时间延迟的分布情况，红色和蓝色箭头分别表示不同块体的地壳和上地幔各向异性快波方向平均值，黑色箭头表示GPS方向平均值，黑色五角星表示历史强震的位置，黑色正方形表示主要城市

｜ 作者信箱：zhengtu@mst.edu

华南地区地壳上地幔速度结构和地壳厚度研究

张雪梅[1]　宋鹏汉[2]　杨志高[1]　史海霞[1]　杨　文[1]　杜广宝[1]　黄志斌[1]　刘　杰[1]

1. 中国地震台网中心，北京　　100045；
2. 中国科学院地质与地球物理研究所，北京　　100029

　　华南地区北邻华北地块，西缘为青藏高原，南邻南海地块，东南与东南亚沟弧盆体系和菲律宾海板块相接，是中国重要的构造单元，包括扬子地块、华夏地块以及华南褶皱系。位于板块交接地带，华南地区既受欧亚大陆动力体系控制，同时又受到太平洋动力体系与印度洋动力体系的影响，经过漫长的多期次的演化，该地区深部结构与分界十分复杂，壳、幔结构横向变化剧烈，火山岩广泛分布，蕴含丰富的矿产资源，如锡、氟、钛、钒等。该地区深部结构愈来愈受到国内外地学家们所瞩目，对其构造的研究成为当前地球科学的重要领域。我们基于背景噪声层析成像和接收函数重建华南及其邻近区域地壳上地幔速度结构及其Moho界面深度分布，以界定扬子地块和华夏地块的空间构造格局及其深部动力过程。多重波源在观测区域形成的近似噪声的多重散射波中，在布设的两个地震仪记录中存在台站对方向上场源信号的一致性，通过多次互相关叠加可提取有效信号（Weaver，2005；Shapiro et al.，2005）。对背景噪声记录进行互相关叠加可提取台站间的格林函数，获取面波频散特征，反演地球深部速度结构。利用远震P波在接收台站下方近水平波阻抗界面产生的转换震相和直达波之间的走时差和多次波信息可获取地下介质的界面信息。通常地震台站的空间分布对图像质量有很大的影响。地震波插值或数据的规则化可弥补波场缺失、加密观测数据以提高地下结构探测的分辨。基于现有的地震台站分布，我们用径向基函数插值方法对地震波场进行重建以提高空间的横向尺度。

　　我们收集了2011—2012年国家台网和区域台网580个地震台站和71个流动台站记录的连续和事件波形数据。对单台连续波形记录进行预处理后，对台站对的背景噪声进行互相关获取台站间介质的格林函数；利用自动"频率—时间分析"方法测量每个时间段台站间的面波频散曲线；为了得到稳定的速度变化分布，我们筛选出信噪比≥10的67999条台站对的频散数据进行球坐标系下的 2–D 层析成像方法计算15～40s周期的群速度分布。大部分研究区的横向分辨率尺度平均约100km。在15s的短周期速度分布图上，上扬子克拉通具有明显的高速异常分布（3%～6%），而低速度异常（-6%～3%）分布于秦岭—大别造山带。在15s和20s周期，低速度异常（-5%～3%）位于扬子和华夏地块之间的江南造山带。在40s周期，扬子地块的速度依然相对较高。扬子地块以西的松潘—甘孜地块处于低速异常分布；江南造山带和华夏地块的速度却偏低。挑选震中距在30°～90°之间，震级大于5.5级的93个地震的事件波形，并用径向基函数插值重建地震波场。利用P波接收函数和H-k扫描获得了研究区地壳厚度和波速比分布。华南及其邻近区域的地壳厚度在25～55km之间。扬子地块的地壳在40～55km之间，相对东南沿海地区较厚（约25km）。地壳平均波速比由西部扬子地块1.80左右降至中部造山带的1.60左右，华夏地块的约为1.70。郯城—庐江断裂两侧的莫霍面和波速比存在明显不同，与之相邻的赣江断裂的地壳厚度及波速比亦具有明显特征。本研究得到国家自然科学基金项目（41274062，41774069）资助。

基于背景噪声研究青藏高原东北缘地壳三维S波速度结构

颜文华　严　珊

陕西省地震局，陕西西安　710068

45Ma以来，印度板块与欧亚板块持续碰撞、汇聚使两大板块壳幔物质受到强烈挤压，形成了现今的青藏高原，并且青藏高原至今尚在继续抬升和活动（Ma et al., 1987；腾吉文等，1999）。青藏高原的形成机理一直是地球科学界的研究热点，对于其内部结构的研究有助于深入理解陆陆碰撞与造山带形成过程。青藏高原东北缘作为高原生长的前沿地区，是对青藏高原形成机理进行研究的最佳区域之一。

本研究收集了甘肃、青海、陕西、四川测震台网共110个宽频带固定台站2015年1月至2016年12月两年垂直分量连续波形数据，研究区范围为32.0°～40.0°N，99.0°～109.5°E。台站间互相关函数计算参考Yao等（2011）的方法，首先将固定台网seed格式转成SAC格式文件，减采样至1Hz后以一天时间尺度进行保存，接着进行去均值、去趋势、去仪器响应以及分频带带通滤波，然后分频带进行one-bit时域归一化和频域归一化，经过互相关计算并叠加得到台站间4～50s周期的互相关函数，再采用基于图像分析的双台面波相速度频散曲线快速提取方法（姚华建，2004）来提取台站间的相速度频散曲线。为保证频散曲线提取准确，本研究所有的频散曲线都为人工提取，共提取到5658条瑞利面波相速度频散曲线。最后采用Fang等（2015）提出的基于射线追踪的面波频散直接反演方法，根据提取到的瑞利波相速度频散曲线计算获得S波初始速度模型，最终经过反演得到了青藏高原东北缘6～42km深度范围的三维S波速度结构。

反演结果显示，研究区地壳S波速度结构存在明显的横向不均匀性，较好地反映了地壳的构造地质特征。在上地壳深度范围内，秦岭造山带至巴颜喀拉地块边界整体表现为高速异常，鄂尔多斯地块、四川盆地北部和渭河盆地表现为低速异常，南北地震带北段及以西的青藏高原东北缘S波速度介于高低速异常之间；在中下地壳深度范围内，青藏高原东北缘整体表现为低速异常，鄂尔多斯地块、华南地块和阿拉善地块表现为高速异常，南北地震带北段S波速度介于高低速之间，说明南北地震带北段在青藏高原地块北东向的挤压下存在地壳缩短增厚。

基于多种群遗传算法的高阶面波反演研究

傅 磊 陈晓非

南方科技大学，广东深圳 518055

面波成像是主要的地球物理成像方法之一，主要通过反演面波频散曲线获得地下介质横波速度结构，可以用来研究地球内部结构。传统的面波成像主要对基阶面波频散曲线进行反演，然而在面波反演过程中加入高阶频散信息进行约束，可以降低面波反演的不稳定性，获得更加准确的地下横波速度结构。为了避免阻尼最小二乘反演面波对初始模型的依赖，许多学者引入全局优化方法（如模拟退火——SA、遗传算法——GA、蚁群算法——ACO等）进行面波频散曲线的反演研究。石耀霖等（1995）以勒夫波为例研究了面波频散反演地球内部构造的遗传算法（GA），研究表明用GA对面波频散反演地下结构不但是可行的，而且可以在较广的范围内进行全局搜索，不致因初始模型的选择而遗漏最佳模型。为了改善GA的早熟问题，防止反演过早收敛到局部最小值，本文使用改进的多种群遗传算法（Multi-population Genetic Algorithm：MPGA），对高阶面波频散曲线进行反演，从而获得更加准确的地下横波速度结构。

表1 六层速度模型

Layer #	Depth/km	Density/（g/cm³）	V_s/（km/s）	V_p/（km/s）
1	0.00	0.92	1.94	3.81
2	3.49	2.26	1.59	3.20
3	4.09	2.69	3.34	5.90
4	16.63	2.74	3.53	6.10
5	29.16	2.85	3.82	6.60
6	38.90	3.37	4.54	8.19

表1为六层速度模型参数，各层参数取自于全球地壳模型Crust1.0，对应于南极Vostok冰下湖地区。MPGA中各种群由不同控制参数（交叉概率及变异概率等）的遗传算法来保持种群的差异化，同时各种群间通过移民算子达到多种群协同进化的目的。本文采用MPGA算法同时反演横波速度及深度信息，图1（a）和图1（b）分别为使用基阶和五阶频散曲线反演得到的横波速度结构。其中黑色线条代表真实横波速度，红色线条代表MPGA反演结果。可以发现使用高阶频散曲线进行反演可以获得更加准确的横波速度结构。

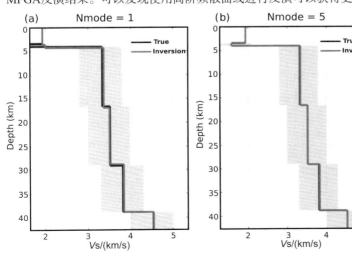

图1 MPGA反演V_s结果
（a）仅使用基阶；
（b）使用5阶频散曲线

作者信箱：ful@sustech.edu.cn

基于近震层析成像研究新疆北天山中东段三维速度结构

张志斌　李艳永

新疆维吾尔自治区地震局，新疆乌鲁木齐　830011

印度板块向亚洲板块的连续向北推进被认为是东亚地区缩短和变形的主要机制，而天山造山带作为世界上最年轻（小于20Ma）与最宏伟（海拔大于7000m）的陆内造山带之一，它调节了地壳的主要缩短，是中国内陆地震活动最为强烈的地区之一。新疆北天山中东段地处天山与准噶尔盆地交汇区，是新疆人口和经济分布最为集中的地区，是国家丝绸之路经济带的重要窗口。

新疆北天山中东段内发育有一系列活动断裂，整体上从南向北依次为：亚马特断裂、准噶尔南缘断裂、博格达弧形断裂带、霍尔果斯—玛纳斯—吐谷鲁断裂和独山子—安集海断裂。除了以上较大的断裂，研究区内还分布着较多次级小活动断裂，导致区内结构复杂，震源深度分布范围大，是我国天山地震活动带的重要一部分。自1600年以来，该区域共记录到$M \geq 5$地震33次，其中6级以上地震6次，最大的为1906年玛纳斯7.7地震；1983年乌鲁木齐发生的5.4级地震，震源深度达66km。依赖于新疆测震台网数字网络化的建设，在研究区域内形成了较为密集的台站分布，本文利用区域内台站记录的近震走时数据，对新疆北天山中东段深部的三维速度结构进行研究。

本研究采用simul2000方法（Thurber，1983，1993；Eberhart-Phillips，1990；Thurber and Eberhart-Phillips，1999）来反演Vp和Vp/Vs速度模型，通过一系列不同尺寸的检测板测试，选择20km×20km网格间距的均匀网格剖分研究区。在研究区内，新疆测震台网2009年1月至2018年11月期间共记录到917个$M \geq 1.5$的地震事件。为保证反演结果的准确性，本文对917个地震事件的P波和S波到时进行了人工重拾取，舍弃了记录不清晰的震相及台站，并采用Hyposat定位方法进行重定位，速度模型采用"3400走时表"解算出来的模型。最终得到629个地震事件，其中5238条P波走时、2144条S波走时用于层析成像反演。

结果显示（图1），在5km深处，由于天山造山带的沉积厚度小，大部分地区基岩出露地表，准噶尔盆地沉积厚度大，Vp速度模型中最显著的特征是沿着天山造山带的高速异常，比该层平均值（5.8km/s）高出约5%~10%（6.1~6.38km/s），显示出较好的盆山分界线。在20km开始，天山下部慢慢呈现出低速的特征，在25~30km后，该低速特征变得比较明显，其扰动值约为5%。对Vp/Vs，反演结果明显显示了Vp/Vs的逐渐变低，在研究区内，Vp/Vs在5km时为1.8左右，在20~30km变为1.6~1.7左右。其中在15km开始，可清晰地显示博格达弧形断裂带即处于波速比明显变化的区域，一直延伸到30km，该特征都比较清楚。在博格达弧形断裂以北表现为高波速比，而在其以南表现为低波速比，P波速度也低。说明研究区上地壳速度结构随深度变化的非均匀性比较强。

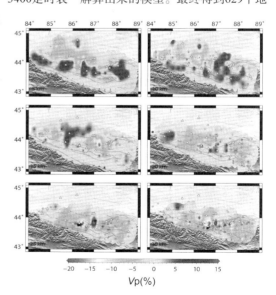

图1　不同深度相对于P波每层平均速度的扰动量

基于密集流动台阵的多种地震学方法研究
龙门山中央断裂带结构

李红谊 张玉婷 黄雅芬

中国地质大学（北京），北京 100083

2008年5月12日汶川8.0级地震发生在龙门山断裂带。龙门山断裂带位于青藏高原东缘，处于青藏高原和扬子块体对接的结合部位，西倚松潘甘孜地体，东连四川盆地。龙门山断裂带由后山断裂、中央断裂和前山断裂组成。2017年中国地质大学（北京）在龙门山中央断裂带附近布设了176个短周期地震台站，进行了为期一个月左右的连续观测。由于受地形和地理条件的限制，台站主要是沿着山路布设，整个台阵跨度约为12km×10km，在地表破裂带附近台站分布较密集，台间距约为5～10m，随着离地表破裂带距离的增加，台间距也逐渐增加到20m，50m，100m，300 m。

通过利用台阵记录到的连续背景噪声数据，我们提取了1～5s的瑞利波频散曲线，然后采用面波直接反演法，获得了该地区的浅层三维剪切波速度结构。反演结果揭示在地表破裂带附近浅部存在明显低速区，深约2km。同时通过采用H/V谱比法我们分析了场地的卓越频率，在远离地表破裂带的台站多表现为清晰的单峰，而位于地表破裂带内的台站多表现为双峰或峰值模糊，这些呈现双峰或多峰的台站基本分布在背景噪声成像中的低速区。

此外，我们对台阵布设期间记录到的近震和远震事件数据，进行了断层带围陷波、远震P波到时和接收函数的分析。从时间域和频率域定量地分析了龙门山中央断层带围陷波的特征，并与中国地震局地球物理勘探中心在2008年汶川地震后沿龙门山断裂带在相同位置布设的一条流动台阵测线数据进行了对比。结果显示，在相似的台站位置（台站W025～W034，台站6015～6026）观测到了清晰的断层围陷波。通过对断层带围陷波事件的频散分析，显示观测到的围陷波表现出较弱的频散特征。我们还利用远震P波到时数据进行了分析，总体来说远震P波到时在各台站的延迟较小，这可能反映出断层低速带的延伸较浅；同时计算了断层两侧的相对波速比，结果表明断层西北一侧速度较东南一侧总体偏高。我们还对台阵记录到的远震进行了接收函数分析，在接收函数图像中的6s左右观测到了较清晰的、一致的Ps震相；同时，我们注意到，在断层附近的台站，可能由于受断层的影响，接收函数波形较远离断层的台站要明显复杂得多。

接收函数和面波频散联合反演研究青藏高原中部速度结构

聂仕潭[1,2]　田小波[1]　宋晓东[3,4]　李江涛[3]　刘震[1]　段耀晖[5]

1. 中国科学院地质与地球物理研究所，北京　100029；2. 中国科学院大学，北京　100049；
3. 伊利诺伊大学香槟分校，厄巴那—香槟，伊利诺伊，美国　61820；
4. 武汉大学，湖北武汉　430079；5. 香港中文大学，中国香港　999077

　　在南北向挤压应力作用下，青藏高原中部却发育了指示东西向拉张构造的V字形展布的共轭走滑断层，其在调节高原南北向缩短和东西向扩张的过程中起到了重要的作用。同时该区域作为印度板块和欧亚板块碰撞的直接作用区域，壳幔物质受到强烈的挤压变形，且其相互作用仍在进行。因此对该区壳幔结构进行研究不仅可以进一步获得共轭走滑断层的形成机制，而且可以帮助我们认识青藏高原隆升以及岩石圈变形过程。目前已经提出很多计算地球动力学模型，例如刚性块挤压、连续变形和中下地壳流等来描述青藏高原的生长和扩展机制。然而，我们仍然对高原演化和变形的动力学过程知之甚少，部分原因在于先前岩石圈结构模型分辨率的限制。我们从两个方面获得高分辨率的岩石圈结构，首先在方法上，只使用接收函数反演过程中，界面深度与界面上方平均速度之间存在折衷关系。同样，仅使用基阶面波频散成像反演的结构也存在很大的不确定性。而近年来通常在反演中采用对垂向横波平均速度敏感的面波频散数据与P波接收函数相结合来解决结果模型的非唯一性问题。在数据方面，使用来自高原中部的新布设的临时地震台网（SANDWICH）数据。最终，我们使用联合反演瑞利波频散和接收函数获得了高分辨率3D图像，其以前所未有的清晰度揭示了青藏高原中部低速区域（LVZ）的分布。

　　我们的结果显示，在研究区，低速层是广泛分布并且是连通的，在班公怒江缝合带（BNS）以南主要分布着单层低速层，分布于20~35km深度，而在BNS以北低速层分为上下两层，上层主要分布于20~30km，下层主要分布于40~50km，结合研究区地震定位发现共轭走滑区发生的地震震源深度大部分集中于20km以上，可以推断研究区具有较高强度的上地壳，而中下地壳是较弱的塑性层或存在部分熔融，进而不易发育地震。而共轭走滑断层的分布与中下地壳和上地幔均无明显对应关系，因此推断共轭走滑断层可能只局限于中上地壳，与深部岩石圈无关。而且Moho深度结果显示研究区平均Moho深度为65km，BNS南北Moho深度存在明显差异，BNS以南Moho较深约为70km，而BNS以北Moho深度约为63km。速度比结果显示研究区整体速度比偏高（高于1.8），高速度比（$V_p/V_s>1.85$）主要集中于裂谷比较发育的地区。

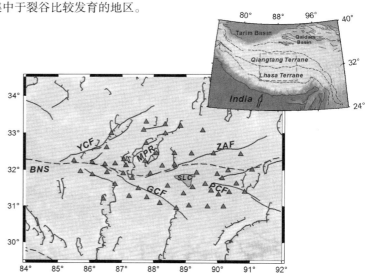

研究区构造图及台站位置

接收函数速度分析技术去多次波及应用

石 静 王 涛 冯旭平

南京大学，江苏南京 210023

接收函数是研究地壳、岩石圈—软流圈界面（LAB）、地幔过渡带和俯冲板片的常用方法，但是接收函数成像的正确解读往往依赖于先验速度信息的准确性和多次波的判别。尽管目前已经有地球物理学家通过速度谱来获得台站下方的界面深度与平均速度，利用波场迭代反卷积来分离一次转换波和多次波，但是它们仍然需要预先给定合理的参考速度模型，不能够完全排除先验信息的影响。

本研究借鉴反射地震勘探中的速度分析技术，建立了接收函数速度分析技术（Receiver Function Velocity Analysis Technology，RFVAT），依据接收函数Ps转换波和多次波PpPs的到时差方程，通过计算单台接收函数中的Ps转换波和PpPs多次波能量谱极值来确定界面的数量，进而计算界面之间的厚度、P波和S波平均折合速度。研究结果显示可以利用RFVAT在没有任何先验信息的情况下计算得到的折合速度与层厚信息，来改进接收函数共转换点（CCP）叠加成像时所需的参考速度模型，同时能有效减少CCP叠加剖面中多次波的影响。

理论测试结果表明，H-k扫描在参考的速度模型（AK135）与实际地质情况（地壳厚60km，V_p=6.7km/s，V_s=3.86km/s）相差较大时，所产生误差较大（地壳厚72.9km，V_p=7.88km/s，V_s=4.65km/s），而RFVAT能展现出与实际情况更吻合的结果（地壳厚58.96km，V_p=6.59km/s，V_s=3.80km/s）。此外，H-k扫描常用于地壳的研究，而RFVAT可以用于识别地球深部不同的速度界面，为研究LAB，MLD（Middle Lithosphere Discontinuity）等界面提供了更好的途径。最后，从IRIS下载2003年4月至2004年10月布设于华北地区的NCISP-Ⅲ（Northern China Interiorstructure Project）44个地震台站5.5级以上的远震事件（震中距在30°~90°）处理得到的接收函数显示，相比于传统的CCP叠加，通过RFVAT处理后的CCP叠加剖面能够明显地去除多次波的影响，从而使得叠加剖面的深部解释更加可靠。

近地表多尺度菲涅尔体走时层析成像及应用

袁茂山　卞爱飞　莫树峰

中国地质大学（武汉）地球物理与空间信息学院，湖北武汉　430074

近地表物质结构及分布与人类活动息息相关。利用高分辨率地震勘探方法可以获取近地表精细速度结构与反射特征，为城市地下空间探测、地质灾害预防提供重要参考信息。根据观测排列设计方法的差别，利用地震初至波信息可以反映近地表几米至几百米以浅速度结构。目前利用体波进行近地表建模的常用手段包括基于运动学信息的走时层析成像、基于动力学信息的波形反演以及介于二者之间的有限频率层析成像三大类。传统的走时层析成像以射线正演为基础，计算效率较高，分辨率大致在第一菲涅尔带半径尺度。该方法要求速度模型光滑或分层光滑，在低速体及阴影区存在射线照明不足和模型难以有效更新的问题。波形反演直接以波动理论为基础，利用非线性寻优方法反演给定时窗内的波形记录以获取影响地震波传播的相关物性参数（如速度、衰减、各向异性参数），可以适应复杂地质背景建模需求，照明范围相对均匀，反演分辨率可以达到半波长，但是该计算效率相对偏低，通常需要使用由低频段到高频段的多尺度反演策略，高质量的叠前地震资料和可靠的初始模型以保证波形反演稳定收敛。有限频率层析成像考虑地震波传播中的波路径动力学特征对走时与相位的影响，其反演效率接近传统走时层析成像，而模型照明度更接近波形反演，可以作为近地表低速体探测与波形反演初始模型建模的重要手段。

为了对城市地下空间的低速体进行有效探测，将空间多尺度和频率多尺度的反演策略进行结合，提出多尺度菲涅尔体层析成像方法。第一步给定精细的正演网格与较粗糙的反演网格，利用程函方程在正演网格上求解模型中的源向与检向初至走时场，在反演网格上获取给定频率所有炮检对的第一菲涅耳带分布，确定依赖于频率的慢度更新量，实现模型由低频到高频的多尺度迭代更新；第二步将第一步的反演结果映射到正演网格上，建立新的初始模型，利用线性插值加密反演网格，再次计算所有炮检对的第一菲涅尔带分布和依赖于频率的慢度更新量，实现模型从粗网格到细网格的多尺度迭代更新。重复第一步和第二步，直到走时残差满足预设的精度要求或者当前迭代次数等于总迭代次数。

为了检验多尺度菲涅尔体层析成像算法的有效性，利用包含低速体的理论模型合成记录及武汉地区的城市调查实际资料进行反演实验，并将反演结果与传统射线层析成像结果进行效果对比。结果表明，多尺度菲涅尔体走时层析成像方法较射线层析具有更高的照明度，减少了射线层析成像中存在的划弧现象，能更好地满足近地表低速异常探测的需要。

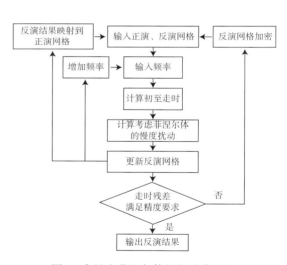

图1　多尺度菲涅尔体层析成像流程

兰聊断裂兰考—濮城段地壳结构特征

姜 磊 赵金仁 徐志萍 杨利普 熊 伟 徐顺强

中国地震局地球物理勘探中心，河南郑州 450002

兰聊断裂作为华北盆地与鲁西隆起的控制性边界，是迄今仍然活动的一条重要的分界断裂，对东明坳陷和临清坳陷的形成及演化起到了重要的控制作用。该断裂带由数条规模不等、彼此平行的断裂组成，断裂总体走向为NE—NNE向。地震活动研究表明，兰聊断裂对其附近区域地震活动具有显著的控制作用，并且其中大部分地震发生在兰考—濮城段（魏光兴，1984；郭秀岩等，2011；刘凯等，2014）。在该段内的菏泽周边区域曾先后发生了1937年7级和6.7级、1948年5.5级及1983年5.9级地震。关于这些地震的发震构造目前仍然存在争议，一些研究者推测，发震构造与兰聊断裂有关，而胡长和等（1991）则认为，发震断裂不是兰聊断裂，而是其东边的NW向东明—成武断裂。目前对该段内断裂的延展深度仍存在不同认识，一些研究者认为，该主断裂是一条切入地壳深部的"岩石圈断裂"。漆家福等（2006）认为，该主断裂向深层可能分为两支：一条总体上向西倾斜，并在一定深度拆离滑脱；另一条相对陡倾，切割到上地幔。当前对兰考—濮城段及其附近区域的深部地壳结构认知主要来源于两条人工地震测深（DSS）剖面的速度结构成果（嘉世旭等，1991；张成科等，1994），但由于地震测深方法对于断裂的空间展布及延展深度无法形成有效刻画，同时由于该段断裂是东明坳陷的控凹构造，为由多条断层构成的复杂的断层系统（程秀申等，2010），通过两条二维剖面很难深刻认识该断裂及其附近区域地壳在横向上的结构差异。

本次研究主要利用较高精度的布格重力异常数据，通过小波多尺度分析、视密度反演等手段，同时结合两条DSS剖面的速度结构成果对该段及其附近区域的密度结构进行综合解释研究，得到如下认识。①兰聊断裂兰考—濮城段在深度方向表现为一深大断裂，在向深部延展过程中可能分为两支，一支在中上地壳附近与几支分支断裂共同收敛至拆离滑脱层，另一支以陡倾角下延至上地幔顶部。②兰考—濮城段兰聊断裂在不同深度空间上始终表现为低密度的东明坳陷与高密度的鲁西隆起的边界；同时在中上地壳表现出明显的转折形态及分段性特征，在靠近南端部甚至出现分叉现象。③通过联合不同深度密度结构结果、二维密度结构剖面结果及DSS剖面速度结构成果，我们认为，兰聊断裂兰考—濮城段两侧地壳结构存在明显差异，表明了断裂对新生代以来不同块体差异运动的控制作用。结果还显示，在断裂下方中地壳内可能存在一低密度构造，该低密度体在下地壳表现为尺度较大、中心位置偏南（图1）；而在中部地壳则表现为尺度缩小、中心位置偏北。由于它的整体形态与兰聊断裂可能存在着依存关系，我们推测可能与此区域上地幔物质沿兰聊断裂上涌并形成底侵作用有关；同时该低密度体在深度空间的这种尺度及分布中心的位置变化可能也与断裂在新生代以来的右旋走滑（漆家福等，2006）相关，同时这种低密度构造的存在可能对区域上地壳沉降中心的形成也起到了重要作用。

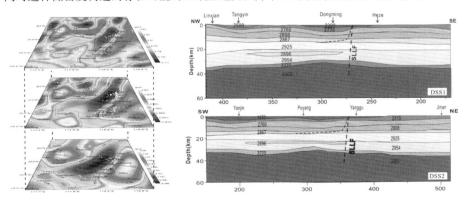

图1 研究区地壳密度结构

龙门山南段构造应力场精细结构研究

胡幸平　崔效锋　谢富仁

中国地震局地壳应力研究所，北京　100085

本文收集了龙门山南段2007年6月1日至2017年12月31日19290个地震事件的观测资料，获取P波初至到时和极性，并利用波形互相关修正到时差；采用双差层析成像方法，获取了龙门山南段的地壳三维P波速度结构和地震精定位结果。本文的P波速度结构与前人结果相吻合，地震精定位结果也比初始定位更为合理。在此基础上，本文通过伪弯法进行三维射线追踪，计算P波初至射线的方位角和离源角，并考虑距离权重，利用双差层析成像修正后的小震P波初动极性数据反演了龙门山南段0.1°×0.1°的经纬网格点上的构造应力场的精细结构以及芦山地震前后的应力场变化。结果表明，龙门山南段及周边地区构造应力场存在明显的横向差异：龙门山、鲜水河、安宁河三大断裂交汇处是横向差异最为显著的区域，不仅与周边其他区域横向对比差异明显，同时该区域内的应力方向也最为离散；龙门山断裂南段应力结构存在明显的跨断层变化，其推覆构造前缘带，应力结构表现为强烈的逆冲挤压性质，而后缘带则更多地表现为走滑、甚至正断型的应力结构。这种构造应力结构横向差异，与地壳波速结构及地形地貌存在一定的联系，而且在芦山地震前后都存在，因此是区域构造环境长期作用下的产物。此外，芦山地震发生前后，龙门山、鲜水河、安宁河三大断裂交汇处，以及芦山地震震中附近是构造应力场变化最为显著的两个地区。其中，三大断裂交汇处震后应力场的正断性质明显增加，而芦山地震震中附近应力结构的逆冲挤压性质更为显著；这些震后应力场变化特征很可能与芦山地震以及后续余震的活动机制密切相关。

色块表示最大最小主应力倾角差；色块中间黑色直线表示最大水平应力方向；红色五角星表示芦山地震震中位置；T1：芦山地震前，T2：芦山地震后三个月内，T3：芦山地震后三个月之后，T4：芦山地震后所有事件，T5：全部地震事件；ALLZ：不分层，UPPER：15km以上，LOWER：15km以下。

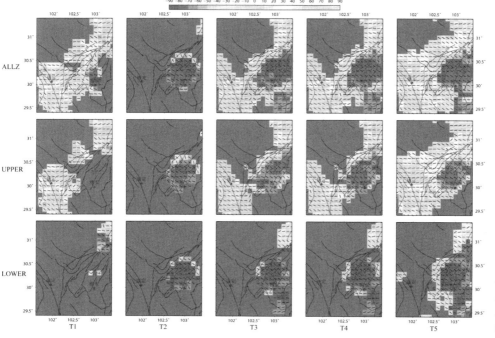

图1　南北带中段不同深度层内应力方向及最大最小主应力倾角差网格分布

青藏高原东北缘及其邻区地壳各向异性研究

徐小明[1]　钮凤林[2]　丁志峰[1]　陈棋福[3]

1. 中国地震局地球物理研究所，北京　100081；
2. Department of Earth，Environmental and Planetarysciences，Rice University，Houston，TX，USA；
3. 中国科学院地质与地球物理研究所，北京　100029

自50Ma以来，印度板块与欧亚大陆的碰撞导致了青藏高原的不断抬升和地壳增厚。青藏高原东北缘是构造变形强烈、地壳增厚明显的地区之一，但关于该地区的地壳增厚机制仍存在较大争议。

本研究通过收集和整理ChinArray项目II期宽频带流动地震台阵记录的远震波形数据，利用多台接收函数叠加方法处理了654个台站的接收函数波形，然后分别采用$H-k$叠加方法和接收函数综合分析方法开展了地壳厚度（H）、波速比（Vp/Vs，k）和地壳各向异性（ϕ，τ）的研究，获取了青藏高原东北缘及邻区的地壳结构特征。研究结果显示，青藏高原东北缘及其邻区Moho深度和波速比具有很强的横向不均匀性，Moho深度由东北向西南逐渐加深（变化范围在39~67km之间），与地表地形有一定相关性。另外，青藏高原东北缘下陷的莫霍面前缘呈"锯齿形态"（zigzag geometry），这表明青藏高原东北缘向外围的扩展和生长是不均匀的。波速比在祁连造山带、松潘—甘孜地体和秦岭—大别造山带地区最低，与地壳厚度的变化成反相关的特征，暗示这部分地区地壳以长英质矿物为主。我们发现研究区内约1/3台站的各向异性分裂延迟时间大于0.2s，平均分裂延迟时间达0.68s。大部分台站的Ps震相快轴极化方向均呈北西—南东方向，大体平行于地表构造走向和XKS（SKS、SKKS）快轴方向，而河套盆地和银川地堑地区的快轴极化方向为北东—南西向，几乎与XKS的结果相垂直。

因此，我们认为青藏高原东北缘地区是地壳、上地幔垂直连贯的耦合变形，而河套盆地和银川地堑地区为壳、幔解耦的变形方式。

致谢：

感谢中国地震局地球物理研究所"中国地震科学探测台阵数据中心"为本研究提供地震波形数据。本项目得到国家自然科学基金（41604074）和地震行业科研专项（201308011）资助。

青藏高原东北缘三维S波地壳精细速度结构

宋向辉[1,2]　王帅军[1]　王夫运[1]　刘宝峰[1]　高占永[1]　杨宇东[1]　马策军[1]

1. 中国地震局地球物理勘探中心，河南郑州　450002；2. 中国地质大学（北京），北京　100083

　　构建高精度的青藏高原东北缘S波三维壳幔精细速度结构，对于理解其深部介质物理状态，研究青藏高原隆升与侧向生长，深化理解陆—陆碰撞远程效应和陆内造山过程具有重要意义。前人利用天然地震资料，采用S波走时层析成像、面波层析成像、接收函数反演方法、S波波形拟合法以及地震背景噪声成像技术等对青藏高原东北缘S波速度结构进行了大量的研究（刘启民等，2014；Wang et al.，2017；Wang et al.，2017；Deng et al.，2018），但是受制于天然地震资料自身的缺陷（震源位置的不确定）和各种方法中地震射线分布的制约，前人构建的青藏高原东北缘地区S波速度模型之间存在一定的矛盾。"中国地震科学台阵探测——南北地震带北段"项目为我们提供了一个构建青藏高原东北缘地区三维S波精细壳幔速度结构的契机，该项目不仅包含了点距30~50km的流动台阵，而且包含了三条人工地震测深剖面。完善的观测系统和高信噪比的数据为综合利用台阵资料和人工地震资料，联合构建三维速度结构模型打下了坚实的基础。本文以远震接收函数线性反演的流动台站下方一维S波速度结构作为初始模型，以人工地震测深获得的高精度二维S波速度模型参数作为有效约束，共同构建了青藏高原东北缘东南部的高精度S波三维壳幔速度结构。模型结果显示：①研究区域地壳速度结构存在强烈的横向非均质性，各构造单元地壳结构特征明显：鄂尔多斯地块以高速、均匀的地壳结构为主，阿拉善地块则显示出高、低速异常共存的地壳结构特征，各造山带由于壳内低速体的存在，S波速度均偏低，但是强度存在差异。②同一构造单元内地壳速度结构存在着明显的变化，尤其是松潘—甘孜、西秦岭和祁连造山带内，以活动构造边界为界，西部的地壳平均速度明显低于东部，表明造山带西部可能经历了更为复杂的构造改造。阿拉善地块东部表现为类似鄂尔多斯块体的均匀、高速的地壳结构特征，块体西部则存在着壳内低速体，可能与祁连造山带向外扩展的过程中对阿拉善块体西部的挤压有关。③各造山带（松潘—甘孜、东昆仑、西秦岭、祁连造山带）下方均存在壳内低速体，但是低速体在各造山带下方的分布状态又存在着差异：松潘—甘孜和东昆仑造山带的壳内低速体主要集中在20~30km深度，连续分布，但是该低速层并未向北延伸至祁连造山带下方；祁连造山带壳内低速体分布的深度大致在30~45km左右，比松潘—甘孜造山带下方低速体的埋藏更深，而且分布状态更为分散、不连续，规模不大；西秦岭造山带下方则从浅至深部40km范围内都存在着壳内的低速体，但是该低速体与其他构造单元内低速体并不连通。④结合前人研究结果，我们认为各造山带下方壳内低速体的成因可能各不相同：松潘—甘孜和东昆仑造山带连续分布于壳内20~30km的低速体可能是由于局部熔融产生的（Hacker et al.，2000）；祁连造山带较低的泊松比（<0.23）（Wang et al.，2017）表明该区没有熔融导致的S波速度显著降低，因此，祁连造山带下方中下地壳的低速体可能不是熔融的结果，更可能与软流圈上涌和深部流体有关；西秦岭造山带浅部壳内15~25km的低速体是秦岭地表主构造的深层根部带和拆离滑脱运动界面带，可能是该地区的上地壳构造变形与下地壳解耦而导致的地壳速度降低，而西秦岭壳内40km深度的中下地壳低速体，则可能与西秦岭造山带在造山后期的陆内伸展变形有关。⑤不连续分布的壳内低速体表明，青藏高原东北缘地区的地壳增厚，可能不是以连续分布的下地壳管道流模式实现的。模型揭示的地壳厚度，结合前人研究得到的地壳缩短率（Tian et al.，2014）表明，该地区以挤压缩短的壳幔岩石圈变形为主，地壳增厚以整体增厚或者上地壳增厚为主，壳内低速体在挤压缩短的过程中发挥了重要的作用。

作者信箱：songxh@gec.ac.cn；通信作者王帅军信箱：wsjdzj@126.com

青藏高原东缘及邻区地壳与上地幔S波速度、泊松比分布和讨论

花 茜[1, 2, 3]　梁春涛[1, 2, 3]

1. 陕西省地震局，陕西西安　710068；2. 成都理工大学地球探测与信息技术教育部重点实验室，四川成都　610059；3. 成都理工大学地质灾害防治与地质环境保护国家重点实验室，四川成都　610059

青藏高原是全球造山带研究的热点地区，关于青藏高原的隆升及变形机制，已成为一个重要主题。近年来，国内外学者就该问题的讨论已提出许多模型，包括刚性块体挤出和下地壳流两个端元模型。在这个讨论中，青藏高原东缘被认为是高原内部物质向东逃逸的关键地带。因此，研究青藏高原东缘的深部结构对于认识青藏高原的隆升变形和动力学演化具有重要意义。

本文利用四川、云南和中国地震台网记录的连续波形资料，采用背景噪声互相关方法，得到台站间瑞利面波经验格林函数，提取群速度频散曲线后，反演得到研究区3~50s的瑞利波群速度分布。同时利用模拟退火法反演了青藏高原东缘的三维S波速度结构和泊松比分布。

研究结果显示：

（1）川滇菱形块体在横向上不存在大范围连续的壳内低速结构，低速层主要呈条带状分布。剖面成像结果揭示了川滇菱形块体的低速层主要分布在20~40km，由北向南低速层分布范围逐渐减少，大致以丽江断裂为界，将川滇菱形块体分为具有明显壳内低速层的NCDB和不存在明显壳内低速结构的SCDB两个主要部分。

（2）研究区内SGB的壳内低速结构被龙日坝断裂（具有中等S波速度值）分为东、西两部分，且在靠近鲜水河断裂的莫霍界面深度附近存在双层速度界面，推测这一现象可能与地幔物质上涌有关。

（3）跨龙门山断裂带的剖面成像显示龙门山断裂带下方15~25km范围内存在横向非均匀的低速层分布，自SGB向东到龙门山断裂带，低速层厚度逐渐减薄，尖灭至SCB边界；汶川及芦山地震序列（$M \geqslant$ 3.0）主要分布在高、低速的转换带，其形成机制与龙门山断裂带的低速层分布及动力学模式密切相关。龙门山后山断裂下方40km深度附近也发育了局部的双层界面，本文认为双层界面中间的低速物质可能是由于SGB向YZB的长期挤压作用造成了这一地区的地壳撕裂，从而形成地幔物质上涌，产生了下地壳物质的部分熔融。

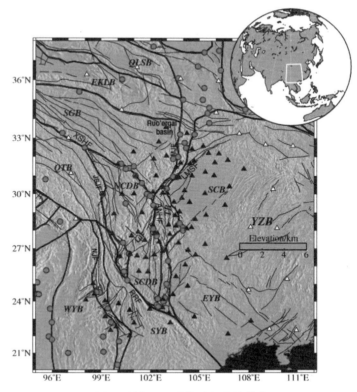

图1　研究区地质构造与台站分布

塔里木盆地南缘地壳结构的P波接收函数研究

唐明帅[1] 李艳永[1] 魏芸芸[1] 王海涛[2]

1. 新疆维吾尔自治区地震局，新疆乌鲁木齐 830011；
2. 中国地震台网中心，北京 100045

塔里木盆地南缘位于青藏高原北侧，独特的构造特征和现今仍然活跃的构造运动使塔里木盆地南缘在大陆动力学和造山带变形研究中占据非常重要的地位。关于研究区造山带隆升的动力学机制，目前提出了多种模型。一般认为，印度板块对欧亚大陆的碰幢和持续挤压引起了西昆仑山、阿尔金等古老造山带的复活，该地区强烈的构造活动直接作用于塔里木盆地南缘，形成前陆褶皱冲断带，并造成了西昆仑构造系统与阿尔金构造系统的相互作用，导致该地区地壳发生强烈的缩短和严重变形。地壳在缩短和变形的过程中，会伴随地壳介质的物理或者化学变化，泊松比是反映地壳形变特征、地壳物质成分和地壳介质力学性质的重要参数。因此，研究塔里木盆地南缘盆山结合部地壳厚度—泊松比的分布特征和壳内界面的深度，将为进一步分析该区域的盆山耦合关系、山脉隆升的动力学过程和机制、地震定位和地震地壳孕育环境提供重要的约束。

P波接收函数方法是运用远震波形数据研究地壳及上地幔结构和间断面起伏特征的有力工具。我们收集了位于塔里木盆地南缘20个固定数字地震台站多年记录的远震波形数据，应用接收函数–叠加方法和贯续–叠加方法研究了塔里木盆地南缘的莫霍面起伏特征、地壳泊松比分布、壳内间断面分布以及地壳厚度与泊松比的相互关系。

结果显示：①塔里木盆地南缘的接收函数波形具有明显的区域特征，不同台站差异明显，塔里木盆地塔中地区地壳厚度约为40km，向南延伸增加到60km，塔里木盆地与西昆仑盆山结合部地壳厚度约为53km，与阿尔金山中东段盆山结合部地壳厚度平均约为51km。②位于研究区的18个地震台站下方存在明显的壳内间断面，其深度分布在13~25km，可能暗示塔里木盆地基底向西昆仑和阿尔金山俯冲，俯冲距离可能到达山前。③研究区地壳泊松比变化复杂（约从0.20~0.32），显示地壳物质组成的复杂性和显著的不均匀构造；④整个研究区的地壳厚度和泊松比之间没有明显的相关性。

| 作者信箱：tmings65@sina.cn

郯庐带北延段（辽宁段）地震速度结构研究

焦明若　钱　蕊　孙庆山

辽宁省地震局，辽宁沈阳　110034

郯庐断裂带北延段（辽宁段）是中国大陆历史强震活跃区和现今地震重点危险区之一。前人从地震地质、地球物理及地震活动性等方面开展基础性工作，获得郯庐断裂带分支依兰—伊通断裂全新世以来存在7级历史强震活动、区域岩石圈速度结构明显的横向不均匀性、区域深浅强震迁移特征等系列研究成果，但仍存在关键构造部位地质资料较少以及速度结构分辨率不高等问题，限制了对区域构造环境的认识。郯庐断裂带北延段（辽宁段）地质构造相对复杂，根据地层、岩石、物理等资料分析，可划分为3个次级断块，分别为辽东断块隆起、辽西断块隆起、辽河断块拗陷。区内发育有依兰—伊通断裂（辽宁段）和密山—敦化断裂（辽宁段）两支主干分支断裂。其中依兰—伊通断裂从沈阳西部穿过，走向NE—NNE，长度约200km；密山—敦化断裂从沈阳南部穿过，走向NEE，长度200km左右。

精细速度结构等地球物理场结果是认识强震孕育构造环境的基础。已有研究发现，多数强震发生在地壳高速和低速带的边界上，甚至有些大地震发生的下方存在低速带。前人利用综合地球物理资料进行联合反演，得到辽宁地区的地壳厚度、岩石圈厚度及壳幔结构比值特征。结果显示研究区内地壳厚度约为 30~38km，莫霍面轮廓为中部上隆，地下介质存在横向不均匀性；接收函数结果表明辽宁地区地壳厚度约为 30~36km，泊松比在0.24~0.29之间；环渤海地区三维P波速度结构显示渤海地区地壳及上地幔具有明显的横向不均匀性。然而，受限于台站覆盖率、天然地震的分布及数量的影响，不同研究结果展示的空间分辨率不同，限制了对强震孕育环境的认识。

2012年以来郯庐带北段地震活动比较突出，如2013年1月23日灯塔5.1级地震发生在郯庐带上。此外，位于郯庐带北延段的盖州地区自2012年以来发生了多次小震群活动，辽宁南部地区也多次被划分为全国地震重点监视地区之一。

本文利用辽宁地区架设的30台套流动地震台站观测数据和辽宁地区区域地震台网宽频带地震仪记录的背景噪声连续波形垂直分量（Z分量）数据，采用基于面波射线追踪的方法反演得到辽宁地区地壳三维横波速度结构。首先，对单台数据进行处理；然后，通过对台站对时间进行波形互相关和叠加运算，计算台站对间的瑞利面波经验格林函数，基于图像分析法提取台站对间的相速度频散曲线；最后，采用基于快速进行的面波成像方法，给出辽宁地区地壳三维横波速度结构。同时，采用双差层析成像方法获取速度结构及地震活动与断层之间关系，并在小震精定位的基础上，获得郯庐带北延段主干断裂带的三维几何展布、断层分段、精细的地壳速度结构，获得该区域地震孕育的构造环境。研究结果表明，辽宁地区地壳及上地幔存在明显的横向不均匀性，短周期群速度分布与研究区内断裂带及地质构造地貌形态表现出良好的相关性，呈"两堑高，一垒低"的群速度分布特点，基本与地质构造相吻合。本文结果较好地反映了研究区内地貌地质构造情况，与域内对地壳及上地幔结构的相关研究成果相吻合，为辽宁及邻区的地震活动构造背景及地震孕育环境研究提供了重要参考资料。

汤西断裂南段活动特征研究

戴驽鹏　刘明军　贺为民　孙　译

中国地震局地球物理勘探中心，河南郑州　450002

文章采用槽探、年代样品测试、阶地调查和形变测量监测等方法，对太行山东麓汤西断裂南段进行了研究，主要分析讨论了汤西断裂南段的活动特征。

（1）为研究汤西断裂南段的活动特征，我们在卫辉市太公泉镇西代村附近的十里河岸，开挖了两个探槽，TC-01和TC-02。探槽TC-01揭露的地层及断层构造带特征显示，汤西断裂经历了多次活动，中更新统与汤西断裂呈断层接触，全新统覆盖在断裂带之上。可以认为汤西断裂在中更新世有过活动，全新世没有活动迹象，尚不能确定晚更新世断裂是否活动。据探槽TC-02剖面显示，探槽TC-02与其南侧的鹤壁组砾岩水平距仅2m，但探槽里并没有出现该组，因此认为鹤壁组砾岩并不是广泛存在的，而仅是沿河流两侧局部分布。探槽TC-02出现的两条地裂隙并不是构造成因，而是与重力作用有关。汤西断裂南段并未上延到晚更新世地层中，也就是说，断裂在晚更新世并不活动。

（2）我们通过对河流阶地的考察，将汤西断裂南段上升盘第四纪各时代地层出露高度用跨越汤西断裂河流阶地出露高度标示，并根据汤东断裂钻孔资料揭示断层错断情况，绘制成为河流阶地与钻孔合成的地质地貌剖面。整体看来，上述剖面自北向南断距加大，与汤西断裂河流阶地结果一致，断裂南段在晚更新世以来未活动。

（3）浚县地震台（2015）对西代村形变监测场地自1999年以来的垂直形变资料进行了分析，认为汤西断裂的下盘相对于上盘目前仍存在下降趋势，也说明该断裂仍处于缓慢的活动之中，属于汤西断裂的继承性运动。我们认为西代村场地垂直形变监测异常可能是工作区区域形变场的反映，而非汤西断裂引起。工作区新构造运动特征为区域性的地壳西升东降，北升南降，表现为区内构造地貌的发育，西部、北部太行山为长期隆起的山地，而东部、南部则是广阔的沉降平原和盆地。探槽TC-02中未见晚更新世以来地层的明显错动，地表也未出现断层陡坎。西代村垂直形变异常可能仅是区域性西升东降、北升南降的一部分，并不能归因于汤西断裂的现在活动。

研究结果加深了对汤西断裂南段活动特征的认识，也为深入分析汤西断裂南段的活动特征提供了依据。

 作者信箱：603563056@qq.com

特提斯边缘造山构造与强地震孕发环境研究

嘉世旭　郭文斌　魏运浩　林吉焱　刘巧霞

中国地震局地球物理勘探中心, 河南郑州　450002

大陆板块汇聚在阿尔卑斯—青藏高原构成了现今全球最大的地表抬升、褶皱造山"特提斯"构造域并成为大陆内部强地震的主要发生区域。青藏高原地壳北东向、东向物质流在东北缘周边阿拉善、鄂尔多斯和四川盆地稳定克拉通块体阻挡下造成了祁连山、六盘山、西秦岭及龙门山等褶皱带强烈隆升、规模宏大的特提斯边缘造山构造。高原地壳大幅缩短增厚及边缘造山构造形变吸收了主要的板块（块体）运动、大地构造应力，同时构成了强地震孕育发生重要区域。

强地震的孕育及发生与大地构造应力作用造成的地壳构造形变，以及这种构造应力场的持续作用有关。这里包括两个阶段问题，一是地壳内部结构改造历史及构造形变，这是继承性的地质构造演化形成；二是地球动力学现今运动方式，这是造就地壳特殊构造区域的继续形变及突发性破裂、构造地震的动力来源。

青藏高原边缘与周边不同结构性质的"稳定、刚性"块体间碰撞耦合作用，构成自相适应的、不同的造山构造机制及强地震孕发环境。高原东北缘、特提斯边缘强烈的褶皱形变造就了造山与外围高差达约2000～4500m的不同陡峭形变，仅东北缘近百年就发生了海原8.5级、古浪8.0级和汶川8.0级超强地震。

利用近年在汶川地震极震区龙门山中段"彭灌杂岩"、古浪地震极震区祁连山中段冷龙岭区域完成的深地震宽角测深资料，对比分析高原边缘不同区域地震记录截面图震相性质及差异，完成龙门山中段、祁连山中段及两侧地壳上地幔顶部结构构造模型建立；结合地表岩性分布出露、地质大地构造成果，地壳重力密度结构计算、GPS等地球物理成果，进一步分析龙门山、祁连山褶皱带内部物性结构及运移、边缘耦合形变构造及造山机制，探索研究青藏高原边缘不同区域造山构造与深大断裂体系、强地震构造动力学过程。

新疆准噶尔盆地东北缘深地震反射剖面探测

赵连锋[1]　谢小碧[2]　张　蕾[1]　杨　庚[3]　姚振兴[1]

1. 中国科学院地质与地球物理研究所，北京　100029；
2. 美国加州大学圣克鲁兹分校，圣克鲁兹　CA95064；
3. 吉林大学，吉林长春　130012

中亚造山带是显生宙以来最大的陆壳增生造山带。它在大地构造上北邻西伯利亚克拉通，西邻东欧克拉通，南邻塔里木和华北克拉通，是一条由古生代岛弧和微大陆拼贴形成的造山带（Windley et al.，2006；Xiao et al.，2004）。新疆北部地区处于中亚造山带的西南端，以准噶尔盆地为主体，东侧是阿尔泰造山带和东准噶尔地块，西侧是西准噶尔地块，南侧是天山造山带（Xiao et al.，2008）。早古生代至晚二叠纪，西伯利亚板块和塔里木板块汇聚，准噶尔盆地北部的古亚洲洋分支洋盆逐渐消亡，其间经历了多次地壳增生，如挠曲、环形微陆块增生、平行汇聚和垂直俯冲等构造活动，直至哈萨克斯坦板块的准噶尔块体最终与西伯利亚板块和塔里木板块拼贴在一起（Xiao andsantosh，2014；易泽军、何登发，2018；陈发景等，2005）。晚二叠纪至早中生代，受到塔里木块体和西伯利亚克拉通碰撞后造山活动的影响，在准噶尔盆地东部形成一系列岛弧系统及增生楔（Chen et al.，2000；Ping et al.，2008；Xiao et al.，2009；王玉净、樊志勇，1997）。这些典型的结构及其间的相互作用是增生和碰撞造山带的主要地球动力学特征。中国境内的阿尔泰山和东准噶尔的基底性质一直备受争议（Cai et al.，2012；Long et al.，2007；郑常青等，2003），它们制约了对于新疆北部及其邻区地壳组成和生长的认识，也对成矿动力学研究造成了困扰。探测阿尔泰山—东准噶尔地块的地壳和上地幔精细结构，可以为了解地块间的接触关系，认识成矿规律和深部构造过程提供约束。

主动源深地震探测技术是解决深部地质问题的有效手段之一，已在国内外被广泛应用于研究板块内造山带的构造格局、岩石圈的精细结构以及刻画莫霍面的位置和走向。为揭示阿尔泰—东准噶尔地区岩石圈精细结构，查明喀拉通克矿集区的深部延伸，在国家重点研发计划重点专项《深地资源勘查开采》的课题"北方增生造山成矿系统的深部结构与成矿过程（2017—2021，批准号：2017YFC0601206）"的下属课题"阿尔泰—天山800km地球物理探测三维联合反演及地球动力学数值模拟研究"的资助下，我们于2018年完成了一条位于东准噶尔地块和阿尔泰造山带结合部，横跨喀拉通克矿集区的深地震反射剖面，剖面满覆盖长度150km。经过速度分析和偏移成像，对新疆准噶尔盆地东北缘跨喀拉通克矿集区地壳详细结构进行成像。结果表明，阿尔泰山脉下方莫霍面深度约为54km，准噶尔盆地具有相对较浅的莫霍面，约46km。喀拉通克矿集区位于地壳厚度急剧变化的深断裂带内。这些高分辨率的地壳结构对于了解盆山接触关系，推测区域构造演化和岩浆活动，研究喀拉通克矿集区成矿机制具有重要意义。

本研究由国家重点研发计划（2017YFC060126）和国家自然科学基金（41630210，41674060）联合资助。

新型CH4震源的地震学特征研究

李　稳[1,2]　王夫运[1]　陈　颙[2]　王　翔[3]　徐善辉[4]

1. 中国地震局地球物理勘探中心，河南郑州　450002；2. 南京大学，江苏南京　210093；
3. 中国工程物理研究院，四川绵阳　621900；4. 中国地震局地球物理研究所，北京　100081

探测城市地区近地表（深度≤1~3km）地下结构，尤其是查明隐伏断层等不良地质构造，是开发利用城市地下空间、服务城市规划和重大工程建设、提高国家综合防灾减灾能力的迫切需要。随着国家对环保、安全、无损探测等多方面要求的提升，传统的炸药震源并不适用于在城市地区开展地震探测作业。研发新型震源，提供绿色、安全、环保的地震波激发源技术，是勘探地震学面临的重大挑战和机遇。在此背景下，中国工程物理研究院（四川，绵阳）自主研发了一种基于氧气和甲烷等可燃气体混合，在一定能量点火条件下发生爆轰反应，释放化学能激发地震波的新型震源（图1）。

本文结合这种新型震源在江西景德镇和山西晋中地区开展的两次野外实验的实测数据，包括Sercel 428XL型地震仪接收到的反射地震记录、PDS-II型地震仪三分量速度记录、Etna2型地震仪三分量加速度记录等，从① CH4新型震源

图1　CH4新型震源实验工作照片

的野外记录特征和初至波传播距离分析；② 有效地震信号时频分析；③ 新型震源近场记录峰值速度、加速度及地震反应谱（用以评估安全允许距离）；④ CH4震源子波提取；⑤ 基于CH4震源子波的全波形反演和地震初至波波形反演实验等方面，开展了CH4新型震源的地震学特征研究。

研究结果表明：① 在激发能量方面，CH4新型震源（尤其是采用大容量激发装置时）能够满足城市浅层地震勘探和城市活断层探测工作的要求；② 在施工设计阶段和施工过程中应注意对于土坯房、文物古迹、运行中的水电站等特殊建筑物的避让；③ 近两次实验数据中CH4震源激发产生的有效地震信号的频带在20~60Hz之间，高于地震勘探作业中最常用的10Hz检波器的固有频率，因此是比较理想的；④ 从提取出的震源子波以及基于CH4震源子波的全波形反演和地震初至波波形反演实验结果来看，CH4震源能够应用于地震波波形反演等勘探地震学中较为先进的研究领域；⑤ 建议下一步进一步提高该地震波激发技术的安全性、稳定性和野外施工效率。

本研究由国家重点研发计划课题（2018YFC1503205）、地震科技星火计划项目（XH18063Y）、中央级公益性科研院所基本科研业务专项——基于新型气爆震源的密集台阵主动源地震成像研究（中国地震局地球物理研究所）资助。

云南地区S波衰减结构反演成像研究

戴启立 唐启家

中国地质大学（武汉）地球物理与空间信息学院，湖北武汉 430074

品质因子Q是描述地震波的衰减，反映构造活动的重要参数，研究Q值将有助于我们更准确地认识区域构造活动性、动力学特征、地幔中的热结构及粘滞结构等（Karato，1993，GRL；Faul et al.，2005，EPSL；Aizawa，2008，JP；Stachnik et al.，2004，JGR；Eberhart-Phillips，et al.，2008，GJI；Thurber et al.，2009，JGR；Liu et al.，2012，EPSL；Eberhart-Phillips，2016，BSSA）。在脆性地壳中，地震波的衰减主要受孔隙中流体运动的黏性阻尼和晶体边界的滑动摩擦力影响，而在塑性地壳中，Q值主要受温度、矿物颗粒大小、水含量和矿物质含量影响（Walsh，1966，JGR；Jackson et al.，1970，RG；Winkler et al.，1995，RP&PR；Jackson et al.，2002，JGR）。然而，地壳构造主要是通过速度结构进行解释（Sun et al.，2006，JGRSE；Zhang et al.，2009，Tectonophysics；Xin et al.，2018，SRL），对于温度变化，岩石裂隙和含水量等参数，地震波衰减的变化比速度变化更敏感（Karato，1993，GRL；Faul et al.，2005，EPSL；Aizawa，2008，JP）。

云南地区位于青藏高原的东南边界，东部与稳定的华南块体相邻，西侧则受到青藏高原物质向东逃逸的推挤作用，发育多条活动大断裂，地质构造复杂，强震活动频繁（Tapponnier et al.，2001，Science；C.Y. Wang et al.，2010，EPSL；Z. Wang et al.，2010，JGR）。本研究利用Eberhart-Phillips等（2002）提出的利用衰减算子t^*对Q值进行三维反演，选取了2009年1月1日至2016年9月30日的2472个地震，震级分布在2~6级之间，地震目录数据来源于国家地震科学数据共享中心，本研究共使用了57个宽频地震台站的波形数据，地震波形数据由国家测震台网数据备份中心提供。反演结果表明，低Q值主要分布在安宁河—小江断裂带，丽江—剑川断裂带以北的区域，这可能是由于地震频发导致这些断裂带存在大量裂隙，且裂隙中充满流体，造成地震波能量快速衰减；高Q值主要分布在华南板块及红河断裂以南的区域，这与发育有大量高密度无裂缝的岩浆岩有关。研究区域Q值的分布情况与当地的地质构造背景、地震活动性及热活动状态的区域差异性有较好的一致性。随着深度的增加，Q值整体有着升高的趋势，值得一提的是，在景谷地区，随着深度的增加，Q值存在明显的降低，这与Xin等（2018）得出的V_p/V_s模型大体相同，这可能受介质构造环境所影响，表明景谷地区介质构造环境与周围存在明显差异。

黑色圆点为2472个地震事件，圆圈大小代表震级；正三角为地震台站；倒三角代表高大地热流点；黑色实线表示断层。

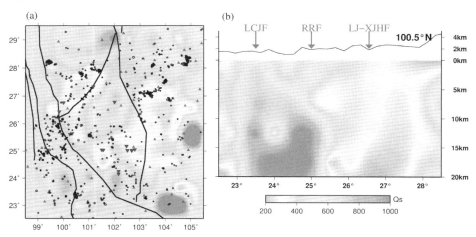

图1 云南地区Q_S分布，深度为10km（左）和100.5°E剖面（右）

作者信箱：873226965@qq.com；iori897@gmail.com

长白山地区的地震波波速变化及火山成因

张凤雪　吴庆举　李永华　张瑞青

中国地震局地球物理研究所，北京　100081

长白山火山是中国东北地区最大的板内火山，它远离西太平洋俯冲带。目前，关于该火山成因的推测模型主要有以下两种：一种模型认为长白山火山下方的地幔转换带中存在俯冲的西太平洋板块，由于板块的脱水作用促使板块上方的大地幔楔内物质熔融，导致火山活动；另一种模型认为停滞在地幔转换带中的俯冲板块前端存在以低速异常为代表的撕裂空缺，被俯冲板块挟携至地幔深处的软流圈物质经由该空缺上涌，在减压熔融的作用下导致火山活动。两种模型在地幔转换带中存在明显的结构差异，即地幔转换带中的俯冲板块是否存在以低速异常为代表的撕裂空缺。可见，长白山火山的成因仍存在争议。

其他地球物理的研究手段也未能获得长白山火山的确切成因。地球化学研究表明，长白山火山群区域含有过量的^{230}Th，U/Th、Ba/Th、Sr/Th比值偏低，与板块脱水作用引起的火山活动特征不符。该火山群地区的^{3}He/^{4}He比值变化范围较大，约在0.1～700间，鉴于^{3}He/^{4}He的高比值极有可能是受宇宙空间的影响，故^{3}He/^{4}He的高比值也不是深地幔物质上涌的有力证据。另外，该区域的地表热流值为65～75mW/m^2，仅仅略高于中国大陆平均值。这些地球物理观测数据也不能完全鉴别以上两种火山成因模型。

我们收集了中国东北地区绝大部分的固定和流动台站数据开展远震P波和S波走时层析成像研究。联合反演结果表明：长白山火山群下方的地幔中存在深达300km左右的大范围低速异常区（见图中LVZ），LVZ与两个深部的低速异常分支相连通（即，ELVZ和WLVZ），ELVZ在长白山以东区域，下延至地幔转换带顶部；WLVZ在长白山以西区域，延深至地幔转换带底部，这可能代表着长白山火山群的两个深部根源。在长白山火山正下方的地幔转换带中存在一个低幅值的高速异常结构（HVZ），可能是俯冲板块前端的堆积物质。进一步的分析表明，两个低速分支结构内的Vp/Vs比值存在明显的差异，WLVZ以高Vp/Vs比值为主要特征，而ELVZ的Vp/Vs比值偏低。我们认为这两个低速异常分支应具有不同的成因模式，ELVZ可能与板块的脱水作用有关，WLVZ则代表地幔热物质的上涌通道。

综合前人研究结果，我们提出了板块脱水和地幔热物质上涌两种机制并存的模型来解释长白山火山的成因。在该模型中，受西支上涌物质的减压熔融和东支板块脱水熔融的共同作用，长白山火山下方300km以浅的范围内形成显著的低速异常区。受地幔热物质的上涌作用，地幔深处的^{230}Th很容易被带至较浅的区域，导致地球化学研究在该区发现过量的^{230}Th。同时，由于板块脱水导致的熔融物质与上涌物质相互混染，导致我们在该区观测到的^{3}He/^{4}He比值浮动范围较大。

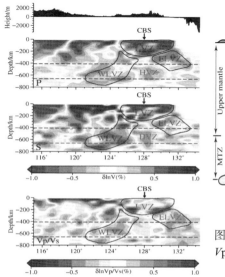

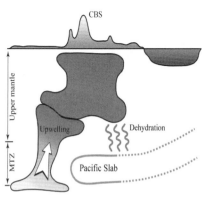

图1　长白山下方的速度异常结构、Vp/Vs波速比及其成因机制模型

2018年西昌M_S5.1地震序列特征与发震构造分析

易桂喜　龙　锋　宫　悦　梁明剑　乔慧珍

四川省地震局，四川成都　610041

据中国地震台网测定，2018年10月31日16时29分55秒，在四川省凉山州西昌市（102.08°E，27.7°N）发生M_S5.1地震，震源深度19km。震后，四川省地震局通过现场工作队震区震害调查、强震动观测记录等，确定此次地震的等震线呈长轴近NS向的椭圆，震区最高烈度为Ⅵ度，长轴34km，短轴20km，Ⅵ度区面积645km²。地震共造成4人轻伤，直接经济损失2461万元。

据四川区域地震台网测定，自西昌M_S5.1主震开始，至2018年11月29日08时，共记录到$M_L \geqslant 0.0$余震206次，余震活动强度较低，以1.0级以下微震为主，其中，M_L0.0～0.9地震166次，M_L1.0～1.9地震34次，M_L2.0～2.9地震5次，M_L3.0～3.9地震1次，最大余震为11月20日M_S3.3（M_L3.9）地震。M_S5.1主震释放的能量占整个序列的能量比约99.4%，且主震与最大余震（M_S3.3）之间的震级差达1.8，表明西昌M_S5.1地震序列为主震–余震型。

本次西昌M_S5.1地震发生在川滇菱形块体东边界断裂带西侧，震中位于持续多年划定的全国地震重点危险区内部。震中附近区域发育NW向、近NS向和NE向断裂，主要活动断裂包括近NS向安宁河断裂、NW向则木河断裂、NE向丽江—小金河断裂以及盐源弧形断裂，均具有发生强震的构造条件。因此，西昌地震的发震断层判定直接关系到后续区域地震趋势分析。

确定发震构造主要依据震源机制解和余震精确定位结果。西昌M_S5.1地震发生在四川南部地震监测能力相对较弱的区域，距本次地震最近的测震台（园艺场台/YYC）震中距约24km。主震当日，四川省地震局即在主震震中附近增设了2个流动台，震中距分别约2.8km和12km，并于11月1日2时开始运行，极大地改善了余震监测能力，可保证$M_L \geqslant 0.4$余震记录完整。因序列多数余震震级小，记录台站少，满足精确定位条件的地震数量少，序列定位结果无法提供发震断层面的几何信息。重新定位的主震参数为102.078°E、27.703°N，震源深度15.2km；最大余震重新定位结果为102.077°E、27.701°N，震源深度15.0km。为保障震源机制计算结果的可靠性，我们利用多个速度模型，采用目前广泛使用的CAP波形反演方法，计算西昌M_S5.1主震的震源机制。不同速度模型反演获得的震源机制解结果极为接近，均显示本次地震近似纯走滑型，矩心深度略有差异。根据具有较高波形拟合系数的台站数多少，M_S5.1地震的震源机制解取基于易桂喜等（2017）的理塘速度模型计算结果（表1）。基于理塘速度模型反演M_S3.3最大余震震源机制，节面走向和倾角与主震基本一致（表1），其震源机制类型为带有微小正断分量的走滑型地震。

表1　2018年10月31日西昌M_S5.1地震与M_S3.3最大余震震源机制解

发震日期 年-月-日	深度 /km	节面Ⅰ			节面Ⅱ			P轴		T轴		B轴		震级	
		走向/°	倾角/°	滑动角/°	走向/°	倾角/°	滑动角/°	方位角/°	仰角/°	方位角/°	仰角/°	方位角/°	仰角/°	M_S	M_W
2018-10-31	11	94	90	155	184	65	0	142	17	46	17	274	65	5.1	4.81
2018-11-20	14	286	74	−158	190	69	−17	149	27	57	3	320	63	3.3	3.72

根据本次地震等震线分布，推测与等震线长轴走向基本一致的近NS走向节面Ⅱ为本次地震的发震断层面，断面倾向西，倾角65°左右，西昌M_S5.1地震为左旋走滑型地震。震中附近已知的近NS向断裂均分布在M_S5.1地震西侧，而其东侧的NS向安宁河断裂南段距震中较远，由此，推测本次西昌M_S5.1地震的发震断层为受磨盘山—昔格达断裂带控制的东侧海西—印支期岩浆岩体内派生的规模不大的NS向次级断层。本次西昌地震发生在川滇交界东侧自1970年以来形成的5级地震空区内部，表明东侧区域地震活动增强，且近期该区域及附近4级以上地震持续活跃，东侧区域发生强震的危险性增大，应加强地震活动监视。

本研究由国家自然科学基金（编号：41574047）资助。

基于PS12台阵的微弱爆炸信号识别技术

郝春月 李 丽

中国地震局地球物理研究所，北京 100081

通过对GSN台网的HIA地震台站与CTBTO/IMS的PS12地震台阵记录的2007年12月11日河北怀来"明灯1号"爆炸及2006年10月9日朝鲜爆炸事件进行对比分析，突显了钻井小孔径地震台阵强大的微弱信号监测能力。研究表明：①HIA台站没有记录到"明灯1号"爆炸事件，而PS12小孔径台阵在震中距比HIA三分向宽频带台站远30km的情况下，各子台隐约记录到"明灯1号"爆炸事件，通过对8个子台记录的波形数据进行聚束分析（正常情况下是9个子台记录，可以压低噪声3倍），PS12台阵的聚束波形把"明灯1号"爆炸信号的信噪比提升至单个子台记录的2.8倍，即从隐约记录到清晰信号。②HIA台站记录到2006年10月9日朝鲜爆炸事件的波形信噪比为1.5，而PS12台阵各子台清晰地记录了该爆炸事件，平均信噪比为6.9，通过对6个子台（9个子台中，其他3个子台出现记录问题）记录的波形数据进行聚束分析，PS12台阵的聚束波形把2006年朝鲜爆炸事件的信噪比提升至单个子台记录的2.4倍，也就是对于同一个爆炸事件，PS12台阵记录信号的信噪比可以是HIA台站记录信号信噪比的11倍。③三分向宽频带台站的定位能力（即单台定位能力）较弱，而台阵可以单独定位，并可根据相应的校正模型较准确地定位。

此文中，PS12台阵对HIA台站无法记录的"明灯1号"爆炸和以低信噪比记录的2006年朝鲜爆炸事件都进行了定位分析并给出定位结果。通过分析HIA台和PS12台阵记录的两个震中距在1000km左右的爆炸事件，得出以下结论：PS12钻井小孔径地震台阵实现了1000km处监测并定位里氏震级2.8级地震事件的先例；在相同震中距记录的波形信噪比是普通台站的10多倍（以2006年朝鲜爆炸事件为例）；对微弱爆炸信号的信噪比可进行两次提升，第一次是钻井本身，第二次是利用台阵聚束技术，证明了钻井小孔径台阵强大的监测能力。在武器小型化、国防科技飞跃发展的今天，小孔径钻井台阵对于提升核侦查能力具有至关重要的作用。

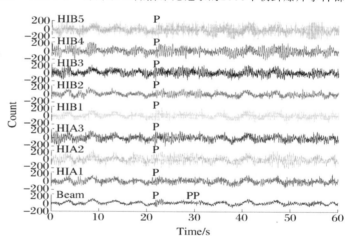

图1 PS12台阵各子台记录的"明灯1号"爆炸波形

接收函数幅度及频率信息在地球深部结构探测中的应用

沈旭章[1]　钱银萍[2]　宋　婷[3]

1. 中山大学地球科学与地质工程学院，广东广州　510275
2. 广东省地震局，广东广州　510070
3. 甘肃省地震局，甘肃兰州　730000

接收函数是目前广泛应用于地球深部结构研究的一种有效地震学手段。接收函数方法通过反褶积消除震源影响，分离出仅和台站下方介质结构相关的信息，通过反褶积达到了不同地震事件波形震相对齐、幅度归一的效果。在目前接收函数方法的大量研究工作中，绝大多数工作利用了接收函数中Ps一次转换波或者多次波的到时信息进行台站下方间断面的研究，此类研究中最为经典的方法为Zhu和Kanamori（2000）提出的确定地壳厚度和波速比的H-k叠加方法。但是接收函数幅度信息中也包含了深部间断面的较多信息，特别是目前随着大量观测资料的积累，使得稳定、准确幅度信息的提取变得可能，充分利用这些幅度信息，可以对地球深部间断面的更多性质进行约束。

近年来，我们尝试利用接收函数幅度信息开展了台站下方介质性质研究的诸多尝试。主要内容包括：利用P波幅度信息确定浅层横波速度值；利用Ps转换波和多次波幅度确定Moho面速度和密度跃变；利用Ps转换波和多次波幅度随频率的变化特征确定Moho面性质。这些新得到的信息和物质组分、温压条件及熔融状态的联系更为密切，可以进一步搭建地震学和岩石学、矿物学、高温高压学等不同学科的桥梁。针对以上研究内容发展了不同的方法，并在青藏高原东北缘地区进行了应用。该工作对于充分利用目前大量积累的地震波形进行地球深部结构的探测具有重要的推动作用。

利用模板匹配方法研究2018年石棉M_L4.0地震序列

房立华[1]　冯　甜[1]　吴建平[1]　彭志刚[2]　王未来[1]

1. 中国地震局地球物理研究所，北京　100081；2. 美国佐治亚理工学院，亚特兰大　GA 30318

为研究安宁河断裂带的微震活动、深部结构及其地震危险性，自2013年1月起，我们在安宁河—则木河断裂带布设了30个宽频带流动地震台站（简称"西昌台阵"），平均台间距约15km。西昌台阵运行期间，在石棉地区观测到的震级较大的地震包括2015年4月14日M_L4.1地震和2018年5月16日M_L4.0地震。两个地震分别发生在鲜水河断裂带南段和安宁河断裂带北段。本研究选择2013年1月—2018年6月的近震数据，选取信噪比大于3、至少有3个台站、9个分量记录的地震作为模板，共选出635个地震。利用这批模板，检测了2018年5月16日M_L4.0地震前30天和震后44天的连续波形数据，总共检测到了1864个地震，约为人工处理的地震目录中的3倍。地震分布确定了发震断裂的走向为NNW—SSE方向，地震在垂直走向的剖面上显示倾角较陡的发震构造，属于典型走滑型的发震断裂，与主震走滑型的震源机制解是一致的，此次地震的发震断裂可能是安宁河断裂东侧的隐伏断裂。在主震附近范围内，仅在震前4个小时观测到了前震活动，共有18个前震，集中分布于主震的东侧。震前前震活动速率较稳定，未观测到前震加速成核的现象。余震沿着走向的分布范围大约有5km，扩展范围较大。本研究分析了多种地震触发机制，如主震导致的动态和静态应力触发、余滑、粘弹性松弛和流体流动等。余震在主震东南侧集中分布，表明主震导致的动态应力变化可能对余震触发具有贡献作用。本研究发现模板地震重定位前后，检测出的地震相对于模板地震的相对位置几乎没有变化，说明提高模板地震的定位精度可以改善检测地震的定位精度。本文提出了二次搜索的高精度网格搜索方案，在达到相同网格定位精度的情况下，将程序效率提高了7倍。在石棉地区，采样率对检测的地震数量影响较小，100Hz数据大约比50Hz数据多检测出4%的地震，50Hz数据大约比20Hz数据多检测出14%的地震。有网格搜索比无网格搜索在石棉地区大约能多检测出64%的地震。

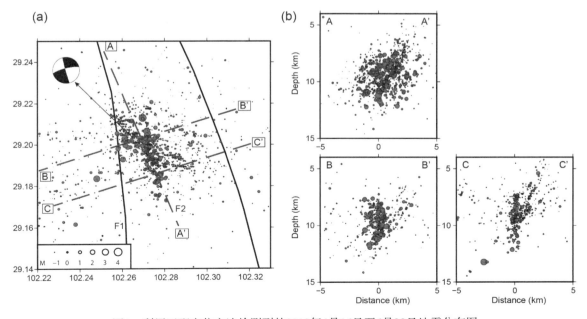

图1　利用匹配定位方法检测到的2018年4月16日至6月28日地震分布图

青藏东北缘及邻区中上地壳地震各向异性研究

李永华[1]　呼　楠[2]

1. 中国地震局地球物理研究所，北京　100081
2. 陕西省地震局，陕西西安　710068

受印度—欧亚板块碰撞的影响，新生代以来青藏高原东北缘岩石圈变形强烈、地震活动频繁，研究此区城的地震构造是了解大陆碰撞变形与演化机理的关键。地震各向异性是了解壳幔形变的有效方法之一。通过开展壳幔各向异性研究可以为了解研究区壳幔变形过程提供重要的地震学约束。

利用青藏东北缘39个固定地震台站2009—2018年期间记录的近震波形资料，采用近震S波分裂方法得到了青藏高原东北缘及邻区的上地壳各向异性。研究结果显示，多数台站的快波偏振方向与最大水平应力方向一致，表明研究区上地壳各向异性主要受区域/局部应力场控制。对于主要断层（例如西秦岭断层）或附近的一些台站（如HXP和WSH），其快波偏振方向与断层走向一致，这表明其上地壳各向异性的主要机制与断层导致的剪切变形有关。在距断层几千米处的台站（例如HJT和DBT）处，观察到的各向异性快波偏振方向既不与断层平行，也不与最大水平压应力方向平行，这可能反映了区域应力和断层剪切变形的共同影响。对上地壳各向异性观测和先前各向异性研究的比较表明，西秦岭断裂南部地壳具有与地幔相同的变形机制；而西秦岭断裂北部的上地壳则与下地壳和地幔各向异性具有不同的变形机制。这些观察意味着西秦岭断层可能是一个重要的边界断层。各向异性百分比随深度的变化分析表明，0~11km的浅层地震对上地壳各向异性的贡献最大。本研究观测到的慢波延迟平均值为0.14s，显著低于接收函数研究给出的地壳各向异性平均值，暗示研究区地壳各向异性的主要贡献为中下地壳各向异性。

本研究受国家重点研发计划项目（No. 2018YFC1503200）、自然基金项目（No. 41874108）和陕西地震局启航与创新基金课题（No. 201707）资助。

青藏高原东缘上地幔各向异性特征及动力学含义

常利军　丁志峰　王椿镛

中国地震局地球物理研究所，北京　100081

陆—陆碰撞的造山运动产生了异常的地壳厚度和高海拔地区。地球上造山过程最壮观的表现是由大约50Ma开始的印度—欧亚板块碰撞所形成的青藏高原。地球科学家对近5000m高海拔地形和双倍厚度的地壳这一显著高原特征提出了多种解释模型。例如，"挤出说"模式认为印度板块向北挤压，造成亚洲岩石圈块体大规模向东滑移；"连续变形"模式把欧亚大陆岩石圈看作连续粘滞性介质，它受印度陆块挤压，并不发生大规模的块体滑移，而是产生地壳的缩短与增厚，这类变形意味着岩石圈地壳和地幔在力学上是耦合的；"下地壳流"或"通道流"模型是通过超低粘滞性的下地壳层内通道流与地面变形解耦。每个模型都试图解释高原变形隆升的性质。然而，如何理解岩石圈地幔在造山过程中的作用却仍然是个问题。如果我们能够直接测量实际的地幔变形并表征它与地壳变形的关系，这将构成理解地幔变形作用在造山增长原因的基本手段。当前，这样的求值方法可以通过联合分析地表变形场（由GPS和断裂第四纪滑动速率数据得到的地表变形场替代）和地幔变形场[由XKS（SKS、SKKS、PKS）波分裂参数表征的地幔变形场替代]来获得。

本研究的地幔变形场通过远震XKS波分裂参数结果来约束，地震数据主要来自于可与美国地震科学台阵（USArray）相媲美的中国地震科学探测台阵（ChinArray）的宽频带流动台站，包括一期项目（南北地震带南段350个台站）、二期项目（南北地震带北段674个台站）和前期试验项目（川西台阵297个台站，位于南北地震带中段）。此外，还收集了研究区国家和区域地震台网的380个固定台站的数据。横波分裂方法采用最小切向能量的网格搜索方法和叠加分析技术来求取表征地幔变形场特征的快波方向和时间延迟参数。地表变形场通过GPS和断裂第四纪滑动速率数据来约束，本研究收集了3600余个发表的GPS和断裂第四纪滑动速率数据，并根据连续样条函数方法求取了地表连续变形场（速度场、速度梯度张量场和应变率张量场）。然后根据得到的应变率分布图并考虑岩石圈构造特征，按照高应变率和厚岩石圈区域采取联合地表变形场和地幔变形场的岩石圈变形模式分析，定量分析出各个观测点的变形类型（左旋简单剪切变形、右旋简单剪切变形和纯剪切变形），并通过预测的各向异性参数与实测参数的对比来确定岩石圈壳幔力学耦合的程度；按照低应变率和薄岩石圈区域采用简单软流圈变形模式分析，依据预测的各向异性参数与实测参数的对比来确定导致各向异性的地幔流特征。

得到的横波分裂参数结果显示了青藏高原东缘上地幔各向异性特征，由北至南，快波方向分布显示阿拉善块体、鄂尔多斯块体西缘的青藏高原东北缘的快波方向主要表现为NW—SE方向，逐渐过渡到川滇西北部的近NS方向，以约26.5°为界，快波方向突然由北部的近NS方向转到南部的近EW方向。鄂尔多斯块体内部的快波方向在北部为近NS方向，南部表现为近EW方向，四川盆地的快波方向表现为NW—SE方向，夹在鄂尔多斯块体和四川盆地之间的秦岭造山带快波方向表现为近EW方向。从时间延迟分布来看，鄂尔多斯块体和四川盆地的时间延迟不仅明显小于其周缘地区，而且小于其他构造单元，反映了构造稳定单元的时间延迟小于构造活跃单元。通过比较快波方向的横波分裂测量值与地表变形场预测值，并结合研究区地质构造和岩石圈结构特征分析表明，在青藏高原东缘、阿拉善块体和鄂尔多斯块体西缘各向异性主要由岩石圈变形引起，地表变形与地幔变形一致，地壳耦合于地幔，是一种垂直连贯变形模式；岩石圈较薄的秦岭造山带和云南南部的各向异性不仅来自于岩石圈，而且板块驱动的软流圈地幔流作用不可忽视；鄂尔多斯块体和四川盆地深浅变形不一致，具有弱的各向异性、厚的岩石圈和构造稳定的特征，我们认为其各向异性可能保留了古老克拉通的"化石"各向异性。

本研究由国家重点研发计划（2017YFC1500200）和国家自然科学基金（41774061，41474088）资助。

中国大陆中强地震前后地震活动性演化研究

王宝善[1]　彭志刚[2]　李　璐[3]　侯金欣[3]

1. 中国科学技术大学，安徽合肥　230026；2. 佐治亚理工学院，美国　30332-0340；
3. 中国地震局地球物理研究所，北京　100081

近十年来，中国发生了数起震级较大（≥6.0）的灾害性地震，给人民生命财产带来重大损失。研究这些灾害性地震前后地震活动性的分布，可以更好地理解这些大地震的孕震过程，对这些区域的地震灾害风险性评估与防震减灾工作有很大帮助。如今，中国在区域固定地震台网与大震发生后临时余震监测台站的布设上有很大进步，拥有了一批观测质量良好的连续波形数据，但这些数据尚未得到充分利用。本研究中，我们引进国际上先进的资料处理方法，利用发展成熟的基于GPU加速的模板匹配滤波技术（matched filter technique，MFT），对2008年以来中国大陆地区6.0级以上地震发生前后的地震活动性进行完善和分析，研究其时空演化特征。截至目前，已完成黑龙江、西藏、新疆、云南地区的部分地震的扫描工作。以2014年8月3日云南鲁甸6.5级地震为例，匹配滤波扫描后，检测到的地震事件数量是原模板地震事件数目的近2倍，检测后余震的完备震级（M_c）从1.8降至1.1，地震监测能力得到有效提升。有些大震扫描后的地震事件数量甚至可以增加约20倍（如2008年10月6日西藏拉萨6.7级地震）。待全部大震事件扫描完成后，可以提供完备的地震目录产品。将地震目录与地震精定位技术相结合，可以刻画断裂带及震源区的精细结构；将地震目录与断层首波及剪切波分裂分析技术相结合，可以研究断裂带高分辨率结构及各向异性特征。对于中国大陆地区中强地震前后地震活动性演化的系统性研究，将使得我们对大地震孕育过程以及断层带结构之间的相互关系有更深刻和清晰的认识，为我国防震减灾工作提供指导。

作者信箱：wangbs@cea-igp.ac.cn

2017年9月4日临城M_L4.4地震震源参数及揭示的构造意义

李　赫[1]　谢祖军[2]　王熠熙[1]　王晓山[3]　董一兵[4,5]

1. 天津市地震局，天津　300201；
2. 中国地质大学（武汉）地球物理与空间信息学院，地球内部多尺度成像湖北省重点实验室，
湖北武汉　430074；
3. 河北省地震局，河北石家庄　050021；4. 河北经贸大学，河北石家庄　050061；
5. 中国科学院测量与地球物理研究所，大地测量与地球动力学国家重点实验室，湖北武汉　430077

北京时间2017年9月4日3时5分，在河北省邢台市临城县发生M_L4.4地震，与1966年邢台M_S7.2地震震中相距约60km，临城县北部、石家庄市赞皇县南部地区震感明显，山西省阳泉市等地均有震感。该地震是邢台地区自2003年以来最大的地震事件。一方面人们对1966年邢台地震的巨大灾害心有余悸，另一方面临城县相对来说处于少震、弱震区，因此临城M_L4.4地震引起了政府、社会和地震工作者的广泛关注。本次地震的发震构造是否与该地区之前的地震活动相一致，它对该地区的地震活动以及地震危险性有什么新的指示意义，是地震学工作者需要努力厘清的科学问题。

鉴于此，本研究采用多阶段定位法对临城地震序列进行了重新定位，然后利用gCAP方法反演了此次地震震源机制解和震源深度，并对该结果进行了可靠性分析，为了更好地约束主震震源深度，采用sPL深度震相对其进行精确测定。结果显示，临城地震序列主轴沿NE向分布，深度剖面揭示倾向SE，深度集中在6.5～8.2km，平均约7km。主震最佳双力偶解节面Ⅰ走向276°、倾角69°、滑动角−40°；节面Ⅱ走向23°、倾角53°、滑动角−153°，是一个带少量正断分量的走滑型地震。起始破裂深度约7.5km，矩心深度6km，多个台站观测到的sPL深度震相结果也验证了这一矩心深度，地震由深部向浅部破裂。结合区域地质构造资料和地震序列定位结果，我们认为节面Ⅱ为发震断层面。

根据现有发表的资料来看，临城地震序列周围存在多条活动断裂，但与此次地震发震断层均不相同。前人对1966年邢台M_S7.2地震全面深入的研究，可为确定此次地震发震构造提供有力的参考依据。邢台地震群的地震构造特点为：浅部存在张性断裂，中下地壳内存在高角度的隐伏断裂，但二者并不连通，被分布于中地壳的剪切滑脱面相分隔；震源位于深、浅部活动断裂与拆离带三者汇而不交的部位，该地震起始发震于中下地壳的陡倾角深断裂，之后向上撕裂到地壳浅部的伸展构造。从临城地震序列定位所揭示的地震破裂来看，该地震也具有从深部向浅部破裂延伸的特征，但是，由于该地震震级较小，所积累的能量不足以撕破滑脱构造面扩展至地壳浅部的断裂。另据临城—巨鹿深地震反射结果揭示了临城地区附近存在滑脱构造面，并且浅于1966年邢台地震震中附近的滑脱构造面，浅于5km。根据定位尤其是深度震相精确确定的震源深度结果，本次地震破裂发生在滑脱构造之下，表明临城地震可能与邢台大地震类似，发震在滑脱构造面下的一条隐伏断裂带上。由于滑脱构造的存在，使得上部脆性地壳和中、下部塑性地壳彼此相对独立，并对构造活动及应力的积累产生一定的影响，形成了上地壳与中、下地壳应力积累的不均匀性。当应力积累到一定程度时，中、下地壳的应力首先达到了极限，在中、下地壳内引起了深断裂的活动，当该断裂向上传播继续破裂时，受滑脱构造的阻挡，能量不足以撕裂滑脱面到浅部的断裂，从而导致了下部破裂终止于滑脱构造之下。

综上，受1966年邢台地震发震机理启示，临城M_L4.4地震的发震断层是该地区滑脱构造面之下的一条走滑兼具较小正断分量的潜伏断层。其构造意义为本次地震是深部断裂的一次应力调整，并没有导致深浅部断裂的贯通破裂，因此该地区仍然具有一定的地震危险性。

2018年9月4日伽师M_S5.5地震序列震源机制解及震源处应力场特征

李艳永　张志斌

新疆维吾尔自治区地震局，新疆乌鲁木齐　830011

本文采用新疆测震台网记录的数字波形，利用CAP和Snoke方法计算2018年9月4日伽师M_S5.5地震序列中M_S≥2.5地震的震源机制解，结合地震烈度等震线和双差重定位后的地震序列空间展布等特征分析了伽师M_S5.5地震的发震构造，反演了震源处应力场。结果表明：

（1）本文利用CAP方法反演伽师M_S5.5地震得到的最佳双力偶解为：节面I 走向49°，倾角90°，滑动角3°；节面II走向319°，倾角87°，滑动角–180°。结合地震烈度等震线和重定位后的地震序列空间展布等特征，认为伽师M_S5.5地震呈NE向的节面I 为发震断层面，属于左旋走滑断层。由于伽师强震群可能存在相互独立的深、浅两套断裂体系，其中浅部超基断裂深度为8.5～11.5km（徐朝繁等，2007），本文得到伽师M_S5.5地震的震源深度9km与浅部断裂所在的深度相符，因此伽师M_S5.5地震发震构造可能为浅部的超基底断裂。

（2）早期24次M_S≥2.5地震序列的震源机制解中有21次地震为走滑型，4次为正断型，说明绝大多数地震序列的破裂方式与主震相近，表明余震的应力场主要受主震震源应力场的控制。4次正断型地震位于伽师M_S5.5地震的扩张象限内，可能是伽师M_S5.5地震在NE向直立断层做左旋走滑运动，北盘向SW向运动，后端（NE向）受到拉张发生正断层错动的结果。

（3）震源机制解参数统计显示P轴方位在NNE向有明显的优势分布且仰角较小，T轴方位在NWW向有明显的优势分布且仰角较小，说明震源处主要以NNE方向的水平挤压和NWW向水平拉张作用为主。震源处应力场的反演结果显示最大主应力轴σ_1走向N17°E，近NNE向，倾角24°；中间主应力轴σ_2走向为N40°E，呈NE向，倾角64°；最小主应力轴σ_3走向为N69°W，倾角9°，应力结构为走滑型（图1）。这与周仕勇等（2001）得到的伽师震源区构造应力场结果基本一致。由于伽师M_S5.5地震序列震源深度主要分布在6～10km，而周仕勇等（2001）得到的1997年伽师震源区震源深度集中在（20±5）km，因此推测此次伽师M_S5.5地震序列表现的浅部应力场与周仕勇等（2001）所得出的震源区深部应力场是基本一致的。应力形因子R为0.17，说明震源处近NE向的中间主应力σ_2有一定的挤压成分。

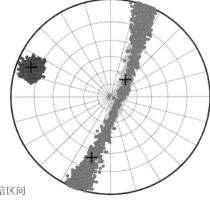

图1　伽师M_S5.5地震震源处应力反演结果的球面投影图

红色表示σ_1，绿色表示σ_2，蓝色表示σ_3，黑色十字表示最优解，彩色点表示95%的置信区间

2018年9月28日印度尼西亚M_W7.6地震构造应力场特征研究

崔华伟[1]   万永革[2]

1. 山东省地震局，山东济南   250014；2. 防灾科技学院，河北三河   065201

2018年9月28日，印度尼西亚帕卢地区发生M_W7.6地震，由于其造成了较大的伤亡和破坏，受到国内外学者的研究和关注。此次地震破裂长度超过150km，最严重地区集中在距震中约80km的帕卢地区。此次地震的破裂速度达4.1km/s，远大于地壳中剪切波的波速。本文基于前人多方面的研究结果，使用震源机制解反演帕卢地震及其周边的构造应力场，拟给出该地区较为精细的应力场参数、各个块体之间的相互作用模式、地球动力学意义及此次帕卢地震发生的构造应力场背景。

本文通过计算帕卢地震及其周边地区的构造应力场，得到压应力轴和张应力轴分布特征。压应力轴和张应力轴分布呈现出整体的一致性和局部的不均匀性，其可能反映了该区域受到不同块体的构造作用。经过分析，以纬度0°为分界，该区域构造应力场的压应力轴和张应力轴分布呈现南北分区的差异性。在分界线以北压应力轴向北倾伏以较大倾伏角NWW—SEE和NS向挤压，张应力轴向南倾伏，以较大倾伏角近NS向拉张为主，两个块体顺时针旋转速率不同，导致北部地区的应力机制类型以哥伦打洛断裂为界呈差异性。在分界线以南，压应力轴倾伏角偏小，整体上以近EW及NWW—SEE向挤压为主，张应力轴倾伏角较小以近NNE—SSW和NS向拉张为主，可能是深部地幔流引起的低速异常体上涌，也可能是地壳物质的横向（NNE向）逸出导致中部R值偏小。在分界线附近的西部和东部分别存在两个应力轴的偏转区域。西部地区的构造应力场与南北地区的构造应力场均不同，是南北区域应力场的交汇区域，易于地震的孕育和发生。西部地区块体间的相对旋转使得带有左旋走滑性质的帕卢—克茹断裂带存在拉张正断的机制，兼有正断的走滑断裂带使该断裂为超剪切波破裂的发生创造了条件。东部地区俯冲带深部地幔物质上涌在马纳都块体东部形成火山群，致使该区域的构造应力场以大倾伏角的上下拉张作用为主，显示出R值偏小且压应力轴发生大幅度旋转的现象。

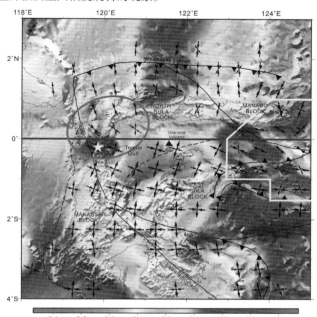

图1   帕卢地震及周边区域构造应力场压/张应力轴分布图

从应力演化角度讨论龙门山区域7级强震序列对芦山地震的影响

廖 力[1] 李平恩[1] 杨建思[1] 刘 盼[2] 奉建州[1]

1. 中国地震局地球物理研究所，北京 100081
2. 陕西省地震局，陕西西安 710068

计算包括同震静态库仑破裂应力变化以及震后粘滞松弛引起的应力变化等可以更好地解释余震分布、地震序列等地震观测结果。在芦山地震之前，从1900年以来龙门山区域发生了4次7级以上地震，分析这几次地震的同震应力变化以及震后粘弹性松弛对芦山地震产生的影响，芦山地震以后区域断裂带上的应力伴随强震如何演化，芦山地震与汶川地震的破裂空段呈现何种应力状态，探讨这些问题可能会为了解芦山地震震源处震前的应力状态及该区域未来地震风险评估提供一定依据。本文采用有限元数值模拟方法，根据地质构造、速度、密度结构深部反演结果以及GPS及应力观测资料等，建立龙门山地区三维粘弹性有限元模型进行研究。模拟结果显示：龙门山断裂带南段及鲜水河断裂带的库仑应力年变化速率在研究区域中相对更高，这与研究区域的地震活动性一致。芦山地震的前4次地震，除叠溪地震外，康定、松潘、汶川等三次地震在芦山地震震中位置产生的同震库仑破裂应力变化大于0，表明这三次地震可能促进了芦山地震的发生，汶川地震的同震库仑破裂应力超过了0.01MPa，同震触发效应十分显著。震间的粘弹性松弛对芦山震源处起加载作用，从1900年以来这种持续的加载作用也超过0.01MPa，因此在模拟应力演化的时候，介质的粘弹性松弛效应不能被忽略。从库仑破裂应力的角度计算龙门山区域断层的应力演化，可以发现龙门山断裂带上汶川地震和芦山地震破裂的空段，在芦山地震之后仍然属于相对应力水平较高的区域。

| 作者信箱：Liaoli@cea-igp.ac.cn

滇西北地区现今构造应力场特征研究

樊文杰　王光明

云南省地震局，云南昆明　650224

滇西北地区（26°~28°N，99°~101°E）位于青藏高原的东南隅，喜马拉雅—缅甸弧向东北楔入的前缘地带，也是欧亚和印度洋两大板块汇聚、消减、相互作用的边缘地带，地质构造和动力学环境十分复杂。因此，对这一地区及其邻近地区的新构造运动，特别是第四纪以来的活动构造及其力学机制的研究，一直是众多学者十分关注的课题。

本文搜集了2000年1月1日至2018年5月1日期间滇西北地区M≥3.0的205个地震的震源机制解，采用Michael提出的线性应力张量反演方法对研究区构造应力场进行反演计算分析，并结合前人的研究结果，分析研究滇西北地区现今构造应力场时空演变特征。

首先，依据世界应力图和中国大陆地壳应力环境基础数据库的划分标准对搜集到的震源机制解类型进行划分。结果表明，滇西北地区地震震源机制解类型复杂，主要以走滑型地震为主，占总数的46%，正断型地震次之，占比27%。

其次，根据搜集到的地震震源机制解，运用Michael的线性反演法对研究区进行了最优应力张量计算和区域分网格反演计算（以0.05°×0.05°进行网格化，每个网格节点及其周围至少有5个地震参与反演），反演结果显示，研究区的构造应力场为以NNW—近NS向挤压和ENE向拉张的走滑型应力结构，与前人研究结果一致，这也与该地区的断裂运动特征相符，最优应力张量反演结果见表1；滇西北地区的应力张量方差值基本在0.2以下，个别地区大于0.2，表明应力场处于均匀状态。

表1　研究区最优应力张量反演结果

最大主应力		中间主应力		最小主应力		应力类型
走向/°	倾角/°	走向/°	倾角/°	走向/°	倾角/°	
167.8	7.9	5.8	81.6	-101.7	2.5	走滑型

最后，依据应力张量反演计算结果，研究了滇西北地区构造应力场时空演变特征和应力张量方差的空间分布特征，进一步研究应力张量方差时空变化与地震活动的关系。从图1可以看出，当研究区的应力张量方差低于0.2时，往往会有5级以上地震的发生，并且地震大都发生在应力张量方差减小，即震源机制解趋于一致的过程中。

研究结果显示：①滇西北地区地震震源机制解类型复杂，主要以走滑型地震为主，正断型地震次之。②研究区的构造应力场为以NNW—近NS向挤压和ENE向拉张的走滑型应力结构，说明研究区受到来自NNW—近NS向的水平挤压作用。③根据应力张量方差随时间的变化情况来看，当研究区的应力张量方差低于0.2时，往往会有5级以上地震的发生，发生地点多在应力方差低值分布区及其边缘附近，并且地震大都发生在应力张量方差减小，即震源机制解趋于一致的过程中。

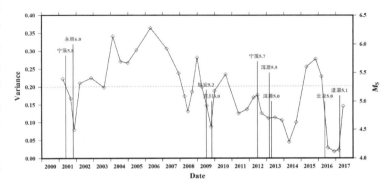

图1　应力张量方差随时间变化情况

洞庭盆地西南缘构造应力场研究

肖本夫[1]　祁玉萍[1]　敬少群[2]　陈立军[2]

1. 四川省地震局，四川成都　610041；2. 湖南省地震局，湖南长沙　410004

1. 方法及资料处理

1.1　研究方法

在计算过程中，我们利用了直达P波（Pg）和直达S波（Sg）引起的地动位移振幅比求解震源机制的方法。即：双力偶震源辐射的远场地震波位移在$r \sim \theta \sim \Phi$坐标系中观测点P处的（r, θ, Φ）分量为：

$$u_\theta = \frac{1}{4\pi\rho} \frac{1}{V_S^3} \frac{1}{r} \dot{M}\left(t - \frac{r}{V_S}\right) \sin\theta \cdot \cos\theta \cdot \sin 2\phi \qquad u_r = \frac{1}{4\pi\rho} \frac{1}{V_P^3} \frac{1}{r} \dot{M}\left(t - \frac{r}{V_P}\right) \sin^2\theta \cdot \sin 2\phi \qquad u_\phi = \frac{1}{4\pi\rho} \frac{1}{V_S^3} \frac{1}{r} \dot{M}\left(t - \frac{r}{V_S}\right) \sin\theta \cdot \cos 2\phi$$

式中，ρ为岩石密度，V_P和V_S分别是P波和S波的传播速度，r是表达位移的点至震源的距离；t为时间，当$t=0$时是力矩开始作用的时间（即断层开始错动的时间）；M为双力偶中一个力偶强度随时间的微商。u_r是P波的表达式，u_θ和u_ϕ分别是SV和SH波的表达式。

1.2　资料选取及处理

本文使用的地震波形数据来源于湖南省地震数字台网和中国地震局地震预测研究所。在该项工作中，研究选取2009—2017年发生在洞庭盆地西南缘及邻区的69个地震事件，其中震级最小的地震为$M_L 1.4$，最终挑选出记录清晰的41个$M_L 1.8$以上地震事件，地震事件满足至少1个台P波初至的直达波并同时被4个及以上的台站记录清楚的条件。研究中将得到的数字波形记录进行预处理，以理论走时表和台站事件相对位置为标定依据，选取震相清晰的台站波形，标注P波初动，量算得到P波和S波最大双振幅值。在选取波形记录时，主要利用了湖南地震数字台网和湖北数字台网共14个台的数字波形数据，这14个台站记录到的波形数据相对较清晰，且震中距不超过200km。

2. 结果及分析

2.1　震源机制解

地震的震源机制解不但与区域构造应力场有关，而且受震源区局部构造特征的影响较大，对小震更是如此。用P、S波振幅测定的洞庭盆地西南缘及邻区2009—2017年共41个1.8级以上的震源机制解参数，断层面的走向反映了断裂的走向，通过分析比较，该区域大部分地震的走向显示为近NEE—SWW向和NE—SW向，与该区域的地震断裂走向较为一致；滑移角反映了地震的错动类型，结合所做结果得到以逆冲型地震为主。

2.2　应力场特征

单个小震的震源机制解不足以说明区域构造应力场的情况，因此为研究区域构造应力的分布情况，必须将局部构造条件的影响压制掉，这需要借助一定的统计方法，对小震震源机制解参数总体特征进行判断。P、T、B轴反映了地震前后震源区应力状态的变化，是震源区的构造应力本身的一种体现，由不同深度的震源P、T轴分布能够有效估计地壳内部位于不同层的应力方向。我们将得到的41个震源机制解给出的参数进行统计分析，以15°为间隔进行归一频数统计分析，观察震源机制解各个参数在阈值内的分布情况。研究表明，该区域P轴走向在NNW（330°～345°）有一组主优势分布，在NE（45°）向有一组次优势分布，P轴的倾角集中分布在15°～30°之间；T轴在SSW（180°～195°）向有一组优势分布。

3. 讨论与结论

地震震源机制解的确定，对于区域构造、孕震环境及成因等具有十分重要的意义。本文通过搜集研究区域内2009—2017年小震的地震资料，根据P波和S波最大振幅比法反演了该区域41个小震的震源机制解，大部分地震的走向与该区域断裂的走向一致，断层以逆冲断层活动形式为主，该区主要受到NNE方向上的压应力，所得的结果与前人推断得到的构造应力场较一致。

 作者信箱：xiaobf_1986@163.com

断层协调比和定点形变在地震预测中的应用研究

李智蓉[1]　付　虹[1]　洪　敏[1]　李腊月[2]

1. 云南省地震局，云南昆明　650224；2. 中国地震局第一监测中心，天津　300180

断层协调比参数可以用来捕捉潜在震源区断层应变积累状态，从而识别系统是否处于稳态，对区域地震危险性做出判定。为保证结果唯一性，本文选择了两期差分值为基线水准改变量。这样计算的任一期协调比结果是从上期观测到本期观测时段的断层活动协调比，能很好地反映短期变化。假设离散变化幅度反映了断层趋于不稳定的程度，也就是协调比参数越离散，断层越不稳定，发震概率越高，统计类比协调比离散度高的时段与地震的关系，有可能在地震中短期判定中取得一些突破。本文采用断层协调比方法，对云南省内所有跨断层场地进行了计算，利用三倍标准差为阈值，统计分析协调比参数单项异常与云南省内6级以上地震关系。计算结果如图1所示，结果表明：在协调比单项参数出现异常后省内普遍有6级以上地震对应，对应率可达94%（31/33），但每个场地的协调比参数与地震对应率不尽相同，各场地协调比单项参数异常对后续6级地震发生危险性有一定的判断能力。另外，为研究协调比异常与定点形变显著异常是否具有时空相关性，本文将同时布设有跨断层测点和定点形变测点的楚雄、丽江、石屏、通海、永胜共计五个市县数据进行汇总分析。结果见表1：1982年以来省内发生的17次$M \geqslant 6.0$地震中有8次地震前上述五个台站有定点形变显著异常出现，且在此期间有6次断层协调比有准同步异常，占比29%（6/21），虽然比例不高，但

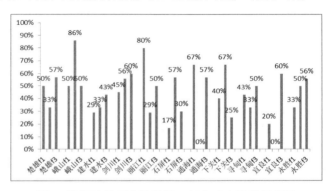

图1　协调比单项参数异常一年内对应地震概率图

是当准同步异常出现后，协调比参数异常结束后三个月内在台站周边150km内均有6～6.9级地震发生。该认识由于受统计样本限制，是否有普适性，还需大量资料统计验证。但从机理上分析，断层协调比异常，构造活动增强，同时区域定点形变异常，可能反映了震前震中附近确实有变形增强的特征。因此二者的准同步异常既可相互佐证有显著的变形出现、异常的可靠性，同时作为有震的必要条件物理意义也是清晰的。

表1　定点形变显著异常与协调比异常对应关系

地震	震前有异常的台站	异常测项	协调比准同步异常测项	震中距/km	协调比异常结束时间
1988.11.06澜沧—耿马7.6、7.2	楚雄/永胜	水管/水管	f2/无	301/439	1988.1/无
1993.01.27普洱6.3	楚雄	水管	无	234	无
1995.10.24武定6.5	楚雄/通海/永胜	地倾斜/地倾斜/地倾斜	f1、f3/无/无	127/195/181	1996.1/无/无
1996.02.03丽江7.0	石屏/通海/永胜	地倾斜/地倾斜/地倾斜	f3/无/无	455/432/85	1995.5/无/无
1998.11.19宁蒗6.2	永胜	水管、洞体	无	65	无
2000.01.15姚安6.5	楚雄/永胜	水管、洞体、水平摆/地倾斜	无/f1、f2、f3	100/129	无/1999.8，1999.12，1999.8
2003.07.21大姚6.2	楚雄	地倾斜	f1	115	2003.7
2001.10.27永胜6.0	丽江/永胜	洞体/地倾斜	无/f1、f3	83/45	无/2001.9，2001.10

分量钻孔应变观测的理论频响分析

张康华　田家勇　胡智飞

中国地震局地壳应力研究所，北京　100085

高精度钻孔应变仪是一种理想的地壳应变观测仪器，被认为能够在频率及灵敏度方面弥补GPS和地震仪。当前的分量式钻孔应变仪主要包括RZB型钻孔应变仪、YRY型钻孔应变仪以及Gladwin型钻孔应变仪，这些钻孔应变仪已经在美国PBO计划以及中国钻孔应变仪台网中得到广泛的应用，且已经在固体潮、慢地震、地震等方面取得了非常多的成果。

当前对于分量式钻孔应变仪主要利用理论固体潮进行标定，由于实际固体潮受区域因素影响，其与理论固体潮存在差异，因此理论固体潮进行钻孔应变仪标定时会存在误差。由波动方程可知，质点的运动速度与质点应变之比为地震波传播相速度。为了能够较为精确地对分量式钻孔应变仪进行标定，我们可以利用基于同孔下地震仪所测质点速度与分量式钻孔应变仪所测的质点应变对比进行动态标定。这种动态标定方法已经应用到利用线性应变仪、激光应变仪等测量表面应变波的研究当中。但这两种仪器的高频范围只在1Hz左右。由于分量式钻孔应变仪仪器结构的精密性，理论上其带宽远远高于线性应变仪。分量式钻孔应变仪带宽主要由钻孔及其内部应变计带宽决定。当地震波传播到钻孔表面时会发生散射，仪器所测应变为入射波及散射波引起的应变之和。本文引入空孔对入射平面弹性波散射模型来研究分量钻孔应变观测的理论频响，通过钻孔对弹性波的散射理论计算钻孔的直径变化情况。类似于分量钻孔应变静态观测，引入不同的钻孔直径变化的组合，来反映入射波的面应变和最大剪切应变。结果表明：不同的钻孔直径变化组合的理论频响由入射波的无量纲波数和钻孔周边介质的泊松比决定。分量式钻孔应变仪可以等效为低通滤波器。由各直径变化组合的1%带宽可以看出，如果仪器内部应变计带宽足够大，在仪器带宽频率范围内我们可以利用分量式钻孔应变仪对P波及S波进行定量测量。本文对发展高频地震学以及分量式钻孔应变仪标定提供了理论基础。

| 作者信箱：18810205030@163.com

俯冲带地震对板内活动断层应力分布和演化的影响

胡 岩[1] Roland Bürgmann[2] 赵 斌[3] 王 敏[4] Kelin Wang[5]

1. 中国科学技术大学，安徽合肥　230026；
2. University of California Berkeley，San Francisco，USA；
3. 湖北省地震局，湖北武汉　430071；
4. 中国地震局地质研究所，北京　100029；
5. Geologicalsurvey of Canada，Sidney，Canada

　　俯冲带大地震是我们了解地球内部（特别是岩石圈和上地幔）动力学过程的重要手段。一方面，俯冲带大地震产生的应力扰动场，横向可以远达数千千米，垂向可以到上地幔转换带。这些应力扰动场由于上地幔粘弹性松弛效应而随时间逐渐衰减，这导致岩石圈产生随时空分布和演化的震后形变场。从而可以通过震后形变场研究上地幔流变结构和性质，以及断层面应力重新分布而导致的震后余滑等动力学过程。另一方面，俯冲带大地震产生的应力扰动场也可能导致其他构造活动过程。例如，板内其他活动断层可能受俯冲带地震影响而更容易发生地震，导致余震呈与大地震破裂区域相关的时空分布。我们先后研究了1700年M_W9.0 Cascadia（地震周期末期）和2011年M_W9.0日本（地震周期早期）等地震震后动力学过程。我们建立了球坐标系下三维粘弹性有限元数值模型。该模型包括弹性上板块以及俯冲板片，粘弹性大陆和大洋上地幔，其中大洋上地幔顶部有一层80km厚的软流圈。震后断层面持续、无震滑动（震后余滑）通过附在断层面上2km厚的软弱薄层来模拟。上地幔及软弱层粘弹性应力松弛效应通过Burgers流变体来模拟。我们假设Kelvin粘滞系数比Maxwell粘滞系数低一个数量级。通过拟合2011年日本地震震后形变场我们得出地幔楔Maxwell粘滞系数在俯冲带附近为3×10^{19} Pa·s。在上千千米的大陆内部，大陆上地幔粘滞系数要高一个数量级。基于优化后的震后动力学模型，我们计算板内活动断层由地震导致的应力分布和演化。应力在空间上随同震破裂区域的距离而逐渐减小，在时间上由于不同动力学机制共同作用呈非线性演化。库仑应力分布和演化与活动断层的类型亦有一定相关性。在近场板内活动断层库仑应力可以高达数百kPa，离破裂区域上千千米的活动断层也可能产生几kPa至几十kPa的应力扰动。在1700年San Andres的Cascadia地震发生40～60年后，库仑应力达到最大值，这和古地震相关研究发现加州地震和俯冲带地震有一定的时间相关性。

盖州震群震源谱参数的稳健反演与应力状态分析

夏彩韵[1]　张正帅[2]

1. 辽宁省地震局，辽宁沈阳　110034；2. 山东省地震局，山东济南　250014

近年来辽宁地区地震活动密集复杂，特别是辽南地区（39°～42°N，121°～124°E）内震群发育显著，尤其是盖州震群，其地震活动从2012年开始直至2018年仍然持续，如此大规模的震群活动在国内尚属少见，其震群活动机理值得深入研究。本文选取2012—2018年期间盖州震群中58次$M_L \geqslant 3.0$的宽频带数字地震波形数据，首先采用高频截止（High-Cut）模型来反演拟合求解谱参数。在该模型中通过引入上限截止频率约束反演拟合过程，最终使用粒子群算法来稳健地获取震源谱的特征参数（零频极值Ω_0、拐角频率f_c、高频衰减系数γ、截止频率f_{max}）。然后，基于上述相对可靠的震源谱参数计算了盖州震群中$M_L \geqslant 3.0$地震事件的震源参数（地震矩、破裂半径、应力降等）。最后，结合该区构造环境对盖州震群的震源破裂特性以及应力状态发展趋势进行分析，对盖州震群的发震机理、震源破裂特性进行了讨论，为综合判断辽南地区潜在地震活动危险性提供震源特征方面的理论支撑。

我们共反演了盖州震群58次$M_L \geqslant 3.0$的谱参数，并计算了相应地震事件的震源参数。由于篇幅有限，图1仅给出4次地震的位移谱拟合结果，表1给出了4次地震的计算结果和参数95%的置信区间。初步分析得到以下3个结论：①盖州震群震级越小，受噪声干扰影响、其拐角频率的不确定性越大；②拐角频率与截止频率之间高频衰减系数γ大小，与震源区破裂复杂程度和破裂性质相关；③盖州震群的应力降明显偏小（最大不超过0.166MPa），可能反映了震中区域较低的背景构造应力水平，后续需结合该区构造特性和地质环境进行深入分析研究。

表1　盖州震群中4次$M_L \geqslant 3.0$地震事件震源谱参数

Table 1　Sourcespectrum parameters of 4 $M_L \geqslant 3.0$ events of the Gaizhouswarm

发震时间	震级		地震矩	拐角频率	衰减系数	截止频率	p	破裂半径R/m	应力降
	M_L	M_W	M_0/（N·m）	f_c/Hz	γ	f_{max}/Hz			σ/MPa
2012-02-02 05：16：57	4.7	3.13	5.539×10^{13}	1.082 ± 0.075	2.342 ± 0.136	7.571 ± 0.280	6.020	1204.7	0.014
2012-02-02 05：43：31	4.3	2.93	2.748×10^{13}	0.918 ± 0.059	2.150 ± 0.095	8.782 ± 0.287	6.392	1420.0	0.004
2012-02-02 08：14：51	3.5	2.32	3.329×10^{12}	1.426 ± 0.085	2.228 ± 0.113	10.189 ± 0.765	5.736	914.1	0.002
2012-02-02 16：34：48	3.0	1.91	8.130×10^{11}	2.351 ± 0.143	2.374 ± 0.179	12.970 ± 2.818	5.005	554.4	0.002

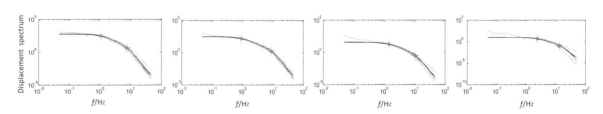

图1　盖州震群其中4次$M_L \geqslant 3.0$地震位移谱拟合结果

Fig.1　Theoretic（solid blue line）and observed（magenta）displacementspectra of 4 $M_L \geqslant 3.0$ events of the Gaizhouswarm

关中盆地的地壳应力场特征

王晓山[1]　闫俊义[2]　刘　春[2]

1. 河北省地震局，河北石家庄　050021；
2. 陕西省地震局，陕西西安　710068

　　关中盆地，又称渭河盆地，位于鄂尔多斯块体南缘，是鄂尔多斯、华南等活动块体差异运动的调节带，在我国现代构造变形的大陆动力学格局中具有特殊的地位。区域内发育了大量左旋走滑及正断性质的断裂，不仅控制着区域内构造应力场分布格局，同时对地震的孕育过程也具有重要的影响。地震的震源机制解携带有大量的震源应力场和震源破裂错动信息，是了解和认识震源及构造应力场状态的有效途径。因此，我们可以通过关中地区中小地震的震源机制解获取该区域应力场特征，进而探讨驱动该区域构造变形和强震发生的动力学机制。

　　本文首先收集整理了33.5°～35.5°N，106.5°～110.5°E区域内1972年1月至2018年6月 102 次$M_L \geq 2.0$地震的震源机制解。参照世界应力图的划分原则，根据震源机制解3个应力轴倾角的大小将震源机制解进行分类，分类结果表明：走滑断层型地震为27次，占26.5%；具有一定走滑分量的正断层和正断层类型为 36 次，占35.3%；具有一定走滑分量的逆断层和逆断层类型为 12 次，占11.8%；无法确定型27次，占26.5%。整个区域走滑型和正断层型占主导，大致占61.8%，与渭河断陷带现今的拉张状态相一致。

　　其次，基于中小地震震源机制解资料，使用ZMAP软件包自带的Michael的反演方法对关中盆地的应力场进行反演（图1）。结果显示，关中盆地的最大主压应力轴方位261.8°，倾角48.8°；中等主压应力轴方位74.3°，倾角40.9°；最小主压应力轴方位167.4°，倾角3.7°。关中盆地的最大主压应力轴与区域内的断裂近乎平行或者小角度斜交，应力状态为正走滑型，与震源机制解分类统计的特征类似，反映了青藏块体、鄂尔多斯块体之间复杂的动力作用关系。

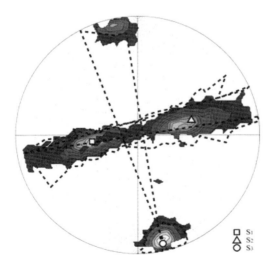

图1　关中盆地应力场反演结果投影

基于SM的数字化形变同震响应特征研究

熊峰 张建中 王亮

内蒙古自治区地震局，内蒙古呼和浩特 010010

以大青山山前断裂的呼和浩特，大兴安岭北、中、南段的海拉尔，乌兰浩特，赤峰四个台站的DSQ数字化水管倾斜观测资料为基础，应用统计方法（Statistical method，简称SM），研究了2008—2018年国内50个6级以上地震和150个全球7级以上地震共200个地震事件的同震响应特征。通过归化地震面波响应延迟时间、振幅、持续时间与震级、震中距之间的线性函数关系和判定系数，对定点形变观测不同场地的远场同震响应特征以及不同分析样本得出不同判定系数进行如下分析。

（1）面波延迟时间与震中距的关系。面波延迟时间，指在测点观测到的响应距离地震发生时刻之间的等待时间。该等待时间与地震面波的传播速度及震中距离有关。6级以上的50个地震同震面波延迟时间与地震震中距离回归计算后呈线性分布特征，最大判定系数台站为乌兰浩特，北南向0.7676，东西向0.3702；最小判定系数台站为赤峰，北南向0.2916，东西向0.1466。200个地震最大判定系数台站为乌兰浩特，北南向0.7562，东西向0.8160；最小判定系数台站为赤峰，北南向0.567，东西向0.5456。乌兰浩特震中距与延迟时间正相关，面波传播时间长，速度低。

（2）震幅与震级存在一定的线性相关，震例选取为国内50个样本时，四个台站的判定系数在0.4左右，最大判定系数为赤峰台0.4742；震例选取为全球200个样本时，四个台站的判定系数在0.2左右，最大判定系数为乌兰浩特台0.2874；震级与震幅的关系并非简单相关。

（3）持续时间与震级的关系特征。由于地震波传播路径复杂，当点位分布很不均匀、计算应变图形尺度存在显著差异时，对应变值进行统一的尺度归化，有利于客观真实地反映应变场空间分布的非均匀性。本文同震响应持续时间选取含最大振幅的同一组波到达时间作为研究对象。震例选取为国内50个样本时，四个台站的判定系数在0.2左右，最大判定系数为乌兰浩特台0.3091；震例选取为全球200个样本时，四个台站的判定系数在0.2左右，最大判定系数为呼和浩特台0.3095。持续时间与震级的关系并非简单相关。

2018年5月28日吉林松原M_S5.7地震距离乌兰浩特台226km，乌兰浩特同震形变面波低速现象应与该地震有一定对应关系。

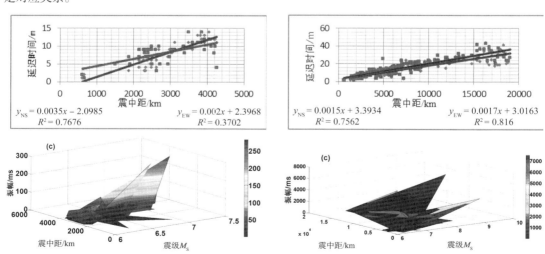

乌兰浩特震中距与面波延迟时间、震级、振幅特征对比

基于剪切波分裂的张渤断裂带中段地壳应力场特征研究

孙海霞[1] 高 原[2]

1. 北京市地震局，北京 100080；
2. 中国地震局地震预测研究所，北京 100036

张家口—渤海断裂带（简称张渤断裂带）属于华北地区北部由多条横跨山区、平原和海洋的不连续且呈NW向分布的断裂带组成的重要地震带，此断裂带与该地区很多NE向断裂带呈共轭式分布。很多研究证明，张渤断裂带对华北地区北部强震的孕育和形成起着关键性作用。因此对张渤断裂带中段进行地壳应力场特征研究将对首都圈地区活动构造研究及防震减灾具有重要的理论及实际意义。

本研究基于2008年1—4月记录到的首都圈地区（39°～41°N，115°～118°E）M_L1.0及以上的1594条地震波形数据（数据来源于中国地震局地球物理研究所国家测震台网数据备份中心），利用地壳剪切波分裂系统分析方法——SAM方法进行了详细分析，获得了张家口—渤海断裂带中段地区（西北怀来山区，中部平原地区，东南平原地区和东北燕山地带）的地壳介质各向异性参数。该方法在相关函数分析基础上增加了时间延迟校正和偏振分析检验。SAM方法对观测资料质量要求较高，并要求波形记录落入剪切波窗口内。虽然该研究区域沉积层较厚，地震波形质量欠佳，信噪比不高，但是，近年来，随着测震台网技术的快速发展，首都圈地区台站密度有了很大提高，此条件比较有利于SAM方法的研究。由于地壳表面沉积层的影响（首都圈地区沉积层较厚），简单按单层介质计算，我们选择入射角小于等于55°范围内的地震射线，即可满足剪切波窗口的要求。计算中有819个地震事件入窗口，共得到59个台站的剪切波分裂参数。为了保证数据分析的可靠性，我们选择有效波形记录超过3条的台站进行研究，最终得到了43个固定台站共656条有效波形记录的剪切波分裂参数。

由于剪切波分裂中的快波偏振方向与测点的最大主压应力方向平行，因此根据各台站的快波偏振方向可以研究区域的最大主压应力场特征。根据以上计算结果，我们对剪切波分裂结果数据进行了详细而认真的分析处理，最终得出了张家口—渤海断裂带中段地区快剪切波平均优势偏振方向为82.015°±37.584°，这与华北地区NE向背景应力场结果一致，与华北地区GPS主压应变测量结果相近，这说明了我们研究结果的可靠性。在该研究中，依据地质地形条件我们将研究区域划分为四个分区：一区——西北怀来山区（14个台站），二区——中部平原地区（12个台站），三区——东南平原地区（12个台站）和四区——东北燕山地带（四个台站）。其中，一区的快剪切波平均优势偏振方向为79.367°±31.417°，除个别台站外，大部分台站的偏振优势方向为NE向，与背景应力场一致；尽管二区快剪切波平均优势偏振方向为82.038°±41.286°，但是从等面积玫瑰投影图可以看出该分区快波优势偏振方向十分不明显，由此可显示出该区域地壳构造的复杂性和应力场的无规律性；三区快剪切波平均优势偏振方向为87.575°±35.093°，从等面积玫瑰投影图上可以看出，大部分台站优势偏振方向为NE向，少数台站存在NW向的优势偏振方向，这体现了该区域应力场两种方向的特征；四区台站处于燕山台体，快剪切波平均偏振方向为75.767°±21.064°，偏振优势方向为NE向，与背景应力场一致。另外，根据结果可知，从西北一区到东南三区，各分区快剪切波平均优势偏振方向呈顺时针旋转，这是张渤断裂带中段地区应力场变化的一个明显特征。

本研究由北京市地震局科技项目青年专项（QN04HX）资助。

基于同孔面波记录的钻孔应变观测原位校正方法初步研究

胡智飞　张康华　田家勇

中国地震局地壳应力研究所，北京　100085

　　高灵敏钻孔应变观测对于研究地震、火山喷发等自然灾害孕育、发生过程具有极其重要的意义，已经广泛应用在一系列科学和业务观测网络中。高灵敏钻孔应变仪通常被安装在百米深的基岩钻孔中来避免地表干扰，并使用膨胀水泥将仪器探头与基岩耦合在一起。当均匀地壳应力场发生变化时，通过直接测量仪器探头套筒的内径或体积变化（仪器应变），基于小孔应力集中模型来得到均匀地壳应变场（远场应变）的变化。仪器测量应变场与地壳应变场之间的关系可以通过校正矩阵K表示。由于钻孔应变仪安装状态很难测量，因此校正矩阵K必须通过原位校正的方法来获得，即以一个已知应变场作为参考，与仪器应变做对比。目前校正矩阵K的原位校正大部分采用理论地球固体潮的计算应变作为参考应变，但由于理论地球固体潮的计算受地球模型、海洋潮汐模型、地形的影响较大，从而导致校正结果可靠性很难估计。

　　为了推进钻孔应变观测原位校正精度的提高，本文基于质点的运动速度与质点应变之比为地震波传播相速度这一原理，利用美国PBO计划观测记录，开展了基于同孔地震波记录的钻孔应变观测原位校正方法研究。由于美国PBO计划中分量式钻孔应变观测仪安装钻孔中同时安装了地震仪，且相距非常近，相对于地震波波长，地震仪和分量式钻孔应变可以近似为安装在同一点。此外，由于地震面波波长较长，钻孔周边小尺度结构各向异性对其影响较小，故本文选取地震面波记录开展钻孔应变观测原位校正方法研究。选取台站为PBO中位于美国西部观测质量较好的台站，且为了保证面波记录的易识别性和有效性，选择震源深度在40km以内，距离台站$D \leqslant 40°$的地震事件。基于钻孔对面波的散射模型，采用最小二乘法将地震仪记录与同孔应变仪记录比较，得到校正矩阵K。与基于固体潮的原位校正方法进行了比较，讨论了该方法的适用性，初步验证了本方法的可行性。

基于应力转移触发的地震危险性研究

李昌珑　高孟潭

中国地震局地球物理研究所, 北京　100081

基于应力转移的模型与基于准周期复发的模型一起组成了时间相依的地震危险性分析的两个分支, 能够为中长期地震预测提供参考。Reid（1910）提出的大地震复发的弹性回跳理论, 从地震能量积累和释放的角度指出大地震的复发具有准周期性。之后, 许多地震学家对大地震的发生率展开了研究。Matthews等（2002）从断层应力积累速率、应力转移和触发的角度提出了大地震复发的布朗过程时间（Brownian Passage-Time, BPT）模型。

BPT模型认为, 断层受到突然的扰动可能改变大地震的复发时间。卸载式的扰动可能使大地震的复发时间延后; 而加载式的扰动可能使大地震的复发提前; 如果加载到临界状态则会直接触发大地震发生。在现实中, 卸载式的情况对应于断层上发生一次强震; 加载式对应于周边一次地震对断层状态的加载。

对强震造成的大地震延后Δt时间的大地震复发的概率密度函数变为

$$f(t - \Delta t) = \sqrt{\frac{\mu}{2\pi\alpha^2 t^3}} \exp\left[-\frac{(t-\mu)^2}{2\alpha^2 \mu t}\right] \tag{1}$$

式中, μ为大地震平均复发周期, α为大地震复发的不确定性。即假设强震发生后断层的状态回到了Δt时间前的状态处, 之后继续按原先的方式积累。对于大地震时间提前和触发的计算公式与之类似。

应力扰动对大地震发生率的变化可根据Dieterich（1994）提出的应力扰动与地震活动率$R（t）$关于时间t的函数关系式计算:

$$R(t) = \frac{r}{\left[\exp\left(\frac{-\Delta\sigma_j}{A\sigma}\right) - 1\right]\exp\left(\frac{-t}{t_a}\right) + 1} \tag{2}$$

式中, r为扰动发生前的地震活动率。$\Delta\sigma_j$为库仑应力变化, A为断层结构参数, σ为正应力, 根据这一思想, 本文对强震产生的断层大地震发生率的变化进行了定量研究, 并且以鲜水河断裂带和鄂尔多斯块体周缘的几次强震为例, 比较了两种模型的计算结果。在2017年新疆精河$M6.6$地震后重新估计了周边地区断层的大地震发生率。得到以下结论:

（1）一次强震对本断层和周边断层的影响作用使其大地震发生率的改变量可以通过库仑破裂模型计算, 复发期望时间的提前量可以通过BPT模型计算。模型的计算结果与实际震例相符。两种模型相互验证, 具有一定的置信水平。

（2）2014年康定$M6.3$地震使鲜水河断裂带乾宁—康定段的大地震复发期望时间延后了36年, 使磨西断裂的大地震复发期望时间提前了9年, 未来50年的大地震的危险性较高。

（3）1920年海原地震使六盘山东麓断裂的大地震期望复发时间提前了约800年, 当前该断裂的大地震危险性较高。1626年山西灵丘7级地震使五台山北缘断裂的大地震复发期望时间提前了约50年。该地震对1683年山西原平7级地震的发生有一定推动作用, 但不足以触发原平地震, 可能需考虑1654年甘肃天水南8级地震的影响。

（4）2017年精河$M6.6$地震使伊犁盆地北缘断裂的大地震复发期望时间提前了约50年, 当前地震危险性较高。

本研究由中国地震局地球物理研究所基本科研业务费专项（DQJB17T04）、国家自然科学基金（41704045）联合资助。

利用地震横波分裂参数标定地壳深浅部应力状态

雷 军 焦敬悦 郑毅权

北京大学地球与空间科学学院，北京 100871

迄今为止，地震方法获取数千米以下地球介质现今应力状态的主要途径是利用地震震源机制解。无论地震处于几千米、几十千米还是更深的深度上，地震震源机制解都能获得与发震最相关的应力信息。其结果不仅揭示出构造运动方式、构造运动水平在不同地区存在差异，同时也揭示出应力状态在强震发生前后的某些粗略的调整、变化。

20世纪，每年仪器记录全球地震大约为500万个。这显示地球内部运动一刻也没有停顿过。相比之下，已经获得震源机制解的地震数量十分有限。而且，地震震源机制解给出的只是地震发生时刻震源附近有限区域的应力状态，在空间上都只是一个孤立的点，在时间上也只是一个孤立的片段。因为，我们既无法通过震源机制解追溯地震发生前震源附近应力积累的过程，也无法通过震源机制解构建地震发生后应力释放、调整所达成的新的应力状态。这导致即使在一个地震活动具有一定周期性的地区，或在一个强震频繁且空间分布较为集中的地区，即使已经布设了密集观测台网，地震学家依然难以在每一次强震后对该地区地球内部应力场的变化，以及下一次强震的应力积累过程及程度进行可靠的评估。

20世纪80年代，由于地震各项异性与横波分裂研究的兴起，在方法和理论上为广泛探测和提取观测台站下方不同深度地球内部应力场提供了全新的可能。横波地震学理论揭示，在各向异性介质中，地震横波将分裂为速度和偏振各异的快慢横波。其中，快横波的偏振方向与形成地震各向异性和产生横波分裂现象的地球内部应力场方向相关。不同观测台站其快播偏振方向的不同，是观测台站下方最大主压应力场方向存在差异的反映；分裂横波中的快横波和慢横波的到时差反映介质的各向异性强度，即地球介质在差应力作用下弹性特征偏离各向同性的程度，与介质中应力场大小呈线性关系；到时差随时间的变化信息直接显示应力场大小随时间的改变。

过去数十年，地震学家已经从穿过地壳、地幔和地核的横波记录中确认出地震各向异性在地球深浅部的广泛存在。目前，横波分裂参数中快波偏振方向与全球或区域构造运动方向的其他观测结果吻合得到了广泛的确认。但是，与快波偏振方向测量结果的稳定性相比，横波快慢波到时差的测量一直存在着较大的困难和争议。主要呈现为到时差测量结果难以克服的离散现象。即使在同一个地区或观测台站，无论地壳内的横波S，还是经过地幔的ScS、SKS、SKKS横波，其到时差测量的差异大约都在一个数量级。

在近场横波研究中，产生横波到时差离散现象的主要成因如下：①各向异性介质中快慢横波偏振的固有非正交、似非正交问题；②分层介质和非均匀介质中近场观测不可忽视的纵横波路径非正交问题。这两点直接影响了到时差测量的准确性和稳定性；③长期以来，横波发生分裂的下界面深度不能有效估计的难题也一直困扰着横波归一化到时差的计算。要准确估计横波归一化到时差，首先需要确定横波发生分裂所在的下界面深度以及各向异性分层界面深度。归一化到时差是描述地壳深浅部应力状态的基本参数。

经过多年探索，我们在地震波非正交条件下更可靠提取横波到时差的工作取得了一定的进展，近期我们发展了可靠确定横波分裂下界面深度的方法，并直接提取到强震前后应力积累和释放过程中横波参数的时间变化，清楚地看到了新西兰南岛北部地区强震发生前后应力积累和释放的某些细节，确认一次7.8级强震后应力释放对介质各向异性强度的影响范围超过50km。并进一步对分层各向异性介质中横波多次分裂的分段路径长度的确定进行了理论探索，基本解决了对观测台站下方不同深度分层各向异性介质中应力场参数的提取。在对北美夏洛特皇后群岛的横波分裂研究中，通过同样一次7.8级强震发生前后两个观测台站横波分裂参数及其各向异性变化的对比，确认该地区强震前后其应力的调整主要发生在俯冲板片层内，而在俯冲板片的上部洋壳和下部岩石圈地幔的顶部分层中都没有应力的改变。

这些进展为标定每一个观测台深浅部现今应力场状态、跟踪应力随时间的改变、对比在不同观测台站之间应力场相对大小及其时间变化提供了可靠保障。只要有横波数据，就能获得台站下方地壳内的应力状态。

马边—永善地震带地震精定位与震源机制解特征研究

祁玉萍　龙　锋　肖本夫　路　茜　何　畅

四川省地震局，四川成都　610041

　　马边—永善地震带位于地质历史上相对稳定的扬子地台内，北起四川马边向南至云南永善一带，属于青藏高原东侧一条重要的构造带（张世民，2005）。和其他构造带相比，马边—永善地震带地质构造十分复杂，整个地震带不存在一条贯通的大型活动断裂带，而是由多条沿NS—NNW向展布的纵向断裂和沿NE向的横向断裂组合而成，其中包括：峨边—金阳断裂、玛瑙断裂、中都断裂、大毛滩断裂、中村断裂、雷波断裂带等（韩德润，1993；曹忠权，1993；张世民，2005）。该区域历史地震活动较为活跃，有发生强震活动的历史背景（韩竹军，2009），自2013年以来区域内小震震群活动持续活跃，2.5级以上地震的活动水平显著增强，有研究认为金沙江溪洛渡水库的蓄水对于该地震带内的发震构造背景和断裂活动有一定的影响（刁桂苓等，2014）。

　　研究中以马边—永善及邻区（103.3°～103.9°E，27.9°～28.9°N）为研究对象，采用四川、云南、重庆43个地震台站的数据资料，基于"多阶段定位方法"（Long et al.，2015）对2013年以来的小震进行精定位，利用CAP（Cut And Paste）波形反演方法（Zhao and Helemberger，1994；Zhu and Helemberger，1996）和P波初动+振幅比（HASH）法（Hardebeck andshearer，2002）确定得到115次研究区域的$M_L \geqslant 2.5$地震的震源机制解，并使用阻尼系数反演方法，开展区域构造应力场的反演。

　　根据计算结果，结合GPS、构造地质、地球化学等地球物理的已有研究成果，综合分析马边—永善地震带及周边地区和主要活动断裂所显示出的震源性质特征。得到以下主要认识：采用"多阶段定位方法"对马边—永善地震带2009年以来发生的1273次地震进行重新定位，获得1019次地震精确重新定位结果。相比初始结果，精定位结果在空间分布上成丛分布，在峨边—金阳断裂带南段和玛瑙断裂及附近区域地震更为密集；震源深度分布特征显示，重新定位的深度集中在15km范围内，深度相对较浅，表明地震发生的脆性破裂层主要位于中上地壳；基于HASH和CAP方法反演得到115个M_L2.5以上地震的震源机制解，马边—永善地震带及邻区震源机制解类型主要以走滑地震为主，正断型次之，逆冲型最少；区域应力场空间分布表明，研究区域的区域应力场主要以走滑为主，最大主应力方向为NWW—SEE向，最小主应力场方向为NNE—SSW向，两应力轴近垂直，以走滑构造应力环境为主，与构造运动特征具有较好的一致性，表明马边—永善地震带现今区域应力场主要受大尺度的构造运动及动力作用控制。

石榴石—林伍德石蠕变解释俯冲带600km深震分布

许俊闪

中国地震局地壳应力研究所，北京　100085

深源地震机制是固体地球科学中的重大科学问题（Green and Burnley，1989；Frohlich，1989；Karato等，2001）。研究深源地震机制不但有助于深入了解板块俯冲、地幔对流等动力学过程，还有助于理解浅源地震的发生。深源地震多发生在俯冲带且数量随深度增加而减少，但在400km以下又开始增多，在600km附近达到峰值。目前，深源地震的三种机制，即脱水破裂、反裂隙断层和剪切热失稳都没有对600km深源地震数量增多现象给出合理解释，也无法解释冷俯冲板块（西太平洋）和热俯冲板块（东太平洋）地震随深度分布的差异。

在本研究中，我们通过数值模拟方法研究了二维majorite型石榴石和林伍德石组成的双矿物模型。模型为粘—弹—塑性的热动力学矿物模型，其中塑性变形部分主要考虑幂指数和佩尔斯机制两种蠕变形式。模型中石榴石与林伍德石矿物体积比为40%：60%，模型内部矿物相属性随机分布，模型初始施加差应力为100～1000MPa，初始温度为700～1200K，并考虑非各种热过程影响，包括辐射热、剪切热等。模型计算基于有限差分代码I2ELVIS（Gerya，2010），该程序结合了有限差分和质点网格技术，主要通过在欧拉网格系统内解二维斯托克斯流体方程、物质守恒方程及热量守恒方程，通过拉格朗日运动点传递物理属性，欧拉点插值速度场等方法求解。

我们的研究结果表明，相对较硬的Majorite石榴石积累的应力和能量为地震形成提供必要条件，相对较软的林伍德石主要积累应变。这样，两种矿物的流变特性差异大大加速了600km深度俯冲带的剪切应力发展。在以西太平洋为代表的冷俯冲板块中（700～900K），较软的林伍德石可能会扮演类似流体的角色而加速地震滑动的产生。在以东太平洋为代表的热俯冲板块中（1000～1200K），石榴石的高剪切强度保证了在1000多开氏度的高温下仍能持续积累应力，为地震的形成提供应力基础。我们的研究结果为俯冲带深部地震机制和600km深度地震突然增多提供了新的见解。

作者信箱：xjsn@email.eq-icd.cn

天山中段断层地壳应力特征研究

韩桂红[1]　滕海涛[1]　张红艳[2]

1. 新疆维吾尔自治区地震局，新疆乌鲁木齐　830011；
2. 中国地震局地壳应力研究所，北京　100085

　　跨断层形变测量是反映地壳局部构造变形、应力状态改变的重要手段之一，它对研究现代地壳运动、了解断层现今活动方式和特点，提取有效的地震前兆信息有一定的意义，以期为地震预报提供一定理论指导。由于天山地区远离大陆碰撞边界，对该区域构造变动的方式、幅度与变形速率、地壳应力等科学问题的探讨，更是深入认识大陆内部造山带变形机理的主要内容，因此开展天山断层地壳应力特征研究具有重要意义。

　　本文对天山中段2个跨断层测点的形变观测资料进行处理，提取断层活动的3个基本参数，即水平扭动量、垂直向变化量、水平向变化量，继而计算滑动角数据；利用断层滑动的位移数据，采用"将断层两盘作为不变形的刚体来分析断面相对滑动与地表两盘点位相对位移的定量关系"的方法，利用滑动拟合法（谢富仁等，1993）进行反演计算，得到各测点应力张量的4个特征参量，即3个主应力σ_1、σ_2、σ_3的方向和相应的应力形因子R，从而分析天山地区地壳应力的应力方向、应力结构等基本特征；结合观测范围涉及区域内霍尔果斯—玛纳斯—吐谷鲁断裂、北轮台—辛格尔断裂其他资料，探索天山地区所处的地壳应力环境。

　　研究结果表明，天山中段地区2个测点处地壳应力状态的基本特征为：呼图壁测点的应力结构为走滑型，表现为NNW—SSE向的挤压和NEE—SWW向的拉张；库尔勒测点的应力结构均为逆断型，表现为NNE—SSW向的挤压。该区域震源机制解资料反演结果表明天山中段区域构造应力场的基本特征是主压应力P轴近南北向，倾角较小；主张应力T轴倾角较大，显示区域应力场主要受南北向水平挤压作用。这一结论与本文由断层滑动资料反演计算得到的结果基本一致。两类不同应力资料反演得到的构造应力场特征具有较好的一致性，表明该区域在一个较长的地质时期内构造应力作用存在一定的稳定性（表1）。

表1　呼图壁和库尔勒断层位移矢量拟合的三维应力参数

测点名称	σ_1		σ_2		σ_3		应力形因子R	平均$<s，t>$/（°）	应力结构
	方位/°	倾角/°	方位/°	倾角/°	方位/°	倾角/°			
呼图壁TA2	340	19	147	72	253	8	0.500	28	SS
库尔勒TB2	216	8	119	30	316	60	0.544	6	TF

　　表中$<s，t>$为滑动矢量与拟合出的剪应力之间的夹角。SS：走滑型；TF：逆断型；TS：逆走滑型。

小浪底库区近场地震活动特征分析

闫俊岗 张建国

河北省地震局邯郸中心台，河北邯郸 056001

地震分为天然地震和诱发地震。在水利水电工程中，因水库蓄水而引起水库区及周缘的地震活动，被称为水库诱发地震（丁原章等，1989）。丁原章等（1989）统计发现，1989年以前全球曾发生120余次水库诱发地震，最大的水库地震为印度柯依那水库6.5级地震，其中中国有22例水库地震，最大为1962年广东新丰江水库6.2级地震。秦嘉政等（2009）研究发现，水库地震中发震水库为大中型水库的比例较少，且全球分布比较广泛，在构造地震活动比较频繁和相对平静的少震、弱震地区均会发生。目前，产生严重破坏的5~6级水库诱发地震，已引起各国政府、水利工程师及地震学者的高度关注，并进行了广泛研究（Gough et al.，1970；Raleigh et al.，1976；Gupta et al.，1985；郭贵安等，2004）。

本研究统计整理小浪底库区近场地震，对地震位置进行精确定位，并计算较大地震的震源机制解，结合水库地震的活动特点，对地震活动和震源机制特征进行分析，认为小浪底库区地震活动具有水库地震特征，且同时受区域地质构造影响。

小浪底库区地震活动近年来以中小地震为主，近库区地震一般在3级以下，属微破型水库诱发地震；波形记录表现出高频、衰减快等特点，具有水库诱发微小地震的特征。从空间分布上看，小浪底水库地震主要集中在库区中段，且位于水库边缘，呈团状散布，一般认为，该区地震的发生是由库水沿断裂带渗透所致。

小浪底库区震源机制分析显示，主要以逆断或走滑断层为主，较大地震的节面展布方向与区域构造一致，说明库区的地震活动同时受到区域构造的影响。

由地震精定位结果可知，震中分布和震源深度均表现出分段特征，可认为是当地地质环境的真实反映，这为确定小浪底库区发震层厚度、活动地块下部边界、地震成因机制以及地震危险性等，提供了重要的基础数据。

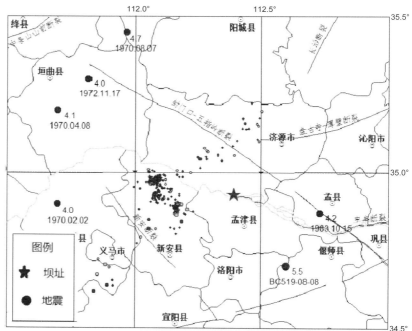

图1 2008年10月—2012年12月地震重定位后震中分布

作者信箱：cola88@126.com

2001年M_W7.8昆仑山地震破裂扩展与流体压力关系

何建坤　王卫民　肖　捷

中国科学院青藏高原研究所，北京　100101

地震破裂是地震学研究中最基本问题之一，它不仅关系到地震震级的大小，同时还关系到地震强地面运动和灾害。2001年M_W7.8昆仑山大地震是一个发生在青藏高原北部，同震破裂以左旋走滑为主的地震。地震波形和大地测量等数据联合反演结果已经揭示，该地震沿昆仑断裂的破裂始于布喀达坂—太阳湖一带，之后不断向东扩展，并在西大滩断层和昆仑山口断层交接处沿着昆仑山口断裂发展。基于这一基本破裂扩展格局，在综合分析研究区现有资料基础上，本研究建立了一个三维孔隙弹性有限元模型。通过计算瞬态破裂扩展过程中断层带流体压力的变化，发现该地震破裂扩展从昆仑断裂向昆仑山口断裂发展的动力学机制可能与流体压力变化导致断层在不同几何形态段发生unclamping的程度不同有关。这暗示在地震过程中，流体压力的变化将对地震破裂速度、地震破裂扩展方向等有重要控制作用。

2008年汶川地震中北川地区极重灾害的动力学机制

朱守彪　袁　杰

中国地震局地壳应力研究所, 北京　100085

通常情况下, 震中距越远, 震害越轻。但在2008年汶川特大地震中, 远离主震震中超过100多千米的北川地区遭受的地震灾害最为严重。是什么导致了这种不正常的现象? 尽管汶川地震已过去十多年了, 但地震界对这个科学问题至今没有给出很好的答案。

汶川地震主要是龙门山断裂带的中央断裂 (即映秀—北川断裂) 错动的结果。从地图上看映秀—北川断裂带总体上为沿北东向的一条直线。但是, 从基于大地测量、测震学等资料反演的汶川地震破裂模型看, 映秀—北川断裂带在高川地区向右发生了拐折, 下文称为"高川右弯"。

为研究远离震中的北川地区地震灾害特别严重的原因, 考察高川右弯对整个汶川地震破裂过程中所起的作用, 文中将采用有限元方法对汶川地震的破裂动力学过程进行数值模拟。

由于汶川地震中断层破裂规模巨大, 断层几何形状复杂多变, 既有平面也有曲面, 断层面倾角自南向北也不断发生变化, 此外断层在空间上还存在不连续性分布等多种特征。研究中, 为抓住主要矛盾, 重点突出高川右弯对北川地区地震灾害的影响, 文中将实际的三维地质体简化为二维模型 (通过震源的水平面); 此外我们仅考虑汶川地震的主要发震断裂——映秀—北川断裂, 其他的断裂带 (如山前断裂带等) 均不予考虑。 另外, 为简单起见, 模型中的介质选取为均匀各向同性的线弹性材料, 初始应力场假定为均匀, 断层面上的摩擦关系取为滑移弱化的摩擦本构关系, 模拟中计算的时间步长取为 0.0001s。

模拟结果显示, 高川右弯对于汶川地震的破裂过程起着非常关键的作用, 高川右弯不仅没有阻碍地震破裂继续前行, 反而促进地震破裂的传播, 导致了断层破裂由亚剪切波速度 (破裂速度约2.79km/s) 转换为超剪切速度 (速度约5.02km/s), 并且转换过程不需要时间停顿。由于超剪切破裂的产生, 形成马赫波, 导致地震动被显著放大。同时计算给出的强地面运动峰值加速度等值线云图空间分布也显示, 峰值加速度大小与断层破裂速度密切相关, 亚剪切破裂引起的峰值加速度数值小, 强地面运动在空间衰减快; 但超剪切地震破裂产生的地面运动峰值加速度数值大, 并且在空间衰减慢。北川地区由于其断层产生了超剪切破裂, 所以在北川及周边地区的峰值加速度量值大、分布范围广, 从而造成北川地区的地震灾害特别严重。

此外模拟结果还发现, 若映秀—北川断裂带上不存在高川右弯 (即断层面平直), 则断层不会产生超剪切破裂, 也就不会在北川地区造成特别严重的地震灾害; 若高川右弯的不连续程度增大, 则其会阻止破裂继续前行, 破裂会在此终止, 这样北川地区也不会发生严重的地震灾害。但是, 若高川右弯附近的断层全部贯通 (不存在间断), 那么不仅会促进超剪切破裂的发生, 而且产生的超剪切破裂还会返回向映秀 (震源) 方向传播, 原先愈合的断层会重新发生破裂, 这种情形会造成更为严重的地震灾害。因此, 本文的模拟结果将有助于对汶川地震破裂过程的认识, 有助于理解为什么远离震中的北川地区地震灾害特别严重。

本研究得到国家自然科学基金项目 (41574041, 41874060)、中央级公益性科研院所基本科研业务专项 (ZDJ2017-08) 以及北京市自然基金 (8152034) 共同资助。

2015年尼泊尔Gorkha M_W7.9地震与Kodari M_W7.3地震的强地面运动模拟与余震动–静态应力触发研究

赵由佳[1,2] 何建坤[1] 王卫民[1] 徐杜远[1,2]

1. 中国科学院青藏高原研究所，北京　100101
2. 中国科学院大学，北京　100049

　　Gorkha和Kodari地震是有现代观测技术以来MFT断裂上第一次真正意义上的大地震，且两次地震的破裂滑动在空间上具有互补性，引发人们对青藏高原南缘喜马拉雅断层系统发震性质以及孕震潜力的讨论。因此本文依据王卫民等震源运动学反演结果作为输入断层滑动时程，实现断层分段、空间倾角以及滑移角的动态设定，模拟由尼泊尔地震激发的区域强地面运动过程，其结果对尼泊尔地震近实时强地面运动波场的模拟、峰值图谱的圈定及未来大地震强地面运动特征的预测都有重要指示意义。大地震的发生会引起周边断层的应力变化，进而影响地震活动性（Toda et al.，1998）。因此文章还利用有限元方法结合上述模拟得到的波场计算出地震产生的完全库仑破裂应力变化的时空演化图像，并根据库仑破裂准则确定最可能破裂面作为应力触发计算中的接收断层面，着重分析了Gorkha地震对Kodari地震的应力触发作用以及主震后45天内M_S4.0～7.0后续强余震的动—静态应力触发问题。

　　强地面运动模拟结果显示，Gorkha地震与Kodari地震模拟叠加的强震动区域沿破裂东南向传播方向分布，破裂滑动在空间上具有互补性。本次地震烈度受地形影响，分布复杂，最大烈度分布于震源南—东南侧近场山脉，盆地内部和震源西侧烈度相对较低；与观测结果大体吻合，可以为分析宏观震害提供参考。完全库仑破裂应力变化的时空演化结果显示：Gorkha地震对Kodari地震具有应力触发作用；强余震分布和库仑破裂应力变化均出现"北强南弱"的现象；同时主震触发的动态、静态库仑应力变化值均超过阈值，因此认为大部分余震受到了动、静态库仑破裂应力的综合触发作用。另外由于静态库仑应力变化只能记录到最终稳定值，错失了动态库仑峰值响应，因此不能简单从静态库仑应力看地震触发问题；而动–静态应力变化可以用于解释"应力阴影区"（万永革等，2002）的出现。

2016年台湾M_S6.2地震海洋热红外异常识别

李成范　尹京苑

上海大学计算机工程与科学学院，上海　200444

在构建2013—2016历年同期亮温背景场的基础上，本文以2016年5月31日13时23分台湾新北市海域M_S6.2地震为研究对象，采用小波变换和相对功率谱方法对2016年3月6日—6月14日间MODIS卫星热红外亮温数据进行处理，分析地震前后热红外异常时间演化过程，探讨大陆邻近海域地震特征、传感器性能对比和大陆邻近海域地震历年亮温背景场同化等问题，期望利用此次邻近海域地震热红外异常信息为利用中强震热异常进行大陆邻近海域地震预测预报和应用研究提供更多、更精准的震例素材和判定依据。主要研究内容包括：

（1）亮温背景场构建。选取2013—2016年间历年同期5月和同季度（4—6月）的MODIS卫星热红外数据进行处理，即可得到研究区内历年同期的亮温均值作为亮温背景场。

（2）功率谱计算。参考当前广泛认可的短临地震异常持续时间约为10～90天，假设傅里叶变换窗长为64天、滑动窗长为1天，即可获得更加接近实际情况的功率谱变化分布。

（3）海洋热红外异常判定标准。异常像元需要达到一定的聚集规模，排除零星分布异常区；相对功率谱值大于其6倍平均功率谱值；持续时间大于5天。通过设定的热红外异常判定标准即可得到研究区不同时间范围内的海洋热红外亮温平均谱值时序变化特征，结果如图1所示。

从图1中看出，此次海域地震具有如下特征：

（1）普遍性，此次地震为M_S6.2，在震前60天左右就出现了较为明显的热红外异常增温现象，在震前6天热红外增温异常达到了最大范围和最大幅度，在震后15天内热红外增温异常现象逐渐消失。

（2）持续性，热红外增温异常大体上经历了无增温—微弱、分散增温—连片增温—增温幅度最大—消退几个阶段，热红外增温异常主要出现在震中周边区域，并都围绕震中周边区域扩散和演变。这也与常规的海域地震热红外异常所具备的出现—增大—消失阶段相符合。

（3）与地质构造关系密切，此次地震主要发生在环太平洋地震带上，该区域地质活动频繁，热红外亮温异常分布也与所处的地质构造带分布相一致。

（4）此次海域地震的特征周期为15天，热红外异常区域最大平均谱值幅度达到12倍，异常分布范围持续时间较长，且范围相对扩散。具有特征周期较长，异常范围较大，演化特征规律性较弱等特点，其热红外增温异常分布和扩散特征与陆地地震并不完全一致。

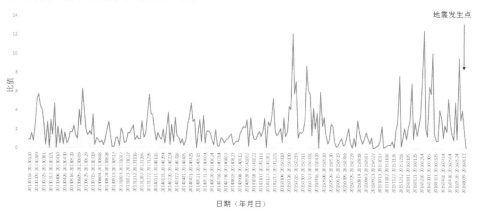

图1　热红外异常区域平均谱值时序曲线

2016年意大利M_w6.2地震震源机制InSAR反演

张庆云[1, 2]   李永生[2]

1. 中国地震局工程力学研究所，黑龙江哈尔滨　150080；
2. 中国地震局地壳应力研究所，北京　100085

2016年8月24日，意大利中部阿马特里切（Amatrice）地区发生M_w6.2地震。本文对ALOS-2条带模式和SENTINEL-1A宽幅模式的SAR数据（表1）分别进行了合成孔径雷达差分干涉测量（Differential Interferometrysynthetic Aperture Radar，D-InSAR）处理，获取了该地震的同震形变场。差分干涉测量的结果显示本次地震造成意大利中部地区明显地表形变，在雷达视线向最大沉降量达19.6cm。由于获取的形变场中有两个明显的形变中心，因此需考虑地震发震断层为单断层还是双断层。基于同震形变场数据和GPS数据对此次地震的发震断层进行联合反演，通过改进最优倾角和平滑系数获取方法，得到了最优的滑动分布模型。通过使用单断层模型和双断层模型进行反演，反演结果表明（图1），双断层模型反演结果优于单断层反演结果，两种模型下反演模型相关系数分别为0.85和0.89，残差均方根误差分别为0.025和0.021。单断层模型下得到的参数为：断层的走向为167°，倾角为45°，断层倾滑以正断层为主，最大倾滑量为0.9m，由log函数确定的最优平滑系数为1.5。最终确定发震双断层的走向分别为160°和158°，倾角分别为44°和46°，倾滑主要分布在5～7km深度范围内，平均倾滑角为-80°，断层倾滑以正断层为主，最大倾滑量为0.9m且位于地表下5km，该地震发震断层是亚平宁中部断裂系统的一部分，为SW—NE向延伸的正断层，断层长度20km，由log函数确定的最优平滑系数为4.1，双断层模型结果获取的震源参数与Lavecchia等的结果相近。基于反演结果对形变场进行模拟，得到模拟形变场以及残差分布结果，通过对比模拟结果，可以发现双断层模型可以更好地模拟出形变区域的双沉降中心。ALOS-2模拟的结果中存在少量的残余信号，可能由于ALOS-2数据受到部分残留的大气误差导致。SENTINEL-1A模拟的结果基本没有残余信号，吻合度较高。综合使用地震同震形变场和GPS数据对震源机制进行反演、模拟和分析，可以获取高精度的震源参数，为分析地震危险性和断层性质等工作提供数据支持。

表1　2016年意大利地震干涉图详细信息

卫星类型	轨道号	飞行方向	成像模式	波长/cm	主影像	从影像	时间基线/d	入射角/°
ALOS-2	197	升轨	条带	24.2	20160127	20160824	210	35
SENTINEL-1A	44	升轨	宽幅	5.6	20160815	20160827	12	43

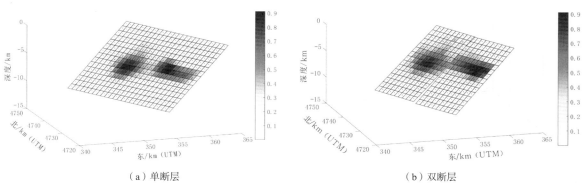

（a）单断层　　　　　　　　　　　　　（b）双断层

图1　基于InSAR反演的单断层和双断层空间滑动模型

2017年M_W7.3 Darbandikhan地震的同震形变和震源模型反演

黄自成　张国宏　单新建

中国地震局地质研究所，北京　100029

2017年11月12日，在阿拉伯板块和欧亚板块的碰撞前缘（伊朗—伊拉克边境）发生了M_W7.3大地震。虽然在扎格罗斯逆冲褶皱带（ZFTB）内，前人已经做了很多关于地层性质和地层厚度方面的研究，但是对于这次发生在伊朗—伊拉克边境的地震仍主要存在以下几个疑问：首先，这次地震是发生在巨厚的沉积盖层还是下覆的结晶基底（或者是沉积盖层和结晶基底全部破裂）；其次，碰撞前缘是否有再次产生破坏性地震的能力；最后，该地区的地表褶皱和该区域的主盲逆冲断层之间是否存在着一一对应的关系。为了研究以上问题，我们首先利用6、72和79这3个轨道的Sentintel-1A/B数据生成了3幅干涉图并描述了在主要地震区域内的地表形变，即该地震形变是以水平运动为主；然后反演了发震断层的几何参数以及断层面上的滑动分布。反演结果表明，发震断层的走向为355°，倾向NE，倾角为17.5°，平均滑动角为137°，并且在地下14.5km处有最大滑移量4.5m，矩震级M_W7.2。基于上述同震形变场和反演结果，我们可以得到以下结论：首先，基于InSAR反演显示的断层破裂深度以及伊朗地震中心提供的余震深度分布，我们推断Darbandikhan地震主要破裂在结晶基底的内部，并且发震断层为扎格罗斯主前断层（MRF）；其次，考虑到Darbandikhan地震具有走向355°、平均滑动角135°以及较低的地震应变速率，我们认为这次地震的震中附近区域可能吸收了阿拉伯板块和欧亚板块碰撞所释放的大部分能量，因此该区域具有再次产生破坏性地震的能力；最后，这次地震解算出的三维形变场抬升区域附近的褶皱呈现出不对称性以及Barnhart在2018年的论文中提出这次地震的同震破裂激发了沉积盖层内部滑脱层的无震蠕滑这一结论，因此我们推断在阿拉伯—欧亚板块碰撞前缘的褶皱可能是由于基底断层的破裂所引发的上覆沉积盖层的滑动形成的。

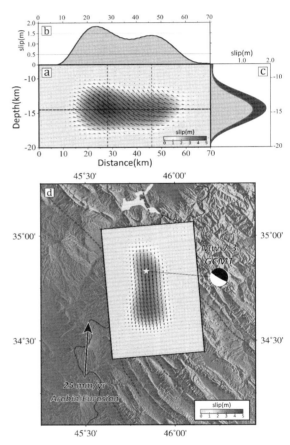

图1　断层面滑动分布图

表1　使用数据

卫星	轨道	升降轨	开始时间	结束时间	垂直基线	相隔	飞行方向	入射角
Sentinel-1A/B	72	Ascending	2017.11.11	2017.11.17	62	6	-12.95	33.78
Sentinel-1A/B	79	Descending	2017.11.12	2017.11.18	56	6	-166.96	33.97
Sentinel-1A	6	Descending	2017.11.07	2017.11.19	15	12	-167.02	33.86

作者信箱：1260250278@qq.com

2018年帕鲁地震同震地表破裂特征

李成龙　张国宏　单新建　宋小刚　张迎峰

中国地震局地质研究所，地震动力学国家重点实验室，北京　100029

　　光学影像相关性技术对于重建断层尤其是近断层位移模式、揭示断层在地表的破裂细节以及给出浅层地表的滑动模型十分有效。2018年9月28日印度尼西亚苏拉威西省Palu帕鲁发生7.5级地震，震中位于0.256°S，119.846°E，震源深度约20km。为揭示Palu地震的同震地表破裂特征细节，基于亚像素影像相关性技术，利用欧空局Sentinel-2号光学影像（10m空间分辨率）获取了本次地震同震水平位移场，并基于Palu海岸线以南的同震水平位移场计算出同震水平偏移量、位移角度、旋度场、散度场和剪切应变场。结果表明：①本次地震的地表破裂迹线与Palu-Koro断层基本一致，并且形成纵贯南北的长近180km的同震地表破裂带，其主体破裂长约60km，位于Palu海岸线以南，同震水平位移3～6m，同震地表破裂在Palu海岸线北端消失于Palu海湾，并重现于Sulawesi海峡，此处同震水平位移减少至1～3m（其原因可能是深层的左旋走滑未出露于浅层地表）；②位移角度（图1c）测量结果显示Palu海岸线南缘的地表破裂西侧地块整体南移，东侧地块整体北移；③旋度场（图1d）和剪切应变场（图1f）的测量结果显示位于Palu海岸线南端长60km的同震地表破裂带可以分为三段：即北段0.8835°S～1.1198°S位于Palu盆地内（图1g红线部分）、中段1.0947°～1.2209°S位于Palu盆地西侧山脚下（图1g蓝线部分）和南段1.2283°～1.3994°S（图1g黑线部分）；④旋度场测量结果显示本次地震发震断层以左旋走滑为主；⑤散度场（图1e）测量结果显示北段西部存在逆冲成分，中段尤其是中段南缘（1.187°～1.2209°S）东部存在正断成分；⑥剪切应变场（图1f）测量结果显示同震地表破裂带中段南缘（1.187°～1.2209°S）的最大剪切应变有所减弱，并且此处地表破裂角度急剧向SE弯曲，可能形成剪切应力释放区域，从而造成正断成分的骤增。

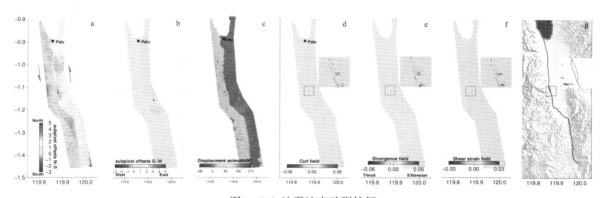

图1　Palu地震地表破裂特征

2018年印度尼西亚M_W7.5帕鲁地震断层运动学研究

宋小刚　张迎峰　单新建　刘云华　龚文瑜　屈春燕

中国地震局地质研究所，地震动力学国家重点实验室，北京　100029

2018年9月28号，印度尼西严东部苏拉威西岛上发生了7.5级地震，破裂带横穿了海湾城市帕鲁市，并触发了灾难性的砂土液化、滑坡和海啸，造成了大量的人员伤亡和经济损失。苏拉威西岛位于三大板块（印度—澳大利亚，菲律宾海和巽他板块）的汇聚区，其内有一条主要的活动断裂Palu-Koro-Matano从东南到西北横穿了整个区域，这次地震就发生在该断裂带西北段的Palu断裂上。尽管板块汇聚区内地震活动非常活跃，但是地震记录显示位于苏拉威西中部的Palu-Koro断裂地震活动性较低，而相反的是，GPS、地质地貌及构造的研究结果显示该断裂的长期滑动速率非常高，达到了40mm/a。如何给出合理的解释，使这些已有的研究结果相互自洽仍然是一个问题。这次地震给我们提供了一个很好的机会去研究Palu-Koro断裂的运动学和构造角色。另外，USGS CMT和GCMT给出的震源机制解显示该次地震断层的运动性质以左旋走滑为主，带有少量的正段分量，而走滑破裂无法解释震后产生的特大海啸。震后海啸产生的原因到底是什么，需要进一步研究。

我们基于ALOS-2和Landsat 8卫星数据，利用offset-tracking技术获取了帕鲁地震陆地上的破裂迹线，结合海底地形，构建断层模型，然后在升降轨InSAR数据约束下，反演最优滑动模型。结果显示，地震不仅破裂了陆地上的Palu断层，同时在西北向的海里发生了破裂，且在浅地表产生了滑动分异（slip partitioning）现象，Palu断层以走滑运动为主，海里的破裂以正断为主。这种地表滑动分异产生的机制是区域北部海底俯冲板块的回拉效应与苏拉威西板块NW向运动共同作用下在Palu断层深部产生了张扭性的斜滑运动，浅部滑动分异是该斜滑运动向上传播的结果。结合这次地震的地表破裂和破裂南段帕鲁盆地地貌特征，我们可以看出，帕鲁断裂从北到南维持了同样的断错方式，即走滑+正断，这种滑动机制主导了苏拉威西西北块体内的变形方式，也为Palu断层上高滑动速率与低地震活动性的矛盾提供了一种可能的解释。新发现的海里正断型破裂引起了地表3m多的垂直形变，海啸模拟结果显示其能够引起11m的海啸，很好地解释了震后大海啸的产生。

GPS测定的2016年新西兰kaikoura M_W7.8地震同震位移及震后形变

王振杰　鲁洋为

中国石油大学（华东），山东青岛　266580

2016年11月13日11时02分56秒（UTC时）新西兰南岛东海岸发生M_W7.8地震，并引发海啸。本文利用新西兰境内的GPS数据，基于PPP技术，提取了该次地震的同震位移及震后永久性形变，结果显示：①从距震中最近的MRBL站点，到距震中853km的KTIA站点，都表现出不同程度的同震形变，其中最大同震位移发生在震中东北侧32.5km的HANM站，其N、E、U方向最大位移分别达到–0.39m、0.82m、–0.14m，距离震中最近的MRBL站点在N、E、U方向的同震位移分别为0.18m、0.19m、0.05m，远小于HANM站的同震位移。②最大永久位移发生在震中东北侧距震中146km的CMBL站点，其N、E、U方向位移分别为2.407m、1.422m、1.046m，CMBL并非距主震震中最近的站点；M_W7.8主震作用产生的最大位移发生在HANM站点，位于震中东北侧32.5km，也是在地震破裂传播方向距震中最近的站点，在N、E、U方向形变分别达到–0.184m、0.695m、–0.065m，其他站点的位移则随着震中距的增加快速衰减，在距震中西南侧200km范围内，其位移已经衰减至1～2cm，而在东北方向距震中300km范围内，各站点形变仍在2cm左右，即在地震破裂传播方向，各站点形变相对较大，且衰减相对较慢。③同震位移和震后永久性位移都存在明显的不对称性，震中东北侧同震位移和震后永久性位移均比震中西南侧显著，分析认为是由于地震破裂由震中发生后，主要向东北方向传播造成的单向性效应。④通常地震为单一断层，GPS同震形变显示，本次地震为多断层地震，可能是有记录的最为复杂的地震。⑤基于高频GPS计算地震破裂传播的速度显示，不同站点破裂速度具有明显差异，破裂传播具有明显的方向性。

GPS资料震前地表形变特征提取研究

刘希康 李 媛

中国地震局第一监测中心，天津 300180

地壳运动在地球内部构造应力的作用下，产生地壳形变。与地震有关的地壳形变在孕震过程中，随着构造应力的不断积累直到岩石发生破裂，这一应力积累过程一般需要数十年甚至更长时间，因此与其伴生的地壳形变呈现长、中、短、临的时空变化图像。

陈界宏发现消除长期板块运动的影响后，残余地表形变的水平方向大多数情况下是随机的。地震发生前混乱的方向逐渐转而趋于同一个相近的方向，进而提出利用希尔伯特黄变换（Hilbert-Huang Transform，HHT）消除GPS观测台站3分量时序中的长期运动、短期噪音以及与频率（即半年及年周期）相关变化的影响，得到残余GPS数据，然后利用南北及东西方向分量计算水平方向角的方向，建立GPS指数，结果显示其能够有效提取与构造运动相关的震前地壳形变信息。冯蔚也利用该方法实现了芦山7.0级地震和门源6.4级地震震前地表位移异常信息阶段性特征提取工作，结果显示该方法能够较好地提取到震前地表变形特征。

本研究在陈界宏和冯蔚的基础上也实现了利用希尔伯特黄变换方法对GPS资料进行地表异常形变特征提取的研究工作，并初步尝试应用于南北地震带地区的地表异常信息提取跟踪分析工作中去，结果显示其对南北带部分震例震前异常信息提取具有很好的效果，符合"无序—有序"交替变换，然后发震的变化规律，并对异常信息提取判定具有一定的指示意义。图1为2014年10月7日景谷6.6级地震震例分析，分别表示震前77天、65天、56天、14天、4天、1天的GPS台站方向角变化特征，呈现一种"无序—有序—无序—有序"发震的变化规律，与其他文献方向角变化规律相符。

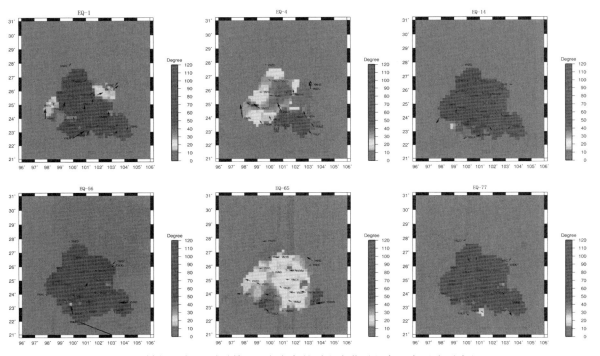

图1 景谷6.6级地震震前GPS方向角的时空变化（红色五角星为震中）

北天山中段地壳密度变化特征研究

刘代芹[1]　玄松柏[2]　艾力夏提[1]　陈　丽[1]　李　杰[1]　李　瑞[1]　王晓强[1]

1. 新疆维吾尔自治区地震局，新疆乌鲁木齐　830011
2. 中国地震局地震研究所，湖北武汉　430071

　　北天山中段位于准噶尔盆地南缘，是境内外天山重力梯度带的重要组成部分，该地区构造活动较为活跃，是中强地震的孕震地区，新疆地震局在该地区布设了大量的地震台站，在地震测深方面取得了北天山地壳结构的一系列研究成果，为研究北天山地区地壳运动机理提供了可靠的深部约束。另外，近年来所获取的重力、GPS以及跨断层水准等多学科观测资料显示，北天山中段附近存在一定的中强孕震背景，因此，我们整理、计算了多期北天山中段流动重力观测资料，进一步深入分析该地区物质迁移和能量累积特征，为地震危险性判定提供科学依据。

　　本文利用北天山中段多期流动重力资料，结合绝对重力进行经典平差计算，首先获取该地区半年和一年尺度重力场时空变化特征，其次采用紧凑的重力反演（compact gravity inversion）方法，初步反演研究北天山中段地壳物质密度变化，获取了北天山中段半年尺度、一年尺度的地壳密度变化特征，并利用地壳密度变化展布探讨该地区地壳物质运移及相应的物质和能量的累积特征。通过重力密度变化图像反映出北天山中段地壳物质密度变化的基本特征，根据计算结果和密度变化图像可以看出，从0～40km，密度变化幅值逐渐增大，40～60km密度变化逐渐减小，且在30～40km最佳，此深度较好地反映出该地区孕震背景条件和北天山中段物质的运移和能量的积累最佳深度。研究区域内地壳正负密度变化以巩乃斯—和静为分界线，以北区域密度为正值变化，北天山中段地壳正值密度变化区，基本位于山北坡和准噶尔盆地南缘，表明该地区物质运移较为集中，或者表明地壳有所下降，导致了该地区物质密度处于增加的变化趋势，而在山体附近，物质密度为负值变化，这种变化过程表明了山体物质处于亏损态势，或者山体受到构造应力的作用，地壳正处于隆升过程。

　　（1）北天山中段区域内各构造单元的密度变化及其体现的地壳运动机制具有较为明显的差异。准噶尔盆地南缘及北天山北坡正密度变化反映了北天山中段所受构造应力不断增强，使得该地区处于物质汇聚的状态，压应力场作用占主导。北天山山体负密度变化揭示了地壳物质具有膨胀或迁出的特征，负密度变化区表现为地壳物质不断亏损，反映了该地区拉张应力场作用占主导。

　　（2）北天山中段不同时间段的重力数据反映出密度变化区域不同，因为，地壳物质是随着时间在不断位移，致使不同地区的重力场随着时空也在不断演化，但不同时间段的密度变化深度基本一致，通过上述表明，北天山地区最优深度为30～40km。

　　（3）需要特别指出的是，北天山中段地区断裂带切穿Moho面，上地幔物质目前仍在继续上涌，并对地壳加热，使得30～40km范围内壳幔过渡带表现为较为明显的低速异常区，与大致垂直于北天山中段小幅值的负密度变化带及其北部的正密度变化区基本对应，是否意味着北天山山前断裂交汇部位是玄武岩岩浆沿地壳深断裂上溢、渗入壳内的关键部位，尚待进一步证实。

本研究由新疆维吾尔自治区自然科学基金（2016D01A062）资助。

场地高精度微重力测量系统关键技术测试及应用研究

徐伟民　陈　石

中国地震局地球物理研究所，北京　100081

场地高精度微重力测量系统（图1）是以绝对重力观测控制、联合相对重力水平梯度和垂直梯度测量、辅以高精度GNSS观测和水准测量等观测项的新型综合观测系统，旨在从地表微重力时变信号中获取深部场源场信号的变化特征。在重力观测系统的敏感度分析和模型正演的基础上，以北京国家地球观象台为试验场地，在场地内建立10个观测墩，组建集绝对重力、相对重力联测、重力梯度（水平和垂直）、GNSS静态连续观测和高精度水准相结合的综合测量系统，采用A10绝对重力仪、CG-5相对重力仪、GNSS、水准仪等观测设备，开展场地高精度微重力测量系统关键技术测试与应用研究。

基于模型测试和重力梯度（水平梯度和垂直梯度）的场源敏感性特征分析结果，分别于2017年5月和10月开展了综合观测系统关键技术测试，包括：①重力垂直梯度的测试，针对CG-5型相对重力仪，对比不同垂直梯度测量方式的测量时间、测量精度、标准差、相对误差等指标，提出更适于CG-5型相对重力仪的重力垂直梯度测量方法；②重力水平梯度的测试，根据GNSS和水准测量结果，将各观测墩的重力值归算至同一高度，计算水平梯度（即观测墩之间的水平重力段差与距离的比值），在此基础上，研究场地内重力水平梯度趋势变化特征。

根据场地重力梯度测试结果和重力水平梯度趋势变化特征，为进一步探明和研究场地内重力场变化特征，设计7条加密观测剖面，同时进行重力和GNSS测量。重力剖面观测结果，经过正常场校正、自由空气校正、高度校正、地形校正等过程，得到布格重力异常。对布格重力异常拟合，并开展模型反演，结果显示，在C—A剖面52号测点至72号测点之间，在地下约80m处，存在一个约3m深的低密度层，该低密度层是导致C—A剖面重力异常低值特征的主要原因。收集北京国家地球观象台地区的地下结构资料，根据北京白家疃地震台观测井钻探施工报告获取的该区域取心孔地层结构图，表明该区域地下82.85～86.40m处，存在3.55m高的溶洞，取心孔地层结构图结果与高精度重力剖面反演结果一致。进一步地，通过重力加密剖面观测和重力剖面反演结果，确定了北京国家地球观象台地下低速层的边界分布和走向特征。

综合观测系统的概念设计图见图1，将图中蓝色的传统重力观测点扩展为重力观测阵列，阵列之间的观测水平间距和垂直间距可根据时间观测场源参数进行调节，不同深度场源信号在这种小尺度观测系统中的衰减差别是提高该系统敏感性的关键。

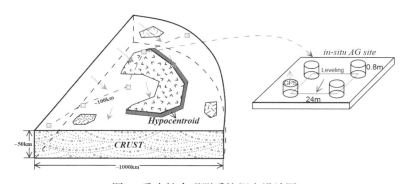

图1　重力综合观测系统概念设计图

| 作者信箱：xuweimin@cea-igp.ac.cn

地壳形变特征与地震危险性分析

单新建　张国宏　李彦川　屈春燕　龚文瑜　张迎峰

中国地震局地质研究所，地震动力学国家重点实验室，北京　100029

近十几年来发展的时序InSAR技术，以成像遥感方式对断层周围大范围地壳运动状态进行扫描观测，获取断层及周边地壳的形变动态演化图像，能够详细观测到震间形变场在断层两盘的空间分布结构和变化差异，反映断裂活动的整体规律性、局部差异性和时间动态性。采用时序InSAR形变观测技术，结合GPS观测数据，局部地区加密GPS观测点，可获取高精度、高分辨率的断裂带近场形变信息，为精确获取断裂带滑动速率、形变特征、应力积累状态等提供重要基础资料，为地震研究和断层活动性研究提供了丰富可靠的数据，使得区域地震危险性分析更有依据。本文利用InSAR/GPS技术，通过研究2017年精河地震、2008年和2009年大柴旦地震、2010年玉树地震等同震、震后位移形变场，计算了其同震破裂模型，并结合库仑应力分布分析了这几次地震的发震机制和震后区域危险性；利用GNSS获取了2008年汶川地震震前、汶川地震震后至芦山地震震前形变场，反演了汶川—芦山震前、震后的断层闭锁变化，分析了芦山地震及震后的地震危险性。得到以下几点结论和认识：①2008年、2009年大柴旦地震破裂分布存在空间互补性，2008年地震对2009年破裂位置的库仑应力触发效应非常明显。两次地震的南倾发震断层在深度上存在错断现象，可能导致两次震级相当的地震在很短的时间内发生在同一区域。②2017年精河M_W6.3地震发生在一条北倾的逆冲断层上，断层破裂集中在10～20km的范围内，在0～10km的区域存在一个能够孕育中强地震的破裂空区。库仑应力分析显示，本次精河地震对空区存在显著的库仑应力触发作用。2017年12月提出了精河地震发震断层浅部存在地震危险性，而2018年10月16日精河5.1级地震正是发生在0～10km的浅部区域。③通过对2010年玉树地震同震、震后5个月形变场演化特征分析，发现发震断层面上的同震滑动分布与震后滑动分布有较好的互补现象，结果显示在上地壳20km弹性部分，能量积累通过玉树地震得到了较好的释放，在该段上再次发生中强地震的可能性不大。④汶川地震之后，汶川地震与芦山地震之间的闭锁区已经解锁，其地震危险性降低，反而在芦山地震的南部区域，断层闭锁程度快速增加，使得龙门山断裂南端地震危险性增加。汶川地震之后，芦山地震发震区域的断层闭锁程度显著增加且GNSS应变速率同步增加，这意味着2013年芦山地震的发生受到了2008年汶川地震的触发作用。

东喜马拉雅构造结1950年察隅大地震的GPS震后观测研究

梁诗明

中国地震局地质研究所, 北京 100029

喜马拉雅造山带地震活动频繁, 仅在过去的百年间, 数次大地震的发生不断地给周边地区带来惨重的损失。通过地质和地球物理研究, 在造山带的一些大地震的发震构造、运动和动力学演化的认识等方面取得较大的进展, 然而, 对发生在1950年8月15日喜马拉雅造山带东构造结地区的察隅M_w8.6大地震的发震构造依然不清楚。一方面, 震区的古地震研究至今未发现显著的地表破裂迹象, 另一方面, 受制于当时地震监测和震源定位技术的局限, 震源参数测定的精度较低。因此, 有关此次地震的震源机制至今仍存在较大的争议, 出现两种截然相反的震源机制解: Ben-Menahem等 (1974) 利用振幅反演, 解释为一个NE倾向、NNW—SSE走向断层的右旋滑动解; 根据P波初动数据, Chen和Molnar (1977) 则提出北倾的低角逆冲滑动解。前者认为北西—东南向的米什米逆冲断裂是这次碰撞的主要发震构造, 而后者则认为逆冲断层与喜马拉雅逆冲构造有关。近30年来, 随着GPS技术的普及和发展, GPS日益成为定量获取地壳运动的主要观测手段。本文通过更多的GPS观测资料累积, 填补了东构造结北部区域以往站点过于稀疏的现状, 获取构造结及周边精细的地壳形变特征, 发现最大的挤压应变主要集中在东喜马拉雅构造结东半侧, 局部区域应变量值高达180 nanostrain/a; 相比之下, 印度—欧亚板块汇聚边界喜马拉雅造山带其他区段的典型挤压应变量值在30～100 nanostrain/a之间。东构造结高挤压应变可能指征察隅大地震震后粘弹性松弛效应影响仍在持续。根据上述两种截然相反的震源机制作为约束, 模拟发震区下部粘弹性地壳和地幔对大地震同震位错的响应, 计算大地震震后的瞬态震后应变的空间分布特征, 有助于判定究竟何种震源机制更吻合当前的GPS观测到的高挤压应变空间分布形态。

多源观测数据约束的龙泉山断裂带构造新模型

付广裕[1]　苏小宁[1]　佘雅文[2]　刘　泰[2]　李　君[3]　高尚华[1]

1.中国地震局地震预测研究所，北京　100036；2.中国地震局地球物理研究所，北京　100081；
3.中国地震局第二监测中心，陕西西安　710054

　　龙泉山断裂带位于四川盆地内部，平行于著名的龙门山断裂带，其不同的构造模型对应着完全不同的青藏高原东向演化故事，因此揭示该断裂带总体构造特征具有重要的科学意义。本研究中，多方面的观测数据显示，龙泉山断裂带是一个深埋的高角度断裂带，且具有张性滑动性质，而不是被广泛接受的低角度逆冲断裂带。首先，我们依据龙泉山断裂带周边地区的GPS观测数据，获取了区域应变场，发现龙泉山断裂带主体部分周边地区显示显著的张性应变特征，且龙泉山断裂带是垂向运动速率的边界带，其东部的GPS观测站垂向运动速度几乎为零，但其西部观测站的垂向速度大约为4~5mm/a。其次，我们收集了四川盆地内部3级以上地震的震源机制解，发现21个震例当中，有12个地震为张性地震，占总地震数目的57%。周边地区张性应变以及高比重的张性地震均显示，龙泉山断裂带应该是一条张性断裂带。 其三，我们收集到跨龙泉山断裂带的深部反射剖面数据，并据此勾勒出龙泉山断裂带总体构造模型，发现龙泉山断裂带向下延伸至Moho面，且其顶部存在两个分支，对应龙泉山东西侧的地表阶地。上述龙泉山断裂带构造模型可解释龙泉山背斜附近的低地震活动性，以及成都平原底部地震的离散分布特征。最后，我们给出了龙泉山断裂带三阶段构造演化模型，包括晚三叠纪的背斜形成阶段，渐新世的龙泉山隆起阶段和晚中新世以来的张性特征形成阶段。详细结果见我们近期在JAES上发表的论文。

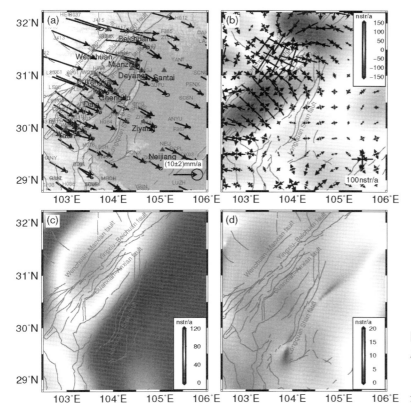

图1　龙泉山周边地区GPS速度场和应变场

（a）GPS速度场；（b）区域应变场；（c）应变的第二不变量；（d）第二不变量的不确定性

鄂尔多斯块体中南部地区连续GPS与PS-InSAR时间序列观测结果对比研究

葛伟鹏[1,2]　袁道阳[1,2]　魏聪敏[1]　吴东霖[1]

1. 中国地震兰州地震研究所，甘肃兰州　730000
2. 甘肃省地震局，甘肃兰州　730000

本文利用加州理工学院JPL编写的、ISCE软件平台提供的Stack方法与Andy Hooper教授提供的Stamps时间序列处理程序提供的永久散射体干涉测量技术（PS-InSAR），处理分析了覆盖鄂尔多斯周缘的Sentinel-1A合成孔径雷达数据近600幅，获得六盘山地区、渭河盆地、运城盆地、山西地堑及鄂尔多斯块体中部及南部等地区的地壳形变时间序列，结合覆盖研究区的"中国大陆构造环境网络"连续GPS台站观测获取的时间序列，对比分析了自2014年10月到2019年4月时段内超过4年的时间序列与季节性的周期项变化。

研究结果表明：①在鄂尔多斯周缘的拉张沉陷区及六盘山地区，PS-InSAR技术获取的LOS时序与连续GPS时间序列垂向速率有较好的一致性；②因鄂尔多斯内部的黄土沉积层较厚，导致连续GPS与PS-InSAR两者观测手段获取的垂向变化趋势与LOS向变化趋势存在较大不确定性，为连续GPS站点建设观测垂向运动带来一定困难；③PS-InSAR技术获得的LOS方向时间序列表明甘肃平凉（GSPL）连续GPS台址建筑物处于沉陷状态，LOS速率约–3.0～–3.5mm/a，那么自2009—2019年的LOS向沉陷累积量约30～35mm，而实际上，GPS观测墩与房屋内部的约3～5cm，P-SInSAR估算沉陷量与实际沉陷量近乎一致；④PS-InSAR时间序列在山区的季节性周期振幅变化较平原地区振幅变化大，但季节性周期区域更为显著；而平原区时间序列的振幅较小但季节周期性不明显，与误差源、传播路径等因素有关；⑤PS-InSAR观测区域覆盖了从海原断裂走滑运动到六盘山挤压运动再到渭河盆地拉张转换的整个过程，PS-InSAR观测到贯穿六盘山的国道与甘肃广电关山转播台建筑物PS点的LOS向时间序列线性速率近乎为0mm/a，表明六盘山现今隆升变形较弱，与六盘山断裂东西分支的深部闭锁状态一致；⑥在渭河盆地内部，在周至—户县一带，PS-InSAR与GPS同时观测到超过5mm/a的沉降幅度，表明现今渭河盆地内部周至凹陷、固市凹陷与晚新生代盆地沉降具有一致性；⑦在运城盆地内部，PS-InSAR观测到LOS向超过15mm/a的沉降速率，此沉降过程可能触发了2016年3月12日运城盐湖区4.4级地震，山西夏县连续GPS台站建筑物具有LOS视线向抬升速率2～3mm/a，而GPS时间序列垂向速率约0.5～1.5mm/a，可能揭示出中条山处于快速隆升过程。

基于b值的时空变化规律的伊豆—博宁—马里亚纳俯冲带地震构造特征分析

桂　州[1]　白永良[1]　王振杰[1]　李童斐[2]

1.中国石油大学（华东），山东青岛　266580；
2.中国地质大学（武汉），湖北武汉　430074

通过分析伊豆—博宁—马里亚纳贝尼奥夫带的俯冲形态，对其进行分段，基于各部分垂直于贝尼奥夫带剖面的b值变化的分布特征，解释伊豆—博宁—马里亚纳俯冲带内部物理性质的非均质性，同时计算深度100km以内b值随时间的变化情况，揭示研究区构造应力的积累和释放情况，解释相应的与俯冲过程有关的构造应力的加载状态和地震的诱发机制。伊豆—博宁—马里亚纳俯冲带由近线形的伊豆—博宁段和弯曲的马里亚纳段组成，洋—洋板块间的收敛作用远远大于菲律宾海板块和太平洋板块间的俯冲作用，该俯冲带包括海沟、岛弧和弧后系统，其长度为2800km，宽度小于350km，由日本（北）延伸到帕劳（南）（M Katsumata andsykes，1969）。研究区内贝尼奥夫带的倾角变化明显，由缓慢倾斜变为在伊豆—博宁板块内670km不连续的上地幔处偏转（Hilst andseno，1993），在马里亚纳板块处垂直进入深层地幔（Stern et al.，2003）。俯冲带内部的物理性质和地球动力学过程在时空分布上存在着异质性，如俯冲板块的分段性和应力的积累或释放的不均匀性（Alexander and Kaseman，2013）。

根据震级分布关系，$lgN=a-bm$，其中N为地震次数（震级≥M），a、b为常数（Gutenberg and Richter，1944）。局部的b值分布在不相关的断裂系统、不同时间段的不同区域（Nuannin et al.，2005）分布状态不同（Schorlemmer et al.，2005）。地震b值反映了区域应力状态和构造特征，低b值与高应力有关（Allen et al.，1965）。b值异常在深度上的分布反映了板块应力情况和动力过程的非均质性（Rodríguez-Pérez and Zuñiga，2018）。b值在板界面内变化的物理机制为应力差（Zuniga and Wyss，2001），同时认为低b值区域为断层闭锁区域（Ghosh et al.，2008）。基于前人研究基础，本研究收集了2005年以来沿俯冲带（135°～150°E和10°～35°N）发生的震级在2级以上的地震，通过对10个剖面的详细分析，揭示了俯冲太平洋板块与菲律宾海板块界面的b值随深度的变化规律。b值的变化范围为0.3～2.5，与俯冲板片的撕裂、双震区、应力条件、地形非均质性及流体脱水等特性有关。低b值区为高应力区，主要分布于沿俯冲板片的浅—中深度区域和挠曲区。双震区和板块撕裂区由b值异常值显示。基于伊豆—博宁段和马里亚纳段发生大地震在时间分布上的差异性，用b值和lgM_0随时间的变化来表征区域应力场的变化和能量释放。b值的变化表明，在较短的时间内，较大区域的应力状态有明显的恢复，但应力恢复过程在空间上存在异质性。基中深部的地震活动主要受流体的脱水和转换断层的影响，大地震可以影响区域应力在短期内的积累和释放，但对于大区域下构造尺度的应力状态不产生影响。

基于GNSS资料的上海地区地表形变场初步研究

宋先月[1]　尹京苑[2]　王阅兵[3]

1. 上海市地震局，上海　200062；2. 上海大学，上海　200444；3. 中国地震台网中心，北京　100045

利用上海市地震局自建两个台站[青浦金泽站（SHJZ）、秋萍学校站（SHQP）]、国际IGS台站佘山台（SHAO）以及中国地震台网中心共享的上海及其周边地区36个陆态网、测绘院和气象局GNSS台站数据，对上海及其周边的地表形变场进行了初步研究。数据解算时参考框架采用中国大陆框架，具体研究方法如下。

（1）基线分析法。选取位于上海市北部的崇明台（DCMD）、南部的金山台（SHJS）、西部的青浦金泽台（SHJZ）、东部偏南的秋萍学校台（SHQP）为主要基线端点台站，通过每两个台站的基线长度变化和三分量差值分析，可以看出各台站之间的相对位置的变化（伸缩，水平旋转和沉降差异），然后通过各方向基线变化规律可以得出上海地块的整体变化情况。分析后得知：2016年以来，上海地区的总体地表形变规律大致如下。

①东西基线存在年变规律：水平方向上看，上半年东西基线长度逐渐缩短，东部相对西部顺时针旋转；下半年东西基线长度逐渐伸长，东部相对西部逆时针旋转。另外，从垂直方向看，上半年东部相对西部向下降，下半年东部相对西部垂直向上升。

②东西基线3年来存在的总体变化趋势：东西部之间距离有缩短趋势；垂直方向上，东部相对西部有下降趋势。

③南北基线也存在一定年变规律：水平方向上看，上半年南北基线长度逐渐缩短，南部相对北部逆时针旋转；下半年南北基线长度逐渐伸长，南部相对北部顺时针旋转。另外，从垂直方向看，上半年南部相对北部向下降，下半年南部相对北部垂直向上升。

④南北基线3年来存在的总体变化趋势：南北部之间距离有伸长趋势；垂直方向上，南部相对北部有下降趋势。

（2）应变场分析。利用所有台站的数据计算整个上海及其周边地区的面膨胀率、应变率、最大剪应变率，可以得出上海及其周边地区的应变细节情况。从图1可以看出，上海地区北部的最大剪应变值高于南部地区，与上海地区地震活动性吻合较好。

通过该初步研究得出以下结论：

①GNSS资料分析，可以非常有效地了解地表形变场。

②GNSS资料积累为将来的深入分析创造了很好的条件。

③目前所获取的背景性地球物理场的变化还存在很多干扰因素和精度问题，需要将来更多的积累和检验。

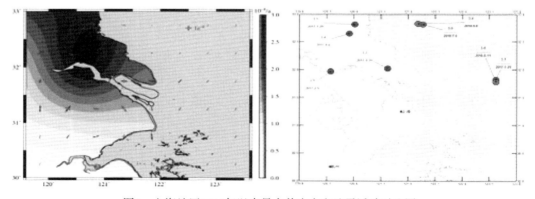

图1　上海地区2016年以来最大剪应变和地震活动对比图

 作者信箱：xysong68@126.com

基于InSAR和应变张量估计获取2016年熊本地震同震三维地表形变场

袁　霜[1]　何　平[1]　温扬茂[2]　许才军[2]　陈云锅[1]

1. 中国地质大学（武汉）地球物理与空间信息学院，湖北省近地表多尺度成像重点实验室，湖北武汉　430074
2. 武汉大学测绘学院，湖北武汉　430072

合成孔径雷达干涉测量（Interferometricsynthetic Aperture Radar，InSAR）技术，具有高空间分辨率、大面积覆盖、低成本和全天候等优势，被广泛地用于提取与地质现象相关的三维地表变形，其结果对深入理解地质灾害的形成机制与潜在风险评估非常重要。目前，利用InSAR技术构建同震三维形变场主要是采取单个像素构建观测方程，然后基于加权最小二乘（weighted leastsquares，WLS）方法独立解算从而获得完整的同震三维形变场，因此该方法缺乏对像素空间相关性的约束。本文以2016年M_w7.0熊本地震为例，我们收集了覆盖此次地震的4对InSAR像对，均来源于ALOS-2卫星的升降轨影像。另外我们还收集了此次地震前后的LiDAR点云数据和野外测量数据来进行分析比较。文中我们首先对SAR影像数据进行传统差分InSAR（DInSAR）处理和方位向形变处理来获取视线向位移和方位向位移，方位向形变处理方法采用的是子孔径雷达干涉（Multiple Aperture InSAR，MAI）方法。本文基于弹性理论，提出一种综合InSAR和应变张量估计来推导表面位移的方法，该方法可以获取同震三维形变场和应变场。我们的结果表明：本文的研究方法可以获取可靠的三维形变场，同时能够对近断层的失相干信号进行一定程度的恢复，有助于对同震三维形变场特征进行解释；熊本地震发生在Hinagu和Futagawa断层上，其北西盘朝东北方向运动，南东盘朝西南方向运动，断层以右旋走滑为主，北西盘地表存在明显下沉约2.0m，南东盘地表表现为抬升约0.5m。

基于LiDAR DEM数据的则木河断裂地震活动定量化研究

侯丽燕[1,2]　单新建[1]　龚文瑜[1]

1. 中国地震局地质研究所，北京　100029；2. 中国石油大学（华东），山东青岛　266580

则木河断裂位于川滇块体东边界，与华南块体交界处，整体近NS向展布，与大凉山断裂、安宁河等断裂类似，是一条强震构造带。则木河总体走向NW330°，近平行于鲜水河断裂，北端与安宁河断裂相连，南端与大凉山断裂相交。由三条平直的断层斜列组成，以左旋走滑为特征错段一系列山脊水系和地质体，形成明显的拉分盆地和挤压隆起等走滑断层相关的构造地貌现象。

根据任治坤等的研究，该地区发生过三次历史地震，时间间隔在2300—3000年左右；宋剑等的研究表明汶川地震之后则木河断裂中段闭锁程度加强，滑动速率加快，未来发生强震的概率较大，有必要加强对该地区的关注。因此，本研究采用高分辨率LiDAR DEM对古地震进行研究。这是因为在识别地表形变特征和精确断层位置分布的过程中，主要依赖于微小的地表形变，中低分辨率的数据难以识别微小形变，而LiDAR DEM等高分辨率DEM则解决了这一问题。

本研究首先基于高分辨率卫星影像对断层位置进行约束，通过高分辨率光学遥感数据利用标志法，结合断层的特征，如断层三角面、冲沟、陡坎、串珠状的湖泊、山脊线同步位错等进行目视解译，进一步追踪活动断层。例如，本研究利用Google earth高分辨光学影像并结合任治坤等人的研究，对则木河断裂进行追踪解译。获取的标志性地表位错如图1所示，大箐梁子东西两侧有明显的线性特征，西侧有五条干沟分布，左旋走滑产生的弧形特征明显。其后，拟结合高分辨率LiDAR DEM对该区域产生的地表位移进行进一步测算：定量地获取其断层特征参数如破裂断层几何参数、地表破裂带位移分布等，进一步还原断层，分析地震活动特征、发震构造及古地震破裂，实现地震活动断层的定量化研究。

本研究的古地震位移定量提取，采用了LiDARimage和LaDiCaoz软件（Zielke，2012），通过对获取到的研究区的LiDAR DEM数据进行分析，进一步约束断层位置，获取地表累计位移，为进一步分析提供依据。对LiDAR DEM及其生成的一系列衍生图（如坡度图、坡向图、等高线图、山体阴影图等）进行可视化分析，根据高程变化的特点，实现对断层位置的初步判断。其后，根据判断所确定的断层位置提取断层两侧断错地貌体的横向地形剖面，获取地表累计位移，重建地表破裂事件。

图1　大箐梁子地貌图（基于Google earth）

基于设定地震的强地面运动模拟

王 珏[1] 胡才博[2] 程 宇[1] 蔡永恩[3]

1. 云南省地震局，云南昆明　650224；2. 中国科学院大学地球科学学院，北京　100049；
3. 北京大学地球与空间科学学院，北京　100871

　　破坏性地震所产生的强地面运动是造成建筑物破坏的主要原因，目前世界各国普遍采用地震危险性概率分析方法（PSHA）（胡聿贤，1988），对地震事件可能造成的影响进行预测，以此作为工程设防的依据。PSHA方法不考虑地形变化，假设地层水平呈层，无断层，适合地层结构简单的地区。近年来，随着强震观测研究和地震学的发展，王海云等（2008）认为目前地震危险性分析逐渐向确定性、具有物理基础的方向发展。Hough（2002）、Olsen等（1995，1996）提出的设定地震（scenario earthquake）使得定量地、准确地模拟地震发生的破裂过程及其造成的强地面运动成为可能，可以为更加精细地评价研究区域的地震危险性提供基础资料。本文采用一种考虑构造应力场和介质都是非均匀的震源动力学有限元模型，以小江断裂为例，模拟设定地震引起的地震波传播和强地面运动过程，以昆明长水机场为例分析总结其近断层地震动特征。

　　本文使用的方法是将断层带介质视为横向各向同性弹性材料，断层带外部材料视为各向同性弹性材料，其材料参数在主震前后不变，主震通过降低断层带的剪切模量（G2）来模拟地震或断层错动。剪切模量降低越多，断层位错就越大。断层位错可以由地质调查或者由地震波反演得到，它可以用来约束剪切模量降低的多少。这样得到的断层带两侧的相对位错分布是由震前应力场和断层材料参数的改变决定的，从这个意义上说，本文采取的方法是动力学方法。根据虚功原理，地震发生之前由构造应力引起的初始稳态变形场采用式（1）确定（胡才博等，2009）：

$$\int_V \tilde{\boldsymbol{\varepsilon}}^{\mathrm{T}} \boldsymbol{D}_0 \boldsymbol{\varepsilon}_0 \mathrm{d}V = \int_V \tilde{\boldsymbol{u}}^{\mathrm{T}} \boldsymbol{\gamma} \mathrm{d}V + \int_{S_2} \tilde{\boldsymbol{u}}^{\mathrm{T}} \boldsymbol{q} \mathrm{d}S + \int_{S_3} \tilde{\boldsymbol{u}}^{\mathrm{T}} [-\boldsymbol{K}(\boldsymbol{u} - \boldsymbol{u}_\infty)] \mathrm{d}S \tag{1}$$

　　而断层破裂和地震波动过程中的动态变形场 $\Delta U(t)$ 可以从弹性动力学方程出发通过式（2）确定：

$$\int_V \tilde{\boldsymbol{u}}^{\mathrm{T}} (\rho \Delta \ddot{\boldsymbol{u}} + \eta \Delta \dot{\boldsymbol{u}}) \mathrm{d}V + \int_V \tilde{\boldsymbol{\varepsilon}}^{\mathrm{T}} \boldsymbol{D} \Delta \boldsymbol{\varepsilon} \mathrm{d}V = \int_{V_\mathrm{II}} \tilde{\boldsymbol{\varepsilon}}^{\mathrm{T}} \Delta \boldsymbol{D}^{\mathrm{II}} \boldsymbol{\varepsilon}_0^{\mathrm{II}} \mathrm{d}V \tag{2}$$

　　采用小江中段西支断裂设定地震（皇甫岗等，2009）作为震源，模拟结果显示：①小江断裂大震的近断层地震动集中性效应显著，图1（a）中北西侧测线上断层距 $D=0$ 时位移为 -1.56m，断层距 $D=6$km 时位移约为 -1.37m，断层距 $D=30$km 时位移约为 -0.7m，断层距 $D=60$km 时位移约为 -0.25m，可见随断层距逐渐增大强地面运动幅度迅速减小；②破裂方向性效应显著，图1（a）中南东侧2条平行的测线中绿色的位于破裂前方，红色的位于破裂后方，从图1（b）可见 B测线上各点位移值明显大于A测线上各点的；③模拟的近断层（$D=10$km）速度时程曲线上有明显的单向长周期速度脉冲，与1999年土耳其 Kocaeli地震在SKR和YPT台站观测到的单向速度脉冲图像很类似，很好地再现了实际强震记录的近断层地震动特征。

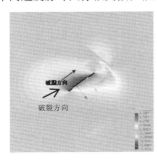

（a）垂直于断层的3条测线

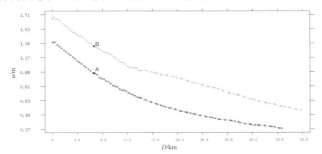

（b）垂直破裂方向上2条测线上u方向位移

图1　断层不同位置测线位移变化情况

基于深度学习的地震震级预警研究

尹　玲[1,2]　张国宏[2]　单新建[2]　尹京苑[3]

1. 上海工程技术大学，上海　201620；
2. 中国地震局地质研究所，北京　100029；
3. 上海大学计算机学院，上海　200444

由于地震成因的复杂性以及地球地质构造的多样性，以当前对地震的认识和研究，准确地预报地震还很困难。地震预警，即通过监测数据实时判定地震发生，快速预报发震时刻、震中、震级等地震参数，是目前国际上公认的能够减轻地震灾害的有效手段之一，而地震参数，尤其是地震震级的快速准确确定，是决定预警效果以及震后快速救援的关键。当前，已有的观测手段和地震震级快速处理算法存在诸多问题。一方面，用宽频地震仪或强震仪记录地震波信号已能较好地估算中小型地震，但是在强震时有量程限幅和震级饱和问题；同时，大地震造成的近场地表永久位移和地面倾斜导致强震仪由于基准偏移而产生加速度系统偏差和信号扭曲，也会给地震震级准确确定带来困难。另一方面，随着高频GNSS接收机以及精密实时定位技术的发展，从高频GNSS记录已可以提取地表同震位移和地震波信号，而不再有以上的震级饱和位移漂移等问题；但是，高频GNSS噪声较大，数据质量（特别是垂向）对地震参数的确定存在较大影响，并且GNSS对小震不敏感，很难得到矩震级小于6的地震波信息，在时效性方面高频GNSS也有缺陷，一般要在S波后才有反应。总结来说，无论采用哪种数据做震级估算预警，在仅靠短时间（几秒）的P波数据情况下均无法判定地震属于大震还是小震，也就更无法准确确定地震的震级。

目前，地震预警，尤其是震级的迅速准确估计方面依然是难点问题。鉴于以上问题和研究现状，很多学者提出，突破瓶颈的方向是多种监测数据的融合使用，如何取长补短、真正融合是关键。已有工作使用卡尔曼滤波方法，将高频GNSS的位移作为约束从强震仪记录中得到非饱和的地震波记录（Bock et al., 2011, Jianghui Geng et al., 2013）。然而，这样会带来一定的滞后，影响实时性，另外，该方法要求强震仪与高频GNSS位于同一监测位置，这在当前的地震预警监测系统中很难达到。由于监测目的的不同，目前强震仪网与高频GNSS网重合较少，在现有基础上加装另一监测传感器成本较高，而且这一方法也没有对台网密度进行有效利用，并不是最优解决方案。需要能够从各自分散甚至可能稀疏的站点分布中充分利用两种数据的各自优势的数据融合技术。我们提出引入深度学习技术解决这一问题。深度学习技术在很多领域已有非常成功的应用，例如图像分类、人脸识别、视频中目标追踪等等，都有媲美人类判断水平甚至超出人类水平的表现。在地震预警方面中也有一些进展，但是还没有做多源数据融合进行地震震级预警方面的工作，我们将探索这方面的应用方法和效果。首先，构建基于卷积和池化的深度卷积神经网络，用历史震例的强震仪时间序列和高频GNSS时间序列以及震级做样本训练网络。训练后，在实时环境下，再用onsite方法判定P波到后，无须事先假设其他信息，仅用短时间内（10s左右）的两种实时监测数据输入网络，即可快速地预报震级。从监测数据到震级的映射模型由深度卷积神经网络学习而来，不预先假设先验关系，而是利用前沿的网络训练技术直接从原始数据中学习，依赖卷积神经网络在提取特征方面的优秀能力，充分利用两种监测数据的全波形记录中蕴含的知识，快速给出震级预报和预报的置信区间，从而提高震级估算的准确性和实时性。并且这一方法具有较高的鲁棒性，可以处理噪声较大的数据，并且允许数据有缺失，十分适应地震预警的实时监测条件，预期在地震预警方面将有很好的应用前景。

基于深度学习技术的区域台网地震事件与震相自动检测

赵　明　陈　石　房立华　David Yuen[2]

1. 中国地震局地球物理研究所，北京　100081；
2. 中国地质大学（武汉）大数据学院，湖北武汉　430074

　　地震观测数据的自动化和智能化处理，是地震科技创新工程的重要组成部分。在地震领域，最近一两年，以深度卷积神经网络（CNN）为代表的深度学习技术已经被应用于地震分类、震相识别等，并在实际地震波形数据，尤其是微小地震检测上，大大超越了传统自动识别算法。首都圈地区（包括北京市、天津市及河北省）为中国防震减灾重点示范区，由178个台站组成，台间距约为30~50km。由于台间距比较稀疏，仪器类型也不统一（长周期和短周期都有），其数据质量和信噪比水平各异，再加上95%以上都是低于2.0级的小震微震，对任何自动识别算法都是一个艰巨的挑战。本研究利用65000条汶川大地震余震波形以及400000万条首都圈台网2010—2017年人工编目波形数据，成功训练了能够有效进行近震事件–噪音分类的CNN模型和能够挑取近震Pg、Sg到时的U-net模型，并已经在178个台站的测试数据上达到99.8%以上的事件检测正确率，以及99.7%的Pg，Sg震相到时挑取精度（图1）。CNN和U-Net算法的突出优点在于其模型的泛化能力，即对不同台站的波形具有相对稳定的识别精度，在区域台网的实时监测与数据处理方面具有很大的优势和潜力。

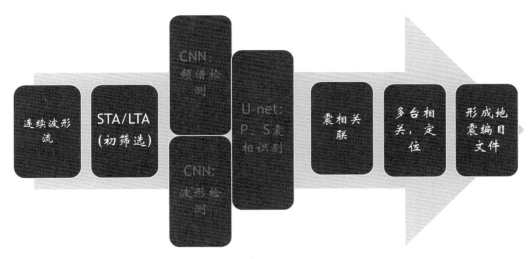

图1　数据处理流程

近50年来Nam Co湖水水位的持续上升引起的地表形变及对亚东—古露断层库仑应力的影响

林晓光　肖　捷　何建坤

中国科学院青藏高原研究所，北京　100101

地表荷载的变化会造成地壳形变、改变岩石圈的应力状态，导致断层上库仑应力的变换而影响其活动性。青藏高原地区不仅分布着众多的活动断层而且拥有数量最多、面积最大的高原湖泊。近100年来随着全球气候变暖、人类活动的加剧，大量研究表明，自20世纪六七十年代以来青藏高原地区的气候发生了暖干向暖湿的转变，这导致了高原地区的湖泊个数、面积及水位呈现出增加的趋势。这些湖泊质量的变化如何影响青藏高原内部岩石圈的变形和应力场的分布，迄今为止，鲜少见到相关的研究和认识。为此，本研究以青藏高原中部Nam Co湖泊为例，通过构建三维有限元模型来探讨湖泊水体自1960年以来的持续增加引起的地表形变、应力、应变在空间上的分布及对亚东—古露活动断层上库仑应力的影响。这对认识人类活动、地表过程与岩石圈变形的相互作用有重要的理论意义，同时对探讨人类活动与地震的危险性也具有一定的借鉴意义。

昆仑山地震震中区震后形变演化特征

屈春燕　赵德政　单新建　张国宏　龚文瑜

中国地震局地质研究所，北京　100029

　　2001年M_S8.1昆仑山口西大地震产生了近426km长的巨型地表破裂带，包括布喀达坂峰以东长约350km的主破裂段及太阳湖以西约25~30km的次级地表破裂段，两个破裂带之间有约50km未发现明显地表破裂的拉分阶区。沿地表破裂带同震位移分布存在显著差异，表现出同震变形的不连续性和分段丛集性，在宏观震中所在的库赛湖破裂段，地表破裂规模和同震水平位移均达到最大，其中最大水平位移约6.4m，垂直位移可达约4m。为了研究昆仑山地震的震后形变衰减演化特征，我们利用跨越东昆仑断裂带的5个轨道在2003—2010年的ENVISAT/ASAR存档数据获取了这次巨震的震后形变演化图像。数据条带南北向长度在400~500km，沿断层东西向覆盖范围约500km，基本包括了昆仑山地震的同震破裂段和形变区域，能够对震后形变进行全面揭示。数据处理采用多干涉图叠加的Stacking InSAR时序分析方法，该方法在有效去除残余轨道相位误差和大气误差的基础上，利用相位叠加原理抑制影像噪声、增加像元的观测密度，已在多个震间和震后微小形变场研究中取得成功应用。

　　限于篇幅这里仅介绍震中区T133条带的研究过程和结果。我们收集了该条带27个原始SAR影像，利用短基线像对构建方法生成了98个解缠干涉图，从中选取了71个相干性较好的干涉图，计算了整个观测时段（2003—2010）及震后6个不同时段的平均形变速率场。结果表明，北盘近场平均震后形变速率为约4~8mm/a，南盘近场平均震后形变速率为约6~8mm/a。断裂带南盘形变范围从地表破裂开始一直向南衰减延伸至约34°N以南，形变宽度达约200km，北盘震后形变从地表破裂向北衰减延伸至柴达木盆地南缘，形变宽度在约100km，显示出该区域存在南北两盘震后形变量级和形变范围的非对称性特征。另外，也显示出沿断层走向由西向东的速率减小趋势，特别是断层南盘。该条带震后形变速率解算误差整体在±3mm/a以内，说明震后平均形变速率结果的可靠性。

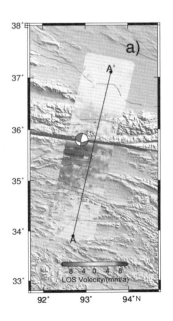

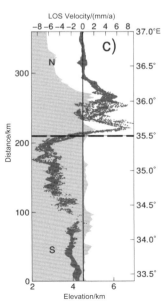

昆仑山地震震中区震后长期平均形变速率场（2003—2010）（a）平均形变速率场；（b）平均形变速率场对应误差图；（c）跨断层速率场剖面

作者信箱：dqyquchy@163.com

利用InSAR技术研究2019年四川荣县地震发震构造特征

王金烁　　邱江涛

中国地震局第二监测中心，陕西西安　710054

中国地震台网正式测定：2019年2月24日05时38分在四川自贡市荣县（29.47°N，104.49°E）发生4.7级地震，震源深度5km，由于震级较小，震后相关机构均未给出发震构造的具体参数。荣县地震发生于四川盆地内部，发震断层属于微小断裂，同时震级较小的地震通常未产生地表破裂，因此该地震缺乏发震构造的后续研究。本文通过利用欧空局哨兵1A卫星（Sentinel-1A）的升降轨SAR影像数据，使用InSAR技术获取荣县地震同震形变图像，并在此基础上进一步研究确定该地震的震源位置，反演分析该地震的发震构造几何参数及其同震破裂特征，弥补该区域活动构造研究程度的不足。

于2014年4月3日发射的新一代雷达成像卫星哨兵1号（Sentinel-1A）C波段数据目前已免费开放下载，幅宽达250km，单景数据即可完成对地震震中形变区域的完全覆盖，同时缩短了回归重复轨道观测的时间周期，相较于前人研究所使用的ERS/ENVISAT卫星数据更易生成较高质量的干涉图像，为InSAR技术监测同震形变提供了良好的数据基础。

研究选取哨兵1A卫星干涉宽幅模式的SLC IW L1.1级产品数据，通过欧空局数据中心下载了地震震前震后升降轨卫星影像，其中，升轨数据观测时间分别为2019年2月21日和2019年3月5日，轨道号为165；降轨数据观测时间为2018年2月2日和2019年3月10日，轨道号为62。选取数据的时间和空间基线大小保证了震区数据处理结果较高的相干性，从而有利于地震形变信息的提取。InSAR数据处理使用的是GAMMA商用软件的两轨D-InSAR处理方法，DEM采用美国NASAsRTM数据（分辨率90m）以去除地形相位的影响，卫星轨道信息来自欧空局发布的完全基于Doris定位系统确定的精密轨道。多视比参数设置为1：5，采用Goldenstein滤波方法得到滤波后的干涉图。相位解缠方法为MCF（最小费用流），设置相干性阈值为0.4以使解缠结果更为稳定可靠。经过轨道误差去除和重去平，最终得到经过地理编码后荣县地震的高分辨率同震地表形变场（LOS视线方向），该形变场呈现出长约9km、宽约2km的近SN向长矩形形状，我们将在InSAR同震形变资料的基础上，进一步利用位错模型反演技术，研究该地震的断层几何参数和同震滑动分布特征。

| 作者信箱：1013493193@qq.com

利用SBAS-InSAR技术提取延安新城地表变形特征

张 艺 丁晓光

陕西省地震局，陕西西安　710068

及时快速获取地质灾害多发区的地表变形特征是进行灾害预防和监测预警的重要基础。常见的GNSS连续方法虽然精度高、实时性强，但传统的点位观测使其覆盖面小，空间分辨率低，而且布网前需要借助其他手段确认监测区，一旦建成，不可移动，因此单一的GNSS技术并不能完全满足要求。近年来，InSAR技术以全天候、大覆盖、高空间分辨率等特点，在地学领域中得到了广泛应用，其地形变观测优势与GNSS形成互补，能够共同为防灾减灾工作提供重要的科技支撑。

延安市地处黄土高原的河谷之中，滑坡、泥石流等地质灾害时有发生。由于城市发展受到地形限制，2012年4月延安市区北部启动削山填沟建设新区工程。随着工程项目的逐渐深入，位于新区边缘、距最近填埋沟壑约1km的延安GNSS基准站出现形变异常：2015—2017年该站在欧亚框架下表现为SW向运动，速率方向和量值明显异于其他GNSS站。为进一步研究延安站在异常方向上的连续相对变化，计算了延安至陇县站的GNSS基线时间序列，该基线在2015年之前表现为稳定且缓慢的压缩趋势，而后缩短速率明显加快；至2017年基线累计缩短量已超过10mm；2017年中期至今基线变化趋于稳定。经过几年的长期跟踪，发现该站异常变化与新区扩张方向较为一致，证明新区建设项目的开展和完成，与站点异常的发展、结束过程具有一定的同步性和关联性。那么在新城周边其他区域是否也存在地表形变？量值和空间范围分别有多大？是否会引发地质灾害？前两个问题可以应用InSAR技术解答，并能为第三个问题提供重要的定量依据。因此，本文运用SBAS-InSAR的连续观测技术，利用32幅哨兵-1数据对延安新城2014年10月至2017年2月的地表形变进行监测，获得了时间序列变化图、平均地表形变速率等结果。

图1是延安新区地表形变时间序列演化图，直观地再现了从2014年10月至2017年2月间地表形变随时间的演化过程（LOS向）。从整体来看，延安新城及周边发生了较大范围的区域性地表形变，早期大部分地区的形变特征为上升，后期下降地区主要在新区内部。经分析，上升与大量土方填埋沟壑产生的横向挤压有关；而新区内部的下降，发生于填埋工程结束后的在建高层建筑区域，表明基建工程施加于新平整的相对松软黄土地基之上，可能导致地面发生沉降。从图1还可以看出，延安新城周边地表上升幅度是从西北向开始，沿顺时针逐渐增大，这与延安新城的扩张方向基本一致。

为了验证SBAS方法得到的结果，将延安GNSS台西南方向投影的时间序列提取出来，与GNSS实测点形变值大小与变化趋势比较，得出：两者皆是在2015年6月、7月开始出现显著变化；2014年10月至2017年2月SBAS监测结果皆为正值，即西南投影方向增大，与延安—陇县基线压缩方向一致；两者总体变化趋势相似，变形幅度也十分接近，SBAS监测结果最大值为11.65mm，GNSS实测值变化幅度约为11mm，从而证明本文方法的可靠性和有效性，能够在灾害监测预警中发挥重要作用。

2014.10.23-2014.12.10　　　2014.10.23-2015.04.21　　　2014.10.23-2015.10.06

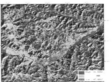

2014.10.23-2016.06.02　　　2014.10.23-2016.12.23　　　2014.10.23-2017.02.21

图1　延安新区地表形变时间序列（LOS向）

两种大气改正数据在川滇地区ALOS-1干涉应用中的评价

沙鹏程[1, 2]　单新建[1]　宋小刚[1]

1. 中国地震局地质研究所，北京　100029；2. 中国石油大学（华东），山东青岛　266580

对于毫米量级的断层震间形变监测，尤其是位于植被覆盖茂密、降水量多的川滇地区，大气改正显得至关重要。为了获取斜切川滇菱块的丽江—小金河断裂带南西段精确的震间形变速率场，通过对短时间基线干涉图大气改正效果的评价，从两种大气改正数据（GACOS大气改正、四叉树大气改正）中确定出最优的大气改正方法，然后再对已经分离出大气相位的干涉图进行一次线性拟合轨道相位去除轨道误差，得到最优误差校正方法，用于后续长时间基线的大气信号改正。

本文选取斜切川滇菱块的丽江—小金河断裂带南西段（丽江—宁蒗）为研究区，该断裂是一断面高角度倾向NW的逆左旋走滑型活动断层。近年来，已有大量学者通过形变观测手段对该断裂带的活动情况进行了分析研究，基本证实该断裂目前仍处于活动状态，且发生在其南段的1976年盐源—宁蒗M6.7、M6.4震群破裂区和1996年丽江M7.0地震破裂区之间存在50km左右的破裂空区。综合构造规模、断层活动性与地震活动强度等方面，认为丽江—小金河断裂带区域地质背景复杂、构造活动强烈。

本文获取了23幅成像时间为2006年12月8日至2011年4月10日的ALOS/PALSAR（升轨track481）影像数据。为了评价基于外部数据校准（GACOS大气改正）和基于影像自身校准（四叉树大气改正）这两种大气改正数据的大气改正效果，我们选择研究区中短时间基线干涉图进行相关研究。在短时间基线干涉图中，由于所覆盖的时间间隔较短，而该地区的震间形变信号大概在mm/a的数量级，所以干涉图中的形变信号几乎可以忽略不计，大气和轨道信号占据了主导地位，而轨道信号一般符合线性趋势，通过模型拟合加以去除，剩余的信号可以认为完全由大气延迟引起。所以我们先利用两种大气数据进行大气改正，然后去除轨道误差，最后对残余相位进行统计分析，进而评价两种大气改正方法的有效性。

我们在研究区雷达数据集中，挑选了7对短时间基线（1～2个月）干涉对，然后利用相应的GACOS改正方法和四叉树模型计算大气延迟量，分别用于干涉图的大气改正，然后进行轨道误差拟合和去除，最后得到残差图。为了定量化评价两种大气改正方法，我们计算了残余相位均方根误差分布图（图1），一种颜色对应一种方法。在理想情况下，所有误差在改正后应为0，但实际中大气误差不可能被完全消除，于是分别计算了两种大气改正方法后残差的均方根误差，可以看出基于四叉树的大气改正方法残差的均方根误差更小，说明四叉树的方法更适合研究区的InSAR大气改正。

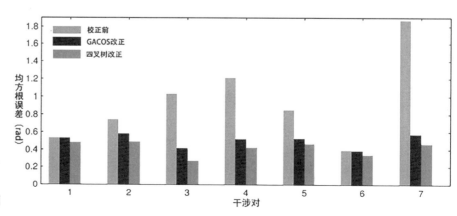

图1　均方根误差分布图

/ 作者信箱：abner1206@163.com

青藏高原东缘岩石圈结构对现今垂向运动
影响的数值分析

庞亚瑾　宋成科

中国地震局第一监测中心，天津　300180

　　晚新生代以来龙门山及西部松潘—甘孜地块快速隆升，形成龙门山地区显著的地形陡变现象，其中，松潘—甘孜地块至四川盆地NW—SE沿线近30km范围内地形差异高达4km。高精度的GPS观测和水准观测提供了青藏高原东缘地区现今丰富的三维形变数据。区域GPS水平速度场数据显示松潘—甘孜地块至四川盆地现今水平缩短变形较弱（小于3mm/a），而GPS垂向速度观测及区域精密水准观测数据显示位于龙门山断裂带西北侧的巴颜喀拉块体隆升速率约2~4mm/a，断裂带东南侧的四川盆地呈现0~2mm/a的相对下沉趋势（Shen et al.，2005；Hao et al.，2014）。显然，相对于龙门山两侧垂向变形，区域现今水平缩短速率不足以产生龙门山断裂两侧如此显著的垂向变形量（Shen et al.，2005；Liang et al.，2013；Hao et al.，2014）。

　　青藏高原东部岩石圈深部结构探测结果显示地壳结构在龙门山地区存在明显过渡：地壳厚度由松潘—甘孜地块的60km过渡至四川盆地的40km（楼海等，2010；陈石等，2013；Zhang et al.，2010）。龙门山断裂带两侧地块地壳地震波速结构也有较大差异，Wang等（2018）利用P波接收函数方法分析认为松潘—甘孜块体地壳结构在空间上具有很强的横向不均匀性，块体内部的垂向增厚和块体间强的相互作用共同主导了地壳的变形。相对于刚性的四川盆地，青藏高原东部具有相对较弱的力学性质，地壳明显的低速层和高导层等地球物理观测证据指示区域可能存在地壳流（嘉世旭等，2014；Bai et al.，2010；Wang et al.，2007，2008；Liu et al.，2014）。另外，青藏高原东缘龙门山地区的地壳密度结构的相关研究表明，龙门山断裂带两侧地块密度结构同样存在显著差异，松潘—甘孜地块地壳密度整体低于四川盆地，其中松潘—甘孜地块上地壳存在约5km厚的低密度层，可能对应部分熔融的地壳流。布格重力数据显示松潘甘孜地块处于负异常的重力非均衡状态（Zhang et al.，2014）。

　　针对青藏高原东缘松潘—甘孜地块至四川盆地陡变的地形起伏和地壳密度结构的横向差异，通过建立二维有限元地质模型，采用牛顿粘性流体计算分析构造加载、陡变地形起伏和区域重力效应作用下青藏高原东缘岩石圈变形特征，探讨横向不均匀的地壳密度结构对区域现今垂向运动的影响。计算结果显示：在构造加载作用下，松潘—甘孜至四川盆地呈微弱的水平缩短和垂向抬升；而区域横向不均匀地壳密度结构造成的重力梯度驱使龙门山西侧的松潘—甘孜地块地壳整体抬升，速率高达3mm/a，四川盆地下沉速率约1mm/a，与龙门山地区两侧现今地表垂向变形模式相近。同时，龙门山地区陡变地形驱动产生显著的柔性地壳流动，对区域地壳局部变形具有调整作用；岩石圈地幔的流变结构影响重力调整作用下的模型变形量值和岩石圈变形耦合程度，较低的中地壳粘滞系数引起松潘—甘孜地块上、下地壳的变形解耦；较高的岩石圈地幔粘滞系数使重力调整下区域垂向变形量降低。因此，我们认为青藏高原东缘至四川盆地地壳密度结构差异和岩石圈流变性质是现今区域垂向变形的重要动力学控制因素。

三峡库区水位变化对区域地壳形变影响研究

孙伶俐[1]　魏贵春[1]　蒋玲霞[1]　李小芬[1,2]　林俊[1]

1. 湖北省地震局，湖北武汉　430071；2. 宜昌地震台，湖北宜昌　443100

长江三峡水库二期工程于2003年6月1日开始蓄水，至今已有11年历史。蓄水期内水位短时迅速抬升，水体荷载快速增加，水位消涨均有一定的时间规律。2000—2003年，蓄水前水位值保持在65.6～76.6m范围内变化；2003—2006年在135m内变化；2006—2008年达到156m，2008—2009年达到173m；2010—2014年间完成175m蓄水目标，后每年均于8—9月间开始蓄水，次年6月降至145m。

2003年蓄水初期，微ة活动对水位的快速上升具有及时响应的特点，属于"迅速响应"型；随着库水的持续渗透，微震活动减弱，地震活动与水位的相关性变得不明显，区域应力作用凸显，地震破裂方式有可能受控于已有断层构造的继续活动，局部孕震环境趋向复杂。

自2001年以来，三峡水库重点监视区内发生M_L4.0以上地震11次。蓄水前发生过的最大地震为2001年12月13日秭归M_L4.1地震，蓄水后最大地震为2013年12月16日巴东M_S5.1（M_L5.5）地震。将水库蓄水各时段最大发震级级、发震频次与水位变化进行对比后发现：

（1）中强地震在水位下降时段较易发生，多数地震在水位升至最高水位附近时段发生。如2008年11月22日秭归M_L4.6，2013年12月16日巴东M_S5.1（M_L5.5），2014年3月秭归M_L4.7、M_L5.1，2017年2月23日秭归M_L4.9，2018年10月秭归M_L4.9、M_L4.6地震。

（2）地震发生频次随库水位升高而增强，高频次较为集中时段为2006年9～10月、2008年11月—2009年6月，当时水位高度分别为156m、173m，地震活动受高水位控制明显。

选取距三峡库区附近（宜昌台，距离库区约30km）2001—2018年长周期形变观测序列为研究对象，从连续、高灵敏度的倾斜、应变观测数据解算出蓄水过程中反映局部介质变化与应力积累的潮汐参数的异常变化（图1），并结合几次中强地震前的异常表现进行归纳与总结后发现：

（1）宜昌地区地壳形变长趋势原始观测曲线线应变固体潮汐变化在水位上升期呈压性，水位下降期呈拉张变化，与水体加卸载应力变化一致。

（2）宜昌地区地壳形变长趋势原始观测曲线地倾斜潮汐观测在2003—2004年出现S—W负倾，2006—2007年N—E正倾变化。区域块体受三峡水库荷载影响引起的应力变化在倾斜潮汐观测曲线上有所反映。

（3）区域地震震前出现过疑似异常。震前短临异常：2008年11月22日秭归M_L4.6地震前4小时地倾斜分钟值出现明显下降，N、S端下降量达$23×10^{-3}$角秒、$10×10^{-3}$角秒；震前短期异常：2017年2月23日秭归M_L4.3地震前14天（2月9日开始）水管倾斜仪NS分量固体潮正常纺锤形周期形态打破，前7天（2月16日开始）VS摆式倾斜仪NS、EW分量固体潮正常纺锤形周期形态打破；震前中期异常：2013年12月16日巴东M_S5.1地震前3个月洞体应变EW分量出现破年变转折，由压变张。

（4）三峡水位变化时期洞体应变NS分量长周期时间序列的潮汐因子参数出现阶段下降。在水位下降期和M_L4.0以上地震前台站洞体应变、水管倾斜潮汐观测的相位滞后参数出现转向变化。

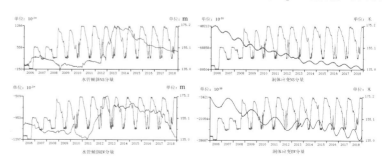

图1　三峡水位与宜昌台地倾斜、应变观测年变曲线对比（2006—2018）

| 作者信箱：sunll777@sina.com；77596161@qq.com

山东泰安—诸城沂沭断裂带
剖面重力异常和地壳密度结构特征

罗翔飞　秦建增　李洋洋　李勇江

中国地震局地球物理勘探中心, 河南郑州　450002

郯庐断裂带山东段（称为沂沭断裂带）是整个断裂带地震活动强度大、频率高的地区，发生过多次6级以上强震。研究地震的孕震环境和地震机理，必须要了解地壳结构厚度分布状况，地震孕育、发生、发展必然会伴随地壳介质的物理或者化学变化，从而会在地壳介质的密度上有所体现，因此，研究沂沭断裂带的地壳厚度和密度的分布状态，特别是中上地壳密度结构，对强震机理的认识及预测，有重要现实意义。

本文根据跨越沂沭断裂带一条长约292km（36°N附近）沿近EW向的重力剖面所获得的观测数据为依据，以布格重力异常为背景研究沿剖面的重力异常分布特征、剩余密度相关成像和密度结构所反映的地壳密度分布的纵、横向差异，结合区域已有地质构造和深部探测成果，对地震的孕育发生和发展的深部介质和构造环境进行探讨，为地震监测及预防提供基础资料。

1. 剩余密度相关成像

剩余密度相关成像揭示了剖面地下介质的分段特征和深浅构造差异（图1），自西向东呈现明显的分段特征，沂沭断裂带两侧块体相关系数存在差异，具有构造边界的特征，15km以上相关系数大小相间分布，地壳的密度具有亏损（负值）、盈余（正值）交替横向分布，反映了新生代以来现代地壳运动强烈的特征。

15km以下相关系数随深度增加逐步减小，中下地壳大片亏损（负值）。两隆起具有截然不同的相关系数即密度结构，沂沭断裂带介于两者之间。鲁西隆起严重，反映出鲁西地块强烈的隆升机制，同时反映东、西地质构造单元有着不同的深部构造背景。另外在主要断裂带分布区域均有局部的密度差异，这些断裂可能控制了剩余密度体的发育，密度异常体与断裂带密切相关。

2. 地壳密度分层结构

利用人工地震测深、布格重力异常和剩余密度相关成像等结果，进行剖面地壳密度反演分析。地壳密度分布具有明显的不均匀性，西部密度较低，东部密度较高，沂沭断裂带以西中上地壳有低密度层，表现为流变学强度非常低软弱带，鲁西隆起的变形属于分布式变形，5.0级以上地震分布在活断层和低密度周围。

3. 讨论与结论

剖面地壳密度分布具有明显的不均匀性，以沂沭断裂带为界，在同一地壳内剖面西部密度较高，东部密度较低。沂沭断裂带以西中上地壳有低密度层，表现为流变学强度非常低软弱带。沂沭断裂带附近的Moho面隆起和上地壳高密度体的存在暗示上地幔往上底侵入作用，区域约75%的≥5.0级地震发生在密度高值区或低值区周围及高低密度过渡部位，地壳物质（密度）不均匀性对地震孕育发生具重要影响。从力学的观点看，地壳介质的非均匀搭配关系有利于地震的孕育。沂沭断裂带是地震活动带。

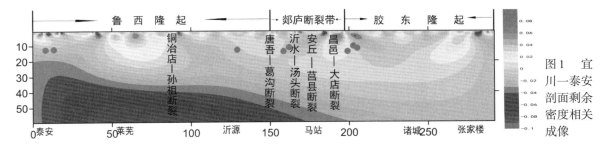

图1　宜川—泰安剖面剩余密度相关成像

天山地区全波形背景噪声层析成像

吕子强　卢忠斌

山东省地震局，山东济南　250014

天山造山带作为世界上典型的陆内造山带之一，由数条平行山脉及山间盆地组成，同时夹于塔里木盆地、准噶尔盆地和哈萨克地台等几个刚性块体之间。这些构造块体不仅影响了不同地质构造单元的演化进程，而且控制了天山地区中强地震的活动，形成了特殊的构造环境。由于印度板块与欧亚板块碰撞的远程效应使得天山造山带的现今构造运动十分强烈，呈现出大量的E—W向逆断层以及频繁的强震活动等。因此，研究天山地区的地壳上地幔速度结构对于认识天山地区的深部动力学过程有着重要的意义，也是目前大陆动力学的重要热点科学问题。

本研究利用整个天山地区2012—2014年期间的5个台网108个台站的背景噪声资料，获取了周期7~200s的Rayleigh面波经验格林函数，并采用全波形背景噪声成像方法联合反演P波和s波速度，获得研究区域高分辨率的地壳上地幔三维S波速度结构模型。结果表明：整个天山地区的S波速度结构具有显著的横向非均匀性，并且与地表的地质构造具有很好的相关性。中天山—塔里木盆地的碰撞边缘呈现出明显的高波速异常，暗示塔里木盆地的岩石圈可能已经俯冲至中天山的下方。中天山地区的下地壳至上地幔存在明显的低波速异常，可能与地幔热物质上涌的过程密切相关。相比于中天山地区的低波速异常，东天山的地幔岩石圈则呈现出相对的高波速异常，暗示塔里木和准噶尔盆地的岩石圈已经俯冲至东天山的下方，可能一定程度上阻碍了地幔热物质的上涌。西天山地区的上地幔所呈现出的弧状低波速异常则可能与欧亚大陆岩石圈的俯冲消减过程有关，这也得到了中深源地震分布、接收函数和岩石学等研究结果的支持。同时研究发现，作为中、西天山分界线的费尔干纳断裂两侧形成了明显的速度差异，且该速度差异从地壳一直延伸至上地幔，表明费尔干纳断裂可能是一条岩石圈尺度的断裂。以上的研究结果表明，东、中、西天山受到不同构造块体的作用或者共同作用，可能存在不同的动力学机制。

| 作者信箱：ziqianglyu@sina.com

渭河盆地及邻区重力场及地壳构造特征研究

张永奇[1]　韩美涛[2]　郑增记[1]　曹建平[2]

1. 陕西省地震局，陕西西安　710068；
2. 中国地震局地质研究所，北京　100029

　　布格重力异常分析是研究区域地壳结构特征与介质密度变化的一个重要手段。布格重力异常反映的是地下不同深度、不同规模和不同密度地质异常体的重力异常总效应，它既体现了地质体的纵向分层，也体现了地壳介质的横向密度非均匀性。本文基于EGM2008全球重力场模型与ASTER GDEM2009高程数据构建了陕西省及周边地区布格重力异常。采用小波多尺度分析方法将构建的布格重力异常有效的分解为1～4阶小波细节和逼近信号，基于平均径向对数功率谱方法定量化的计算出各阶细节和逼近所对应的场源平均埋深，同时结合3阶、4阶小波细节组合的水平一阶方向导数等资料对研究区的构造分区、深大断裂体系以及特征进行了系统的讨论。本文主要采用的数据为EGM2008重力场模型数据，ASTER GDEM2009高程模型数据。主要研究方法包括小波多尺度分解法、功率谱分析方法，功率谱分析作为小波多尺度分解的辅助手段增加定量化的估算不同深度场源的平均埋深，目前多位学者已经将功率谱分析与小波分析两种方法结合使用，并取得了较好的结果（杨文采等，2001；刁博等，2008；侯遵泽等，2011，2015）。Parker-Oldenburg迭代反演法和导数法，重力异常的导数有较高的分辨率，导数异常与异常体关系较原异常更为密切，能够更好的压制区域异常，突出局部异常，更能反映异常的形状（李丽丽等，2014），计算了沿0°、45°、90°、135°四个方向的水平一阶导数，识别与解释沿东西向、北西向、南北向和北东向四个方向的地质边界体。通过对研究结果进行深入研究，得到如下几点认识：

　　（1）根据对不同重力模型计算的自由空气异常和布格重力异常进行对比，发现EGM2008重力场模型精度相对较高；通过对不同DEM模型计算的地形数据进行对比发现，ASTER GDEM2009计算的地形细节更丰富，精度更高；实测重力数据由于分布不均匀，且三维坐标信息不准确，计算获取的自由空气异常和布格重力异常不能完全反映研究区域的断裂分布和构造分区特征。

　　（2）根据获取的布格重力异常图像对研究区的构造特征进行了分析，结果表明：研究区的布格重力异常具有显著的分区特征，各区重力异常在展布形态和走向、异常幅度等方面存在较大的差异，基于小波多尺度分析方法提取了主要反映深部异常的4阶逼近信号，结合深、大断裂体系，将研究区重力场划分为六盘山—宝鸡重力异常区、秦岭造山带重力异常区、渭河断陷盆地重力异常区和鄂尔多斯块体南缘构造区4个一级重力异常区，其中渭河盆地内部又根据小波细节和逼近图像识别出了宝鸡断陷区、咸阳—乾县断陷区、西安断陷区、固市断陷区等；秦岭造山带又分为西秦岭和东秦岭构造带。

　　（3）基于小波多尺度分析方法提取的反映深部断裂的重力异常3阶、4阶小波细节，结合细节图像的布格重力异常水平一阶导数，1～4阶小波逼近图像，并参考断裂展布区的地质资料，对研究区的9条深、大断裂的性质及下切深度进行了定性分析，结果表明，基于小波多尺度分解的重力场细节图像和水平一阶导数，对于识别断裂具有非常良好的效果。

汶川M_S8.0地震震后形变与介质横向非均匀性

黄金水[1]　李　锋[2]

1. 中国科学技术大学地空学院，安徽合肥　230026；2. 江苏省地震局，江苏南京　210014

2008年5月12日发生在龙门山断裂带的汶川M_S8.0地震（31.0°N，103.4°E）在断裂带附近的地表产生了显著的垂向位移。GPS观测的同震位移显示，龙门山断裂带东侧的北川至绵竹区域附近地表沉降，最大沉降幅度为0.675m，与InSAR观测的地表垂向位移基本一致。震后2年的水准观测结果显示，北川至绵竹附近区域震后垂向移抬升，最大抬升幅度0.5cm，与观测的同震垂向位移运动方向相反（图1a）。本文利用三维有限元数值模拟方法，采用地震波反演给出的汶川地震断层滑动分布参数，考虑发震区域介质的横向非均匀性和龙门山断层浅部高倾角随深度渐缓的特点，建立了耦合弹性上地壳，黏弹性的下地壳和上地幔的横向非均匀黏弹性介质模型。对汶川地震的同震和震后位移进行了数值模拟，并与采用水准手段观测到的北川附近震后2年的垂向位移进行对比分析。对比横向均匀的黏弹性介质模型的震后位移进行计算结果，我们发现：①采用横向均匀的黏弹性介质模型计算的震后2年的水平位移和垂向位移与采用横向非均匀的黏弹性介质模型的计算结果存在较大差异；在垂直方向的位移方向在大多区域相反，如前者在北川附近显示出沉降，而后者显示抬升。在位于下盘的都江堰、绵阳附近区域，采用均匀介质模型计算的汶川震后垂向位移沉降，最大沉降幅度约0.8cm，与震后水准观测结果不符合；②采用横向非均匀黏弹性介质模型计算的汶川地震同震、震后位移特征与观测结果符合较好。位于断层下盘的北川附近区域，同震垂向位移运动方向向下，沉降最大幅度约0.7m，震后2年垂向位移抬升，最大抬升幅度0.02m，与汶川地震2年后，采用水准观测得到的该区域的地表震后垂向位移结果一致；③龙门山断层两侧黏弹性介质的横向非均匀性对汶川震后位移的运动方向和幅度影响显著。研究初步认为，汶川地震震后2年，北川附近垂向位移抬升是龙门山断层附近横向非均匀介质的黏弹性松弛引起的。

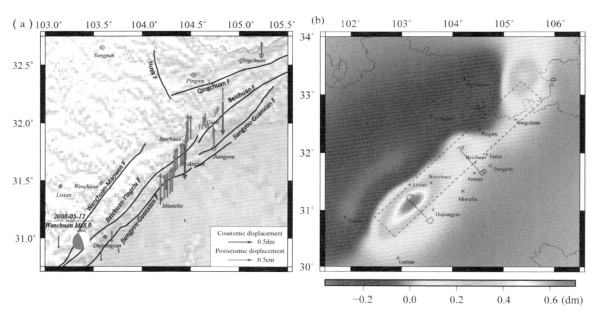

图1　（a）GPS和水准观测的汶川M_S8.0地震的同震（蓝色）和震后2年（红色）垂向位移；（b）模型计算的震后2年垂向位移

 作者信箱：jshhuang@ustc.edu.cn

汶川地震热异常与断层应力有关吗

朱传华　单新建　张国宏　焦中虎

中国地震局地质研究所，地震动力学国家重点实验室，北京　100029

研究与发震构造相关的热异常分布规律，可加深我们对地震热异常的认识。地震前一定时空范围内会出现热异常现象，其与发震断层之间存在一定的空间关联，如多发于震中附近、沿发震构造线性迁移等（张治洮，1994；强祖基等，1998；徐秀登、徐向民，2001；单新建等，2005；Tramutoli et al.，2005；Ouzounov et al.，2007；Lisi et al.，2010；Pergola et al.，2010；Zoran，2012）。并且，前人依据物理实验结果推测，与断层应力变化相关的"应力致热"效应和流体"热对流"可能是地震热异常发生的原因（Qiang et al.，1991；耿乃光等，1992；Wu and Wang，1998；Tronin，2002；刘力强等，2004；刘善军等，2004；陈顺云等，2009）。与热异常类似，地震前发震断层应力演化也会发生"异常"——断层由应力积累转变为应力释放（马瑾等，2012）。

然而要证实热异常是否与发震断层有关，仍有待于通过数值模拟手段对断层应力变化引发的热异常分布和量级进行检验。例如，地震前断层应力的释放所引起热异常发生区域与观测结果是否相同？应力致热与流体热对流形成的热异常量级与观测值是否相符？基于宏观多孔介质THM耦合理论，数值模拟断层应力释放所导致的"应力致热"和"热对流"异常变化，是回答上述问题的有效手段。

据此，我们计算了汶川地震前由于断层应力释放引发的热异常演化特征，发现流体对流和岩体应力致热效应导致的热异常现象在空间分布、时间演化、异常量级上皆与观测数据有较好的一致性。结果显示：汶川地震前，受断层应力释放影响，热异常现象主要发生于断裂带及其相邻上盘区域，沿断层走向呈带状分布，以增温异常为主，断裂带区域可发生短时间降温；断裂带区域热异常受流体对流和应力致热作用联合控制，增温强度先增大后减小，通常可产生大于1K量级的空气增温；非断裂带区域增温强度主要取决于流体对流作用的强弱，在地震前逐渐增强，对渗透率大小响应显著，通常当渗透率不低于$10^{-13}m^2$时，才能出现1K量级的空气增温异常。因此，我们认为，地震前断层应力释放引起的流体热对流和应力致热作用可以解释汶川地震前的热异常现象。

西太平洋台风对中国大陆近岸的低频扰动特征研究

袁　媛　尹京苑　韩娜娜

上海市地震局，上海　200062

基于上海佘山台四分量钻孔应变仪在6次西太平洋台风期间的观测记录，利用小波分解、优势振动方向等处理方法，提取出了台风造成的显著低频扰动信号，并详细分析了扰动信号在时频域及空间域的表现特性。

在这6次台风过程中，覆盖2～16min的3个频段都记录到了显著的扰动信号，扰动信号与台风的发展有强烈的伴生关系。模式均为平静—上升（台风中心开始逼近）—峰值（台风最盛，距离最近）—下降（台风中心开始远离）—平静。其中2～4min频段影响最为强烈（图1中第一排a2～f2），随着周期的增加，整个时间序列期间的振动能量不再有显著的起伏，表明台风扰动在减弱，在32～128min（图1中第5～6排）频段区间，已经几乎看不到台风的影响。在这6次台风期间，佘山台分量应变仪记录的低频扰动信号变化特征一致，优势扰动周期均为2～4min，只是不同的台风所影响的幅值存在差别，这与台风影响的强弱与否主要和台风量级、台风中心的位置（海上或陆域）以及与台站间的距离有关。

此外，佘山台分量应变仪四个不同方向观测的扰动信号能量幅值并不一致。通过优势振动方向法发现，在6次台风的强盛期，优势振动方向均为N160°左右，非常集中，信号强度也显著增大。而在台风强盛的前后时段以及无台风的平静期，其优势振动方向并不统一，相对分散。而N160°方向则与台站所处海岸线的走向密切相关。通过进一步对比地表风速、近海及远海区域的浮标有效波高记录，发现风速并不是影响扰动能量的主要因素，台站记录的低频扰动能量与近海的洋山浮标有效波高数据的相关性极好，整体变化趋势、转折点均保持一致。这表明信号的激发源来自近岸浅海区域，而不是远海。涌浪在近岸浅水处通过非线性相互作用产生的长重力波，很有可能是扰动信号的激发源，这种波周期介于20～300s之间，是大风浪作用期间近岸波能的重要组成部分。因此，该信号的激发机制可能为，当台风中心位于海域，强大的空气动能源源不断转化给台风下方的海水，激发强烈的海浪，原本微弱的近岸长重力波随之大大增强，并以一种自由长波的形式向岸传播，不断拍击光滑凹形的杭州湾海岸线，进而激发低频振动信号，分量应变仪则清晰的记录到了该扰动信号。而一旦台风登陆，台风中心远离海洋，失去动力源的海浪归于平静，扰动信号也随之消失。

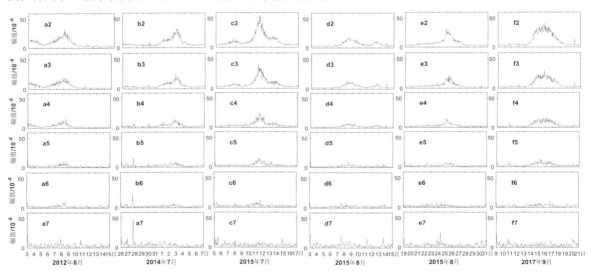

图1　佘山台分量应变仪第一道（150°）观测在6次台风中2～128min频段的平均FFT幅值时程曲线，其中a：Haikui；b：Vonghong；c：Chan-hom；d：Soudelor；e：Goni；f：Talim；a2：2～4min频段；a3：4～8min频段；a4：8～16min频段；a5：16～32min频段；a6：32～64min频段；a7：64～128min频段；b2～f7同上

 作者信箱：yuya83@163.com

鲜水河—小江断裂系的闭锁与蠕滑研究

李彦川[1, 2]　　单新建[1]　　Jean-Mathieu Nocquet[2]　　占　伟[3]　　王东振[4]　　张志桑[1]　　屈春燕[1]　　朱传华[1]

1. 中国地震局地质研究所，北京　100029；2. 法国尼斯大学，法国尼斯　06560；
3. 中国地震局第一监测中心，天津　300180；4. 中国地震局地震研究所，湖北武汉　430071

　　鲜水河—小江断裂系是青藏高原东缘一条弧形左旋走滑断裂，由鲜水河断裂、安宁河断裂、则木河断裂和小江断裂组成。该断裂系构造地震频发，在过去的350年中至少发生了35次6级以上的地震。古地震和大地测量学研究表明，安宁河—则木河断裂存在多处地震空区；此外，已有研究表明，2008年M_W7.9汶川地震、2013年M_W6.8芦山地震的同震和震后导致的库仑应力在不同程度上对该断裂系是加载作用，意味着可能会触发地震；因此，评价该断裂系的地震危险性具有重要意义。

　　断裂的震间形变存在两种模式，即闭锁与蠕滑。断层闭锁意味着弹性应变的积累，而断层蠕滑则意味着弹性应变通过无震滑移释放。已有野外调查的研究表明鲜水河断裂可能存在浅层蠕滑现象，但目前仍缺乏用大地测量数据约束的系统研究；此外，在鲜水河断裂上发生了2014年M_S6.3康定地震，此次地震的发生是否与断层的蠕滑有关，是一个需要探索的问题。基于以上科学问题，本文收集了青藏高原东缘1998—2014年的GPS数据，采用弹性块体运动学模型来反演鲜水河—小江断裂系的震间闭锁，以此探讨该断裂系的形变特征及地震危险性、厘定鲜水河断裂浅层蠕滑段的空间分布、探索2014年M_S6.3康定地震发生的机制。

　　研究结果表明：

　　（1）鲜水河—小江断裂长期滑动速率约为7～11mm/a；

　　（2）鲜水河—小江断裂震间闭锁是不均匀的约0～20km，运动学反演结果表明有三个凹凸体的存在，并且积累的能量等效于M_W6.8～7.1地震；

　　（3）鲜水河断裂存在～20km长的浅层蠕滑段，且蠕滑段并不与前人通过地质、短基线测量等方式得到的位置相同；浅层蠕滑速率为约7～9mm/a，并且蠕滑速率随时间变化，其变化的原因是受到周围地震的应力扰动；

　　（4）在鲜水河断裂浅层蠕滑段发生的2014年M_S6.3康定地震可能是断层蠕滑触发的。

小江断裂带北段近断层行为的连续GPS观测与研究

许力生 付 真

中国地震局地球物理研究所，北京 100081

小江断裂带位于青藏高原的东缘，处于川滇菱形块体和华南块体的分界带，地质构造复杂。多项研究表明，小江断裂带，尤其是断裂带北段，是未来可能发生大地震的"高危地段"（闻学泽等，2011；张世民、谢富仁，2001；张效亮、谢富仁，2009；钱晓东，2010；程佳等，2011；魏文薪等，2012）。本研究利用2012年3月至2016年3月期间云南巧家周围布设的12个高密度近断层连续GPS观测（图1），重点聚焦观测区的地表运动和变形特征，为进一步深入研究建立背景图像。

运动特征表现为：①ITRF2008参考框架下的绝对速度显示，观测区平均运动方位角约114°，平均运动速率约38.4mm/a；②相对于欧亚框架，方位角约140°，运动速率约11.9mm/a；③相对于华南框架，方位角约175°，运动速率约7.2mm/a。变形特征表现为：①北区、南区和整个区域压应变率主轴方位分别约为102°、130°和113°，大小分别约为$-11.27 \times 10^{-8}/a$、$-6.58 \times 10^{-8}/a$和$-7.32 \times 10^{-8}/a$；②三个区域最大切应变率方位依次为147°、175°和158°，大小分别为$8.46 \times 10^{-8}/a$、$5.01 \times 10^{-8}/a$和$4.66 \times 10^{-8}/a$；③三个区域面应变率分别为$-5.63 \times 10^{-8}/a$、$-3.13 \times 10^{-8}/a$和$-5.31 \times 10^{-8}/a$。除运动与变形的上述空间特征外，最大切应变的方位并不随时间发生变化，似乎受控于断裂带的展布方向，最大切应变的积累时快时慢，表现出明显的时间依赖性。与最大切应变不同，面应变没有明显的积累，但2014年鲁甸M_S6.5地震使观测区发生了明显的收缩。另外，密集观测还揭示出观测区不同部位难以描述的运动和变形时空特征，这表明该区域的块体作用和地表变形是比较复杂的。

基于断层两侧台站的相对运动速度，估算了小江断裂带北段近断层的滑动速率为（6.3±1.2）mm/a，略微小于以往远场GPS研究获得的结果，这是由于台站距离断层较近造成的，该研究结果的意义在于描述了近断层的变形行为。而多项GPS研究获得的小江断裂带滑动速率均小于地质研究的结果，这是由于断裂带在震前处于闭锁变形，随着闭锁程度的增加地震危险性逐渐增加。

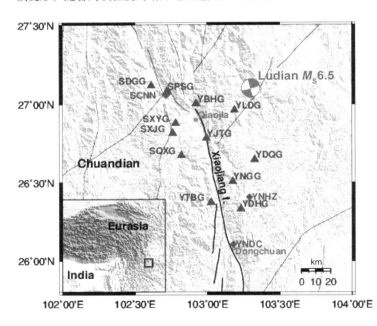

图1 小江断裂北段近断层GPS观测站分布（图中粗线代表小江断裂带，三角为巧家台阵GPS观测站，菱形为观测区内的陆态网络基准站）

用钻孔应变仪观测地震应变波

张宝红　邱泽华　唐　磊　赵树贤　郭燕平

中国地震局地壳应力研究所，北京　100085

传统摆式地震仪观测的是一个点的位移或速度（加速度），是一个矢量。速度（加速度）是位移对时间的导数。应变是位移对空间的导数，是一个张量。钻孔应变仪观测的是一点的应变变化。

理论上，P波和S波都是用应变定义的：P波是"无旋波"，即应变张量的非对称部分为0；S波是"等体积波"，即体应变为0。由此可知应变性质对地震波具有关键意义。

应变地震仪从来就是科学家们希望拥有的科学仪器。1961年，Benioff等人设计制作了一种"应变地震仪"，并根据其观测结果进行了地球自由振荡研究。Benioff等人的基线式应变观测，传感器比较长，不利于观测高频信号，也不利于进行应变张量观测。

验证钻孔应变观测的短周期频响性能，可以利用传统的摆式地震仪的观测，进行互相对比。我们在四川、甘肃、青海、山西和吉林等地，用YRY-4型四元件钻孔应变仪开展了采样率为100sps的实验观测，结果表明观测地震应变波数据基本自洽，体应变功率谱与摆式地震仪观测一致，显示这种仪器可以用于地震波研究。我们用YRY-4型四分量钻孔应变仪观测首先给出了地震波的应变变化图像。特别是利用面波的特殊性进行可比的应变换算，钻孔应变仪与摆式地震仪的观测曲线基本重合，一方面进一步证明了钻孔应变仪的频响性能可靠，另一方面建立了用摆式地震仪标定钻孔应变仪的方法。

我们已经或正在开展的研究工作包括：

（1）用钻孔应变仪观测数据确定地震三要素（时间、地点和震级）。一般地，目前的测震定位方法都可以移植到钻孔应变观测中使用。同时，钻孔应变观测还可以利用应变变化主方向的性质，用独特的方法来定位。特别是钻孔应变观测不存在震级饱和的情况，更适合给出合理的震级。

（2）说明各种地震波的应变性质：体波包括P波和S波。理论上，P波和S波都是用应变定义的。P波是"无旋转波"，即应变张量的非对称部分为0；S波是"等体积波"，即体应变为0。由此可以建立进一步区别这两种类型地震波的新方法。

（3）求震源机制的矩张量解：根据惠更斯原理，弹性波是振动的传播，波从振动源传播到任何一点，都可以看成在该点激发出新的振动源，并且该振动源的性质应该与初始振动源一致。这意味着，在理想情况下，只要能观测到一点的应变变化张量，就能判断出震源的矩张量性质。实际上，P波和S波分开传播，说明惠更斯原理不完全适用。理论上，只要有两个应变地震观测点的记录，就能求出震源矩张量解。目前，大地震的震源机制解可以借助全国甚至全球的使用摆式地震仪的台网观测数据来求出，而小地震因为往往不能被足够多的这种地震台记录到，所以难以求出震源机制解。用两个应变地震观测点的记录即可求出地震的矩张量解，这对于解决小地方震的震源机制问题具有特别现实的重要意义。

（4）对钻孔应变仪的基本参数进行验证：例如，大地震激发的地球自由振荡是以震源为极点的，一些基频振型的应变变化主方向与极点分析有对应关系；我们可以用实际观测结果与理论对照，根据这种特点来验证元件方位。

应变地震仪不是要替代传统的摆式地震仪。进一步将两种地震仪结合使用，可以发挥更大的作用。

正是通过对应变地震仪观测数据的细致分析，发现了传统线弹性理论的缺陷，即因对称性而无法研究旋转，从而进行了一系列理论创新，最终提出了"非对称线弹性理论"。

应变地震观测技术的成功出现，正在开创"应变地震学"这个新的研究领域。

由数十年GPS资料研究鲜水河断裂蠕滑段时空形变特征

张志桑　单新建　李彦川

中国地震局地质研究所，地震动力学国家重点实验室，北京　100029

鲜水河断裂带位于青藏高原东南缘，是两个强烈活动次级块体巴颜喀拉块体和川滇块体的构造边界带。断裂带北起甘孜附近，经炉霍、道孚、八美、康定，并延伸至石棉附近。确定鲜水河断裂上浅层蠕滑段的位置和长度，以及蠕滑速率与时间的变化关系，是本文的主要研究目标。对该断层的地震风险预估，以及蠕滑段与周围强震之间的关系的研究，有着重要的意义。

鲜水河断裂带、龙门山断裂带的交汇区历史上强震频发，2008年汶川M_W7.9地震和2013年芦山M_W6.6地震之后，2014年鲜水河断裂康定—色拉哈段上又发生了康定M_W5.9地震。本文利用GAMIT/GLOBK高精度GPS数据处理软件分析处理了1998—2007年、2009—2014年、2014—2018年三个跨度的GPS数据。联合18个全球IGS站进行解算，得到基于ITRF08框架下的速度场，扣除欧亚板块的运动矢量，进行欧拉极旋转得到欧亚板块下的GPS速度场。对此期间所发生的多次强震（例如2008年汶川地震、2010年玉树地震、2011年Tohoko地震、2013年芦山地震、2014年康定地震）进行数据处理时，综合考虑研究区距离震源距离、震级大小、数据可用性等因素，对其中主要地震的同震形变进行了"剔除"，此外对震后扰动，删除了近场台站的震后数据。并且对未知原因导致测站时间序列出现明显"跳跃"的数据解进行删除。最终得到较为可靠的GPS速度场。

基于速度场求解平行和垂直于断层速度分量，绘制沿鲜水河断裂不同断裂段的跨断层剖面，利用块体模型经最小二乘拟合出拟合曲线，根据模型得出蠕滑段近似位于30.2°～30.4°N。大约20km的长度。此外，我们的结果也排除了Allen等（1991）和Zhang等（2018a）先前提出的大约位于30.4°～31.8°N的蠕滑段。蠕滑速率需要待后续使用断层耦合模型来估计几个时间跨度的蠕滑速率，并与长期滑移速率相比较，分析比较历史几次强震对此蠕滑段产生的影响。在此基础上，分析发生在鲜水河断裂上的康定地震与此蠕滑段的关系，也是我觉得值得研究的一个方向，在未来工作中可以继续开展。

由震间闭锁到情景破裂：破裂动力学模拟带来的启示

杨宏峰

香港中文大学，中国香港 999077

随着空间大地测量学的迅速发展，基于大地测量结果的发震断层震间闭锁程度为我们评估未来地震灾害提供了重要依据。众所周知，断层上存在着各种非均匀性，包括应力场分布、摩擦及介质属性，这些非均匀性在震间闭锁模型中也导致了闭锁程度的空间非均匀分布，为推断未来地震的大小带来了严重挑战。我们针对中美洲与北美洲的俯冲带震间闭锁模型，利用破裂动力学数值模拟开展了对未来震害的定量评估。结果表明，震间闭锁模型可以指示未来地震的可能，但无法准确预测未来地震的震级。情景地震的震级不仅依赖于闭锁程度的分布，也取决于地震破裂的初始位置。当破裂成核于中等闭锁程度（约50%）区域时，情景地震大多为6级左右地震；仅当成核区域位于高闭锁（>75%）区域时，震级会达到特征震级7.6。并且情景地震的震级分布中没有6~7级的地震，与中美洲的实际观测相符。此外，地震灾害还受控于破裂的方向性；同等震级的地震，由于破裂方向性的影响，可能会导致相差至少2倍的地表震动与位移。对于俯冲带区域而言，破裂方向性导致由深部成核的地震会产生更大的海底位移，从而增加海啸的可能。这种由非均匀性控制与震中位置相关的震级特征，有助于我们理解部分"前震"的发生，进而深入认识前震的作用。

针对中国典型地震的地表温度异常的准同震响应

焦中虎　　陈顺云　　吴玮莹　　单新建

中国地震局地质研究所，北京　　100029

　　强震发生前的较短时间是识别地震引起的异常信号关键阶段。本研究提出采用地表温度（Landsurface Temperature，简称LST）的准同震异常作为表示即将发生的大震前的异常信号。LST准同震异常通过计算LST异常在几天或几周的短时间尺度内的时间积分异常（Temporal Integration Anomalies，简称TIA）来表示。其中，TIA是根据相对于每天LST背景场的增温和降温异常变化计算获得。利用高质量的MODIS（Moderate Resolution Imagingspectroradiometer）夜间LST数据，本研究提出基于时间序列的异常去除（Timeseries-based Anomaly Removing，简称TSAR）方法，用以识别并过滤受到云污染的低温异常数据和可能由地震活动引起高温异常数据。同时，由于云层的普遍和持续存在，本研究利用11天滑动窗口方法合成LST背景场数据。TSAR算法对LST时间序列具有平滑的效果，并且当应用到模拟数据集和中国大陆地区实际地震时性能表现良好。基于中国大陆9个典型中强震地震，利用震前10天的LST数据，本研究确定了4种类型的增温和降温TIA空间分布模式。如图1所示，2014年$M6.9$于田地震的震前LST异常信号会首先达到一个显著的增温TIA峰值（Peak TIA，简称PTIA），然后出现一个降温的PTIA，随后预示着地震即将发生。基于对9个震例的分词，LST对地震响应的这种显著的TIA时间效应可以用作识别震前信号的一种模式。此外，随着地震震级的增加，增温和降温PTIA呈现出增加的趋势，而且降温PTIA比增温PTIA更加敏感。增温PTIA对应着亚失稳状态的开始阶段，而降温PTIA表示进入亚失稳状态I阶段的持续时间。这项研究工作初步地探讨了在亚失稳阶段的准同震LST异常和潜在的地球物理机制的基本关系。遥感观测的LST异常应该与该阶段区域变形场的演变相关联。因此，该技术可以作为识别不同变形阶段关键时刻和监测可能的构造活动和即将发生的地震事件的潜在工具。

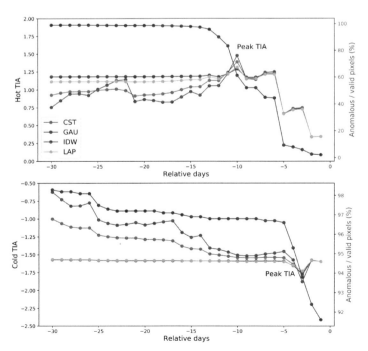

图1　2014年$M6.9$于田地震的准同震增温和降温TIA随地震发生当天的相对天数的变化（地震前的0~30天）。彩色圆点表示不同积分函数的平均值。灰色圆点表示以震中为半径的圆圈区域中的异常像素和有效像素之间的比例

震前热异常提取方法比较分析研究

吴玮莹　单新建　焦中虎　屈春燕

中国地震局地质研究所，北京　　100029

地震是最具破坏性的自然灾害之一，给人类社会带来了巨大的灾难，因此，预测地震成为有效预防地震灾害的手段之一。随着遥感技术的发展，近年来，许多研究者利用能够反映大气或地球表面的卫星观测产品（例如长波辐射、地表温度等）对地震热异常出现的时间、分布范围、变化幅度、与地震之间的关系进行分析研究，并出现了一系列针对地震热异常的异常提取算法。这些方法旨在通过探测地震前出现的热异常现象，指出未来强震发生的时间、空间及震级。常用的异常提取算法包括：目视解译法、图像差值法、RST（Robustsatellite Technique）、小波变换法、多参数分析法及其他方法等。尽管这些异常提取算法已在大量的研究中得到了广泛的应用，但仍存在一些问题：①地震震前热异常现象具有时间短、易受环境及人为因素影响等特点，其信号相对于背景信息而言较弱，因此利用异常提取算法得到的热异常信息的可靠性受到质疑；②对于同一地震、同一数据源利用不同的方法会得到不同的热异常出现时间和空间分布。因此，需要建立定量评价指标及异常识别标准，根据这些指标和标准，基于长时间序列的遥感数据和大量的震例进行统计分析，探讨震前热异常提取方法的有效性。

本研究选取近5年来（2013—2018年）中国大陆地区发生的震级超过6.0级的地震作为研究震例，采用MODIS（Moderate-resolution imagingspectroradiometer）日均夜间地表温度产品（数据由美国航空航天局官网下载得到，产品编号为MYD21A1，空间分辨率为1km，地表温度反演精度为1K）对目前研究中较为常用的一般图像差值法、偏移指数法、涡度法、RST和相对功率谱等五种方法从预测时间和异常分布两个方面进行定量评价研究。研究区范围为以震中为中心5°区域内，研究时段为震前90天，背景场数据为震前10年非震年（无震级大于6.0级的地震发生）数据。预测时间的定量评价指标为地表温度异常出现时间、地表温度异常分布范围最大的时间与地震发生时间求取均方根误差得到，公式如（1）所示

$$MSE = \frac{\sum_1^{\#Day} (predicted(EQ) - actual(EQ))^2}{\#Day} \tag{1}$$

式中，$\#Day$为研究时段总天数；predicted（EQ）分别为地表温度异常出现的时间和地表温度异常分布范围最大的时间；actual（EQ）为实际地震时间，时间以年积日形式表示。

增强红外辐射一般发生在中强地震前几天至几周的构造断裂带或震中附近。因此，本研究通过对地震发震断层和震中分别构造缓冲区，统计缓冲区内异常像元个数，计算缓冲区内异常像元密度，定量评价各异常提取算法得到的地表温度异常的空间分布，公式如（2）所示：

$$D = \frac{N}{A_{buf}} \tag{2}$$

式中，N为异常像元个数；A_{buf}为缓冲区面积。

本研究通过建立定量评价指标时间均方根误差和异常像元密度对常用的五种异常提取方法（一般图像差值法、偏移指数法、涡度法、RST法、相对功率谱）进行了比较分析，得到了最优的异常提取方法，有助于更好地利用卫星热参数产品研究地震孕育过程，对未来地震的发生时间、位置具有一定指示作用。

重力异常贝叶斯同化反演及参数优化

李红蕾 张 贝 陈 石

中国地震局地球物理研究所，北京 100081

近年来重力观测技术和手段的迅猛发展，为充分利用丰富的重力观测成果和先验约束成果，本文提出设计一种可融合和平衡多种不同精度布格重力异常和先验参考约束的重力异常贝叶斯同化反演算法。在假定重力观测数据噪音和先验信息误差满足Gaussian分布的情况下，该算法通过概率分布函数将多源观测数据、多种模型约束以及先验信息联系起来建立反演目标函数，在此基础上，通过引入的贝叶斯信息准则（Akaike Bayesian information Criteria，简称ABIC）（Akaike，1980；1998）对反演目标函数中超参数进行客观估计和评价，提高反演结果精度。

基于上述理论，我们通过数值模拟对反演算法中以数据误差为基础的反演超参数估计和复杂模型反演效果进行了测试。假设在笛卡尔坐标系下，水平向–25 ~ 25km，垂向0 ~ 25km的空间内存在异常为0.25g·cm^{-3}的复杂异常体（图1a），将地下空间以水平向5km，垂向2.5km进行等间隔三维剖分，形成了10×10×10三维格网模型。此模型在水平面上产生了维度为20×20的平面重力异常数据（图1b），高斯误差为0.06mGal和20个测线重力异常数据（图1c），误差为0.02mGal。通过添加正则化约束，利用平面重力和测线重力异常同时反演得到估计模型（图1d）。根据反演得到的估计数据超参数分别为0.0570和0.0164，与数据误差相当。从数据误差的角度给出反演超参数，可有效避免对数据超过精度的过度解释，提高反演结果精度。此外，从真实模型（图1a）和估计模型（图1d）的对比结果，可以看出估计模型水平和垂向异常数值及形态都得到了较好的恢复，验证了反演算法的有效性。

本文基于贝叶斯原理及ABIC准则提出了重力异常同化反演与参数优化算法，并通过数值模拟对反演方法的必要条件、关键参数及反演效果进行验证分析，为后续应用提供技术支撑。

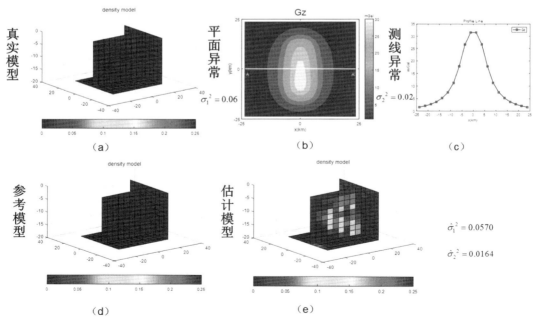

图1 部分参考模型约束下反演算法有效性测试

作者信箱：lihonglei@cea-igp.ac.cn

《新编地震地质学简明教程》简介

沈 军 焦轩凯 戴训也

防灾科技学院，河北三河 065201

为了适应现阶段防震减灾人才培养需要，解决缺少地震地质教学用书的状况，我们编写了《新编地震地质学简明教程》。本教材参考了以往类似的教材，面向地震地质专业（方向）本科生、研究生，吸收了地震地质最新成果，结合地震地质发展现状，在满足基本概念和基本理论教学要求的基础上突出应用性和实践性。

本教材论述了地震地质的概念、内涵、内容、方法及其发展历程和现状；通过国内外典型地震案例分析了大地震所形成的地质现象和地震灾害；详细介绍了活动构造及其定量研究方法、活动构造探测技术；系统介绍了中国大陆的地震地质基本特征；还介绍了地震地质在地震区划和地震危险性评价中的应用、水库诱发地震及其评价方法、地震砂土液化及其判别和防治方法。

各章节主要内容包括：

（1）绪论部分系统阐述了地震地质的概念、内容和方法，详细介绍了地震地质的发展历程和研究现状。

（2）第一章为近现代主要地震的地震地质现象及地震灾害特征。通过国内外典型地震案例，简要阐述了大地震所形成的地质现象和原生及次生灾害。让学生了解地震发生的地震地质环境，形成的地震地质现象以及不同地震灾害特点及其原因。

（3）第二章为活动构造及其定量研究。详细介绍了活动构造的概念、识别与鉴定，以及活动构造定量数据的获取及其应用。让学生熟悉和掌握地震地质学的基本原理和方法及应用。

（4）第三章为活动断层探测方法。重点介绍了活动构造探测的五种主要技术手段。一是遥感，二是地质地貌调查，三是探槽，四是浅层地震勘探，五是联排钻孔探测。让学生能够应用现代地质和地球物理方法进行地震地质工作。

（5）第四章为中国大陆地震地质特征。简要介绍了中国大陆地区的地震地质基本特征，包括地震活动性展布特征、地震动力学环境、地球物理场特征、地震构造的区特征、晚第四纪构造变形及驱动机制。

（6）第五章为地震区划与地震安全性评价。简要介绍了地震区划与地震危险性评价工作及地震地质在确定潜在震源、能动断层和弥散地震中的应用。

（7）第六章为水库诱发地震。简要介绍了水库诱发地震这一主要的人工诱发地震的概况、机制及评价方法。让学生了解构造地震之外的其他地震地质工作。

（8）第七章为地震砂土液化。简要介绍了地震砂土液化这一特有的地震地质灾害现象及其评价方法。让学生能够从地震研究向地震地质灾害拓展。

教材还根据现有规范提供了两个附件，一是与地震地质相关的术语，二是地震烈度表。使学生能够更加准确地掌握基本概念和地震影响。各章之后都附有思考题。

根据应用型人才培养的要求，本教材在经典文献的基础上，还引用了标准和规范，突出基本概念的准确性、理论方法的成熟性、基础资料的权威性；同时强化教材的应用性和实践性。

本教材可供地震地质专业（方向）或未来从事地震地质工作的高年级本科生、研究生教学使用，也可供相关专业科研和技术人员培训材料。本教材注重与其他课程的衔接，学生需要有普通地质学、构造地质学的基础，也需要有一定的第四纪地质与地貌学、遥感、物探等方面的基础。

本研究由河北省教改项目2017GJJG257和防灾科技学院精品课项目（JPJS2018006）资助。

1556年华县地震同震黄土滑坡密集区的发现及意义

徐岳仁 李文巧 田勤俭

中国地震局地震预测研究所，地震预测重点实验室，北京 100036

对历史特大地震的震害完整了解，不仅可以有效评估已给出震级的可靠性，也是完善地震危险性评价的重要依据。1556年华县$M8.5$特大地震造成超过83万人的死亡，是全球有记录以来死亡人数最为严重的一次，但是长期以来对该次地震震害的了解多局限于断裂带沿线及盆地内部。本文利用Google Earth高分辨率卫星影像，首次较完整的获得同震滑坡密集区两个，分别位于华山山前断裂带的东、西两端，解译滑坡数分别是2049个和1515个，滑坡体积之和2.85～6.40km^3与2008年汶川M_W7.9地震诱发滑坡体积量相当。这些滑坡是导致渭南、临潼、蓝田（西端）和灵宝（东端）等地非盆地内居民死亡的重要原因，本文结果为深入理解渭河盆地以南1556年华县地震同震次生灾害分布特征和烈度等震线的修订提供参考。

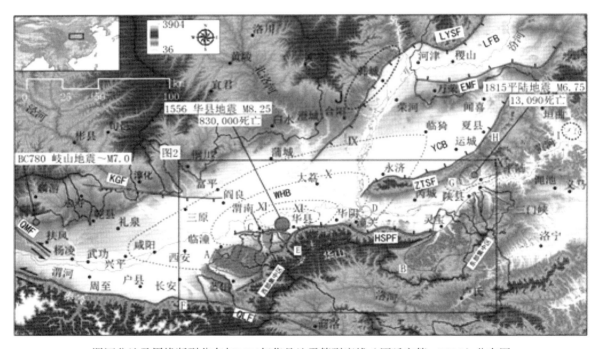

渭河盆地及周缘断裂分布与1556年华县地震等烈度线（原廷宏等，2010）分布图

作者信箱：39021865@qq.com

1668年郯城地震断层的长发震间隔与低速率证据

李　康[1]　徐锡伟[1, 2]　魏雷鸣[1]　王启欣[1]　疏　鹏[1]

1. 中国地震局地质研究所，活动构造与火山重点实验室，北京　100029；
2. 中国地震局地壳应力研究所，地壳动力学重点实验室，北京　100085

活动断裂的滑动速率与大震的复发间隔是活动构造定量研究与地震危险性评价的重要参数。郯庐断裂处于我国东部人口密集和经济发达的地区，曾发生公元前70年安丘7级地震和1668年郯城8½级大地震，因此，其地震危险性一直备受关注，其全新世活动性与古地震问题也一直是地震地质领域关注的重点。近年来，沿郯庐断裂带的不同段落也取得了许多新的研究成果，包括：依兰—依通段全新世破裂的发现及古地震历史、江苏段的古地震历史以及安徽段全新世活动断裂的发现等等。同时也提出了如何更科学地评价郯庐断裂带所穿越的我国东部地区的潜在地震危险性问题。而定量约束郯城地震断层的古地震复发间隔及滑动速率显然是正确认识郯庐断裂潜在发震能力及风险的关键所在。

然而，该段仅有的古地震研究结果获得的大震复发间隔（3.5ka）明显小于其他段落，究其原因，可能由于通过多个不同探槽剖面约束不同的古地震事件，并且没有单个探槽完整记录古地震事件序列，因此结果可能存在很大的不确定性。另一方面，华北地区GPS观测结果显示，跨郯庐断裂带各个段落两侧的速度没有明显的差异，而对该段的滑动速率估值（2~3mm/a）也较高，且明显高于其他段落的研究结果。因此，非常有必要对该段的古地震及滑动速率开展进一步的研究。

因此，本研究通过卫星影像及早期航片解译和郯城东北华桥一带的古地震探槽揭露，并利用AMS—14C测年方法，定量限定郯城地震断层中段的最新一次古地震事件年龄为距今约（12.8+4.0/−3.7）ka之前，指示该段断裂在最近一次地震旋回中的大震复发间隔长达1万年以上。同时，结合郯城地震断层约9m的特征滑动量，估计其晚更新世末以来的右旋走滑速率约为0.7mm/a，显示为低滑动速率特征，并符合区域大地测量观测结果所反映的华北地区整体为低应变速率环境的认识。根据新的研究结果推断，低的断裂滑动速率和长达万年尺度的大震复发间隔可能是郯庐断裂晚第四纪活动的主要特征，这将为科学评价郯庐断裂的潜在地震危险性提供重要地质约束。

1976年天津宁河6.9级地震的发震断裂可能不是蓟运河断裂

雷生学　闫成国　王志胜　曹井泉　陈宇坤　张文朋

天津市地震局，天津　300201

1976年11月15日，即唐山大地震后约3个半月，在天津东部的宁河发生了6.9级地震（图1），该地震为有历史记载以来天津辖区内的最大地震，震中烈度达Ⅷ度强，造成了极大的人员伤亡和经济损失。据统计，全天津市共死亡47人，伤1658人，仅天津市第二毛纺厂就被压死12人，房屋则被摧毁达1000余间。前人就宁河6.9级地震的震源参数、地震烈度等开展过不少工作，然而，关于此次地震的发震断裂，却有两种截然不同的观点，具体为：一种观点认为宁河6.9级地震的发震断裂为NW走向的蓟运河断裂（李志义等，1979；梅世蓉等，1982）；另一种观点则认为可能是NE向的构造（薛志照等，1986），尽管具体是哪条断裂尚不清楚。目前，前一种观点占据上风，持该观点的学者认为6.9级地震是因为唐山断裂向西南方向破裂受阻于蓟运河断裂而形成应力集中的后果。因此，查明蓟运河断裂的活动性，获取断裂的上断点、最新活动时代等参数显得尤为紧要，因为其无论是对天津地区的中长期地震预测，还是对重要工程的抗震设防指导，都具有极其重要的实用价值和社会意义。

为了查明蓟运河断裂的最新活动时代，联合采用了浅层人工地震勘探、联合钻孔、沉积物测年（电子自选共振ESR）等手段，获得如下主要认识：①在汉沽的裴庄剖面（图1），该剖面距离宁河6.9级地震的震中非常近，结果显示：在约78~79.5m深度处，有一层厚约1~1.5m的灰黑色淤泥质黏土，夹大量白色蛏子壳和花蛤碎片，推断其可能代表一次海侵事件（第4海侵层？）。该海侵层稳定连续，无任何错断迹象，此意味着蓟运河断裂的上断点埋深至少超过了80m。ESR测年结果表明，该海侵层的年龄介于205~271ka，即表明蓟运河断裂的裴庄段在距今大约20万年前就已经再不活动，为一条中更新世断层。②在宝坻的林亭口钻孔剖面（图1）：区域内的标志层——第I海相层（灰色、灰黑色，富含贝壳碎片和泥炭）稳定连续，未发现明显的断层错断迹象。在约25m处，发现明显的错断现象，测年结果表明此处地层的年龄为晚更新世晚期，因此，可以断定蓟运河断裂在此处的活动时代为晚更新世晚期。

基于以上的最新认识，蓟运河断裂在中更新世中晚期以后不再活动，若如此，则意味着其不大可能是宁河6.9级地震的发震断裂，而真正的发震断层"另有其主"。

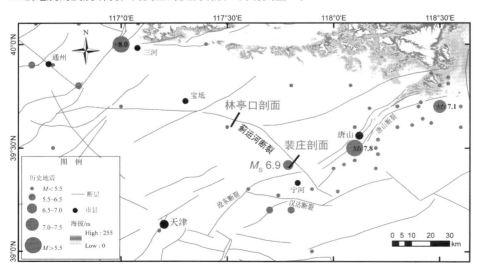

图1　1976年天津宁河6.9级地震的区域构造图（黑色线段为钻孔剖面所在）

阿万仓断裂采日玛段晚第四纪活动特征

李陈侠[1,2]　袁道阳[2]　徐锡伟[3]　李　峰[4]　韦振新[5]　贾启超[4]

1. 陕西省地震局，陕西西安　710068；2. 中国地震局兰州地震研究所，甘肃兰州　730000；
3. 中国地震局地壳应力研究所，北京　100085；4. 中国地震灾害防御中心，北京　100029；
5. 中国电建集团西北勘测设计研究院有限公司，陕西西安　710065

自1997年以来，中国大陆发生8次$M_S \geq 7.0$地震，均发生在巴颜喀拉块体的东、西、南、北边界断裂带上，巴颜喀拉块体已成为中国大陆近年来或未来一定时段大震活动的主体地区，特别是2008年汶川$M_S 8.0$地震和2017年九寨沟$M_S 7.0$地震后，故深入理解青藏高原东北缘构造变形及其与最新地震活动的关系成为地震基础研究领域的工作重点。我们对巴颜喀拉块体北边界断裂——东昆仑断裂带的分支阿万仓断裂开展了较系统的活动断层调查与定量研究，为深入理解地震复发行为与地震活动机理提供了重要的地质依据。

在分析整理前人资料的基础上，通过高分辨率卫星影像解译，对阿万仓断裂的采日玛段进行了详细的野外地质调查，查明了断裂的几何展布形态和断错地貌特征。阿万仓断裂在采日玛段切割晚第四纪的冲洪积物及一系列冲沟水系。断裂在地表较为平直，横切山脊和冲沟，沿断裂晚第四纪断错地貌较发育，断错了一系列冲沟阶地、冲洪积扇台地、冲沟水系等，形成断层垭口、断层陡坎、断塞塘、断层泉、断层沟槽等典型断错微地貌现象。由于该处地处若尔盖盆地的南边界，河流较多，沼泽丛生，通过对采日玛段断错地貌测量和样品测试，得到阿万仓断裂采日玛段全新世中期以来的左旋水平滑动速率为5.5mm/a，垂直滑动速率约0.2mm/a。通过对断错最新地貌面的测年和探槽剖面分析，认为阿万仓断裂带最新1次古地震事件是在（2940±30）a B.P.～（3250±30）a B.P.之间，与阿万仓盆地赛尔曲南侧探槽的第3次古地震事件（1811±28）a B.P.～（2929±72）a B.P.之间的时间较为接近。同时在采日玛段发现大约6km长的古地震地表破裂带，从地表破裂的新鲜程度初步判断比阿万仓盆地赛尔曲南侧的地表破裂现象老，表现为断层陡坎、断塞塘、断层沟槽等典型断错微地貌现象。因此在最新一次事件中，阿万仓断裂并没有全段破裂，在倒数第二次事件中，赛尔曲段与采日玛段全段破裂。

本文受国家自然科学基金（编号：41102138；41474057）和地震行业科研专项（编号：201108001；201408023）共同资助。

发震断层对同震滑坡空间评价的作用研究

许 冲 邵霄怡 马思远

中国地震局地质研究所，活动构造与火山重点实验室，北京 100029

发震断层对同震滑坡空间评价的作用至关重要，一方面地震滑坡沿着发震断层密集分布；另一方面，不同段落发震断层由于性质不同往往具有明显不同的滑坡触发能力。然而，关于发震断层对同震滑坡空间评价影响的定量研究相当少。本研究以2013年芦山地震为例，将同震滑坡的断层影响量化为距离效应、分段效应以及两者的综合效应共3种模式（图1），与不考虑发震断层的评价结果进行定量对比。此外，模型还充分考虑了地震滑坡的其他影响因素，如高程、坡度、坡向、TWI、PGA、岩性、降雨、震中距，与道路河流的距离。采用逻辑回归这一常用的机器学习模型，分别得到4个评价结果，包括1种不考虑断层效应的与3种考虑断层效应的情况。结果表明考虑发震断层距离效应、分段效应、以及两者的综合效应得到的地震滑坡评价率分别为90.6%，88.2%，与92%；而不考虑发震断层效应的模型正确率仅为86.2%。也就是说，本研究提出的地震发震断层综合模式比，不考虑发震断层，能促进地震滑坡评价正确率提升5.8%，表明了发震断层在芦山地震滑坡评价中所起到的重要作用。可以为其他震例提供充分考虑发震断层影响的地震滑坡危险性评价策略。

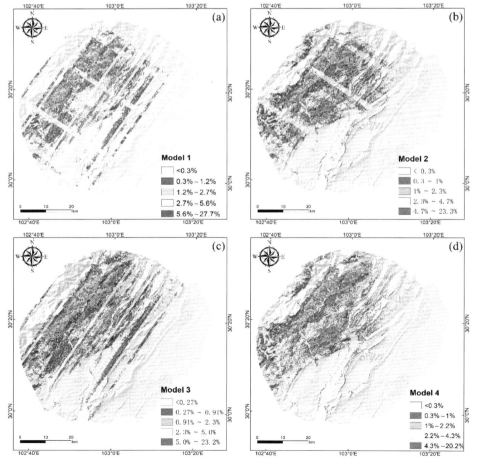

图1 芦山地震滑坡发生概率分级图 （a）综合考虑发震断层的距离效应与分段效应；（b）考虑发震断层的分段效应；（c）考虑发震断层的距离效应；（d）不考虑发震断层的作用

宁蒗断裂带晚第四纪活动特征与地貌表现

李鉴林　常祖峰　庄儒新　陈　刚

云南省地震局，云南昆明　650224

宁蒗断裂带位于青藏高原东南缘，横断山脉中部南缘，扬子准地台丽江台缘褶皱带和松潘—甘孜地槽褶皱系中甸褶皱带交接地带。宁蒗及附近区域历史上曾发生过多次6级以上的地震，如1476年1月28日盐源$6\frac{1}{2}$级地震、1976年11月7日盐源下甲米6.7级地震、1976年12月13日盐源辣子沟6.4级地震、1998年11月19日宁蒗6.2级地震，附近还发生多次5.5级左右的地震，这些地震表明该地区处于川滇块体内部的不稳定块体中。该地区地质构造复杂，丽江小金河、宁蒗断裂和程海—宾川断裂等多条活动断裂相交叉，断裂之间切断关系复杂。目前，对宁蒗地区的活动构造研究资料较少，研究程度较低。本文主要是根据野外的地质调查结果，结合宁蒗地区的强震、余震分布和震源机制资料，初步分析其宁蒗断裂的运动性质和活动时代。

宁蒗断裂带由大致近平行的三条断裂组成，北端始于宁蒗以北的八二桥，向南经由宁蒗、拉马地，止于战河西南，总体呈北北东—北北西—北东走向，断裂长度约100km，断裂带总宽5~18km。断裂带几何构造复杂，呈现出北部收敛、向南逐渐撒开的"S"形特征。断裂带严格控制宁蒗新生代盆地东、西边界，卫星影像上线性特征清晰，新活动地貌现象丰富，沿断裂带表现为平直的断层槽地、定向排列的断层三角面、断层陡坎等地貌。断裂出现的露头多表现为左旋走滑兼具正断性质。断裂在拉都河口地质剖面显示整个阿家大河河谷为宁蒗断裂的断陷谷，断裂北西盘抬升，为单斜式正断层断陷谷，断层活动形成陡峻的断层岸，并控制了两岸河流阶地的发育。拉都桥北T_3阶地形成断层陡坎和冲沟左旋位错现象，附近断层面上发育有新鲜的阶步和擦痕，指示断层具有明显的左旋走滑性质。断裂在其附近也可看见断裂的水平擦痕和左旋运动对冲沟的影响。拉都桥附近断层，发育清晰而平直的断层槽地、断层陡崖；月亮坪一带也见断层三角面和平直的断层槽地。宁蒗县城南渐新统中的正断层，安乐村冲沟同步左旋位错40~50m，并发育阻塞脊和断层三角面，在蚂蝗沟北1.4km也同样可见断裂左旋形成的阻塞脊。跑马坪一带发育定向排列的断层三角面，杨安山附近山脊位错20m，并发育有阻塞脊和清晰的断层陡坎。在宁蒗小龙洞包包山南东处，见断层发育于下第三系沉积岩与三叠系灰岩中，断裂破碎带宽约60m，南西盘抬升，北东盘下降，具正断层性质，上覆上更新统残坡积层较厚，有较明显的构造变形痕迹，说明断裂在晚更新世有过活动。在硝水坪村旁，断裂在下第三系地层中形成地堑结构，上覆第四系见明显构造变形痕迹，表明断裂具正断层性质，在晚更新世有过活动。在麦干河附近出露的三叠系白云质灰岩断裂经过处，可见断裂经过处清晰的右阶断层擦痕；沿断裂追踪，发现断裂沿线冲沟存在着明显的同步左旋位错现象，如在包都附近宁蒗河T_2阶地上，数条冲沟同步出现左旋扭曲，左旋位错最大位移达35m。在T_2阶地上取^{14}C样品进行年代学测试，测年结果为（22980±100）B.P.，根据阶地测年结果推算出断裂的水平滑动速率约为1.5mm/a。沿冲沟向南追踪，在拉都河发现断裂经断错宁蒗河T_3阶地，表现为明显的正断性质，T_3阶地砾石层垂直错距达40cm，显现出左旋走滑兼正断性质。

以上研究表明，该断裂带晚更新世以来活动明显。宁蒗断裂带南与程海—宾川活动断裂相连，北与丽江—小金河活动断裂和盐源弧形活动断裂带相接，它与这些断裂带构成复杂的构造交接关系，并使之成为该地区独特的孕震构造。宁蒗断裂带是川滇活动块体内部一条重要的活动断裂带，在川滇块体内部起着吸收、调节川滇活动块体SE向运动和应变的作用。

本文受国家自然科学基金项目（批准号：41472204）资助。

秦岭北缘断裂晚第四纪最新活动特征

李晓妮　冯希杰　李高阳　李陈侠

陕西省地震局，陕西西安　710068

秦岭北缘断裂是汾渭断陷带渭河盆地南边界的一条控制性断裂。该断裂西起甘肃境内，向东经胡家湾、陈家滩、茵香河、清水河、钓鱼台、石头河口、汤峪口、马召镇南、田峪口、泔峪口、涝峪口、祥峪口、沣峪口、野生动物园南、太乙宫至蓝天岱峪后进入东秦岭褶皱带，陕西省内长约218km，断裂带总体走向由西向东分别为近东西向至东西向，倾向北，倾角多在65°~83°之间。该断裂是从元古代至今长期活动的深大断裂，新生代以来，断裂表现出强烈的垂直差异运动，隆升速率约为0.77mm/a（聂宗笙、邓起东，1988）。秦岭北缘断裂的最新活动特征为山前埋藏的新、老冲洪积扇毗连叠置、谷中谷、玄谷和跌水瀑布等构造地貌景观以及河流阶地、冲洪积扇、侵蚀—洪积台地等被错断的现象（陕西省地震局，1996）。

秦岭北缘断裂带虽被认为是华南地块（扬子地块）与华北（鄂尔多斯）地块的重要分界线，但以往资料中对秦岭北缘断裂涝峪口段的研究停留在地面地质调查上，认为该段位于涝峪河出口处并紧挨山前，活动时代较老，主要为基岩断错（陕西省地震局，1996），缺少可靠的最新活动位置的地质证据。本工作针对秦岭北缘断裂带活动性较强的中段涝峪口出口处及附近开展了详细的野外调查，浅层地震勘探和探槽开挖，寻找最新活动的位置及地质证据。现已根据浅层地震相特征分析与探槽中变形层位相关沉积物采样及年代测定的研究，反映秦岭北缘断裂涝峪口错断全新世地层，以垂直正断为主，发生过多期古地震事件，活动性较强。涝峪口段最新活动位置位于涝峪口出口处向外约1.24km处，断裂走向近EW，倾向N，为同生正断层，断裂带宽约200m，并不是前人认为的最新活动位置紧挨山前活动时代较老。

汶川地震滑坡参数统计分析

杜　朋　徐岳仁　田勤俭　李文巧

中国地震局地震预测研究所，地震预测重点实验室，北京　100036

滑坡的长宽高等几何参数是滑坡的基本特征，深入统计分析地震滑坡的形态特征参数对认识地震滑坡以及评价滑坡的危险性具有重要的理论和实际意义。2008年5月12日发生在四川汶川的M_S8.0地震在龙门山地区诱发了大量滑坡。本文基于Google Earth平台，通过人工目视解译，结合野外调查，在地震区解译出了近52200处同震滑坡，总面积达1027km²。然后对解译的全部滑坡进行了参数赋值并建立同震滑坡数据库，滑坡数据库的内容包括：每一个滑坡的矢量边界、面积、长度、宽度、后缘及前缘高程，以及滑坡所在坡面的顶、底高程等，最后利用统计学方法对滑坡的以上特征参数进行统计分析。统计发现：①滑坡长度、宽度和高度分别主要集中在50～300m、10～70m和0～300m之间，以小滑坡为主；②长宽比大于2的滑坡占总数的73.8%以上；③空间上，在映秀和北川处有两个高密度区，后缘与前缘的优势高程范围分别为1400～2000m之间和1300～1900m之间；④滑坡的后缘主要发育在坡面中上部；且滑坡碎屑物前缘距坡底距离大于20m的滑坡占总数的69%。本文首次系统地对汶川地震滑坡参数进行了赋值，更加量化地分析了汶川地震滑坡的几何形态特征、滑坡的规模及发育于坡面的位置，为进一步认识汶川地震滑坡以及评价滑坡的危险性提供了基础数据和参考依据。

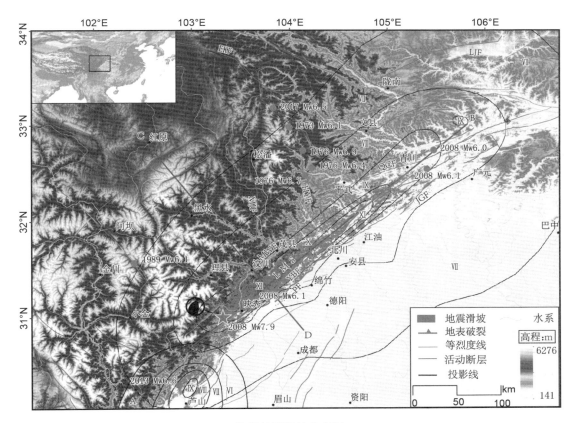

汶川地震滑坡分布图

夏垫断裂全新世以来的古地震及时间相依的强震概率评价

余中元[1,2]　殷　娜[1]　沈　军[1]　李金臣[2]　张　萌[2]

1. 防灾科技学院，河北三河　065201；2. 中国地震局地球物理研究所，北京　100081

时间相依的强震概率预测评价是活动断层强震危险性研究的发展趋势，对强震预防和灾害管理都具有十分重要的意义，尤其在面临大地震威胁的人口稠密和经济政治发达地区，例如美国加州地区，时间相依的强震危险性评估结果是地震风险管理、地震保险等的最直接依据。我国华北地震区大型活动断层非常发育，强震频发。其中，夏垫活动断裂曾发生1679年三河—平谷8级大地震，人员伤亡和灾害损失惨重。因此，研究该断裂的古地震活动特征并评价其强震发震概率，具有重要的防灾减灾意义。

然而，我国现行的概率地震危险性评价方法尚不能很好的反映大地震的震源、活动特征以及地震动分布特征，所采用泊松分布模型的时间不相关性与活动断裂上大地震的活动特征不符。对于大地震而言，应力的积累与释放表现出显著的时间相关性，即一次大地震发生以后，开始一个新的应力积累过程，随着时间离逝，下一次地震发生的可能性越来越大，地震危险性随着时间逐渐增长。因此，泊松模型不能直接应用于上次大震离逝时间较短的活动断层的地震危险性计算。夏垫断裂带总体表现出典型的大陆内部活动断裂的特征，与板块边界的准周期型断裂有较大的不同，强震复发间隔和震级估计具有较大的不确定性，断裂的准周期性表现不是很典型。现有的泊松模型可能高估了该断裂的潜在地震风险，应考虑该地震之后的应力积累和时间因素来评估其地震危险性。

本文基于野外探槽古地震和地貌测量等调查工作得到该断裂全新世以来发生过4次古地震事件（表1）。事件E1即1679年三河—平谷大地震，距今340a，另3次古地震事件E2、E3、E4的限定年龄分别为距今（4.89±0.68）ka B.P.、（7.88±1.09）ka B.P.和（10.70±1.76）ka B.P.。强震复发间隔分别为（4.55±0.68）ka、（2.99±0.61）ka、（2.82±1.01）ka，平均强震复发间隔约（3453±450）a，平均同震位移约（1.4±0.5）m，平均滑动速率约0.40mm/a，最近一次大地震的离逝时间340a，预测未来最大震级为8.0级。同时，本文采用时间相依的布朗模型（BPT）、随机特征滑动模型（SCS）和通用模型（NB）表述断层破裂源特征性地震活动时间相关的特征，综合计算了该断裂带未来30年的强震发震概率，并同泊松模型（Poisson）的计算结果进行了对比。

表1　探槽揭示的同震垂直位移量、发震时间和重复间隔

古地震分期	同震位移/m		事件时间/ka B.P.		强震复发间隔/ka	
	A	B	A	B	A	B
E1	1.8	1.7	1679年	1679年（距今340a）		
E2	1.2	1.1	5.416～2.223	7.24±1.09～2.55±0.84	3.245±0.33	4.55±0.68
E3	1.0	1.2	7.39～6.68	8.28±1.64～7.49±1.46	3.211±0.81	2.99±0.61
E4	≥1.9	？	10.85～9.71	11.98±3.38～9.43±1.00	3.553±0.79	2.82±1.01
累计垂直位移	5.7	？				
平均垂直位移平均复发间隔	1.4±0.4	1.4±0.5			3.33±0.39	3.453±0.45

注：表1中A栏代表前人研究数据，B栏代表本次研究得到的数据。

研究结果显示，当活动断裂带上次强震的离逝时间远小于其复发间隔时，尽管使用时间无关的泊松模型得到的强震复发概率结果不会低估活动断裂的潜在地震风险，但BPT模型、SCS模型和NB模型的计算结果可能更符合客观实际。这一研究结果有助于科学评价该断裂的地震潜势，同时有助于讨论时间相依的概率评价法如何更好的适用于东部地区活动断裂的强震危险性评价。

本研究获得中央高校基本科研业务费"时间相依的夏垫断裂强震危险性概率评价"（ZY20180204）资助。

小江断裂带东支宜良盆地西缘断裂晚第四纪
活动的地质地貌与探槽证据

常玉巧[1]　陈立春[2]　张　琦[3]　周青云[1]

1. 云南省地震局，云南昆明　650224；2. 桂林理工大学，广西桂林　541006；
3. 中交一公局公路勘察设计院有限公司，北京　100029

　　小江断裂带是川滇菱形块体的东南边界断裂，地震活动极为活跃，曾发生过1833年嵩明8级地震。宜良盆地西缘断裂为小江断裂中段的东支断裂中南段，是小江东支断裂的主要次级断裂，由小新街—宜良断裂和宜良—徐家渡断裂两条次级张剪切断裂以及宜良盆地主体西缘的马街—南羊街断裂组成（图1）。1500年，宜良地区发生了>7级地震，前人认为该次地震的地表破裂沿宜良盆地西缘断裂展布，主要表现为一些线性断层槽谷地貌。对宜良盆地西缘断裂开展晚第四纪活动性及古地震翔实研究，可以为小江断裂分段性研究等科学问题提供依据，为区域地震危险性评价提供参考，同时，对研究小江断裂带乃至川滇地块地震活动性也具有重要的实际意义。

　　遥感影像上，宜良盆地西缘断裂线性特征清晰，沿断裂发育了线性槽谷、断层陡坎等活动地貌。沿宜良盆地西缘断裂进行野外地质考察，发现多处断层剖面，分别位于分水岭、石坝村、腊介村和七江村。在高分辨率遥感影像解译的基础上，通过详细的野外地质地貌调查，获得了宜良盆地西缘断裂断错晚第四纪地层的地质证据。在宜良店房开挖的探槽揭示，宜良盆地西缘断裂断错全新世地层，且该探槽地质剖面上显示断裂最新活动具有正断性质。在打挂村开挖的两个探槽揭示断裂的最新活动年代在公元1500年左右，对应1500年宜良地震事件。初步研究表明，宜良盆地西缘断裂为全新世活动断裂，可能是1500年宜良地震的发震断裂，断裂线性清晰段约为82.5km，如将其近似作为1500年宜良地震的地表破裂长度，相应震级M_S约为7.5。

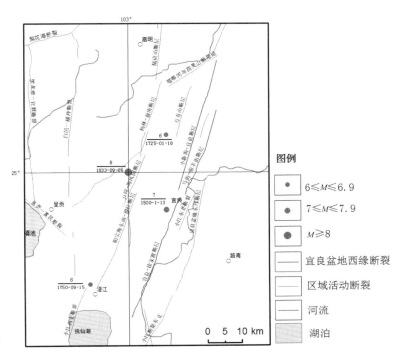

宜良盆地西缘断裂平面展布图

阎良郑国渠剖面中的活动断层

李高阳　李陈侠　李晓妮

陕西省地震局，陕西西安　710068

目前，全国各大城市都开展了活断层探测及地震危险性评价项目，陕西局也先后完成了西安、咸阳、宝鸡、汉中、渭南活断层探测和城市小区划项目，其中对渭河盆地分布的各条断层通过浅层人工地震、探槽开挖和钻孔联合剖面探测进行了精准定位，对于渭河盆地北部边界的口镇—关山断裂进行了较为仔细的研究，对其进行了细致的野外调查，尤其是在其走向附近的取土坑和砖厂，发现了多处断层剖面。在进行口镇—关山野外考察的过程中，很幸运地发现了断层穿过郑国渠的剖面，该断层错断了郑国渠沉积地层，肯定是一条全新世活动断层，这是我局活断层考察过程中的首次发现，认真研究好这个剖面将会取得有意义的发现。

该剖面处在石川河T_0阶地，即石川河漫滩，地貌上没有明显的断错陡坎。构造位置上看，剖面处在鄂尔多斯块体南缘，紧邻口镇—关山断裂。经过初步测量，剖面中断层走向北西300°，与近东西走向的口镇—关山断裂斜交，为一条首次发现的活动断层。

该剖面弧形地层是在郑国渠长达140多年的灌溉过程中逐渐淤积而成。一条正断层穿过该剖面，形成了约10cm的错距，由于剖面还未清理，上断点位置尚不明确。

通过初步测量，该剖面长约10m，宽约17m，断层走向北西300°，倾角约70°，从上到下约有6个较为明显的标志层被错断，错距均在10cm左右，推断为同一次地震活动事件所致。从郑国渠今2254年来推断，其沉积地层年龄约为2254年，该断层将2254年的地层错断，说明是一条全新世活动断层，要获取该断层的最新活动时代，还需在1层之上采取年龄样品进行测试，再根据历史地震目录的对比，来确定该断层的地震事件。

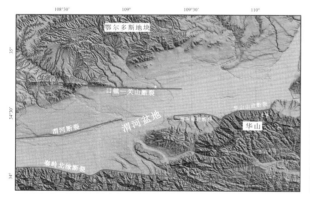

郑国渠断层剖面及其构造位置图（五角星为郑国渠剖面位置）

中缅交界苏典断裂最新活动与滑动速率

常祖峰　常昊　陈刚

云南省地震局，云南昆明　650224

　　苏典断裂位于与缅甸交界的滇西边陲，毗邻喜马拉雅东构造结。断裂北起缅甸Sadung以北，向南经苏典、黄草坝后，顺陇中盆地东缘延伸，没于盈江盆地北东缘，总长约100km。它是铜壁关褶皱束和古永—占西褶皱束的分界断裂。沿断裂带有勐弄、黄草坝南、苏典北数处上新统火山岩（橄榄玄武岩）出露，南段户勐一带多个高温温泉（沸泉和气泉）呈串珠状展布。该断裂上曾发生2008年苏典、勐弄间5.0级和5.9级两次中强地震。历史上亦多有地震发生，如1933年苏典南5.5级、1981年苏典北5.4级和5.1级地震等。由于地处偏远，交通不便，长期以来工作基础薄弱，其运动学特征、最新活动时代、滑动速率诸方面，人们知之甚少。苏典断裂及毗邻的腾冲断裂甚至曾被认为是左旋走滑运动兼有拉张性质，这显然与区域NNE—NE向构造应力场和GPS观测的SW向块体运动方向存在着明显的矛盾。

　　沿苏典断裂发育有勐典小型拉分盆地，在盆地西缘发育清晰的长约1.7km线性山脊和狭长的断层谷地。我们在此断层谷地内进行探槽开挖，揭示出全新世活动断层的存在（图中）。图中所示的探槽剖面上，断层（F_1）产状30°/NW∠60°（F_1），沿断面有砾石定向排列现象。断层断错了现代壤土层（层①）以下的所有地层（层②～层⑥）。地层错距明显，如灰黑色黏土层（层②）、黄色深灰色粉砂层（层③）和黄灰色含砂砾石层（层④）；有的层位被截切，如灰白灰绿色黏土质粉砂层（层⑤）。被错层④^{14}C测试结果（美国BETA实验室）为（7680±30）a B.P.，层③两个^{14}C测试年龄分别为（6970±30）a B.P.和（5860±30）a B.P.，层②^{14}C年龄为（1260±30）a B.P.。探槽中部发育有另外两条断层（F_2和F_3），断层产状分别为15°/SE∠60°和10°/SE∠85°，同样切错了全新世地层。F2断层断错的最新地层14C年龄为（1100±30）a B.P.和（870±30）a.B.P；F_3断层断错了下部基岩、中部砾石层和上部泥炭层，泥炭层尚发生明显的挠曲构造变形，其^{14}C年龄为（350±30）a B.P.。以上充分表明，该断裂在全新世有明显的活动迹象。

　　根据野外调查，该断裂主要表现为水平右旋走滑运动。譬如，在勐弄茶厂一带，沿断裂发育的三条冲沟发生明显的同步右旋位错，从南至北，三条冲沟的位错量分别为40m、42m和45m。最北侧冲沟下部的发育有洪积扇，洪积扇底部的^{14}C年龄为（13560±40）a B.P.，该年龄基本代表了冲沟形成时的年龄，据此推算，断裂的水平右旋走滑速率约为3.3mm/a。在勐弄村东某移民村，一小河及其阶地被同步右旋位错8～10m，旁侧洪积扇上发育有高1.5m左右的断层陡坎，但森林覆盖严重。苏典一带，勐嘎河被断裂右旋位错约1100m。苏典北1.7km处，一洪积扇右旋位错18～22m。洪积扇上发育有高1～1.5m的断层陡坎，其延长线上发育有第四纪断层和高8m左右的基岩断层陡坎。该洪积扇下部1.8处的^{14}C测试结果为（6210±30）a B.P.，由此估算苏典断裂水平滑动速率为2.9～3.5mm/a。从苏典向北，断裂沿腊马河继续延伸至缅甸境内，并控制缅甸Sadung第四纪盆地的发育。Sadung盆地中部发育的一条河流，被断裂右旋位错380m左右，并形成发卡型弯曲。综合以上分析，该断裂以右旋走滑为主，晚更新世末期以来，其水平滑动速率为2.9～3.5mm/a。据断裂全新世活动特征和历史地震活动情况分析，苏典断裂应具有发生强震的危险性。

　　本研究由国家自然基金项目（41472204）资助。

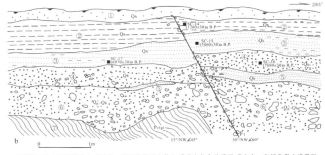

①现代土壤，②灰黑色黏土，③黄色、深灰色粉砂夹黏土，④黄灰色含砂砾石，⑤灰白、灰绿色黏土质粉砂，⑥黄色、灰色砾石，⑦高黎贡山群角闪片岩、石英片岩

勐典村左家坡探槽剖面

桌子山西缘断裂晚第四纪活动性研究

梁　宽[1,2]　马保起[1]　李德文[1]　田勤俭[3]　孙昌斌[1]　何仲太[1]

赵俊香[1]　刘　睿[1,2]　王锦鹏[1]

1. 中国地震局地壳应力研究所，北京　100085；2. 中国地震局地质研究所，北京　100029；
3. 中国地震局地震预测研究所，北京　100036

乌海盆地位于鄂尔多斯块体的西北缘。对于其东边界断裂桌子山西缘断裂的几何学、运动学和动力学的研究，有利于进一步认识鄂尔多斯块体西北缘的构造运动和形变特征，并指导乌海市城市规划和防震设施建设。我们沿桌子山西缘断裂的北部、中部和南部共选择了六个点进行观测。通过研究区内广泛分布的湖相地层顶界面在断层两侧的绝对海拔差值来计算断层的垂直落差，再结合形成年龄计算断层的垂直滑动速率。在断层的上升盘发育了3～4级冲沟阶地，出露的湖相地层顶界面海拔为1092～1132m。从前人水文钻孔中获取的，湖相地层顶界面在断层下降盘的海拔值为1042～1063m。通过计算，桌子山西缘断裂晚更新世中期（70ka）以来的平均垂直滑动速率为（0.5±0.2）～（1.0±0.2）mm/a。断层中部凤凰岭一带为盆地的沉降中心，垂直滑动速率最大达1mm/a。在断层南部，由于五虎山前断裂的存在，桌子山西缘断裂垂直滑动速率降低到约0.5mm/a。在断层北部千里山一带，西倾的正断层仍控制着盆地的沉降和山前地貌的发育。然而，盆地内NW—SE走向的逆断层和褶皱形成于桌子山西缘断裂较大的右旋滑动速率。结合乌海盆地深部资料，认为乌海盆地为一个右旋—拉张的负花状构造。本次研究认为，鄂尔多斯西北缘NW—SE向的拉张应力和NE—SW向的挤压应力，以及该地区河套盆地、乌海盆地和银川盆地呈"S"形的展布特征控制了该地区盆地和断层的发育和演化。

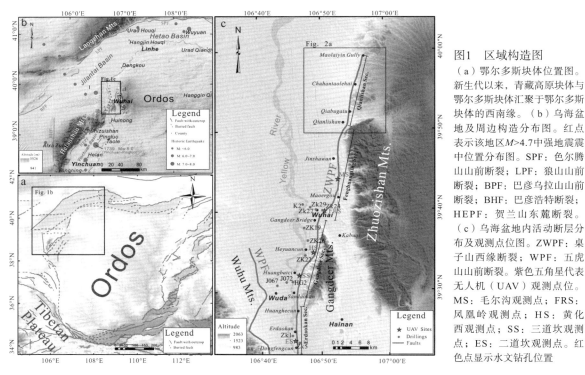

图1　区域构造图

（a）鄂尔多斯块体位置图。新生代以来，青藏高原块体与鄂尔多斯块体汇聚于鄂尔多斯块体的西南缘。（b）乌海盆地及周边构造分布图。红点表示该地区M>4.7中强地震震中位置分布图。SPF：色尔腾山山前断裂；LPF：狼山山前断裂；BPF：巴彦乌拉山山前断裂；BHF：巴彦浩特断裂；HEPF：贺兰山东麓断裂。（c）乌海盆地内活动断层分布及观测点位图。ZWPF：桌子山西缘断裂；WPF：五虎山山前断裂。紫色五角星代表无人机（UAV）观测点位。MS：毛尔沟观测点；FRS：凤凰岭观测点；HS：黄化西观测点；SS：三道坎观测点；ES：二道坎观测点。红色点显示水文钻孔位置

作者信箱：liangkuan18@126.com

2008年汶川地震活动断层三维结构和模型

鲁人齐[1]　徐锡伟[2]　Suppe John[3]　何登发[4]

1. 中国地震局地质研究所，北京　100029；2. 中国地震局地壳应力研究所，北京　100085；
3. 中国地质大学（北京），北京　100083；4. 休斯顿大学，得克萨斯州，休斯顿　TX77204

2008年5月12日汶川M_S8.0地震发生在青藏高原东缘的龙门山逆冲推覆构造带上，在北川—映秀断裂（BYF）和彭灌断裂（PGF）两条倾向NW的逆冲断裂带上产生了大量地表破裂。其中沿北川—映秀断裂带产生的地表破裂，是地震产生的最大地表破裂带，地表破裂带长约240km，以兼有右旋走滑分量的逆冲破裂为主（徐锡伟等，2008）。

先前的研究通过研究区采集的人工地震反射剖面，初步揭示了该断层的几何特征（Jia et al.，2010；Guo et al.，2013；Lu et al.，2014；Wu et al.，2014；Feng et al.，2016；Jiang et al.，2017）。但对其沿走向产状的变化、两条破裂断层的组合样式、断层几何结构与同震地表形变之间的关系等研究还不够深入。本项研究综合了地质、遥感、地形地貌、主要活动断裂地表迹线、历史地震目录（震源机制解、小震精定位数据）、人工地震反射剖面、三维速度和电磁结构等，基于SKUA-GOCAD平台建立三维工区、实现多源数据的无缝衔接，在前人研究断层三维模型基础上（Shen et al.，2010；Hubbard et al.，2010；Li et al.，2010；Wang et al.，2013），重新构建了龙门山地区主要活动断裂带的三维断层精细结构和模型。研究重点揭示主要活动断裂在三维空间的展布、三维几何学特征；包括断层沿走向、沿纵向的构造特征、断裂之间的级联关系、断裂与深部构造或地壳物质的关系等。分阶段逐步建立活动断裂三维模型数据库，为地震动数值模拟、地震灾害研究等提供必要的基本数据和科技支撑。

本次研究参考了前人的长周期小震重定位结果（Wang et al.，2008；Wu et al.，2009），以及最新的短周期小震扫描和精定位结果（Yin et al.，2018），认为小震分布对揭示北川—映秀断裂三维空间几何结构有重要的作用。研究结合地表破裂带展布、人工地震反射剖面、P/S地震层析成像三维结构等，重新刻画了北川—映秀断裂带的空间三维精细结构和模型（图1）。研究还揭示了汶川地震期间，同震活动的其他几条主要断裂带，如龙门山前隐伏活动断层等。研究结果表明，北川—映秀断裂带具有明显的分段特征。在龙门山中段，北川—映秀断裂的倾角主体在40°~50°之间，在浅层变得较陡；在龙门山北段，断层倾角逐渐变陡，并在龙门山北段变为近直立的高陡走滑断层。研究同时讨论了速度模型对小震重定位结果的影响，强余震的震源机制解对构造模型的约束和限制，以及主要滑脱层的确定和对龙门山活动断裂系统的作用等。

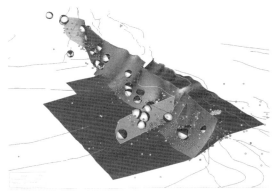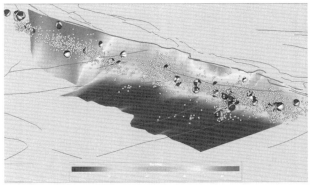

图1　龙门山主要活动断裂带三维结构和模型

2018年北海道6.6级地震的深度及地壳流变学意义

臧　绅[1]　倪四道[2]

1. 中国科学技术大学，地球和空间科学学院，安徽合肥　230026；
2. 中国科学院测量与地球物理研究所，大地测量与地球动力学国家重点实验室，湖北武汉　430077

经典的大陆岩石圈流变模型认为15km以浅的上地壳，温度低，形变以脆性为主，因此是地震的孕震区。大陆地壳震源深度分布的系列研究也表明了该模型的有效性（Scholz，1998）。2018年9月5日，在日本北海道南部发生了一次M_W6.6地震，造成了严重的灾害和人员伤亡。不同于一般的板内地壳地震，本次北海道地震的例行定位结果显示其发生在接近莫霍面，是罕见的下地壳或地幔顶部地震，其破裂特征值得深入研究。本文首先使用点源反演方法进行了震源参数的重新测定，反演结果显示其震源机制属于逆冲类型，质心深度明显小于破裂起始点深度。之后，我们进行了破裂方向性分析，发现其发震断层是一条近南北走向的高角度逆冲断层，而且地震破裂总体沿着断层面向上传播。本文的结果和余震的空间分布特征可以相互印证。本文认为此次地震总体上是一个发生在下地壳的破坏性地震，暗示北海道下地壳处于脆性形变状态，可能与板块俯冲过程造成的低温有关。

2019年1月12日新疆疏附5.1级地震序列重定位及发震构造研究

刘建明　李　金　姚　远

新疆维吾尔自治区地震局，新疆乌鲁木齐　830011

2019年1月12日12时32分（北京时间），新疆维吾尔自治区喀什地区疏附县发生M_S5.1地震（以下简称疏附地震）。本次地震位于喀什坳陷北缘，即帕米尔—西昆仑弧形构造、塔里木块体和西南天山三大构造单元聚合部位，是我国大陆受板块动力作用和地震活动最强烈的地区之一。由于南天山向南逆冲和帕米尔的向北推挤，喀什坳陷北缘的新生代地层强烈变形，形成了3排现代活动逆断裂—背斜带。这些活动逆断裂褶皱带沿南天山山前呈近东西向展布，由北向南依次为南天山山麓逆断裂背斜带、阿图什逆断裂—背斜带和喀什逆断裂—背斜带。本次疏附地震序列主要沿喀什逆断裂—背斜带附近分布。

大震发生后，震后快速确定发震构造，对评估灾害损失、灾后救援以及未来地震趋势判定等均具有重要意义。前人研究结果表明，地震序列的时空分布特征以及震源机制解为确定发震构造有着重要的参考意义。因此，本文基于新疆区域数字地震台网震相观测报告，采用双差定位方法对2019年新疆疏附M_S5.1地震序列$M_L \geqslant 1.0$地震进行重新定位，同时采用CAP波形反演方法，获得了主震的震源机制解和震源矩心深度，进而综合分析了本次地震可能的发震构造。结果表明，疏附5.1级地震震源位置为39.5898°N、75.5675°E，初始破裂深度为18.216km，震源矩心深度为18km。重定位平面分布显示，地震序列呈两个优势方向展布，分别为NEE向和NE向分支，NEE向为主要的余震优势分布区域，呈长约13km带状分布在喀什断裂附近。另一条优势分布为沿NE向长度约9km左右的展布长度，这可能与喀什断阶区有关。深度剖面显示，地震震源深度主要集中分布在8～20km范围。沿NEE走向深度剖面显示，疏附5.1级地震破裂于深度，并沿着优势分布至NEE向呈现逐渐加深的变化特征。垂直于喀什断裂的深度剖面显示，本次地震发震断层面倾向为N。震源机制解显示本次地震断错类型为逆冲型。综合地震序列空间分布特征、震源机制以及震源区地质资料，推测此次地震的发震构造可能为喀什断裂，余震向喀什断裂阶区扩展。

疏附5.1级地震震源参数

节面I			节面II			矩震级M_W	深度/km
走向/°	倾角/°	滑动角/°	走向/°	倾角/°	滑动角/°		
213	22	64	60	70	100	4.97	18

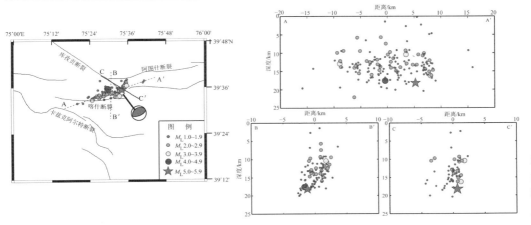

疏附5.1级地震序列精定位以及剖面图

柴达木盆地北缘托素湖—牦牛山断裂晚第四纪活动

陈桂华　　曾　洵

中国地震局地质研究所，北京　100029

柴达木盆地北缘活动构造带是柴达木盆地与祁连山地块之间的边界构造带，是青藏高原东北部块体相互作用、高原向北东方向扩展的典型构造带。相对于青藏高原周边其他构造带，柴达木盆地北缘活动构造带研究程度低，强震构造和地震危险性认识不足。该构造带绿梁山断裂、锡铁山断裂、埃姆尼克山断裂、欧龙布鲁克山断裂、托素湖—牦牛山断裂等晚第四纪活动性，目前仍然缺乏定量的参数和古地震复发模型数据。柴达木盆地北缘记录到多个中强震震群，具有较高的地震危险性。1962年在埃姆尼克山南侧发生6.8级地震，1977年在锡铁山南发生6.3级地震，2003年在怀头他拉北发生6.6级地震，2008年、2009年在小柴旦湖北分别发生6.3级、6.6级、6.1级地震，但是对这些强震的发震构造还缺乏地表地质方面的认识。

高分辨率卫星影像和野外地质地貌调查显示，托素湖—牦牛山断裂是一条北西走向的晚第四纪以来活动的断裂。该断裂西至怀头他拉，与欧龙布鲁克断裂左阶斜列，东侧与鄂拉山断裂（又名温泉断裂）斜交。在牦牛山以西，断裂切过盆地；牦牛山以东，断裂由位于牦牛山、阿尔茨托山等山前的多个分支组成，显示柴达木盆地北缘断裂系东部尾端的构造变形分散化特征（图1a）。

托素湖—牦牛山断裂在尕海南侧多级洪积扇上形成断层陡坎，断层陡坎显示抬升并形成侵蚀冲沟（图1b）。剖面揭露断层逆冲断错至地表，光释光测年为（41.47±7.25）ka的细沙层顶面垂直断错约1m（图1c）。断裂南盘地层形成挠曲变形带，断坎高达5m，断层变形带两侧地貌面垂直位移约2m。在查查香卡附近，断裂垂直断错晚更新世洪积台地，断坎高达10m。在阿尔茨托山南侧，断裂在洪积扇上形成断层槽谷，在高台地形成断坎。在阿尔茨托山北西侧，还发育一条北东走向的次级断裂，断裂具有右旋逆走滑性质，形成断层陡坎，洪积台地边缘陡坎被右旋断错约20m。洪积台地堆积剖面中采集的粉细砂透镜体光释光样品测得的两个年龄分别为（5.86±0.75）ka和（7.73±0.91）ka。该次级断裂可能是调节托素湖—牦牛山断裂走向上逆冲差异的构造。

综合五个观测点的资料认为，托素湖—牦牛山断裂是晚更新世以来具有较高活动性的逆冲断裂。该断裂是柴达木盆地北缘活动逆冲-褶皱系的重要组成部分。进一步对该断裂开展古地震和地震危险性评价，将有助于为邻近主要县城和矿山等居民与工业设施的抗震设防提供科学依据。

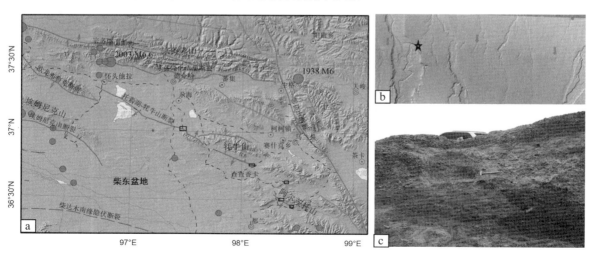

图1　托素湖—牦牛山断裂分布及断错特征

城市活断层探测成果三维建模与可视化系统研发

田　甜　张世民　张景发　姜文亮

中国地震局地壳应力研究所，北京　100085

　　传统的城市活断层探测成果数据以二维形式存储，二维的GIS软件相比于以往的CAD类绘图软件在空间分析等方面优势显著，但在表达具有深度信息的三维探测成果时仍存在不足。本研究针对城市活断层探测成果数据的内容与格式，研究探测成果的三维建模与可视化方法，通过生动形象的三维表达方式，辅助地震地质研究，满足社会公众的共享需求。活动断层探测成果中的三维可视化内容可以分为两类，第一类为对探测数据的直接三维可视化，第二类为融入专家知识的三维建模与可视化。第一类模型由于数据本身包含了三维的空间信息，可以通过构造简单的三维点、线、体模型来表达数据的三维分布与属性特征。这类数据包括钻井、剖面、地震震源位置、震源机制解、速度模型等。对于钻井、剖面、震源位置，直接使用简单的点、线模型表达真实空间位置（图1a～c）；对于震源机制解，按照节面参数构造空间震源球（图1d）；对于速度模型，通过空间插值构造三维格网数据表达速度场及其变化（图1e）。第二类模型则需要综合已有的其他资料，并融入专家知识，通过复杂建模过程建立三维模型并可视化，在活动断层探测中主要为断层两侧地层、断层本身三维形态两类。可获得断层两侧地层厚度变化信息的数据源主要为跨断层钻井数据，此外可以补充地震剖面、地质剖面。基于这些数据源，通过空间插值算法，建立断层两侧地层界面三维模型（图1g）。可为断层面形态提供信息的数据源主要包括断层地表迹线、断层倾向、倾角等几何参数，地震剖面，地质剖面，地震精定位点等。基于上述数据源，通过构造产状线、地震点插值等方式，可建立断层面（图1f）。二者的耦合建模可以使地层面在断层处断开，并保证断层面与地层截断面吻合，可为进一步的地震模拟研究提供网格剖分的形态约束。基于建立的地层与断层的耦合模型，可以进行进一步的三维空间运算，包括剖面剖切、开挖、漫游等操作（图1h）。基于B/S的发布平台能够最大限度地展示三维建模与可视化成果，支持用户的基本可视化操作，包括旋转、平移、缩放、z轴拉伸、地形透明度设置等。城市活断层探测成果三维建模与可视化系统能在地震地质研究与地震科普宣传等专业与非专业领域提供有益的参考（图1i～j）。

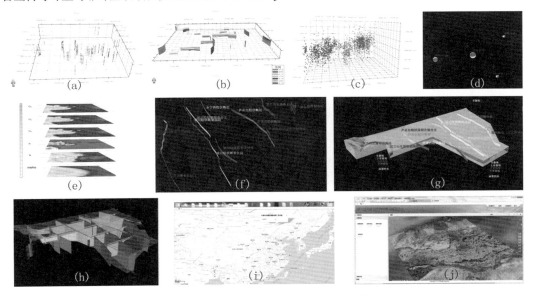

图1　活动断层探测成果三维建模与可视化图

川滇地区地震危险性预测模型

程　佳[1]　Yufang Rong[2]　Harold Magistrale[2]　陈桂华[3]　徐锡伟[1]

1. 中国地震局地壳应力研究所，北京　100085
2. Research Division，FM Global，1151 Boston-Providence Turnpike，Norwood，MA 02062，USA
3. 中国地震局地质研究所，北京　100029

川滇地区位于青藏高原东南缘，是青藏高原向东挤出最为强烈的地区之一。在青藏高原中部物质挤出作用下，川滇地区发育了大量的活动断裂和频繁的历史地震，是目前我国大陆发生地震危险性最高的地区之一。越来越多的研究集中在该地区的地震和地震灾害，特别是在2008年8.0级汶川地震之后，越来越多的研究注重了对特大地震危险性的考虑，尤其是汶川地震这种特大型级联破裂地震的发生。

本项目中我们建立了川滇地区先进的地震灾害预测模型。我们首先将川滇及其周边地区划分为11个震源区，使用了历史地震目录计算出了每个震源区的古登堡—里克特（G–R）关系，并结合GPS应变率计算锥形G–R关系中的拐角震级；并使用锥形G–R关系将震源区的应变累积速率转换为震源区内地震活动积累率。对于每个震源区，我们将震源区内所有活动断裂滑动速率转换为G–R关系上的地震发生率；结合震源区能量积累厚度，比较GPS应变率给出的地震发生率和断层滑动速率给出的地震发生率模型的结果，并认为所有震源区内的特大地震都发生在已知的断裂上；通过上述方式控制断层上的地震发生率，并给出断层源地震发生率与背景地震发生率的比值，最终将断层上的地震发生率通过级联破裂与断层段单独破裂的方式进行分配，而背景地震发生率则通过地震发生率平滑方法分配到历史地震活动性较高的区域。基于已建立的震源发生率模型，我们使用OpenQuake软件计算基于断层地震发生率和背景地震发生率之和的川滇地区PGA分布结果。在计算中，我们使用用与时间无关的泊松概率分布模型，以及强地面运动预测方程的逻辑树模型。将基于断层和背景地震活动率的结果加在一起，得到具有475年复发周期的PGA分布图。我们的结果显示形状大致与第五代中国地震动参数图的结果类似，但由于我们考虑到了级联破裂的因素，平均值高于中国地震动参数区划图的结果。

作者信箱：iamchengjia@126.com

活断层的几何与物理建模

邢会林

中国海洋大学，山东青岛　266100

多年的地震观测及研究表明，大地震多数发生在断层及板块运动边界上（这里简称为活断层）。活断层的几何形状及其物理行为（如摩擦）对地震的孕育及发生起着至关重要的作用。围绕着活断层的探查及岩石摩擦规律的研究得到了前所未有的重视，也获得或正在获得大量的数据。如何利用相关大量数据成果为基于物理的地震数值模拟分析及未来预报服务，已成了"卡脖子"难题，亟待解决。本文首先对已有研究成果及存在的问题简要回顾，重点介绍了在相关领域的最新研究成果和未来工作展望。

根据断层系统中断层的性质不同，利用断层探测数据构筑平面内的线段（如走滑断层）和空间曲面（如逆断层或俯冲带）来描述各个断层的几何形状，进而连在一起描述整个断层系统。对于平面断层系统而言，提出了一种任意线约束四边形网格自动生成的新方法。它是一个间接的全四边形网格生成方案，并可直接沿某个特殊路径对称生成全六面体网格。对于三维断层系统而言，首先基于各个断层的空间曲面信息生成相应的空间三角形来精确描述其几何形状，进而以此为约束对整个三维断层系统进行四面体剖分，自动生成全四面体三维网格。在上述过程中，每条断层形状及其不连续属性将会保留下来，进而赋予不同的物理性质进行断层系统的数值模拟。上述网格生成是通过自主研发软件PANDAS的前处理部分Pandas/Pre完成的。Pandas/Pre也可以与GoCAD、Petrel 和Geomodeller等商业地质建模软件接口，利用其地质模型数据创建复杂的三维有限元计算网格模型。

同时也将介绍多物理场耦合条件下断层摩擦性质的统一化描述及数值实现。

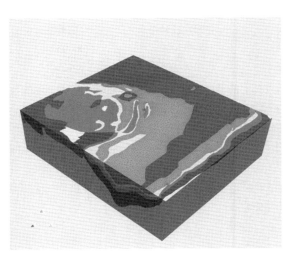 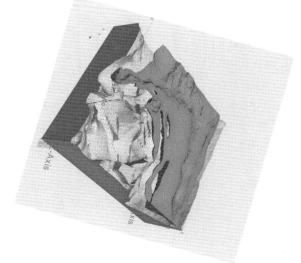

三维断层系统地质模型及其网格化

基于到时差商的震源反演范式模型研究

庞聪 江勇 廖成旺

中国地震局地震研究所，中国地震局地震大地测量重点实验室，湖北武汉 430071

在震源定位中，有许多因素影响着定位精度，这些因素造成的定位影响统称为系统误差，包括监测点坐标测量误差、波速误差、算法误差等，而反演模型将会直接影响到反演算法误差的大小，因此反演模型与算法的正确选择对震源定位具有重要意义。常见的震源反演数学模型主要有基于走时差的反演模型、基于到时差的反演模型、基于到时差商的反演模型、基于矢量走时差的反演模型等，其中到时差商反演模型无需测速，即为本文反演模型研究的原型。

传统震源反演到时差模型的各范数形式分别记为ATD-L1、ATD-L2、ATD-L3、ATD-L4；到时差商模型的各范数形式按照范数N的大小依次分别记为ATDRM-F-L1、ATDRM-F-L2、ATDRM-F-L3、ATDRM-F-L4，该范式模型计算公式一般形式为

$$f_{atdrm}^{LN} = \min \left\| \frac{l_i - l_j}{l_p - l_q} - \frac{t_i - t_j}{t_p - t_q} \right\|_N \tag{1}$$

为了研究同一反演算法下不同范式模型对反演结果的影响，反演算法采用单形替换法（又称单纯形法，通过对初始四面体单纯形进行扩张、收缩、镜像等操作，建立起新的四面体，而将极小点包括在内，从而不断逼近最优解），扩张因子为1.8，收缩因子为0.9；应用柿竹园矿工程实验微震监测数据进行分析，该矿爆破位置为（8732.70，6570.60，511.30），对比反演结果如表1所示。

表1 同一反演算法下不同反演模型的计算结果

反演模型	X/m	Y/m	Z/m	震源反演误差/m
ATD-L1	8739.8445	6553.9796	512.6012	18.1377
ATD-L2	8737.3729	6550.2319	518.3736	22.0620
ATDRM-F-L1	8734.5000	6571.1100	519.7000	8.6052
ATDRM-F-L2	8734.5000	6571.1100	519.7000	8.6052

从表1可知：对到时差模型而言，范数的增大对反演结果具有明显的改善；对到时差商模型而言，不同范数形式下的反演结果并一定发生改变；在相同范数下，到时差商模型的反演结果精确度明显比到时差模型更好。

为了研究不同范数反演模型下的反演结果精确度与不同反演方法的关联，利用遗传算法（GA）、非线性最小二乘法（NLSM）、单形替换法（SM）、模拟退火算法（SA）等经典定位方法进行震源定位解算，不同算法下的反演结果，如图1所示。

从图1可知：同一反演算法下，反演模型的范数与反演结果误差并不呈现严格的正/负相关关系，起伏差距较大；同一范数时，单形替换法的反演误差表现最小，最为稳定。

图1 ATDRM-F反演模型下不同反演算法的结果差异

利用二维活断层探测资料构建焦作地区浅层三维构造模型

邓小娟　酆少英　何银娟　田一鸣　李倩

中国地震局地球物理勘探中心，河南郑州　450002

活断层探测主要运用浅层二维地震勘探和钻探联合地质剖面两种方法[1~4]。常规活断层浅层地震勘探所提供的最终成果为二维反射地震解释时间和深度剖面以及解释成果平面图，用以显示断层在浅部地层的分布情况及上断点埋深[1,2]，服务于断层活动性鉴定、活动断层定位、活动断层危险性评价等工作[5]。

事实上，地质构造是三维体，二维地震探测时，只能获取反映沿测线平面内的地质信息，如果测线方向垂直于构造走向，可以得到正确反映测线下方地质构造的二维地质剖面图，如果测线方向不垂直于构造走向，则剖面反映的地质构造与真实构造存在一定的偏差[6]，从而误导解释成果，利用二维反射地震剖面图与地震解释成果平面图来呈现三维地质构造，缺乏全面性与直观性。对于现有活断层二维反射地震勘探剖面及钻孔数据，通过同一条断层在不同剖面上的特征追踪，对比可将各剖面上所确定的地质现象在平面图与等值线构造图上统一起来，通过专业地震解释及构造建模软件构建沿活断层条带状准三维地下结构，从三维的角度反映地下构造真实形态[7]，能够直观地再现地质单元的空间展布及其相互关系，可从一定程度上解决二维地震勘探在活断层探测工作中小构造控制程度差、断层定位不准确等问题，有利于提高地下构造的勘探精度。

焦作地区位于太行山南麓与华北平原的过渡地带[8]，区内主要第四纪断裂有凤凰岭断裂、盘谷寺—新乡断裂、济源—博爱断裂、九里山断裂、马坊泉断裂、武陟断裂、平陵断裂、朱营断裂等多条断层，断裂平面组合与空间展布非常复杂，活动断裂比较发育，区内隐伏断裂可能与中强地震发生有关，为了判断这些断层的空间位置及活动性，焦作市先后进行过活断层控制性勘察和详细探测等多期探测工作，有多条二维地震勘探测线，本研究利用活断层二维地震勘探资料以及钻孔资料，分别构建出近地表Q3地层底界面、Q地层底界面、N地层底界面分布模型和第四纪断层模型，在这些模型的基础上，以第四纪断层模型为基本骨架，以近地表地层分布模型为主要分层，模拟出Q—Q3地质体、N—Q地质体的构造形态和断层发育情况，系统反映近地表新近系地层底界至更新统上部Q3地层底界面的空间结构特征，该浅层三维构造模型可帮助工作人员更加直观准确地分析焦作地区近地表各种复杂的地质现象。

参考文献

[1]刘保金，张先康，方盛明，等.城市活断层探测的高分辨率浅层地震数据采集技术[J].地震地质，2002，24（4）：524~532.

[2]刘保金，赵成斌，田勤俭，等.地震勘探资料揭示老鸦陈断层特征[J].震灾防御技术，2007，2（3）：221~229.

[3]杨晓平，郑荣章，张兰凤，等.浅层地震勘探资料地质解释过程中值得重视的问题[J].地震地质，2007，29（2）：282~293.

[4]方盛明，张先康，刘保金，等.城市活断层地震勘探的最佳组合方法与应用研究[J].地震地质，2006，28（4）：646~654.

[5]中国地震局.中国地震活动断层探测技术系统技术规程[S].北京：地震出版社，2005.

[6]酆少英，刘保金，赵成斌，等.三维反射地震方法在活断层探测中的应用试验——以芦花台断层为例[J].地震地质，2015，37（2）：627~635.

[7]尉洋，沈军，于晓辉，等.石油地震资料在隐伏活断层探测中的应用[J].地震地质，2016，38（2）：423~432.

[8]荆智国，刘尧兴.太行山东南麓断裂第四纪水平活动的地质地貌特征[J].山西地震，2000，2：13~17.

作者信箱：1049814877@qq.com　/129

濮阳市及其邻区地震地质构造特征

孙 译 赖晓玲 李松林

中国地震局地球物理勘探中心，河南郑州 450002

濮阳市位于河南省东北部，黄河下游，冀、鲁、豫三省交界处。东、南部与山东省济宁市、菏泽市隔河相望，东北部与山东聊城、泰安毗邻，北部与河北邯郸市相连，西南部与河南省新乡市相倚，西部与河南省安阳市邻接（图1）。地处35°20′0″～36°12′23″N，114°52′0″～116°5′4″E之间，东西长125km，南北宽100km。全市总面积4188km²，约占河南省总面积的2.5%。

濮阳市区域大地构造基本特征为，该区域位于华北断块区一级大地构造单元内，主要涉及太行断块、冀鲁断块和豫皖断块三个二级构造单元。濮阳市地貌特点为，其大地构造属于华北地台，其辖区位于东濮凹陷之上。东濮凹陷夹在鲁西隆起区、太行山隆起带、秦岭隆起带大构造体系之间。东有兰聊断裂，南接兰考凸起，北界马陵断层，西连内黄隆起。濮阳地貌系中国第三级阶梯的中后部，属于黄河冲积平原的一部分。地势较为平坦，自西南向东北略有倾斜。

濮阳市及其邻区主要分布4条断裂（图2），包括北部的安阳南断裂（F1）、以及东侧的长垣断裂（F2）、黄河断裂（F3）和聊城—兰考断裂（F4）。其中，安阳南断裂（F1）西起安阳县水冶西的许家沟，向东横切汤阴地堑，经安阳市南到内黄一带。走向NWW，倾向N，倾角80°，全长约80km。根据中国地震局地球物理勘探中心2002年布设的安阳十里铺南人工浅层测线结果，该断裂晚更新世以来没有活动，初步判断其最新活动时代为中更新世。长垣断裂（F2）分布在濮阳清河—长垣一带，走向NNE，倾向NE，倾角50°以上。根据中国地震局物探中心2014年布设的瓦屋村测线（图2），推测在该区域内长垣断裂为早—中更新世活动断裂。黄河断裂（F3）位于东明凹陷中部，走向NNW，倾向NW，倾角大于50°，为正断裂。据中国地震局物探中心2011年布设的王明屯村测线和2014年布设的八公桥测线结果（图2），推测黄河断裂是一条早更新世活动断裂。聊城—兰考断裂（F4）为华北平原内一条活动性较强的重要断裂，走向NNW，为正断—走滑断层性质，具有分段特征，包括中段（聊城—濮城段）和南段（濮城—兰考段）。中段晚更新世以来在局部地段有较弱活动，南段推测为晚更新世—全新世早期活动断裂

综合上述，濮阳市及其邻区主要分布4条正断层或正断—走滑断层，其走向呈NWW或NNE两种特点，3条断裂大致活动年代约为中更新世及早—中更新世，聊城—兰考断裂自第四纪以来，表现为继承性正断活动。其中，区域内东侧的长垣断裂（F2）、黄河断裂（F3）和聊城—兰考断裂（F4）呈近似平行分布，其地震活动性背景较强。

图1 濮阳市地理位置示意图

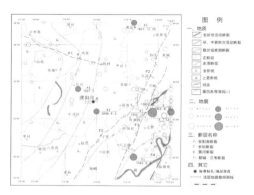

图2 濮阳市及其邻区地震构造图

浅析近两年我国西部边疆地区地震有序分布的动力来源

周 伟 刘 峡 李 媛

中国地震局第一监测中心，天津 300180

2017年8月9日新疆精河6.6级地震至今，近2年时间新疆地区无6级以上地震；而自2018年9月新疆伽师5.5级地震至今新疆所有5级地震都集中发生在新疆西—西北部一线。这种地震发生格局与新疆上一次的地震有序分布格局截然不同，上一次新疆地区的地震有序分布始于2016年1月新疆轮台5.3级地震，截至2017年9月新疆库车5.7级地震。上一次的有序分布，显示地震有围绕塔里木盆地在各个相邻地震带间成顺时针旋转似的迁移，而且均匀发生在这4个地震带，每个地震带2次（不计余震），且这种顺时针旋转中开始和结束地震相隔近2年，距离50km左右，很像一个循环，循环一周后又回到原点结束。上一次新疆地区的地震有序分布与此次的有序分布中间间隔一次"2017年12月7日新疆叶城5.2级地震"，时间间隔1年。

而这一次持续一年半共6次新疆5级地震的有序分布究竟是何种动力驱动造成的呢？

延伸看向我国境外，西构造节附近区域，2019年2月2日阿富汗5.7级地震、2018年10月19日塔吉克斯坦5.1级地震与我国新疆地区一年多以来5级地震成北东向线状分布。同时又发现以阿富汗5.7级地震为西端点又形成了一条北西向地震线状分布。

2018年11月28日缅甸5.5级地震（南）——2018年12月24日西藏谢通门5.8级地震（中）——2019年1月20日西藏谢通门5.0级地震（中）——2019年2月2日阿富汗5.7级地震（北）——2019年2月6日克什米尔地区5.4级地震（北）——2019年2月10日印度5.2级地震（南）——2019年4月24日西藏墨脱6.3级地震（中偏南）。

新疆地区上一次的有序分布我们推测是由于青藏高原隆起向北推挤力增强，而遇到塔里木盆地刚性较强，不容易吸收变形，可以很好的传递力。同时GPS速度场、应变场资料也显示天山地区以近南北向的挤压缩短为主，缩短程度由西向东递减，南天山西段南北向挤压增强。那么此次的有序分布可以理解为之前是在强动力推动下的运动破裂，而目前这种强动力推动缓解，破裂区域回到喜马拉雅东西构造结附近区域，从目前这次有序活动震级比上一次明显降低也可见。

可以想象这两次地震有序构成就如地球一次呼吸过程，之前的连续强震循环一周是呼气过程，目前的收缩在动力触角附近区的地震破裂是吸气过程。这仅仅是一种猜想，需要更多的数值计算来验证，进一步推断这是否合乎物理学规则的动力过程。

本研究由国家自然科学基金项目（批准号：41472180）资助。

青藏高原东缘1933年叠溪7.5级地震的地表破裂
证据及其构造意义

任俊杰[1]　徐锡伟[1,2]　张世民[1]　Roberts. Yeats[3]　陈佳维[1]　朱爱斓[4]　刘　韶[5]

1. 中国地震局地壳应力研究所，北京　100085；2. 中国地震局活动构造与火山重点实验室，北京　100029；
3. College of Earth，Ocean，and Atmosphericsciences，Oregonstate University，Corvallis　97331，USA
4. 上海市地震局，上海　201203；5.四川省地震局，四川成都　610041

　　1933年叠溪7.5级地震是川西地区20世纪以来除了2008年汶川地震以外伤亡人数超过万人的地震。因为当时中国正处于军阀混战时期，又加上该区域山高沟深，地震发生后缺少详细的地质调查，至今对其发震构造仍存在很大的争论：①一种观点认为是发生在近东西向的蚕陵山断裂上；②还有观点认为发生在北西向的推测的（或隐伏的）松坪沟断裂上，但未发现断裂存在的直接证据；③现在主流的观点认为发生在近南北向的岷江断裂上或其下的褶皱上。但这些观点仅为推断，缺少可靠的地质证据的支持；地震的烈度图走向北西向，这也与岷江断裂不符。发震构造不明确极大地影响了对该地区大震构造环境的认识。

　　在收集历史资料、高分辨率卫星影像解译和野外地质调查的基础上，通过野外剖面调查和地形测量等工作，首次发现了叠溪7.5级地震同震地表的证据，发现了松坪沟断裂的存在，东南段可见多个断错全新统的露头，在西北段发现了连续的线性陡坎，并通过序列放射性碳测年证实发生在松坪沟断裂上最新一次地震应为1933年叠溪地震，这也与叠溪地震破裂特征分布一致。野外露头断层擦痕和断错地貌均显示松坪沟断裂是一个正断层（图1），平均垂直滑动速率约0.25mm/a，大地震的复发周期约6700年。地表破裂带长度＞30km，单次事件位移量0.9～1.7m，据此估计1933年叠溪地震约为$M_w6.8$，相当于中国面波震级的约$M_{Sc}7.2$。因震区地处高山峡谷地区，滑坡等地质灾害易发，可能造成震级高估。另外，松坪沟断裂地处海拔4000m以上的青藏高原东缘地区，重力垮塌作用可能是造成正断型的松坪沟断裂的驱动机制。

图1　叠溪地震发震断裂断错全新统底层和断层面正断型擦痕

受河流侵蚀控制的地形荷载影响了龙门山的断裂活动性

谭锡斌[1]　岳　汉[2]　刘一多[3]　徐锡伟[1]　石　峰[1]　许　冲[1]　任治坤[1]　徐澔德[4]　鲁人齐[1]　郝海建[1]

1. 中国地震局地质研究所，北京　100029；2. 北京大学，北京　100871；
3. 休斯顿大学，得克萨斯州，休斯顿　TX77204；4. 台湾大学，中国台湾　106617

　　地表剥蚀作用会影响地震吗？如何影响？近30年来，地球的外动力对造山带断裂活动的影响受到越来越多的重视，但是依然存在一些争议：对于一个局部区域来说，往往很难区分内动力和外动力的影响，并且容易出现"鸡和蛋"的争论。青藏高原东缘的龙门山为这一争论提供了一些新的见解，因为龙门山中段的内动力沿走向相对一致，但是外动力沿走向存在明显的差别，并且事实上，龙门山中段的断层活动性也存在着明显的沿走向差异。龙门山中段的这一构造背景，有利于避免"鸡和蛋"之争，从而评估"纯"外动力对断层活动的影响。本研究对龙门山中段的地形、河流侵蚀能力、同震滑移、同震滑坡等的沿走向差异进行了详细分析，并且计算了地形重力对断层面正应力的影响（图1）。研究结果表明，在内动力作用基本一致的情况下，河流侵蚀能力的沿走向差异造成了龙门山中段地形的沿走向差异，地形荷载的差异进一步引起断裂活动性的沿走向差异。因此，河流侵蚀作用（外动力）是龙门山中段地区断层活动沿走向差异的主要驱动力。另外，龙门山中段地区的平均坡度值在震前达到了极限值（32°±2°），并且在汶川地震震后出现了明显的降低，表明地貌参数会随着地震周期而产生变化（图2），因此平均坡度值或者其他一些相关地貌参数可以应用于地震危险性评价。

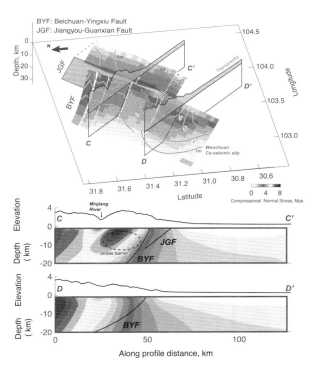

图1　龙门山中段地形荷载在断层面上产生的应力分布

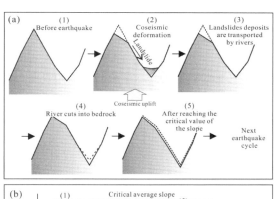

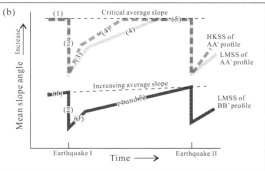

图2　地震周期内的地形和平均坡度值变化

汶川地震发震构造及区域粘弹结构研究

刘　琦[1]　闻学泽[2]　邵志刚[1]

1. 中国地震局地震预测研究所，北京　100036；
2. 中国地震局地质研究所，北京　100029

针对2008年5月12日汶川8.0级地震，我们在参考区域地质剖面、速度成像、大地电磁测深等研究成果的基础上，以地表破裂、物探剖面、重新定位的余震序列作为深浅构造强约束，以多剖面联合解译的方式建立了汶川地震发震断层3D模型，模型主要包含了北川—映秀断裂和灌县—江油断裂。另外，我们发现在余震分布区穿过青川断裂后的区域，断层结构出现了显著变化，我们认为可能是一条未知的反倾断层，而非北川—映秀断裂的简单延伸，而后通过反演测试认为该断层可能并未参与同震破裂过程。基于上述断层模型，我们联合利用了GPS、InSAR、强震动等包含震后影响相对较小的同震数据为约束，反演获得了断层同震位错分布，结果显示同震位错高值区主要集中在虹口—小鱼洞和北川—平通附近，最大位错量可达10m左右，另外还存在数个最大位错量4～6m的高值区，而在深部滑脱带上同样可识别出几个最大值4m左右的高位错区域。反演矩震级为$M_W7.9$，模拟结果与同震观测数据、野外地表破裂数据等都较为吻合。此外，基于前人公布的不同断层模型开展反演对比，我们发现断层模型可能控制了断层同震位错分布的主要特征，并可能是导致不同学者反演得到的最大同震位错量差异较大的主要原因。在获取同震位错模型的基础上我们进一步对区域的黏弹结构进行了研究，通过建立区域垂向分层、横向分块的有限元模型，可以兼顾龙门山断裂带两侧巴颜喀拉块体和四川盆地之间粘弹性质的显著差异性，另外基于Burgers体本构关系可以在模型中考虑粘滞系数的时间依赖性。以汶川地震同震位错分布作为模型初始条件，基于四川盆地上6个连续GPS站时间序列数据，我们依次获取了四川盆地和巴颜喀拉块体中下地壳的短期和长期有效黏滞系数。结果表明四川盆地中下地壳短期有效黏滞系数为9.0×10^{18}Pa·s，长期有效黏滞系数为1.0×10^{21}Pa·s；巴颜喀拉块体中下地壳短期有效黏滞系数为5.0×10^{17}Pa·s，长期有效黏滞系数为9.0×10^{18}Pa·s。

正断层地震的地震波传播和动态地震触发的数值模拟

胡才博[1] 蔡永恩[2]

1. 中国科学院大学地球与行星科学学院，中国科学院计算地球动力学重点实验室，北京　100049；
2. 北京大学地球与空间科学学院，北京　100871

地震波引起的强地面运动和动态地震触发是地震动力学研究的重要内容。地震波传播过程的数值模拟是这个问题的关键。本文利用弹性并行有限元模型研究了正断层地震的地震波传播过程，并研究了正断层地震引起的强地面运动特征和动态地震触发机制。

本文的弹性并行有限元模型不同于基于位错理论的运动学模型，而是采用在初始应力场作用下，断层带介质软化来模拟地震的自发破裂过程，通过求解波动方程模拟地震波的动态传播过程。有限元模型为二维剖面，水平长度为310km，深度为55km，正断层倾角为60°，断层沿断层面倾向宽度为20km，厚度为300m，有限元网格采用四边形单元，共有448840个节点，446958个单元，有限元计算的时间步长为0.01s，总时间为25s，共2500步。有限元程序是在商业软件FEPG的基础上修改得到，实现了并行计算，共用28个CPU节点，每个模型计算耗时3小时左右。

本文将断层带视为横观各向同性弹性材料，其垂直层面的剪切模量不等于断层面内的剪切模量，通过在初始应力场作用下降低垂直端层面的剪切模量来模拟地震。对于正断层地震，初始应力场是不考虑构造应力仅由重力作用所模拟得到的。在这个初始应力场作用下，将正断层带的垂直层面的剪切模量降低到原来的十分之一，可以模拟断层的破裂过程。通过求解波动方程，断层带的破裂过程会向远离断层带的介质内传播，在地表形成强地面运动，并引发动态地震触发。模拟结果表明：地震波的动态传播过程会造成研究剖面内不同位置的动态地震触发，其地震触发因子大于1的区域随震后的时间而变化，并且上盘的地震触发区明显大于下盘的地震触发区。断层出露地表处，地震触发区主要位于下盘。而在上盘，离开断层出露点一点距离，出现较大范围的地震触发区。当地震波完全地停止时，最终的地震触发区与静态模型完全一致。

本文提出了一种研究地震波传播和强地面运动的动力学方法，并实现了有限元的并行计算，通过对正断层地震破裂过程及地震波动态传播的数值模拟，检验了方法的有效性。模拟结果有助于认识正断层地震的动态地震触发机制，对防震减灾、地质规划等有一定的理论指导意义。

本项目得到国家自然基金面上项目"2008年汶川大地震的强地面运动特征与震害关系探讨"项目编号41474085资助。

1962年青海北霍布逊湖6.8级地震的发震断裂及宏观震中的调查

姚生海　盖海龙　刘　炜　张加庆

青海省地震局，青海西宁　810001

　　柴达木盆地北缘断裂是控制柴达木盆地的边界断裂，对于该条断裂晚第四纪活动性研究程度较低。在锡铁山以东，1962年5月21日和1977年1月19日分别发生了6.8级和6.3级地震。1962年5月21日6.8级地震，由于地震系统并能建立，对于本次地震未能进行地震烈度调查和发震断裂考察，而后期也未进行针对性研究。针对该次破坏性地震，课题组通过遥感解译、地质考察、探槽开挖等研究认为：在阿木尼克山一带遥感影像线性特征明显，水系扭错明显，存在一系列的断层陡坎、断层三角面。野外地质调查表明，在阿木尼克山一带存在长约20km的地表破裂，断层沿线地质迹象明显，发育有明显的断层陡坎、断层凹槽、地震鼓梁、水系扭错等地震遗迹。通过探槽开挖，发现断裂断错至地表，并有多次古地震事件，基本确定柴达木盆地北缘断裂（阿木尼克山段）为该次地震的发震断裂。断裂沿线发育多处基岩坍塌、滚石、地裂缝等地震地质灾害现象，走向和断裂走向完全一致，基本确定宏观震中坐标为36.89°N、96.61°E，与微观震中有近50km的偏差。根据崩塌、滚石、地裂缝的分布位置，确定破裂自NNW向SSE延伸，长轴方向为130°。由于该地区为无人区，且地震时间久远，只能通过破裂带长度、地震地质灾害发育程度及西部地区地震烈度衰减关系推算地震的最大烈度，其地震最大烈度为IX度。

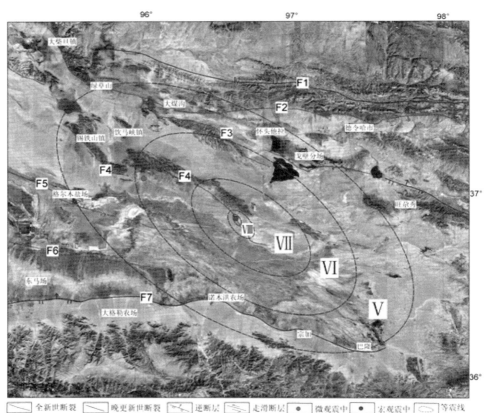

图1　区域地震构造图及地震烈度图（红点为微观震中，蓝点为宏观震中）

F1大柴旦—宗务隆山断裂带；

F2大柴旦—托素湖断裂带；

F3柴达木盆地北缘断裂带；

F4柴达木盆地北中央断裂带

2012 Nicoya *M*7.6地震的动力学破裂模拟及对同震摩擦性质的约束

杨宏峰　姚素丽

香港中文大学，中国香港　999077

作为震源动力学的要素之一，断层面上的摩擦性质影响地震的产生和破裂传播过程，进而影响地面震动幅度。实验室摩擦实验以及实际地震模拟和观测普遍认同在同震滑移过程中，断层上存在弱化现象，即断层上的摩擦阻力随着同震滑动降低。在动力学破裂模拟中，经常使用线性滑动弱化准则作为断层本构关系，描述此弱化过程的参数包括临界弱化距离，静态及动态摩擦阻力。然而，实际断层上摩擦性质的测量十分困难，主要原因是不同摩擦参数的作用具有相互依赖性，以及地震近场观测约束不足。对于俯冲带大地震，由于其主要破裂滑动往往发生在离岸区域，不具备理想的观测覆盖，因而对其物理破裂过程的约束更加困难。2012年，在Nicoya半岛下的俯冲带断层上发生了一个7.6级地震，由于此半岛处于主要的破裂区域正上方，该地震的破裂过程能被半岛上GPS观测网络很好地约束。我们利用有限元数值模拟的方法，基于已知的运动学破裂反演模型，对该地震进行动力学模拟，并利用地表记录的位移场和速度场，约束断层上的同震摩擦性质。首先，我们建立地震区域模型，设置一个倾角随深度变化的光滑断层面，选用随深度变化的速度模型。我们计算了运动学模型中的最终滑移分布在断层上的理论应力变化，即应力降的分布，作为设置断层初始应力分布的参考；模型中采用线性弱化准则；断层上的初始应力和摩擦参数的分布由三个自由参数：C、B、S控制。然后通过对比模型中的理论输出和实际地面GPS观测来约束这三个自由参数，从而得到断层面上的摩擦性质。模拟结果表明，断层上的临界弱化距离在0.25m左右；同震断层强度降幅大约为3.4MPa；平均破裂能为$0.43 \times 10^6 \, \text{J/m}^2$。约束得到的最佳破裂模型对近场GPS台站的同震静态位移和连续速度波形有非常好的拟合。在此研究中得到的断层摩擦性质，可以为动力学破裂模拟提供参数参考，并应用到未来地震破裂情形模拟以及地面运动强度的估测中。

2019年西藏墨脱6.3级地震的震源机制中心解

万永革

防灾科技学院，河北三河 065201

2019年4月24日西藏墨脱6.3级地震发生后，中国地震台网中心和国外网站发布了该地震震源机制结果（表1）。这些震源机制有一定的离散度，为地震动力学分析或其他应用带来抉择的困难。这些结果都是震源错动方式的一种测量，因此可以按照多种测量结果给出一个中心值供以后的地震发生背景、地震应力触发、地壳应力场分析以及地震前应力方向改变的地震前兆研究。

根据台网中心发布的"2019年4月24日西藏墨脱6.3级地震图集"和国外网站发布的该地震震源机制结果整理得到表1。按照同一地震多个震源机制中心解的求解方法（万永革，2019），分别以各个震源机制为初始解得到的中心震源机制给出的标准差（表1第5列）大体一致（在小数点4位后有一定涨落），表明采用这种方法得到的解是稳定的。我们发现将IPGP得到的震源机制作为初始解得到的震源机制的标准差最小。由此得到该地震第一个节面走向91.50°，倾角85.40°，滑动角96.62°；第二个节面走向216.15°，倾角8.05°，滑动角34.91°；P轴走向175.39°，倾伏角40.05°；T轴的走向8.66°，倾伏角49.18°；B轴的走向270.97°，倾伏角6.60°。得到的中心震源机制和各个机构和作者测定震源机制的最小空间旋转角见表1第6列。可以看出，该地震震源机制解距中心解的空间旋转角最大达15.93°，最小为地球物理研究所的震源机制解，空间旋转角为1.71°。这些数据表明不同机构和作者得到的震源机制解较为集中。

表1 不同机构给出的西藏墨脱6.3级地震震源机制解及得到的中心震源机制解的标准差

序号	走向/°，倾角/°，滑动角/°	作者	中心震源机制走向/°，倾角/°，滑动角/°	作为初始解得到标准差 S/°	最优中心震源机制与其他震源机制的最小空间旋转角/°
1	85，85，101	台网部应急组	91.48，85.38，96.63	8.44271	8.1468
2	94，88，100	梁珊珊等	91.49，85.41，96.62	8.44268	4.8440
3	95，82，96	赵博等	91.45，85.39，96.59	8.44284	4.9670
4	95，84，105	郭祥云等	91.49，85.36，96.63	8.44275	8.8905
5	87，86，81	地震预测所	91.46，85.39，96.61	8.44273	15.9324
6	212，5，28	地球物理所	212.69，8.04，31.47	8.45609	4.1609
7	96，87，100	gCMT	91.48，85.38，96.61	8.44272	5.6762
8	82，77，97	NEIC	91.48，85.39，96.62	8.44268	12.7258
9	275，89，-94	NEIC	91.46，85.43，96.65	8.44284	7.1411
10	92，87，97	IPGP	91.50，85.40，96.62	8.44267	1.7102

该结果为该地震发生背景以及以后地震危险性评估提供了基础。

参考文献

万永革. 2019. 同一地震多个震源机制中心解的确定. 地球物理学报，已接收.

NEIC.2019. https：//earthquake.usgs.gov/earthquakes/eventpage/us70003axc/technical.

GCMT.2019.https：//www.ldeo.columbia.edu/~gcmt/projects/CMT/catalog/NEW_QUICK/E201904232015A.ndk.

IPGP.2019. http：//www.isc.ac.uk/iscbulletin/search/fmechanisms/.

 作者信箱：wanyg217217@vip.sina.com

安宁河断层震源深度岩石组成与变形特征

周永胜　党嘉祥　马　玺　苗社强　戴文浩　雷惠如　何昌荣

中国地震局地质研究所，地震动力学国家重点实验室，北京　100029

通过沿安宁河断层地质调查和跨断层地质剖面测量，利用地质学的基本原理与方法，结合地球物理剖面，获得断裂带深浅部岩石组成，以及震源深度岩石的变形特征。安宁河断层岩石组成具有明显的分段特征。

石棉—冕宁段，可以观察到明显的花岗岩与闪长岩、花岗岩与斜长角闪岩—角闪岩接触带（上地壳与中地壳界线）、花岗岩与基性岩接触界限和闪长岩与基性岩接触带（中上地壳与下地壳界线）。根据波速结构推测，断层带内从浅表到震源深度，以花岗岩和闪长岩、斜长角闪岩—角闪岩为主，断层带内有零星的玄武岩、辉绿岩、辉长岩。

冕宁—西昌段，断层带内及其西侧，可以观察到中地壳花岗岩、花岗混合岩、闪长岩与下地壳麻粒岩接触界限。根据波速结构推测，从浅表到震源深度，以花岗岩、花岗混合岩、闪长岩和麻粒岩为主，断层带内在20～25km深度及其下部以玄武岩、辉绿岩、辉长岩、麻粒岩为主；在以泸沽镇—沙坝镇为中心的断层段，存在一个以基性麻粒岩为核部、以花岗岩为边缘的岩浆—变质穹隆。

西昌—德昌段，沿断层带出露的岩石花岗岩和辉长岩为主，推测断层带浅部以花岗岩为主，深部以辉长岩为主。西昌—巧家段的则木河断层，断层带地表为沉积盖层。

安宁河断层岩石组成分段与现今活动断层的分段和地震的分段具有一致性，推测断层带不同岩性引起的强度差别控制了断层活动性和地震分布的分段。石棉—冕宁段以花岗岩类为主，而冕宁—西昌段出露大量麻粒岩，导致断层强度增加，构成了高强度的凹凸体，这可以解释该段地震活动性弱的原因。断层从北到南，断层带内分布的基性岩逐渐增加，推测断层深部由于大量存在基性岩，断层强度也随之而增加，导致西昌—德昌段活动微弱，取而代之的是岩石强度相对较低的则木河断层具有显著的活动性。

从石棉—冕宁—西昌段，在河流阶地断层陡坎附近，多处露头发现基岩断层。断层带以不同的岩性接触为特征，具有强烈的脆性破裂带，部分露头发育白色新鲜的花岗岩断层泥，显示基岩断层记录了最新的断层活动。在花岗岩和闪长岩中发育有大量强烈的韧性剪切变形，据此可以分析断层深部现代的韧性变形过程。在闪长岩和麻粒岩中，发现脆性破裂、碎裂产生的裂隙被花岗岩、闪长岩和伟晶岩脉体愈合，部分露头发现花岗岩—闪长岩中有假玄武玻璃，这些可能代表了在震源深度岩石的同震破裂与震后松弛阶段的愈合过程。

本研究得到国家重点研发计划项目2018YFC1503400资助。

川滇地块东边界断裂应力积累数值模拟

曹建玲

中国地震局地震预测研究所，北京 100036

　　本研究考虑川滇菱形地块东边界中段活动断裂带，特别是安宁河—则木河断裂带，模型范围自鲜水河断裂南段至小江断裂带北段，并考虑了大凉山、龙门山断裂带和莲峰—华蓥山断裂带、玉农希和会泽—彝良断裂（图1），利用粘弹性模型数值模拟分析这些断裂分段的应力场积累特征。选择的研究区域长轴方向与川滇地块东边界断裂大致平行，在横向上将介质区分青藏高原、华南地块和大凉山地块，沿深度方向将介质区分为上、中、下地壳，岩石圈地幔和软流圈地幔，范围区域内地壳厚度在40km左右，莫霍面没有显著起伏变化。模型边界水平位移随时间线性递增，速率按照GPS观测作插值。模拟得到的位移结果显示：除了鲜水河断裂南段两侧6个测站模拟结果与实际观测差异较大之外，在其他测站模拟结果基本与实际观测相吻合（图1）。

　　由于上地壳内应力积累速度比中下地壳积累更快，这里重点观察上地壳范围内各种应力矢量在不同断裂带上分布情况。无论北东走向的安宁河、玉农希、小金河、龙门山断裂，还是北西走向的鲜水河断裂东南段和大凉山断裂北段，这些断层面上都在积累挤压应力，积累速率在每年几百至几千帕的数量级；从则木河断裂和大凉山断裂中段及其以南的多个断裂带显示为张应力积累，积累速率在每年几十帕至几百帕的数量级。在所有断裂带上，剪切应力积累均为正值，且积累速率在每年几十至几百帕的数量级。断层面上库仑应力是剪切应力与正应力的叠加与平衡，断层面上积累张应力则使得库仑应力增加，而断层面上积累的压应力则减小了库仑应力甚至会出现库仑应力负增长的情况，如鲜水河断裂南段。则木河断裂和小江断裂北段库仑应力增加速率约为每年百帕，安宁河断裂和大凉山断裂自北向南库仑应力积累速率逐渐增加，但相对则木河和小江断裂要低一个数量级。龙门山断裂由于我们的模型将其简化并未考虑到其倾角，使得我们高估断层面压应力而低估其剪切应力，导致计算的库仑应力积累为负值，但本研究重点在于川滇地块东边界中部而并不在龙门山断裂，至少东边界上大多数断裂带为走滑型断裂，我们这里得出东边界断裂带上的应力积累结果还是具有参考价值的。

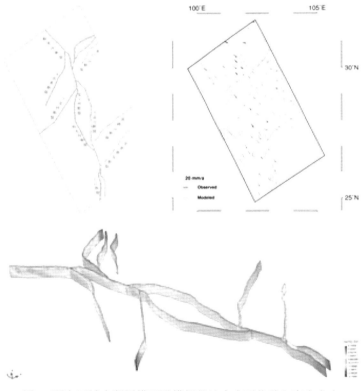

图1　研究区域内断层模型及模拟的地表水平位移和库仑应力积累年速率（绝对值的常用对数值）

 作者信箱：caojianl@gmail.com

川滇地区的中小地震震源机制解与断层稳定性分析

王 辉 曹建玲

中国地震局地震预测研究所，北京 100036

地震活动是地壳应力积累—释放过程的表现，地震发生的主要成因是地壳岩石积累的应力超过其强度从而导致岩石破裂。因此，对地壳应力场的准确分析是确定未来地震危险性的重要基础。尽管孕震成核区的应力绝对大小难以准确观测，但是地壳应力方位的时空分布可能蕴含了一些孕震信息。地壳应力方位与区域平均应力场存在较大差异的地方往往是应力集中区，也是地震容易发生的区域。另外，对一些大地震的研究表明，大地震前存在小震震源机制趋近于主震震源机制的趋势。受到震源机制解资料数量和质量的局限性，前人给出的这些可能的孕震信息往往是偏于定性的结果。

川滇地区地震活动频繁。随着数字地震台网的不断完善和新处理技术的发展，许多研究者得到了川滇地区不同时间段、不同区域的中小地震震源机制结果。这些数据为利用震源机制资料开展区域地震危险性的定量化分析提供了重要的基础资料。我们搜集了川滇地区过去数十年间的1000多个3.0～6.0级中小地震的震源机制结果，反演了区域地壳水平应力场，并进一步基于摩尔—库仑准则分析了区域主要断裂带的稳定性。

我们收集的震源机制结果显示，川滇地区地壳水平应力场主要表现为剪切型应力状态，而龙门山地区表现为压缩型应力状态，川西高原地区主要表现为拉张型应力状态。根据震源机制解反演的区域0.5°×0.5°的平均地壳应力场结果显示，川滇地区地壳应力的最大主轴方向围绕着喜马拉雅东构造接顺时针旋转。川西地区最大主压应力方位约为88.1°，华南地区最大主压应力方位约为124.6°，而云南西南地区最大主压应力方位约为21.6°。区域地壳最大主压应力方位近平行于地形高程梯度方向，最大主张应力的方位接近平行于地形高程等值线的切线方向，反映了青藏高原重力扩展作用对区域水平应力场的控制作用。

在此基础上，我们选取断层周围的震源机制解结果，基于摩尔—库仑准则分析了川滇地区主要断裂带的稳定性。断层稳定性分析结果代表了断层应力状态达到破裂准则的程度。研究结果显示，川滇地区的14条主要断裂带中，莲峰—昭通断裂在2014年前后稳定性最低，应力状态最接近于破裂状态。我们提供了基于中小地震震源机制结果评估断层地震危险性的一种尝试。随着地震资料的进一步积累，利用震源机制资料分析断层稳定性的方法值得进一步探讨与应用。

断层同震滑动实验研究的进展与展望

马胜利　姚路

中国地震局地质研究所，地震动力学国家重点实验室，北京　100029

地震过程包含着断层从准静态到动态滑动的过程，不仅需要了解准静态滑动的性质，还需要了解动态滑动性质，即断层的同震滑动性状。断层同震滑动具有滑动速度高（~m/s）、位移大（~m级）的特征，需要通过岩石高速摩擦实验来模拟其力学性状。为了深化断层与地震力学研究，地震动力学国家重点实验室建设了一套旋转剪切低速—高速摩擦实验装置，可开展滑动速率介于板块运动速率（cm/a量级）至地震滑动速率（m/s量级）的岩石摩擦实验，其中高速摩擦性能填补了实验室的技术空白。以此为依托，围绕断层同震滑动力学行为开展了一系列研究，获得了一些新结果和新认识，且为今后的研究工作提出了新方向和新问题。

（1）以汶川地震断层带为例研究了断层的同震滑动性质，结果表明，高速滑动下断层带表现出显著的滑动弱化，稳态摩擦系数在整个断层带上具有较好的一致性，且与断层泥的矿物成分无明显的相关性；高速滑动停止后摩擦系数在5~10s内恢复了约0.4，强度快速恢复与温度的快速下降相关。

（2）系统研究了断层同震弱化的机制，研究表明，高速滑动中由摩擦生热导致的快速升温在滑动弱化中起着主导作用，与黏土矿物脱水相关的热压作用也在滑动弱化中发挥着作用；纳米颗粒的滚动润滑机制并非高速滑动弱化的主要机制，温度依然是断层弱化的必要条件。

（3）研究了流体对断层同震滑动行为的影响，研究表明，水的存在会显著降低断层泥的高速摩擦强度，水的汽化作用促进了同震热压，同时抑制了温度的上升；含孔隙水压条件下，flash heating及其支配的局部热压作用是断层动态弱化的主导机制作用。

（4）探讨了地震断层带假玄武玻璃产生的条件，研究表明，在孔隙水压条件下无论水处于气相或是超临界相，辉绿岩在地震断层滑动速率下都能够发生摩擦熔融，因此自然断层带较少存在假玄武玻璃的原因不在于孔隙流体，可能在于地震频发的成熟断层带都具有较宽的滑动带和破碎带，限制了断层面上的动态摩擦升温。

（5）旋转剪切低速—高速摩擦实验系统已可开展高温和孔隙压条件下的岩石—岩石高速实验，尚需解决开展断层泥高速实验技术，同时开展不同深度条件下的断层带高速摩擦实验，研究中高速摩擦滑动的速度依赖性，建立断层动态摩擦本构关系等。

鄂拉山断裂震间滑动速率和闭锁状态研究

简慧子 王丽凤 任治坤 龚文瑜 李彦川

中国地震局地质研究所，地震动力学国家重点实验室，北京 100029

鄂拉山断裂位于青藏高原东北缘，东昆仑与西秦岭结合部的鄂拉山隆起带东侧，北端与青海南山断裂带斜接，向南贯穿哇洪山、鄂拉山中央谷地，南端在兴海温泉附近与昆中断裂带相接，总体走向NW20°，全长约207km，主要由六条规模较大的右阶羽列次级断裂带组成，阶距1～3.5km。鄂拉山地区晚新生代以来发育了强烈的右行走滑构造活动，受走滑运动控制的晚新生代盆地也发生了剧烈变形，鄂拉山断裂在第四纪初期由挤压逆冲转换为右行走滑，前人通过野外地质考察厘定了其长期滑动速率大约为（1.1±0.3）mm/a，但对其现今运动学特征的认识仍不足。本文通过建立鄂拉山的运动学模型，对鄂拉山的滑动闭锁状态进行研究，对于分析鄂拉山地区的地表微小形变和区域地震危险有着十分重要的意义。本研究针对鄂拉山的走滑速率，基于断层周围51个GPS数据和地质调查数据，利用贝叶斯理论作为反演方法的理论框架、使用MCMC（马尔科夫链蒙特卡洛）迭代方法，构建了鄂拉山断裂的运动学模型并反演了该断裂的现今震间滑动速率和闭锁状态。反演结果表明，鄂拉山断裂的闭锁深度约为15km，闭锁深度以下断层右旋滑动速率为（5.0±1.3）mm/a；在闭锁深度以上，断裂的震间滑动速率表现出沿走向的变化，断裂中段的右旋滑动速率是约2mm/a，南段和北段的右旋滑动速率约为3mm/a；沿断裂走向断层闭锁分段特征明显，中段表现为强闭锁（即凹凸体），断层面闭锁系数大于0.6；南段和北段表现为弱闭锁，断层面闭锁系数约为0.3～0.5。定量计算断层面上的滑动亏损表明其每年累积的地震矩（5.296×10^{17}N·m/a）等同于一次M_W5.78的地震。最后根据反演方法对研究区现有GPS台站对断层面滑动的解析度进行了定量分析，并给出了一个台网优化布设方案。

作者信箱：1456113562@qq.com *143*

二云母花岗岩与含硼流体反应的实验研究：
对电气石花岗岩成因的启示

成里宁[1,2]　张　超[2,3]　杨晓松[1★]　祁冬梅[2,4]　周永胜[1]　Francois Holtz[2]

1. 中国地震局地质研究所，地震动力学国家重点实验室，北京　100029；
2. Institute of Mineralogy，Leibniz University Hannover，30167，Hannover，Germany；
3. 西北大学地质学系，大陆动力学国家重点实验室，陕西西安　710069；
4. 新疆大学，地质与矿业工程学院，新疆乌鲁木齐　830047

在东西长近2000km的喜马拉雅造山带内，二云母花岗岩和电气石花岗岩总是紧密共生，了解这两种类型花岗岩的成因联系是认识花岗质岩浆形成和演化过程的关键。本文研究了在600~700℃，200MPa条件下，含硼（B）流体与二云母花岗岩的交代反应实验，重点研究了温度和流体B含量对交代反应产物的影响。实验结果表明，富B流体与二云母花岗岩反应可以形成电气石花岗岩。在700℃条件下，富B流体的加入会使二云母花岗岩发生部分熔融（包括黑云母和白云母含水部分熔融），电气石从部分熔融熔体中结晶。黑云母含水部分熔融及电气石形成的反应式可以表示为：

$$黑云母 + 斜长石 + 含B流体 = 熔体 + 磁铁矿 + 电气石 \qquad (1)$$

对比实验显示，增加流体的B含量能够明显促进二云母花岗岩的部分熔融以及电石气的生长。600℃实验中未产生熔体，富B流体使黑云母发生分解，形成磁铁矿，其余Fe、Mg和Al与流体中的B结合形成电气石，黑云母分解产生的K与斜长石中Na发生Na/K离子交换，为电气石结晶提供了Na。600℃实验中黑云母分解形成电气石的反应式可以表示为：

$$黑云母 + 5Na^+ + 含B流体 = 电气石 + Fe^{2+}（Mg^{2+}） + 3OH^- + 6K^+ \qquad (2)$$

实验产生的电气石普遍具有核—边结构，显示矿物结晶过程伴随熔体或者流体成分的改变。由实验结果可以推断，含B花岗质岩浆房结晶晚期脱挥发分作用产生的富B流体在上升运移过程中，可能与岩浆房边缘相的二云母花岗岩发生反应，形成电气石花岗岩岩株或岩脉。本研究表明，岩浆后期富B流体参与的自交代反应可能是电气石花岗岩的重要成因之一。

基于麻粒岩流变实验对中国东部地区下地壳强度的探讨

党嘉祥　周永胜　张慧婷　何昌荣　姚文明

中国地震局地质研究所，地震动力学国家重点实验室，北京　100029

大量深部地球物理观测和高温高压岩石物性实验研究结果显示，我国东部地区的下地壳可分为不同成分的两层，两层的代表性岩石分别为上层的中性麻粒岩，下层的基性麻粒岩。这两种麻粒岩的主要矿物组成均为斜长石、单斜辉石和斜方辉石，中性麻粒岩中含有微量石英（3%～6%），而基性麻粒岩不含石英。对中性和基性麻粒岩的流变实验研究结果表明：基性麻粒岩进入塑性域的温度高于中性麻粒岩（1100℃ vs 1050℃）；在位错蠕变域，基性麻粒岩的应力指数和激活能均略高于中性麻粒岩（6.1 vs 5.7，966kJ/mol vs 525kJ/mol）。本文采用摩擦强度和流变强度二元结合方法模拟了我国东部地区下地壳的流变强度。摩擦强度通过拜尔利定律来估算，流变强度用稳态流变方程反演。地震波分析给出的我国华北东部和华北中部的莫霍面深度分别为35km和41km，而近年来对下地壳结构的精细研究结果表明：莫霍面并非一个面，而是一个过渡带，且过渡带在华北东部和华北中部分别分布于31～36km和20～51km，过渡带内岩性表现为中性和基性麻粒岩混合发育（滕吉文，2006；孙伟家等，2018）。在地表热流值较高的华北东部地区：下地壳的上部中性麻粒岩变形特征表现为顶部的脆性-中部的半脆性-底部的塑性，下地壳的下部基性麻粒岩则表现出从顶部的半脆性到底部的塑性变形特征。在地表热流值较低的华北中部地区：下地壳以脆性为主，只有下地壳下部的底部表现出半脆性变形特征，而在介于莫霍面与壳幔过渡带下边界的区域内中性麻粒岩以塑性变形为主，基性麻粒岩变形以半脆性变形为主，从而整体体现为半脆性-塑性过渡变形特征，直到地幔深度区域两种麻粒岩均进入塑性域。本研究给出的中国东部地区下地壳变形机制和地震精定位结果（李乐等，2007；宋美琴等，2012）共同表明：地震主要集中于脆性域内，部分发育于脆塑性转化域内，塑性变形域内基本无地震发生。

几种岩石的高温高压热扩散系数研究

苗社强　　周永胜

中国地震局地质研究所，北京　100029

高温高压下矿物岩石的热物理性质是了解地球内部物质热物理过程、热结构和地球热演化历史最基本的参数。我们基于平面热源法和六面顶大腔体压力机，建立了岩石高温高压热扩散系数的原位测量系统。对几种典型岩石的测试结果显示：在1GPa压力和278~1073K的温度条件下，钠长石、花岗岩、花岗闪长岩、辉长岩、玄武岩、石榴斜长角闪岩、二辉橄榄岩以及辉石岩的热扩散系数分别在$0.80~1.35mm^2 \cdot s^{-1}$、$1.02~1.94mm^2 \cdot s^{-1}$、$1.00~1.84mm^2 \cdot s^{-1}$、$0.92~1.45mm^2 \cdot s^{-1}$、$0.78~1.28mm^2 \cdot s^{-1}$、$0.77~1.41mm^2 \cdot s^{-1}$、$0.99~3.15mm^2 \cdot s^{-1}$以及$0.92~1.96mm^2 \cdot s^{-1}$范围内变化，其中热扩散系数无一例外地随温度升高而降低。本工作所涉及的各种类型岩石按其热扩散系数从大到小的顺序可分为三组：第一组为二辉橄榄岩，因为含有橄榄石和辉石这些高热扩散系数的成分，所以比其他岩石导热能力高出很多；第二组为辉石岩、花闪长岩和花岗岩，辉石岩因为主要成分为高热导的辉石，石英闪长岩和花岗岩则是因为含有高导热能力的石英；第三组为辉长岩、石榴斜长角闪岩、榴辉岩、钠长石和玄武岩，前三者因为几乎不含石英但是却含有大量弱导热能力的长石成分，所以总体热扩散系数较低。玄武岩是喷出岩，结晶程度低，对声子的散射较大，所以热扩散系数最低。在高温阶段，各岩石的热扩散系数值趋于常数值，这是因为声子数达到了饱和，不再随温度增加而增加。此结果在岩石圈组成剖面上的热扩散系数填图显示，岩石圈内的化学间断面，导热能力也出现了间断；在地壳内部，随深度增加，热扩散系数逐渐降低；在莫霍面处，热扩散系数出现突增；下地壳相对岩石圈地幔来说是个良好的保温层。所有这些结果为现今人们对岩石圈热结构的认识提供了坚实的高温高压实验支撑。

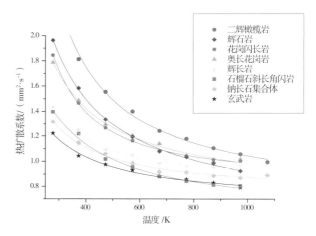

图1　1.0 GPa压力下各岩石的热扩散系数（拟合函数为$D=a+b/T+c/T2$）

作者信箱：miaosq@ies.ac.cn

角闪石的摩擦本构参数及其与俯冲带慢滑移的关联

刘 洋 何昌荣

中国地震局地质研究所，北京 100029

震颤和慢滑移多发于热的俯冲带板片界面，可能受控于板片中较弱岩石的力学性质，角闪石作为俯冲带中常见的含水矿物，其强度低于斜长石和辉石等无水矿物，其摩擦滑动的性质可能会控制俯冲板片在剪切滑动中的力学行为，因此对其进行深入研究有助于我们理解震颤和慢滑移的机制。

本研究的实验样品为采自河北灵寿的天然角闪石单晶颗粒，经手工粉碎并用200目筛进行粒度控制得到所要的粉末样品，作为模拟断层碎屑物质。XRD分析结果显示，该样品99%以上为普通角闪石。针对该粉末样品进行了高压和低压两组摩擦滑动实验研究。高压实验条件围压约为136MPa，采用围压恒定控制，孔隙水压约为30MPa；低压实验条件围压约为83MPa，采用围压恒定控制，孔隙水压约为30MPa。实验温度设为100～600℃范围以模拟深部条件，以100℃为间隔进行了温度序列实验。摩擦滑动速度在1.22μm/s、0.244μm/s和0.0488μm/s之间切换以获取对速度变化响应的数据。在分析力学数据的基础上，我们对实验后的样品也进行了切片分析，以了解其显微构造和相应的变形机制。实验结果表明：

（1）高压序列中：角闪石在100～200℃显示出速度强化和稳滑特征；在300～400℃低速下显示出速度弱化和稳滑特征，高速下显示出速度强化和稳滑特征；在500～600℃且低速条件下显示出速度弱化和粘滑特征，高速条件下显示出速度弱化和稳滑特征。在强度方面，1.22μm/s下的稳态摩擦系数在0.70～0.72之间，未发现随温度变化的明显趋势。通过数据拟合，我们在将第二速度阶变之后的所有速率阶变响应都进行了基于慢度本构关系的数据拟合，得到了一系列的本构参数。结果表明：高压序列的角闪石的直接响应参数随温度变化的规律不明显；演化效应参数大致随温度升高而升高。

（2）低压序列中：样品在100～200℃范围显示出速度强化和稳滑特征；在300～400℃显示出速度弱化和稳滑特征；在500～600℃显示出速度强化和稳滑特征。稳态摩擦系数（速率为1.22μm/s条件下）在0.67～0.73之间，从400℃开始随温度升高而明显降低。通过数据拟合，我们同样对第二速度阶变之后的所有速率阶变响应进行了基于慢度本构关系的数据拟合，得到了一系列的本构参数。结果表明：低压序列的角闪石的直接响应参数随温度变化的规律为，100～300℃随温度升高而降低，300～600℃随温度升高而升高；愈合效应参数大致随温度升高而升高。

（3）显微构造的观察表明，发生实验后的角闪石样品中多见压溶现象，因此压溶可能是导致角闪石速度弱化的重要机制。

作者信箱：liuyang910514@qq.com，crhe@ies.ac.cn

摩擦生热导致地震断层带磁性增强：
来自高速摩擦实验的证据

杨　涛[1, 2]　　陈建业[2, 3]　　Mark J. Dekkers[2]

1. 中国地质大学（武汉）地球物理与空间信息学院，湖北武汉　430074；
2. Department of Earthsciences，Utrecht University，Utrecht，Netherlands；
3. 中国地震局地质研究所，地震动力学国家重点实验室，北京　100029

近年来，众多震后针对地震断层带的磁性测量与研究发现，断层滑动面往往出现磁性增强现象。因此，断层物质的岩石磁学研究被认为是确定断层滑动面位置、估算地震摩擦生热水平的一种潜在手段。然而，瞬间断层滑动是否能够引起断层滑动面物质中磁性矿物的改变，目前尚缺乏直接的证据；同时，对于断层磁性增强机制的认识还有待深入。为此，本研究选择汶川地震映秀—北川断裂带典型断层泥样品，开展高速摩擦实验。初始样品分别以顺磁性的含Fe黏土矿物（如蒙脱石和绿泥石等）与高矫顽力的针铁矿为主要磁性载体。对摩擦后的样品按距离滑动平面中心不同距离进行分圈层取样，开展了系统的岩石磁学测量与X射线衍射（XRD）分析。结果发现，以含Fe黏土矿物为主要磁性载体的断层泥样品，摩擦后，随着距滑动面中心距离的逐渐增加（即滑动距离和摩擦生热的增加），断层泥样品磁化率和磁化强度线性增强；岩石磁学和XRD分析表明，摩擦过程中，含Fe黏土矿物，如蒙脱石和绿泥石等顺磁性矿物受热分解产生磁铁矿是导致断层泥磁性增强的主要原因。以针铁矿为主要磁性载体的断层泥样品，摩擦后，随着距滑动面中心距离的逐渐增加，断层泥样品磁化率和磁化强度线性增强，而矫顽力线性的减小，呈现磁性"软化"；岩石磁学和XRD分析表明，摩擦过程中，针铁矿受热在向赤铁矿转化过程中产生少量磁铁矿是导致断层泥磁性增强、矫顽力减小的主要原因。这些结果进一步确认，地震摩擦生热导致断层滑动面磁性增强可能是一种普遍的现象，可以用来指示断层滑动面的位置。同时发现，摩擦后样品的磁化率和磁化强度与摩擦温度显著相关（$R^2 > 0.9$），表明可以用断层泥样品磁性的相对变化来指示断层的摩擦作功量（被认为在地震过程中，约90%转化为摩擦热）。

实验研究含碳断层泥在动态摩擦过程中的电学性质

陈进宇　姚　路　杨晓松　马胜利　韩明明

中国地震局地质研究所，北京　100029

电导率是矿物岩石的一个重要物理参数，利用电导率实验测量技术手段可以迅速了解高导相矿物在岩石中的结构分布，进而为分析矿物岩石的结构演化过程带来帮助。碳是地壳岩石中赋存的重要高导相。实验研究结果显示，微量的单质导电碳（≥3.5vol%）在岩石颗粒之间均匀分布形成很薄的碳膜，就能连通成导电路径，显著提升岩石电导率（陈进宇等，2017）。通过大量的野外采样与室内实验分析，国内外专家学者提出很多地震断层带内都有碳质出露，有时更会有石墨晶体出现。通过地震断层摩擦剪切作用，含碳粉末能够富集并均匀涂抹在断层滑动面上，沿着摩擦滑移方向形成连通的导电层，并具有明显的各向异性特征（韩明明等，2019）。同时，弱相矿物在经历动态摩擦作用条件下所形成的软弱层也是导致地震断层滑动弱化的重要机制之一（Oohashi et al.，2013）。其中Yamashita等（2013）对经历动态摩擦过程断层岩的电学性质开展了初步的探索性研究工作。因此，利用断层泥的电学性质，我们可以揭示含碳粉末在动态摩擦过程中的结构演化特征，进而以碳为代表，为分析弱相矿物对地震断层摩擦滑动的弱化机制带来启示。

基于此，利用中国地震局地质研究所地震动力学国家重点实验室Shimamoto第三代旋转剪切低速—高速摩擦实验系统并结合KEITHLEY-6514型静电计，在2~5MPa、1~500mm/s滑动速率条件下，系统性实验测量含有0~15wt%单质碳、颗粒粒径位于100~6000目范围内的断层泥模拟样品在摩擦滑动0~50m的过程中摩擦系数、厚度和平行滑动面方向电阻值的变化。结合样品的显微结构，探讨压力、滑动速率、含碳量、颗粒粒径、矿物组成等因素对含碳断层泥的摩擦性质所带来的影响。

目前的实验研究发现在初始滑动摩擦10cm距离范围内，样品体积迅速减小约30vol%，然后趋于稳定。随着摩擦滑动不断地进行，含碳断层泥的摩擦系数也从初始的约0.6（μ_p）逐渐降至0.4~0.5（μ_{ss}）。含有>4wt%石墨的样品沿着摩擦滑动方向的电导率均会有指数性的升高并且达到稳定，预示着导电层的形成，与韩明明等（2019）的实验结果相近。但是随着石墨含量的减小，形成导电层需要的特征滑动距离也逐渐增大，导电层电导率也逐渐降低。而断层愈合效应对断层泥的导电性特征并没有造成显著影响。当断层摩擦系数达到μ_{ss}时与断层带导电层的形成相对应，预示着诸如石墨等弱相矿物在断层岩中互相连通并形成摩擦软弱滑动面是导致断层滑动弱化的重要机制之一。

郯庐断裂带鲁苏皖段构造应力场特征

黄　耘　孙业君

江苏省地震局，江苏南京　210014

利用区域台网数字地震波形，计算得到了2001—2016年期间郯庐断裂带鲁苏皖段及邻区825次中小地震震源机制解，并收集了模拟记录时期323次震源机制解，以震源机制解作为输入数据，采用阻尼应力张量方法反演了郯庐断裂带鲁苏皖段及邻区应力场空间特征。结果显示郯庐断裂带鲁苏皖段及邻近地区最大主应力方向表现出空间连续性特征，主要呈NE向、NEE向及EW向，总体上由西向东呈逆时针趋势性旋转，存在平稳过渡变化，但存在局部差异；应力场由西向东在郯庐断裂带，由北向南在嘉山—定远一带应力场发生了较为明显的变化。郯庐断裂带以西的华北平原地块最大主应力方向总体上表现为近EW向，而以东的鲁东—黄海地块最大主应力方向则更接近于NE向和NEE向，应力场的差异性反映了两个地块分别受青藏块体近EW向挤压和太平洋板块向西俯冲作用影响的差异性，还反映了西向倾斜延伸至上地幔顶部的郯庐断裂带边界作用显著，可能是板块动力作用、构造边界作用及块体相对作用的共同反映。沿郯庐断裂带由北向南在嘉山—定远一带，总体上最大主应力方向由以北地区的NE—NEE—近EW向过渡为以南地区的近EW—SWW向，呈现空间不均匀性，除主要呈现华北应力场特征外，在一定程度上表现出华南应力场特征，是研究区域内应力场最为复杂地区。该区域是郯庐断裂带与大别造山带交汇地区，是板缘、板内复杂构造运动和深层过程交织的耦合地域，复杂的构造环境和应力作用是其形成复杂应力场格局的成因。郯庐断裂带与大别造山带交汇地带强烈的地震活动及破裂方式，也印证了该区域处于复杂的应力作用下。

作者信箱：njhuangyun@163.com

维西—乔后断裂地震活动性研究

王光明　付　虹

云南省地震局，云南昆明　650224

维西—乔后断裂位于川滇块体西部边缘，北起雪龙山麓白济汛一代，经维西、通甸、乔后，止于点苍山西南，走向北北西，长约280km（常祖峰等，2016a）。维西—乔后断裂北接金沙江断裂，南连红河断裂，是连接南北两条活动断裂的枢纽（常祖峰等，2016b）。

根据2009—2017年3级以上地震的空间分布，我们将维西—乔后断裂带分为南北两段，以26.5°N为界。维西—乔后断裂北段历史活动水平较低，2009—2017年无$M_L \geq 3.0$地震；维西—乔后断裂南段，小震活动频繁，2013年以来陆续发生洱源$M_S5.5$、$M_S5.0$地震、云龙$M_S5.0$地震和漾濞$M_S4.7$、$M_S5.1$地震。

鉴于维西—乔后断裂南北两段地震活动水平差异，本研究主要对南段地震进行重定位。我们收集了维西—乔后断裂南段8831个地震事件的观测报告，共计96167条P波、S波到时数据，选择被4个以上台站记录到的地震事件进行重定位，筛选后有4907个事件成群。使用双差定位方法（Waldhuaser and Ellsworth，2000）进行重定位，得到4263个地震的精确的震源参数，占成群地震的87%。重定位后该区域地震空间分布显示地震沿维西—乔后断裂均匀分布，而在维西—乔后断裂两侧明显的分为两部分，西侧地震分布较为集中，东侧小震分布散乱。

基于双差重定位获得的高精度的地震目录，使用Zmap进行b值空间扫描，Zmap拟合得到的重定位后地震目录的最小完整性震级为1.1。空间扫描结果显示洱源$M_S5.5$、$M_S5.0$地震和漾濞$M_S5.1$地震b值低值异常，云龙$M_S5.0$地震震源区b值相对较低，但高于0.7。另外，b值扫描结果显示洱源和云龙地震之间存在高低b值过渡带，分析认为该区域仍然存在中强地震的危险。

对比分析维西—乔后断裂南段中强地震序列分布特征和余震衰减规律（表1），得出以下结论：2013年洱源$M_S5.5$、$M_S5.0$地震和2017年漾濞$M_S5.1$地震的发震构造是维西—乔后断裂，具有序列分布长宽比较大、优势分布方向明显和余震衰减快的特征，另外两次地震均为震群型地震（漾濞$M_S4.7$、$M_S5.1$地震）；2016年云龙$M_S5.0$地震尽管距离维西—乔后断裂带较近，但是余震分布方向和震源机制解均表明该地震的发震构造是北北东向的断裂，该地震位于兰坪—思茅褶皱带，震源区复杂的地质构造可能是造成余震序列优势分布方向不明显、余震衰减较慢的原因。

表1　维西—乔后断裂南段中强地震序列活动特征

地震序列	空间展布			衰减特征	
	优势分布方向	长/km	宽/km	持续时间	余震日频次
2013年洱源$M_S5.5$、$M_S5.0$级地震	NW	20	6	4～6天	3～5次
2016年云龙$M_S5.0$地震	NNE	8	6	震后15天仍存在起伏活动	10～30次
2017年漾濞$M_S5.1$地震	NW	10	2	4天	1～2次

压溶控制斜长石弱速度弱化的微观结构特征

马　玺　姚胜楠　何昌荣

中国地震局地质研究所，地震动力学国家重点实验室，北京　100029

按速度—状态本构关系，速度弱化是颗粒接触的演化效应b强于速度切换的直接效应a的结果。在一定的刚度条件下，速度弱化会导致断层不稳定滑动，失稳与断层上的地震成核密切相关。摩擦滑动实验表明，水热条件下斜长石断层泥表现为较弱的速度弱化（$a-b$绝对值小于0.005）；而干燥条件下斜长石断层泥表现为速度强化，且其b值很小并随温度升高趋近于零。长石类矿物接触点不易屈服出现塑性变形。因此，根据力学数据推导表明，斜长石的较强的演化效应b值可能由压溶变形机制控制，但缺少微观结构特征的直接证据。由于在摩擦滑动过程中颗粒滚动导致颗粒接触时间短，不容易观察到压溶过程的溶解和扩散；颗粒破碎导致其粒径变小，无法利用SEM-BSE清楚辨别。本研究拟利用SEM-SE（InLens探头）和TEM观察压溶作用的最终沉淀产物。

在水热条件下有效正应力100MPa和孔隙水压30MPa、有效正应力300MPa和孔隙水压30MPa、有效正应力100MPa和孔隙水压100MPa的三组摩擦滑动实验结果表明斜长石均表现为较弱的速度弱化。我们精细地观察了其微观结构特征，得到如下结果：断层泥普遍发育局部化剪切带，主要集中在R_1剪切和边界剪切处；在低有效正应力、高孔隙水压、高温条件下，强烈局部化剪切越明显。在R_1剪切和边界剪切所形成的强度剪切带内超细颗粒带，中强度剪切带内大颗粒破碎的缝隙及边界处，以及未破碎的大颗粒表面形成的压溶坑内，我们可以观察到无处不在的圆球状沉淀小颗粒，随温度升高小颗粒越多且分布越广。在强度剪切带内的小颗粒分布具有一定规律性，与断层泥滑动面成约40°～50°夹角。这些沉淀颗粒为亚稳态晶体，在TEM 200kV高压轰击下易非晶化，其尺寸为50～150nm。这些实验样品的微观结构特征为斜长石较弱的速度弱化由压溶变形机制控制提供了佐证。

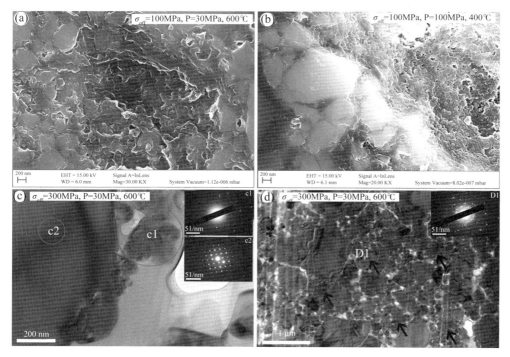

图1　斜长石压溶析出小晶粒的SEM及TEM图像

中部地壳断层带应变局部化与地震的形成机制

侯春儒　刘俊来

中国地质大学（北京），北京　100083

应变局部化与脆韧性转变作为中部地壳断层带最重要的特征，一直以来备受关注。但是对于应变局部化带如何形成与演化，以及地震在中部地壳的形成机制仍然存在诸多争议。我们通过对糜棱片麻岩以及其中的高应变带的研究来阐述在剥露过程中：①应变局部化带的形成机制与演化过程；②与这一过程伴随的脆韧性转变。详细的野外地质调查以及室内分析表明：黑云母对应变局部化带的形成具有主导作用，在黑云母的尖端常形成微破裂，这些微破裂大多沿着矿物颗粒边界分布，也有一部分穿过单个矿物晶体，微破裂内部多被黑云母以及细粒的长石充填。结合前人研究成果，我们认为这些微破裂的出现是由于黑云母与长石之间高的相强度差异导致应力在黑云母尖端集中所产生的。光学显微镜和扫描电镜下可见孤立的、弱联合的以及联合的微破裂，表明这些微破裂在持续地形成、扩展以及联合，这一过程导致岩石由承载矿物相向联合的弱相转变。随着微破裂的联合，其轴比不断增加，使得应力在微破裂前缘集中并导致剪切变形沿着微破裂发生，最终形成应变局部化带。斜长石与钾长石通过碎裂作用以及伴随钠长石化的膨凸重结使得颗粒粒径大大降低（<10μm），同时引起颗粒粒径敏感蠕变的启动。应变局部化带内富集的云母以及通过颗粒粒径敏感蠕变变形的细粒长石集合体引起了应变弱化，使得变形在局部化带内持续发生。研究发现在野外露头以及薄片中皆存在不同宽度的高应变带，暗示了原始狭窄的高应变带在形成之后的变形过程中不断变宽。在高应变带中未发现应变硬化的证据，表明其变宽是由于围岩的弱化。低应变域内不同联合程度的微破裂表明，应变局部化带的形成过程依然在低应变域中不断进行，并导致低应变域的弱化。另外，低应变域中不断发育的微破裂造成在低应变域形成低压区，使得流体向低应变域迁移。流体的加入促进了钾长石发生伴随钠长石化的膨凸重结晶，以及黑云母沉淀和斜长石的溶解，进一步造成围岩的弱化以及应变局部化带的变宽。野外研究还表明这一过程伴随着近平行于面理的假玄武玻璃的发育，但并未出现高角度切穿面理的碎裂岩带以及假玄武玻璃脉。同时显微构造观察发现在假玄武玻璃两侧的围岩中石英并未出现脆韧性转变的特点，仅局部出现沿着面理的碎裂岩，并且假玄武玻璃常与高应变带伴生，这些证据表明在假玄武玻璃形成过程中围岩内并未出现强烈的应力积累。结合前面的研究，我们推断假玄武玻璃的发育与应变局部化带的形成有关，随着应变局部化带的演化，其轴比增加，在其应变局部化带前端由于应力集中易于造成塑性失稳以及应变速率突然加快，并导致地震的发生和假玄武玻璃的发育，这一假设与观察结果相符合。随着假玄武玻璃的冷却固结，应变被分配到围岩中。

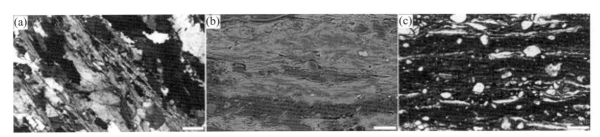

（a）黑云母尖端应力集中导致的微破裂形成以及初始联合；（b）高应变域内富集的黑云母、白云母以及细粒化的斜长石集合体；（c）假玄武玻璃及其内部残斑和透镜化的石英集合体

中部地壳钾长石膨凸重结晶作用机制及其弱化效应

周保军　陈小宇　侯春儒　刘俊来

中国地质大学（北京），地质过程与矿产资源国家重点实验室，北京　100083

作为中部地壳剪切带内主要矿物（石英、斜长石、钾长石等）细粒化的重要机制之一，膨凸重结晶作用对岩石物理–力学性质以及流变学行为具有重要影响。尽管目前对石英的膨凸重结晶作用机制有了较为深入的了解，但是对钾长石而言知之甚少，对与膨凸重结晶作用对岩石流动机制转变及流变性变化的意义缺乏深入的了解。本文以云蒙山地区水峪剪切带内出露的花岗质糜棱岩为研究对象，开展了系统的野外宏观构造样式分析和显微变形特征分析。结果表明，岩石中石英主要发生颗粒边界迁移重结晶作用和亚颗粒旋转重结晶作用；长石发育晶内破裂、机械双晶、波状消光以及膨凸重结晶，形成残斑与细粒基质共存的结构。钾长石残斑与周围基质有显著成分差异，细粒基质主要是由钠长石和少量石英构成，揭示了变形过程中富钠流体与钾长石残斑之间的化学反应。在钾长石残斑的边部，亚颗粒由组织较差的缠结位错壁构成，经过递进变形形成新的钠长石颗粒。随着化学成分以及结构的改变，基质矿物的变形机制发生显著变化。细粒化的钠长石以亚颗粒旋转重结晶作用为主要变形机制，亚颗粒由组织较好的位错壁构成。

EBSD结果显示石英颗粒C轴组构为Y轴极密，表明柱面<a>滑移，揭示了中高温（对石英而言）的变形条件，大致变形温度为550~650℃。我们认为温度较低时，钾长石的膨凸重结晶作用是由缠结位错壁的形成以及残斑与富钠流体间的化学反应共同完成，反映其低温韧性变形特征。化学反应促进了变形的进行，另一方面，位错组织发育也为流体活动和伴随的物质扩散交换提供有利通道。而细粒化之后流体的参与进一步增强了位错滑移和攀移的能力，从而促进动态恢复过程，使钠长石的变形机制转化为亚颗粒旋转重结晶作用。这时其遵循的位错蠕变流动律为：$\Delta\sigma=(\dot{e}/A)^{1/n}\exp^{(Q/R/T)}$。尽管位错蠕变属于颗粒粒度不敏感的变形机制之一，但长石膨凸重结晶作用导致的强烈细粒化（矿物比表面积增加）会增强流体的参与程度，从而使A显著增大。当变形条件（$\Delta\sigma$和T）不变时，造成应变速率的加快，这是流体增强位错滑移和攀移速率的体现；而当应变速率（$\dot{e}$）和温度（T）不变时，变形所需的差应力（$\Delta\sigma$）显著减小，导致岩石强度降低。由此可见，钾长石膨凸重结晶作用使矿物变形机制发生显著变化，进而改变了岩石的流变学行为。

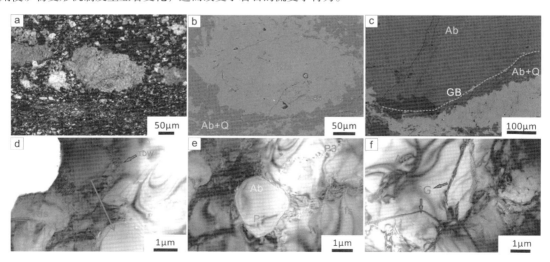

长石（亚）显微特征（Kfs：钾长石；Ab：钠斜长石；Q：石英；GB：颗粒边界；TDW：缠结位错壁；SG：亚颗粒）

2008年汶川地震与龙门山断裂带的深浅部变形

陈棋福[1]　李乐[2]

1. 中国科学院地质与地球物理研究所，北京　100029；
2. 中国地震局地震预测研究所，北京　100036

2008年汶川8.0级大地震后十年来，多学科的研究结果为深入认识汶川地震的破裂过程和孕震构造特征及地震的成因机制等提供了相当丰富的约束信息，为进一步分析汶川地震的深部构造变形特征提供了可能。通过对发生汶川地震的龙门山断裂带的深浅部变形研究结果的系统对比分析，可以归纳出以下几点基本认识：

（1）龙门山断裂带的深部几何形态十分复杂，深部速度结构极不均匀；

（2）2008年汶川8.0级地震是由多次子事件构成的十分复杂破裂过程，其破裂长度为300km左右，在深浅部都有大滑动量展布，并主要聚集在汶川—映秀和北川一带下方；

（3）地质地貌、大地测量和地震学研究给出的龙门山断裂带中北段的深浅滑动速率存在明显差异，浅部的滑动速率较为一致，由重复地震获取的10～17km孕震深处的滑动速率约为浅部的2～3倍，表现出龙门山断裂带的深部变形速率与其近邻的鲜水河和小江断裂带基本相当；

（4）不同研究结果给出的龙门山断裂带发生类似汶川强震的复发周期变化甚大（600～10000a）。若以重复地震分析给出的滑动速率（3.5～9.6mm/a）和汶川地震最大同震位移（5.0～15.5m）为约束，则发生类似汶川地震的复发间隔约为500～4500a，较地质学或大地测量学单独或综合估算的约1000～10000a为短，主要原因在于重复地震分析估算的深部滑动速率较地质学和大地测量学估算的大。

对比俯冲带发生的2011年日本东北近海M_w9.0 Tohoku-oki 地震的研究，有关2008汶川地震及龙门山断裂深浅构造变形研究还存在不少值得深入研究的问题，至少在资料开放程度和多学科综合研究，尤其是震后滑移的动力学研究、震前闭锁和震间蠕滑与强震滑动分布间的关联性等方面还有待加强。

地震活动是断裂活动的最直接体现，精定位的震源深度客观反映了断裂深部发生地震滑动变形的起始位置，断裂深部发生的慢滑动和重复地震等对揭示断裂深部行为具有重要的指示意义。在同一构造部位重复发生并具有高度相似波形的重复地震可作为天然的"深部蠕变计（deep creepmeter）"，慢地震（慢滑动）因其对应力扰动的敏感性可被视作为"应力计（stress meter）"来反映慢地震发生区附近强闭锁区的应力累积状态，具有地震地质和大地测量等浅表观测难得的"原位（insitu）观测"优势，为探测断裂深部变形信息提供了有效的途径。针对探测程度十分有限的大陆内部断裂带，应充分发挥重复地震的原位探测优势，集成地震学、大地测量学和地质地貌学的各自优势进行深浅部构造变形的有效探测分析，对断裂闭锁段和深浅构造变形差异显著地区的强震危险性尤应重视。

阿尔金断裂中段地震级联破裂行为

袁兆德[1]　刘　静[1]　邵延秀[2]　王　伟[1]　徐心悦[1]　姚文倩[1]　韩龙飞[1]　周　游[3]　李志刚[4]

1. 中国地震局地质研究所，地震动力学国家重点实验室，北京　100029
2. 中国地震局兰州地震研究所，甘肃兰州　730000
3. 中国地质科学院地质力学研究所，北京　100081
4. 中山大学，广东广州　510275

　　阿尔金断裂带为青藏高原北边界一条典型的巨型左旋活动走滑断裂带，不仅是检验青藏高原变形模式的关键断裂之一，而且对提高地震危险性评价的准确性和合理性具有重要的指导意义。该断裂带中段被几个大型挤压弯曲分割成若干段落，是讨论地震级联破裂的理想场所。除了利用数值模拟方法外，古地震数据的时空对比也是有效手段之一。

　　我们在乌尊硝尔段和索尔库里段分别进行了新的古地震探槽开挖工作，获取了较为完整的古地震记录，然后再与研究区已有的古地震数据进行了时空对比。结果显示：乌尊硝尔段和索尔库里段在最新一次古地震事件中同时发生了破裂，破裂长度达到了450km；古地震事件B、C、G和I破裂扩展至阿克塞弯曲内部，破裂长度至少为300km。乌尊硝尔探槽记录的4次古地震事件中，只有最新一次事件突破了平顶山弯曲，产生了级联破裂，表明乌尊硝尔段和索尔库里段发生级联破裂的概率为25%。铜矿探槽记录的9~10次事件中，有一半的事件破裂扩展至阿克塞弯曲内部，表明地震破裂扩展至弯曲角为20°的大型挤压弯曲内部的概率为约50%。

　　综上，我们在阿尔金断裂中段的古地震研究为讨论断裂发生级联破裂提供了古地震数据约束。但是，由于研究点位在空间上分布不均，且彼此相距甚远，所以将来计划再补充几个研究点位，增强数据对比的可信性。

作者信箱：yzd19862922@163.com

川滇地区汶川地震前后的GPS水平演化特征

贾 鹏 张 希 庄文泉

中国地震局第二监测中心，陕西西安 710054

GPS观测技术作为空间测地技术中最有效、最广泛、最直接和便捷的技术应用之一，为高精度测量地壳运动提供了广泛的研究前景。然而作为近百年来对中国大陆影响最强的一次地震，2008年的汶川地震造成了大量的人员伤亡、次生灾害和经济损失，其发震区域位于川滇菱形块体的东北边界交叉的龙门山断裂带。作为青藏块体东部大型边界地带，川滇及其北东缘附近的甘川陕交界区构造运动强烈，以固关—功县、秦岭北麓断裂为北东界，澜沧—勐遮断裂为西南界，阿尼玛卿与玉树断裂东段、怒江断裂与金沙江断裂等为西界，小江断裂与龙门山断裂等为东界；区内自北向南还发育有礼县—罗家堡断裂（属西秦岭构造）、鲜水河断裂、安宁河—则木河断裂、红河断裂与程海断裂。通过中国地壳运动网络观测项目所得GPS资料用GIMIT/GLOBK软件进行了统一处理，获得了2004—2007年、2007—2009年，2011—2017年即汶川大震前、震时与震后该区域的相对欧亚板块水平运动速度场结果，借助最小二乘配置拟合与应变唯一的偏导关系获取的视应变场对分析汶川地震前、震时与震后该区地壳运动与活动断裂构造变形演化特征、以及汶川地震的可能影响。结合断层闭锁程度可以确定，龙门山断裂的中北段依然处于强闭锁状态。2007—2009年，汶川地震震区表现出明显的右旋走滑同震形变；汶川地震对南北地震带北段的甘川交界、西秦岭构造区、安宁河—则木河断裂带，南段的鲜水河—安宁河—则木河断裂带构造活动在一定程度上有促进作用。汶川震后将近10年内，尤其在2014年，接连发生了4次$M6.0$以上地震，此外在2013年、2017年龙门山断裂附近分别发生了2次$M7.0$地震。2011—2017年的最大剪应变和面膨胀显示这些地震主要都发生在最大剪应变的高值区和面膨胀的张、压梯度带上。而尽管汶川震后的近十年发生的这些地震在一定程度上对积累的应力有所释放，但龙门山断裂带西南段未来的地震危险性并未降低。

东喜马拉雅构造结东南部景洪断裂的晚第四纪均匀滑动速率

石许华[1,2] Ray Weldon[3] 刘 静[4]，Weerachat Wiwegwin[5] 李志刚[6] 邵延秀[7] Lewis A. Owen[8] Elise Weldon[3] 王 昱[9] Kerrysieh[2] Paula M. Figueiredo[8] 袁道阳[7]

1. 浙江大学地球科学学院，浙江杭州 310027
2. 新加坡南洋理工大学，新加坡地球观测中心 639798
3. 俄勒冈大学地球科学系，美国尤金 97403
4. 中国地震局地质研究所，北京 100029
5. 泰国矿产资源部环境地质局活动断层研究处，泰国曼谷 10400
6. 中山大学地球科学与工程学院，广东省地球动力学与地质灾害重点实验室，广东广州 510275
7. 中国地震局兰州地震研究所，甘肃兰州 730000
8. 辛辛那提大学地质系，美国俄亥俄州辛辛那提 45221
9. 台湾大学，中国台湾 10617

定量约束东喜马拉雅构造结东南部活动断裂的滑动速率及其在不同时空尺度的变化，对理解该地区的构造变形、动力学过程和地震灾害至关重要。至今为止，针对该区域大部分断裂的地质滑动速率研究仍然不足。我们选取云南西南部的北东向左行走滑断裂系中的一支重要断裂——景洪断裂，以约束它的晚第四纪滑动速率的时空变化。在该断裂北东段的格朗和乡附近，通过野外调查和高分辨率数字地形测量，我们对断层位移和相关地貌面进行了精细的填图测量，其中数字地形包括：①由无人机光学倾斜摄影测量得到的0.5m分辨率数字高程模型；②由ALOS卫星影像立体像对生成的5m分辨率AW3D数字高程模型。同时，我们利用光释光（OSL）测年方法测定相关沉积物的年代，以约束断层位错的时间。我们在两个野外位错点（玉木和南戈）进行了滑动速率研究。在玉木位错点，景洪断裂将一级花岗岩基座阶地左旋错断了（90±10）m，而紧靠且位于该基座阶地之上的河流砂砾沉积物（很可能在断裂位错开始之后沉积）的OSL年龄约为（21.7±1.4）ka，反映该点的滑动速率为 <3.5mm/a。在南戈位错点，我们观察到两个时代的冲积扇体，年轻较新的覆盖在年龄较老的冲积扇沉积物之上，而较老的冲积扇体西侧边界被断层错断了（70±10）m；较老和较新冲积扇的OSL年龄分别为>92ka 和约（19.8±1.2）ka；这些数据约束了该点断层滑动速率为0.7~4.3mm/a。由于玉木和南戈位错点直线水平距离仅约为1km，这两个地点的断层滑动速率应该一致；因此，结合它们的滑动速率，我们得出格朗和乡附近景洪断裂的滑动速率为0.7~3.5mm/a或（2.1±1.4）mm/a。该速率与我们前面发表的由GPS数据所得速率（<2.4mm/a）及景洪断裂北东段的破坏性地震复发周期（500~1000a）存在一致性。进一步对比我们已发表的景洪断裂中段曼帕位错点的滑动速率[<（2.5±0.7）mm/a]，我们认为该断裂表现出晚第四纪比较均匀的断层滑动行为。

| 作者信箱：shixuhua@zju.edu.cn

鄂尔多斯北缘断裂带大地震复发模式与时空迁移规律

彭 慧[1,2] 张冬丽[1,2] 郑文俊[1,2] 张培震[1,2] 张竹琪[3] 毕海芸[3]

1. 中山大学地球科学与工程学院，广东省地球动力作用与地质灾害重点实验室，广东广州 510275；
2. 南方海洋科学与工程广东省实验室（珠海），广东珠海 519082；
3. 中国地震局地质研究所，地震动力学国家重点实验室，北京 100029

　　鄂尔多斯地块北缘断裂带是阴山山脉与河套盆地的分界，也是河套断陷带北边界的控制性断裂，其构造活动控制了地块北缘大地震的发生。该断裂带自西向东由狼山山前断裂、色尔腾山山前断裂、乌拉山山前断裂和大青山山前断裂组成。近千年来，鄂尔多斯地块东、南、西边界带均发生过8级以上大地震，唯独北边界带没有。为了进一步研究北边界的强震危险性，本研究基于前人开挖的探槽，收集了鄂尔多斯地块北缘42个可用探槽的数据资料，重新限定了不同断裂（段）上的古地震事件。结果显示，在不同的断裂带上的大地震复发模式有所不同，存在明显的分级性和分段性。狼山山前断裂距今10000a以来符合大小间隔模式，以约3020a、1690a为大小间隔；色尔腾山山前断裂距今10000a以来符合丛集模式，以约2080a、900a为丛集间、丛集内间隔；乌拉山山前断裂距今25000a以来符合准周期复发模式，以约8430a为重复间隔；大青山山前断裂无明显的复发模式，但土默特左旗以西段距今5000a以来符合大小间隔模式，以约2120a、880a为大小间隔。古地震丛集结果还显示，色尔腾山山前断裂与乌拉山山前断裂相对独立，为主要的控制性断裂；狼山山前断裂与大青山山前断裂西段相对易受周围活动断裂影响而出现触震效应，是次要的控制性断裂。鄂尔多斯北缘断裂带在距今10000a以来出现了四个明显的强震丛集，丛集1、3区间长度较小，约为870a；丛集2、4区间长度稍大，约为1260a。大地震基本以色尔腾山山前断裂与乌拉山山前断裂经度重合处为中心分布。四条断裂间有明显的时空迁移规律，丛集往往于两条断裂经度重合位置附近的联合破裂开始，而后往东西方向迁移。据最新一次地震离逝时间与时空迁移规律共同评估，未来鄂尔多斯地块北缘在色尔腾山山前断裂与乌拉山山前断裂一带存在发生强震的可能性，需要密切关注。

甘肃两次地震前的等效应力数值分析研究

李　媛[1,2]　刘　峡[1]　周　伟[1]

1. 中国地震局第一监测中心，天津　300180；
2. 中国地震局地质研究所，北京　100029

　　为了充分认识地震前的断层运动过程及其相应的应力场演化特征，提取相应的形变表现形式与实际观测对比分析，建立了涵盖30余条断层的青藏高原东北缘地区三维有限元模型，借助数值模拟方法，采用边界加载方法，模拟2001—2007年、2009—2013年、2013—2016年不同时段（2013年岷县漳县6.6级地震前后及2016年门源6.4级地震前）各断层运动及其应力场变化。选取了跨门源地震震中和跨岷县漳县地震震中的路径，计算了各个路径不同深度面的等效应力。等效应力是反映介质趋于屈服的程度，等效应力增大，有利于地壳介质失稳而加速孕震进程；反之，等效应力减小，则不利于介质失稳而减缓孕震进程。

　　因为震源位于上地壳，故我们重点分析了各路径下的地表和康氏面等效应力结果。门源地震与岷县漳县地震结果类似，故本文以岷县漳县地震路径结果（图1）为例，得出以下几点认识：

　　（1）不同时段对比，变化趋势发生变化：2001—2007年均显示自SW—NE等效应力逐渐增加的趋势；2009—2013年、2013—2016年自SW—NE逐渐减弱—逐渐增加。说明不同时段趋势的改变可能与汶川地震有关。

　　（2）在断层处，地表和康氏面的等效应力变化均最为显著。

　　（3）跨岷县漳县地震震中的路径上，和第一期资料相比，第二期（岷县漳县地震之前2009—2013期）的等效应力显著增大，有利于地壳介质失稳而加速孕震进程；第三期（地震发生后）等效应力显著降低，为地震后的调整效应。跨门源地震震中的路径上，断层附近，从第一期到第三期，等效应力逐渐增大，有利于地壳介质失稳而加速孕震进程。

　　本研究由国家重点研发（2018YFC1503305）和震情跟踪（2019010502）共同资助。

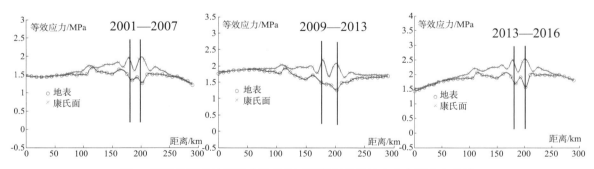

图1　跨岷县漳县地震震中路径的不同深度的等效应力空间分布曲线

路径方向为自南向北，图中虚线处为临潭宕昌断裂位置、实线处为西秦岭北缘断裂位置

| 作者信箱：lilyuaner@126.com

河西走廊内部民乐—永昌断裂构造变形特征研究

邹小波[1]　　袁道阳[2]　　邵延秀[2]

1. 甘肃省地震局，甘肃兰州　730000；
2. 中国地震局兰州地震研究所，甘肃兰州　730000

新生代以来，印度—欧亚板块的碰撞导致了青藏高原的形成，随着高原不断隆升，构造活动向河西走廊盆地扩展，并已影响到阿拉善地区。河西走廊位于青藏块体向北挤压逆冲的最前缘，该区晚第四纪活动构造广泛发育，是研究高原构造变形特征及其地震活动性的重要地区（陈文彬，2003；袁道阳，2003；郑文俊，2009）。这些研究可为大陆动力学研究、大震危险性判定和震灾防御等提供重要参考。其中，位于河西走廊中东部，发育于盆地内部大黄山隆起南侧的隐伏断裂——民乐—永昌断裂，为2003年甘肃民乐—山丹M_S6.1和M_S5.8地震的发震构造（何文贵等，2003；郑文俊等，2005）。但是至今对该断裂的几何形态和最新活动特征的认识非常有限，其几何展布主要根据地形差异推测，而断裂活动性剖面几乎没有。因此，对其开展深入定量研究，对揭示以往关注较少的前陆盆地内部的构造活动、变形特征及其发震机制等具有十分重要的意义。

本研究采用活动构造、构造地貌和地震学等多种方法，在前期资料收集整理、航卫片详细解译的基础上，对河西走廊盆地内部的民乐—永昌断裂的新活动特征开展野外调查、变形测量以及小震精定位等综合研究，获得了断裂晚第四纪构造活动方式、逆冲速率、深部构造特征等定量参数，并以民乐—山丹地震为例对其发震机制进行分析讨论。初步认识如下：

（1）民乐—永昌断裂为一条近东西向的挤压逆冲断裂，其西段晚第四纪构造变形样式为逆断裂—活动褶皱带，断裂附近存在明显的河流阶地等地貌变形现象，构造变形位置的总体走向为311°。其中T2、T3阶地褶皱隆升量分别为2m和22m，而阶地年龄为10ka和106ka，说明民乐—永昌断裂自晚更新世以来一直在持续活动，其平均隆升速率为（0.22±0.05）mm/a左右；

（2）根据多种方法的小震定位结果，利用研究区震源参数反演得到2003年民乐—山丹地震发震断层的断层面参数。其发震断层走向为311°、倾角为14°、倾向NE、深度范围为18～20km，是一个低角度的逆断层。与主震的震源机制解结果相近。此外，两次主震的震源机制显示P轴方向为40°左右，与该区域主压应力方向相同，说明民乐—永昌断裂是高原向北东挤压扩展的结果；

（3）综合震后科考、余震分布和阶地变形等研究结果认为，民乐—永昌断裂为2003年民乐—山丹地震的发震断层，本次地震是一次典型盲断裂—褶皱地震。

本文由中国地震局兰州地震研究所地震科技发展基金（2019Y05）与国家自然科学基金（41802228）共同资助。

红河断裂北部尾端苍山山前断裂晚第四纪滑动速率研究

张金玉[1]　刘　静[1]　Jerome van der Woerd[2]　Lucilla Benedetti[3]

王　恒[1]　石许华[4]　姚文倩[1]　徐　晶[1]

1. 中国地震局地质研究所，北京　100029；
2. 斯特拉斯堡大学，法国；
3. 欧洲地球科学研究中心，法国；
4. 浙江大学，浙江杭州　310058

随着印度板块持续北向俯冲以及沿着缅甸弧东向俯冲，川滇活动地块向南东方向挤出，块体边界活动断裂呈现走滑、拉张和逆冲等多种样式，为综合研究相近构造应力条件下不同构造类型的组合与转换以及应变分配提供了有利条件。已有工作对川滇块体边界断裂的拉张区研究薄弱，缺少主要断裂走向延展性和运动学特征的数据。鉴于此，针对川滇块体西南边界红河断裂北部尾端拉张区，我们选择苍山山前断裂为研究对象，基于遥感影像解译以及野外调查获得断裂的几何学展布，重点对喜州镇上兴庄以西抬升河流阶地以及上关龙首墙灰岩基岩断面开展工作来量化晚第四纪以来的垂向滑动速率。喜州镇上兴庄以西河谷，正断层抬升盘保存着3级河流阶地，野外调查发现T3阶地的阶地面高度约为35m、基岩基座拔河高度约为25m，中间T2级阶地面高度为25m、基座阶地拔河高度约15m，而T1阶地面高度约为12m，相应地下降盘发育冲洪积扇。我们收集无人机数据来提取地形剖面，分别采集[14]C和光释光测年样品限定不同高度地貌面的形成时间，这些年代样品尚在测试，拟分别根据基座河流阶地的下切量和正断层两侧阶地面的位错量，计算不同时间尺度上该断层的滑动速率。上关龙首墙位置，出露灰岩的基岩断面，选择保存状态较好的约40m高度，按照约0.8～3.3m的间隔系统采集17件样品，并系统测量宇宙成因核素^{36}Cl的浓度；测试数据显示断层滑动速率在25m位置分为两段，下段比上段的滑动速率更快，初步计算的暴露年龄范围为约11～1ka，基于断层滑动量与基岩断面暴露年龄之间关系，将全新世以来断层的滑动速率暂且限定约为3～4mm/a，后续需要校正如下三方面的影响：基岩断面暴露之前埋藏在崩积楔之下的继承性浓度，基岩断面暴露之后沉积的红色含砾石黏土层的覆盖遮挡，以及基岩断面的侵蚀作用。

 作者信箱：jinyuzhang87@foxmail.com

机载LiDAR对西秦岭北缘断裂黄香沟段水平累积位移精确厘定

王维桐[1]　袁道阳[1, 2]　邵延秀[1, 2]

1. 中国地震局兰州地震研究所，甘肃兰州　730000；
2. 兰州地球物理国家野外科学观测研究站，甘肃兰州　730000

西秦岭北缘断裂带是青藏高原东北部一条重要的活动断裂带，历史活动强烈，发生过多次6级及以上地震，是大震的重点监测区。前人通过地震潜势概率评估和b值扫描方法，对西秦岭北缘断裂的未来地震危险性研究认为，黄香沟段应力累积水平较高，未来发生单段破裂的可能性很大。

黄香沟段是西秦岭北缘断裂带中段的一条次级断裂，以左旋走滑运动为主。该段东起漳县，经过车厂沟，终止于洮河西岸，走向北西西，长约70km。线性断错地貌清楚，构造形迹保存较好。以往研究中，由于认识上的局限和客观条件限制，前人对黄香沟断裂的活动性研究还不够深入、精确。如累计位移的分布特征，前人多数是通过野外皮尺和全站仪测量，位移值测量误差较大。为了精确限定黄香沟的运动学特征，我们使用无人机载LiDAR对黄香沟断裂带进行大面积扫描，获取每平米大于24个点的点云数据，可以确保0.5m以内精度，能够在微地貌尺度上揭示地形特征细节。此外，通过点云分类方法，在植被比较密集的地区，可以去除植被影响，快速构建真实三维地形。凭借分辨率更高，覆盖范围更广的地形数据和更有效的测量软件，减小测量中的误差，提高位错量的测量精度。

我们利用LaDiCaoz_v2.1软件对黄香沟一带的位错地貌反复测量，初步获得了30个位移值。室内测量完成后对测量结果进行野外测量验证，并且与前人所测量结果相对比。以往的研究结果表明，在黄香沟一带，断裂晚更新世晚期以来的水平位移量最大为40～60m，最小为6～8m，水平特征大致可以分为七组。本文通过软件测量与野外验证结合结果表明，野外测量数据与软件测量数据误差范围大约2～3m左右，对位移组划分影响较小，且各相应位移组内位移值的差别不大（部分软件测量与野外测量结果相差较大原因是野外测量的为新形成的小沟）。该断裂晚更新世以来水平位移量最大为60～65m，最小为6～10m，在测量结果中没有发现比实测最小位移更小的位移值，所以6～10m可能是一次活动事件的特征位错量。测量水平位移量大致分为七组，其中数据多集中在 6～12m、25～28m、30～36m三组之间。七组中每组之间有6～10m的稳定增量，表明了该断裂具有特征地震的活动特征，七组位错量反映了断裂的7次特征活动事件。

黄香沟断裂展布与位错地貌测量点位

基于高精度地形数据限定海原断裂中段晚第四纪滑动速率

邵延秀[1,2,3]　刘　静[1]　Jerome Van der Woerd[4]　Yann Klinger[3]　Michael E. Oskin[5]　张金玉[1]
王　鹏[1]　王朋涛[2]　王　伟[1]　姚文倩[1]

1.中国地震局地质研究所，北京　100029；2.中国地震局兰州地震研究所，甘肃兰州　730000；3. Institut de Physique du Globe de Paris，Université de Paris，CNRS，Paris　75238，France；4. Université destrasbourg，Strasbourg Cedex　67084，France；5. University of California，Davis，California　95616，USA

　　海原断裂是青藏高原东北缘重要的一条走滑断裂，从西边的哈拉湖一直延伸到六盘山一带，长约1000km，其东段是1920年海原8级地震的发震断裂，破裂长度达250km。海原断裂对青藏高原东北缘构造变形转换起到了重要的作用。前人对海原断裂晚第四纪的滑动速率限定结果差别较大，范围从3～24mm/a。根据最新的研究表明，东段的滑动速率为4～5mm/a，这与大地测量结果一致。为了精确限定海原断裂中段的滑动速率，我们对前人在金强河段上获得高滑动速率点（大青研究点）进行检验和重新研究。大青研究点保存了三级阶地的断错地貌特征，我们使用地基LiDAR和无人航拍器获得了研究点的高分辨率（约0.5m）的DEM以及正摄影像（分辨率约0.1m）。基于高分辨率地形数据，我们对断错地貌进行了重新解译，分析了阶地的形成和位错的关系，认为阶地陡坎位移累计过程符合高阶地恢复模型。在阶地面上采集的宇宙成因核素表面样和剖面样，结合剖面样上部的沉积地层中的光释光样品和[14]C样品，结果显示T3、T2、T1的暴露年龄分别为14.3ka、11.8ka、1.2ka，它们所对应的水平累计位移分别为72～88m、27～35m和6m，垂向累积位错为15m、11m和1.2m。采用上下阶地断错模型获得15ka以来的水平滑动速率为5.0～6.9mm/a和垂向滑动速率为1.1～1.3mm/a，与老虎山段松山一带的晚更新世以来滑动速率的最新研究结果较为一致（Yao et al.，2019）。这一结果显示，海原断裂西段的应变量一小部分被古浪—中卫断裂所分解，大部分被金强河段所继承，并继续向东传递，直至大部分应变量被六盘山段所吸收，使六盘山不断抬升。

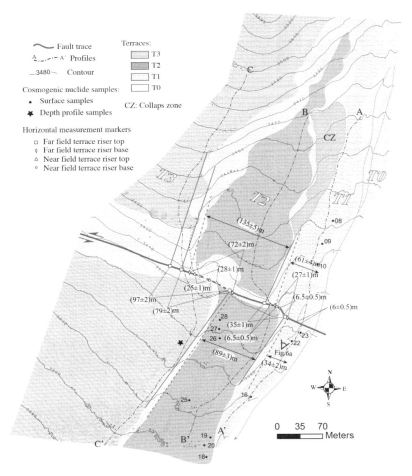

海原断裂中断大青研究点地貌面解译和累计位错测量

基于哨兵数据中国西部中小尺度地震
滑移反演及应用

罗　恒[1]　王　腾[2]　韦生吉[3, 4]　廖明生[1]

1. 武汉大学测绘遥感信息工程国家重点实验室，湖北武汉　430072
2. 北京大学地球与空间科学学院，北京　100871
3. 新加坡南洋理工大学地球观测中心，新加坡　639798
4. 新加坡南洋理工大学亚洲环境学院，新加坡　639798

相比于大地震（$M_W>6.0$）而言，中小尺度地震发生的频率更高，而且可以提供丰富的信息来进行断层活动以及地震相关研究。合成孔径雷达干涉测量技术（InSAR）可以提供大范围高精度的地表形变测量，已经广泛应用于地震研究中。然而目前InSAR技术主要用于较大地震的同震形变提取，对于中小地震（$M_W4.0\sim6.0$）的研究相对较少，这是因为中小地震的同震形变尺度相对较小，形变提取相比大地震比较困难。而且基于InSAR的小地震研究都是针对单个地震，对于构造活跃区域的中小尺度地震的系统性研究仍然很少。

哨兵卫星自从2014年成功发射以后，其连续宽扫工作模式（TOPS）可以提供大范围（250km幅宽）、短周期（12天）的全球高精度地表形变观测数据，已成为地震研究重要的数据源之一。青藏高原受到印度板块的向北俯冲挤压，是全球最活跃的构造区域之一。本文收集自青藏高原哨兵数据获取以来，2014—2017年11月共约3年的哨兵数据，用以提取期间发生的地震的形变。对于微弱同震形变，本文利用收集的地震前后的哨兵数据，提出一种时间序列InSAR技术来削弱时间不相关的噪声，提高形变提取的信噪比。我们研究了2014年11月至2017年11月共约3年间的青藏高原及周边共52个地震，并成功提取了其中18个地震的同震形变用来约束静态滑动模型，反演了这18个地震的震源参数与滑移分布。我们将反演震源参数与基于地震学的全球地震目录（CENC、GCMT、USGS）的震源参数进行系统性比较，结果显示，以InSAR反演的滑移中心作为参考，CENC、GCMT与USGS的震中位置平均误差分别为8.2km、9.6km和14km，CENC的震中误差相对最小。相比于InSAR反演的中小尺度地震的滑移中心深度，基于全球地震目录的地震深度相对较深。

应力降对于研究地震前后应力变化、理解地震机理十分重要。对于较大地震（$M_W>6.0$），相关研究揭示应力降基本为一个常量，不随震级发生变化。然而对于震级较小（$M_W4.0\sim6.0$）深度较浅（$1\sim10$km）的中小地震，针对应力降的研究比较少，对于中小地震的应力降的认识并不充分。本研究利用反演的18个中小尺度的地震的滑移分布，并收集其他地震的滑移分布模型一起进行统计分析。结果显示，对于较大地震（$M_W>6.0$）应力降统计上基本仍为常数（$1\sim10$MPa），而对于中小地震，应力降随着震级减少（$M_W6.0\sim4.0$）而逐渐减小（<1MPa）。然而对于利用钻孔数据基于地震波角频率计算的微小地震的应力降，统计上仍然基本保持为常数，与较大地震的结果保持一致。因此，我们认为应力降可能与地震深度有关，对于InSAR观测到的浅的（<5km）较小地震（$M_W<5.5$），地震发生前后应力减小程度相对更小，地震破裂面积相对更大。然而对于深度更大的中小地震，InSAR技术难以提取其同震地表形变，其应力降可能仍然保持在$1\sim10$MPa范围内与大地震的结果一致，这需要进一步的研究。

利用孢粉记录研究安宁河支流马尿河阶地成因

程建武[1]   宫会玲[2]

1. 甘肃省地震局，甘肃兰州   730000；
2. 广东省地震局，广东广州   510070

本文通过对青藏高原东缘的马尿河流域I～II级阶地形成时的孢粉记录的分析和阶地结构等地貌的研究，结果表明：

（1）马尿河I级阶地的形成时间是4.1～10.3ka B.P.，为堆积阶地， II级阶地形成时间是16～26ka B.P.，为基座阶地。

（2）马尿河阶地剖面孢粉记录反映古气候变化特征。

①I级阶地剖面堆积时期古环境分析。乔木植物较多，为灌木及草本植物和蕨类植物之和的3倍，且于其中又以可占各类植物总数3/5之针叶裸子植物松较多，还有合计可占各类植物总数1/10，习性凉湿及温润环境之针叶裸子植物冷杉及阔叶被子植物桦；灌木及草本植物和蕨类植物均较少及少，合计仅占各类植物总数的1/4，且于其中又以合计可占各类植物总数1/7，适生温性及温爽性环境之蒿及藜等草本植物和凤尾蕨等蕨类植物较多。据这样的各类植物组成及特性，可见该阶地沉积时期之植被，亦属主要由针叶裸子植物松组成之针叶林，气候温和轻湿或轻润。

②II级阶地剖面沉积时期古环境剖析。乔木植物较多，可占各类植物总数的2/3余，但少于I级阶地，且于其中又以可占超各类植物总数1/2余之针叶裸子植物松较多，还有合计可占不足各类植物总数1/10的针叶裸子植物冷杉及阔叶被子植物桦；灌木及草本植物较少，但多于I级阶地，可占不足各类植物总数的1/5，且于其中又以可占超各类植物1/8之蒿、藜及禾本科等草本植物较多，且在该阶地之顶部（0.9～1.8m）灌木及草本植物加蕨类植物之和，可占各类植物总数的1/2余；蕨类植物少。据这样的各类性质植物及组成，可以推论，该阶段顶部（0.9～1.8m）及上部以下（0.9～6.5m或2.1～6.5m）沉积时期之植被，应分别属森林草原及草原，顶部沉积时期之气候温和轻湿或轻润及或轻爽，上部以下沉积时期的气候温和轻湿或较湿。

（3）马尿河I～II级阶地成因：通过对马尿河谷阶地孢粉记录的古气候变化特征分析，结果表明，气候的冷暖变化与阶地的形成并无严格的对应关系，同时野外调查发现阶地结构特别是II级阶地并无明显的气候阶地特征，说明马尿河河流阶地的形成主要受区域构造抬升因素的影响，即在阶地形成时期，气候的旋回（冷暖变化）对阶地的形成起了调节的作用，气候变化对I阶地影响较大，而对II级阶地影响甚微。可见在构造运动频繁的背景下，构造运动是内陆河流阶地形成的驱动力，而气候变化则是这个驱动力的调节剂。川西地区的构造抬升使马尿河河流具有了强烈下切的潜能，只是在冰期时负载增加，这种下切的潜能没有被完全释放出来或根本没有释放，河流以侧蚀拓宽河谷为主，堆积了砾石层，当间冰期到来时，气候变暖，雨量充沛，植被茂盛，水量增大和负载减少使得构造抬升造成的河流下切潜能充分释放出来，使冰期形成的宽阔河漫滩高出洪水位以上而形成阶地。

综合分析认为：川西马尿河流域I～II级阶地的形成，反映了青藏高原的构造抬升运动对青藏高原边缘地区的影响，是对青藏高原构造抬升运动的响应。同时气候变化对马尿河阶形成起了调节作用，I级阶地气候变化为主因。II级阶地构造抬升为主因，气候对阶地的形成有一定程度的影响。

 作者信箱：chengjw71@163.com

龙门山南段侵蚀速率及其构造指示意义

王 伟 刘 静 张金玉 葛玉魁

中国地震局地质研究所，地震动力学国家重点实验室，北京 100029

　　构造断裂活动性是地震研究的重要组成，同时也是探讨构造造山带地形地貌演化以及深部动力模式的基础。新生代以来印度大陆与欧亚大陆的碰撞挤压使得青藏高原成为岩浆和构造活动都非常活跃的区域，尤其高原周缘地震活动频发，成为地震活动、新生代构造以及造山带演化研究的重要区域。龙门山是青藏高原东缘和四川盆地之间的过渡带，其地形地貌特征与高原北缘西昆仑以及南缘喜马拉雅地区相似，均为高地形梯度的陡降地形，在不到50km的范围内平均海拔从高原内部的约4000米陡降到四川盆地内的约500m。与该地区的高地形和增厚地壳形成强烈对比的是，现代GPS数据给出龙门山地区的水平缩短速率< 3mm/a，远远小于喜马拉雅地区的15～20mm/a。然而2008年汶川地震以及2013年芦山地震都表明其前缘断裂在第四纪具有较高的活动性，但是由于新生代沉积物的缺失使得该地区的断裂构造活动性和古地震研究都较难开展。汶川地震之后，众多学者对龙门山中段开展了详细的调查研究，对该区域构造活动和地震危险性也有了更为深刻的认识，相比较而言龙门山南段研究目前还较为缺乏。

　　地表侵蚀是深部构造活动的外部体现，侵蚀速率往往受构造活动性控制，因此地表侵蚀速率经常被用来探讨区域内的断裂活动性。基于这一理论，我们在龙门山南段开展了详细的地形地貌分析和侵蚀速率研究，来进一步探讨该地区的地表侵蚀特征以及可能的构造指示意义。通过对龙门山南段15个不同流域的现代河沙[10]Be浓度测量，我们获得了该地区不同空间上千年尺度的平均侵蚀速率，结合已发表的低温热年代学数据，我们发现：①不论是百万年尺度，还是千年尺度内，龙门山南段平均侵蚀速率存在由东南向西北逐渐增加的趋势；②该地区侵蚀速率与地形特征存在明显的相关性；③深部构造活动性是控制地表侵蚀速率和地形演化的主导因素；④新生代晚期，大川—双石断裂和盐井—武隆断裂是龙门山南段断裂系中活动性最强的断裂。

龙门山中段彭灌断裂三维结构精细刻画

鲁人齐[1]　何登发[2]　徐锡伟[3]　Suppe John[4]

1. 中国地震局地质研究所，北京　100029；2. 中国地质大学（北京），北京　100083；
3. 中国地震局地壳应力研究所，北京　100085；4. 休斯顿大学，得克萨斯州，休斯顿　TX77204

2008年5月12日汶川M_S8.0地震发生在青藏高原东缘的龙门山逆冲推覆构造带上，在北川—映秀断裂（BYF）和彭灌断裂（PGF）两条倾向 NW 的逆冲断裂带上产生了大量地表破裂。其中沿龙门山中段安县—灌县断裂带产生的地表破裂，是地震产生的第二大地表破裂带（即本文中的彭灌断裂），长度达82km，为一典型的纯逆断层型地表破裂（徐锡伟等，2008）。先前的研究通过研究区采集的人工地震反射剖面，初步揭示了该断层的几何特征，总体为大约30°的低角度逆断层（Jia et al.，2010；Lu et al.，2012）。但对其沿走向产状的变化、两条破裂断层的组合样式、断层几何结构与同震地表形变之间的关系等研究还不够深入。

本项研究综合了地质、遥感、地形地貌、主要活动断裂地表迹线、历史地震目录（震源机制解、小震精定位数据）、人工地震反射剖面、三维速度和电磁结构等，基于SKUA-GOCAD平台建立三维工区、实现多源数据的无缝衔接，在前人研究断层三维模型基础上（Shen et al.，2010；Hubbard et al.，2010；Li et al.，2010；Wang et al.，2013），重新构建了龙门山地区主要活动断裂带的三维断层精细结构和模型。研究重点揭示主要活动断裂在三维空间的展布、三维几何学特征；包括断层沿走向、沿纵向的构造特征、断裂之间的级联关系、断裂与深部构造或地壳物质的关系等。分阶段逐步建立活动断裂三维模型数据库，为地震动数值模拟、地震灾害研究等提供必要的基本数据和科技支撑。

本次研究参考了最新小震扫描和精定位结果（Yin et al.，2018），认为小震分布对揭示北川—映秀断裂三维空间几何结构有重要的作用；但对解释彭灌断裂的几何样式存在多解性。我们再次使用了研究区包括二维和三维在内的30余条人工地震反射剖面，结合地表破裂带展布，重新刻画了彭灌断裂的空间三维精细结构和模型（图1）。研究结果表明，彭灌断裂在浅层2km之上的倾角较陡，可达50°~60°；但在2km下总体倾角在30°左右；且整体向下切割深不超过10km，即与北川—映秀断裂相连接，形成"y"字形结构的组合样式。研究还发现，彭灌断裂的空间产状变化，与地表破裂的抬升高度存在一定的耦合关系：在浅表产状较陡的位置，地表破裂垂直抬升高度较小；在浅表产状较缓的位置，地表破裂抬升高度较大，主要体现在白鹿场—通济场与汉旺场—遵道场两个地区。表明断层几何结构对同震破裂变形有明显的控制作用。

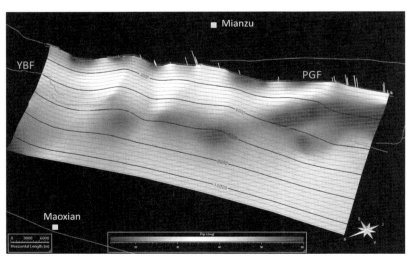

图1　龙门山中段彭灌断裂空间三维结构和模型（黄线为垂直地表破裂高度）

祁连山前逆冲断裂带古地震研究的关键技术

庞　炜

中国地震局第二监测中心，陕西西安　710054

　　基于祁连山前典型逆冲断裂带——大柴旦断裂、榆木山北缘断裂、榆木山东缘断裂、佛洞庙—红崖子断裂、金塔南山北缘断裂相关资料，阅读前人的研究成果，进行了野外地质调查、探槽开挖、古地震分析及前人探槽重新解译，从野外断裂陡坎的地貌表现形式、探槽开挖的选点、探槽开挖的类型、断层在探槽剖面上的表现形式、古地震分析、古地震事件判断标志、测年样品采集等多方面进行了探讨，主要得出以下结论：

　　（1）断裂主要发育在山前冲洪积扇上或者沿山体发育，主要以断层陡坎的形式存在，地貌上可见断续的局部线性展布特征，原始地貌保存较好；以榆木山东缘断裂和大柴旦断裂为典型代表，断裂局部发育多条断层陡坎。

　　（2）探槽开挖应该根据研究的目的进行选点，还要考虑到测年样品采集的制约，在榆木山北缘断裂上开挖的两个探槽主要是为了验证断层的存在，也在古地震方面有很好的揭示作用；在大柴旦断裂上的探槽开挖主要是为了揭示该断裂完整的古地震序列。总体来讲，探槽开挖受到自然环境，交通等各方面的影响，一般选择在河流阶地或者小冲沟比较发育的地点，如果遇到大柴旦断裂探槽开挖点那样的几条陡坎发育的点，还是应优先考虑；如果以上几点均不具备，一般选择在断层陡坎高度适中、连续性较好的一段进行探槽开挖。

　　（3）在探槽开挖中，探槽开挖的样式也是极其重要的。根据我们的研究，在祁连山前进行古地震研究时，一般还是选择简单的单槽开挖即可，只是开挖的宽度一般不能太窄，以3～4m最好，阶梯形探槽开挖受到该区沉积物的影响，极大地阻碍了探槽剖面的分析，不是一个好的选择。

　　（4）根据对研究区断裂的剖面断层发育特征研究表明，由于断裂所处的具体位置不同，地层的沉积物以及相同断裂、不同位置构造作用等的差异，断裂主要有逆断层直接断错、挤压推覆、多次古地震作用的多陡坎、折曲位错变心以及相关组合样式等。

　　（5）对于逆冲断层直接断错地表的形式，一般利用断层与地层的切盖关系及崩积楔等进行判断是可行的。但是需要谨慎判断崩积楔的存在以及断层和位错量的隐形和尖灭。对于逆冲推覆型断层，一般都会断错至古地表，上盘顶部地层经常受到剥蚀作用，而难以保存下来，而下盘相应地层会在坎前发育一个长条形的类似于崩积楔状的薄层，有可能是原顶层沉积物下盘的保留部分，亦有可能是上盘地层剥蚀后重新沉积的产物，在测年样品采集时需要仔细甄别；根据断层与地层的切盖关系、标志地层在断层两侧的位移差及坎前地层的发育特征是低角度逆冲断层古地震事件判定的重要标志和方法。对于折曲位错变形样式，地层发生折曲变形类似于位错变形，但不具有砾石的定向排列，通过地层弯曲的折点判断断层在剖面上的几何展布情况。尤其是比较细粒的地层，要比粗大的砾石折曲现象更为明显，并且会在断层下盘紧挨断层的地方发生挤压增厚的现象。层位越低的地层折曲变形越大，弯曲变形量较小；层位越高的地层，折曲变形量会增加，一次古地震事件总体的位移量基本是平衡的。

　　（6）在祁连山前戈壁环境条件下，很难找到沉积较好的、含碳质较高的碳屑，生物遗迹等能用于测年的^{14}C样品，相比之下，由于释光样品主要是利用长石和石英进行测定的，因此，在风成黄土及冲洪积物广泛发育的祁连山前，这类测年样品得到广泛应用。随着^{14}C测年技术的不断发展，测定需要的样品量在极少的条件下就可以满足需要，泥炭或富含有机质的砂土也可用于^{14}C测年，并且取得了较好的结果。

青藏高原北缘构造隆升过程的沉积记录研究

李林林[1]　吴朝东[2]

1.中国地震局地壳应力研究所，北京　100085；
2.北京大学，北京　100871

青藏高原隆升是新生代全球最重要的地质事件，关于青藏高原的形成机制和高原生长过程一直以来都是地学研究的焦点。柴达木盆地作为青藏高原内最大的新生代盆地，其完整的新生代沉积记录是揭示高原北缘隆升过程的重要载体。本文主要以柴达木盆地西南缘（柴西南）新生代沉积地层为研究对象，通过碎屑矿物地球化学示踪手段，基于碎屑石榴石、电气石、金红石地球化学成分的变化，判别沉积物源特征；通过沉积物中自生碳酸盐矿物的同位素分析，对古气候及古海拔进行恢复，进行综合分析探讨青藏高原北缘的构造隆升扩展过程。

碎屑矿物的地球化学分析结果显示，柴西南新生代物源体系演化可以划分为3个阶段，早中始新世时期（37.8Ma之前），西部干柴沟地区大量高级变质基性、超基性成因石榴石的出现反映了南阿尔金高压—超高压变质带物源的供给，而南部昆北地区电气石中花岗质成因电气石的缺失说明祁漫塔格物源的影响较弱，大量物源可能来自于祁漫塔格以南地区；晚始新世时期—渐新世时期（37.8~22Ma），干柴沟地区高级变质基性、超基性成因石榴石的含量略有降低，反映了阿尔金山的剥露隆升影响了盆地物源的供给；中新世以来（22Ma以来），干柴沟地区高级变质基性、超基性成因石榴石的消失反映了盆地物源由南阿尔金高压—超高压变质带转变为中—新元古代浅变质岩，昆北地区花岗质成因电气石的显著增加反映了祁漫塔格山的快速剥露隆升。基于碎屑矿物的地球化学示踪结果指示，阿尔金断裂带新生代演化过程可以划分为古近纪隆升和新近纪快速走滑两个重要阶段，东昆仑断裂带的构造活化与阿尔金断裂带中新世快速走滑同步。

自生碳酸盐C、O同位素特征的分析发现，始新世—渐新世时期，碳酸盐C同位素显示明显正漂而O同位素显示负漂特征。始新世时期，碳酸盐C、O同位素均显示较大范围的波动，且不具有明显的相关关系，指示相对湖泊属于温暖和季节性干旱的气候的环境特征；渐新世时期，C、O同位素间显示较强的正相关关系，气候发生了明显的干旱化，而O同位素的正漂则与始新世—渐新世时期全球气候变冷事件相关。中新世时期，$\delta^{13}C$维持在-2‰~-4‰之间波动，而O同位素则显示持续的降低，$\delta^{13}O$均值由早中新世的-8.5‰降低至晚中新世的-10.0‰。O同位素古海拔计算结果显示，始新世—渐新世时期，柴达木盆地古海拔维持在1500m左右，中新世开始盆地海拔发生了快速抬升，早中新世盆地海拔达到2000m左右，晚中新世时期海拔进一步抬升至2500m左右。

综合柴西南新生代沉积记录中物源、古气候及古海拔信息的提取，分析认为始新世—渐新世时期青藏高原北缘构造活动主要表现为阿尔金造山带的局部隆升，东昆仑断裂带构造活动微弱，区域气候变化可能受藏中地区高原隆升过程的控制，而中新世以来，阿尔金断裂带开始快速走滑，并伴随东昆仑断裂带强烈构造活动，综合盆地古海拔的快速抬升作用，青藏高原北缘开始快速隆升构造。

倾斜摄影测量技术在跨断层场地
调查中的应用

白卓立

中国地震局第二监测中心，陕西西安　710054

青藏高原东北缘及其邻区构造活动强烈、强震大震频发，是中国地震局在西北地区的重点监视区。自20世纪七八十年代以来，中国地震局第二监测中心在该区域陆续布设了64处跨断层场地，进行流动水准和基线监测，积累了三四十年的观测资料，在中国地震局年度地震危险区判定和短期—中短期跟踪实践中一直发挥着重要的作用。

近年来，小型无人飞行器（small Unmanned Aerial Vehicles，简称sUAV）技术发展迅速，在多行业应用频繁，对不同行业都产生了积极影响。无人机摄影测量技术应运而生。凭借着其低成本、操作简单、高灵活性、高精度输出结果等特点，广泛应用于现在的高精度地质地貌数据的获取中。

本文将无人机航测技术应用到将要改造的跨断层场地中来，通过一种名为"Structure from Motion"（STF）的三维重建技术，得到高精度点云数据，进一步进行处理获取场地断错地貌正射影像（DOM）、数字高程模型（DEM）以及三维模型，获取表征活动构造特征的定量参数，比如断裂长度、断裂位移等等，对场地所跨断裂进行定量研究。结合地质构造背景和多年来测量得到的跨断层水准资料，以及场地所处具体位置，明确场地所跨断裂，分析断裂运动特征，思考其合理性，揭示场地布设存在的问题，对实验场地进行调研评估。并以多个场地为例进行详细分析，评价跨断层场地能否有效地反映断层或块体边界构造活动情况，监测区域构造活动上场地布局的合理性，提出对现有单个场地及区域上布局及监测体系改进的建议。我们希望跨断层场地不仅能在地震预报中继续发挥作用，还希望跨断层监测能够与长水准、GPS等手段相结合，综合分析近场—远场断裂活动、应力加载及应变分配状态，揭示断层闭锁及位移亏损等科学问题。

西藏芒康震群发震构造分析

魏娅玲　蔡一川　吴微微　颜利君　王宇航

四川省地震局，四川成都　610041

据中国地震台网中心测定，2018年12月13日23时32分、39分和14日1时15分、38分、42分，在西藏昌都市芒康县连续发生$M4.9$、$M4.4$、$M3.6$、$M3.0$和$M3.0$震群地震，其震中位于川滇菱形块体西北部SN向金沙江断裂带、NE向巴塘断裂带和藏东NW向澜沧江断裂带所夹持的区域（见图1），地处青藏高原在印度—欧亚板块南北挤压下物质向东挤出的边界地带。且鉴于震区地质构造复杂、野外地质和地震活动性研究程度低的特点，本文基于四川区域地震台网提供的震相报告和波形资料，采用双差定位方法，对西藏芒康震群序列进行了重新定位。同时，利用CAP波形反演方法，获得了5个$M \geqslant 3.0$地震的震源机制解、震源矩心深度与矩震级。结果显示：重定位后的震群密集分布在NW—SE向长约23km、宽约4km、深度6~18km的区域范围，预示着震区有一条沿地震条带展布的隐伏断裂存在。由CAP波形反演获得的$M4.9$地震的震源矩心深度为6km，矩震级为$M_W5.0$，震源机制解节面Ⅰ走向为302°、倾角为66°、滑动角为-38°、节面Ⅱ走向为50°、倾角为56°、滑动角为-150°，P轴仰角为43°、方位为262°、T轴仰角为6°、方位为358°。5个较大地震均属于正断型（表1，图1），兼有一定的左旋走滑分量，表现出多力源共同作用特征；P轴优势方位近EW向，呈水平挤压特征，与震区所处区域构造应力场主压应力方向一致。

根据重定位后的震群序列空间分布形态和5个较大地震的震源机制解，并结合震区附近主要断层构造的展布进行研究。我们分析认为：震区NW—SE走向、倾向NE的隐伏断裂应为西藏芒康震群的活动构造，与该断裂走向和倾向一致的节面Ⅰ为同震断层面，断面倾角约为66°。震群地震可能是在西侧羌塘块体物质持续E向挤入作用下、位于金沙江与澜沧江之间的芒康地区上地壳内的NW—SE向次级隐伏断裂张性运动所致，。

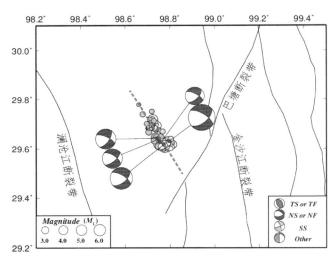

图1　西藏芒康震群目录及其$M \geqslant 3.0$地震震源机制解空间分布

表1　西藏芒康震群$M \geqslant 3.0$地震震源机制反演结果

编号	震级/M_W	深度/km	节面I			节面II			P轴		T轴		B轴	
			走向/°	倾角/°	滑动角/°	走向/°	倾角/°	滑动角/°	方位/°	仰角/°	方位/°	仰角/°	方位/°	仰角/°
1	5.0	6	302	66	−38	50	56	−150	262	43	358	6	95	46
2	4.5	6	303	66	−37	50	57	−151	263	43	358	6	95	47
3	4.0	5	295	65	−35	42	58	−150	256	42	350	4	84	48
4	3.6	5	300	69	−33	43	59	−155	259	38	353	6	91	52
5	3.7	5	305	63	−30	50	64	−150	268	40	177	0	87	51

再评价海原断裂老虎山段
晚更新世滑动速率的启示

姚文倩[1]　刘　静[1]　Michael E.Oskin[2]　王　伟[1]　李占飞[1]　张金玉[1]

1. 中国地震局地质研究所，地震动力学国家重点实验室，北京　100029
2. Department of Earth and Planetarysciences，University of California，Davis，USA

精确限定断裂的滑动速率是分析断裂体系的运动学特征、应变分配以及评价其地震灾害性的重要参数。海原断裂作为青藏高原东北缘重要的一支大型边界活动断裂，是印度—欧亚板块碰撞挤压应力承载的重要构造之一，但是其晚更新世以来滑动速率尚且存有较大争议。Lasserre等（1999）对海原断裂老虎山段松山镇以北约2.5km处的马家湾和宣马湾两处点位的研究，得到了（12±4）mm/a的高滑动速率，这一结果与近年来大地测量以及一些地质学方法揭示的平均滑动速率差别较大。为此，本文基于1m分辨率的DEM数据（刘静等，2011），通过Landserf、ArcGIS软件平台提取了多个地貌参数指标（坡度、坡向、openness等），并结合野外微构造地貌填图对两处点位的错断地貌重新进行了详细解译。分析发现马家湾左岸T2/T1陡坎上沿和右岸T4/T1陡坎下沿左旋位移均为（130±10）m，左岸T2/T1陡坎下沿位移（93±15）m。同时，在断裂北盘T2阶地面通过宇宙成因核素^{10}Be深度剖面得到阶地面的废弃年龄为（26±4.5）ka，T1阶地沉积物中^{14}C测得的年龄为（9445±30）a。基于此，利用上阶地面和下阶地面重建模型分别得到了该点自约26ka以来$5.0^{+1.5}_{-1.1}$mm/a和约10000a以来（9.8±1.6）mm/a的滑动速率。而在宣马湾，我们同样基于高分辨率DEM数据获取了左岸T4/T1'更新的位移数据为68^{+3}_{-10}m，结合前人的年龄数据利用下阶地面重建计算出该点的滑动速率为$8.9^{+0.5}_{-1.3}$mm/a。

综合我们此次研究获取的位移和年龄数据，认为海原断裂沿老虎山段的滑动速率自约26ka以来为$5.0^{+1.5}_{-1.1}$~$8.9^{+0.5}_{-1.3}$mm/a，该滑动速率区间的下界与目前的大地测量学方法揭示的约5mm/a的滑动速率一致。进一步结合沿海原断裂带不同段落上的滑动速率研究分析发现，如果排除早期一些缺少详细年代学方法限定的点以后，从金强河沿断裂向东到1920年海原大地震破段，滑动速率整体存在弱递减的趋势。基于本次海原断裂滑动速率的再评价研究，我们推测众多研究者沿青藏高原北缘主要活动断裂上获取到的滑动速率存在较大差异的主要原因，可能是由于在确定位移累积年龄时选择阶地面重建方法的不同所造成的。

"9·08"墨江5.9级地震空间孕震特征分析

毕 青[1]　续外芬[1]　余达远[1]　车 进[2]　谢卫军[3]　付 虹[4]

1. 玉溪市防震减灾局，云南玉溪　653100；2. 元江县防震减灾局，云南元江　653300；
3. 江川区防震减灾局，云南江川　652600；4. 云南省地震局，云南昆明　650224

　　2018年9月8日墨江发生了5.9级地震，地点位于年度地震重点危险区跟踪区域内。墨江县位于普洱市的东北方向，与玉溪市及红河州接壤，墨江县境内1900年以来仅发生过1941年12月7日墨江5.0级及2006年1月12日5.0级地震，该区是地震少震区，这次墨江5.9级地震是该区历史上最大的一次地震，但相邻的宁洱市是地震相对活跃的地区，普洱市同时是云南地区地震活动最为频繁的地区之一，1900年以来普洱市共发生$M \geq 5$地震37次（扣除余震），其中5～5.9级22次，6～6.9级13次，7～7.9级2次。普洱市境内北东、北西向的活动构造在区内纵横交错，主要有澜沧江断裂、无量山断裂、哀牢山断裂等。

　　毕青等曾经对滇西南1970年至2007年共38次$M \geq 4.6$地震进行震前空间图像研究，认识到滇西南4.6级以上地震震前出现空区的比例随着地震震级的增加而有所增加，研究表明：4.6～4.9级地震出现空区的比例为60%，5～5.9级地震出现空区的比例约为90%，而6级以上地震出现空区的比例为100%。基于这样的认识，在后续的震情跟踪工作中，关注滇西南地震空区的出现，显得尤其重要。2014年景谷6.6级地震之后，2015年滇西南4级地震共发生4次，地点相对集中在景谷、思茅、墨江一带；2016年滇西南4级地震共发生4次，地点相对集中在勐腊、江城一带，此时，滇西南逐渐形成长轴约为230km的椭圆孕震空区；2017年滇西南仅发生澜沧、景洪2次4级地震，并补充在空区的边缘；2018年2月及5月滇西南集中爆发4级地震5次，此时，椭圆孕震空区被打破形成2个小空区，之后于6月开始，3级地震集中在空区边缘持续发生，并且空区有向上收缩的现象，至8月空区被3级地震打破（图1），此时，滇西南出现低b值异常，周边地区的前兆资料、宏观异常也集中出现，至9月8日墨江5.9级地震发生了。2015年以来的日常震情跟踪监视过程中，清晰地看到了滇西南中小震活跃—空区逐渐形成并收缩—宏微观异常变化—区域应力场进一步增强的孕震过程，时间上显示了长中短临渐进式的变化，空间上显示了场源结合、以场求源的过程，这体现了中国地震预报思路，也充分说明做好日常震情跟踪监视工作是实现短临预测预报的有效途径之一。

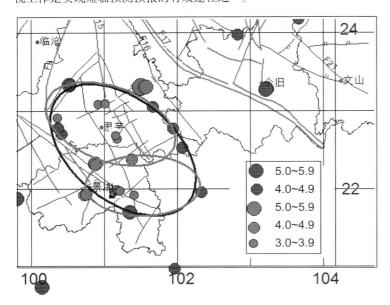

●	5.0~5.9
●	4.0~4.9
●	5.0~5.9
●	4.0~4.9
●	3.0~3.9

图1　震中分布图（2015—2017.12，$M \geq 4$蓝色；2018.1—9，$M \geq 3$红色）

 作者信箱：1210368106@qq.com

2013年4月20日芦山*M*7.0地震余震震源机制解的时空分布特征

郭祥云　苏　珊

中国地震局地球物理研究所，北京　100081

2013年4月20日8时2分，四川省雅安市芦山县（30.3°N，103.0°E）发生*M*7.0强震（为面波震级）。该地震位于龙门山前缘构造带南段，芦山地震发生在龙门山推覆构造带上。该推覆构造带是青藏高原东部巴彦喀拉地块与华南地块的边界，2008年5月12日汶川*M*8.0特大地震也发生在此断裂带上，两次地震震中距离约70km。震源机制为逆冲型，震后三天震源区发生3000多次余震，其中*M*5余震4次。最大余震5.4级发生在芦山邛崃交界。地震震源机制可以直观反映地震破裂的几何特征和运动学特征，地震序列震源机制与震源深度分布可以了解区域的应力状态、勾画断层形态、帮助搞清楚余震与发震构造的关系，对理解发震机理有重要的意义。地震发生后，布设了方位角分布很好的流动加密台站，为我们更好地了解龙门山南段的构造应力场提供了良好的条件。

本文利用基于P波初动极性和S/P振幅比的HASH方法求取震源机制，具体方法参见相关文献（Hardebeck and shearer，2002，2003）。收集整理了国家数字测震台网数据备份中心和地震科学台阵数据中心龙门上断裂带南段及邻近地区2013年4月至2015年9的M_L2.5以上中小地震的波形资料，最终获得研究区域内M_L2.5以上270个地震中小地震震源机制解。依据HASH方法给出的质量评价，A类233个，B类37个，结果较为可靠。根据Zoback研究全球应力场时的分类标准，对震源机制解进行分类。芦山地震余震震源区4.0级以上地震震源机制解与主震一致，都是逆冲型；3.0级以上以逆冲型和走滑型为主，2.5～3.0级断层类型较为复杂，逆冲型、走滑型、正断型均有。总体上逆冲型地震占50.74%，走滑型占41.85%，正断型占7.41%。断层面走向在180°～220°之间，破裂面倾角在45°～75°之间。正断型地震主要发生在深度10～25km之间。综上所述，芦山地区7.0级地震余震总体上逆断层居多，走滑次之。

为了更进一步地理清震源区应力状态，我们利用上述震源机制解，采用FMSI（Michael et al.，1987）反演了区域应力性质。结果表明，震源区不同深度的应力状态具有明显不同，11～20km应力状态呈现为逆冲，且主压应力轴的方位角与芦山7.0级地震的震源机制一致。

使用2000次Bootstrap重采样达到95%的置信水平（Michael，1987）反演了地震前区域构造应力场的性质。表明震源区构造应力场的性质逆冲，最大主压应力轴方向主体呈NW—SE，大致与龙门山断裂带垂直，最小主压应力轴近垂直。

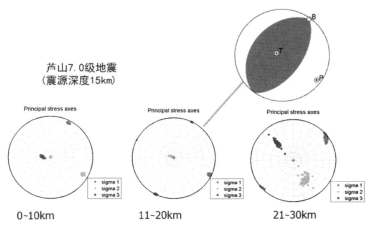

图1　不同深度的应力状态

2014年于田M_S7.3地震前电磁异常回溯性分析

艾萨·伊斯马伊力[1]　高丽娟[1]　邱大琼[2]　张治广[1]

1.新疆维吾尔自治区地震局，新疆乌鲁木齐　830011；
2.和田地震台，新疆和田　848000

2014年2月14日在新疆沿阿尔金断裂带发生于田M_S7.3地震，主震前一天在震区发生了M_S5.4前震，震后余震活动频繁，震中区的烈度为Ⅸ度，等震线长轴呈北东东向分布。此次地震位于2008年3月21日于田M_S7.3地震震中东侧约110km，位于我国巴颜喀拉块体西边界的阿尔金断裂带西南段。根据余震分布和主震定位结果判断，地震发生在阿尔金断裂西南尾端的贡嘎错断裂带北段，地表破裂长度为30～40km（房立华等，2015）。

目前主要通过地震之前可能出现的地震活动性、地球化学、地球物理观测和宏观异常信息来对地震进行预测。2014年于田M_S7.3地震发生后，不同研究单位或研究小组开展了相关的地震学和地球物理观测方面的研究。在众多的观测数据中，电磁异常是对地震反映非常敏感的地球物理观测数据，已经为国内外大量震例所证实。用于地震预测研究的地震电磁观测主要包括地磁场、地电阻率、地电场、电磁扰动（电磁波）和卫星观测的空间电离层数据等。

本文根据前人的研究结果的基础上，对2014年于田M_S7.3地震前电磁异常的相关研究进行了简要的回溯性分析，以期加深对于田地震孕震过程中电磁异常的解读。震中附近属我国地震监测能力较弱的地区，但是附近和较远的定点电磁和空间电磁观测数据在震前呈现出不同程度的异常变化。地磁场震前现地磁加卸载响应比、地磁逐日比、地磁低点位移等异常现象，且末台地磁斜率b值等参数也在震前出现异常变化（艾萨·伊斯马伊力，2016；艾萨·伊斯马伊力，2018）。震前断裂带附近的地电场也出现波形畸变和能量增强等短期异常现象（艾萨·伊斯马伊力，2016），地磁场和地电场震前异常主要反映了地下介质电性在震前出现的异常变化。震前阿尔金断裂、西昆仑区域断裂带西段出现热红外高谱值异常，红外增温异常与断裂带活动存在明显的对应关系，震中位于热异常区边缘和热异常条带交汇部位的断裂带上，为发震位置提供了判断（解滔等，2015；文翔，2015；王在华等，2016；邵楠清等，2016）。上述电磁异常在孕震过程中的后期震前失稳阶段激发的电磁场变化，以短期异常为主。

本研究由中国地震局2019年震情跟踪青年课题（2019010409）和中国地震局监测、预报、科研三结合课题联合（3JH–201901097）资助。

作者信箱：372455621@qq.com

2016年12月8日新疆呼图壁6.2级地震前b值异常特征研究

刘子璇　冯建刚　徐　溶　李　娜　王丽霞

中国地震局兰州地震研究所，甘肃兰州　730000

Gutenberg和Richter在研究地震活动性（1944）时发现，在一定研究区域内地震频度N和震级M之间有以下关系：$\lg N=a-bM$，式中参数b值反映了各个档次地震频次间地震数目的比例关系，直到20世纪60年代，Mogi和Scholz在各自岩石破裂试验的基础上，分别提出了解释b值物理意义的理论模型，认为b值代表介质内部应力水平的高低，b值随介质应力水平的提高而减小，介质应力水平高，其变化与大地震的发生密切相关，也是迄今为止地震活动性研究中普适性最好的统计关系式之一，可能成为跟踪应力集中和转移、监视破坏性地震孕育过程的一种重要手段。

本文基于中国地震台网中心的地震目录，采用最大似然法计算获取2016年12月8日新疆呼图壁6.2级地震（震中位置为43.83°N，86.35°E，震源深度6km）邻区震前b值的空间分布图，分析了震前地震b值异常特征和震后邻区的强震危险性。呼图壁6.2级地震位于被塔里木盆地与准噶尔盆地夹持的北天山地震带，该区域受印度板块与欧亚板块的挤压碰撞，天山构造带复活再造，受到多期挤压，地质构造复杂，整体呈现EW方向展布，其中北天山地震带发育多排NWW走向的逆冲断裂带。1900年以来呼图壁6.2级地震邻区共记录到5级以上地震28次，6级以上地震8次，中强地震活动频繁。该区域b值空间扫描结果显示，区域小震b值介于0.6~2.2之间，2016年呼图壁6.2级地震发生在明显的低b值区域内（$b<0.8$）（图1），该区域的应力水平相对较高。

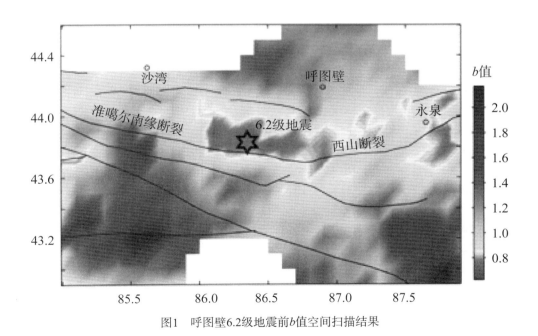

图1　呼图壁6.2级地震前b值空间扫描结果

2017年九寨沟地震前绝对重力变化

李忠亚　胡敏章　张新林　王嘉沛　申重阳　李　辉

中国地震局地震研究所，地震大地测量重点实验室，湖北武汉　430071

青藏高原东部是高原内部物质向外流出的重要通道，剧烈的构造运动使该地区地震活跃。2017年8月8日，四川省九寨沟县发生M_S7.0地震，该地震是2008年汶川M_S8.0地震和2013年芦山M_S7.0地震后该地区发生的又一次破坏性强震。强震孕育过程中伴随的构造形变必然会导致重力场变化。使用高精度（优于2μGal）和高可靠性的FG5型绝对重力仪观测重力变化为捕捉震前重力场异常提供了可能。

我们搜集了距离九寨沟地震震中仅65.6km的松潘重力观测站震前四期绝对重力观测资料，四期的观测时间分别为2011年、2013年、2014年和2016年。为了获取该站重力变化趋势，首先对原始绝对重力观测资料进行处理，主要步骤包括固体潮改正、海潮改正、气压改正、自由空气改正、极移改正和激光档位处理，由此得到重力变化率为（1.34±1.14）μGal/a（表1中的g0）。该重力变化信号中包含多层信号，必须将地震引起的重力异常以外的信号进行剥离，主要改正项包含：①测站高程改正，涉及由于测站墩面的垂直位移引起的自由空气改正和布格层改正。测站的高程变化速率资料来自中国地震局GNSS数据产品服务平台（http：//www. cgps.ac.cn），该项重力变化为（−0.09±0.13）μGal/a（表1中g1）。②地表质量剥蚀引起的重力变化，数值为（−0.25±0.1）μGal/a（表1中g2）。③地壳应变改正。地壳压缩运动引起重力增加，地壳张裂则引起重力减小，我们采用中国地震局GNSS数据产品服务平台提供的青藏高原速度场计算测点的面应变，然后估算该项作用导致重力变化为（0.08±0.1）μGal/a（表1中g3）。测站观测的重力变化中减去上述三种因素引起的重力变化信号后，得到的重力变化为（1.60±1.16）μGal/a（表1中g4）。该信号中已经扣除了各种信号，且重力变化趋势与青藏高原增厚引起的重力信号趋势相反，因此我们有充足理由认为该信号非常有可能与九寨沟地震孕育有关。

表1　重力变化率及相关改正（单位：μGal）

测站	g0	g1	g2	g3	g4
松潘站	1.34±1.14	−0.09±0.13	−0.25±0.1	0.08±0.1	1.60±1.16

为了解释九寨沟地震重力变化异常（g4），我们构建了地震扩容膨胀模型。该模型以岩石力学为基础，即岩石破裂前会出现扩容现象，进而导致密度改变。我们选择正圆柱体来代表扩容区域，圆柱的半径和厚度根据九寨沟地震及余震的震源分布和区域地质构造背景选择，最终选取的半径为85km，厚度为7km，计算得到密度变化为 $6.0×10^{-6}$g/cm³。上述计算是通过不断迭代完成，直至模型结果（图1）与观测数据最佳密合。

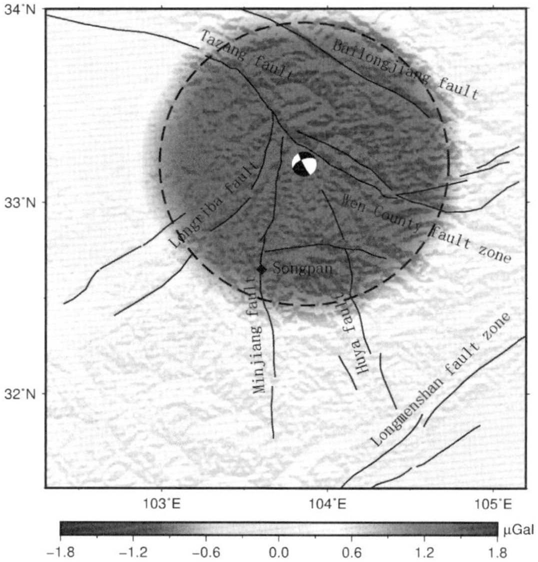

图1　扩容膨胀模型计算的重力变化

2018年云南墨江M5.9地震前后视应力时序变化特征

彭关灵　赵小艳

云南省地震局，云南昆明　650224

利用云南区域地震台网资料，计算了2014年景谷M6.6和2018年墨江M5.9地震震区及邻区2009年1月—2018年12月，$3.0 \leqslant M_L \leqslant 5.5$地震的震源参数，获得震级与视应力的拟合关系及两者之间的皮尔逊相关系数，相关系数为0.73，表明两者线性相关性较显著，因震级对视应力分析的影响，采用规准化视应力（理论和方法计算得到的视应力减去视应力与震级的拟合关系式计算得到的视应力之差），获得了规准化视应力时间进程。结果显示，2014年云南景谷M_S6.6地震前8.4个月和2018年墨江M_S5.9地震前4.2个月，视应力和规准化视应力均出现高值异常，说明该区域高视应力值对其后发生5.9级以上地震具有一定指示意义。

视应力滑动平均值和规准化视应力滑动平均值时间进程如图1所示，以窗长为10个值，步长为1个值、10个值求平均值进行滑动。结果显示，不管是在视应力滑动平均值时间进程图中，还是在规准化视应力滑动平均值时间进程中，2009年以来该地区发生的两次M_S5.7以上地震，即2014年10月7日景谷M_S6.6地震和2018年9月8日墨江M_S5.6地震前均出现过高值异常（图中红色底纹），异常高值与发震的时间间隔分别为8.4、4.2个月。2014年10月7日景谷M_S6.6地震前，视应力和规准化视应力均出现低于1倍、1.5倍标准差下限，之后趋势上升，当上升到1倍、1.5倍标准差上限后，发生地震。发生地震后，视应力和规准化视应力值下降，之后出现较高值，但没有出现两者同时高于标准差上限，从2017年开始视应力和规准化视应力趋势上升，至2018年1月份开始出现视应力值超过1倍标准差，规准化视应力值超过1.5倍标准差，高值状态持续一段时间后，发生2018年墨江M_S5.6地震。

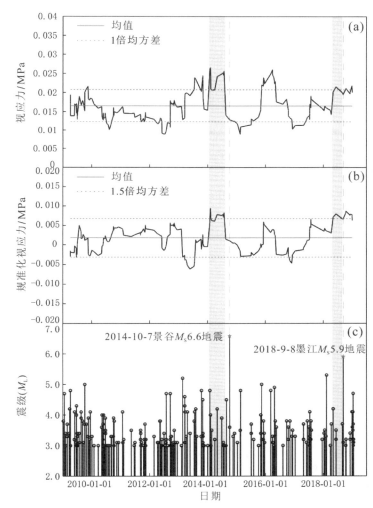

图1　地震视应力（a）、规准化视应力（b）滑动平均时间进程图以及M–T图（c）

ISC四种地震观测报告的产出

李保昆　黄辅琼

中国地震台网中心，北京　100045

1. ISC日常观测报告的编辑与出版

ISC收集全球的地震观测数据，包含地震目录、观测报告、震相到时、周期和震幅、震源机制解等，利用统一的数据处理方法和流程对全球地震进行相关性分析、地震定位、震级测算等，汇编与出版全球最完整的地震目录和地震报告。截至2016年，全球已有182个机构的数据汇总至ISC，其中数据直接发往ISC的机构占130余个。近年来，ISC每年编辑出版的地震都在200000～300000个，其中约20%的地震需经过人工编辑和审核，它们一般符合下列条件之一：①震级$M>3.5$的地震；②至少两个以上的机构报出同一个地震；③地震含有1000km以上的台站记录。2008年以前，地震定位的走时模型采用J－B走时表，2008年即处理2006年的观测报告之后，地震定位的走时模型采用ak135走时表。2011年1月开始，采用最新的定位方法和技术（the New ISC locator–ISCloc）处理2009年以后的观测报告。

ISC每年出版《Summary of the Bulletin of the Internationalseismological Centre》（纸介质）和地震观测报告CD版。

2. 重新修定1964—2010年ISC的观测报告

为了更好地提供一份在统一的标准和规则下完成的，具有连贯性、系统性和一致性特征的完整地震观测报告，ISC正在进行重要项目："重新修定ISC的观测报告（1964—2010）"。ISCloc是该项目采用的主要方法和技术，它包含四个特点：使用所有的可基于ak135走时模型预测的震相数据；可通过领域算法（NA）得到合适的初始点；在线性迭代最小二乘法时考虑了走时误差的互相关性；测定自由深度值前需满足一定的条件。ISCloc重新测定了1964—2010年间ISC先前所测的1100000次以上的全球地震，以发震时刻、震中参数、地震波到时残差和震源深度为判据，从中选出需要重点进行人工分析和审核的地震180000～200000次。截至2019年1月，已发布1964—1984年重新修定后的新结果。

3. ISC–GEM地震目录

ISC–GEM地震目录是ISC发布和管理的一份全新的、基于仪器记录的全球中强震地震目录，于2013年首次发布。截至2018年2月，该目录从1900—2014年，跨越115年的时间尺度，共计28000余条地震，它包含地震的发震时间、地震震中、震源深度、震级测定、误差、质量评价、标量地震矩、矩张量解等24项内容，其中矩震级是唯一的震级标度。目录中的所有地震经过两步法重新定位：EHB方法确定震源深度，ISCloc修定震中和发震时间。ISC–GEM目录主要用于地震灾害和风险评估。

4. ISC–EHB地震报告

ISC日常的观测报告完成之后，从中选取部分台站分布较好并有较多远台记录的地震（大多是中等强度以上的地震），用EHB方法和技术产出EHB观测报告。最初的EHB报告于2008年结束，之后结合ISC数据处理的方法和技术继续ISC–EHB地震报告的产出，其中震中的定位，尤其是深度的测定更加精确。ISC–EHB报告中包括1960—2015年的共170440个地震，在地震活动性研究和层析成像反演方面发挥了巨大的作用。

| 作者信箱：libk@seis.ac.cn

安徽定远04井水位异常综合分析

王　俊[1]　周振贵[2]　李军辉[1]　何　康[1]　郑海刚[1]　王雪莹[1]

1. 安徽省地震局，安徽合肥　230031；2. 安庆地震台，安徽安庆　246700

针对安徽定远04井2015年11月以来的水位破年变异常，通过对该井和周边水库水采集水化学样品，利用物理和水化学方法综合研究了水位异常性质，获得了以下认识：

（1）在排除气压、降雨等因素的基础上，利用井水位固体潮调和分析，结果表明井水位$M2$波潮汐因子和相位差（滞后）同步变化是判定定远04井水位异常的一个较好指标（图1，表1）。目前该井孔—含水层系统处于压缩状态，反映了该区域构造应力—应变在调整变化过程中。

表1　安徽定远04井水$M2$波潮汐因子与地震关系一览

序号	时间	震中	震级M_S	震中距/km	潮汐因子	相位差	含水层变形状态
1	2006-7-26	安徽定远	4.2	1	巨幅上升	巨幅上升	膨胀
2	2010-10-24	河南周口	4.7	330	大幅上升	上升	膨胀
3	2011-1-19	安徽安庆	4.8	220	大幅上升	上升	膨胀
4	2012-7-20	江苏高邮	4.9	190	—	—	
5	2014-4-20	安徽霍山	4.3	190	下降	大幅度下降	压缩
6	2015-3-14	安徽阜阳	4.3	170	下降	大幅度下降	压缩

（2）通过水化学离子平衡、氢氧同位素综合分析表明，安徽定远04井水主要接受地下深部含水层补给作用，深层水岩化学反应趋于"完全平衡状态"。井孔孔隙度和渗透系数同步增大，可见与构造活动有关。渗流与应力应变是相互影响作用的，并使井孔—含水层系统趋于平衡，井水位变化是系统内部相互平衡的外在表现，这就是井水位对含水层应力的响应机制。

（3）基于物理和水化学法综合分析安徽定远04井水位破年变异常认为，该项异常是真实存在的，可能是区域构造活动的结果，为震兆异常，对井孔周边中等及以上地震有一定的指示意义。

（4）将物理和水化学分析方法相结合，能科学、有效、客观地分析井水位异常，为今后水位异常核实分析提供了一种有效的技术指标。

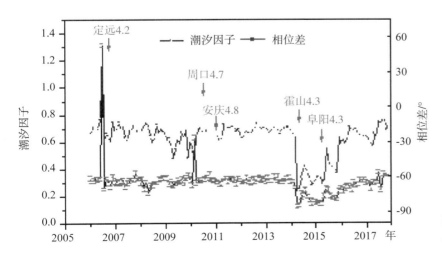

图1　安徽定远04井水固体潮$M2$波潮汐因子和相位差曲线

作者信箱：junwang21th@163.com *181*

川滇地区震源机制及应力场演化特征研究

张致伟[1]　龙　锋[1]　赵小艳[2]

1. 四川省地震局，四川成都　610041；2. 云南省地震局，云南昆明　650224

川滇地区作为印度板块与欧亚板块碰撞的边缘地带，是我国大陆现代构造应力场最为复杂的地区之一。20世纪70年代以来众多学者对该区域的震源机制及构造应力场开展了大量研究工作，认为川滇地区地震震源机制分区明显，应力场自北向南呈现顺时针旋转的特征。以往相关研究工作大多采用早期少量的地震震源机制分析川滇地区整体应力场的空间分布，少有学者对强震前后区域应力场的时间演化特征进行研究。巨大地震孕震过程中不同阶段的震源机制解在一定程度上反映了孕震过程中构造应力场随时间的变化，是震源深处介质及其物理—力学属性变化的脉搏。

本文基于1970—2017年川滇地区727次4.0级以上地震震源机制解，分析了研究区域震源机制类型及主压应力方位空间分布，深入研究了汶川$M8.0$和芦山$M7.0$强震前后应力场的时空演化特征，初步探讨川滇地区现今应力场的变化特征（图1）。获得的主要认识如下：①川滇地区4.0级以上地震总体以走滑型为主，逆断型次之，正断型和未确定型相对较少，错动类型与地块活动、构造变形等存在较好的一致性，具有空间分区特征和时间继承性。其中川滇菱形地块东北边界及云南大部分地区以走滑型地震为主，龙门山断裂带及川滇交界东部地区主要表现为逆断型，金沙江断裂和丽江—小金河断裂之间则为正断型；②川滇地区的整体应力场空间分布比较复杂，北部的主压应力方位呈现NEE和近EW向，中部的川西地区表现为近EW方向，川滇菱形块体东边界及其以东地区的主压应力以NW向为主，最后在南部转为NNW—SSE或近NS向；③川滇地区应力场的时间演化特征表明，汶川8.0级、芦山7.0级地震发生前，震中所在的龙门山断裂带中南段及川青地块的主压应力方位均出现过较好的一致性，而在芦山地震后，龙门山断裂带及川青、川中地块的主压应力优势方位则转变为NE向；而其他区域在2次强震发生前后主压应力方位变化不明显。

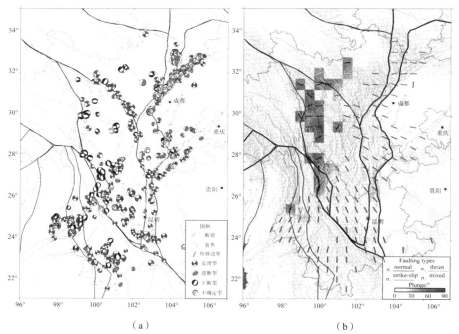

（a）　　　　　　　　　　　　（b）

图1　川滇地区震源机制（a）及应力场；（b）空间分布

 作者信箱：zzw1983107@163.com

地电阻率典型变化成因分析

高立新　戴　勇　杨彦明

内蒙古自治区地震局，内蒙古呼和浩特　010010

1966年邢台7.2级地震之后，物探电阻率法作为重要的前兆监测手段被引入中国地震监测和预测研究体系，并在1975年海城7.3级、1976年唐山7.8级、2008年汶川8.0级等一系列强地震前监测到电阻率异常变化。地电阻率观测以对称四极装置的浅表地电阻率观测为主，通常存在长期变化、年变和日变等变化。宝昌地电阻率台位于京西北，对监测京西北及晋冀蒙交界地区具有重要作用，1998年张北6.2级地震前出现较显著的中短期异常，该台采用对称四极装置，沿NS、EW方向布设两条正交的测道，两测道供电极距均为0.56km，其探测深度为0.396km。观测发现两测道地电阻率均存在长期变化、年变和日变等规律性变化，也存在短临突变，其变化特征在全国浅表地电阻率观测中具有代表性。本文以宝昌地电阻率台为例，通过高密度电法反演、建立有限元模型、三维影响系数计算等野外观测、数值模拟计算等方法，分析研究了电阻率长期变化、年变化、日变化的成因机理，获得的主要结论性认识有以下几个方面：

（1）高密度电法反演结果显示，地电测区地下电阻率基本呈现水平分布特征，电测深曲线类型属于KH型。通过尝试法反演确定，宝昌地电测区共分四层，其中第三层为含水层，层深在6.5～71.5m范围内，整体表现为高导层，在$AB/2$为280m，$MN/2$为80m时，第三层NS、EW向影响系数均超过0.9，比其他三个层的影响系数均大1个数量级，这说明第三层电阻率变化能够有效地反映在地电阻率的变化，而该层电阻率能有效携带应力场变化、震前异常变化等信息（表1）。

表1　水平层状电性结构模型

层数	层厚/m	NS向		EW向		电性层岩性描述
		电阻/（Ω·m）	相对残差/%	电阻/（Ω·m）	相对残差/%	
1	1	72		196		含砾粉细砂层（冻土层）
2	5.5	155	0.0858103	239	0.0617079	砂碎石层
3	65	31		36.1		细砂、粉砂层（含水层）
4	∞	5280		5280		石英斑岩层

（2）地电阻率NS、EW测道自1993年至今一直存在长期下降变化，且变化速率存在显著的各向异性特征，主要是台站所在区域应力对第三层电阻率持续作用的结果。

（3）地电阻率两测道均存在"冬、春季节高，夏、秋季节低"的正相年变形态，主要是水位年周期波动对第三层电阻率作用的结果。

（4）地电阻率两测道均存在"冬、春季节高，夏、秋季节低"的正相年变形态，由水位波动等引起的第三层（含水层）电阻率年变是引起地电阻率年变的主要贡献者。

（5）地电阻率存在明显的短临突变，且其频次特点是夏、秋季节明显高于冬、春季节。宝昌地电阻率突降变化，在时间上多与测区内降雨、短期抽水、埋设钢铰线等相吻合。数值模拟、三维影响系数计算等方法对典型突变进行定性和定量角度分析的结果也印证这一统计结果。

（6）类似日变形态也存在于乌加河、代县等台站地电阻率整点值曲线中。本文统计了中国地震台网中心前兆数据库地电阻率数据特征，全国现有83个台站，88套仪器，196个测道，其中，具有显著日变形态的测道61个，少数时段存在日变形态的测道17个。

地壳深部低阻体的涡流热效应
诱发地震及火山活动分析

胡久常[1]　白登海[2]

1. 海南省地震局，海南海口　570203；
2. 中国科学院地质与地球物理研究所，北京　100029

大量的地质和地球物理探测显示，地壳岩石圈是一个并非完全均匀的刚性体。其中上地壳主要由无数断裂切割的构造块体组成，而在中、下地壳和上地幔，则广泛发育低阻（高导）层。一些学者认为这种低阻（高导）层存在韧性流动，并称之为"地壳流"，在火山区则被称为"岩浆囊"。正是"地壳流"和"岩浆囊"的塑性流动作用引起地壳构造运动及其相关地质过程，而地幔柱上升和地幔岩浆的底侵作用则为"地壳流"或"岩浆囊"的韧性流动提供了动力来源。事实上，地壳中的低阻（高导）体往往具有各自独立性，是否受地幔柱上升和地幔岩浆的底侵作用只是一种可能性推测。本文基于涡流的热效应原理，分析了地壳中低阻（高导）体的热效应机理及其与地震和火山活动之间的内在联系，认为地磁变化场穿透地壳深部低阻（高导）体，产生涡流热效应，使低阻（高导）体在高温高压下发生密度变化乃至质变，引起局部震源体地应力的快速集中，继而引发其上部坚固体沿断层快速错动释放能量，使震源体的应力集中得到重新调整以达到新的平衡。如果低阻（高导）体没有发生质变，而是沿其顶部断层或薄弱通道向上喷出地表，则产生火山喷发。

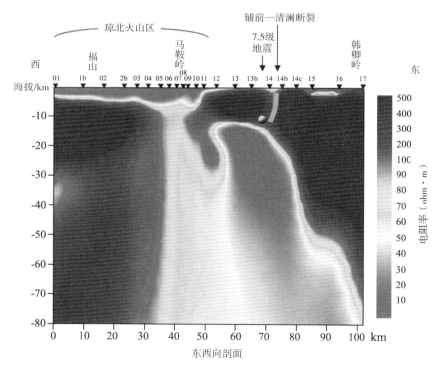

海南岛北部地区大地电磁探测结果图

地球振动地震计单脉冲数值试预测地震的误差统计

董长军　董天翔　陈梅芳

嘉兴禾工能源科技有限公司，浙江嘉兴　314001

追踪地震能量运移及传递的行迹探讨地震成因是近年来提倡的新思路。文献首次提出：地球整体振动是地球孕育表面地震过程中起触发作用的重要机制。并认为，一旦地球发生整体振动，地心的铁基流体就无一例外地启动运移动能并孕育地球表面的地震。采集地球整体振动时间、速率、方向的物理数值，按照既定的数学模型算法进行计算，可得到地心铁流体碰撞内地幔的位置点。再将内地幔位置点垂直连线地球表面区域就能够提前锁定未来地球表面发生地震的区域，并能计算出地震发生的时间和震级。为验证地球整体振动的真实性，本公司制造了一台测量地球整体振动的地震计。通过连续监测，我们得到了地球整体振动的独特单脉冲数值波形图（图1），从而，证明地球整体振动是客观真实存在的自然现象。

对于地球整体振动现象与未来地震是否存在关联的问题，曲克信老师建议做长期连续监测和试预报来验证。我们将2018年11月至2019年3月采集的单脉冲数值分别放入动态电子地球运行仪中地球的响应位置点，并进行了平面量具的手工角度测量和振动矢量的计算。得到的试预测地震震中数值填写了地震短临预测卡片，并即时用挂号信邮寄到中国地震台网中心地震预报部。收到的地震预测意见回执可见证试预测地震震中数值确为地震前提出。我们对其中相互对应的33组试预测地震震中数值与实际地震震中数据（据中国地震台网中心数据）中存在的距离误差统计如表1。

表1　33组预测地震震中与实际地震震中误差统计表

内容	震中误差 100km	震中误差 300km	震中误差 500km	震中误差 1000km	震中误差 3000km	震中误差 4000km
组数	1	3	3	8	13	5
占（33组）比例	3%	9.1%	9.1%	24%	39.4%	15.4%

从33组误差数值看到，误差值大于1000km的18组，约占54.5%。误差值小于1000km的15组，约占45.5%。其中，误差值小于500km的7组，约占21.2%，误差值小于100km的1组，约占3%。

分析认为，从误差值大于1000km与地球外径周长40030km之比来看，若33组的误差值100%大于1000km，依据定性的原则（大于2.5%）即可认定：地球整体振动与未来地震没有关联。然而，统计资料显示误差值小于1000km的有15组，其中还有1组的误差值小于100km，约占45.5%。认为这45.5%的比率全部由某种巧合造成，很显然违反客观事物发展的逻辑。因为，某种巧合在事物发展过程中是不可能连续出现的。这45.5%的比率实际上是在向人们暗示：地球内部存在一种尚未被共识的非显而易见的物理机制。

另外，值得说明，以上单脉冲数值仅是一台地震计采集的，且还是由手工测量和人工计算方法提出的试预测震中数值。如果在地球的东西南北、两极的六个方向架设12台相互对应的地球整体振动地震计采样基站，其采集的数据则能相互对照减小误差。试预测的误差值小于1000km的比率将能提高到90%以上。

因此，仅依据以上统计得到的45.5%的比率数据，且是可通过增加采样基站数量而提高的比率数据，我们仍然有理由得出定性结论：地球整体振动与地球表面的地震有关联。

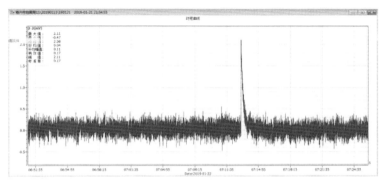

图1　独特的单脉冲数值正向波形图

河北邢台浅表水位上升异常地球化学特征及成因

钟　骏[1]　晏　锐[1]　周志华[1]　田　雷[1]　罗　娜[2]

1. 中国地震台网中心，北京　100045；2. 河北省地震局红山基准台，河北邢台　054000

2018年9月以来河北省邢台市泜河流域出现了群井水位上升，七里河流域出现了多口干涸泉眼复涌宏观异常现象（图1），为判定异常现象是否与区域构造活动和南水北调中线工程有关，2019年4月20—21日现场检测了氧化还原电位（ORP）、电导率（EC）、矿化度（TDS）和pH值。同时，采集了4个井水样品，2个泉水样品及4个地表水样品，采用水化学测试、氢氧同位素测试等典型的地球化学方法进行研究分析。

现场检测结果显示，水中ORP变化范围为131～166mV，表明水体属于氧化环境中，参与了浅层地下水的运动；TDS变化范围为0.13～0.62g/L，EC的变化范围为234～1620μs/cm，两者反映了水体具有径流时间短、浅表淡水的特征，pH值变化范围为7.22～8.63，大部分呈中性，少部分呈弱碱性。

水化学测试结果显示，七里河流域的水化学类型均为HCO_3–Ca型，Piper三线图显示水体径流方向为从南水北调干渠流向七里河进而补给狗头泉；泜河流域除北小霍-01和泜河的水化学类型为SO_4–Ca型，其他的水化学类型均为HCO_3–Ca型，Piper三线图显示水体径流方向从南水北调干渠先下渗补给大宁铺的深井、屯里和北小霍的浅井，然后从地表的泜河排泄出露。Schoeller图显示两个异常区域的水体具有相同的物质来源，但由于北小霍是农田中的灌溉井，土壤中氧化环境下植物残体分解的部分SO_4^{2-}很有可能经溶滤作用进入地下水，导致其水化学类型发生变化。北小霍–02和屯里等其他农田灌溉井水中的SO_4^{2-}含量均较高，侧面印证了这一观点。Na–K–Mg三角图清晰显示两个异常区域的水体均属于未成熟水。氢氧同位素测试结果为，δD值介于–60‰～–42‰之间，$δ^{18}O$值介于–8‰～–5‰之间，均靠近当地大气降水线，表明水体主要来源于大气降水的入渗补给，同时经历了明显的蒸发作用。

综上分析认为，河北省邢台市群井水位上升、泉眼复涌现象是南水北调中线工程对该区域进行生态补水引起的可能性较大，为地震前兆的可能性较小。

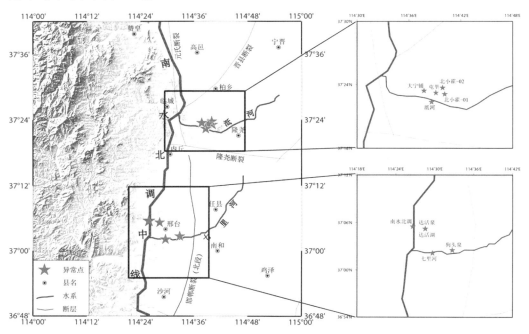

图1　干涸泉眼复涌宏观异常分布图

河流载荷加载对锦州钻孔应变的影响分析

翟丽娜　贾晓东　孔祥瑞　王松阳

辽宁省地震局, 辽宁沈阳　110034

　　形变观测可能受到附近载荷变化、气象因素等干扰, 直接或间接地对地壳形变产生影响。气象、观测环境变化如降雨、河流改道、建筑施工等均可导致形变观测产生异常变化, 因此实地核实后在定性分析的基础上, 采用数值计算进行定量分析, 判定干扰因素对观测数据的影响, 客观评价异常变化的信度是前兆异常判识的重要基础。

　　荷载对倾斜类观测的影响在实际的资料分析中需要定性与定量分析相结合, 定性分析主要是从时间进程上判定荷载对倾斜产生的影响, 总体来说具有较高的准确性, 但不能确定荷载所引起倾斜变化量值。通过建立理论模型定量分析荷载对应变观测的影响可以初步给出定量的结果, 但是该方法在荷载距离观测较近、或者荷载变化量较大时才较为有效, 因为地壳结构复杂, 假定的模型是建立在各向同性弹性体的间应力状态下的, 距离越远或者荷载变化量越小则模型的准确性越差。

　　锦州台钻孔倾斜在距离观测仪器2km范围内有一定规模的河流经过, 2018年1月, 该测项进行异常分析时定性分析了河流加载对NS分量干扰影响较大, EW分量较小, 但干扰并未做量化分析, 经过核实得知每年雨季该河河水上涨约1~4m, 钻孔倾斜NS分量数据去趋势分析后年变数值变化较大约（40~60）×10^{-3}角秒。对该测项进行异常分析时定性分析了河流加载对NS分量干扰影响较大, EW分量较小, 利用不规则二维载荷模型模拟计算河流雨季加载的荷载变化引起的倾斜变化量。由于研究的锦州钻孔倾斜观测为地下观测, 因此对于河流点影响的载荷模型按照单层介质的不规则形状解析解模型进行建立和详细分析, 在模拟中将加载的载荷做散点化处理后, 来计算散点对M点作用的矢量以及周围加载载荷变化产生的垂直位移量, 钻孔仪器深度在地下66m左右, 河流影响范围取到钻孔位置大约最远6km范围左右的影响区, 河水上涨高度取3m, 结合其他学者研究结果将河流介质定义为河水和泥浆混合物, 取杨氏模量E=40MPa, 泊松比μ=0.25, 密度ρ=1000kg/m^3。

　　对模型进行求解计算, 计算出河流载荷变化对整个建模区域等效应变的二维等值线, 锦州台钻孔应变仪所在位置的应变变化量如图1所示, 分析认为垂向变化影响量−8.9954×10^{-3}角秒, X向影响量−73.6759×10^{-3}角秒, Y向影响量650.6757×10^{-3}角秒。结合之前分析研究结果可知, 河流载荷影响主方向在NS分量上, 且变化影响为NS分量夏季变化量值40×10^{-3}角秒, 结合该钻孔位置分析, 载荷影响EW分量较小（该方向主要为降雨后山坡泄洪导致短时数据W倾加速变化）。经过计算可知2017年9月至2018年2月EW分量快速W倾（变化量值为205.9×10^{-3}角秒）变化与河流载荷加载变化关系不大, NS分量正常年变变化, 通过二维载荷模型的定量化计算分析, 确定该项变化为异常变化而应为该地区地壳应力变化的正常反应, 外界干扰影响较小。

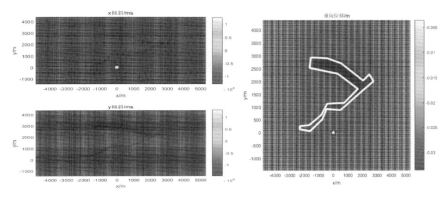

图1　河流二维不规则模型在水平切面上三方向空间分布图

基于ECRS方法的首都圈地震活动跟踪分析

李　红　朱红彬　岳晓媛　武敏捷　钟世军

北京市地震局，北京　100080

ECRS方法是由王海涛、王琼、唐兰兰提出并完善，以地震对应概率谱计算为核心的地震前兆异常识别的一种统计分析方法。本文采用ECRS法建立首都圈地区各地震活动性参数的概率谱数据库，通过回顾性震例研究和外推式预测，对该区地震活动进行跟踪分析。

一、资料选取与计算

采用中国地震台网中心提供的1970年1月至2019年3月的全国地震目录，采用K–K法对首都圈（38.5°～41°N，113°～120°E）地震进行去余处理。根据首都圈地区小震震级完备性分析，选取研究区内M_S2以上的地震目录，以M_S4.9地震为目标震级，考察小震活动性参数（at值、mf值、b值、频度、D值、Rm值、缺震）的地震对应概率谱，利用1970—2017年的资料进行震例总结，对2018年以来的资料外推预测。分别以6个月、9个月、12个月、18个月为时间窗长，1个月为时间步长，进行多参数时间扫描计算。

二、结果分析与认识

（1）首都圈地区M4.9以上地震与小震活动具有一定的相关性。采用ECRS方法可提取中强地震前出现的综合高值异常，对首都圈地区的地震活动进行跟踪具有一定的可行性。

（2）不同时间窗长计算得到的多参数地震对应谱结果有所差异，异常阈值的选取也会对预测效能有所影响。

（3）比较认为滑动窗长为12个月，以多参数地震对应概率谱的0.25倍标准差为异常阈值的预测效果较好。为有效评价预测效能，以有震报准率（震前有异常的目标地震次数/目标地震次数）和异常对应率（对应目标地震的异常次数/总异常次数）为两个指标来评价。1970年以来首都圈地区共发生10次M4.9以上地震，将发震时间间隔在2个月内的地震认为是一组，则共有8组目标地震，8组地震发生前均出现高值异常，漏报0次，有震报准率为8/8；共出现8次高值异常，其中有2次高值异常分别对应了2组目标地震，有2次高值异常未发生目标地震，虚报2次，异常对应率为6/8。

（4）2018年的外推预测结果显示，目前多参数对应概率谱低于1970年以来的均值，未来一年内首都圈发生M4.9以上地震概率不大。

本研究由地震星火科技（XH19001Y）与北京市地震局青年科技专项（QN03）资助。

基于GPS时间序列研究芦山地震前后变形特征

赵 静[1, 2] 任金卫[3]

1. 中国地震台网中心，北京 100045；2. 中国地震局地质研究所，北京 100029；
3. 中国地震局地震预测研究所，北京 100036

强震孕育、发生、调整过程始终伴随着地壳形变现象，而GNSS数据可以有效监测断裂带及周边区域地壳动态变形特征。由于险恶的自然条件，龙门山断裂带周边尤其是其西北侧的巴颜喀拉块体一侧的GNSS观测站点相对较少，汶川地震后中国地震局地震预测研究所的江在森研究团队在龙门山断裂带西南段周边布设了14个GNSS连续观测站，这些站点与中国大陆其他GNSS站点一起为我们利用大地测量资料监测和研究龙门山断裂带在芦山地震前后的运动与变形特征提供了很大帮助。

本文利用芦山地震前三年的GNSS连续站时间序列和芦山地震后2013年99863至2014年99863时段的GNSS连续站时间序列结果，对龙门山断裂带西南段断层闭锁程度（图1）和滑动亏损动态变化进行了反演研究，结果显示：①汶川地震震中西南方向的破裂区域自2010年开始在逐渐愈合，其闭锁程度在逐渐增强，由2010年的基本处于蠕滑状态，至2014年底处于较强闭锁状态；闭锁区域由西南方向逐渐向汶川震中方向逼近。②芦山地震震中附近一直处于很强闭锁状态，在芦山地震前后并未发生很明显的变化。③芦山地震前，西南段完全闭锁区域的滑动亏损速率在逐渐减小，芦山地震后滑动亏损速率仍然在持续减小，表明巴颜喀拉块体对华南块体的挤压运动在逐渐减弱。以上结果表明，汶川震中区域正在快速愈合，这与地震波结果、深钻结果显示的汶川地震后龙门山断裂正在快速愈合的结论相一致；龙门山断裂带西南段在整体处于强闭锁的状态下，仍然具有发生大震的背景。

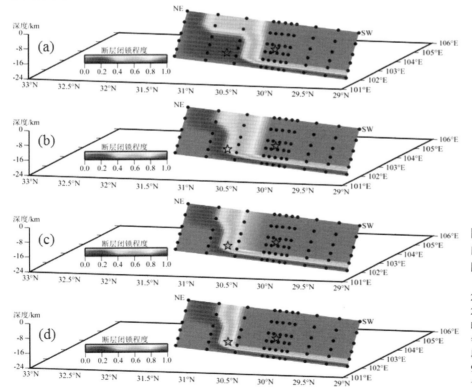

图1 芦山地震前后龙门山断裂带西南段断层闭锁程度动态演化特征 （a）2010年29726—2011年29726时段拟合结果；（b）2011年29726—2012年29726时段拟合结果；（c）2012年29726—2013年29726时段拟合结果；（d）2013年99863—2014年99863时段拟合结果

基于模板识别的前震辅助判定系统研发

谭毅培　丁　晶　邓　莉　马超群

天津市地震局，天津　300201

前震的特征与识别对于强震的短临乃至临震预测至关重要。1975年的海城7.3级地震就是利用前震序列进行成功预测的典型例子。如2010年青海玉树7.1级、2014年新疆于田7.3级等大震前，均有明显的前震活动。因此如何快速准确地识别前震事件，对于做出具有防灾减灾实效的地震预测预报，具有重要的意义。

波形一致性成为识别前震的一个重要指标，但现有判别方法无法满足前震实时识别的要求。陈颙院士通过对一些强震的分析，从震源机制的角度对前震和余震的特征进行了分析研究，发现前震在空间上集中、震源机制解高度一致的特征，据此提出利用震源参数的一致性来判别地震序列是否为前震波形。而现有识别波形一致性的方法需要等到台网的地震目录生成，再将这些目录事件波形进行比较计算，来判断波形之间是否具有一致性。此方法由于需要依赖人工地震编目工作，时效性较差。玉树地震在4.7级前震后2小时左右主震发生，但由于前震序列中其他地震震级较低，无法触发自动速报系统，从而导致人工地震编目无法在主震发生前给出前震序列目录，造成前震无法识别。

本研究设计一套波形一致性判别系统，其自动接收速报信息，以速报地震为模板使用多阶模板匹配方法自动识别地震事件，判断此地震前后一段时间内是否存在密集发生的、波形高度相似的地震序列，若存在则自动推送疑似前震报警信息。通过基于NetSeis/IP协议LISS实时数据流的多阶模板匹配，对连续地震波形进行扫描检测，实现对具有一致性特征的地震事件实现自动检测的功能。本系统同时实现计算结果推送功能，可通过微信、短信等途径将计算结果及时发送。针对不同区域，可根据背景地震活动性设定单位时间内发生一致性较高地震数量的阈值，若一致性地震数量超过阈值，则向相关技术人员发送计算结果和报警信息，从而辅助技术人员对前震进行识别。

为检验本系统计算的有效性，我们对两次大震的前震序列进行了震例检测。针对2010年青海玉树7.1级地震，使用距离主震最近的玉树台（YUS）连续地震波形数据，以最大前震（$M4.7$）为波形模板，进行了模板匹配前震序列检测计算，共检测到与最大前震波形相似的$M_L1.0$以上前震事件10个，与青海台网地震目录给出的12个前震的数量接近。针对2014年新疆于田7.3级地震，使用距离主震最近的于田台（YUT）连续地震波形数据，以最大前震（$M5.2$）和另外2次速报地震（大于$M3.0$）为波形模板进行计算。共检测到与最大前震波形相似的$M_L2.0$以上前震事件29个，与新疆台网地震目录给出的26个$M_L1.0$以上前震的数量接近。结果显示，基于模板匹配的前震辅助判定系统可以在前震发生前给出与人工地震编目数量接近的地震目录，同时可以实时判定地震序列的波形具有较好的相似性。

本系统现已接入京津冀地震台网和四川地震台网在线试运行。针对每一次台网范围内的台网速报地震，选取距离震中最近的、有稳定数据接入的台站波形，启动模板匹配检测计算。

基于尾波干涉法研究大同地区地壳介质变化

李　丽[1]　查小惠[2]

1. 山西省地震局，山西太原　030021；2. 江西省地震局，江西南昌　330039

　　监视地壳介质波速变化一直是地震预测研究工作的重要手段之一。随着数字地震观测技术不断深化和发展，重复地震在提高地震定位和震相识别精度、震源物理及地震预测研究等方面的应用研究越来越广泛。研究发现，多次散射形成的尾波在介质内部进行重复采样，对介质的微小变化更为敏感，能够检测到传统利用直达波无法检测到的介质细小变化。尾波干涉法正是基于路径叠加理论，当介质发生速度变化时，重复震源产生的地震波在穿过该介质时也将发生走时扰动，因此，通过计算波形的走时偏移，可以研究分析介质变化。大同窗是1989年大同—阳高6.1级地震的余震窗，位于我国著名的大同火山群附近，地壳介质各向异性显著，地震频发，时间连续、空间位置集中，这为我们研究重复地震提供了天然试验场。本研究利用天然重复地震尾波干涉法获取大同地区地壳介质变化特征，尝试为该地区中强地震预测和震情研判提供判定依据。

　　当地震在同一地点重复发生时，台站记录到的两列地震的波形尤其是直达波高度相似，利用重复地震的这一特点，可以通过计算直达波的互相关系数来检测和判别地震的重复性，找出波形相关意义上的重复地震。在研究过程中，选取同一台站记录到的任意两个地震事件的波形，进行0.5～10Hz的带通滤波，对P波到时前1s至1.2倍S波到时的波段（以下称直达波）做互相关计算，选出各台站直达波相关系数大于0.90的事件组合，如图1所示。最终，选出了42对严格意义的重复地震，发震时间间隔越短的地震波形相似度较高。绝大多数重复地震均为同一天发生的地震对或者间隔时间只有几天，只有少部分（约1/3）的重复地震发震时间间隔为3个月以上。不同时间间隔的重复地震直达波的相似度都比较高，但尾波段随着时间变化相似度逐渐降低，其中有一部分尾波出现在某一波段互相关系数快速下降后又上升现象，这一结果与Niu等（2003）根据数值模拟得到的结果基本一致。分别对间隔时间为3个月、1年、2年和3年的重复地震进行尾波干涉法计算，结果显示：时间间隔为2年以上的重复地震在部分尾波段也可以看出明显的时间延迟现象，可能与区域介质波速变化有关。例如被山自皂台（SZZ）记录到的2009年10月和2012年10月的两个重复地震的尾波相位出现明显的时间偏移，且在这一时段先后于2010年、2013年发生了大同—阳高M_L5.0和M_L4.1地震，某种程度上说明了地壳介质速度的明显变化与未来中等地震有一定的关联。此外，在一些时间间隔较短的重复地震相关系数快速降低的尾波段也出现了波形相位偏移，但偏移量相对较小。总的来说，时间间隔较长的重复地震可以很好地反映区域介质波速变化，时间间隔相对较短的尾波相位偏移可能与局部波速变化或者单个散射体的位置移动有关。

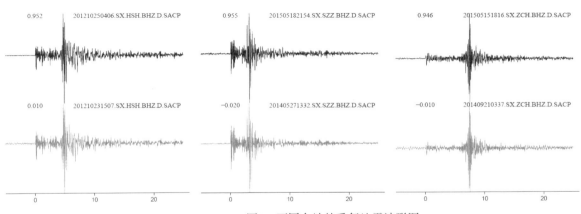

图1　不同台站的重复地震波形图

九寨沟7.0级大震的背景与前兆性地形变异常

张 希 秦姗兰 李瑞莎 贾 鹏

中国地震局第二监测中心，陕西西安 710054

2017年8月8日四川省阿坝州九寨沟县（33.20°N，103.82°E）发生了7.0级地震，这是青藏高原巴颜喀拉地块东部近10年来继汶川8.0级、玉树7.1级、芦山7.0级地震后又一次较大地震，震中位于该地块北界东端的塔藏断裂与岷江断裂、虎牙断裂交汇部位，发震断层为虎牙断裂北段，左旋走滑性质。

甘肃东南部的西秦岭构造区与塔藏断裂相邻，其断裂发育与活动的主要动力因素为巴颜喀拉地块的近SE向滑移、以及对西秦岭构造区所在甘青地块的近NE向推挤，故西秦岭构造区断裂活动以左旋逆断为主，若较多水准场地出现逆断加速变化，则一定程度上揭示这种推挤作用增强态势。中国地震局第二监测中心在西秦岭构造区及其附近的陕南西部布设有20处跨断层短水准流动监测场地，测线长度数百米至1km左右，其观测值时序变化及各场地形成的网络，能反映近场断裂活动或远场应力加载导致的形变应变，距九寨沟震中仅103～265km，常规观测每年3月、7月、11月实施三期。九寨沟地震前两年多即2015年前后至2017年初，西秦岭构造区一直是青藏高原东北缘跨断层监测区内一个异常集中区；趋势异常全时空分布图，以及跨断层观测数据经归一化计算和加权合成后提炼所得灰色关联度指标曲线（反映断裂活动总体趋势和动态变化）显示出逆断加速为主的背景性异常特征。2017年5月和9月对西秦岭构造区跨断层短水准观测加密了两期，观测周期从以往的4个月缩短为2个月，2017年5月、7月即九寨沟震前1～3个月，西秦岭构造及陕南西部即震区周边半径300km范围内短期异常由3月的2处增为3处、5处，逐期增多，异常形态以先逆断—后正断尖点突跳或逆断加速后的正断转折为主，震后的9月多数异常调整恢复，故巴颜喀拉地块东部的北界，其附近的跨断层短水准观测显示出较好的中期逆断加速背景与短期非稳态前兆性异常。

进而发现，2016年前后开始，巴颜喀拉地块东部的南界鲜水河断裂有多处跨断层流动短基线场地（四川省地震局施测场地）观测到拉张加速异常变化，距震中345～419km；鲜水河断裂跨断层灰色关联度指标曲线显示2016年起拉张明显加速，九寨沟震后转折，是否与九寨沟地震有关？由于鲜水河断裂距震区较远，距震区更近的龙门山断裂异常反而偏少、偏弱，故存在争议。本文提炼巴颜喀拉地块东部的边界及边界附近鲜水河断裂、龙门山断裂、西秦岭构造区跨断层灰色关联度指标曲线，发现九寨沟震前巴颜喀拉地块东部的南界鲜水河断裂九寨沟震前的断层活动异常，与东界龙门山断裂、北界附近西秦岭构造区断裂活动异常具有准同步、协同性特征；进而根据1999—2007年、2009—2015年、2015—2017年三个时段GPS速度数据，计算鲜水河断裂、龙门山断裂以及该地块东北界塔藏断裂（与九寨沟地震有关，也与西秦岭构造跨断层测区相邻）的剖面变化，结合大幅跨断层异常全时空分布图像，通过综合对比，寻找地块边界断裂活动的可能关联。结果表明：汶川8.0级大震后巴颜喀拉地块东部出现显著的SE向运动加速，之后数年一直维持这种偏高速特性，汶川大震的发生调整了巴颜喀拉地块东部的应力应变状态，有利于地块边缘跨断层短测线观测出现异常，也有利于后续的芦山、九寨沟等7.0级大震的发生。这期间，2015—2017年相对2009—2015年在维持偏高速度和高应力应变状态的基础上，再继续增速（巴颜喀拉地块东部对西秦岭构造所在地块的近NE向推挤作用有所增强），故地块东南界鲜水河断裂跨断层观测所得2016—2017年7月拉张加速变化与九寨沟地震有一定程度关联，也具有中期背景性预测意义。

| 作者信箱：486408007@qq.com

丽江井水温与水位的相关性及其对当地
中强地震的预测意义

来贵娟[1]　蒋长胜[1]　王未来[1]　韩立波[1]　邓盛昌[2]

1. 中国地震局地球物理研究所，北京　100081；
2. 丽江市地震局，云南丽江　674100

在一些中强地震前，经常会观测到地下水的异常变化，如：井水位、水温、水化学组分等的变化。在本研究中，我们检查了云南丽江井2007年11月1日至2017年9月30日的水温和水位资料，通过采用变化的时间窗长和步长，计算获得了井水温和水位之间的相关系数随时间的变化。为保证相关系数的独立性与连续性，设置步长与窗长一致，分别取值30，60，90，…，360天。然后，我们使用Molchan图表法对去丛集后的中强地震（$M \geq 5.0$）进行概率预测统计和检验。井震距分别设置为150，200，250，…，500km，预警时间分别为窗长的10%，20%，30%，…，100%，相关系数阈值在1～-1之间变化。结果显示，该方法仅对时间窗长为90～240天、距离井孔200km以内的地震有较好的预测效能。其中，最佳的预测途径有两种：①当时间窗长为120天且相关系数大于0.55时，预测接下来的2～4个月内、井周围150km范围内发生中强地震（$M \geq 5.0$）的漏报率为0，相应的异常时空占有率（发出预测"警报"的时空范围与总的时空范围之比）为16.67%；②当时间窗长为180天且相关系数大于-0.10时，预测接下来的5～6个月内，在200km范围内发生中强地震（$M \geq 5.0$）的漏报率为16.67%，相应的异常时空占有率为35%。我们推测通常情况下，该井水主要由较冷的雨水通过浅部的含水层来补给，因此，水位的增加会引起水温下降，水位的降低会引起水温上升，水温与水位之间的相关系数为负。然而，在200km范围内的中强地震（$M \geq 5.0$）之前，可能有深层较热的水通过深部含水层流入和流出井孔，打破了它们之间的负相关；当井震距较近时（<150km），甚至引起二者之间正相关。本研究可为该地区连续开展中强地震的中短期预报提供两种可能的途径，同时可为其他区域开展类似研究提供技术和方法上的参考。

辽宁地区波速比分布特征及构造意义

曹凤娟　郭晓燕

辽宁省地震局，辽宁沈阳　110034

地震活动与区域构造和地壳活动状况密切相关，而地震波速或波速比可以反映其断层或地壳的活动情况，监测地下介质性质的时空变化一直是地震预测预报研究的重要思路和具有潜力的研究方向。通过地震波速提取和监控地下深部介质物性的变化信息，对于中强震的物理参数预测和地点判定无疑是重要的。为此，本文利用辽宁数字台网2001—2017年的观测报告，采用单震多台和达法计算每个事件的平均波速比，重点分析了辽宁地区波速比的空间分布特征，并分区进行了平均波速比值的计算。结果显示，辽宁地区的波速比空间分布呈不均匀性，与地质构造所形成的下辽河盆地及两侧的隆起等介质特性差异有关；在波速比高值区和高低值过渡区为地震易发地带。计算所得的各区平均波速比对以后辽宁地区波速比值的变化分析有一定的参考作用。

计算结果显示：①辽宁测震台网34个子台中16台（"九五"数字化台站）的波速比数据起始时间为2001年，34个台站的波速比均值范围1.6661～1.7263，误差范围为0.0130～0.0392，相关系数除高升、西丰、首山和锦州外，均大于0.99。总体来看，波速比、误差和相关系数的均值分别为1.6979、0.0275和0.9937，都较好地满足了计算精度。②由波速比的物理意义可知，34个测震台站的平均波速比代表了震源至台站周围介质的平均波速比。不同的区域地质构造特征其波速比也应有所不同。为此，根据辽宁地区新构造运动分区结果（万波等，2011），将辽宁测震台站也分成三个区来讨论辽宁地区波速比的空间分布特征，即辽西隆起、下辽河盆地和辽东隆起。结果表明，下辽河盆地的波速平均值（1.6922）低于整个辽宁地区波速比的均值（1.6979）。③由辽宁地区的历史地震和波速比变化空间分布可知，历史上发生过5级以上地震的区域，大都是波速比高低值变化梯度明显的区域，有些是震中区波速比低，外围地区高，如海城河断裂、朝阳—北票断裂、金州和鸭绿江口地区及其附近。

| 作者信箱：cao99@sina.com

龙江4.6级地震前气象地温异常特征研究

石　伟[1]　周秀杰[2]　李永生[1]　高　峰[1]　李继业[1]

1.黑龙江省地震局，黑龙江哈尔滨　150090；2.黑龙江省气象数据中心，黑龙江哈尔滨　150030

2008年7月7日14时32分，在黑龙江省齐齐哈尔市龙江县发生4.6级地震，微观震中为47.17°N，123.40°E，宏观震中在龙江县景星镇北沟村，与微观震中基本一致，震中烈度为V+度。地震发生在东北地震区松辽地震带，在区域上位于一级构造单元吉一黑陆块的松辽坳陷的西部，西部紧邻内蒙—大兴安岭褶皱系的东缘，以嫩江断裂带为界，以西为断块抬升降起区，以东为沉降坳陷区（松嫩平原），区域地块抬升、坳陷差异性较大，新构造运动相对较活跃。嫩江断裂是大兴安岭东部地震构造带的控震构而北西向雅鲁河断裂非常活跃，沿其周围历史上发生过多次地震。近些年来，随着对地震物理过程认识的不断深入，以及对地震前兆的广泛观测和研究，地下热状态的异常变化与地震孕育和发生的内在联系，已愈益引起人们的关注。研究地下热状态的变化，观察和分析热流值具有本质的重要性，因此它反映了来自地下深部的热信息。在地震发生前，震源及其周围地区，由于应力集结使得断层板块间相互挤压、摩擦和错动，必然会导致大量的地热产生和一系列地电、地磁、地应力等地球物理场的变化。其中，所产生的地热变化向上的热流会继续沿既存断层和新的微裂隙被推涌到地表浅层和逸出地表以外，形成了地震前地温突升现象和地表以上的热红外异常。一般来说，从地表面0~15m深处，在地学上定义为变温层。这一层次的地温可能会受到外界天气和季节变化的影响。不过，这种外界的影响会随深度变化而迅速减小。日辐射及天气变化对80cm深处影响已是甚微。在变温层内，气象部门所设立的正规地温观测项目，其观测深度是从地表面0cm，20cm，40cm，80cm，1.6m和3.2m不等，这种地温观测称之为浅层地温观测。目前全国共计2800多个气象台站大多都设立了浅层地温观测项目，并已积累了数10年的历史观测记录。多年来，气象观测站的地温资料曾多次为发生在我国的大地震前兆异常记录下了极其珍贵的观测证据，也为我国开展地热场的研究提供了观测依据。通过对龙江气象站3.2m地温年均值分析，取每年每一天地温相加后除以当年天数所得值为地温年均值，计算龙江县气象站1961—2018年3.2m地温年均值和距平值，结果显示2007年龙江年均3.2m地温偏高0.6℃，2008年龙江年均3.2m地温偏高1.0℃，说明龙江地震前地温一直存在偏高现象。

本研究由黑龙江省地震局一般项目（201911）资助。

南北地震带强震固体潮调制时序特征研究

韩颜颜　臧　阳　孟令媛

中国地震台网中心，北京　100045

　　南北地震带位于青藏高原的东缘，处于印度次大陆向青藏高原强烈挤压作用的前沿地带，其构造活动相当活跃。该地震带集中了有历史记录以来一半左右的8级以上大地震，地震活动频度高，强度大。中国大陆地区最近的一次8级地震——2008年5月12日汶川8.0级地震就发生在这条地震带上。同时该地区覆盖范围广，也是中国的人口密集区和重要的战略发展重地。

　　固体潮是地球在日月等天体引力作用下引起全球范围的周期变形。有研究表明，固体潮在地球内部产生的周期性应力，即固体潮汐应力可能对地震的发生有影响，特别是对处于临界应力状态的断层可能有触发效应，对潮汐触发地震的研究可能会为解释断层破裂初始阶段的物理机制提供参考。特别地，在一定时间范围内，受潮汐应力触发的地震占全部地震的比例，即固体潮调制比可反映系统的应力状态，若某一区域出现固体潮调制比高值异常，则表明该地区的应力可能已接近临界状态，未来地震可能发生在调制比高值异常区域及附近地区。同时，调制比异常时序变化过程可能在时间上对于地震预报具有中短期预报意义。例如，在2008年汶川地震前，震中附近地区出现了固体潮调制比异常，并出现震前调制比异常强度逐渐增强，临震减弱的现象。

　　本研究拟将南北地震带作为研究区域，在前期地震调制特征研究的基础上，分析强震前小震固体潮调制比异常的时序变化特征。在计算区域最小完整性震级的基础上，利用全国小震目录，选取不同时间和空间尺度，基于区域完备震级，获取地震调制比的空间分布和震前的时序变化，对南北地震带历史强震进行震例清理和总结，探讨强震前小震固体潮调制比异常的时序变化特征。研究结果将为理解强震活动与震源区应力变化内在联系提供参考依据，同时也为南北地震带强震危险性分析提供背景性资料。

| 作者信箱：hanyy@seis.ac.cn

前震b值时间变化特征的研究
——以海城7.3级地震等为例

解孟雨　孟令媛　周龙泉

中国地震台网中心，北京　100045

　　地震丛集现象在全球范围内普遍存在，为描述这一现象Omori首先引入了余震序列的概念，其后的学者按照不同的标准将地震序列划分为不同的类型，现今的地震序列则可以分为三类，主震—余震型、前震—主震—余震型和震群型（Omori，1894；苏有锦等，2013；Avlonitis and Papadopoulos，2014）。中国大陆地区5.5级以上浅源地震在震前30天内、震中50km范围内，前震出现的比例较高约为40%（朱传镇、王琳瑛，1996）。前震识别不仅是预测中强地震的重要手段之一，同时对于研究断层演化过程及断层间相互作用也具有十分重要的科学意义。

　　从前震的统计特征来看，前震的b值一般显著低于余震及背景地震活动的b值。b值的大小与地下应力状态相关，一般高应力状态对应于低b值，低应力状态对应高b值。以一维断层演化模型为例，断层在成核阶段通常对应高应力状态（图1），因此可以用b值的高低来刻画断层的成核演化。早期研究表明震源的成核演化产生了前震（Ohnaka，1993；左兆荣等，1994；Dodge et al.，1995；1996；Hurukawa，1998）。因此，研究前震b值的时空变化特征有助于定量明确b值的异常指标，特别是在发生过前震–主震–余震型地震的区域。

　　本文聚焦于b值的时间变化特征，针对1975年海城7.3级、1999年岫岩5.4级、2010年玉树7.1级、2011年盈江5.8级、2013年通ড.3级、2013年香格里拉5.9级以及2014年于田7.3级地震，分别计算其前震和余震的b值变化。此外，地震目录完备性震级M_C和b值的计算方法均会对b值的估算造成影响（吴果，2018）。因此在综合考虑计算效率和误差的前提下，本文选择结合MAXC（Wyss et al.，1999；Wiemer and Wyss，2000）和GFT方法（Mignan and Woessner，2012）计算不同时间段的M_C，利用Utsu（1966）提出的最大似然法计算前震b值并估算其误差。通过对比分析不同震级主震前震b值随时间的变化特征，尝试基于震源成核这一物理过程，为地震预测研究提供有价值的参考信息。

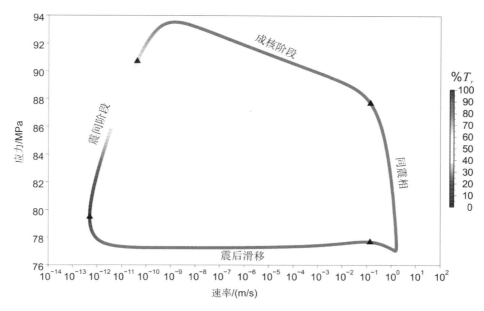

图1　一维断层演化速率−应力图，色度表示曲线上某一点所处时刻占整个演化周期的比例，T_r为断层模型的完整演化周期

强震前重力异常变化及亚失稳识别

祝意青　刘　芳　赵云峰　隗寿春　毛经纶

中国地震局第二监测中心，陕西西安　710054

重力监测是地震前兆观测的一种重要手段，其主要观测地表或空间重力场的时间变化，即动态重力变化。国际上，重力时间变化观测研究始于19世纪20年代，地震前后观测到一些可信的重力变化。我国自1966年邢台7.2级地震之后，有组织地开展了以地震预报为目的的地震重力监测工作，观测到1975年海城7.3级和1976年唐山7.8级地震前后较可靠的重力随时间的变化。海城、唐山地震前后所测得的重力变化为我们提供了认识地震前兆的重力变化识别方法，并提供了重力前兆的物理基础。近年来，已有许多研究成果表明，时变重力场异常是与地震孕育发生相关的可靠性前兆异常之一，特别是对于6级以上地震的孕震过程，重力异常变化十分明显，是可靠的前兆物理参数之一。

本文主要对2008年汶川M_S8.0，2013年芦山M_S7.0，2016年门源M_S6.4、呼图壁M_S6.2，2017年九寨沟M_S7.0等典型强震前后重力变化进行了详细解剖，深入分析了研究强震前区域重力场长期变化背景及其不同时空尺度动态演化特征，结合亚失稳理论及实验研究结果，归纳、凝练亚失稳阶段的重力场识别标志，深化对地震发生机理的认识。①大震易发生在与构造活动有关联的重力变化正、负异常区过渡的高梯度带上，重力变化等值线的拐弯部位，构造活动断裂带由于其差异运动强烈而构造变形非连续性最强，易产生急剧的重力变化，最有利于应力的高度积累而孕育地震；②地震的孕育发展随着它所在地区的地质条件（其中包括构造条件、介质条件以及状态等因素）而变化，强震前重力场变化处于亚稳态阶段观测到的"前兆"表现是多样的，重力场动态图像有的表现为大范围趋势异常中出现正、负局部异常区及沿主要断裂出现重力变化高梯度带，有的表现为先出现区域性重力异常变化后发展为四象限分布特征性异常，有的表现为"沿构造块体边界出现重力变化高梯度带的重力异常→反向变化→闭锁"的演化过程；③从重力点值变化时间过程看，目前重力观测方法能较好的反映地震变形过程存在的稳态、亚稳态2种状态，加强对亚稳态地区的时空密集型的流动重力测量或无零漂的定点连续重力测量，有可能寻找到亚失稳态和失稳态。

天然地震中流体的作用及大震机理探索

毛小平　卢鹏宇　宿宇池　毛　珂　张飞

中国地质大学（北京），北京　100083

目前关于天然地震的机理有两种假说：①传统的弹性回跳说，认为断层错断足以产生较大地震（张培震，2012）；②断层错断是诱因，错断后的流体参与可能是引发大地震的重要因素（Reyners，2007）。前者已通过理论模型说明仅断层错断难以产生较大地震（Gilat，2005），本文更倾向于后者，试图研究流体在地震中的真正作用。

大量的现象说明天然地震和深部流体有关（杜乐天，1996），一些学者认为来自于下地壳甚至地幔、地核的深部流体会汇集至震源处，在地震时产生隐爆，或隐爆产生地震（杜建国，2018；岳中琦，2013）。事实上，震源处一般埋藏较深，属于变质基底，即使存在流体，也缺乏储集空间，且深部流体丰度极低，因此隐爆过程中流体的真正来源需要深入分析。

通过对比研究发现，沉积盆地中的页岩气的丰度及赋存条件（孔隙度、渗透率），远好于前人所提的深部流体，而页岩气需要做水力压裂才能汇聚气体，否则难以采出天然气。页岩气尚且如此，来自于地幔的深部流体就更难以在深部震源处形成"海量流体"聚集。据此，否定了两种可能性：一是瞬间模式，在较短的时间内从深部各地岩浆脱气，并汇聚到震源处产生地震或爆炸；二是缓慢模式，深部流体需长时间缓慢汇集到震源处形成气囊，在地震起震时爆炸。那么，既非深部流体，也非页岩气，那与地震有关的流体到底是什么？

本文认为参与隐爆的流体可能是来自于沉积盆地边缘相带——河道、冲积扇、大型三角洲、河口坝、古风化壳、岩溶等的高孔隙、高渗透的储集体中的高压流体。提出了大震可能的模式是：由于构造运动产生断裂，在错断或震源处在发生破裂后，会依次向地表断裂，当断至沉积地层各高孔、高渗储集层时，储集层中的高压流体会与断裂沟通，每沟通一层会产生一次隐爆，如拉链向上拉开的过程，最终在断至地表前形成一定数量的高压流体囊，最终的流体压力为各储集体参与流体的体积与压力的加权平均，当断至地表时则产生物理爆炸（非隐爆）。根据常见油气勘探中的储层规模，设计一个较为常见的模型，长5km、高100m，断层顺储集体走向断开，储集中由于存在一定孔隙度，设定孔隙中流体波及宽度250m，总宽度为500m，内部孔隙度设为5%，如图1所示。这样一个高压储集体，若其内部平均压力为32MPa，在完全断开至地表且流体压力完全释放时，根据流体爆炸公式可产生8.4级以上的地震。从汶川地震多个台站记录中分析发现，在地震记录中主震前30s记录中，可以很明显地读出断层初始破裂低强度波形、流体参与并产生地下隐爆中强度波形及流体冲出地表后的主震高振幅波形。最后对一些著名天然地震：唐山地震、黄河口地震、汶川地震、芦山地震、日本"3·11"地震、伊拉克地震等进行了资料分析，发现这些地震的震源上方均存在沉积地层，多数存在异常高压，且在深部5~12km部位存在较好的储集空间，其中的高压流体可以使地震震级增强数倍。压力系数越高，震级越高。

提出了降低地震震级的建议，使用石油勘探方法研究盆地深部可能存在的储集体，对超压盆地实施钻探并释放高压流体，以降低地震时的震级。该研究思路及降低地震震级的建议已申请了发明专利。

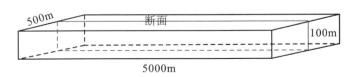

图1　常见储集体模型

通海两次5.0级地震震情跟踪回顾与震兆异常总结

续外芬[1]　毕　青[1]　余达远[1]　李　燕[1]　黄金勇[2]　付　虹[3]

1. 玉溪市防震减灾局，云南玉溪　653100；2. 玉溪市第一中学，云南玉溪　653100；
3. 云南省地震局，云南昆明　650224

2018年8月13日1时44分，在云南省玉溪市通海县四街镇（24.19°N，102.71°E）发生5.0级地震，8月14日3时50分，震源区再次发生5.0级地震。本文对通海两次5.0级地震前震情跟踪情况进行客观回顾与反思，对震前震兆异常现象进行总结，以期为后续地震预测预报提供宝贵经验。

通过回顾总结，提取的震前滇南显著地震活动背景性及中短期异常主要有：①自1970年1月5日通海7.0级地震后6级地震平静时间较长（48年）；②自2005年8月13日文山5.3级地震后5级地震平静达12.3年（接近历史极限14年）；③4级平静被2015年3月9日嵩明4.5级地震打破后持续发展并形成背景空区；④2级以上地震6月积累频度自2015年3月至2018年8月通海5.0级地震前出现超过1倍均方差高值异常；⑤2017年5月1日发生峨山窗口地震；⑥2016年5月至2017年6月出现低b值异常。

其中滇南4级地震平静时间超2年后对应滇南中强震概率较高（60%）。2015年3月9日嵩明4.5级地震打破了滇南自2011年5月22日河口4.2级地震后近4年的4级地震平静，之后该区域4级地震持续发展（至2017年8月发生6次4级地震）并形成背景空区（图1）。2018年5—7月滇东南文山一带密集发生3级小震活动6次，与文山5.3级地震前类似（2005年1—2月在滇东南文山一带密集发生3级小震7次，2005年8月13日发生了文山5.3级地震），玉溪局结合这一现象在2018年8月川滇协作区会议上提出：短期内关注滇东南5级地震的危险性。8月13日、14日在通海四街镇发生两次5.0级地震，地震发生在此次3级小震密集区西北侧，处于滇南4级背景空区南侧边缘（图1）。可见，在形成背景性空区的基础上，若出现小震增频现象对于未来发震地点预测有一定指示意义。2018年5—7月滇东南3级地震短时间内密集发生可视为活动性方面短临指标。

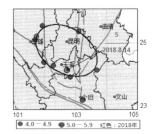

图1　滇南4级空区
（2015—2018.10）

震前玉溪市、红河州前兆方面的背景性异常主要有：①滇南多个水位资料群体高水位变化（如通海、易门、元江、开远等）；②多个跨断层资料持续大幅度变化（通海、峨山、石屏等）。中短期异常主要有：①蒙自二氧化碳2018年破年变；②通海高大地温（SZW-II）2018年1月后高值变化；③石屏水平摆2017年10月后形变增加且多次转折；④澄江气氡2018年4月开始大幅高值突跳；⑤绿春二氧化碳2018年5月以后低值变化；⑥黄草坝钻孔应变北西向震前3天大幅西倾等（表1）。且江川十五水温地震当天出现同震效应等。说明这些点为震前敏感点，是后续日常跟踪的重点测项。

通过对通海两次5.0级地震的震情跟踪回顾总结，进一步认识到地震孕育的复杂性。此次通海"8·13"、"8·14"地震前活动性和前兆方面中短期异常均有出现，关键是如何捕捉这些前兆，如何提取异常指标，这正是地震预测预报困难之处。且因震例较少，文中提到的多数震兆指标均未经历实震检验，在震后反思与回顾总结时，才发现这些震兆变化可能与通海两次5.0级地震有较大关联。通海地震的发生为地震预报实践带来了难得的机会，通过总结也为做好后续地震预测预报提供宝贵经验。

表1　2018年"8·13""8·14"两次5.0级地震前玉溪、红河前兆资料中短期异常登记表

序号	异常项目	异常特征			备注
		起始时间	结束时间	异常形态	
1	蒙自二氧化碳	2018.01	持续	破年变	中期
2	通海高大水温（SZW-II）	2018.01	2018.06	高值异常	短临
3	石屏水平摆	2018.07	2018.08	转折西倾	中期转短临
4	澄江水氡	2018.04	2018.08	高值突跳	短临
5	绿春二氧化碳	2018.05	2018.08	波动幅度大	短临
6	黄草坝钻孔应变	2018.8.9	2018.08.13	大幅西倾	短临

小南海地震滑坡分布特征及地震成因机理分析

龚丽文　陈丽娟　李翠平

重庆市地震局，重庆　401147

小南海$6\frac{1}{4}$地震为重庆地区历史记载最大的一次地震，小南海地震滑坡是保存最完好的地震遗迹，为研究小南海地震提供最直接的证据。本文通过地貌解译分析滑坡的分布特征、展布方向和滑动动力学特征；并结合史料记载、现代地震、区域地质背景、节理、地裂缝及溶洞分析地震的成因机理，结果显示：

（1）极震区共有三处滑坡规模较大，分别为大垮岩—小垮岩滑坡、掌上界滑坡及蛇盘溪—汪大海滑坡，三大滑坡体后缘均呈线状展布，与节理走向一致，构造成因的节理为斜坡后缘张裂提供有利条件。滑坡体的坡向均近似朝南，且滑坡体的滑动方向均有向东南偏移的趋势，即山体的错动的初始加速度近似朝南，并兼有向东逆冲的分量（图1a）。小南海以北约20km处出现"地裂缝"，但它并非是断裂错动形成的，而是地震震动触发上部泥页岩顺层滑脱形成"地剥皮"，"地剥皮"后地下沿节理发育的溶洞出露，呈条带状分布，类似于地震裂缝。因此，该地裂缝的本质溶洞的出露，并非是发震断裂。

（2）研究区位于扬子地台渝东南褶断区，北东向褶皱和断层较发育，小南海地震发生在彭水基底断裂和黔江基底断裂之间，其发震断层可能为次一级的仰头山正断层。该区域出露的地层以志留纪泥页岩为主，夹砂岩和灰岩，较容易因触发而形成滑坡等地质灾害；其下伏的奥陶寒武纪岩性以碳酸盐岩为主，节理发育，岩溶作用较强，常沿节理方向形成串珠状溶洞或线状岩溶通道（图1b）。

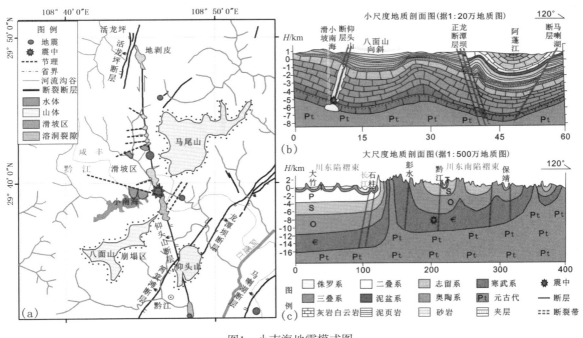

图1　小南海地震模式图

（a）为平面图，（b）、（c）为剖面图

投稿专题：（3）大地震的物理机制、预测理论及方法与技术。

（3）截至2018年，重庆辖区内共记录到$M_S \geqslant 4.5$地震12次，其中除了近期活动较强的荣昌地区有5次以外，其余地震均分布在统景地区和渝东南褶皱带内（表1）。渝东南地区小地震活动水平较弱，但具有发生中等强震的背景，特别是2017年武隆5.0级地震为重庆地区2000年以来最大的一次地震，其震前并无明显地震活动迹象，发震断层为北东向文复正断层，距小南海地震90km，其成因机理可能类似。

（4）结合渝东南地区独特的地质构造特点、地震滑坡分布特征及发震规律，分析该地区地震的成因机理可能为：即古生代巨厚层碳酸盐在多期构造运动中形成多组节理，在雨水的侵蚀下沿节理方向的岩溶地貌较发育，形成线状排布的溶洞和沟谷，组成NNW—SSE向薄弱带，随着岩溶作用持续，薄弱带逐渐被贯通，在SW—NE方向的构造应力下，发生错动，从而发生岩溶－构造地震。沿NNW向仰头山断层发育的岩溶溶洞贯通，并在NW—SE方向的挤压下，发生左旋走滑兼逆冲分量的错动，造成上盘大量东南向的滑坡发育。

表1　重庆辖区$M_S \geqslant 4.5$地震汇总

时间	地名	震级	深度/km
1853-09-09	统景	$4\frac{1}{2}$	
1854-12-24	南川	$5\frac{1}{2}$	
1855-秋	彭水	$4\frac{3}{4}$	
1856-06-10	黔江	$6\frac{1}{4}$	2~8
1880-03-22	南川	$4\frac{1}{2}$	
1989-11-20	统景	5.2、5.4	5
1997-08-13	荣昌	5.2	7.9
1999-08-17	荣昌	5.0	12
2001-06-23	荣昌	4.9	12
2010-09-10	荣昌	4.5	6
2016-12-27	荣昌	4.9	8
2017-11-23	武隆	5.0	10

本项目由2019年度震情跟踪课题（2019010214）和重庆市地震局科技创新团队联合资助。

新疆天山中段小震月频次分布特征研究

郭　寅

新疆维吾尔自治区地震局，新疆乌鲁木齐　830011

　　小震活动在空间和时间上的分布是对区域应力场状态的反映，因此小震活动所形成的空区、条带，平静区等空间图像，都一直用于震情的研判。小地震月频次能动态反映地震活动的特点，一直以来被作为震情研判常用的且较为可靠的地震活动性参数，前人对小震频次也做了很多深入的研究。陈学忠（2006）利用Kolmogorov—Smirnov分布检验法检验了首都圈小震活动月频次，并分析了统计学参数随时间的变化，发现其统计学参数在研究的几次中强地震前均有明显的变化。文中将这种统计学的分布检验应用到新疆天山中段地区，以寻求其在中强地震前的变化，为新疆天山中段的震情判断提供新的方法。

　　采用新疆地震台网地震目录，利用Kolmogorov–Smirnov分布检验法，对2007—2018年新疆天山中段各分区的小震活动月频次分布进行了检验并对月频次累积次数和月频次之间的关系进行拟合。结果表明，研究区内小震月频分布接近正态分布，但不符合泊松分布；同时北天山地震区小震月频次的累积次数与月频次在5～40之间存在很好的线性拟合关系，这种关系和G—R关系类似，但是当小震月频次小于5或大于40时则明显的偏离线性关系。取不同震级下限，同样存在这种低小震月频次和高小震月频次偏离线性关系的现象，这种结果和传统的G—R关系不同，不随震级下限变化而变化，即和地震监测能力无关。对小震月频次分布的峰度K_u、偏度S_k、C_v等统计学参数随时间变化进行分析，结果表明天山中段中强地震前，月频次统计参数表现出明显的变化，上述三个参数可结合各个区的小震累计月频次为震情判定提供依据。

表1　天山中段$M_L \geq 2.0$小震月频次分布KS检验（alpha=0.05）

	正态分布			泊松分布		
	H	P	D	H	P	D
乌鲁木齐地区	0	0.1506	0.1319	1	0.0006	0.2917
北天山西段	0	0.4839	0.1111	1	0.0020	0.2153
南天山东段	0	0.9947	0.0486	1	0.0032	0.2083

　　乌鲁木齐和北天山地区的异常表现为$K_u > 3$，地震发生在高值过程中或高值结束后迅速发展，s_k大于零，且地震发生在S_k大于零的高值过程中或高值结束的3个月内。南天山东段的异常表现形式和上述两个区域有一定的差别，主要表现为该区的中强地震主要表现为K_u小于3，地震发生在低值过程中；S_k小于零且多发生在高值向低值的转变过程中。乌鲁木齐地区和北天山地区C_v值的异常表现形式为C_v处于高值过程中或高值结束3个月内，南天山东段中强地震多发生在低C_v值。从上述异常变化可以看出，乌鲁木齐地区和北天山地区的异常形态相类似，而与南天山东段地区的异常变化有差异，这主要与以上三个区域的地震活动特点有关。

有限元数值分析巴颜喀拉块体东缘孕震环境

董培育[1]　庞亚瑾[2]

1. 湖北省地震局，湖北武汉　430071；
2. 中国地震局第一监测中心，天津　300180

巴颜喀拉块体东缘的GPS水平速度场资料揭示其水平运动分量逐渐减小，有明显地壳缩短现象，处于强烈挤压环境下，区域水平构造运动逐渐向逆冲推覆构造转化（Gan et al.，2007）。该区域内发育数条断裂，除块体东边界的龙门山断裂带以外，主要有NW向走滑型塔藏断裂、NE向龙日坝逆冲型断裂、近NS向岷江逆冲兼具走滑型断裂和NNW向虎牙断裂（北段走滑为主，南段逆冲为主），这几条断裂带呈现出东昆仑断裂向东散开的马尾状构造特征（邓起东等，2002；徐锡伟等，2008）。其中以岷江断裂和虎牙断裂为东西边界的岷山断块，吸收了区域内大部分水平运动分量，造成其第四纪以来的强烈隆升（Kirby et al.，2000）。块体东缘复杂的构造环境控制着区域现今的构造形变以及强震的发生。

1933年在岷江断裂带南端附近发生一次M_S7.5地震，1976年在虎牙断裂中南段松潘地区发生三次M_S>6.5中强地震。2017年8月8日在虎牙北段九寨沟地区发生了M_S7.0地震，是青藏高原东缘自2008年汶川M_S8.0地震和2013年芦山M_S7.0地震之后的又一次中强地震。巴颜喀拉块体东缘千年尺度的地震活动性分析、GPS观测资料以及地震地质资料等分析认为东昆仑断裂东端玛沁—玛曲段，以及其东延区段的塔藏断裂带，龙日坝断裂和岷江断裂为长期缺乏强震的地震空区（徐锡伟等，2008，2017；闻学泽，2018）。地震的发生在一定程度上释放了发震断层上积累的震间构造应力，但同时会对周边断层的应力状态产生扰动，进而在一定程度上影响其地震活动性。现今区域地壳应力积累趋势时空分布特征如何？地震空区断裂带上未来的地震活动性如何？这些均是亟待研究与探讨的科学问题。

本研究充分利用区域岩石圈深部探测资料和形变观测资料，通过建立三维高分辨率区域地质模型，利用有限元数值模拟方法，定量计算在构造加载作用下区域形变和构造应力积累特征，分析区域孕震环境，为未来地震活动性分析提供数据支持。

| 作者信箱：dongpeiyu97@163.com

中国西部地区前震统计特征研究

姜祥华

中国地震台网中心，北京 100045

在所有的地震短临前兆中，前震是学术界公认的预测强震最有效的方法之一（Jones et al., 1979）。在中国具有明显减灾实效的地震短临预报中，前震的贡献更是显而易见，如1975年海城7.3级地震，前震帮助地震学家对这次地震的时间和地点提供了最为专业的预测（Raleigh et al., 1977；Wang and Chen，2006）。

通常，前震是指发生在主震之前与主震有关的一些较小地震，但到目前为止仍没有统一的定义。本文采用的前震定义为：发生在主震震中50km内，主震前30天内，震级≥2且与主震震级差≥0.6的地震。若有多个符合定义的前震，选取震级最大者进行统计。按照上述定义，利用中国地震台网测定的地震目录，对中国西部地区1970—2015年发生的5级以上地震的前震进行统计，得到结果如下。

1970—2015年中国西部地区共发生5级以上地震共计792次，其中有前震的163次，占主震总数的20.6%。震级分段统计情况如下：5～5.9级地震633次，其中有前震的119次，占比为18.8%；6～6.9级地震137次，其中有前震的36次，占比为26.3%；7级以上地震22次，其中有前震的8次，占比为36.4%。6级以上地震出现前震的比例明显高于6级以下的地震。

统计具有前震的163次地震的主震震级，前震震级，前震与主震震级差分布。主震震级主要集中在5～5.9级，78%的主震震级在6级以下，90%的主震震级在6.5级以下。前震震级在5级以下的超过90%，4级以下约占67%。分析发现，前震震级与主震震级并不具有相关性。前震与主震的震级差主要集中在0.5～2.9级，震级差与主震震级也不存在相关性。

前震与主震的平均时间间隔为9天，80%的前震发生在主震前20天以内，50%的前震发生在主震前6天之内。分析表明，前震与主震的时间间隔与主震震级不具有相关性。

前震震中与主震震中的距离的平均值为17km，频度呈现出随着距离的增加而减小的趋势。约80%的前震位于距离主震30km范围内，超过50%的前震位于距离主震12km范围内。分析结果显示，前震震中与主震震中的距离与主震震级不具有相关性。

综上所述，中国西部5级以上地震在震前出现前震的比例为20%，随着主震震级的提高出现前震的比例增大。前震震级基本都在5级以下，多数不超过4级，前震与主震的震级差以0.5～2.9为主。前震多数发生在主震之前20天之内，一半前震发生在主震前6天。前震主要分布在离主震较近的区域。前震的震级、震级差、时间间隔、空间距离与主震震级无关。

2008年M_S8.0汶川地震前b值的时空变化

王　蕤　常　莹　缪　淼　韩　鹏

南方科技大学，广东深圳　518055

古登堡—里克特定理中的b值的变化可以反映地下对应区域的应力变化。并且在大地震前，b值会有显著的下降，对大地震的预测和预警有重要作用。对2008年汶川地震前进行了b值的时间变化计算，取汶川地震主破裂断层两侧区域的地震目录计算。得到的结果表明，汶川地震前1年内，发生了b值连续、显著的下降，表明了地震前，该区域持续进行应力加载，直到应力积累到临界点发生破裂。为验证2008年汶川地震单侧破裂与应力变化的关系，对2000—2004年和2004至震前的2个时间窗进行b值的空间计算。结果表明，以震中为界，震中西南侧的b值显著上升，而震中东北侧的b值显著下降。表明了这段时间内震中以南地区是应力卸载的过程，与之相反的是震中以北地区应力为应力加载过程。计算结果很好地对应2008年汶川地震的东北向单侧破裂。结果表明，震中两侧应力的不同变化导致了地震的单侧破裂。

2008年汶川*M*8.0地震地磁同震扰动特征及两个未解决的问题

王亚丽　姚　丽　于　晨　岳　冲

中国地震台网中心，北京　　100045

2008年汶川地震发生时，中国地磁台网安装了27套FHDZ—M15组合地磁观测系统（每个地磁组合观测系统装备了一套磁通门探头和一套质子磁力仪探头）。在这些地磁资料中没有发现明显的前兆信号。然而磁通门和质子磁力仪都观察到了地震的同震变化。磁通门探头除了距汶川震中2670km外的的KSH台，其余26个台站上均记录到了地震的同震扰动，其中最远的台站为距离震中2740km的DED台。距离震中最近的CD2台记录到的扰动幅度超过1000nT。

我们将FHDZ—M15组合观测系统记录到的地磁扰动与附近测点的地震仪记录到的地震波进行对比发现，地磁扰动具有与地震波相似的时空特征，即：随着震中距离的增大，扰动幅值逐渐减小，扰动出现的时间逐渐推迟。地磁扰动与地震波并不同步，而是发生在地震波之后，并且与汶川地震的主破裂方向具有相似的方向性。在震中东北方向，扰动开始时间较早、振幅较大、衰减较慢、地磁扰动出现时间与P波到达的时间之差也较小。

只有6个台站的质子磁力仪的探头记录到地磁同震现象。这6个台站大致分布在震中的北东和北西两个方向。质子磁力仪探头记录的扰动幅度比磁通门探头记录到的扰动幅度要小得多。根据磁通门仪的观测原理推断磁通门仪观测到的同震变化可能包含两部分信号。一种是质子磁力仪也同样观测到的地磁场的同震变化，另一种可能是磁通门磁力仪对地震波的响应。

磁力仪对于地震波的响应似乎可以解释地磁同震扰动幅度特别大的现象，但仍有两个问题未能解决。首先是，为什么地磁扰动总是晚于地震波？其次，地磁扰动为何在时间和空间分布上具有与地震主破裂方向相似的方向性？解决这两个问题可能是发现地磁异常机制的关键。

2014年9月6日M_S4.3涿鹿地震电磁效应成因的探讨

吴懿豪[1]　　韩江涛[1]　　刘文玉[2]

1. 吉林大学地球探测科学与技术学院，吉林长春　130026；
2. 东华理工大学地球物理与测控技术学院，江西南昌　330013

2014年9月6日涿鹿地区发生4.3级地震，地震前后可产生一定强度的电磁异常，基于电磁异常的时间特性和频率特性研究地震预测具有重要的意义。本文利用了由3台V5–2000大地电磁测深仪同时采集的震前及震后宽频大地电磁测深台站数据，数据观测时间从2014年9月6日8时开始至次日8时结束，数据采样频率为15Hz连续记录，完整记录了本次地震发生过程中大地电场（E_x、E_y）和地磁场（H_x、H_y、H_z）的变化。采集得到的数据经过时间序列（电磁场随时间的变化过程）分析和频率响应计算及反演，发现在时间序列上表现为：①涿鹿地震震前18点08分左右地磁场出现"哑铃状"异常波动，临震前80s左右地电场出现两次幅值增大3个数量级的脉冲式异常；②涿鹿地震发生数十秒内，电磁场各分量的时间序列中出现明显的同震电磁信号。在频率响应上表现为：①涿鹿地震区下存在明显的三层不同的电性结构；②三层电性结构存在明显的物性界面，且物性界面大致平行于地面分布；③存在明显的三条隐伏断裂。结合涿鹿地区已有地质、地球物理资料，推测本次地震震前电磁异常及震后电磁同震效应为：震前中下地壳高温流体在怀—涿盆地NEE向挤压应力作用下，向构造拉伸方向（NNW向）以涌动的形式水平逐步推进，并在推进过程中高温流体与围岩接触带处形成双电层结构，使得涌动式推进的高温流体相当于一个线源；震前岩石受到应力发生了两次严重破碎，改变了双电层结构，从而引起局部地磁场异常；同时由于高温流体以涌动式运动，使得在自然电场异常以电脉冲形式显现；地震发生后地震波引起基岩区和富含高温流体区分界面处双电层的电偶极子极距发生改变，震荡的偶极子产生电磁波，形成同震电磁信号。

本研究由吉林省科技发展计划项目（20180101093JC）、国家自然科学金项目（41504076）、中国地质调查项目（DD20160207、DD20160125）联合资助。

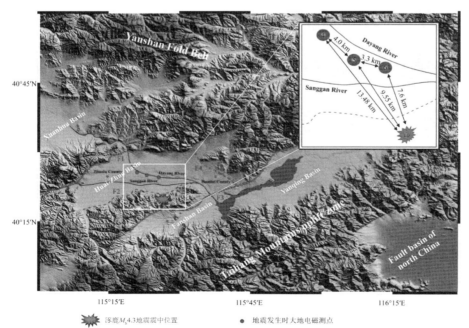

大地电磁测深布站站点与涿鹿M_S4.3地震位置关系
F1 怀—涿盆地北缘断裂；
F2 桑干河隐伏断裂；F3 延—矾盆地北缘断裂；F4 黄土窑—土木隐伏断裂

2017 M_S7.0九寨沟地震序列时空演化

刘淑君　　唐启家

中国地质大学（武汉）地球物理与空间信息学院，湖北武汉　430074

大地震发震前后的地震活动可以很好地反映断层深部的破裂过程，故其一直以来都是地震学研究的热门方向。许多研究结果表明，大地震震源附近常伴有明显的前震或余震活动（e.g. Bouchon et al.，2011，Science；Kato et al.，2012，Science；Tang et al.，2014，GJI；Wu et al.，2017，JGR；Ellsworth and Bulut，2018，Nature Geosci.），透过前、余震序列的时空演化过程可以为解释某些断层活动现象提供很好的观测证据，例如震前成核过程、震后余滑、断层深部滑移等现象。然而，常规地震目录通常存在大量小震级地震事件（<1.5）的缺失（Kagan，2004，BSSA；Peng et al.，2007，JGR），故难以探究断层活动与地震间的关联性以及前、余震发生的物理机制（Mignan，2014，Sci. Rep.）。

2017年8月8日21时19分四川阿坝州九寨沟县发生M_S7.0地震，是青藏高原东部继2008年汶川地震和2013年芦山地震后又一个7级以上的地震事件。本研究利用匹配滤波技术对九寨沟地震发震前、后各90天的连续波形进行遗漏地震事件扫描，新检测地震数量较中国地震台网中心（CENC）地震目录分别提升近3.6和50倍；并且引用梁姗姗等（2018）的重定位地震震源位置进行替换，比例约达65%，这为构建更为精细的地震序列时空演化过程提供了很好的数据基础。九寨沟主震为右旋走滑型，地震序列呈北西向线性分布，与北虎牙断裂走向一致，分布长度约50km，主震震中位于地震序列的中部（图1）。前震序列在对数时间轴下沿断层走向朝主震震源呈现两个聚集序列，同时观察到一些前震的波形相似度很高，说明在同一断层小破裂区域上存在前震的重复破裂并且受控于主震破裂区域附近的无震滑移（aseismicslip）。主震破裂后，余震同样分为两个活动序列远离主震向断层两端快速扩散，迁移速率相近，约是5km/decade。这种半对数坐标下余震序列的扩散形式在其他大地震事件的研究中同样被观测到（Peng and Zhao，2009，Nature Geosci.；Kato and Obara，2014，GRL；Tang et al.，2014，GJI；Frank et al.，2017，GRL），其反映了主震破裂后以震后余滑（afterslip）的方式向断层面上其他错动碎片加载应力并触发有震破裂。

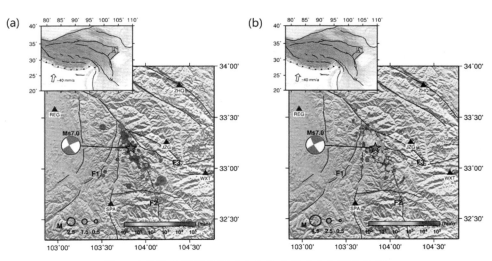

图1　九寨沟地震的前震（左）和余震（右）震中分布

红色五角星表示九寨沟地震，重定位震源位置为103.832°E，33.199°N，23.00km（梁姗姗等，2018），震源机制解来自于Global Centroid-Moment-Tensor project（GCMT）；灰色圆点表示2009年1月1日至主震发震前的历史地震，黑色三角为本研究所使用的地震台站；深灰色实线表示断层，F1是岷江断裂，F2是虎牙断裂且被近东西向雪山梁子断裂截断，分为南北两段，F3是塔藏断裂；图（a）和（b）中的彩色圆圈分别表示主震前、后90天内新检测地震事件（颜色对应距离主震的发震时间，0天为主震发震时刻），圆圈大小对应地震震级；图b中小五角星表示M_L4.5及以上余震事件

2017年九寨沟7.0级地震同震电磁机理研究

高永新[1] 赵国泽[2] 崇家军[3] 韩 冰[2] 文 健[4] 詹 艳[2] 姜 峰[2]

1. 合肥工业大学土木与水利工程学院，安徽合肥　230009；2. 中国地震局地质研究所，北京　100029；
3. 中国科学院测量与地球物理研究所，湖北武汉　430077；
4. 中国科学技术大学地球和空间科学学院，安徽合肥　230026

地震发生后通常可以观测到与地震波同时到达的电磁扰动信号，常被称为同震电磁场或伴随电磁场。其具有以下特点：①在P波到达后就开始出现，振幅更大的S波和面波到达后产生幅度更强的电磁信号；②通常在电场和磁场记录上均有体现；③电磁信号在波形和频率成分上与地震波记录高度相似。尽管同震电磁信号不能直接用于地震预报，但其携带着地震波相关信息，可用于研究台站附近介质信息特征，且与地震事件明显关联，有助于厘清地震电磁耦合机理，对理解地震前电磁异常有促进作用。目前对同震电磁场的产生机制并不十分清楚，前人已提出一些可能的机制，例如动电效应、压磁效应、地震发电机效应等，但电磁信号究竟是哪一种机制产生仍有待确定，需要开展理论模拟与观测信号对比研究来检验。

2017年8月8日21点19分，四川省九寨沟县发生了一次7.0级地震，距离震中196km处的一个电磁台站记录到了清晰的同震电磁信号，为研究地震电磁场产生机制提供了很好的实测资料。我们基于动电效应（高永新，2010）模拟了地震激发的电磁场，采用点源模型和层数为11层的水平分层模型。结果表明，近地表地层的孔隙度、流体盐度等参数对电磁信号的振幅有较大影响，我们通过测试，得到一组合适的参数，使得计算得到的伴随瑞利波的电场径向分量与观测数据在波形和相位上都吻合得非常好，表明动电效应是产生电场的有效合理机制。模拟得到的磁场信号存在伴随S波的磁场，且幅度与观测数据一致，但是没有伴随瑞利波的磁场，与观测不符，这表明动电效应不是产生磁场的主要机制。

我们还模拟地震发电机效应（Gao et al.，2019）产生的电磁场，计算结果表明电磁场主要由靠近地表的地层电导率决定，且幅度随着电导率增大而增大，但在常规岩石电导率取值范围内（小于1S/m），伴随地震波的电场信号总是小于观测信号，表明观测到的同震电场不是地震发电机效应所导致。磁场的径向、垂向分量在波形和相位上都与观测有较好的吻合，但是只有在浅层地层电导率为0.5S/m时振幅才可到达观测量级，而根据前人大地电磁反演结果，电磁台站附近浅层地表电导率要比0.5S/m小一个量级。另外，当电导率取0.5S/m时，相应的动电效应同震电场则比观测信号小两个量级，此时观测到的同震电场无法解释，这意味着地震发电机效应可能不是本次地震中产生同震磁场的机制。

为了解释磁场产生的机制，我们利用Jiang等（2018）给出的公式计算了磁棒晃动产生的磁场，结果表明模拟出的磁场信号在波形和相位上与观测信号有较好的一致性，但是振幅仅为观测信号的1/4，考虑到Jiang等（2018）的公式采用的一些近似（例如将地震波近似为平面波且忽略了径向地震波记录的贡献）可能会带来幅度上的差异，本次地震中的磁场信号应该是由磁棒晃动所产生。

根据以上模拟结果，我们得到如下结论，此次地震中伴随地震波的电场信号是由动电效应所产生，而伴随磁场信号则是由磁棒晃动所导致。

本研究得到了国家自然科学基金（NO：41774048）和中央高校基本科研业务费专项资金（项目号PA2018GDQT0008）资助。

参考文献

高永新，2010，地震电磁场—基于动电效应的波场模拟，哈尔滨工业大学博士论文，哈尔滨.

Gao, Y., Wang, D., Wen, J., Hu, H., Chen, X., Yao, C., 2019. Electromagnetic responses to an earthquakesource due to the motional induction effect in a 2D layered model, submitted to Geophys. J. Int.

Jiang, L., Xu, Y., Zhu, L., Liu, Y., Li, D. & Huang, R., 2018. Rotation-induced magnetic field in a coil magnetometer generated byseismic waves, Geophys. J. Int., 212（2）：743-759.

2018年8月5日印度尼西亚地震
震前电离层异常特征研究

周　晨[1]　王壮凯[1]　刘　祎[1]　刘　静[2]　张学民[2]

1. 武汉大学电子信息学院空间物理系，湖北武汉　430072；
2. 中国地震局地震预测研究所，北京　100036

地震发生前后电离层的异常正在被广泛研究。很多研究都得出了高强度地震（里氏大于5）会导致电离层异常的结论。之所以地震之前会引发电离层异常，最常见的解释之一是岩石圈—大气层—电离层耦合（LAIC）的电场穿透。在2018年8月5日（Day of Year，DOY217）UTC 11：46：34（LT18：46：34），印度尼西亚西努沙登加拉省龙目岛东北部发生了一次里氏6.8级地震，震源深度10km，震中位于116.45°E，8.33°S。本文分析了2018年8月5日印度尼西亚地震对电离层的干扰。本文主要关注此次地震在主震发生前对电离层的扰动，并通过数据分析和模型模拟结果研究潜在的物理过程。北半球/南半球地震区域上的电离层异常可以通过地磁线映射到对应的南半球/北半球的磁共轭区域。此次地震发生在南半球，因此可以在北半球找到磁共轭区域：117.509°E，27.200°N。通过位于地震区域的达尔文站和位于磁共轭区域的武汉站的垂测仪，获得的F2层的临界频率foF2序列和通过IGS（Internet GPSservice）获得的全球电子总量（TEC）序列均在地震发生前一天观察到异常，当时地磁条件和太阳辐射（Dst指数、Kp指数、F10.7指数）均比较安静。武汉站和达尔文站的垂测仪提供的foF2序列的时间分辨率为15分钟。两站的foF2序列在2018年8月4日（DOY216）UTC 03：45同时发生异常。IGS提供的TEC序列的时间分辨率是30s。TEC序列观察到异常的时间点是2018年8月4日UTC 03：45。考虑到foF2序列和TEC序列的时间分辨率，有理由相信foF2序列和TEC序列在同一时间点发生波动。由国家大气研究中心的高海拔观测台（NCAR/HAO）提供的热层—电离层—电动力学通用循环模型（TIEGCM）可以用于地球热层和电离层的数值模型仿真。使用TIEGCM，通过在上述异常时间点（2018年8月4日（DOY216）UTC 03：40）处插入异常电场，仿真电场异常的情况下全球TEC情况。仿真结果显示插入异常电场后地震区域和磁共轭区域TEC发生明显波动。综上所述，通过对foF2序列和TEC序列的数据分析以及TIEGCM的模型仿真得出，此次地震发生之前电离层发生了明显异常的结论。

2018年云南通海M_S5.0地震前后地壳振动异常分析

于 晨 王淑艳 陈界宏 余怀忠

中国地震台网中心，北京 100045

宽频带地震仪可以连续不断地记录地面震动信号，进而探索地壳振动的变化与地震前兆之间的物理关联性。选取2018年8月13日和14日两次云南通海M_S5.0地震前后的震中300km范围内的21个宽频带地震仪的连续波形数据，通过傅里叶变换计算分析地震前后的地壳振动低频信号（$8 \times 10^{-5} \sim 2 \times 10^{-4}$Hz）的能量变化，对低频信号的信号源进行定位，探讨地震前后地壳振动异常演变规律和物理特征。研究结果显示，通海M_S5.0地震前，在震源区300km范围内多个地震台的低频信号（$8 \times 10^{-5} \sim 2 \times 10^{-4}$Hz）出现增强现象，对低频信号源的定位结果显示，信号来源在震源区100km范围内，并且异常持续时间和主要异常区域与通海地震基本一致。本研究在该区域利用连续波形记录进行地壳振动研究可能对地震短期至短临预报具有重要的参考价值。

基于云南地震台网的连续波形数据，利用本文所述的地壳振动识别、定位技术，对2018年8月13日和14日两个云南通海M_S5.0地震进行计算，得到了地震前一个月和后一个月的地壳振动异常变化，以5天的数据为计算单元。结果显示，在2018年7月研究区内没有出现明显的特定频段的振幅增强现象，从8月开始在通海震源区内，即川滇菱形块体的东南端出现了明显的振幅增强现象，该地区交叉分布小江断裂带和曲江—石屏断裂带的多条分支断裂，地质构造复杂。之后，在震前5～10天，异常集中在通海震源区附近，异常区域逐渐集中并且特定频度的振幅显著增强，这段时间的振幅与背景振幅相比增强了20%以上。在通海M_S5.0地震之后，地壳振动异常区域逐渐减弱，并于震后5天基本消失，在时间和空间上与通海M_S5.0地震都有很好的对应关系。利用相同时段和相同台站的连续波形数据，对地震前后的地壳振动现象进行定位，观察地震前后一个月的地壳振动定位区域，结果显示：在7月研究区内没有出现由三个以上台站交汇的区域，21个台站的信号源方向没有显著的规律性，从8月开始在研究区内出现了一些信号源相对集中的区域，从8月6—20日，异常信号来源定位在通海地震震中南部100km附近地区。在震前5～10天，定位区域在通海源震区附近出现，表明该地区的断层可能进入失稳状态，定位区域持续到地震之前。在通海M_S5.0地震之后，地壳振动异常现象逐渐减退，在震后5天之后基本消失，未定位出显著的信号来源区域。

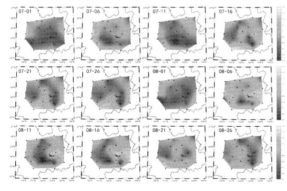 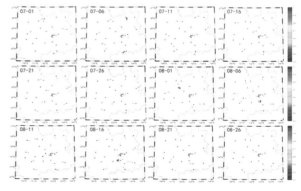

通海地震前地震振动现象的时空演化　　　　　　通海地震前地震振动现象的定位结果

 作者信箱：yuchen_syw@163.com

地下流体渗流诱导的电磁响应研究

高玉涛[1]　高永新[1]　宋永佳[2]　何晓[2]

1. 合肥工业大学土木与水利工程学院，安徽合肥　230009；
2. 哈尔滨工业大学航天科学与力学系，黑龙江哈尔滨　150001；
3. 中国科学院声学研究所，北京　100190

地震前电磁异常信号常被作为一种可能的前兆信号而备受重视。目前对地震电磁现象的认识仍很有限，特别是震前电磁异常的来源及其与地震的关联尚不明确，制约了其在地震减灾方面的应用。已有不少研究表明地下岩石孔隙中的流体在地震的孕育和发生过程中起着重要作用。一方面，岩石孔隙中高压流体可能会导致水压致裂，产生新的裂纹，或者促进已有裂纹的进一步扩展。另一方面，岩石孔隙流体压强的增加会减少有效应力，降低断层面的强度，从而引发断层滑动诱发地震。地下流体活动本身已被视为一种前兆而得到关注和重视。由于动电效应的存在，地下流体流动过程中会产生电磁信号，其可能是产生地震前电磁异常的机制，因此有必要研究震前地下流体渗流诱导的电磁场响应，对解释震前电磁异常来源和了解电磁信号的特征有重要意义。

本文采用COMSOL公司开发的有限元方法的商业软件COMSOL Multiphysis开展数值模拟工作。首先建立2D有限元模型，采用的方程是流体扩散方程与Maxwell方程组的耦合，然后采用瞬态求解器进行求解，最后得到流体渗流过程中诱导的电磁信号。由于考虑了自由地表，电磁波在自由地表以下介质中和在空气中的速度有较大差异，采用时间域有限元方法要特别注意稳定性问题，因此采取合适的空间和时间步长显得尤为重要。为了消除人工截断边界带来的反射，使用变步长网格使电磁波自然衰减。在半空间模型中，采用了矩形体或不规则的形状体表示地下具有不同流体压强的区域，每个区域均被视为孔隙介质，具有不同或者部分相同的物性参数（例如孔隙度、渗透率、流体黏度、流体盐度等）。零时刻之前，各区域互相封闭；零时刻以后，各区域之间连通，在压强差的作用下，流体从高压区域流入低压区域引起渗流，并产生电磁场。

结果表明，存在两种类型的电磁信号。一种是在不同压强区域边界处所激发的电磁波，该信号的特点是：接收点观测到的电磁信号在很短时间内达到峰值，然后随着渗流过程信号逐渐减弱，最后衰减为0，且在电场和磁场中均有响应；另一种是在流体流动时由于流动电势效应产生的电场，此时无磁场响应。在地表10km的地方电场和磁场分别在0.1μV/m和10nT量级上，电场信号偏弱，但磁场信号在现有仪器的观测能力范围内，表明电磁信号具有可观测性。研究表明，地层参数对电磁信号有影响，电磁波信号的振幅与矿化度和黏滞系数都成反比，即随着流体盐度和黏滞系数的减小，电磁波信号的振幅增大。以上结果表明，地震流体渗流是产生地震前电磁异常的有效机制。

本研究得到了国家自然科学基金（NO：41774048）和中央高校基本科研业务费专项资金（项目号PA2018GDQT0008）的资助。

地震前多种物理参量异常的时空演化

陈界宏

中国地质大学（武汉），湖北武汉　430074

地震前，应力积累于地壳并产生多种物理参量的异常现象。许多文献通过统计学方法检验不同种类的地球物理参量异常现象与地震发生的关联性。虽然统计检定结果说明震前异常现象和地震发生的关联性是可靠而显著的，但直到今日相关的异常现象仍无法有效地应用于地震预测。无法有效应用的原因在于：这些地震相关的物理异常现象出现在不同的时间和空间，且不同物理参量间的关联性不明确，尚无法利用建立异常现象的短临孕震模型。本研究收集1999年$M7.6$集集地震、2011年$M9.0$东日本地震与2014年$M6.5$鲁甸地震发生前的地下水水位、地下水水氡浓度、通过地基GPS观测的地表形变、地磁场、电离层电子浓度等观测数据，通过已知的物理关联性，排除误判或是尚无法理解成因的物理异常现象，建立异常现象间的物理关联性。研究成果指出：对于一个较大震级（$M>7$）的地震发生，我们能首先观测到地震应力相关的异常现象（包含地下水水位、地下水水氡浓度和地基GPS观测的地表形变），当地震应力异常现象转趋于不显著时，地震电磁异常现象（包含地磁场和电离层电子浓度）取而代之，而在地震发生前1—5日，电离层电子浓度异常则在地震震中附近地区上空出现。而对于一个较小震级（$M<6$）的地震发生，地震应力异常的不显著与地震电磁异常出现的时间无法有效辨别，而电离层电子浓度异常则仍固定存在地震发生前1—5日。因此，地震前多种物理参量存在着时空演化序列。地震前应力相关异常出现的时间通常早于电磁场相关异常。地震应力相关异常转趋于不显著的时间点随着地震震级的增加而提前。使用多种物理参量进行地震预测时，需先对物理参量的特性作区分。当地震应力相关参量出现异常而地震电磁场异常不显著时，这意味着一个较大震级的地震即将发生。必须对地震电磁场异常持续进行监测，待电离层电子浓度异常出现时，地震可能在未来的1—5日内发生。若地震应力相关物理参量与地震电磁物理参量出现异常的时间重叠时，这意味着一个较小震级的地震在未来的1—5日发生。

俯冲板块边界前震活动研究
——以台湾甲仙、美浓地震为例

谢亚男　唐启家

中国地质大学（武汉）地球物理与空间信息学院，湖北武汉　430074

台湾位于欧亚板块与菲律宾海板块的交界带，属于全球地震活动最强烈的环太平洋地震带，南海洋壳沿马尼拉海沟向东俯冲到菲律宾海板块下，菲律宾海板块沿琉球海沟向北西俯冲于欧亚板块下，台湾岛处于这两个俯冲方向相对的转换位置，致使台湾岛及其附近海域处于十分复杂的构造背景，地震活动相当频繁。现今研究表明，部分大地震发震前存在明显的前震活动，通过前震活动情况可以了解主震孕震过程及断层面的应力变化情况（Kato et al.，2012，Science；Kato and Nakagawa，2014，GJI.），为分析主震破裂特征和发震断层面物理性质提供重要信息（Tang et al.，2014，GJI.）。然而大部分前震为小震级事件（震级小于1.5级），且背景噪声对波形的干扰较大，故前震在已有的地震目录中常有较大缺失（Kato et al.，2012，Science；Kato and Nakagawa，2014，GJI.）。

本研究利用现今较为成熟的匹配滤波技术对俯冲板块边界的前震事件进行有效补充，通过分析大地震震前活动特征，来呈现一个较为完整的孕震、发震及应力累积过程。在此背景下，本研究对2010年3月4日M_w6.3台湾甲仙地震和2016年2月5日M_w6.4台湾美浓地震的前震序列进行对比分析，以期还原一个较为完整的大地震孕震过程。

本研究根据台湾地区气象局提供的地震目录及连续波形数据，选择地震前后各一年时间内、至少12个信道信噪比同时在5以上的地震波形数据作为模板，利用匹配滤波技术（Peng & Zhao，2009，Geoscience；Tang et al.，2014，GJI.）分别对两次地震前后震中距50km的范围内进行遗漏地震扫描，扫描后的地震事件均有大幅提升。两次地震的前震震中均沿北西—南东方向分布（图），震源深度集于0~40km范围内；分析两次地震的前震相对主震距离与时间的关系发现：震前均有较弱的前震迁移现象。

综上所述，台湾地区甲仙、美浓地震的前震活动并不明显，沿断裂走向分布且存在较弱程度的迁移趋势。两次地震震中位置、震源深度、震源机制等均较为相似，断层面也为西北走向，地震序列同样约呈北西—南东分布，这可能预示着两次地震的地下结构存在关联，但仍需进一步研究。

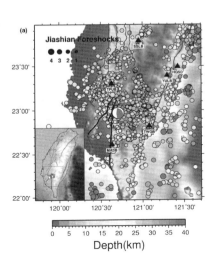 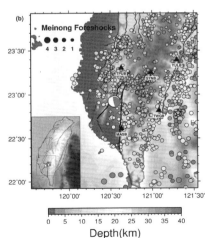

甲仙地震（a）及美浓地震（b）前震震中分布图。图中红色震源球所在位置为甲仙地震及美浓地震震中位置，五角星为在此期间美浓研究区附近发生的5级及以上地震位置，震源机制解均来自于Global Centroid-Moment-Tensor project（http://www.globalcmt.org/CMTsearch.html）；红色方框分别代表两个研究区位置及范围；彩色圆点代表主震发震前地震目录及匹配滤波扫描出的地震事件（颜色对应震源深度，圆圈大小对应震级）；黑色三角形为本研究所使用的地震台站

作者信箱：1198523111@qq.com

利用加卸载响应比方法提取强震前异常

余怀忠 于 晨

中国地震台网中心，北京 100045

地下水位观测对于研究与地震孕育相关的物理过程有重要作用，然而由于野外观测信噪比低等原因，难以提取出反映孕震过程的有效信息，近年来提出的加卸载响应比方法为研究提供了思路。该方法是通过固体潮加卸载过程中的响应差异探测岩石介质的稳定状态，随着构造应力增加、岩石介质本构关系发生变化，裂隙的扩展会造成加卸载过程中的水位响应发生改变。前人研究发现的震前扩容现象，结合多孔介质渗流实验和模拟，我们发现强震前与介质宏观尺度的本构关系动态变化相对应，岩石体内的裂隙扩展会导致水位变化，进一步根据Kaiser效应，水位变化应该主要出现在加载过程。因此，我们尝试采用加卸载响应比方法从地下水位中提取强震前异常，水位的加卸载过程通过固体潮在观测点处引起的库仑破裂应力变化判断。潮汐应力可以通过计算地壳弹性变形的方法获得，天体引起的地壳变形可以用6个一阶微分方程表示，使用数值方法可以计算任意截面上的潮汐应力分量，再通过应力张量变换可以得到滑移面上的剪应力和正应力。响应量选择加卸载过程中的平均水位，预处理包括去突跳、插值补全、滤波三个步骤。图1给出了了发生在川滇地区的3个6.5级以上地震（2013年$M7.0$芦山、2014年$M6.5$鲁甸和$M6.6$景谷）及使用震中附近100km内地下水位数据计算的加卸载响应比时间序列。时间窗为200天，滑动时间步长：30天。主震的震源机制解取自全球震源机制解目录，计算库仑破裂应力采用的内摩擦系数为0.4。对比图1中不同井水位得到的比值序列，大部分时间几乎都保持在1.0附近，直至地震前数月（或年）达到了异常高值，并在临近地震前短时间内出现一定回落。从而建立了裂隙扩展、水位变化、加卸载响应比值之间的动态联系。为了证实这一推测，我们探查了距离震中100km范围地壳形变观测。收集到两项观测：姑咱（GZ）和昭通（ZT）钻孔应变，距离芦山和鲁甸地震震中分别为81km和49km，深度为40m和45m。图1中还给出了这两个台站的降水和气压资料。可以看到在水位加卸载响应比值发生异常增加的同时段，钻孔应变出现了明显的压缩过程，而气压和降水则没有任何显著的异常。

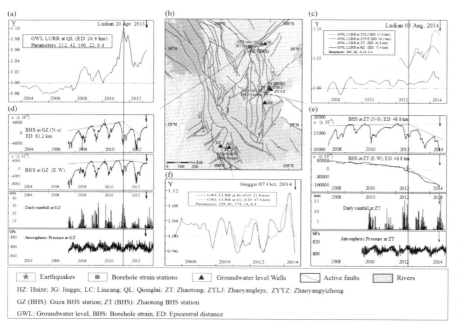

2013年$M7.0$芦山、2014年$M6.5$鲁甸和$M6.6$景谷地震的空间位置及由近场观测资料所得的地震前序列演化

（a）、（c）和（f）展示了使用震中附近100km内地下水位得到的加卸载响应比时间序列（垂直箭头表示地震）；（d）和（e）分别为姑咱和昭通台去趋势以后的钻孔应变及对应的降水和大气压。水位观测井、震中和钻孔应变台的位置都展示在图（b）中

强震前的VLF/LF人工源电磁波探测

张学民　赵庶凡　宋　锐　翟笃林

中国地震局地震预测研究所，北京　　100036

基于人工源VLF/LF电波研究地震前的电磁前兆特征由来已久，尤其是日本利用地基的发射和接收站开展了大量的研究，并发展了TT时间位移等系列分析算法，在强震震例分析中发挥了重要的作用。我国自2010年左右开展了地基VLF接收试验，同时也利用法国DEMETER卫星资料开展了空间电磁波震例分析和传播模型研究。本文主要利用卫星搭载的电场载荷，利用信噪比方法分析在VLF/LF频段电场探测到的地面人工源信号，围绕汶川地震开展了全面分析。结果显示，卫星记录地基VLF/LF人工源信号有强烈的昼夜变化特征，随着夜侧空间电子密度的降低，人工源信号在幅度及覆盖区域上均有较大的增强。同时同样利用夜侧数据，这些信号穿透电离层传播在卫星高度的记录特征也呈现出明显的季节性和随长周期太阳活动变化的特征，在太阳活动高年、及北半球夏季，当电离层背景参量明显加强的时候，VLF/LF人工源信号穿透电离层传播的能力降低。2008年汶川地震发生在太阳活动低年，季节在春夏交替，进入夏季的起始段。通过综合对比其在2008年1—5月的时空分布特征（图1），发现地震前5月1—12日，震中西北方向信号出现大幅度的下降甚至消失现象。与同时期的卫星高度电子密度对比发现，该阶段电子密度处在下降时段，两者本应反向的对应关系在该阶段变成同向，反映了汶川地震孕育过程对电离层电磁波传播阶段的影响。空间电磁波传播受到多种因素的影响，主要包括声重波、附加直流电场等因素，通过对多种参量综合分析，认为地震孕育阶段地球水汽、地球化学因素在孕震区均有不同程度的增强，这些因素可能引起了附加电场的产生从而扰动电离层，当电磁波传播经过该区域时被强烈吸收衰减导致信号减弱甚至消失。传播机理的分析相对比较复杂，还需要更多参量的综合校验和约束才能得到更为可靠的结论。

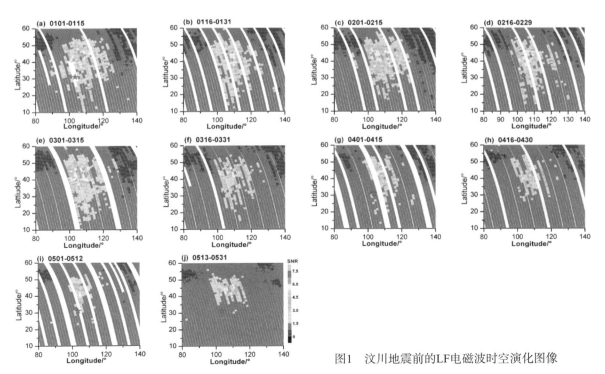

图1　汶川地震前的LF电磁波时空演化图像

四川九寨沟地震前的地磁异常研究

毛志强[1]　陈界宏[1]　张素琴[2]

1. 中国地质大学（武汉），湖北武汉　430074；
2. 中国地震局地球物理研究所，北京　100081

在地磁研究中，由地磁三分量数据通过转换函数导出的帕金森矢量具有指向高电导率异常的特性。早期的研究表明，地震发生前的一段时间内，地下的电性结构会发生变化，地下岩石出现电导率增大的现象。针对该现象，我们利用帕金森矢量的特性研究地震前兆信息。由于海岸效应和地下电性非均匀体也会引起电导率异常，因此在实际研究中需要扣除这两部分的影响。本文以2017年四川九寨沟地震（震级7.0，震源深度20km）作为案例，通过收集震中周围不同方位、不同距离的地磁台站的磁测信息，基于Chen等（2013，2015）的方法，计算出每个台站在不同频段的帕金森矢量方位角异常，分别将同一频段的多个台站的结果叠加，从而指示出震中的方位。

为尽量避开白天人为活动的干扰，本次研究所选用地磁数据的时间段，为当地时间晚上11点至次日凌晨5点。我们将2017年全年的地磁数据计算所得的帕金森矢量方位角作为背景值，由于海岸效应和地下非均匀电性体影响是长期效应，所以计算所得背景值即作为这两部分的影响。本课题以15天为移动窗口计算一组方位角，扣除背景值后的结果作为15天中最后一天的方位角异常值，总共计算了地震前30天至地震后15天的方位角异常情况。方位角分布随时间推移发生变化，从最初的无异常，到出现异常再到消失。我们将该阶段的变化情况作为地震前兆信息并用来判别地震前异常出现的时间。

本文的研究目的是，确定某一个频段使帕金森矢量方位角异常指示的位置与实际震中的位置最接近，以及确定能使结果显示出异常的最大范围的地磁台震中距，即确定能看到异常的最大范围界限。初步达到能将本文研究结果用于全国范围内的地震预报试验，减轻人类受地震灾害的损伤。

 作者信箱：Jaycobmao@cug.edu.cn

与强震相关的近地表-大气层多参量耦合特征研究

荆　凤[1]　Ramesh P.singh[2]　孙　珂[1]

1. 中国地震局地震预测研究所，北京　100036；
2. 查普曼大学，美国加州　92866

早在二十多年前科学家们在岩石力学加载实验中就发现除了红外辐射，岩石产生的微波辐射也会随应力的增加而增加，特别是在岩石临破裂前微波辐射亮温加速增长（Cress et al., 1987；耿乃光等，1995），这为利用微波遥感开展地震监测奠定了物理基础。被动微波遥感在获取地表热辐射信息方面具有独特的优势，它能够穿透云雾和降水，不受天气影响，具有全天候、全天时的工作能力。同时，不同波长的微波有不同的穿透能力，可以获取地表及浅层地表热辐射信息。虽然，被动微波遥感数据相比红外遥感数据空间分辨率低，一般为十几到几十千米，但是对于一个7级地震1000km左右半径的孕震区范围，这个尺度的数据完全有能力捕捉到孕震区内可能出现的地震热异常信息。微波辐射计所观测的信号虽然直接来自于地表热辐射，但其与土壤水分密切相关，此外，还受植被覆盖等因素的影响，若利用其开展地震热异常提取，必须对这些因素加以考虑。

本文选取美国DMSPsSM/I和SSMIS微波数据作为数据源，通过对不同下垫面区环境参量对被动微波亮温影响特征研究的基础上，针对我国1997年玛尼地震和2001年昆仑山口西地震，2008年汶川地震以及2015年的尼泊尔地震四个7级以上地震，开展了微波亮温不同频段和极化对地震热异常的响应特征研究。通过建立微波辐射异常指数（Index of Microwave Radiation Anomaly, IMRA），分析了孕震区范围内的微波辐射异常指数的时间和空间变化。结果表明，四个强震前均存在显著的微波亮温异常。其中玛尼地震前微波亮温异常最早出现在地震前一个月，之后在地震前一周内异常再次出现，并且异常空间展布于巴颜喀拉活动地块南边界玛尼—玉树地震断裂带上，与构造条带具有很好的一致性；而昆仑山口西地震前的微波亮温异常出现在震前两周，且主要展布于巴颜喀拉地块北边界昆仑断裂带上。进一步，通过计算两条断裂带上微波亮温指数长时间序列变化表明，在1996—2008年间仅在这两次地震前检测到了显著的微波亮温指数升高。而通过分析19GHz、22GHz、37GHz和91GHz的微波辐射指数变化显示，这一异常变化在19GHz水平极化上具有更明显的表现。2008年汶川地震前的微波亮温异常出现于地震前两个多月，异常沿龙门山断裂带展布，并且在震前一周异常在相同位置再次出现。针对2015尼泊尔地震，我们在地震前两个月检测到了微波亮温异常，异常分布于未来震中西北侧，该位置与其他学者利用GPS资料获得的最大主压应变率区相一致，随后在地震前10天，异常在相同位置再次出现，之后在临震前又在震中位置检测到了微波辐射指数增强现象，震后恢复平静。

为了从物理机制上解释上述结果并进一步研究与孕震相关的岩石圈—大气层多参量耦合特征，我们还利用空基和地基观测获得的地表及大气层多个参量（土壤湿度、大气温度、相对湿度、水汽、一氧化碳等）对上述几个强震开展了研究。研究表明，在地震孕育过程中，不同圈层的多个参量均会出现近同步的变化，其中微波亮温，由于反应的是浅层地表的热变化，往往会出现的较早，如地震前两个多月；而其他参量包括微波亮温会在地震前一周左右时间出现较为同步的变化，这证明了地震孕育过程中与热活动相关异常变化会从浅层地表到低层大气自下而上的传递。利用空基和地基多平台、多参量数据开展与地震孕育相关的多参量综合研究对于有效识别地震异常具有重要的意义，也有助于深入理解孕震机理。

《地震记录处理》概要

赵仲和[1]　牟磊育[2]

1. 中国地震台网中心，北京　100045；
2. 中国地震局地球物理研究所，北京　100081

《地震记录处理》一书是在中国地震局监测预报司、中国地震台网中心、北京市地震局及中国地震局地球物理研究所领导和相关部门支持下，由赵仲和和牟磊育编写完成，其书稿已提交地震出版社，近期有望出版。该书的主题是讨论地震记录的处理方法。在该书中，我们把地震记录分成确定性震源地震记录（指天然地震和人工地震等具有确定位置的震源所产生的地震记录）和地脉动记录（地动噪声）。

地震记录处理的内容十分丰富，而且在不断扩展，本书只是介绍了其中的一部分。下面是本书涉及的地震记录处理的主要内容。①地震记录预处理。第2章中介绍了地震记录预处理涉及的主要内容包括数据格式转换、采样率变换、去毛刺、去漂移等处理以及频率滤波。预处理的结果不产生实质性的新数据，但却改善了原始地震记录波形的质量，从而为其后的数据处理创造有利条件。②地震记录的仪器校正和仿真。第3章中以几种典型的地震仪或地震计为例，分析了地震仪器对地动位移、速度和加速度的响应特性，介绍了在频率域和时间域进行地震仪器校正的具体算法。此外，还介绍了在频率域和时间域进行地震仪器仿真的算法。③地震波形变换。在本书第4章中讨论了在地震波形分析中已经广泛应用的各种变换，包括短时傅里叶变换、小波变换、倒谱变换、希尔伯特变换等，特别是针对地震三分量记录，介绍了三分量记录的坐标旋转和偏振分析。④地动噪声谱、场地响应和台网监测能力。本书第5章讨论了地动噪声功率谱的估计方法，特别是明确了国际上遵循的台站地动噪声功率谱的标准算法，还讨论了台站的场地响应以及地震台网的监测能力和定位能力评估方法。⑤单个地震定位。鉴于地震定位对地震监测的重要性及其内容的丰富，本书在不同章中都涉及了地震定位问题。其中第6章介绍利用计算机程序进行单个地震定位的基本原理、单个地震定位算法的具体实现以及与地震定位质量相关的一些问题，如定位误差的定量估计等。⑥震源深度。在有利条件下，震源深度可以和震中经纬度、发震时刻同时测定，但在更多情况下，需要采取特殊的办法来更可靠和更准确地测定震源深度。本书第7章中介绍了测定震源深度的不同算法，并尽量指出不同方法的适用条件。⑦震源位置与速度结构的联合测定。本书第8章从多地震联合定位的角度和从反演地球（地壳）速度模型的角度，讨论联合测定方法，包括利用独立震相到时的传统方法，也包括利用"地震对"的到时差进行联合测定的双差定位方法和双差层析方法。⑧震源机制解的测定。本书第9章介绍利用初动符号、不同震相的振幅比测定震源机制解的传统手工作图方法和计算机计算方法，以及利用地震波形拟合求震源机制解的方法。⑨地震矩张量反演。如今，地震矩张量已经成为描述震源特性的必选参数。在地震界也出现了多种地震矩张量反演的开放的计算机程序代码。本书第10章在简要介绍测定地震矩张量原理的基础上，分别介绍一些典型的地震矩张量反演算法。⑩地震记录谱分析。对地震记录谱的分析可以得到震源参数和地球介质参数，尤其适用于对较小地震的分析；通过对多台站多地震的记录谱分析，还可得到地球介质的衰减参数和台站响应。本书第11章讨论地震记录谱的分析方法及产出的震源参数和地球介质参数。⑪震级的测定。在第12章讨论了传统震级标度以及矩震级和能量震级等其他震级的测定。⑫地震台阵数据处理。对地震台阵记录的处理也是地震记录处理的重要组成部分，本书第13章集中讨论地震台阵的数据处理方法。⑬地震事件类型判别。准确鉴别地震事件的类型，对于国家安全（如核爆炸鉴别）、减轻诱发地震风险、保护人民生命财产安全都有重要意义。本书第14章讨论地震事件类型判别的方法，包括记录波形特征量的提取、特征量的统计特性和事件类型综合判据、地震矩张量特征分析等。

ObsPy在震相识别中的应用

江　勇　庞　聪

中国地震局地震研究所，中国地震局地震大地测量重点实验室，湖北武汉　430071

ObsPy是一个基于Python搭建而成针对地震学领域的专业工作平台，诞生目的是促进地震学软件包和工作流程的发展。作为处理地震学数据的一个开源框架以及将地震学引入科学Python生态系统的桥梁，ObsPy具有优秀的数据兼容性以及功能完备的函数集合，提高开发效率同时满足专业化以及个性化需求。

震相是地震波触及不同介质发生转换所显示在地震记录图上的信号，震相的特征可以反映震源和传播介质等相关信息。利用P波初始段快速确定震级、震中距等参数对于地震预警工作至关重要。ObsPy中用于震相识别的主要函数如表1所示。

表1　ObsPy中用于震相识别的函数

函数	ar_pick	classic_sta_lta	delayed_sta_lta	z_detect	carl_sta_trig	recursive_sta_lta
说明	AR-AIC+STA/LTA算法	标准STA/LTA算法	延迟STA/LTA算法	Z检测器	计算carlSTA	递归STA/LTA算法

其中STA/LTA方法具有算法简单、速度快、便于实时处理等特点被广泛用于震相识别。在此基础上，为避免检测数据长久占用内存发展出递归STA/LTA算法。递归STA/LTA算法对于地震有效信号能够产生一个指数衰减脉冲响应，而且在有效信号结束后能够很快恢复。用ObsPy中的递归STA/LTA算法实现震相识别的关键步骤为：

```
trace = obspy.read（）.select（component="Z"）[0] # 获取波形数据
df = trace.stats.sampling_rate # 获取采样率
cft = recursive_sta_lta（trace.data，int（0.5 * df），int（4 * df）） #设置窗长度
plot_trigger（trace，cft，4，0.7）#设置阈值并画图显示
```

分别用标准STA/LTA算法和递归STA/LTA算法对同一段波形进行处理得到的结果如图1所示。从图1中可以看出，用ObsPy库中的两种函数都可以进行准确的震相识别。值得一提的是这些算法是ObsPy调用ctypes库实现的，用c语言编写的算法能满足高运行效率的需求。除此以外ObsPy库中的read（）函数能直接读取解析常见的地震数据格式，并且提供filter（）、simulate（）、polynomial（）等用于滤波、去除仪器响应和趋势等函数，可以对地震原始数据进行快速预处理。

与传统地震震相识别方法相比，采用ObsPy可以大大提高研究开发效率，并且由于ObsPy的开源、跨平台、可嵌入性等特点使之将在地震学数据处理中获得更广泛的应用。

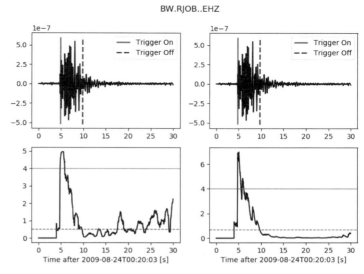

图1　ObsPy中标准STA/LTA算法和递归STA/LTA算法处理结果

场地土参数变异性对地震动场地放大函数均值的影响

李 波

四川大学建筑与环境学院，深地科学与工程教育部重点实验室，四川成都 610200

概率地震危险性分析基于地震动衰减关系来评估场地地震危险性曲线和概率反应谱。合理的地震动衰减关系对地震危险性分析结果的精确性和有效性产生重要的影响。目前的地震动衰减关系虽能准确描述基岩地震动特征，但不能准确考虑土层效应对地表地震动的影响。场地土层效应对地表地震动特征起决定性作用。土层地震反应分析是目前研究场地土层效应对地表地震动影响的主要方法。我国学者袁晓铭研究员在此开展了大量的研究，研发了新一代土层地震反应分析程序SOILQUAKE。受到场地条件的限制，核电站常建在土层场地上，故需反映场地土层效应的概率反应谱。尽管国内外一些学者基于实测的地震动，结合地表以下30m土体的平均剪切波速建立了场地放大函数，用之对基岩地震动衰减关系进行改进，但还不能准确评估地表地震动的特征。有学者对具体场地做土层地震反应分析，建立考虑场地土层参数不确定性的场地放大函数模型，从而对具体场地进行概率地震危险性分析，并得到概率一致反应谱；也有学者认为，只需计算场地放大函数均值，然后将基岩设计谱乘以该均值即可近似确定地表设计谱。有理论分析发现，考虑场地土层参数变异性会导致场地放大函数均值偏低，故基于场地放大函数均值评估地表设计谱可能会偏于危险。本研究通过考虑土层参数（即剪切波速、动剪切模量、阻尼比、土层厚度等）和基岩地震动的不确定性，结合土层地震反应分析理论，对典型场地进行土层随机地震反应分析，探究考虑土层参数变异性导致地表反应谱均值降低的原因。研究显示，土层场地的建模方法很大程度上影响地表反应谱均值的评估。针对一个具体土层场地，将每个分层土层的剪切波速考虑为随机独立或与相邻分层相关的随机变量时，如图1（a）所示，则会引起地表场地放大函数均值的降低，即地表设计谱的降低，如图2（a）所示；当依照最佳估计（best-estimate）的剪切波速分层来考虑场地土层的随机剪切波速时，如图1（b）所示，则得到的地表放大函数均值没有明显地降低，如图2（b）。此研究成果将为考虑土层场地效应的概率地震危险性评估方法提供准确的场地放大函数评估方法。

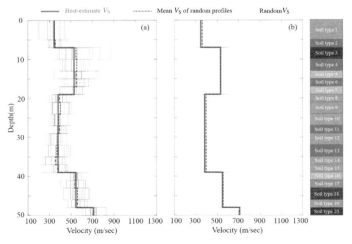

图1 假定场地的两种随机土层建模方法

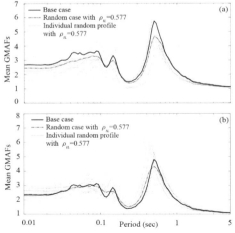

图2 两种随机土层模型下的场地放大函数

地震氡观测仪器校准方法研究

黄仁桂[1,2]　周红艳[1,2]　宁洪涛[1,2]　赵　影[1,2]　毛　华[1,2]

1. 江西省地震局，江西南昌　330039；
2. 地震监测氡观测仪器检测平台，江西南昌　330039

　　本文利用地震氡观测仪器检测平台校准单元对地震系统不同观测原理测氡仪进行校准实验，对FD-125测氡仪、BG-2015测氡仪、P2000测氡仪三种仪器在标准氡室800Bq/m³、1500Bq/m³、3000Bq/m³、6000Bq/m³和15000Bq/m³五个氡浓度下分别采用真空法、循环法进行校准实验。对比实验校准结果显示，同一台闪烁室测氡仪采用不同的采样方式时其刻度系数相差较大。通过分析真空法、循环法两种采样方式校准，循环采样法采样时间为10min，效率高，真空采样法的效率低，循环采样法其采样时间长，采样效率高。结果表明，不区分采样方式使用同一刻度系数会引入较大的测量误差，在日常观测中，不同的采样方式应该使用相对应的刻度系数。

表1　FD-125测氡仪真空法校准结果

氡室浓度/（Bq/m³）	1801	1802	1803	1804	1805	1806
80 0	0.00895	0.00849	0.00955	0.01044	0.00845	0.00917
1500	0.01046	0.00882	0.01004	0.00971	0.00917	0.00976
3000	0.00884	0.00897	0.00917	0.00943	0.00813	0.01045
6000	0.0099	0.0092	0.01025	0.00984	0.00813	0.00919
15000	0.00932	0.00839	0.0089	0.0092	0.00902	0.00914

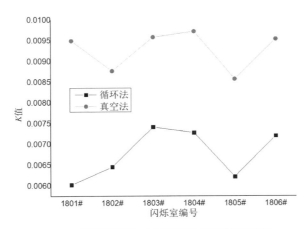

FD-125测氡仪真空法与循环法校准结果对比

地震计设计研究中需要注意的几个问题

刘洋君[1]　薛　兵[2]

1. 湖南省地震局，湖南长沙　410004；2. 中国地震局地震预测研究所，北京　100081

地震观测数据是地震预报的基础，地震计是获取地震观测数据的重要仪器。地震计是一种将地面的机械运动转换为电信号的传感器，其主要性能指标包括：频带宽度、动态范围和分辨率等，这些指标的优劣直接关系到所取得的地震观测数据的精确性。地震观测的现实需求指明了地震计研究的发展方向，即：宽频带、大动态范围、高分辨率。在地震计的设计中为了实现上述目的，通常采用如下方法。

1. 采用力平衡反馈技术

当地震计工作在反馈状态下，反馈电磁力与外力相平衡，使得摆体相对于地震计框架（地面）运动幅度极小，这就是力平衡反馈技术的原理。在地震计中应用电子反馈技术改变了地震计的传递函数，地震计的传递函数主要由电子线路决定，从而减小了地震计对机械的依赖，能够扩展地震计的频带；同时，地震计的自振频率和阻尼可由电子反馈来调整，使用起来更加灵活方便；机械摆的最大容许摆幅限制了它的动态范围，反馈技术的应用使得摆体处于微振幅工作状态，提高了摆的大振幅承受能力，因此，反馈摆的动态范围更大；大多数机械摆的设计采用旋转型，而不是直线型，大振幅的情况下非线性失真严重，采用反馈后，摆体处于微振幅工作状态，非线性失真很小。

2. 位移换能取代动圈换能

目前地震计主要有位移换能型和动圈换能型两种，但是如今地震计设计越来越多的采用的是位移换能型。相同的地面运动位移的变化量比速度的变化量要大，位移换能相比于动圈换能更加灵敏。在抑制噪声方面，位移换能器的优点还在于以下几点：

（1）对于电容换能型地震计，作为载波信号的外部信号源的频率可以选的很高，这样就可以避免频率低于10Hz时在后续放大器中的约翰逊噪声（1/f噪声）。在实际的工作中，大部分放大器的最佳频带是1~100k；

（2）由于外部信号源的频率精确，后续放大器的频带可以选的很窄，大大压低了噪声的水平；

（3）由于外部信号源的频率和相位已知，因此可以用同步放大技术来进行放大，这样就可以消除前置放大器中的电流噪声，使得电路的总体噪声水平大大降低。

3. 提高地震计信噪比

信噪比的提高在于最大限度地压制噪声和尽可能地增大有效信号成分，在如下几个环节控制：

（1）减小机械摆体部分的布朗噪声。自振周期越大，重锤质量越大，品质因数越大时，机械摆体的热噪声越小。因此，提高地震计信噪比的有效措施之一就是尽可能增大摆锤的质量、延长摆体的周期、增大机械品质因素。

（2）提高换能器的转换比例。当摆体机械部分的参数完全确定之后，提高地震计信噪比的另外方法就是适当增大换能器的信号转换比例，减小电容极板间的距离，提高换能器驱动信号源的电压。

（3）减小前置放大器的电子噪声。对于差动电容换能型地震计，电容变化信号加载到外部信号源产生的载波信号之后，这样就可以避免频率低于10Hz时后续放大器中的约翰逊噪声（1/f噪声）。除此之外，由于外部信号源的频率和相位已知，即使宽频带内的背景噪声很大，电容变化引起的信号仍然可以用同步放大技术来检测，这样就可以消除前置放大器中的电流噪声。

（4）加大摆垂的质量。质量大的摆垂，不仅有利于减小机械摆体的布朗热噪声，而且能增大摆体对地面运动的传输比，提高系统的信噪比。摆体质量越大，当感应到地面同样的加速度就能产生更大的能量，系统中能量的损耗也就越小，信噪比得以提高。

地震前兆短临跟踪数据库应用

康晋三

四川省地震局监测中心，四川成都 610041

本文论述了建立前兆数据库管理系统的基本情况，介绍了采用Visual Basic6.0作为设计语言对数据库进行管理的内容、界面特点以及管理系统的结构和功能。该系统前台采用VB作为开发工具，后台采用SQL Server数据库，利用C/S结构开发而成。按照软件工程的思路，从需求分析、概要设计、详细设计、编码和应用五个方面进行了详细描述。

四川地震前兆观测台网在网运行台站72个（专业台50个，地方台22个）。按学科分类包括形变观测站16个，流体观测站36个，电磁观测16个，重力观测站4个，共有各类观测仪器159套，其中"十五"65套（未计算辅助观测，其中包括西昌台阵），"九五"22套，模拟59套，"十五"人工观测5套。测项分量500个（不含辅助观测）。

四川地震前兆观测台网采用数字化观测技术、网络化传输和数据库存储，实现了准实时数据汇集和台网动态监控。实行省前兆台网中心、前兆台网分中心和前兆台站三级管理，共同负责仪器设备的日常管理和观测数据的产出。每年产出各类数据产品总量约80GB，通过行业网络为地震预测和地球科学研究提供各种形变场、物理场和化学场的观测数据及短临跟踪服务。

四川前兆数据库分为"十五"数据库和"九五"数据库。"九五"数据库采用SQL Server数据库建成，而"十五"数据库采用oracle数据库建成。

"九五"前兆数据库是由前兆原始数据库（pdby_sc）、前兆预处理数据库（pdb_sc）和前兆模拟数据库（pdb_sc1）三个部分组成。该数据库采用SQLserver 2000建成，并在Windowsserver 2017操作系统下运行。该数据库共收录前兆历史数据（1980年至今）、预处理数据、原始数据，共计数据总量达12G以上，并建立分钟值、整点值、日均值数据表和观测日志表共100多个。前兆数据中心每天通过FTP服务器收集全省54个前兆模拟台站，以及8个前兆数字化台站上传765个数据文件和日志文件，把这些文件进行整理、转换后上传中国地震局并及时入库，提供地震分析人员短临跟踪使用。

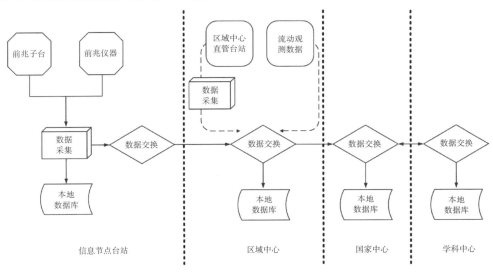

四川前兆台网数据流程图

关于构建测震台网数据处理实验系统的几点建议

赵仲和[1]　牟磊育[2]　郑秀芬[2]

1. 中国地震台网中心，北京　100045；2. 中国地震局地球物理研究所，北京　100081

经过几十年的发展，我国国家级和区域级测震台网中心的数据处理系统得到了长足的发展、完善，成为完成国家赋予测震台网常规任务的不可缺少的有力手段。然而，对现有常规处理系统的过分依赖，又在一定程度上限制了测震台网常规产出数据产品的内容和质量，影响了测震台网功能的发挥。另一方面，随着新的测震数据处理概念和方法的发展，加之对传统处理方法的更新改造使其适应计算机处理的要求，为测震台网数据处理系统的进一步发展提供了方法基础。因此，也出现了以现有台网处理系统的数据接收功能模块作为依托，引出数据流进行其他处理的系统，如地震台站数据质量和台网运行监控系统、地震类型识别系统等。基于上述情况，我们提出创造条件，在一些国家级和区域级台网中心，建立实验性的准常规运行系统。该系统应能与现有常规系统并行运行，既包含现有常规运行的各项功能，又能在其中加入实验性的扩展功能，在经过规定时间的试运行证明该扩展功能模块有效、稳定，即可将其纳入运行中的常规系统。通过不断地在实验性扩展功能系统中试验新的处理方法，扩展其功能，并将其成熟的功能模块转入常规系统，可以使现役常规系统不断更新、扩展功能，更好地满足各方面的需求，同时又不影响现役系统的运行稳定性。为此，我们建议以下几个方面作为构建实验性扩展功能系统后的第一批扩展功能，针对这些功能，我们已进行了必要的前期软件开发和功能试验[1]，可以成为构建该实验系统的基础：

（1）提供进行完全仪器响应校正后的地动波形。这里所说"完全"，应该是不仅包括地震计的响应校正，还包括数据采集器中的数字滤波器的响应校正。现在我国数字测震台网台站使用的数据采集器采用最小相位数字滤波器，这在满足初至震相识别的需求的同时，也给记录波形带来了失真，以致人们看不到真实地动波形的原貌。

（2）在多地震联合定位框架下的单个地震定位，实现对每个新到地震进行与以往地震集群的联合定位，以改善其定位准确度，特别是震源深度。现今测震台网中心已经具备条件构建包含海量地震事件震相到时数据的震相数据库，在此条件下，从基于单个地震事件的常规处理跃进到基于多地震事件的联合处理是可行的，也是必要的（例如前人已开发并运行的实时双差定位系统）。

（3）多方法联合测定震源深度。当前的现役处理系统靠传统的震源测定方法同时测定震中位置和震源深度，满足不了各方面对测震台网震源深度测定的准确度要求。人们尝试过多种测定震源深度的算法并付诸实践，不乏成功案例。把传统的多种基于震相（特别是深度震相）到时的震源深度测定方法和多种利用数字地震波形测定震源深度的方法结合起来，将会极大地改善台网的震源深度测定能力。

（4）震级mb_Lg的测定。国际上对爆炸事件的当量估计多采用基于短周期面波Lg的体波震级mb_Lg，但我国的测震台网还没有提供正式测定的震级mg_Lg。mb_Lg的定义清楚，不难纳入常规处理系统，但前提是要知道地区的地震波衰减参数。

（5）小地震的完全矩张量测定并用于地震事件类型鉴别。我国区域测震台网都已安装了地震矩张量测定软件，对较大地震测定地震矩张量已成为各区域地震台网的常规任务。但对于较小地震，能否可靠地测定矩张量，特别是测定完全矩张量，进而根据矩张量的特征进行地震事件类型的鉴别，还需进行大量实验工作，甚至对现有地震矩张量反演软件进行改进。

构建实验性扩展功能准常规系统的另一个好处是可以通过其扩展的产出来检验测震台网的布局和仪器配置是否达到扩展功能的要求，从而为测震台网本身的优化提供参考依据；对地区地震波衰减特性和场地响应等基础数据的要求还将促进相应的基础性研究工作。

参考文献

[1] 赵仲和、牟磊育. 2019. 地震记录处理. 地震出版社，待出版.

 作者信箱：zhzhao@seis.ac.cn；muly@cea-igp.ac.cn；zhengxf@cea-igp.ac.cn

基于波形特征的卓资山露天钼矿微震事件的识别分析

刘 芳　赵艳红　包金哲　王树波　赵铁锁　翟 浩　魏建民　张 晖
杨智升　赵 星　王 磊　苏日亚　李 彬　刘永梅

内蒙古自治区地震局，内蒙古呼和浩特　010010

微震是指由岩石破裂或流体扰动产生微小的震动。广义上可以分为两大类：工程生产上的微震动（microseism）和自然产生的微地震（microearthquake）（宋维琪等，2008）。

内蒙古自治区地震局承担的2016年度自治区科技重大专项与内蒙古中西矿业有限公司的卓资山露天钼矿技术部门共同实施了"卓资山露天钼矿微震监测"项目，获得了矿山微震记录的微地震、爆破、滑坡、机械开采和车辆运输等5种类型波形事件。本文提取了5类微震事件的波形特征和时频特征，研究成果为露天矿山微震事件的识别提供参考依据。

微地震事件波形具有3个方面的特征：①S波振幅约为P波振幅的7倍，说明不是正压力作用而是剪切力作用；②S波辐射不均匀，四象限两个方向较强，而另两个方向比较弱，更多表现为单力偶作用特征；③P波还是S波都为高频震波，且P波起伏很小几乎为等幅震波，表明微震主要是岩层破裂而非断层错动产生。

爆破事件波形具有U-D向P波初动方向向上、S波不易识别、波形尖锐，频率高（2～9Hz），振动衰减很快，持续时间短的特征。有明显的"初震段、主震段、尾波段"三段变化形态。其变化过程，与钼矿采用的多孔挤压式爆破方式有关。

项目组于2017年10月16日去矿山取数、巡检时，目睹了12时40分小型边坡楔体滑落的过程。经测量定，小型边坡滑坡事件的波形是由成组的、包络线呈"V"字形的3组脉冲波列组成，具有频率小（5.18Hz），持续时间为13.670s，衰减较慢、波形较光滑的特点。小型边坡滑坡的楔体滑坡经历了2个台阶，3次加速，3次缓冲，波形真实记录了此次小型边坡滑坡的滑动过程及滑动特征。

机械开采震动波形具有3个方面特征：①机械自振能量基本不变，破裂基本相同；②由于开采机械输出功率和开采作业不同，波形中脉冲幅度相差很大，波形"毛刺"甚多，频率高；③由于不同作业需要不同的开采时间，所以持续时间的长短间隔没有确定的时间段。现场调查分析发现，机械开采震动事件波形特征与矿山所使用的机械、施工场地、作业面和开采方式有关。

分析运输车辆事件波形可知，由于运输车辆行进由远而近，由近而远，其振动波也由弱逐渐增强，而后逐渐衰减，包络线呈纺锤形。矿区车辆受场地限制、车速近似匀速，所以运输车产生的震动频率没有明显变化，基本保持在25.5Hz。

5类事件时频空间分布特征可以分为相对独立、界限分明两类：一类是包含微地震、爆破、机械开采、小型边坡滑坡，时间分布在2250～5583ms之间、频率分布在4.2～14Hz之间；另一类只包含车辆运输事件，时间在4333～6000ms之间、频率在18～24.2Hz之间。

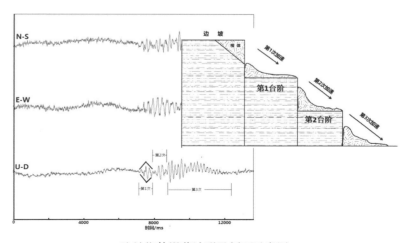

边坡楔体滑落波形及剖面示意图

基于含水率和压实度的黄土动力特性试验研究

马金莲[1,2]　王　谦[1,2]　钟秀梅[1,2]　柴少峰[1,2]　车高凤[1,2]

1. 中国地震局黄土地震工程重点实验室，甘肃兰州　730000；
2. 中国地震局兰州地震研究所，甘肃兰州　730000

考虑到我国西北地区多位于高烈度地带，地震频发且历次地震均有引发与地震相关的严重地质灾害，因此开展压实黄土动力特性试验研究，分析压实度等因素对黄土动力特性的影响规律并揭示影响原因，对指导黄土地区工程抗震设计具有积极意义。为了较全面系统地分析压实度和含水率对黄土动力特性的影响规律并从细观结构上揭示压实影响黄土动力特性的内在原因，以甘肃省临夏市北塬地区的黄土为研究对象，基于动三轴试验，对4种不同压实度和含水率条件下重塑黄土的动弹性模量和阻尼比进行了试验研究，并结合室内电镜扫描试验得到的不同压实度下黄土的SEM图像，从压实黄土的接触形式、孔隙分布特征等方面分析了压实度对黄土细观结构的影响。研究发现：压实黄土的动应力–应变关系为双曲线形式，含水率较低时压实度对黄土动应力大小影响显著，但随着含水率的增大，压实度对动应力的影响逐渐减小；随着压实度的增大，黄土的初始动弹性模量和动弹性模量均呈现出较为明显的增长趋势，随着含水率的增大二者均表现出减小的趋势，而压实度对阻尼比的影响规律则与动弹性模量相反；随着压实度的增大，土体颗粒之间的接触形式由由棱边接触、支架镶嵌向面接触逐渐过渡，表现为土体颗粒之间的有效接触面积增大；黄土孔隙尺度分布范围随着压实度的增加逐渐表现为微、小孔隙的含量增加，中、大、特大孔隙含量减小的趋势。

 作者信箱：1278462667@qq.com

基于力平衡反馈技术的石英水平摆倾斜仪研究进展

高尚华[1]　薛　兵[1]　李际弘[2]

1. 中国地震局地震预测研究所，北京　100036；
2. 中电科海洋信息技术研究院有限公司，北京　100041

现有的石英水平摆倾斜仪采用Zollner双吊丝悬挂结构，且其支架、吊丝、摆杆都用透明的熔凝石英经高温烧焊成一体，因此摆系灵敏度很高、稳定性也比较好。该仪器在我国前兆地震观测中得到了比较广泛的应用，取得了较好的观测数据。目前这些仪器总体运行情况良好，但还是存在一些问题，如灵敏度在安装前未知、频率特性不理想、线性度和动态范围指标不高等。

为解决这些问题，提高石英水平摆倾斜仪的整体性能指标，我们提出了基于力平衡反馈技术的石英水平摆倾斜仪设计方法。我们采用高精度的差动式电容换能器替代原来的涡流传感器；通过微位移信号检测电路监测差动式电容换能器动片（即摆锤）的位置变化，并将其转换为电信号输出；通过电子线路将微位移信号检测电路的输出反馈给差动式电容换能器的动片（即摆锤）上，在电容换能器两侧极板固定直流电压的作用下，该反馈电压将会对摆锤产生静电力，该静电力与摆锤感受到的惯性力方向相反、大小相等，从而使摆锤的运动幅度尽可能的小。因此，改进后的倾斜仪的机械部分和电路部分就构成一个负反馈系统。在石英水平摆倾斜仪中应用力平衡反馈技术的优点在于，可以通过电子线路的反馈，改变机械摆的固有周期和阻尼，大幅度缩小机械摆的位移振幅，使其频率特性主要取决于电子线路的反馈特性，从而使仪器具有频带范围宽、动态范围大、线性度好等特点。

根据上述设计方案，我们研制了基于力平衡反馈技术的石英水平摆倾斜仪样机，并利用浙江大学生产的精密倾斜平台对样机的灵敏度进行了测试，利用等幅正弦波电压信号对样机的幅度响应进行了测试。结果表明，样机的灵敏度为16801V/（m/s^2），样机的幅度响应在从DC到5s都是平坦的。该实验结果说明引入力平衡反馈技术后，如预期的一样，仪器的观测频带扩宽了，灵敏度也趋于一常数，这将有利于倾斜仪的推广应用，有利于区域地倾斜观测数据的分析处理。

基于微信平台的地震前兆观测数据实时系统的研究

李查玮[1,2]　吴艳霞[1,2]　周　洋[1,2]　罗　棋[1,2]

1. 中国地震局地震研究所大地测量重点实验室，湖北武汉　430071；
2. 湖北省地震局，湖北武汉　430071

随着互联网技术的发展以及智能手机的普及，移动应用已经成为生活中不可取代的一部分。在互联网的深刻影响下，地震监测向数字化方向发展迅速，地震监测基础性工作的水平和效率得以显著提升。地震前兆观测数据对于地震预报有着重要的研究和参考意义，因此保障地震前兆观测仪器的正常与稳定运行至关重要。目前，对于前兆地震观测仪器的日常监测工作由监测人员定时手动采集实时观测数据和查询仪器运行电压来实现。一方面，定时监测并不能保证及时发现仪器数据异常和电源故障，另一方面，加重了监测人员的工作量。为了进一步提高地震监测人员的工作效率，减少重复性的工作量，一种可以在移动端实现的地震前兆观测数据实时监测系统的研究亟待提出。

传统的移动端应用为C/S（Client/Server）结构，需要针对不同的手机操作系统编写对应的软件，这限制了系统的功能拓展和软件升级，维护相对困难。2017年1月9日由腾讯公司正式发布的微信小程序很好地解决了上述问题。微信小程序的运行环境是微信基于浏览器内核完全重构的一个内置解析器，它能够通过微信APP获得更多的系统权限。

本文提出的基于微信平台的地震前兆观测数据实时监控系统，可以实现以下三个基本功能：①稳态监控，主要是对前兆观测仪器电源的电压状态监控，这将直接影响到监测人员对仪器运行状态的判断。稳态监控还需要支持断路器、隔离开关的控制与调节，以满足通过远程断电和加电实现数据采集器重启的要求；②动态监控与分析，是稳态监控的重要补充，具备查询前兆观测实时数据的功能，并根据查询到的实时数据简要分析，判断仪器当前是否超出测量量程，当仪器超出量程范围后，观测数据将没有分析和参考意义；③智能警告与控制，当分析判断仪器电压状态为非正常态之后，实时监控系统会向用户发出警告提示，第一时间通知到监测人员。其次，在分析判断出仪器已经超出测量范围后，实时监控系统会向仪器运维人员发出警告提示，在运维人员手动确认后，给前兆观测仪器设置调零指示，实现远程调零控制。

基于微信平台的地震前兆观测数据实时系统的技术框架如图1所示，微信小程序向微信服务器发送请求，数据通过微信服务器返回的消息来传输。微信服务器向地震前兆观测数据实时系统提供数据传输接口和服务请求接口，提供Http Request作为请求接口，WebSocket作为数据的连接接口，指定一个URL，使微信服务器通过这个URL连接WebSocket。实时系统通过数据接口从前兆观测数据库里得到实时监控到的数据。同时调零设置指令通过请求接口连接到前兆观测服务器，服务器通过数据采集器中的通信模块向观测仪器的控制单元下达调零指令，从而实现智能调零控制。

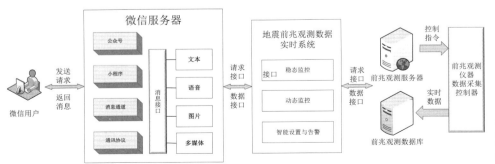

图1　基于微信平台的地震前兆观测数据实时系统的技术框架

 作者信箱：1433205610@qq.com

精密可控震源震相识别新方法及震相验证研究

王晓蕾[1, 2]　薛 兵[3]

1. 中国地震局地球物理研究所，北京　100081；2. 天津市地震局，天津　300201；
3. 中国地震局地震预测研究所，北京　100036

　　与传统的爆破源相比，精密可控震源（CASS）具有对场地破坏性小和发射信号重复性高的优点，在主动探测地壳速度结构及波速变化方面具有很好的应用前景。然而，精密可控震源的震相识别与提取方法极大地阻碍了其推广和应用，关键问题在于精确地估计精密可控震源的走时信息。现有的CASS波形检测方法有：互相关、短时相关、相干、反褶积、Wigner-Ville变换（WVD）。对于CASS资料预处理方法有：匹配滤波法、加权匹配滤波法。这里介绍了一种基于时变窄带滤波技术的新方法以提高震相走时估计的精确度，并对所得震相信息进行讨论和验证。

　　本研究采用窄带时变滤波与全局扫描相结合的方法来检测CASS发射的线性调频信号（LFM）。时变窄带滤波器的中心频率与LFM的频率变化保持一致（如图1a），具有不同时延的CASS接收信号经过

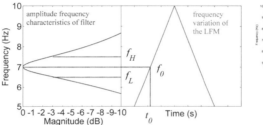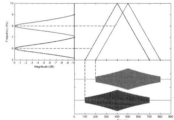

图1　窄带时变滤波（a）和全局扫描技术（b）

时变滤波器进行滤波（如图1b），滤波结果与震源信号进行互相关，含有震相信息在互相关后得到较大的互相关值，从而得到准确震相走时信息，上述即为全局扫描的处理思想。

　　本文采用新丰江库区40吨精密主动震源的观测实验数据，利用基于时变窄带滤波的全局扫描技术得到地震剖面，如图2（a）红线所示。为了验证所得震相，这里采用了汪荣江教授Qseis软件得到新丰江库区P波速度2层模型的地震合成图进行比对（图2（a）蓝线）。通过对比，我们可以识别出0～100km范围内的直达纵波Pg，0～150km范围内的直达横波Sg，以及0～200km范围内的莫霍面反射纵波PmP和0～216km范围内的莫霍面反射横波SmS。为了进一步验证震相，本文对新丰江实验英德爆破源数据进行处理，经过时间校正及2～20Hz带通滤波，得到爆破剖面图，如图2（b）所示，爆破所得直达纵波Pg与直达横波Sg与图2（a）中相应震相有较好的一致性。

　　本研究获得地震科技星火计划青年项目（XH18004YSX）资助。

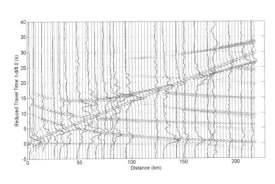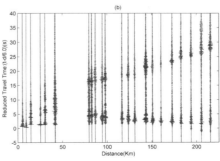

图2　（a）全局扫描法所得震相剖面图（红色）；P波速度结构2层模型地震合成图（蓝色）；（b）新丰江英德爆破数据所得折合走时地震图

井下光泵磁力仪单片机频率计设计

何朝博　　胡星星　　沈晓宇

中国地震局地球物理研究所，北京　100081

与现有地表地磁观测相比，井下温度基本恒定、能滤除大部分地表干扰、观测精度能提高1~2个数量级，方便选址，背景噪声辨析度高。光泵磁力仪常被用作井下地磁观测的绝对测量。本文涉及的是一种跟踪式氦光泵磁力仪，它将弱磁场测量转化成了射频场的频率测量，具有较高的灵敏度，响应迅速，可连续观测，适用于井下地磁绝对观测。为了实现设备小型化，使之适用于井下较为狭小密闭且不方便人工操作的工作环境，本文设计了一种基于STM32单片机频率计。

频率计使用STM32F103ZET6芯片，对比IO外部中断服务函数计数测频、定时器输入捕获模式测频、定时器外部时钟模式测频三种测频方式的优缺点后，选择适用于中高频测频方式：定时器外部时钟模式计数测频。频率计实物图如图1所示。

本文采用控制变量法设计了四组实验，分析误差产生原因并逐步解决。实验1对软硬件基本功能进行测试。结果表明，频率计正常工作，但存在较大误差。推测误差产生原因是芯片资源占用过多和普通晶振准确度不高。实验2控制单一变量用32MHz有源温补晶振替换普通晶振，误差明显减少（由36Hz/MHz减少至9Hz/MHz）。实验3控制另一

图1　频率计实物图

变量待测信号由同源32MHz有源温补晶振分频提供，误差再次减少（减少至3Hz/MHz），表明芯片资源占用过多会产生一部分误差。实验4通过独立待测信号源模拟实际情况，误差不变，表明误差来自测试原理本身。最终测试结果见表1。

表1　数据表格

测试参数	输入信号/kHz	实际测量值/kHz	误差/Hz	说明
频率1	2000	1999.993	7	同源
频率2	1000	999.997	3	同源
频率3	500	499.999	1	同源
频率4	2000	1999.994	6	异源
频率5	1000	999.997	3	异源

通过测试结果并对比其他现有测频方式（FPGA方法（4Hz/200KHz），CPLD方法（24Hz/MHz）可以看出，本文设计的频率计精度较高，满足项目需求。误差稳定在3Hz/MHz，该误差来自直接测频法原理的误差，分为量化误差和闸门信号时间的相对误差。文末对原理误差进行了详细分析，给出了误差的定量分析结果，指出如若进一步减少该误差，需要使用更加精确的晶振，并控制工作温度或使用另一种直接测频法，即：高频标频信号作为填充信号，待测信号作为闸门时间的直接测频法。

本研究由国家重点研发计划项目课题2018YFC1503803、中国大陆综合地球物理场观测仪器研发专项项目Y201703、中央级公益性基本科研业务专项DQJB19B22。

攀枝花地震台远震初至P波到时与理论到时对比分析

王　斌　梁　慧　蒲　宇　罗玉来　石　磊　林洪渡

四川省地震局攀枝花基准台，四川攀枝花　617061

　　本文通过对攀枝花台数字地震仪记录的远震初至P波到时与中国地震台网中心提供的理论到时对比，分析与震级、震源深度、震中距、方位角的相关性，讨论攀枝花台远震初至P波的误差规律及分析注意事项。使用EXCEL软件对比分析。参考所处区域地质构造，为攀枝花台地震分析提供依据，为识别震相减小误差提供参考。

　　攀枝花台在地震分析中发现，远震初至P波到时与中国地震台网中心提供的理论到时对比，有较多误差。而且记录较为清晰的大地震中也有误差出现。与其他台站交流，也有类似情况。攀枝花台研究了误差与震级、震源深度、震中距、方位角的相关性，结合攀枝花台所在地区的地质构造，摸索解决实际震相分析减少误差的方法。

　　分析数据采用随机抽取地震和抽取记录较为清晰的大地震两种方式。校正分析中以波形记录为准，严格按照相位、周期、振幅的变化确认拐点，量取到时数据，排除人为靠近理论到时的做法，取得了较为精确的数据，为对比分析打好了基础。

　　多年以来，在核查分析精度中发现，按照波形记录，绝大部分地震初至P波到时的分析是准确的。少部分地震初至P波到时分析超差，原因及应对方法：①原始记录波形较仿真波形清晰而未采用仿真波形，应严格按照规范，采用仿真波形分析初至P波到时。②初至P波到时因前面地震波形或地脉动干扰，很难识别。可尽量分析其相位、周期、振幅的变化，参考三个分向的情况，尽量分得合理一些。③分析人员认识水平或者角度不一样，对波形拐点识别不准确。这种情况要加强学习，多讨论，尽量避免人为失误。

　　台网中心的理论到时对于具体台站来讲，可能存在一定误差，这也是难以避免的。台站分析如果完全与理论到时相符，反而不可信。以实际波形记录为准才是科学可靠的。

　　攀枝花台探讨地震初至P波到时误差的初步结论是远震震级、震源深度、震中距、方位角与初至P波到时误差和校正误差相关性都是离散收敛的，没有线性关系。台站可以做到的是必须以波形记录为准，严格按照规范，尽量分析其相位、周期、振幅的变化，尽量准确识别波形拐点，将分析精度进一步提高。

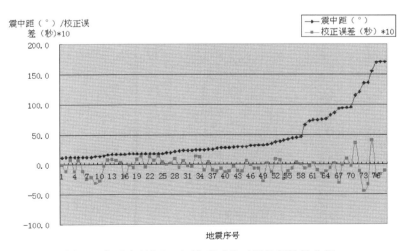

攀枝花台震中距与初至P波到时校正误差相关性分析

强震动监测系统数据抗干扰技术初步研究

庞聪 江勇 廖成旺

中国地震局地震研究所，中国地震局地震大地测量重点实验室，湖北武汉 430071

在强震动仪器系统研发和应用中，地震动信号的准确识别与噪声干扰至关重要。随着经济、技术的发展，强震仪不仅仅应用在大地震台网监测领域，也越来越多应用在关乎民生的抗震减灾工程领域，诸如高层建筑、大跨度桥梁、高铁、大坝等结构工程健康监测。对于台网监测，强震动仪器需要准确识别出大地震的波形特征；对于工程结构健康监测，强震仪器需要识别出风致振动、人为走动、路面冲击等振动事件。为了避免基于强震观测仪器的监测系统受到异常震动事件的干扰，必须研发抗干扰技术与软件平台，为指定振动事件的触发进行精确识别、预警。

强震动仪器数据抗干扰分析识别软件的核心采用决策树算法，决策树（Decision Tree）是一类常见的机器监督学习方法，目的是为了产生一棵泛化能力强，即处理未见示例能力强的树状结构物，从而进行预测。在实际的地震监测中，可根据强震动记录和各种干扰记录的特征差别，利用波形的多个特征来区分地震事件和干扰事件，所用的数据量为P波触发后一定时间内的数据。机器学习算法的样本训练数据（江汶乡，2015）主要由震动事件持续时间标志符（endOrNo）、记录波形对称性（Sym）、波形稀疏度（Sparse）、波形集中度（Pration）、首脉冲加速度最大增长速度（Speed）、波形峰值数目（Ptotal），其中endOrNo表示强震动事件在指定时间内结束为1，未结束为0，Sym表示波形在坐标轴上下方向的面积比，Speed表示最大相邻记录点差值与采样率的数乘。

基于决策树原理的强震动仪器数据抗干扰分析识别软件，采用C#语言和VS 2017平台开发，在Windows系统上运行，软件所采用的决策树算法为C4.5算法。软件平台基本实现了强震动记录数据解析、加速度数据显示、波形记录特征参数计算、决策树样本学习、决策树生成等功能，具体效果界面如图1所示。

总结：本文利用C#语言和VS 2017平台，开发了基于决策树的强震动仪器数据抗干扰分析识别软件，初步研究了机器学习算法在强震观测仪器系统中的技术应用；但是软件功能并不完善，决策树属于线性识别，在识别进度和准确性上也有一定局限性，下一步研究工作将会着重放在非线性强震数据的识别技术上。

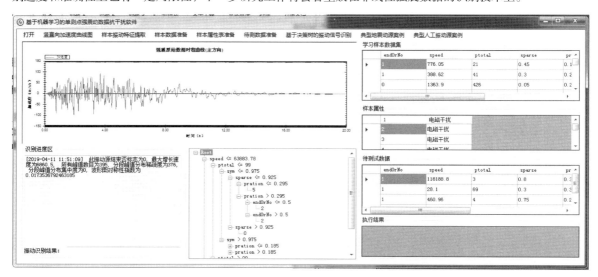

图1 强震动仪器数据抗干扰分析识别软件界面

球形三维应变张量观测的理论模型

邱泽华　张宝红

中国地震局地壳应力研究所，北京　100085

近20年来，以美国"板块边界观测"（PBO）项目为标志，钻孔应变仪异军突起，已经成为仅次于摆式地震仪和GPS的大地测量观测手段。人们利用钻孔应变观测资料开展了大量科学研究。需要指出，摆式地震仪和GPS观测点观测的对象都是一"点"的位置的变化（运动），是矢量，在三维空间中有3个独立分量；而应变仪观测的对象应该是一"点"的形状的变化（形变），是张量，在三维空间中有6个独立分量。从力的角度看，力不仅使物体产生加速度运动（牛顿第二定律），也使物体发生变形（胡克定律），这是两种不能互相替代的作用。由此可知，张量应变观测是与摆式地震仪和GPS不同的观测，可以提供不同的信息。

最早研发张量钻孔应变仪的是中国。特别是中国的四元件钻孔应变观测可以进行观测自检，引领了这种观测的发展潮流。例如美国PBO项目使用的Gladwin张量应变仪原来是三元件的，后来也在三元件的基础上增加了一个元件。但是，国内外目前广泛使用的张量钻孔应变仪，以圆筒形探头为特征，观测的是二维水平面的应变变化。

以圆筒形探头为基础发展起来的三维应变观测，因为难以建立有解析解的理论模型，所以不能简明地由观测值换算到应变变化值。在弹性理论中，圆筒往往用于研究二维轴对称问题，圆球才用于研究三维的球对称问题。本文介绍的三维应变仪以球形探头为特征，具有可靠的理论模型，并且借鉴了四元件钻孔应变观测的优点，在3个互相垂直的平面内分别安装4个元件，共有9个元件观测，换算6个独立分量，也可以进行观测自检（图1）。本文还介绍了这种球形应变观测的应变换算和实地标定方法。

球形探头的内部空间比筒形探头小，却要安装更多传感器，所有传感器还要在球心交汇，这是球形三维张量应变观测技术面临的一大难题。光纤光栅应变传感器，以纤细的光纤为载体，是研制球形三维应变仪探头的一种理想选择。

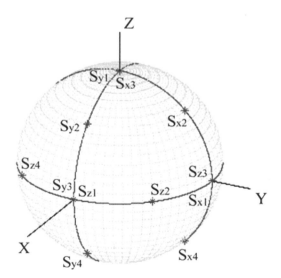

图1　球形三维应变张量观测的探头模型示意图

碳同位素温标在云南震情跟踪中的应用尝试

赵慈平　王　云　李其林　舟　华

云南省地震局，云南昆明　650224

大量的地球物理资料表明大陆内部孕震层底界普遍存在流变层（中下地壳）。除解耦作用外，底界流变层的活动可能对上覆地壳的地震孕育有驱动作用，因此底界流变层的物理化学状态变化可能对了解地震孕育过程有重要的监测价值。壳内流变层的埋藏深度和性质与火山半固结的岩浆房类似，目前无法对其温度进行直接测量。通过地表喷气孔或热冷泉逸出气体物种间的同位素平衡（如含碳气体的碳同位素平衡）温标原理来计算的温度（Sato et al.，1999；2002）算是最直接的"测量"了，因为用于计算的这些气体直接来源于目标体。气体可以通过断裂裂隙或渗透从地下流变层（或岩浆房）中逸出到地表，如果这种逸出过程是比较迅速的，由于同位素交换反应在高温端比低温端更灵敏，因此在高温环境下某元素在不同气体物种间的同位素平衡分馏在上升过程中温度越来越低的情况下会被"冻结"而成为高温源区温度的"记录"（Giggenbach，1982）。轻元素气体同位素的这一特性为获得地下流变层（或岩浆房）的温度提供了技术途径。热力学模拟研究认为地球内部CO_2、CH_4等含碳气体普遍存在是完全可能的：$H2O-CO_2-CH_4$体系能在广泛的温压范围（273～2573 K、0～10GPa）内存在（Zhang et al.，2007；Duan et al.，2006；1992a，b；Zhang et al.，2005）；C-O-H 流体体系在地幔温压条件下（约80～220km，约1073～1773K）CO_2、CH_4、CO等物种完全可以存在，且CO_2的丰度随深度而减少，CH_4的丰度随深度而增加，岩石圈和软流圈界面是CO_2和CH_4丰度变化趋势的分界面（氧化—还原）（Zhang et al.，2009）。因此，从理论上讲，同岩浆类似，中下地壳流变层完全可以富含$H_2O-CO_2-CH_4$等挥发成分。

我们在2015—2018年间对云南地区66个温泉逸出气的CO_2和CH_4进行了碳同位素观测，观测结果见图1a。CO_2-CH_4碳同位素图解显示绝大多数温泉气为幔源非生物成因气或壳源甲烷氧化气，少数为热分解成因气，极个别为生物成因气或后三者的混合成因气。我们用Horita（2001）CO_2-CH_4碳同位素平衡分馏方程进行了气体源区的温度计算，结果发现2018年较2015—2017年云南地区温泉气的气体源区温度有比较突出的区域性变化（图1b）。滇西北、滇东北、滇东南和小滇西总体表现为显著降温，唯有滇西南中东部表现为显著升温。我们因此认为滇西南中东部为未来3年（2019—2021）的强震危险区。

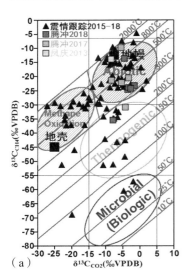

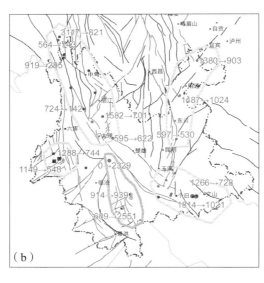

图1　云南地区温泉气碳同位素组成

（a）和气体源区碳同位素平衡分馏温度（b）绿色区域为显著升温区，浅蓝色区域为显著降温区。单位：℃。显著升温区为未来3年（2019—2021）发生6.5～7.5级地震的可能性较大的区域）

天津浅层地温监测网数据初步分析

刘春国[1]　王建国[2]　邵永新[2]　贺同江[2]

1. 中国地震台网中心，北京　100045；2. 天津市地震局，天津　300201

依托天津市"十二五"防震减灾综合能力提升工程，2017年天津市地震局新建了一个由30个观测点构成的地温连续监测网。观测点在主要断裂带附近均匀布设。每个观测点均钻有一个孔径150mm、孔深32m钻孔，两个温度传感器捆绑在一起放置在钻孔31m处，灌注2m石英砂，再灌注粘土球封孔。观测仪器采用地壳所生产的SZW-ⅡPT地温仪，仪器分辨力优于0.01℃，绝对精度优于0.05℃ 动态范围0~100℃ 长期稳定性优于0.05℃，分值采样。监测网于2018年1月正式运行，积累了一年多的观测数据。选取2018年全年的资料进行分析。

从30个观测点数据对比分析来看，每个观测点两个温度传感器数据变化形态基本一致、相关性较好，观测资料准确可靠。30个观测点31m处地温年均值在12.477~16.702℃，张道口最高为16.7℃，河北屯最低为12.477℃。15个观测点的地温较低，在12.477~13.933℃范围内；15个观测点的地温较高4.037~16.702℃，其中蓟县官庄和张道口超过15℃。从30个观测点年均值绘制的等值线图来看，地温较高区域落入了王兰庄、潘庄—芦台、宁河—汉沽、蓟州区和武清5个地热异常区内。

30个观测点2018年日均值年变化趋势显示，31m地温呈现不同程度的季节性的变化，大致可以分为1—4月、5—10月、11—12月三个时段（图1），不同的观测站在同一个时期呈现出不同幅度的上升、下降或起伏变化。年变基本形态可以分为单峰型、单谷型和起伏型，其中起伏型又可分为上升起伏型、下降起伏型两种。单峰型与当地气温变化曲线类型相似，从尔王庄、大邱庄、王卜庄、高村、王口、杨成庄、滨海塘23、宁河潘庄、黄庄、当城到塘沽，气温影响越来越小；单谷型，从郝各庄、张道口、小王庄、朱唐庄、天津中学、汉沽到河北屯，幅度越来越小，除了汉沽，空间上从南北向排列，为王兰庄、山岭子和潘庄—芦台地热交互部位，其成因可能与浅层地热能开发有关；起伏型，从武清城关、静海东台、滨海官港、板桥、王匡、青光台、徐庄子台、赤土、造甲城、官庄、静海台到糙甸，起伏幅度越来越小，这些观测点大都位于热田的外围区域，年动态可能受到气温、热田开发因素的影响。

总体上，大约有50%的观测点受干扰因素影响较少，年起伏变化在0.1℃以下有14个观测点，变幅最小的为塘沽，变异系数小于0.002℃的观测点共计有13个，这些点背景噪声较低，有可能记录到构造活动或地震活动引起的地温异常信息，其映震效能还有待时间检验。天津作为全国浅层地温能资源开发利用示范地区，浅层地温能的开发利用较早且范围较广，但动态连续监测点很少，本监测网可以填补空白，对地温场的变化规律监测，为科学合理开发利用浅层地温能资源提供决策依据。

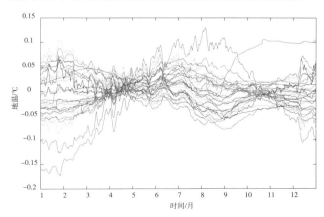

图1　2018年30个地温观测点地温日均值变化曲线

一种适用于地磁场补偿控制的磁场反馈电路

沈晓宇　胡星星　何朝博

中国地震局地球物理研究所，北京　100081

针对现有的地磁仪器检测环节中存在的问题例如：地磁仪器的部分性能在实验室中难以测试得出；基于台站比测方式的传统测量流程，因需要考虑诸多不确定因素，实施过程十分复杂；基于实验室测试结果而实际仪器在自然场运行中问题诸多，一个能够实现稳定自然磁场模拟的地磁仪器测试平台至关重要。

本文对适用于地磁场补偿控制的磁场反馈电路进行了研究，即利用反馈磁传感器测量得到的磁场和所需的工作磁场数值比较得出的差值作为系统的输入，经过模拟电路，将电信号传输给反馈线圈，形成闭环控制，起到补偿控制地磁场的作用。反馈系统的原理图如图1所示。

理想情况下，磁传感器的输出电压应为直流电压。但实际应用过程中，精度再高的磁通门仪器都存在着仪器噪声。同时环境中也存在着低频噪音源、交通噪声等对实验结果产生较大波动影响的噪声。为了抑制传感器的噪声和环境噪声，需要采用滤波等方式对信号进行处理。为了简化电路和减少额外引入的元件噪声，采用Sallen-key结构的滤波器。测量所得电压之差，经过一系列信号处理后，还需将电压信号转换为线圈所需电流信号才能够实现对地磁场的补偿。对于由线圈组成的磁场反馈控制装置，补偿效果的好坏除了取决于线圈的设计和制作，为线圈供电的恒流源性能也是极其重要的一个方面。对于反馈补偿电路的压控恒流源，要求其调节精度高，纹波稳定度优异。考虑以上因素，选取体积小，效率高，电流调节范围广的，基于运算放大器的压控恒流源作为设计方向。对最终设计完成的补偿电路进行相关测试。

表1　实际补偿情况

幅值/V	补偿电流大小/mA	所需补偿磁场大小/nT	实际补偿磁场大小/nT	误差/%
1.4771	1.4748	10550.71	10534.29	0.156
2.8059	2.8014	20042.14	20010.00	0.160
4.271	4.269	30507.14	30492.86	0.047
7.041	7.035	50292.86	50250.00	0.085
8.433	8.426	60235.71	60185.71	0.083

和现有的磁屏蔽方法相比，该模拟控制电路可以达到任意工作磁场的实现，而不仅限于零磁场。实验结果说明，该系统补偿10000nT的地磁场，平均误差为10.6nT，即平均补偿误差为0.106%，补偿精度高。同时系统的灵敏度高，稳定性优异。该反馈电路对地磁场可以起到很好的补偿控制作用。

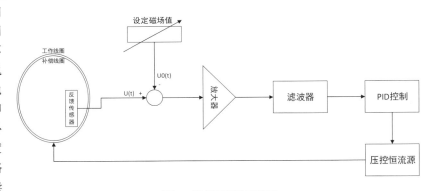

图1　反馈系统原理图

本研究由国家重点研发计划项目课题2018YFC1503803、中国大陆综合地球物理场观测仪器研发专项项目Y201703、中央级公益性基本科研业务专项DQJB19B22资助。

用于海底地震观测的非接触水下连接器设计

程 冬 朱小毅 薛 兵

中国地震局地震预测研究所，北京 100036

海底观测网，作为第三种地球科学观测平台，能够对海底进行全天候、实时和高分辨率多界面立体综合观测。在国外，海底观测网的建设及应用越来越多，我国的海底观测网也正处于投建之中。海底地震观测作为海底观测的一个分支领域，因海底观测网的发展也逐渐发展起来。用来进行海底地震观测的海底地震仪，随着目前的有缆式海底观测网的应用，从以前的埋入型和沉浮型无缆式海底地震仪，发展到现在使用较多的带有光电缆的有缆式海底地震仪。由于光电缆式海底观测网为有缆式海底地震仪提供长期、连续电能传输，并实时将海底地震仪的观测数据反馈到岸上，海底地震动态能够被实时监测。目前将海底地震仪连接到海底观测网的接驳盒较多使用国外研制的湿插拔水密连接器。该类型的水密连接器在水下完成插拔，接口直接电气连接，存在因接口磨损海水渗漏导致金属接触点短路的安全隐患，从而导致其插拔次数受限而使用寿命短的问题；且该连接器在水下是通过油压平衡完成水下动态挤压密封，其技术及工艺非常复杂，故其成本高、价格昂贵，最高可达80万。为了解决现有的连接器存在安全隐患，插拔次数受限，使用寿命短，价格高等问题，电磁耦合非接触式传输的湿插拔水下连接器开始备受关注。这种非接触式传输的方式避免了复杂的密封过程，接口因没有金属电气接触而存在安全隐患，同时插拔次数也不受限。近年来国内外对水下电磁耦合非接触式电能传输和非接触信号传输有较多研究，且取得很多成果，但目前对水下非接触电能传输研究，主要是用于水下大功率仪器设备的供电，研究目标是提高大功率传输能力，对水下非接触信号传输主要是远距离的通信传输，使得信号能在几厘米到几十米范围内的非接触传输。

本论文设计一种非接触式水下连接器，专门用于将有缆式海底地震仪连接到海底观测网，根据海底地震仪的工作指标要求，为海底地震仪提供小功率电能长期传输以及近距离数据信号实时传输，海底电缆为连接器插座端直流供电，插头端接入后为海底地震仪供电，同时两端开始进行数据信号双向传输。该连接器非接触传输采用电磁耦合原理，方案是在一对分离式同轴磁芯上紧耦合绕制两组线圈，一组用于传输电能，一组用于传输数据信号，通过设置电能和信号传输的不同频带来避免二者同时在电磁线圈上传输时的相互干扰，采用D类功率放大器以及使用正弦波作为功率放大器的信号输入组成电能传输初级端的电路，以提高电能传输的总效率，采用曼彻斯特编解码来完成信号在电磁线圈上的传输，以提高信号传输的速率并减小信号传输误码率。该非接触式水下连接器为海底地震仪提供长期稳定电源，并能实时与岸上实现数据交互，为海底地震实时监测提供便利，同时该连接器的非接触设计在以后可以用到井下地震仪中，通过其隔离式传输的特点使得井下地震仪避免雷电的袭击。

云南昭通6.5级地震微震检测与目录完备性研究

胡 涛 陈继锋

中国地震局兰州地震研究所，甘肃兰州 730000

我国地处亚欧板块与太平洋板块以及亚欧板块和印度洋板块的交界处，地震频发。地震观测研究是所有地震研究的基础，在地震学科发展中起着不可忽视的重要作用。而地震目录是地震观测的基础资料，为地震活动性研究、地震危险性分析等提供数据基础。

地震目录是对每一次地震尽可能给出发震时间、震中位置、震源深度、震级和震中烈度以及破坏要点等资料。由于人工经验性差距、噪声干扰、台基结构等因素的影响，会造成地震目录的不均匀和不连续。所以地震目录的完备性、震源参数的准确性将影响到之后科学研究是否可靠。

强震发生后或震群活动时，短时间内会发生大量的地震，不同的地震事件波形相互重叠，仅基于观测现象识别震级较小的地震难度较大。因此本文通过利用互相关技术的模板匹配方法，将2014年8月3日云南昭通6.5级地震作为研究震例，进行遗漏事件检测研究。对主震前3天连续波形进行检测。震前3天地震台网记录到147个地震，选取主震前M_L1.0以上信噪比较高的地震64个作为模板事件，通过匹配滤波的方式检测遗漏地震，从而扩充地震目录。基于包络差峰值振幅与震级的线性关系估测检测事件的震级参数，最后将检测后的地震目录与台网地震目录在主震前3天内的最小完备震级进行对比分析。

本研究由地震科技星火计划项目（XH19043）资助。

张道口地震台水位水温干扰分析

吴博洋　姚　蕾　宋　田　尚先旗　姚新强

天津市地震局，天津　300201

　　张道口地震台是国家地下流体基本台（台站编码ZDK，台站代码12002），位于天津市西青区大寺镇门道口村（117.21°N、39.01°E，海拔高程2m）。张道口–1井成井于1975年8月，成井深度1406.13m，2000年实测深度1150m，该台始建于1977年，1978年完成基建，占地面积7100m²，各类房屋建筑面积为2040m²。地质构造位于沧东大断裂分支的白塘口西断裂带大寺断裂带上。张道口–1井（热水井）1992年12月19日自流井突然断流，以往的观测项目，观测内容中断。1996年经国家局、天津局有关专家论证停止水化学观测，改以水物理观测为主。

　　为贯彻落实《中国地震局加强地震监测预报工作的意见》（中震测发[2010]94号），2013年12月31日，中国地震局下发了《关于全面开张地震前兆台网数据跟踪分析工作的通知（中震函[2013]311号）。2014年8月正式开展相关工作。观测数据连续、准确是预报的基础。只有排除非地震前兆异常信息。才能对预报工作起到至关重要的作用。近几年，一些学者通过不停的总结探索及探究。总结一系列的典型事件作为案例，如：人为干扰、场地地环境等（王建国等，2015）。通过这些例子地震工作者对干扰有了一定认识。但因各台所处的地理位置、观测环境不同。干扰源的情况有所差异。并随着时间的推移。将有更多值得注意的问题出现。这就需要地震工作者及时的发现问题并总结经验。在前人的基础上探究问题出现的原因及各种解决方法。本文通过对张道口地震台水物理观测的各项干扰进行分析总结。通过曲线图形的呈现出的问题找出影响问题的根源。透过现象看本质。通过对张道口地震台2015—2018年水物理观测数据受干扰情况进行分析。具体分为人为干扰、系统干扰等几个方面。归纳各种干扰对观测数据造成的具体表现形式。为其他台站准确识别干扰信号提供有价值的参考。

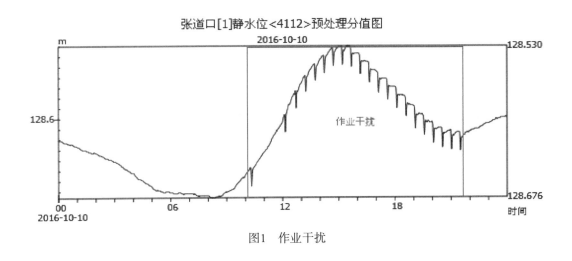

图1　作业干扰

2016年5月12日洛阳台水氡高值成因分析

孙召华[1]　夏修军[1]　杨龙翔[1]　王恒业[2]　谢佳兴[2]　王世昌[2]

1.河南省地震局，河南郑州　450016；2.洛阳基准地震台，河南洛阳　471023

水氡观测存在许多影响观测质量的因素，观测人为因素，观测室温度、湿度，观测井水位、流量，水井抽水方式、水井周边的环境干扰因素等等，排除异常干扰，对于识别前兆异常和把握震情形势至关重要。洛阳水氡观测始于1972年5月，观测仪器为FD-105K型水氡测试仪，2015年1月1日起新增一套FD-125仪器，运行良好，观测资料连续可靠，原有FD-105K仪器自2016年4月1日起永久停测。洛阳台观测井水位由2016年5月11日9.84m，下降为12.94m，下降幅度为3.1m；水质变差，颜色发红发浑。氡值由11日的67.0Bq/L上升为12日的78.4Bq/L，上升幅度为11.4Bq/L。

为了弄清洛阳台观测井水氡上升原因，走访调查发现距离该井5km发生龙门煤矿透水事故，除此之外，观测点周围没发现大量抽取地下水的抽水井，2016年与2017年分别对洛阳台观测井5km范围内的魏湾村水井、伊河水和龙门煤矿井、洛阳台取样进行水化学及氢氧同位素分析测试。

表1　2016年5月份、2017年4月份的水质分析结果表格

样品编号	Cl^-	SO_4^{2-}	CO_3^{2-}	HCO_3^-	$Na^+ + K^+$	Mg^{2+}	Ca^{2+}	pH	水质类型
ly2016	38.22	99.9	0	346.58	26.63	22.36	117.03	7.4	HCO_3Ca
weiwan2016	17.37	53.79	0	307.53	18.63	24.3	76.95	7.4	HCO_3CaMg
yihe2016	52.11	146.01	0	229.42	50.12	22.36	84.97	7.4	HCO_3Ca
longmen2016	10.42	80.69	0	244.07	19.64	22.36	65.73	7.5	$HCO_3CaMgNa$
ly2017（深层）	8.01	44.2	0	286	14.27	22.9	73.7	7.7	HCO_3CaMg
weiwan2017	7.2	40.8	21.7	262	13.08	22.9	73	8.2	HCO_3CaMg
yihe2017	63	117	15.6	202	42.23	24	95.1	8.5	HCO_3SO_4Ca
longmen2017	8.53	655	0	295	43	94.2	204	7.6	$SO_4 HCO_3CaMg$

水化学测试的八大离子含量，阳离子中，Ca^{2+}离子含量居多，其次为Mg^{2+}，阴离子中，HCO_3^-离子含量高于其他离子；piper三线图表明，2016年数据点较为集中，2017年的则较为分散。Na-K-Mg三角图解显示，样品均落在Mg端元附近，均为未饱和水，水–岩之间尚未达到离子平衡状态。氢氧同位素测试表明，水样大都在全球及区域大气降水线左下方，说明河水和浅层地下水体均为大气降水成因，未经历明显蒸发过程；伊河水样在4个水样中较为接近区域大气降水线，且在大气降水线的右下方。

水化学分析部分水质类型、离子相关性分析等表明，龙门煤矿透水洛阳台水氡及水位的变化密切相关。氢氧同位素分析表明，大气降水在洛阳台观测井井水补给中占有一定的份额。取样水温与氡值的相关程度较取样水位高。受龙门煤矿大量疏排水的影响，观测井含水层水位持续下降，使得深部温度较高的水减少，浅层水混入较多，可能导致观测井取样水温升高。

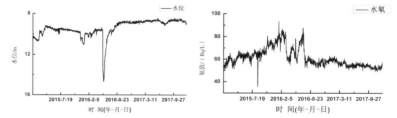

图1　洛阳水氡及取样水位观测曲线（2015—2017年）

注：本文依托基金项目为中国地震局2017年度震情跟踪定向工作任务（项目编号：2017010315）。

2017年8月9日精河6.6级地震后的构造地球化学特征研究

朱成英　闫　玮　黄建明　许秋龙

新疆维吾尔自治区地震局，新疆乌鲁木齐　830011

2017年8月9日7时27分52秒，新疆博尔塔拉州精河县发生 6.6级地震，震中位于44.27°N、82.89°E，震源深度11km。为了研究精河6.6级地震后其周边断裂的活动特征，2017年10月18日至11月3日新疆地震局对库松木契克山前断裂及博罗科努—阿其克库都克断裂精河段开展了野外断层的勘选，并对库松木契克山前断裂12条测线、博罗科努—阿其克库都克断裂精河段2条测线共191个测点进行构造地球化学土壤气的流动监测工作；每条测线有12～18个测点，测点间距10～30m不等；运用RAD7测氡仪、ATG-300H测氢仪和GXH-3010E1二氧化碳分析仪观测跨断层土壤逸出Rn、H_2、CO_2的浓度。结果分析表明：①Rn、CO_2和H_2浓度有较好的一致性，高值出现在断层附近，多呈现明显单峰特征。②Rn、CO_2异常强度高值主要集中在精河6.6级地震主震区的西侧（7、8、9、10测线区域），而H_2异常强度的最低值出现在这个区域。③李瑶等（2017）精河地震对周围主要断层静态库仑应力的影响的研究表明：精河地震对库木松契克山前断裂中段（即7、8、9、10测线所在位置）的库仑应力变化达0.03MPa，达到了静态应力触发的阈值（0.01MPa），增加了断裂破裂的效果；因为应力增加，减少了岩石的孔隙，使孔隙中的气体得以释放，引起断层逸出气体浓度的变化，因此区域内的Rn、CO_2异常强度出现明显高值异常。④白兰淑等（2017）研究认为精河6.6级地震破裂是由主震震中位置向西边延伸的单侧破裂，6次4级地震及多次3级地震的余震区主要分布于此区域，中小地震的发生有利于破裂完全，同时有利于土壤气的逸出；氢作为粒径最小，质量最轻，迁移速度最快，穿透力最强的元素，来源于深部岩石孔隙、裂隙中被封存的氢气在孔隙受到破坏后迅速逃逸到浅部或大气中，这也能说明余震活动基本结束后，该区域氢气浓度出现明显的低值异常；余震集中的区域也是断层活动性增强的区域，使得不能参与扩散和对流等迁移活动的Rn在CO_2携带下从地下深部带到地表，这也能解释Rn和CO_2出现同步异常的原因。

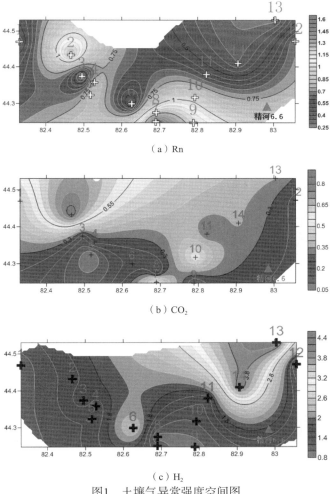

（a）Rn

（b）CO_2

（c）H_2

图1　土壤气异常强度空间图

2018年10月31日四川西昌*M*5.1地震短临异常分析

邱桂兰

四川省地震局，四川成都　610041

2018年10月31日16时29分，四川凉山州西昌市（27.70°N，102.08°E）发生5.1级地震，震源深度19km，震中距离磨盘乡3km，距西昌市28km。震中周围5km范围内平均海拔约2310m，震中周边20km内的乡镇有感。本次地震造成4人受伤，12360人受灾。

本次西昌*M*5.1地震震中位于NW向则木河断裂、近SN向安宁河断裂、大凉山断裂和NE向丽江—小金河断裂和盐源弧形断裂交汇处附近，附近发育有近SN向的磨盘山—昔格达断裂带，断裂带北段由磨盘山断裂（东支）、得力铺断裂（西支）组成，往南合并为昔格达断裂。

本次西昌*M*5.1地震发生在四川省多年来的地震危险区内。至2018年底，该震中周围100km范围内共有地球物理观测台站36个，地球物理观测分量111个。其中定点形变观测台站2个，观测分量14个；电磁学科观测台站9个，观测分量44个；地下流体学科观测台站14个，观测分量38个；跨断层形变观测台站4个，观测分量5个；GNSS观测站点7个，观测分量10个。以上观测分量中，存在异常或疑似异常的观测分量主要有：昭觉地震台溶解气氡、川32井流量、川03井气氡。

昭觉地震台溶解气氡：该观测手段自观测以来，观测资料连续可靠，曲线走势平稳，观测值变化不大，无明显的年变规律。2018年9月中旬开始，该测值开始波动变化明显，西昌地震后于11月中旬波动变化消失。该次波动变化，异常幅度略小，未达异常标准。昭觉地震台距离本次西昌地震约82km，震例有2014年8月17日云南永善5.0级地震（震中距为65km）。

川32井流量：该流量观测为川32井的辅助观测项目，自观测以来观测资料完整，一般表现为夏天流量略大，冬天为小幅度下降趋势。2018年9月下旬，该流量改变了往年的走势变化，呈小幅度上升走势，与历年同期走势不一致，但其变化幅度太小，未达异常标准，震前未提为前兆短临异常。震例有2014年8月3日云南鲁甸6.5级地震和2014年8月17日云南永善5.0级地震。

川03井气氡：该井为2015年新增观测手段，2017年前观测资料连续性不好，数据缺数率较高。2017年11月后，观测资料连续率较好，观测情况基本稳定。2018年10月23日开始，该测值波动较大，至11月30日，地震后一个月测值平稳。该井观测时间短，异常信度低，无震例对应。

此外，震前200km范围的异常有2018年9月出现的叶坪跨断层水准AD测边和安顺场水准场地BA测边异常，该两项异常的震中距分别是165km和177km。

地震活动性方面存在的异常主要有道孚以南至川滇交界东侧存在的5级、6级地震空区嵌套、四川东部地区M_L4地震空区被打破、地震视应力高值异常、震源机制一致性异常、低*b*值异常、长宁窗地震、四川地区中等地震月频度异常，以上异常均属中长期异常，本次西昌*M*5.1地震的地震活动性短临异常不明显。

分析本次西昌*M*5.1地震前兆短临异常少的原因，主要有台站观测环境差，干扰多；观测仪器故障多，仪器稳定性差。需进一步提高在干扰中提取异常的能力。

WS-1井地下水动态对邻井施工响应的观测与分析

车用太[1]　刘　允[2]　何案华[3]　张　帅[2]

1. 中国地震局地质研究所，北京　100029；2. 辽宁省大连地震台，辽宁大连　116012；
3. 中国地震局地壳应力研究所，北京　100085

在大连地震台瓦房店观测区建设了地下流体综合观测研究基地，建有二口地下水物理化学观测井，另有三口钻孔形变观测孔，均建在F2断层带上。WS-1井为地下流体观测井之一，深200m，观测含水层为100～180m井段被揭穿的F2断裂带裂隙承压水层，被揭穿的地层为震旦系长岭子组（Zc）与桥头组（zq）变质砂岩、石英砂岩与页岩。井水位埋深为11.3m，钻井时初见水位为54m，承压水头高度为42.7m；单井涌水量为0.044L/S·m，含水层渗透系数为0.03m/d，降深11.7m时抽水影响半径为21.4m。该井竣工后，2019年3月13日安装了DSC-II型地下水综合观测仪，水位传感器放置在井口以下18.56m（当时的井水面下5.76m），水温传感器放置在观测含水层内滤水管中（井口以下160m），地温传感器放置在观测含水层之下190m套管内的"死"水中。WS-1井水位表现出较强的地壳应力应变响应能力，固体潮日潮差为10cm，月动态平稳；160m水温动态与井水位动态有一定相关关系，但潮汐响应不明显，一般日起伏度为千分之几度，最大百分之一度；190m地温动态与井水位动态无关，日起伏度为千分之几度。

WS-2井为另一口地下流体观测井，同样揭穿F2断裂带，且向下钻到450m，井点位于F2断裂倾向（SE110°）方向距WS-1井40m处。在WS-2井施工期间，观测了WS-1井水位与水温动态响应，发现无论WS-2井钻进F2断裂上部不含水的岩体完整段还是钻进含水的F2断层破碎带（与WS-1井观测含水层同一个含水段），WS-1井水位总有明显的响应，不过二种情况下响应的特征有所差异。图1（a）为WS-2井钻进不含水的完整基岩段时WS-1井水位动态响应，除了钻具刚开始启动时记录到钻具上下移动的信息外，主要记录到的是岩层振动的信息，其幅度为5～10mm。图1（b）为WS-2井钻进含水的F2断层破碎带时WS-1井水位响应记录，主要记录的是钻具上下提升与下放时的水位阶变信息，其幅度为10～40mm。

由图1可见，WS-1井160m深度井水温度对WS-2井施工无动态响应。

上述结果说明，WS-1井水位对岩体中的力的传递与含水层中孔隙压力的传递都有响应，且响应都很明显。但对不同动力作用的响应特征与机理是有不同的。

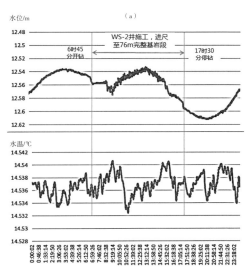
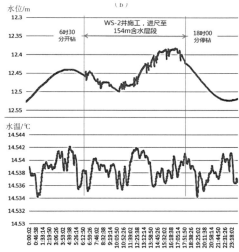

图1　WS-1井水位与水温动态对WS-2井施工的响应

（a）WS-2井钻进基岩完整段（75m）时；（b）WS-2井钻进含水的F2断裂带（154m）时

不同型号水温仪对比观测研究

张　彬　刘耀炜　杨选辉　高小其

中国地震局地壳应力研究所，北京　100085

　　选择已入中国地震局国家数据库的不同型号水温仪为研究对象，在同一口井开展长期观测，分析其趋势动态和响应程度，为今后仪器选型提供一定参考。

　　试验地点为地壳所昌平地震台，位于北京市昌平区卧虎山下，海拔高程100m。昌平台地处阴山巨型纬向构造带的南沿，在北东向南口—山前活动性断裂和北西向南口—孙河活动性断裂的交叉部位东侧7.5km处。水温对比观测采用4种不同型号的仪器（表1），4种仪器从2011年6月24日开始观测，水温探头均置于井下85m处。为了固定水温探头，在安装时，4个水温探头在地面用尼龙绑带进行捆扎，每隔2m用胶带将电缆打结。

1. 水温长期趋势动态

　　不同水温仪的水温形态均不相同。对于水温趋势变化形态，厂家1长期趋势为下降；厂家3水温趋势为下降，水温探头自2013年6月底出现故障，6月29日后无数据；厂家3水温在2011年6月24日至2013年8月24日长期趋势为上升，2013年8月25日更换水温探头后，长期趋势变为下降；厂家2水温在2011年6月24日至2013年10月10日长期趋势为下降，后出现快速下降过程。对于水温趋势变化幅度，4种水温仪虽然在同一位置，但是水温变化速率不相同，水温基准值也不同。相对而言，初期厂家1和厂家3两套水温仪趋势变化形态较一致。后期厂家1和厂家2水温以变化形态比较一致。

2. 水温仪响应程度

　　停电后，仪器停止工作，当恢复供电后，各水温仪器存在一个"上电"、"系统启动"、"工作启动"的过程。2011年7月21日8时10分左右台站发生一次短暂的停电情况，在重新供电后，我们可以从图1中看到四套仪器恢复到稳定工作的过程。

　　由于在实验期间没有给仪器配备直流电瓶，停电后，厂家2和厂家3的仪器停电时刻前的温度数据丢失；厂家1和厂家3水温仪器内部有直流电源，可以保障在停电后的短暂时间内继续工作，因此7月21日的短暂停电厂家1和厂家3水温数据还是连续的，但恢复供电后水温恢复到温度工作阶段，四套水温仪器均存在缓慢恢复过程。

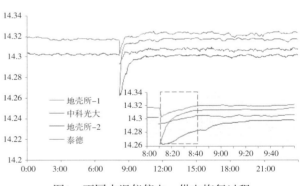

图1　不同水温仪停电、供电恢复过程

　　四套水温仪器从恢复供电到仪器稳定工作的时间是有差别的。其中厂家1、厂家2和厂家3的温度恢复时间为30分钟左右，厂家3的水温仪器恢复时间稍长一些，超过60分钟。

表1　昌平台6号井水温对比观测仪器

序号	厂家	测项	安装时间	编号	备注
1	厂家1	水位、水温	2011-06-24	04001a、04001b	
2	厂家2	水位、水温	2011-06-24	04001c	
3	厂家3	水位、水温	2011-06-24	04001d	2013年6月29日后水温仪停测
4	厂家4	水位、水温	2011-06-24	04001e、04001f	

 | 作者信箱：zhangbin150006@163.com

大连地震台瓦房店地下流体综合观测研究基地简介

刘 允[1] 张 帅[1] 车用太[2]

1.辽宁省大连地震台，辽宁大连 116012；2.中国地震局地质研究所，北京 100029

在地方政府资金支持下实施的大连地震台新增观测手段项目中，在原瓦房店地磁观测区域增加地下流体与钻孔形变观测。工程物探查明观测区断裂构造的基础上，以F2断裂带（走向NE，倾向SE，倾角60°～70°）为主要观测区，在（10×40）m²的小范围建立了二口流体观测井与三口形变观测孔，其基本特征如表1所列，其分布如图1所示。

表1 综合观测研究基地井孔特征表

井孔代号	观测项目	井孔深度/m	井孔结构		主要观测层
WS-1	地下水物理	200	0～110m	110～200m	110～180mF2断裂破碎带含水层
			Φ108mm	Φ108mm	
WS-2	地下水物理化学	450	0～110m	110～450m	110～162mF2断裂破碎带及210～246m、333～353m二个断层破碎带含水层
			Φ244mm	Φ146mm	
WY-1	钻孔应变	190	0～180mm	180～190m	F2断层下盘180～190段
			Φ146mm	Φ130（裸孔）	
WY-2	钻孔应变	80	0～70m	70～80m	F2断层下盘70～80段
			Φ146mm	Φ130（裸孔）	
WQ-1	钻孔倾斜	80	0～70m	70～80m	F2断层下盘70～80段
			Φ146mm	Φ146mm	

WS-1井主要观测井水位，井水温与井地温。WS-2井除了观测井水位，井水温外，主要观测地下水化学测项，包括离子、溶解气、逸出气等，另在353～450m井段（井内水与观测含水层无水力联系）开拓地温与大地热流观测新项目。为了开展地下水化学模拟观测另建122m²的水化学实验室。这个基地的地下水物理化学测项多达近40项。这个观测研究基地的主要任务是加强辽南地区地震前兆监测能力外，开展全国台网无法或很难进行的地下流体学科的观测研究。拟研究内容有：①在一定井一含水层等条件下，两口井地下水物理化学各测项对固体潮、地震波信息与大气降雨渗入补给干扰作用的响应特征，彼此间的相关性与差异性及其相应机制；②地下水物理化学动态与地壳形变动态的相关性等。通过上述研究，建立地下水物理化学各测项对地壳动力作用的响应模型与方程，显著提高地下流体学科的定量化，推进地下流体学科预测地震探索的科学化。

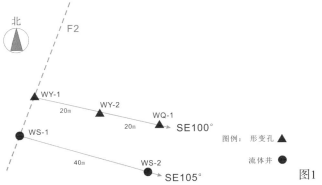

图1 综合观测列表基地井孔分布设

地下流体地震前兆观测问题探讨

曹俊兴　　何晓燕

成都理工大学，四川成都　610059

　　地下流体状态对地下应力环境改变高度敏感。地下流体状态监测是地震前兆观测的重要内容之一。系统观测研究地下流体以预测地震的思路最早由苏联科学家提出并实施。我国在1966年邢台地震后开始进行地下流体观测，1969年渤海地震后开始建立全国水文地球化学观测网。经半个多世纪的努力，我国的地下流体观测网日趋完善，发现了一些地震的地下流体前兆异常。但这些"前兆"绝大多数是"后发现"的。如何及时发现地下流体的异常，及时判识异常的诱因，使地下流体监测在短临地震预报中发挥应有的作用是地下流体监测研究的核心任务。现阶段实现这一目标的主要困难是：台稀测浅（台站稀、测点浅）。

　　世界各地观测记录了大量地震引起的地下流体异常（井水位升降、井流量增减）。汶川地震后我们对川西200多口天然气生产井记录进行了分析，发现只有约1/4井的流量出现了趋势明显的确定性变化，半数井的流量变化剧烈但几无规律可循，而又有约1/4井的生产数据似乎没有明显的变化。据此我们认为地震的地下流体效应与局地地质构造环境有关。由此我们获得一个认识：地下流体的映震能力和观测点的微观地质构造环境有关。由此可以推论：现有地下流体观测台未能观测到强震前兆，很可能是观测点微观地质构造环境选择的问题，而非无前兆的问题。

　　在我们尚无能力完全搞清楚地下流体映震能力与观测点微观地质构造环境的关系之前，利用尽可能多的观测资料，使用统计方法发现具有映震能力的地下流体异常似乎是唯一所能采取的方法。这一方法只有在有油气田的地方才有可能实施。油气田一般在数百甚至上千平方千米范围内有许多生产井，这些井钻遇的微观地质构造环境多种多样，总有一些点位（在三维空间所处的位置）的微观构造环境对孕震地应力变化会比较敏感，能在较大程度上避免因流体观测台站测点微观构造环境单一而引致的地震前兆观测遗漏。油气田生产井都有实时性的流量、流压等流体状态参数观测记录系统。如能利用这些数据，就能实时性的获得多点位、多层系和多种微观构造环境下的深部流体状态信息，进一步通过适当的数据处理与统计分析手段，就有可能发现具有映震能力的深部流体异常。

　　利用油气井生产数据监测地下流体地震前兆的思路至少在1994年就曾提出过，但似乎一直未曾实施过，只利用废弃的油气勘探井建了一些深井观测站，如川西的德阳08井、江油川10井等。汶川地震后，我们研究了川西多口天然气生产井在地震前后的井口压力记录数据，发现在震前的4月8日中坝气田产层埋深为3100m的各井井口压力普遍出现大幅上升，而产层埋深为2400m的各井井口压力无显著变化。由此向当时的四川省"5·12"抗震救灾指挥部建议"将龙门山山前油气生产井压力数据纳入地震预报基础数据采集范围"。龙门山构造带2008年以来先后发生了汶川地震和芦山地震两次强震。这两次地震发生之前川西及邻近的前兆观测台站基本都没有发现显著的前兆异常。但在油气井生产记录数据中，有可信度相当高的疑似前兆。四川盆地西部有数个天然气田，通过对这些气田气井生产数据的深入分析研究，有可能揭示汶川地震的地下流体前兆异常，并为基于油气井生产动态数据分析的地震前兆监测奠定理论和方法技术基础。

｜作者信箱：caojx@cdut.edu.cn

地震波可以引起地壳介质的渗透性减小

石 云 廖 欣 张 达 刘春平

防灾科技学院，河北三河　065201

渗透性是控制地壳介质中流体流动和运移的重要水动力参数之一。渗透性的变化可通过孔隙流体压力的重新分布，改变河流和泉水流量，引起石油储量变化，影响断层介质强度。许多实验和场地研究表明地震波可以引起渗透性增大。仅有少量研究暗示地震波可以降低介质的渗透性。

本研究中，基于二口井（莒南井和定远井）水位的潮汐响应参数变化，借助Hsieh模型中潮汐参数（相位差和振幅）与水动力参数的关系，计算并分析了地震对介质渗透性变化的影响。研究显示，对于莒南井，地震引起了介质渗透性的5次增大和4次减小；对于定远井，地震引起了介质渗透性的4次增大和5次减小。结果表明，地震波除了可以引起介质渗透性的增大，还可以引起介质渗透性的减小。除此之外，研究显示，对于莒南井，引起渗透性减小的地震主要分布在一定方位区间，意味着对于该井，渗透性下降可能存在地震波的方位依赖性。考虑到对响应远震的方位依赖特征，渗透性下降可归因于地震波引起的导水裂隙的淤堵。

我们进一步探讨天然裂隙网中，考虑到对于同一方位地震波不同方位裂隙具有差异性响应特征，因此，地震波引起的急速水流运动主要出现在一定方位裂隙中。局部水流运动可引起沉积物或淤堵颗粒运移，进而导致这一方位裂隙的疏通。若疏通的是导水裂隙，地震波可引起介质渗透性的增大，否则，由于沉积物或淤堵颗粒在导水裂隙中的累积，地震波可导致介质渗透性的减小。换而言之，在天然裂隙网中，渗透性下降的方位依赖性可利用地震波引起的沉积物或淤堵颗粒在导水裂隙中的重新分布解释。二口井表现出的渗透性下降的地震波方位依赖性的差异，可能与各自场地介质裂隙发育程度差异有关。

本研究将有助于进一步全面深入理解地震对地壳介质渗透性的影响。今后，开采地下水、油、气、地热能源，开展核废料和有毒废水地下安全存储，应当充分考虑地震引起的地壳介质的渗透性增大或减小带来的潜在影响。

地震孕育过程中断层气CO_2变化特征研究

张　慧[1,2]　李晨桦[1,2,3]　苏鹤军[1,2]　周慧玲[1,2]

1. 中国地震局兰州地震研究所，甘肃兰州　730000；
2. 甘肃省地震局，甘肃兰州　730000；
3. 中国科学院地球化学研究所，贵州贵阳　550002

地下气体不仅包含着丰富的地幔乃至原始地球的地球化学信息，而且由于其脱气并运移上升是在一定的构造条件下发生的，一定程度上反映了深部地质构造问题，如断裂深度、开启性、活动性和壳幔的连通性乃至区域地球动力学环境等。地震孕育过程中，由于区域应力的作用，深部流体孕震环境发生变化。岩石产生微破裂或已闭合的旧裂隙重新开启，断裂带内部一部分被封存在岩石孔隙、裂隙中的地壳深部气体，由压力大的深部向压力小的地表迅速迁移，使地下水及土壤气中的气体含量出现异常升高变化。在地震发生时，岩石因超声振动而会释放一部分封闭气体和吸附气体。前人通过对龙门山断裂带、首都圈地区断裂带、海原断裂带、西秦岭北缘断裂带、意大利富齐诺盆地和台湾新化断层等活动断裂带的跨断层土壤气勘测，认为地下水逸出气和跨断层土壤气的异常变化与地震活动性有明显相关关系，断层气不仅与断裂构造具有很好的空间对应关系，而且与断层活动性和地震活动分区分段特征相一致。CO_2是地球化学性质极为活泼的地下气体，存在于几乎所有的地质和地球化学系统中。不仅参与酸碱平衡反应、也参与氧化还原以及生物媒介反应。

本文通过甘东南地震危险区地震宏观异常观测实例分析，系统研究了CO_2气体在地震构造活动过程中的地球化学演化过程，以及发生的一系列酸碱平衡和氧化还原化学反应。结果表明断裂带CO_2气体有可能存在多种来源的混合；断层气CO_2的演化使得孕震环境发生一系列酸碱平衡和氧化还原化学变化，根据断裂带CO_2释放含量的不同，将会以不同形式表现出来。大量地震宏观异常的产生比如喷砂、冒泡、水变色、浑浊等主要与气体特别是CO_2气体有关；CO_2是其他微量气体Rn等向地表方向运移的载体，具有与He、Rn等气体"伴生和同源"的关系。CO_2气体因为自身的化学反应活泼性，在地震孕育与发生过程中具有良好的示踪作用，指示着地震孕育的变化。今后在异常落实中需要重视对气体特别是CO_2的监测。

| 作者信箱：zhanghui@gsdzj.gov.cn

定襄地震台BG2015测氡仪与FD125测氡仪观测资料对比分析

郭宝仁[1]　刘俊芳[1]　郭　宇[1]　刘金柱[1]　安凯杰[2]

1. 山西省地震局代县地震台，山西忻州　034000；2. 山西省地震局离石中心地震台，山西吕梁　033000

BG2015型测氡仪是中广核贝谷科技有限公司生产的数字测氡仪，定襄地震台2018年10月配置了该仪器，并于次月在同一观测室内与FD125型测氡仪器进行平行观测。本文对比分析定襄地震台 FD125 型与 BG2015 型水氡仪2018年11月11日至2019年3月30日内的观测资料，观测资料原始曲线分析，从FD125与BG2015测氡仪观测数据对比曲线可以看出，两套仪器实际观测变化趋势一致，数据动态变化相同，BG2015测值低于FD125测值约6~8Bq/L（图1）。

对这两组数据进行相关系数检验法检测，相关分析是统计分析方法中的重要内容之一，是考察两个变量之间线性关系的一种统计分析方法。通过计算得到两套仪器产出的观测数据相关系数为0.71，这说明了两套仪器产出的观测数据存在较强的相关性，但进一步表明两套仪器数据动态变化趋势是趋于一致的。

这一观测时段内，通过差分与标准偏差值分析两套仪器数据的离散度，FD125型测氡仪观测数据标准偏差值为1.2，一阶差分值变化范围在–3.1~3.3Bq/L，GD2015型测氡仪观测数据标准偏差值为1.3，一阶差分值变化范围在–4.2~2.1Bq/L，一阶差分和标准偏差分析表明，FD125测氡仪与BG2015测氡仪的观测数据离散程度与精度几乎一致。

这一观测时段内，FD125测氡仪产出数据的均值为29.2Bq/L，方差为3.93，BG2015测氡仪产出数据的均值为29.2Bq/L，方差为3.93，根据t检验公式

$$t = \frac{\bar{x} - \bar{y}}{\sqrt{\dfrac{S_x + S_y}{n}}}$$

式中，$\bar{x}$、$\bar{y}$为数据的平均值，S_x、S_y是数据的方差值，n是样本的数量值。则可以计算出，t的值为21.1，t值大于临界值$t_{0.05}$，t检验不通过。

综上，可得结论：通过原始曲线对比、相关分析和差分分析，可看出BG2015测氡仪与FD125测氡仪变化形态趋势一致，两套仪器产出数据的离散度一致；通过t分析与原始曲线对比，得出两套仪器均值不一致，这可能是由于两套仪器脱气方式不同造成的，有待进一步分析。

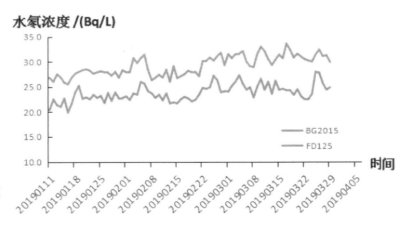

图1　FD125与BG2015测氡仪观测数据对比曲线

航海井水位快速上升机理研究

李　源[1]　夏修军[1]　孙召华[1]　郑桂莲[2]　杨显斌[2]

1. 河南省地震局地震，河南郑州　450016；
2. 郑州市地震局，河南郑州　450016

　　地下水动态的异常变化是地震前兆异常研究的重要手段。航海井自2012年水位、水温具有上升趋势，且2015年以来水位出现了加速上升。其中：2012—2014年水位年均约上升3m，2015—2018年年均上升约5.4m。自观测以来水位日变形态基本一致，即每天7～8点为高值时段，23～24点为低值时段，日变幅由0.31m逐渐减小至0.049m。2012—2014年水温年均上升约0.18℃，2015—2018年上升约0.202℃。在华北地区地下水严重超采，尤其是近年来表现特别突出的地下热水开采，那么航海井水位加速变化异常，究竟是区域构造活动的表现还是干扰异常？

　　航海井位于开封拗陷与嵩山隆起过渡带的华北准地台的西南部。其东北约6km分布有郑州老鸦陈活动断裂，其西分布有封门口—五指岭断裂。在断裂附近历史上曾发生过中等强度的地震，如1814年荥阳贾峪5级地震。

　　为了验证航海井仪器工作状态是否正常，通过安装备用仪器对比观测，相关关系为0.999997，排除仪器故障，认为观测数据真实、可靠。收集航海井2013—2019年4月降雨资料，对水位与降雨观测数据进行对比分析，表明航海井水位受降雨量的影响较小；通过水样化学平衡反应特征显示，航海井水样为浅层地下水混入到较深层地下水中的浅深交替循环地下水；从郑州市供水节水技术中心搜集到2014—2017年度《郑州市地下水动态监测报告》显示，航海井所在的地区为郑州市西南地区地下水过量开采引起的中深层地下水的降落漏斗面积呈现逐年减小趋势，这就意味着该区的中深层地下水水位在不断回升。

　　调研南水北调中线工程对郑州市的供水时间及供水量的数据得知，自2014年12月12日南水北调中线工程正式通水运行，截至2017年11月15日，南水北调中线工程已向郑州市累计供水9.7亿m³。由此，南水北调丹江水供给郑州市区，改变城市供水格局，缓解了处于超采状态的地下水。南水北调中线工程正式通水后，2015年河南省政府颁布实施《关于公布全省地下水禁采区和限采区范围的通知》，划定全省地下水禁采区范围，郑州市200km²纳入深层承压地下水禁采区，规定限期关闭城市供水管网覆盖范围内的自备水井，在地下水禁采区，除应急供水外，严禁新凿取水井，停止新增地下水取水许可，在限采区内，除应急供水外，严禁新凿取水井根据超采程度逐步核减地下水开采总量和年度取水指标。航海井位于限采区范围内，从航海井周边进行实地走访，其周边抽水井大部分停止使用，处于封闭状态。航海井水位上升变化，主要是南水北调中线供水补给郑州市区自来水水源，缓解了地下水超采状态，减少了中深层抽水井数量，缩小了地下水降落漏斗的范围，引起了包括航海台在内的郑州市中深层地下水位回升。

　　本研究由2018年中国地震局震情跟踪项目资助。

衡水冀16井水温资料分析

罗　娜[1]　张子广[2]　王　静[1]　王　江[2]　盛艳蕊[2]　张明哲[1]　田　勤[1]

1. 红山基准地震台，河北邢台　054000；
2. 河北省地震局，河北石家庄　050021

　　衡水冀16井（以下简称"衡水井"）成井于1979年1月16日，是华北油田勘探深井，地处华北平原沉降带冀中新河凸起高点，属邢台—河间地震带。2016年3月22日改为静水位观测，井口终孔深度1700.41m，观测段为1500.44～1700.41m，采水层位于下第三系孔店组的角砾岩破碎带中，上面多为泥岩，封闭良好，基底为震旦亚界碳酸盐岩系，上第三系1339.5m，第四系329m。

　　2017年5月和8月测量了30～390m水温梯度，结果显示水温梯度变化范围为-82.0～59.9℃/hm，存在多处负梯度。在60～100m变化之间较大，由54.258下降到-82.01，又转折上升至28.648℃/hm；其次150～200m之间变化相对剧烈，变化范围为-53.8～59.9℃/hm；在310～330m处出现显著负梯度，整体呈现显著不稳定性。

　　2017年冷水井1关闭，冷水井2（井深148m）持续抽水，当冷水井1关闭后，水位观测不再受冷水井1影响；但水温观测（探头深度放置170m）却受冷水井2抽水影响。冷水井2抽水时，抽水井内水位下降，上层温度比较低的水补充进来，到停止抽水时，下层温度高的水又补充到抽水井中，由于冷水井2距离观测井仅4m，抽水井2和观测井会形成显著热交换，造成200米范围内水温梯度变化剧烈，出现多处负梯度。200m以上深度推测负梯度处存在相对隔水层，且含水层水温低于井管内相同深度的井水温，管内外水温冷热差异形成热交换，导致该井水温出现负梯度。

　　根据地震行业标准《地震地下流体观测方法井水和泉水温度观测》（DB/T 49—2012）要求，参考水温梯度测量结果，320m深度位于含水层负梯度变化大的区段，背景噪声较小，可以记录到较清晰的固体潮效应和同震响应微动态特征，最终将水温传感器放置在320m深度，观测仪器为ZKGD3000-NT型水温仪。衡水井水温固体潮应是水温垂向梯度和横向梯度共同作用的结果。

作者信箱：93640348@qq.com

会理川-31井水位与降雨的关系及异常识别

芮雪莲[1]　杨　耀[1]　戴　放[2]

1. 四川省地震局，四川成都　610041；2. 凉山州防震减灾局，四川西昌　615000

地下水位动态在一定程度上能够反映构造运动信息，对地震分析预报具有重要作用。但其动态同时也容易受降雨、气压、固体潮、地应力等多种因素影响。胡小静认为地下水位动态变化是多种因素共同作用下的综合反应，即由含水层和储水量改变引起的宏观变化和周边岩体应力状态改变引起的围观变化。王旭升（2010）基于响应函数法提出了降雨-水位动态的组合水箱模型。孙小龙、丁风和等人采用卷积回归法、Clark法等方法研究了地下水位的气压效应及固体潮效应。

会理川-31井位于大铜厂向斜东翼槽部，其东侧为宁会断裂，为较好的地震地下流体观测井。通过分析2012年1月至2018年12月底的水位降雨量数据发现其水位均表现为雨季上升、旱季下降的形态，具有清晰的年变规律，且通过分析日降雨量与水位日变化幅度发现，该井属于典型的滞后补给型井，即川-31井水位升高较大气降水变化并不同步，具有一定的时间差值。通过统计日明显降雨量、月累降雨量及年累计降雨量与井水位上升幅度的对应关系发现日降雨量达到26mm以上时井水位才会出现相应的上升变化。降雨对水位的影响集中在降雨丰富的时段（5—9月），水位随着季节性降雨表现出了明显的起伏状态，与降雨量的多少有较好的一致性。为了进一步分析降水与水位变化之间的定量关系，提取并将月累计降雨量与月水位累计变化量关系进行一元线性回归分析，发现水位变化较大时与之对应的降雨量之间的相关系数较高。

借用王旭升等人的降雨-水位动态组合水箱模型，将地下水位观测值与模拟值进行对比可定量排除降雨对水位变化的影响。利用会理川-31井2014年水位正常变化时间段月累降水量与水位月均值拟合反演得出川-31井相关参数取值如下：z_0=4.40，t_0=0.1，=2.9，T_h=56.1，T_{iq}=80，T_{jq}=6.7。

基于以上参数对会理川-31井2016—2019年初以来的水位进行模拟，经与实测水位对比发现该井动水位明显受控于降水量，在旱季，模拟水位与实测水位较为接近，但是雨季由于降雨的影响，模拟水位与实测水位相差较大。春季为会理地区旱季，2019年以来实测水位明显高于模拟水位，尤其是3月正常情况下应与如模拟水位变化趋势一致即3月水位应与1月、2月持平，但实测水位却为趋势上升，较2月水位月均值明显上升了13cm。由此可认为：2019年3月会理川-31井水位上升无法用降雨和模型参数变化解释，为非降雨引起的异常动态，同时周边也无大型人类工程活动及注水行为，该井的水位上升可能与区域构造活动相关，故将该此项变化作为异常持续跟踪观察。

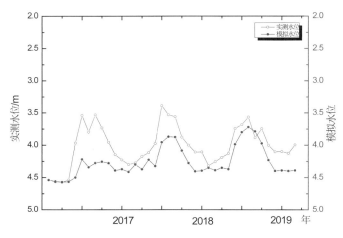

2016—2019年静水位观测值与模拟值对比曲线

| 作者信箱：scdzarui@163.com

基于地球化学和物理方法的定襄七岩泉水氡异常分析

刘俊芳[1]　范雪芳[2]　郭宝仁[3]　郭　宇[3]　高文玉[3]　刘金柱[3]

1. 山西省地震局监测信息中心，山西太原　030021；2. 山西省地震局预报中心，山西太原　030021；
3. 山西省地震局忻州综合地震台，山西定襄　035403

　　水化学分析，从泉的水源地上游到下游依次选取5个取样点定襄1#～5#。Na-K-Mg水岩反应平衡图显示，泉水在"未成熟水"区，为浅层地下水，水循环周期相对较快，水–岩之间尚未达到离子平衡状态。其氢氧同位素比值沿全球大气降水线分布且靠近太原地区的大气降水线，泉水补给来源主要是大气降水的浅层地下水，为大气成因水。大气降水线位置分布、水化学类型、离子成分分析、采样位置均显示，3#与其他采样点水源不同：①3#在2条大气降水线上，为大气降雨水；其他水样在两条大气降水线附近，为大气降水经岩石径流积累的水；②3#为Ca-Mg-HCO₃-SO₄，其余为Ca-Mg-HCO₃型水质；③3#离子成分明显偏离，其余化学离子组分数值接近；④水氡浓度与离水源地距离短的采样位置正相关。水氡1#、2#相差16.8Bq/L，2#、4#相差11.5Bq/L，3#、5#水氡测值为0。3#来源为降水直接渗入水，5#的水源径流岩石的时间短，流程少，溢散速度快，为地表水。1#、2#、4#的水源为径流岩石且逐渐积累后形成的地下水。

　　水物理分析，水氡与气温的相关系数$R=0.802$，与气压相关系数$R=-0.358$，形成水氡年变动态。统计显示，累计连续降雨量超过一定阈值（设定100mm），水氡值明显下降。实验测定雨水中氡测值为0，降雨会稀释测点氡含量。水氡历年动态显示，降雨不会明显改变水氡的年动态趋势，则气象干扰不会造成水氡高值趋势性异常。改造引水管道造成氡值下降12Bq/L（图1）；改造后取样口不密封导致水氡扩散，密封后水氡值比裸露的测值高11.2Bq/L，是水氡测值用12Bq/L校正的主要原因（表1）；PVC塑料引水管道对水氡的吸附视为无干扰；定襄水氡处于相对高值状态与静乐井水位2017年9月以来高值异常显著同步，反应同一区域内地壳应力特征（图1）。综合分析，定襄水氡高值异常可能更多反应了区域的构造应力特征。

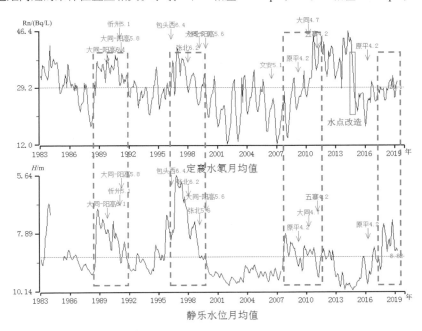

图1　定襄泉水氡、静乐井水位月均值曲线对比图

表1　定襄水氡采样点出水口密封程度对比观测

采样时间 年–月–日	出水口 密封情况	水氡测值	差值
2019-4-22	裸露	32.3	5.2
	大部分密封	37.5	
2019-4-17	裸露	31.1	11.9
	密封	43.0	
2019-4-4	裸露	31.5	10.5
	密封	42.0	

科学深钻中氢、汞观测揭示的断裂活动特征

刘耀炜[1]　方　震[2]　张　磊[1]

1. 中国地震局地壳应力研究所，地壳动力学重点实验室，北京　100085；
2. 安徽省地震局，安徽合肥　230031

地球内部气体中，一些组分被认为是与构造活动关系最密切的气体组分。氢的化学性质活泼，且作为幔源气体来源的主要成分和断层新裂隙发育产生的气体，在构造活动区断层带浓度较高，被认为是研究活动断裂及强震孕育的标志性气体组分。尽管前人对氢气与地球排气以及地震活动关系给予了特别关注，但人们对氢气的微动态特征以及与氢浓度和介质动力响应过程的关系研究较少，这就直接影响到对氢气逸出与断裂活动和地震关系的更深入分析。汞作为深部产生的元素，发现与地震活动有关的深部断裂带上存在汞气晕，在强大的压力、热力梯度作用下，汞气沿断裂破碎带、断层面可开启的岩石空隙向地表扩散，这些特征揭示了深部气体的异常过程与构造活动、热活动关系密切。但人们也遇到了难以准确判定观测到的异常是由深部构造活动引起的，还是由观测环境变化等因素引起的关键问题，科学深钻的观测研究工作，揭示了氢、汞等深部气体沿断裂带运移的机理与特征。

汶川科学深钻（WFSD-2、WFSD-3）随钻氢连续观测结果，揭示了断裂带中的氢气与周边强地震活动的可能联系。分析WFSD-2钻孔311.9～2039.01m和WFSD-3钻孔379.53～1378.41m深度随钻泥浆氢气浓度数据，排除钻孔过程的影响等因素，结合岩芯岩性和断裂密度，分析结果表明，WFSD-2和WFSD-3井氢气浓度存在显著的垂向不均匀性，岩芯断裂密度较高段，氢浓度出现高值异常，认为是赋存于断裂带或岩石中的氢气沿着断裂破碎带运移使得钻孔泥浆氢气浓度升高。另外，钻探过程中断裂块体周边发生强震前，氢浓度出现了显著异常信号，认为断裂带的吸附作用会聚集大量氢气，岩层应力状态和热动力状态的变化引起介质状态的变化和水-岩体系动态平衡的破坏，导致岩层和地下流体中氢气的迁移，或者通过扩散作用渗透到地壳浅部，并以断裂带或新破碎带为通道运移而产生高值异常，形成氢气的地球化学异常特征。在构造块体边界带以及龙门山断裂带发生的7次远场强震和近场中等地震前，在钻孔断裂或破碎带观测到的氢气浓度出现了高值异常，表明氢气和汞浓度异常也包含了近场显著地震构造活动和远场强震构造活动作用加速氢气释放的结果，为地震孕育过程的危险性分析提供的直接观测依据。

汶川科学深钻（WFSD-1）的随钻泥浆总汞结果显示，在汶川地震同震破碎带上出现的汞含量异常与断裂带渗透率增大和深部热液流体上涌有一定的关系，汞元素揭示出映秀—北川断裂带的同震破碎带非对称性分布的特征。通过汶川地震断裂带WFSD-1深部岩芯的汞同位素组成分析，认为WFSD-1钻孔地震主断层岩石和其他层位岩石具有不同的MDF和MIF特征。不同类型的岩石经历了不同程度的汞同位素分馏，断裂带中高温流体活动是影响汞同位素分馏的一种主要因素。总汞含量分布特征反映映秀—北川断裂带同震破碎带的非对称性特征。不同岩性中汞的同位素具有不同的质量分馏和非质量分馏特征，断裂带中高温流体活动影响了断层泥中汞同位素分馏，这一特征反映出深部流体对大地震的响应和作用。深大断裂带上赋存高浓度的汞，随着断层的破裂开启，来自深部的汞蒸气会快速沿断裂带向浅层运移，这一特征被汞同位素观测结果验证。

综上所述，由于氢气和汞浓度异常与深大断裂及其活动程度有密切关系，这就为获取深部流体对强震孕育过程的响应信息提供了氢气和汞观测研究的科学依据。

| 作者信箱：liuyw20080512@126.com

两次连续地震引起的含水层渗透率变化

孙小龙[1]　向　阳[1,2]　史浙明[3]

1. 中国地震局地壳应力研究所，北京　100085；2. 新疆维吾尔自治区地震局，新疆乌鲁木齐　830011；
3. 中国地质大学（北京），北京　100083

　　地下水是反映地壳应力与固体变形最敏感的物质之一，当井–含水层系统处于封闭性良好的承压体系中时，井–含水层系统即为一个天然体应变仪（Hsieh et al.，1987）。地震引起的各种水文响应中，井水位的变化最为普遍，地震孕育过程中的应力积累、地震发生后断层位错引起的静态应力以及地震波传播引起的动态应力，都会引起局部尺度地壳介质结构的改变，这会不可避免地导致岩体中孔隙压力和含水层介质特性（如渗透率）的改变，从而引起井孔水位的变化（Cooper et al.，1965；King et al.，1999；Manga et al.，2007；Shi et al.，2013）。因此，研究地震引起的井水位同震变化及介质参数变化等信息，对于理解流体在地震孕育、发生过程中的作用具有重要意义（Montgomery et al.，2003；Wang et al.，2014）。

　　本研究分析了两组发震间隔很短的地震引起的新疆新10井水位同震响应变化特征。图1所示为新10井水位和地表垂向位移对两组地震的同震响应曲线，可以看出，井水位的变化主要受地震波作用的影响，水位的波动变化与地震波有很好的一致性，地震波幅度较大时，井水位变化的幅度也越大。基于井水位对地震波的响应变化，分析了含水层渗透系数在两组地震时的变化，结合微水试验估算的含水层渗透系数，探讨了地震波引起含水层渗透性变化的机理。结果显示，相比地震波作用前的状态，在地震波的作用下，新10井–含水层系统渗透系数增加，其井孔水位也出现上升变化。地震波作用导致了新10井–含水层系统渗透率的增强，并且后一次地震引起的渗透率变化较前一次更为明显。机理分析认为，含水层渗透性的变化与孔隙介质内的填充物移动密切相关，地震波作用引起的快速水流冲刷和清洗作用可导致含水层渗透率增加，且短时间内的累积作用对其有放大效应。

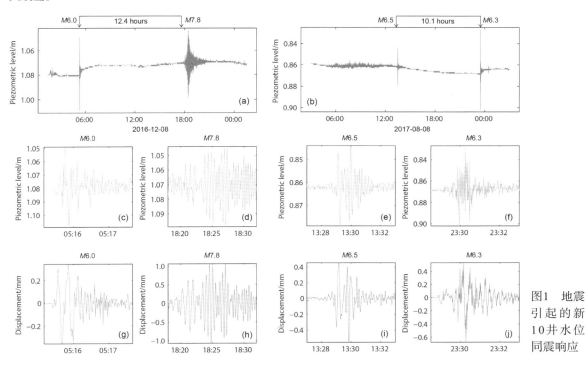

图1　地震引起的新10井水位同震响应

芦山7.0级地震前水氡浓度的临界慢化现象研究

王熠熙[1] 孙小龙[2] 邵永新[1] 李悦[1] 李赫[1] 王艳[3]

1. 天津市地震局，天津 300201
2. 中国地震局地壳应力研究所，北京 100085
3. 河北省地震局，河北石家庄 050021

2013年4月20日8时02分46秒在四川省芦山县发生7.0级地震，震中位于龙门山地震带南段。这次地震与2008年5月12日汶川8.0级地震位于同一断裂带上，相距大约82km。造成了重大的人员伤亡和财产损失。主震破裂过程表明芦山地震与汶川地震同样都是巴颜喀拉地块向东运动遇到华南地块阻挡时应力积累和释放的结果。地下流体一直是地球物理场监测的主要手段之一，芦山7.0级地震发生后，许多学者一直致力于同震变化特征及其机理的分析研究，并取得了一些有意义的认识。然而震前是否也存在一些预示强震即将发生的早期信号，是一个值得深入挖掘的科学问题。近年来，不同动力系统中的临界慢化现象成为多个学科领域的研究热点。临界慢化概念源自统计物理学和岩石破裂实验结果。已有研究结果表明，不同领域的动力系统在发生突变前所表现的临界慢化现象具有一定的共通性。地震发生前，震源及邻区经常会出现一些前兆信息，系统临界慢化的突出表现就是前兆信息扰动的恢复变慢、持续时间变长。本文基于临界慢化理论，计算了南北构造带水氡资料的两个临界慢化指标——自相关系数和方差，并结合区域动力学环境、构造背景、台点水文地质条件等探讨了芦山7.0级地震前可能存在的临界慢化现象及其时空演化特征。

本文收集了位于南北构造带且稳定性较好、干扰较少的57个水氡观测资料，采用一定的窗长和步长逐一提取其高频异常信息并计算出能体现临界慢化特征的自相关系数和方差这两个判定指标，结果表明13个台点的自相关系数和方差在芦山7.0级地震前出现了较明显的同步增大或其中一项增大。①从异常幅度来看，两个指标均具有异常幅度随着震中距增大的特征；②从异常指标的时空演化来看，虽然南北构造带上观测台点的空间分布及数量在南、北两端基本一致，但方差的异常点分布数量北段要多于南段，而自相关系数异常点分布南段多以北段，两个指标的慢化台点空间分布均表现出由两端向震中推移的迁移特征；③从异常变化形态来看，两个慢化指标变化特征既包含单调上升型，也有上升后高值持平的转折型，并且不同慢化台点的异常幅度和持续时间不尽相同，这可能是观测点本身对构造应力作用敏感程度的不同表现形式，这种敏感度取决于所处的水文地质条件、构造位置差异、井孔自身条件、异常信息捕获能力等等因素。

芦山地震前慢化台点主要分布在川滇菱形块体内部、龙门山断裂带及鄂尔多斯南缘。并且慢化时空演化有较明显的自南北两端向震源区迁移的特征。这种迁移特征验证了前人关于异常形成机理的断层成核理论。对比汶川8.0级地震前水氡慢化的研究结果，发现汶川地震前的慢化台点数量和空间分布范围要明显大于芦山地震，这是由于汶川地震无论是矩震级、破裂尺度、余震空间分布都要远大于芦山地震。虽然汶川地震和芦山地震都是巴颜喀拉地块向东运动遇到华南地块阻挡时应力积累和释放的结果，但发生汶川地震的龙门山推覆构造带中段和发生芦山地震的南段具有明显的深浅构造背景差异。同时本文研究结果表明同一观测点，汶川地震慢化的异常幅度并没有明显大于芦山地震，这可能说明异常幅度与震级无直接关系，异常幅度可能更多与井孔所在水文地质条件，井孔构造信息等有关。

论我国地震地下流体观测网的发展方向

车用太[1]　鱼金子[2]

中国地震局地质研究所，北京　100029

　　我国地震地下流体观测网经历了半个多世纪的创建与发展历程，现已发展成为规模宏大，观测效益明显的地震前兆监测网，积累了约40亿的海量数据，记录到了地球固体潮汐、地震波及地表荷载作用等丰富多彩的地壳动力作用信息，在几十年地震监测与预测实践中发挥了重要作用。然而，这个台网逐渐也暴露出一些问题，如缺乏顶层设计，分布不均不合理，观测井（泉）质量不理想，特别是映震效能不强，远不能满足防震减灾的需求。针对这些问题，笔者提出了在全国建设标准化的观测台网，在未来发震危险区建设断层带高密度气热综合观测网，在有条件的地区建设地下流体综合观测研究台站的二网一站的发展方向。标准化台网的建设以活动构造块体理论为指导，强化西部地区观测，对现有观测井（泉）进行评估的基础上严格按着相关的国家与行业标准进行改造、优化与完善，同时也严格按着标准要求新建一批观测井，让这个网承担我国大陆几百至几千米深度应力场及块体边界断裂带活动的地球化学与大地热流动态信息的监测任务，达到在西部≥7.0级与东部$M_S \geqslant 6.0$地震前可捕捉到一定的场兆异常，震前能够对震情有所觉察的目标。高密度气热综合观测网的建设目标是试图突破地震短临预测的难关，重点抓地震短临前兆异常显著的断层带土壤气观测与地温观测，依着发震断裂长度、震级与前兆显示区尺度关系的统计研究结果，分拟预测的未来震级大小确定观测站点间距离，高密度、等间距布点，覆盖整个发震危险区及其外围，捕捉来自震源的源兆异常，实现地震短临预测（报），切实获得防震减灾的实效。综合观测研究站建设是针对着大量在全国台网上无法求解的科学问题，在地质—水文地质背景条件十分清楚的地区，在有限的范围（几百至几千平方米）建设若干观测井，在观测环境与条件、井孔结构与含水层特性等清楚的条件下，开展单井、多井地下流体多测项的对比观测，揭示各测项动态间的关系，研究各测项动态对地壳动力作用响应的条件与机理，建立响应模型与方程，使地下流体学科定量化与科学化，为建立地下流体预测地震的理论与方法打下基础。

气体地球化学在地震监测和研究中的应用与发展

李 营　周晓成　陈 志　崔月菊　杜建国

中国地震局地震预测研究所，北京　100036

地震的发生是地下物质迁移、能量释放和应力改变的过程，由此导致地震孕育和发生过程中，断裂带及其周边区域的气体地球化学场发生显著改变（King et al., 1996；陶明信等，2005；Ciotoli et al., 2007；李营等，2008；杜建国等，2018）。这使得气体地球化学方法与手段在地震监测和研究中得到广泛应用，目前国内用于地震监测与研究的气体主要是井口和温泉的逸出气、溶解气，以及断裂带土壤气，包括Rn、H_2、He、Ar、N_2、O_2、CO_2、CH_4、H2S、Ar/He、Ar/N_2 和同位素组成值δD、$δ^{13}C$、$δ^{18}O$、$δ^{34}S$、$^3He/^4He$、$^{36}Ar/^{40}Ar$、$^4He/^{20}Ne$、$^{234}U/^{238}U$ 等。

中国地震局地震预测研究所是国内唯一针对地震预测这一重要科学问题进行系统建设和研究的公立科研机构，地球化学是该研究所的主要研究领域和用于建立预测方法的主要手段之一。近10年来，该单位地震地球化学与中短期预测研究室利用野外采样、流动测量和高光谱卫星遥感手段，针对中国大陆主要地震带和大型构造带（张—渤地震带、山西地震带、郯庐地震带、六盘山断裂带、鄂尔多斯西缘地震带、海原断裂带、南北地震带、北天山断裂带）开展了大量气体地球化学观测和研究工作，并取得了丰富的成果。

2007 年至今，本研究所在我国华北张—渤地震带20 条活动断裂带上建成了气体地球化学观测网（35 个气体观测井、40 条跨断层测量剖面），对该观测网的野外和卫星高光谱连续观测及研究结果表明，区域内活动断裂带上的气体排放强度呈现明显的西低东高现象，这与区域内构造活动和地震活动强度具有很好的对应关系（李营等，2009；Li et al., 2010；2013；Han et al., 2014；崔月菊等，2016；周晓成等，2017）。通过对该区域的气象条件、土壤类型、地壳结构、沉积层厚度、断裂构造活动以及地震活动的研究，结合稀有气体同位素分析结果发现，首都圈地区土壤气Rn、Hg、H_2、CO_2 浓度和通量西低东高的地球化学特征主要受控于该区域断裂构造活动、地壳物质结构、深部物质补给以及地震活动，而自然环境及土壤类型和组成对该特征影响较弱（王喜龙等，2017；Chen et al., 2018；杨江等，2018）。气体地球化学观测井的连续气体观测及同位素分析发现，我国华北地区气体地球化学变化与小震活动具有较好的对应关系，且地震活跃期间，深部来源气体量增加（Chen et al., 2019）。

汶川地震后，开始建设川滇地区流体地球化学观测网，现已建成由375 个温泉点和23个土壤气体剖面组成的流体地球化学观测网，覆盖了川滇地区50 余条主要活动构造带。汶川地震后气体地球化学观测发现随远离震中和余震衰减，气体CO_2、CH_4、Rn 在断裂带上方的排放逐渐减弱，且其排放受破裂带破裂程度影响（周晓成等，2010；2017a；2017b）。通过稀有气体同位素组成分析了整个川滇地区地幔流体贡献率、大地热流值的时空变化，发现其具有很强的时空不均一性（Zhou et al., 2015，2017c），构造带及其周边区域是深部流体上涌和大地热流高值区域。地震前后，稀有气体同位素比值会发生显著变化，且地震多发生在深部物质上涌和大地热流高梯度带。

2018 年5 月12 日，国务院正式批准成立中国地震科学实验场，地震预测研究所是实验场建设和各项工作开展的牵头单位，气体地球化学将在实验场未来建设、发展和研究中发挥重要作用。气体地球化学在地震监测和研究领域的应用研究应包括：

（1）流体地球化学场对地震和构造活动的响应规律；

（2）气体地球化学与断裂带深浅部运动耦合特征；

（3）深部流体活动与块体差异运动及强震活动间的关系；

（4）气体地球化学异常成因机制；

同时应结合实验模拟结果，探索地震孕育和发生过程中地球化学指标的变化过程，从地球化学角度解析区域内地震孕育过程，并结合地球物理、大地测量等其他学科手段，建立地震地球化学异常成因模型和地震气体地球化学预测理论与方法。

作者信箱：liying@cea-ies.ac.cn

青海省地震地球化学背景场特征初探

刘　磊　马茹莹　冯丽丽　李　霞　赵玉红

青海省地震局，青海西宁　810001

　　2018年，我省首次开展了地球化学背景数据库建设工作。其目的在于规范地震地球化学数据库的建设，完善现有地震观测台网基础信息，发挥地球化学数据在异常核实与震情跟踪中的作用，强化地震地球化学在防震减灾工作中的学科支撑。本文对所采集的17件样品进行相关测试分析计算，得到了基于化学组分的水质类型及分类特征：反映出地下水的循环深度、滞留时间或补给路径相对较大等特点。水–岩化学平衡反应特征：除西宁苏家河湾和贵德两个水样点计算结果落在部分平衡水范围内外，其余所有水样点均为"未成熟水"，并集中分布在Mg端元附近，表明青海地区大部分采样点水样与周围环境的水–岩反应程度较弱，循环深度较浅。氢氧同位素特征：所有样品点均落在西北地区大气降水线附近。由此说明这些采样点的补给来源主要为大气降水，且由于青海地区远离海洋，气候干燥，产生的降水有相当一部分来自于局地蒸发的水汽再循环。

　　地下水化学成分的形成、演变和盐分的运移、集聚等受气候、地貌、构造及水文地质条件的制约和影响。青海省地下水化学成分最显著的区域特点是广泛分布的淡水与大面积及点状、片状分布的咸水、盐水、卤水并存，矿化度跨度大，在干旱的柴达木内陆盆地还呈现出典型的水平分带及垂直分带规律。结合本次具有代表性的17件水化样品测试结果分别对可以代表干旱、极干旱内陆区，半湿润、半干旱外流区及高寒山地高原区的柴达木盆地、湟水流域及青南高原区的地下水化学特征进行阐述。为震情跟踪工作及后期异常核实工作开展提供了基础数据与参考标准。

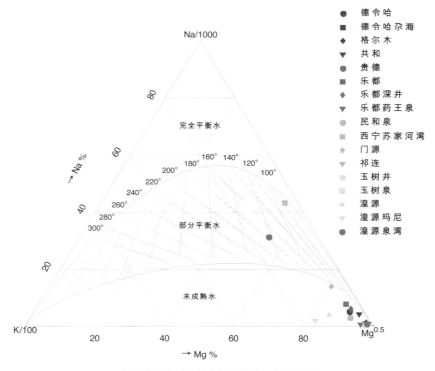

青海背景场各采样点水样水–岩平衡图

三峡井网井水位降雨干扰因素研究

周 洋[1, 2] 吴艳霞[1, 2] 罗 棋[1, 2] 李查玮[1, 2]

1. 中国地震局地震研究所（地震大地测量重点实验室），湖北武汉 430071；
2. 湖北省地震局，湖北武汉 430071

通过三峡井网8口井水位、气象三要素的对比观测资料，采取井区表层岩土渗透性测试方法，测得表层岩土垂向渗透性，用于降雨渗入补给分析。分析了降雨对井水位年动态、月动态、日动态的影响。结果表明：这种影响的特征是相当复杂的，同一个降雨过程在不同井上产生的影响特征不同，这一方面可能与各井的水文地质条件不同有关，另一方面可能还与各井点的降雨过程差异也有关。

三峡井网自2001年正式投入运行以来，总体上运行正常，年数据完整率达95%左右。降雨对井水位动态影响的研究，是传统水文地质学中的古老课题，其影响的模型、特征与预测方法等方面已有较多的研究。本文分析的基本思路是在分析水网各井多年、年动态变化特征基础上，总结其潮汐、气压和水库蓄水等响应特征，在此基础上研究重点分析各井对大气降雨渗入补给的干扰响应特征，探讨水库诱发地震的地下水监测网中水位信息响应特征与受干扰特征同观测井—含水层系统的水文地质条件的关系。

1. 降雨对井水位动态影响的分析

1.1 对年动态的影响

三峡井网所在地季节分明，雨量充沛。整个井网多年来观测资料变化特征表明，井水位具有总体上一致性的年变周期变化趋势。据2006—2014年的统计，年降雨量为950～1250mm，雨量大于100mm的突降暴雨集中在6—8月份，占年降雨量的60%～80%，每年的1—3月份雨量较少，井台含水层接受降雨补给较少所造成；4—9月份随着雨季来临井网含水层接受补给的增加使得井水位上升到最高水位；随着10—12月期间降雨量的减少，井水位呈下降变化趋势。

1.2 对月动态的影响

日值数列中，降雨对井水位月动态的影响，集中表现在每年的4—9月间，其影响特征是井水位随降雨而起伏，但并不是每次降雨都对井水位有影响，降雨对井水位的影响存在一定的阈值，并非每次降雨都引起井水位的上升。该阈值为30mm左右，即日雨量达到30mm以上时，才对井水位动态产生明显的影响。

1.3 对日动态的影响

降雨对三峡水网井水位动态的影响，不仅表现在多年、年、月动态上，而且还表现在对日动态的影响上，几乎所有频带的井水位动态都受降雨渗入补给的影响。选择坝区2015年的三次强降雨：6月11—25日的59mm、59mm，7月10—25日的70mm，8月13—28日的35、63mm造成坝区w1–w4井井水位最大上升幅度达1m，各井水位的抬升表现出较为复杂的关系

2. 结语

从整个井网地下水位变化规律及其影响因素来看，各井地下水变化规律特征明显。三峡水网井水位的动态变化主要受降雨渗入补给的控制。然而，这种影响的特征还是相当复杂。同一个降雨过程在不同井上产生的影响特征不同，这一方面可能与各井的水文地质条件不同有关，另一方面可能还与各井点的降雨过程的差异也有关。井水位干扰因素分析是十分重要的地球物理或水文地质现象，深入进行其形成条件与形成机理的研究，可以进一步推进水位微动态映震机理的研究，建立有物理基础的水位异常预测地震的理论和方法，进一步提高其地震预测的效能。

山西定点痕量氢观测分析

黄春玲[1,2] 常 姣[1,2] 李 民[1,2]

1. 夏县中心震台，山西运城　044400；2. 大陆裂谷动力学国家野外科学观测研究站，山西太原　030025

文中简述了山西痕量氢观测背景及分布特征，仪器运维及数据应用分析，最后对未来山西省内痕量氢建设提出意见及建议。

1. 痕量氢观测背景及分布特征

山西省地震局目前开展定点痕量氢观测的台站有夏县台、夏县局、稷山局、河津局、洪洞观测站及长治武乡观测站等6家，均属断层土壤气观测项目。台站分别位于山西南部的运城盆地、临汾盆地及东部隆起区，主要监测中条山山前断裂、罗云山断裂及霍山山前断裂带气体活动变化，捕捉震前气体前兆异常。除夏县台为省局项目外，其余五家均为"一县一台"布设项目。夏县台痕量氢始于2010年2月1日、稷山局始测于2015年8月1日、武乡观测站始测于2017年1月1日、其余台站均于2018—2019年陆续始测，观测仪器均使用杭州超距科技公司生产的ATG-6118H痕量氢仪。为便于省局进行统一管理，目前6台站仪器均接入省局行业网络，实现了数据资料共享，方便了地震科技工作者查询与使用资料。

2. 仪器运维、数据应用分析

通过痕量氢仪器在台站近9年的观测实践及日常维护经验得出，该仪器在台站观测较为稳定，一般无故障发生，年运行率均达到了98%以上，在极热和极寒的恶劣天气均能正常工作，日常观测中数据通过远程采集并入库，实现了远程对仪器工作状态及数据的监控。自2017年具备校准条件以来，各台站每年6月检查与12月校准均能按照规范进行，为仪器正常运行及数据产出提供了保证，从而确保了观测质量的提高。

通过分析6家台站产出的痕量氢与气温、气压相关资料，结果表明：①地处不同断裂带上的6台站痕量氢与气压均表现出正相关变化形态；②位于不同断裂带上的痕量氢数据表现形态各异，同一断裂带上的两个测点痕量氢浓度变化虽趋势一致，但数据存在差别，如中条山山前断裂带上夏县台、夏县局测点表现为趋势变化，罗云山山前断裂带上的稷山局与河津局测点表现为数据突跳型；③分析稷山局痕量氢在2016年3月12日山西运城盐湖M_L4.8地震前，存在高值突跳异常特征，同时年变化趋势、气压及地下水固体潮趋势一致（图1）。

3. 问题与建议

（1）在痕量氢建设选点上，应结合地质构造单元，位置应优先考虑选定在活动断裂带上并均匀布设，有条件的话可以进行布网建设，这样更有利于群体地震前兆信息的捕捉。

（2）在集气采气装置上，应通过试验制定统一的标准，有利于地下气体的正常逸出释放；气路与管路所用材料尽量使用氢吸附小的环保材料，排除因材料的选取不当对数据造成的干扰。

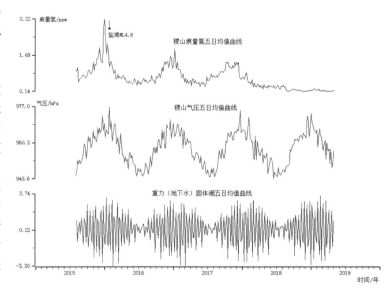

图1　稷山局痕量氢、气压、重力（地下水）固体潮5日均值曲线

郯庐断裂带沈阳段断层土壤气地球化学特征分析

王喜龙　贾晓东　张志宏　黄明威　孔祥瑞

辽宁省地震局，辽宁沈阳　110034

本文研究了郯庐断裂带北段沈阳段依兰—伊通断裂断层土壤气Rn，H_2和CO_2浓度地球化学特征。在2017年和2018年5—6月分别对依兰—伊通断裂沈阳段开展了2期断层土壤气浓度观测，共挑选出2条土壤气观测剖面，每条剖面平行布设16个浓度测点进行土壤气Rn、H_2和CO_2浓度测量。测量仪器为Alpha GUARD P2000测氡仪、便携式氢分析仪和京华云GXH-3010E二氧化碳分析仪。测量结果显示依兰伊通断裂沈阳段2条剖面土壤气Rn、H_2和CO_2浓度平均值变化范围分别为3.99～76.95k Bqm^{-3}、8.189～1020ppm和0.35%～8.89vol.%；其中地运所（DYS）测点土壤气Rn、H_2和CO_2浓度平均值变化范围分别为3.99～76.95k Bqm^{-3}、13.5～1020ppm和0.35%～8.89vol.%，孤榆树（GYS）测点土壤气Rn、H_2和CO_2浓度平均值变化范围分别为4.66～72.91k Bqm^{-3}、8.189～223.7ppm和0.77%～7.57vol.%。

对依兰—伊通断裂地运所测点进行土壤气浓度分析，地运所测点所测得的土壤气Rn和CO_2浓度具有上盘高、下盘低的变化特征，以断裂陡坎为界该变化尤为明显。土壤气H_2也具有类似变化特点，但H_2在断裂陡坎位置浓度最高，达1020ppm。分析认为地运所测点土壤气浓度呈现上盘高、下盘低的变化主要与该测量剖面沉积层厚度差异有一定关系。上盘测点沉积层厚度较厚，土壤厚度可达几米至十几米，而下盘则相对较薄，厚度仅1m左右，主要以风化基岩和碎石为主。而在现场测得的高浓度土壤气H_2浓度值位置与之前在该测点做探槽研究位置基本一致，也进一步证实了土壤气浓度变化弄够有效追踪断裂位置这一观点。对孤榆树测点进行土壤气浓度分析，可以发现孤榆树测点所测得的土壤气Rn和CO_2浓度与地运所测点浓度变化有所不同，具有中间低、两边高的双峰式浓度变化特征，即在断裂位置土壤气浓度变化相对较低，而在断裂两侧浓度相对较高，现场勘测断层上下两盘沉积层岩性和厚度差异性较小，说明该测点土壤气变化可能主要与断裂所处构造应力状态呈一定的关系。

通过对测点土壤气Rn和CO_2变化特征进行分析，还发现两测点土壤气Rn和CO_2具有很好的一致性，地运所和孤榆树测点土壤气Rn和CO_2相关系数分别为0.9和0.69表明土壤气Rn的浓度和土壤气CO_2的浓度具有一定的正相关性。已有研究结果显示，CO_2、CH_4和N_2等气体可以有效地作为Rn的载气，同时Rn在沿断裂向地表运移和再分布的过程中往往受载气的控制，这也解释了为何土壤气Rn与CO_2的浓度变化具有较好的相关性，说明首都圈地壳土壤气CO_2可能是Rn迁移相的主要组分。此外，对比2017年与2018年两年在相同时间、相同位置测量获得的土壤气Rn浓度变化特征发现，2018年测得的Rn浓度值较2017年普遍相对较低，这可能主要与测量方式不同有一定的关系。2017年采用的是现场进行测量，而2018年则是用集气袋进行取气测量，且测量前需搁置30分钟以上。

研究可知，Rn属于惰性元素，化学性质不活泼，一般不与其他元素发生化学反应，因此能够反映地球内部信息。自然界中Rn的天然放射性同位素有^{222}Rn、^{220}Rn和^{219}Rn，分别来源于铀系、钍系和锕系三种主要天然放射性衰变系列，其中^{222}Rn和^{220}Rn的半衰期分别为3.83天和55.6秒，而^{219}Rn的半衰期更短，只有3.96秒。于地震监测而言，我们主要测量的是土壤中^{222}Rn，而对于Alpha GUARD P2000测氡仪，若直接进行现场测量，采用分钟值取样，不能有效将^{220}Rn进行剔除，因此在2018年采样集气袋进行测量后，对^{220}Rn进行了剔除，造成土壤气Rn浓度较2017年偏低。

本研究由地震科技星火计划（XH19007Y）与中国地震局震情跟踪课题（2019010503）联合资助。

| 作者信箱：546737333@qq.com

唐山马家沟井水位变化与地震关系讨论

张素欣　盛艳蕊　丁志华　张子广

河北省地震局，河北石家庄　050021

河北唐山马家沟井位于唐山开平向斜的西北翼，2008—2012年该井水位较大幅度上升，2013—2014年小幅上升，2015年以来基本稳定在高值变化。而开平东侧的古冶地区近年小震活动较多，2012年5月28日还发生了唐山7.8级大震余震区1995年以来较强的M_L5.1地震。那么该井水位变化与地震的关系如何？水位处于高值，代表所处区域的地壳应力状态高吗？本文从井所在的构造位置、地震前的水位变化特征探讨水位变化与地震的关系。

1. 井点的基本概况

马家沟井地处燕山褶断带开平向斜西北翼。井深920.01m，井口标高37.58m，地理坐标为39.69°N、118.26°E，观测含水层位于736～920m之间的厚层岩溶裂隙水。该井位于唐山7.8级地震震中北东方向约8km，井穿过F2逆断层，F2断层两侧地层落差260m左右，倾角60°左右。井孔构造：0～70m为第四纪黏土层；70～422m为二迭纪煤系地层；422～736m为石炭纪煤系地层；736～920m为奥陶系石灰岩地层。为保证封孔质量，在重点煤系地层层位，采用了双层不同口径套管，与水泥封闭止水措施。

2. 井水位的变化特征

图1为该井2000年以来的水位变化曲线，曲线显示，2000—2001年水位处于下降变化，2002—2007处于相对稳定的低值变化，2008—2012处于上升变化，2013—2014年小幅上升，2015年以来基本稳定在高值变化。

3. 水位动态与地震关系的讨论

（1）水位的升降变化与含水层的含水量以及地壳的应力状态有关，但从曲线看夏季往往水位突然升高，貌似与降雨量有关，但从井深、井管结构以及所穿过的隔水逆断层。综合分析认为夏季雨后上升的原因应该为荷载效应。

（2）2008—2014年的水位趋势上升，虽然存在煤矿关停因素导致的抽水减少影响，但煤矿地层为422～736m石炭纪煤系地层，而该井观测层为736～920m奥陶系石灰岩地层，不是同一含水层。

（3）2002年以来，古冶区共发生M_L4.0以上地震6次，分别为2002年2月4.0级、2003年5月4.3级、2006年5月4.3级、2010年3月4.8级、2012年5月5.1级、2016年9月4.6级。纵观6次地震前该井水位都出现了相对低值变化。6次地震的震源机制大都显示，地震的破裂特征为走滑兼正断特性，走滑所展示的为剪切力较大，而剪切力在马家沟由于开平向斜的扭转性，在此易造成应力增强，导致水位趋势上升。而震前短期的水位下降则是该井处于地震破裂四象限的拉张区域。

4. 结论

马家沟井位于构造的敏感部位，该井水位变化与地震存在较好的对应关系，震前水位往往呈现低值异常特征。目前的水位高值可能预示着该区地壳应力水平较高，存在发生中等地震的可能。

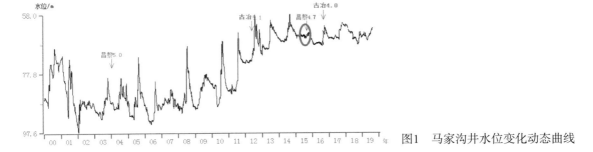

图1　马家沟井水位变化动态曲线

作者信箱：zsx6506@sina.com

天津浅层地温监测网数据初步分析

刘春国[1]　王建国[2]　邵永新[2]　贺同江[2]

1. 中国地震台网中心，北京　100045；2. 天津市地震局，天津　300201

依托天津市"十二五"防震减灾综合能力提升工程，2017年天津市地震局新建了一个由30个观测点构成的地温连续监测网。观测点在主要断裂带附近均匀布设。每个观测点均钻有一个孔径150mm、孔深32.0m的钻孔，两个温度传感器捆绑在一起放置在钻孔31m处，灌注2m石英砂，再灌注粘土球封孔。观测仪器采用地壳所生产的SZW-Ⅱ PT地温仪，仪器分辨力优于0.01℃，绝对精度优于0.05℃ 动态范围0~100℃ 长期稳定性优于0.05℃，分值采样。监测网于2018年1月正式运行，积累了一年多的观测数据。选取2018年全年的资料进行分析。

从30个观测点数据对比分析来看，每个观测点两个温度传感器数据变化形态基本一致、相关性较好，观测资料准确可靠。30个观测点31m处地温年均值在12.477~16.702℃，张道口最高为16.7℃，河北屯最低为12.477℃。15个观测点的地温较低，在12.477~13.933℃范围内；15个观测点的地温较高4.037~16.702℃，其中蓟县官庄和张道口超过15℃。从30个观测点年均值绘制的等值线图来看，地温较高区域落入了王兰庄、潘庄—芦台、宁河—汉沽、蓟州区和武清5个地热异常区内。

30个观测点2018年日均值年变化趋势显示，31m地温呈现不同程度的季节性的变化，大致可以分为1—4月、5—10月、11—12月三个时段（图1），不同的观测站在同一个时期呈现出不同幅度的上升、下降或起伏变化。年变基本形态可以分为单峰型、单谷型和起伏型，其中起伏型又可分为上升起伏型、下降起伏型两种。单峰型与当地气温变化曲线类型相似，从尔王庄、大邱庄、王卜庄、高村、王口、杨成庄、滨海塘23、宁河潘庄、黄庄、当城到塘沽，气温影响越来越小；单谷型，从郝各庄、张道口、小王庄、朱唐庄、天津中学、汉沽到河北屯，幅度越来越小，除了汉沽，空间上从南北向排列，为王兰庄、山岭子和潘庄—芦台地热田交互部位，其成因可能与浅层地热能开发有关；起伏型，从武清城关、静海东台、滨海官港、板桥、王匡、青光台、徐庄子台、赤土、造甲城、官庄、静海台到糙甸，起伏幅度越来越小，这些观测点大都位于热田的外围区域，年动态可能受到气温、热田开发因素的影响。

总体上，大约有50%的观测点受干扰因素影响较少，年起伏变化在0.1℃以下有14个观测点，变幅最小的为塘沽，变异系数小于0.002℃的观测点共计有13个，这些点背景噪声较低，有可能记录到构造活动或地震活动引起的地温异常信息，其映震效能还有待时间检验。天津作为全国浅层地温能资源开发利用示范地区，浅层地温能的开发利用较早且范围较广，但动态连续监测点很少，本监测网可以填补空白，对地温场的变化规律监测，为科学合理开发利用浅层地温能资源提供决策依据。

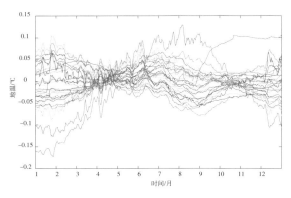

图1　2018年30个地温观测点地温日均值变化曲线

温州珊溪水库地区地下流体地球化学特征与地震活动性分析

阙宝祥　钟羽云　沈　钰　张震峰　张　帆

浙江省地震局, 浙江杭州　310013

温州珊溪水库地区是浙江省近几年来小震活动最为频繁的地区, 自2000年珊溪水库蓄水以来, 共发生过3次显著的震群活动。经过前人的研究, 对该地区地震活动的发震断层和发震机理已有一定程度的了解。为研究温州珊溪水库地区的地下流体地球化学特征及其与地震活动的关系, 在该地区进行了5条土壤气测线探测和15个地点的取水样分析(图1), 得出了珊溪水库地区地下流体地球化学特征及其与该地区震群活动事件的关系:

①温州珊溪水库地区地下流体地球化学特征与断层位置具有较好的空间相关性: 断层破碎带上方的土壤气中, Rn和H_2浓度远高于其他地区, 并且随着与破碎带的距离的增加, 土壤气Rn和H_2浓度呈递减趋势; ②发震断裂双溪—焦溪垟断裂上的断层土壤气中, Rn和H_2浓度与地震活动事件具有一定的时间相关关系: 2014年震群活动位置的土壤气Rn和H_2浓度远高于2006年震群活动位置的土壤气Rn和H_2浓度; ③珊溪水库库区范围内的水样中Rn浓度远高于库区外围水样的Rn浓度, 双溪—焦溪垟断裂两端的水样Rn浓度高于其他位置的水样Rn浓度。

另外, 发震断裂双溪—焦溪垟断裂中段的银珠坑村附近, 断层破碎带和岩脉出露明显。通过对该地区断层土壤气进行多次探测, 发现该位置测线上的土壤气Rn和H_2浓度特征具有增强趋势: 2018年1月土壤气Rn测值整体水平比2017年1月土壤气Rn测值平均高30000Bq/m^3, 2018年10月土壤气H_2测值整体水平比2018年1月土壤气H_2测值平均高200ppm。结合历史地震活动, 该位置处于3级地震活动空区, 预测双溪—焦溪垟断裂中段地区断层活动性有增强的可能, 应密切关注。

依据本文研究结论, 2018年12月在双溪—焦溪垟断裂经过的银珠坑村附近建设完成了泰顺银珠坑断层土壤气观测站, 包含土壤气Rn、H_2和CO_2三个测项, 目前该观测站正处于试运行阶段。

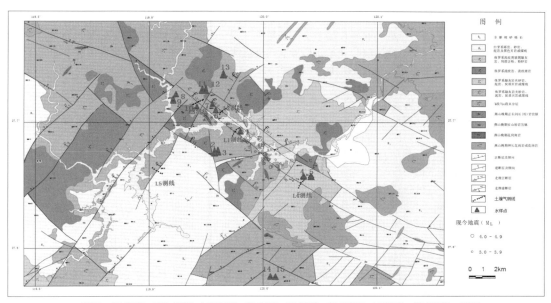

图例说明: f₁思坑一间前断裂; f₂百丈坑一蟑头断裂; f₃白丈口一排前断裂; f₄洪口一章坑断裂; f₅江口一汇溪断裂; f₆南浦一焦溪垟断裂; f₇东坑一章坑断裂; f₈双溪一焦溪垟断裂; f₉岩上断裂

图1　珊溪水库地区断层气测线级取水样点分布示意图

我国地震地球化学的未来发展方向
——从泥火山地震宏观异常谈起

高小其[1]　刘耀炜[1]　向　阳[1,2]　梁　卉[2]　蒋雨函[1]

1. 中国地震局地壳应力研究所，地壳动力学重点实验室，北京　100085
2. 新疆维吾尔自治区地震局，新疆乌鲁木齐　830011

泥火山是特定地质构造及水文地质环境下的一种构造流体地质现象，泥火山形成必须具备断层通道、气体、水与泥岩四个特定条件，其喷发活动是内部大量气体聚集引起异常高压的一种释放，可以将大量地下信息携带到地表，被称为"天赐钻井"。新疆乌苏艾其沟泥火山实时观测始于2011年8月，自观测以来，在其周围200m范围内，共发生了4次6级以上地震，分别是2011年11月1日新疆尼勒克$M_S6.0$、2012年6月30日新疆新源$M_S6.6$、2016年12月8日新疆呼图壁县$M_S6.2$及2017年8月9日精河$M_S6.6$地震。在4次地震前后，艾其沟泥火山喷发活动均出现了"背景值—上升—转折—下降—背景值"的宏观异常变化现象，地震则发生在泥火山喷发活动由强到弱的过程中，尤其是在2017年精河$M_S6.6$地震时，乌苏艾其沟泥火山的喷发活动异常变化现象作为新疆地震局震情形势判定的依据之一，起到了一定的减灾实效及预测作用。泥火山的显著喷发，主要是由于区域地壳构造应力不断增强，封闭构造中岩石的孔隙压力逐渐增大，当压力达到泥火山喷发条件时，大量气体便携带泥沙喷涌而出所致。泥火山喷涌气体主要是甲烷、氡气、二氧化碳等气体。新疆乌苏艾其沟泥火山在震中距200m范围内，每次6级以上地震前都出现的宏观异常现象再次印证了地震地球化学前兆异常的存在。

地震地球化学是在地震学、水文地球化学、元素地球化学、同位素地球化学和水文地质学等学科基础上发展起来的一门新兴学科，是研究地震孕育、发展、发生过程中地下水岩石、土壤中气体组分、化学成分等的变化与地震关系的科学。

1966年邢台地震之后，地震地球化学已经历了40多年的发展历程，观测网建设从无到有，逐渐形成以水（气）氡、水（气）汞、氢气、水化学离子和水中溶解气体为主要观测项目的地球化学观测网，逐步开展了断裂带气体地球化学和温泉点水化学与同位素分析为主的构造地球化学流动监测技术研究。通过获取地球化学连续观测与定期观测数据，产出地球化学背景场图、区域构造深浅部元素、同位素变化图，为地震大形势、年度、年中及短临地震分析提供依据。

我国地震地球化学监测工作虽然取得长足进步，在地震预报中发挥了重要的作用，但是，当前我国地震地球化学监测技术与台网布局已不能适应与满足新形势下地震监测预报工作需要。为适应新形势下防灾减灾事业对地球化学监测预测领域的要求，优化地球化学观测台网，提高观测研究能力，未来5~10年，应尽快开展如下工作：

（1）全面梳理现有地球化学观测技术、仪器和装置，通过评估优化现有地球化学台网；

（2）编制《未来10年地震地球化学观测技术战略研究报告》，加强地球化学新仪器设备研发，更新老旧仪器设备；

（3）完善氡、汞仪器检测平台，建设氢、二氧化碳和构造地球化学仪器检定平台，实现对地球化学类专业仪器装备的质量控制和溯源。

（4）继续完善地下流体学科中心实验室建设，建设30~50个地球化学综合观测研究站，结合技术培训与骨干培养，实施中国大陆活动地块边界带地球化学背景场观测、应急观测和宏观异常核实等化学测试工作。

（5）建设覆盖中国大陆主要构造区（天山带、祁连带、鄂尔多斯块体及周缘、川滇菱形块体及周缘、郯庐带、张渤带）的地球化学与水文地质参数背景场数据库和数据共享平台，能定期产出中国大陆主要构造区地球化学背景场（或异常）信息图表。

（6）加强地球化学异常的机理研究，为地震趋势判定、环境保护、地质灾害及矿山灾害预警提供观测产品，服务于火山活动性监测、喷发预警和火山灾害预测。

本研究由中国地震局地壳应力研究所中央级公益性科研院所基本科研业务专项（ZDJ2017-27）资助。

依兰—伊通断裂北段断层氢气研究

康 健 王 宁

黑龙江省地震局，黑龙江哈尔滨 150090

依兰—伊通断裂是郯庐断裂在东北地区的别称，郯庐断裂是中国东部地区规模最大的断裂。近年来该断裂在黑龙江通河段发现了全新世活动证据，探槽揭示距今1700年前发生过7级以上地震事件（闵伟等，2011），这一发现彻底颠覆了人们对该断裂"全新世以来不活动"的认识。本文通过对依兰—伊通断裂黑龙江境内重点地段进行跨断层测量氢气研究，探讨氢气与断裂构造的关系。2017—2018年在依兰—伊通断裂黑龙江段开展断层气调查工作，沿断裂选取8个剖面跨目标断层观测，进行土壤氢气采样。数据清楚揭示了剖面特定位置的气体异常特征，图1为8个剖面中的两个剖面。综合断裂构造资料、地形地貌特征以及断层气观测结果表明：

（1）在断层上氢浓度往往会体现异常变化。本文中的8条测线中，在有直接证据或间接证据的6条断层剖面上，氢浓度全部有反映。在推测的2条断层剖面上，氢浓度变化不明显，未能区分异常，说明断层气的释放会受到断层的影响。

（2）不同类型的断层，氢浓度的异常变化幅度没有明显差别。无论是垂直分量明显的倾滑断层还是水平分量明显的走滑断层，在氢浓度异常方面并无显著差别。可见断层产状并不是造成异常高低的主要因素，其异常变化幅度或与断层现今活动性和断层规模有关。

（3）走滑断层异常特征一般是断层两侧低、中间高，呈现"低—高—低"特点；倾滑断层异常特征一般是断层的上盘略高、下盘略低。

（4）研究区域北段地震活动显著高于南段，而氢浓度也相对应的呈现出北高南低特点，说明断层气排放不仅受微观的局部断层影响，更受宏观的地震大环境影响。

断层气观测属于地球化学探测范畴，与众多探测手段一样，其观测结果也具有不确定性和不唯一性，易受观测环境干扰影响，因此观测选点时要考虑干扰因素。本次工作研究手段比较单一，如果配合多种手段联合观测，效果将会更加理想。对于断层尤其是活断层的前期查找，断层气观测本身所具备的操作简单、灵敏、快捷和经济高效等优点不失为一种十分有前景的探测方法。

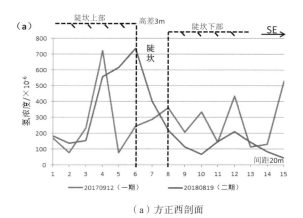

（a）方正西剖面

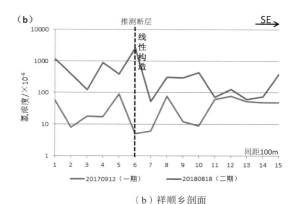

（b）祥顺乡剖面

图1 剖面结果与断层位置关系

永清井永清M_S4.3地震前后温度梯度测试及其结果分析

王　艳[1]　赵慧琴[1]　张　娜[1]　王会芳[1]　吕文青[1]　杨素卿[1]　宋志刚[1]　李　青[1]　梁文辉[2]

1. 河北省地震局保定中心台，河北保定　074211；
2. 河北省地震局永清地震台，河北永清　065600

1. 永清井梯度试验原因

永清地震台浅层水温2017年12月底打破之前平稳下降的年变趋势，开始加速下降，下降速率非常大，截至目前，这种快速下降趋势还在持续，见图1。2017年全年浅层水温的测值大概从26.12℃下降到26.04℃，变化幅度为0.08℃，年变幅度相当微小，但是12月31日—2月3日短短的两个月时间，曲线大概从26.04℃下降到25.98℃，变化幅度达到了0.06℃，这种变化在永清井浅层水温2001年开始数字化观测以来历年的年变化没有出现过，值得引起重视。由于永清井缺乏梯度试验资料，为了验证此变化是否为前兆信息，进一步核实异常，工作人员于2018年2月7—8日及2018年6月5—6日进行水温梯度测量。

2. 永清井井水温梯度测量及结果

根据测试结果绘图：全井温度梯度都处于正梯度，平均温度梯度值为6.33℃/hm，明显高于平均地温梯度（约2.5～3℃/hm）；说明永清井处在地热异常区，通过有关资料查询到，2013年1月，永清县经国土资源部批准，被命名为全国第三批"中国温泉之乡"。梯度最高点出现在200m附近，达8.74℃/hm；从温度梯度测量可以总结出，200m处可能存在一异常高温含水层，传感器观测段（180～195m）其梯度呈现宽幅振荡，说明该处含水层横向交替比较剧烈，而纵向方面交替相对较弱。这些特征都可说明，永清井地下水温度对于地壳活动的观测较灵敏。

3. 分析与讨论

永清地震发生后，永清井记录到的浅层水温恢复了正常的年变趋势，通过永清井温度梯度来看，温度传感器安装位置处于井一含水层交替比较剧烈段，传感器的温度受制于含水层的渗透性。地震前，区域受压应力状态控制时，其渗透性将减弱，从而带来的热量也将减少，直接导致传感器温度降低；地震后，应力状态恢复，温度动态恢复到原来状态。

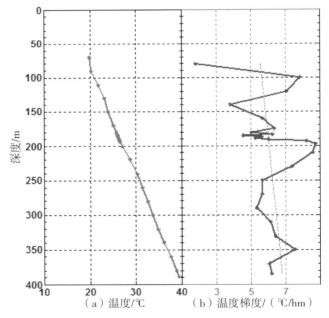

图1　永清地震后温度梯度曲线

云南曲江断裂断层土壤气氡观测实验研究

张 立 罗睿洁

云南省地震局，云南昆明 650224

断层气主要是H_2、He、CO_2、Rn、Hg等由断层带释放的地壳深部气体，这些气体质量轻，粘滞性小，迁移速度快，对地壳动力作用的响应能力比地下水灵敏。其中，Rn作为断层气的一种成分，因其具有惰性、迁移速度快、穿透能力强、对地震前兆反应明显及野外取样和测试简单易行，是目前探测隐伏断裂位置与评价断层活动性的一种有效手段。

2016年下半年，中国地震局地壳应力研究所和云南省地震预报研究中心在云南中南部地区选取了曲江断裂、石屏—建水2条断裂进行了地球化学土壤断层气（气氡、气汞、氢气等）测量，2条断裂各选取两个点共设4条剖面。

实验沿曲江断裂中南段取峨山、通海两个点分设2条剖面观测。其中峨山（es01）剖面位于玉溪市峨山县1970年通海7.8级地震遗址保护园内，通海（th01）剖面位于1970年通海7.8级地震的宏观震中区。两个测点土壤气氡自2016年以来进行了现场测量，测量结果测值特征显著且对比效果良好。

三期的结果都显示氡值存在一个高值陡降至最低值点。结合地质资料分析，该点位于逆冲断层位置附近，即挤压最强至闭锁的部位。与其属同一断裂的峨山测线也具备类似的特征，五期的结果也存在从高值陡降至低值的转折点，图中最高值点点位于纪念石碑南侧约5m处，该石碑显示出在地震时上盘一侧逆冲抬升。断层（曲江断裂）所在位置，自通海高大向北西延伸至峨山相距22km，断层性质一致，皆为右旋逆冲。

从峨山、通海观测对比来看，曲江断裂的土壤气氡观测值显示出典型的逆冲断层土壤气分别特征。尤其峨山地震遗址观测点的土壤气氡，测值曲线特征显著、拐点差值大、背景值高达2万～16万Bq/m^3。多期对比拟合一致性高，可能表明曲江断裂至今仍持续活跃，压性背景显著，区域应力较强。结合滇南地区目前持续的地震平静，应持续关注滇南地区发生破坏性地震的危险。

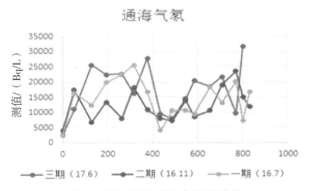

图1 通海剖面土壤气氡测量结果

昭通地区流体观测井地下水地球化学特征

胡小静[1]　付　虹[1]　张　翔[1]　何德强[2]　周晓成[3]

1. 云南省地震局，云南昆明　650224；
2. 昭通市防震减灾局，云南昭通　657099；
3. 中国地震局地震预测研究所，北京　100036

地下流体观测作为地震前兆监测的主要手段，一直被广泛应用，研究结果表明，当构造活动强烈或者地震活动时期，地壳介质中水–岩之间原有的平衡状态被打破，地下水中的气体及水化学组分则会出现异常变化，同时也会引起围岩的蚀变，导致某些元素的富集和矿物的形成。川滇交界东部地区作为近几年全国强震危险区，在昭通地区分布有多口流体观测井，本文于2018年6月对昭通地区的流体观测井及周边水体进行了采样测定，并收集整理了该区域内前几年所取得的一些测试结果，研究了该区内流体观测井的地球化学特征，为提高该区地下流体资料在地震预测跟踪工作中的作用，奠定一定的基础。初步得到以下认识：

（1）昭通地区现有观测井的阴、阳离子主要组成相类似，但水化学类型较多，表明各取样点的地下水所经历的补给路径和形成过程等有所不同。

（2）昭通现有观测井和其他取样点的水岩平衡状态大多数都是不成熟水，且位于Mg端元附近，地下水水–岩反应程度非常弱尚未达到离子平衡状态；巡龙和田合井与其他点存在明显的差异，但仍然处在不成熟水状态；昭阳一中井，更偏向于半成熟水，水岩作用程度相对较高。

（3）昭通鱼洞、大关谢家沟、巧家毛椿林、大关水氡观测点在多次取样时段，含水层水体均未发生新的更深入的水岩作用过程；鲁甸田合、昭阳巡龙井在2017年、2018年2次取样时段，离子组分和含量发生了明显的改变，分析认为可能是新打井孔整个含水层系统尚未达到平衡状态，含水层水体与外界地表水仍在发生着较为强烈的交换过程有关，需要进一步观察。

（4）昭通鱼洞、大关谢家沟井与旁边约100m流经的河流之间存在直接的水力联系，鲁甸水氡点与附近约700m的砚池山水库之间则不存在直接的水力联系，存在水力联系的点，出现异常时，需要排除河流的干扰。

（5）昭阳一中井水在整个地下水补给、运移过程中发生了硫酸盐富集、阳离子交替吸附以及还原反应等较为强烈的水岩作用，目前更偏向于半成熟水状态；映震效果显示，2014年在滇东北发生的鲁甸6.5级地震前，仅有昭阳一中井出现上升65cm的显著短临异常。结合该井的水化学特征，可能表明水岩作用较为强烈的井，反映深部构造活动信息更好，与地震的相关性也更好。

中国大陆流体预测指标体系建设思路探索

付 虹 胡小静 林 辉

云南省地震局，云南昆明 650224

指标体系建设，是经验预报阶段最有效的方法之一，因此每个学科，每个地区都在建立地震预报指标体系。对于预报实践，笔者认为应在一定的理论指导下进行，通过实践不断完善理论，再用理论指导实践，在实践中发现问题，再不断完善指导思想和理论，才有可能不断总结，达到提高预报水平的目的。因此认为指标体系建设，需要有一定的理论模型指导，才有意义和实用价值。

地震预报早期，大多数人特别是国外专家认为地震孕育震是源的存在导致了流体、形变、磁电等前兆观测项目出现异常，所以指导地震预报模型，如：IPE、DD以及傅承义先生的红肿理论等，都是强调了源的重要性。已经出版的《中国震例》（1966—2012）按照源的思想，认为地震影响范围5～5.9级地震仅200km，6～6.9级地震300km，7～7.9级地震500km，在这个范围内总结已经发生的5级以上地震。在长期的预报实践中，人们也一直试图通过前兆观测异常特征与震源联系起来，寻找未来可能发生地震的地方。但实践证明，《中国震例》不能完全正确指导地震预测，通过对1976年云南丽江7.0级和2008年四川汶川8.0级地震的总结，笔者发现，用他们的前兆观测异常分布，不符合源的观点。因此认为流体指标体系建设，必须有新的途径。

通过对川滇地区资料的全时空研究，发现该区的流体异常分布范围较广，5级、6级地震前，水位、水温异常分布都可达到500km，在不知道地震将发生在哪的时候，很难根据异常分布特征找到震源区，只能用区域的群体异常追踪时间，能表征地点危险性的仅有高水位井孔集中区。新疆的流体观测主要集中在天山地震带，流体异常也多有群体特征。华南地区也观测到震前大区域异常增多的现象。这些地区的异常与川滇地区较为相似，异常分布特征用块体运动，弹性回跳理论可以得到较好的解释，因此我们认为这些区域的地震更多的是与构造活动有关，是块体运动导致了异常的产生和地震的发生。因此可用块体运动模型来指导这些地区的流体预报指标体系建设。

通过对震例的研究，发现华北地区几次6级以上地震前，流体观测异常在时间上，中短期阶段异常呈非线性增加较为显著，而空间上异常围绕在源200km范围内的居多，且有临震阶段异常从外围向震中迁移的特征。包括唐山7.8级地震前，异常也是在震中200km范围内最为集中，因此华北地区的指标体系建立，应围绕寻找异常集中区进行，与川滇地区完全不同。从异常分布看华北地区的地震异常与源的关系更为密切，进一步分析认为，华北地区的异常与地震，可能与深部物质上涌关系更为密切，异常与火山喷发前更为相似。因此认为用深部物质上涌模型来指导华北地区的流体异常指标建设更为合适。

综上所述，认为中国大陆不同地区的流体观测异常与地震存在不同的相关性，差异主要由孕震机理不同所致。不同的孕震机理，有不同的预测方法，因此指标体系的建设，需要根据不同地区，用不同的孕震模型作指导，才能更逼近地震，达到提高地震预测水平的目的。

DEMETER卫星地震应用成果及ZH-1卫星未来发展思考

张学民[1]　钱家栋[1]　申旭辉[2]

1. 中国地震局地震预测研究所，北京　100036；
2. 中国地震局地壳应力研究所，北京　100085

法国于2004年6月底成功发射的DEMETER（Detection of Electro-Magnetic Emission Transmitted from Earthquakes，"对来自地震区的电磁辐射的检测"）卫星（Cussac et al.，2006），星上搭载电场探测仪、感应式磁力仪、朗缪尔探针、等离子体分析仪和高能粒子五种科学载荷，专门用于研究与地震、火山喷发等有关的电磁异常和电离层扰动以及与人类活动有关的全球电磁环境，于2010年12月初结束运行。作为全球第一颗专门用于地震及火山活动监测的电磁卫星，得到全世界科学家的广泛关注，其科学探测数据在运行后不久就实现了网络共享。网络上可以实现数据下载、在线图像绘制等功能（http：//demeter.cnrs-orleans.fr/），并共享了多个数据处理软件，包括电磁波数据处理及波矢分析等软件，为科学家使用数据开展相关研究提供了极大的便利。自2006年以来利用该卫星发表的地震相关的论文130余篇（https：//demeter.cnes.fr/en/DEMETER/A_publications.htm），取得了一系列科研成果和重要进展，为地震电离层研究提供了大量的数据，也为地震空间监测的全面开展奠定了坚实的科技基础。

中国于2018年2月2日成功发射了国内第一颗电磁监测试验卫星（CSES，也称为张衡一号）（Shen et al.，2018），星上搭载高精度磁强计、电场探测仪、感应式磁力仪、朗缪尔探针、等离子体分析仪、GNSS掩星接收机、三频信标发射机和高能粒子探测仪八种科学载荷，开启了中国在空间探测地球物理场和各类电磁扰动信号的先河。相比于法国DEMETER卫星，CSES设计轨道高度更低，为507km，更靠近电离层峰值区；倾角97.4°，同样为圆轨道极轨卫星；升降交点时间为当地时间14：00和02：00，也称为日侧或夜侧轨道，日侧观测时间在电离层峰值出现时段；卫星重访周期设定为5天，相对DEMETER卫星回归周期加密，在同一观测区的时间分辨率提高，但这也因此损失了轨道的空间覆盖分辨率。除了对卫星平台、轨道设计等方面的差异，CSES也做了其他方面的改进。同时，在相同的设备上，CSES对变化电磁场三分量波形数据的存储和下传能力提高，可以得到更多的三分量波形电磁场探测数据，尤其是ELF频段改善尤为显著。而高能粒子探测器增加了质子探测，同时电子探测的能段得到极大拓展。整体而言，CSES探测参量更为丰富，电磁场波形数据较多，为电磁波动特性研究提供了更有力的数据支撑。

我们对DEMETER卫星开展的单震例分析、统计分析、地空联合对比、背景特征演化等几个方向代表性文章的回溯和总结，大量的研究成果进一步验证了地震电离层研究的短临前兆特性，同时不同研究方法在地震应用中均发挥了各自的优势，但研究成果在向地震监测领域转化的过程中仍存在一定的距离和差距。结合地震—电离层圈层耦合机理及张衡一号卫星的观测优势和初步的地震应用结果，对卫星数据地震应用领域的未来发展提出了以下建议，期望借助更完善的地震电磁立体监测体系及现代化大数据分析方法，充分发挥ZH-1卫星在地震监测中的应用效能。

（1）电磁波激发传播耦合模型；

（2）大气动力波激发传播模型及地表、大气层、电离层响应；

（3）不同层位等离子体响应过程及附加直流电场模型；

（4）大数据挖掘及地震预测模型；

（5）多地球物理场、地球化学场耦合机理。

作者信箱：zhangxm96@126.com

编码源地电观测对高铁等干扰信号的抑制试验

高曙德[1]　罗维斌[2]

1. 甘肃省地震局，甘肃兰州　730000；2. 甘肃省有色地质调查院，甘肃兰州　730000

引言： 在地震发生前，人们多次观测到地电阻率偏离背景值的异常变化，因此观测地电阻率变化是地震预报有效信息之一。目前，地震台站受到日益严重的电磁干扰，对地电阻率观测构成巨大的影响，干扰引起的视电阻率变化淹没了震前孕育的异常变化。地震台站亟需引入新的观测技术和方法来提高地电阻率观测精度和数据质量。编码源系统辨识法是一种可以有效去除随机噪声和干扰的系统辨识方法，该技术在何继善院士提出2N系列伪随机电磁法理论基础上改进，核心思想是基于PRBS编码源电磁法通过同步采集输入电流信号及大地电磁响应输出信号，由冲激响应和频率响应计算视电阻率等参数。该方法有利于压制干扰，提高地电阻率观测精度，可以利用地震台站现有的观测场地和线路，只更新观测仪器来提高观测数据质量，降低建设成本，是对近地表直流地电阻率观测补充和创新。

方法： 地电阻率测量在某种意义上也是一个系统辨识过程，编码源系统辨识技术应用于地电观测，核心思想是通过AB供电电极发送逆重复m序列伪随机编码源信号电流，激励地电系统，同步采集输入电流信号和系统测量电极MN的电压信号，并记录为时间序列。加入与发送电流编码相同、且序列长度相同的参考信号（按照输入激励信号的时间序列周期和采样率触发软件程序生成无干扰信号），采用循环互相关法或高阶循环统计量法计算输出电压信号与参考信号，以及激励电流信号与参考信号的互相关时间序列，经FFT变换到频率域，通过谱线峰值拾取，频率对齐后计算就获得地电系统的频率响应（地电阻抗谱），代入装置系数K最终计算得到视电阻率谱（幅度和相位）。由于系统叠加的随机噪声和干扰与输入信号不相关，互相关运算后被消减，因此利用互相关运算，在辨识得到系统频率响应的同时压制了随机噪声及干扰。

测试： 试验选用甘肃省地震局通渭地电台站，由于该台观测场地距离居民生活区0.2km，距离G110（通渭段）0.6km，S207公路2km，宝兰高铁1km，各种电磁干扰交错；试验选用台站EW测道观测线路（与高铁线平行）采集数据，从2018年3月25日开始到6月进行了定点连续观测，在观测期间进行了两次参数调整，4月27日以前发射编码序列周期T=14s，观测时间11分钟，以后发射编码序列周期T=25.2s，观测时间23分钟，观测开始时间选用在每个整点后20分测量，在观测期间记录到高铁经过时在时间序列干扰波形（图1a），FFT变化计算得到0.5Hz频率点的电阻率值绘图看出，0～8h、23～24h测值的离散度较小，因为这个时段没有高铁和动车等通行。其次、通过改变编码信号发射周期来提升抗干扰能力，图1（c）在高铁等干扰活动时段要比图1（b）的数据离散度小。

结果： 在通渭试验时编码源系统辨识技术对高铁等干扰具有较强的抑制，观测到地电阻率能够真实反映地下介质的电性变化；利用互相关运算，在辨识得到系统频率响应的同时压制了随机噪声及干扰，这种测量方法可以解决目前我国地震系统地电阻率观测由于场地环境干扰的问题。

本研究由中国地震局地震科技星火计划（XH18047）资助。

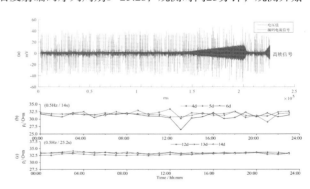

图1　（a）2017年4月6日8时40分高铁通过记录；
（b）4月4—6日0.5Hz频率的地电阻率曲线；
（c）5月12—14日整点值曲线

崇州台三分向电磁扰动映震分析与研究

丁跃军 丁 宁

郑州二砂地震台，河南郑州 450001

近年来，在地震孕育过程中，由震源体产生的电磁辐射现象备受国内外广大学者关注。地震孕育是一个长期而复杂的过程，特别是强震，在地震孕育期，震源区地层的微破裂活动一直存在。由微破裂引起的电子云碰撞产生的电磁扰动信号携带了包含微破裂活动的全部信息。在一个较长的孕育过程中，如何在电磁扰动信号中反映出来，也应有较长时间的表现，某次地震有一定的范围，电磁扰动信号也应有一定的空间分布特征。我们把每次地震看作是在自然界中的实验，观测和分析每次地震监测到的电磁扰动信号，再分析不同震区、不同震级、不同震源深度的电磁扰动的异同，可得出地震电磁扰动的分布和传播特性。地震是地球能量释放的一种形式，涉及了地球科学的各个层面，只有对监测数据进行科学的定量分析，才能避免孤立和片面的认识。

本文为了探索和研究地震孕育的机理，利用空间技术对安装在崇州地震台的三分向全波整形电磁扰动观测仪观测到的震前的异常数据进行分析。根据微破裂信号到达电磁扰动分布于各分向传感器的时间、信号波形、信号强度，对不同时间和地点发生的地震产生的电磁扰动震前异常信号进行分析，利用空间原理还原地震电磁扰动震源异常点的空间位置和强度。在总结崇州地震电磁扰动传感器布设和数据研究的基础上，通过对不同震级、不同地震条件环境条件下产生的监测数据进行研究，进一步研究地震孕育过程中的电磁扰动异常变化特征和在不同区域建设电磁扰动观测台阵的布设方法，才能在实际观测试验中探寻行之有效的优化方法才能充分运用该算法进行地震震源位置的反演推算。

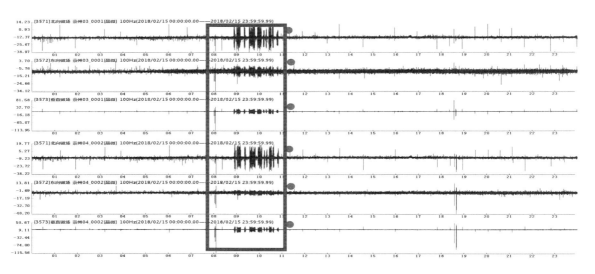

四川崇州台两台电磁扰动观测设备2018年2月15日云南4.0级地震前观测数据

| 作者信箱：jw5128@126.com

大地电场优势方位角异常特征及机理探讨

谭大诚[1,2]　王玮铭[1]

1. 中国地震局兰州地震研究所，甘肃兰州　730000；
2. 甘肃省地震局，甘肃兰州　730000

　　2010年，基于地电场日变波形的时、频域特征，我国学者提出了大地电场潮汐机理说，由此建立了大地电场日变波的岩体裂隙水（电荷）渗流（移动）模型。2019年初，应用在多个场地的地电场观测数据，证实了大地电场方向在近一条直线上以日为周期变化，这表明了其潮汐机理、岩体裂隙水（电荷）渗流（移动）模型的合理性。

　　基于大地电场的岩体裂隙水（电荷）渗流（移动）模型，笔者对近年发生在中国大陆典型的十余次大震、强震开展了研究，如2011年于田M_S5.5、2013年芦山M_S7.0、2016年门源M_S6.4、2018年松原M_S5.7地震等。获知：距震中约300km内的场地，其大地电场优势方位角α在震前6个月内更易发生变异，但也有少量场地α异常出现得更早或发生在震后，优势方位角α的主要变异形态如图1所示。以岩石物理学和大地电场的岩体裂隙水（电荷）渗流（移动）模型为基础，对图1所示α变异特征做如下探讨：

　　图1（a，b）中，优势方位角α表现出相反变异现象。2013年4月20日芦山M_S7.0地震半月后，图1a中α跳变范围收窄成近一条直线，表明岩体裂隙方位由无序变有序，这可能是场地岩体受应力挤压所致；图1b中，2016年12月8日呼图壁M_S6.2地震前，有应力挤压导致场地岩体发生不稳定破裂、剪裂现象。

　　图1c中，200km内的两次强震前，α角断续突跳明显超出正常范围，持续8个月后该现象消失，此后十余天发生祁连M_S5.2地震，再后发生门源M_S6.4地震，这种现象可能是岩体受压裂隙方位不稳定变化；图1d中，α角持续向另一个剪裂方位变化，恢复后数天就发生精河M_S6.6地震，这应该是应力方位或强度变化所致。

　　图1（e，f）中，α角异常现象表明地震前，场地岩体发生了剪裂现象。

　　应指出，上述台站环境状况有差异，但震前（或震后）大地电场优势方位角α均显示出可见异常，并且都有其他场地α变异对应，这应说明该方法具有较强抗干扰性和实用性。

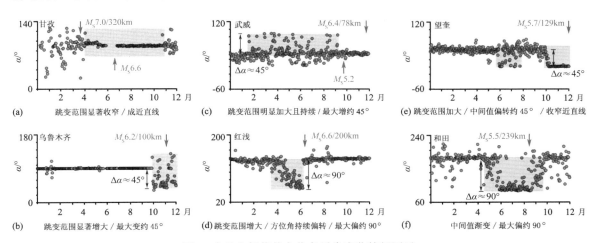

图1　大地电场优势方位角异常变化特征图示

低点位移和alpha异常在震中位置预报的应用

钱　庚[1, 2]　袁桂平[3]　赵庶凡[4]　王建伟[1, 2]　姜楚峰[1, 2]

1. 中国地震局地震研究所地震大地测量重点实验室，湖北武汉　430071；2. 湖北省地震局，湖北武汉　430071；3. 江苏省地震局，江苏南京　210014；4. 中国地震局地震预测研究所，北京　100036

对于地震的记录可追溯到千余年前，探索工作也进行了数百年，人们对地震的认识逐步从感性走向科学性的研究。2018年2月我国首颗电磁监测试验卫星张衡一号发射成功，目前已获取超过一年全球电磁场、电离层等离子体、高能粒子观测数据，正式开启了全球7级、中国6级以上地震空间电磁异常现象的探索工作、电离层扰动特征研究工作，标志着我国地震立体观测体系的发展更上一个台阶。

在地基观测方面，地磁"低点位移"方法具有较好的地震短临预报效能，在我国得到了广泛的应用；对于空基观测，阿尔法导航系统在空间获取地震异常信号是国际上较为热门的研究领域，俄方阿尔法系统三个发射站分别为主台、西副台和东副台，分别发射三个频段的电波信号，我国建立了北京、雅安、通海三个接收站，利用获取的数据在传播路径上提取异常信号，主要用于地震前数天异常特征的研究。

在空间天气平静的时段（$K_p \leqslant 3$，$D_{st} \geqslant -30\text{nT}$），利用地磁"低点位移"方法分析2010年4月14日玉树地震前2月的地磁异常，利用滑动四分位分析法，分析玉树地震前一周alpha数据异常扰动，同时尝试研究两种方法相结合对加强震中位置预报的能力，结果如下：

（1）通过对2010年4月14日玉树地震前2月的地磁"低点位移"现象的分析，发现在2010年2月25日（即震前48天）出现一条明显的跨越我国南北向的低点位移线，并且本次地震的震中位于该线附近。

（2）在玉树地震前4天和6天，在主台—通海台路径上，alpha场强F1频率数据出现突出的异常扰动，表现为超过阈值的短时间异常低值，最大扰动幅度超过$12\mu\text{V/m}$，同时在西副台—雅安台、东副台—雅安台路径上alpha场强数据也出现了类似的异常现象，但扰动幅度相对较小，其他路径上未发现明显异常。

（3）结合地磁"低点位移"现象与alpha数据异常特征可以看出，低点位移线与alpha异常链路的交点与玉树地震震中非常接近，说明这两种方法的结合起到较好的效果。

我们通过地磁"低点位移"和alpha场强数据异常相结合的方法，进一步精确了2010年4月14日的玉树地震震中位置的预报能力。由于在一次地震中的应用无法说明这两种方法的结合对预报能力的可信性，还需要积累更多的震例研究结果加以证实，并且通过地基与空基观测手段的结合，运用地震立体观测体系，不断丰富积累数据和方法，尝试在地震机制的研究中有所突破。

低电离层锐分界面ELF/SLF电磁波传播特性分析

王亚璐　张学民

中国地震局地震预测研究所，北京　100036

地震预报目前仍是全球公认的科学难题之一，我国目前已建立了许多地基电磁台站，在地基电磁前兆异常研究方面积累了丰富的经验，但也存在一些监测空白。基于卫星数据研究地震前兆异常为地震监测预报提供了新的思路，与地基电磁台网一起形成了天地一体化的立体监测系统。大量研究表明地震会辐射出宽频带的电磁场，并在地基台站和卫星上被记录到，但电磁波圈层传播机制尚需深入研究。

作为电磁波圈层耦合机理研究的重要一环，本文主要关注在低电离层ELF/SLF频段（3～300Hz）电磁波的传播特性。在地磁场的影响下，低电离层可视为均匀各向异性介质，为便于研究，将大气层与电离层的分界面理想化为锐边界面，即分界面以上电子密度、碰撞频率及地球磁场钧为恒定。入射的电磁波在低电离层锐分界面处转换为两束向上传播的电磁波（透射波）和两束向下传播的电磁波（反射波），转换效率会受到电磁波特性（电波频率、电波传播和入射方向）、电离层参数（地磁场、电子密度、碰撞频率）以及地磁场条件（地磁场幅值及倾角）的影响。本文计算了ELF/SLF频段电磁波在大气层–电离层均匀锐边界面上的反射和透射系数随以上参数的变化规律，研究发现：①ELF/SLF频段电磁波的发射系数接近于1，大部分入射波被电离层反射，限制在地球电离层波导中传播，小部分电磁波可穿透低电离层传播至卫星高度；②相同频率和入射方向的电磁波，垂直极化模式比平行极化模式更易穿透电离层；③反射作用随着频率的升高而减小，透射作用随频率的升高而增大，即频率越高，越易穿透电离层；④入射角越大，反射作用越强，透射作用越弱，电磁波垂直入射时，最易穿透电离层；⑤电子密度越大，反射作用越强，透射作用越弱；⑥碰撞频率越高，反射作用越弱，透射作用越强；⑦电磁波的反射和透射作用受电磁波的传播方向影响较小。

本文开展的研究工作为ELF/SLF频段电磁波穿透低电离层提供了定性认识，积累了数值模拟经验，为研究地基或地下辐射的ELF/SLF频段电磁场穿透电离层至卫星高度的传播规律和开展人工发射实验奠定了基础。

地磁垂直强度极化法异常特征初步研究

何 畅 廖晓峰

四川省地震预报研究中心，四川成都 610041

地磁垂直强度极化法基于谱分析的基础上，利用岩石圈ULF电磁信号特征，将磁场垂直分量Z和水平分量（H或G）的频谱振幅相比，进而提取震磁异常信息。岩石圈ULF电磁信号特征表现为：垂直分量Z比水平分量H或G大，即来自于岩石圈的信号主要体现在垂直分量Z上，而来自于外源场的信号主要体现在水平分量H或G上，利用二者的比值即可在突出岩石圈异常信号的同时抑制外源场的电磁信号。

本研究对全国89个地磁台的秒数据进行垂直强度极化计算，对极化结果进行富氏拟合处理来消除周期变化后，对残差进行分析，以二倍均方差线作为异常阈值线，利用时序曲线提取异常值，进行插值处理后绘制异常空间等值线图，通过时间与空间两个方面来研究异常变化特征。在对2017年的资料进行梳理时发现：2017年3月新疆地区以及青藏地块北部区域出现了大面积高值异常，同步异常台站数多达20余个，异常出现后的3个月内在异常阈值线边界附近发生了2次5.0～5.9级地震，分别为2017年3月27日云南漾濞5.1级地震和6月3日内蒙古阿拉善左旗5.0级地震，异常出现后6个月内在异常阈值线附近发生了1次6级以上地震（2017年8月9日新疆精河6.6级地震）以及1次7级地震（2017年8月8日四川九寨沟7.0级地震），核查异常出现期间的原始秒数据曲线，未发现明显人为干扰，异常时段内Dst指数均大于−40，地磁场处于较平静状态，表明极化值高值与外源场无关。

初步分析认为：中等地震前的地磁极化异常多出现在震前3个月内，同步异常台站较少，异常面积较小；强震前的异常出现在震前6个月左右，同步异常台站较多，异常面积大；地震多发生在异常阈值线附近。本文得到的结果与认识仅仅是初步的，仍然需要通过分析更多的震例来给出更为确切的异常指标。

 作者信箱：hechang5131105@163.com

地磁垂直强度极化方法应用研究

——以尼泊尔地震为例

管贻亮　殷海涛　张　玲　董晓娜　李希亮

山东省地震局，山东济南　250014

地磁异常信号提取，关键是提取与震源相关的异常信号，压制外源场信号，基于此，Hayakawa 等（1996）提出了极化法，发现1993年关岛$M8.0$地震前该台数据出现了频带范围为0.002～0.005Hz、幅值约为0.1nT的辐射异常。极化法是基于谱分析的基础上，将磁场垂直分量和水平分量的频谱振幅相比。具体定义为：$Y_{zh} = \left| \dfrac{Z(\omega)}{H(\omega)} \right|$，$H(\omega) = \sqrt{H_x^2(\omega) + H_Y^2(\omega)}$，其中$Y_{zh}$为垂直强度极化值；$Z(\omega)$为地磁垂直分量的谱；$H(\omega)$为地磁水平分量的谱，由南北向和东西向的谱值计算得到。研究表明，来自于岩石圈的信号主要体现在垂直分量上，而来自于外源场的信号主要体现在水平分量上，利用二者的比值即可在突出岩石圈异常信号的同时抑制外源场的电磁信号，是目前被普遍认为提取地震磁扰动信号较好的方法。基于此算法对部分台站的磁通门秒数据进行了分析计算，选取全天数据进行计算（通过对比发现全天数据计算结果优于子夜数据），每15分钟作为一个数据段，全天一共96个数据段，每天可以计算得到96个傅氏谱。计算极化值并经过滑动平均后得到逐日变化曲线，以两倍均方差作为阈值进行异常分析，具体计算方式为以极化值除以两倍均方差减1，结果大于1则表明超阈值可以判定为异常。通过对全国磁通门数据分析，由于台站分布并不均匀，且地磁数据由于受到观测环境影响相近台站也会有数据间的差异，认为单一台站异常的可靠性较小，对震级较大的地震出现的多台异常的可信度较高，以尼泊尔地震为例进行分析。

通过对2015年全年数据异常进行扫描分析，发现1月18日全国台站出现了一次大范围的极化异常，异常出现在尼泊尔$M7.9$地震前97天，异常台站范围如图1所示。分析认为，来自外空磁场的变化一般会使极化值出现低值异常，而来自震源区的变化会使极化值出现高值异常，此次尼泊尔震前出现的大范围高值异常作为震前异常的可信度较高。

综合分析认为：

（1）垂直强度极化法是一种区分外空磁场异常与震源区异常的有效方法，对震前异常的识别可信度较高。

（2）单一台站的异常不如一定范围内的异常映震效果好，分析认为主要是由于现阶段单一台站观测资料本身的可信度可能较低，其次是该方法对大震（$M>6$）的判别效果较好。

（3）将来用于地震预测需要进一步加强研究，震中位置、震级等与异常的定量关系需进一步统计分析。

感谢冯志生研究员、朱培育、冯丽丽、贺曼秋、廖晓峰、何畅、梵文杰、艾萨等在方法研究和数据计算方面提供的帮助和指导。

地磁极化方法在阿拉善5.0级地震中的应用研究

廖晓峰[1] 何 畅[1] 冯丽丽 李 霞[2]

1. 四川省地震局，四川成都 610041；
2. 青海省地震局，青海西宁 810001

大量观测研究表明震源区从孕震到发震的过程中能量在不断积累，地磁感应场的变化会逐渐加强，但它的强度仍然非常微弱，在时间序列曲线上幅度表现的很小，通常被源自于空间电流体系的变化和人为干扰所覆盖。因此，需要在较强的空间正常变化磁场的背景下识别和提取与震源破裂相关的磁场微弱变化特征。基于环境干扰少的ULF（超低频）波段，日本学者（Hayakawa et al., 2016）提出了地磁极化方法，即地磁场垂直分量（Z）与水平分量（H或G）的频谱振幅比，这样可以放大由震源区产生的震磁异常信息，有效地提取很微弱的电磁辐射异常信号。

本研究使用地磁极化方法对2017年6月3日阿拉善5.0级地震发生前，构造区域内的青海省格尔木台、德令哈台、金银滩台、西宁台、贵德台和甘肃省的肃北台、嘉峪关台、兰州台、舟曲台、天水台进行数据处理和分析，从中提取震前ULF电磁辐射异常，研究异常台站与地震的内在关系，结果显示：在此次地震发生前，2017年1月、2月、3月分别存在1次同步超阈值的现象，3次异常出现的时间距离地震发生的时间分别为5个月、4个月和3个月；地震发生前3次极化值超阈值异常的台站逐渐增加；3次都存在异常的地磁台站中，异常特征值也在逐渐增大，这里定义的异常特征值为同步超阈值异常期间，异常最大幅度值除以两倍均方差值；异常台站的异常持续时间在逐渐增大；从3次震前极化异常的空间演化来看，地震产生的极化异常空间分布范围逐渐增大。

电磁感应理论认为，地下电导率的变化将引起地磁感应场的变化，在地震发生之前可以观测到与地下电导率变化相联系的地磁短周期变化。区域内构造应力的不断增强导致了此次震前极化异常特征的不断发展。从构造区域内3次同步异常的时间进程来看，随着构造应力的增强，区域内地磁台站记录到与孕震相关的信息逐渐增多，导致地磁台站极化超阈值异常的数量在逐渐增加，异常台站的空间范围也在增大。这与前人的认识：地磁极化值同步超阈值异常反应了地下电导率的变化，进而反映了区域构造应力的作用是一致的。

地电场台网观测资料分析与讨论

席继楼

中国地震局地震预测研究所，中国地震局地震预测重点实验室，北京　100036

地电场是指地球表面天然存在的电场，包括大地电场和自然电场。其中，大地电场是由固体地球外部磁层和电离层中的各种电流体系与地球介质相互作用产生的感应电场，根据其变化形态可分为周期性变化和扰动性变化，是大地电磁场的重要组成部分；自然电场是由地球介质局部的各类物理化学作用产生的相对稳定电场，依据其产生机理可区分为氧化还原电场、过滤电场和接触扩散电场等类型，在矿产资源勘探、水文地质勘测以及地震、地质灾害监测等相关领域广泛应用。

我国地电场观测台网记录的地电场静日变化典型特征为：每天有2个起伏，呈双峰（谷）形态，与电离层Sq电流在具有时序相关性，且在同一个台站具有重现性。数据分析显示：①同一台站每天地电场日变化形态具有相似性，且季节性变化特征比较明显；②小区域台网同时段地电场日变化，具有一定同步性和相关性；③广域地电场日变化和地理经度（地方时）密切相关；④海域及附近地电场日变化形态，呈现近似固体潮汐的变化特征。地电暴为磁暴期间与地磁暴同步出现的地电场变化，我国地电场观测台网记录到的广域性地电暴同步变化，其变化幅度受地下介质电性（电阻率或电导率）的影响比较大。

利用"合成能量累加法"等分析方法，对甘青川交界区域，几次大地震前后地电场变化特性进行了分析讨论。研究结果显示：①临近震源区及发震构造带上的地电场观测数据，呈现出比较同步和相似的中长期异常变化过程；②地电场中长期异常变化包括三个阶段，即震前剧烈变化、发震阶段平稳变化和震后剧烈变化，总体上呈现较为典型的"凹"型特征；③在相同构造带和发震构造区域，地电场中长期异常变化强度，与震中距具有一定的关联性，具有随震中距增加而减小的趋势。

由于我国开展地电场观测研究的历史相对较短，针对强烈地震活动过程，地电场异常变化特征及主要变化机理的分析和研究工作，目前尚处于探索性阶段。因此，结合已经取得研究成果及最新进展，通过应用新型理论、方法模型，明确各类电磁环境干扰及影响因素的主要特征、机理和变化特征，开展网络化地电场观测数据分析和信息提取方法研究，深入剖析典型大地震和特大地震发生前后较长时间跨度的地电场异常变化过程、空间分布、频谱响应等变化特性，并在此基础上，进一步探索地电场异常变化与强地震孕震过程的关联性，将具有重要研究意义和应用价值。

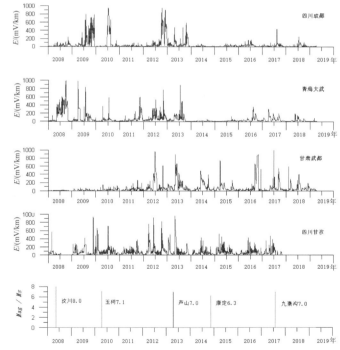

图1　甘青川交界区域几次大地震前后地电场变化曲线
（2008年1月—2019年4月）

地电阻率HRT波回溯性检验研究

安张辉[1,2]　杜学彬[1,2]　刘君[1,2]　陈全[1,2]　卫雷[1,2]

1. 甘肃省地震局，甘肃兰州　730000；
2. 中国地震局地震预测研究所兰州科技创新基地，甘肃兰州　730000

HRT波是地电潮汐力谐振共振波的简称，该方法主要分析研究地电阻率前兆的波动特性，特别是其传播规律。它包含潮汐力谐振波（Harmonic Waves Driven by Tidal Forces，简称HT波）和潮汐力共振波（The Resonance Waves Driven by Tidal Forces，简称RT波），HT波通常在震前数个月开始出现（如印尼M_W9.0地震，在震前约3个月开始出现），主要表现为地电阻率波形出现周期等于潮汐力周期、振幅异常增大的地电潮汐力谐振现象；RT波通常在临震前几天到几小时成对出现，表现为一升一降（或相反），一快一慢两个RT波，速度较快的是纵波，较慢的是横波，是一种在地壳多孔岩石孔隙流体中传播的声波（赵玉林等，2006），HRT波模式如图1所示。

2004—2008年全国共建设了5个PS100地电仪观测台站，包括云南省丽江、元谋台，四川省攀枝花红格、冕宁台和山东省莒南长青台。上述5个台站在2006—2013年3月先后停测。公开发表的相关研究成果以及研究报告显示，利用HRT波现象可以较好地对未来发生地震的三要素（时间、地点和震级）进行较准确预测。

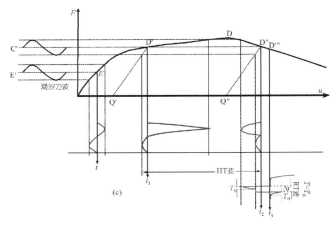

图1　潮汐力谐振共振波模式示意图（钱复业等，2009）

由于PS100地电仪对观测场地电磁环境干扰具有一定的抑制能力，在中国地震局科技司和监测预报司的支持下，开展了HRT波回溯性检验研究工作。

典型震例的回溯性检验研究主要采用两个步骤进行，一是根据潮汐力谐振共振短临模式对观测资料中的HT波和RT波进行识别；二是对HRT波传播机理利用重复地震思路进行了验证。其中，RT波的模式识别依据图1模式进行，HT波主要根据一定规则挑选出的疑似数据，然后根据固体潮汐每天延迟约50分钟的特点，对疑似异常点进行进一步的筛选，确定最终HT波。回溯性检验地震事件20个，检验结果见表1。

表1　HRT波回溯性检验结果

20次地震事件	疑似RT波	疑似HT波	同时出现
出现次数	8	15	7
百分比	40%	75%	35%

从检验结果得出，只有极少数地震事件发生前会出现与模式相匹配的RT波现象，能够按照相应的RT波模式及相关计算公式对地震三要素进行计算的震例，即在相关文献中记载的2004年印尼9.0级地震。因此，RT波的潮汐力共振模式有待商榷，地震事件相关要素的计算方法普适性很弱；但在地震事件的回溯性检验中发现，多数地震事件发生之前会出现HT波现象，HT波现象与地震事件存在的统计关系有待进一步研究；经重复地震事件检验，现有HRT波传播机理不能很好地对观测到的现象进行解释仍需继续完善。

地震地电场信号传播距离的研究

马钦忠[1]　赵文舟[1]　张　颖[2]　李　伟[1]

1. 上海市地震局，上海　200062
2. 辽宁省地震局，辽宁沈阳　110034

　　地震前的地电场异常变化是非常重要的地震前兆信号，认识这样的地震电信号特征对地震短临预报具有重要意义。地震前的地电场异常信号能够传播多远距离的认识问题对震中区域比较准确的判断是非常重要的。本文通过对利用远距离地电场异常信号成功预测昆仑山口西$M8.1$大震、汶川大震后的最大强余震青川$M6.4$地震、盈江$M6.1$地震等几个震例的解读（主要以震前预报卡为依据），并通过对新疆地区、辽宁地区、陕甘宁地区、川滇地区、山东及其周边地区和上海地区的换流站接地极向地下注入上千安培大电流时的信号传播特点，研究各地区地电场信号传播距离变化特征，深入地认识地震地电场信号的传播距离特征。本文研究内容显示：强震前的地电场异常信号是可以传播上千千米的，确定性的信号源和观测台站观测到的信号分析证明了这一结论。对不同区域和地质构造条件存在着较大差别，如在新疆地区，源自哈密接地极的入地大电流信号在地下向西可传播至1050km以外；在辽宁地区，源自穆家换流站接地极的入地大电流的传播路径可穿过渤海湾，到达山东半岛境内，最远距离可传播至950km以外；在陕甘宁晋地区，高沙窝大电流源的附加地电场可被分布于鄂尔多斯地块边缘弧形地带的490km范围内的10个台站观测到，距信号源以西150km的台站均未观测到该信号；在川滇地区，丽江信号源的南部地区观测到的信号强度和距离远大于北部地区的情形。对于西昌大电流源，只有距其信号源10km处的小庙台和540km处的仙女山台观测到了信号，而其他十几个台站均未观测到；在山东和上海地区，可被观测到的人工源信号的最远距离及其特征各不相同。通过震例研究和对人工源大电流信号传播特征的研究显示，每个地区地电场异常信号传播距离的特征差异很大的主要原因是由于每个地区的地质构造的结构特征、断裂带分布规模和走向及地下电性结构均相差很大，同时不同区域地电场观测网中每个台站台址的电性结构也存在着很大差别，因此造成了地电场异常信号变化的地区性差别。

作者信箱：mqz1234@sina.com

地震电磁背景场观测技术研究

卢 永

江苏省地震局, 江苏南京 210014

本文主要介绍0.0001~100Hz频带范围的地震电磁背景场的观测技术。

1. 感应式磁传感器介绍

感应式磁传感器是利用法拉第电磁感应定律测量磁场变化的传感器, 本文根据地震电磁扰动观测规范要求, 介绍宽频带低噪声感应式磁传感器的设计及测试情况。

(1) 磁线圈的设计

磁线圈基本结构如图1所示, 包括磁芯、主线圈、反馈线圈、标定线圈、屏蔽层及防水结构。

图1 感应式磁传感器结构图

(2) 磁通负反馈

变化的磁场致使感应线圈产生感应电动势, 线圈输出电压经过放大电路后, 再经过反馈电路将反馈电压转换为反馈电流, 反馈线圈在反馈电流的激励下产生一个反馈磁场。通过改变反馈线圈的匝数和绕向, 使得反馈磁场与被测磁场大小相同, 方向相反, 形成负反馈结构, 改善了磁传感器系统的相位突变问题。

(3) 斩波稳零技术

低频小信号先经过调制, 再经放大、解调及低通滤波, 得到放大的低频有用信号, 有效解决了变化缓慢的小信号的低频1/f噪声及漂移问题。

2. "T"形电场接收天线

舒曼谐振是电离层–地球表面之间的纽带, 本文重点研究了基于电场分量的舒曼谐振监测方法, 介绍"T"形电场接收天线的设计及测试实践情况。如图2所示。

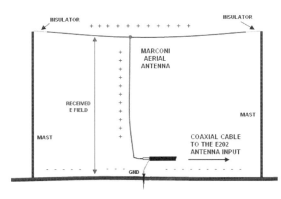
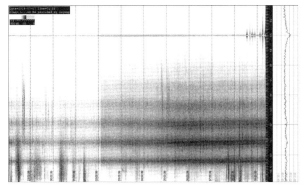

图2 舒曼谐振电场接收天线示意图

甘肃地区地磁垂直强度极化法应用研究

冯丽丽　李霞

青海省地震局，青海西宁　810001

地震孕育及发生过程中伴随不同程度的电磁辐射异常（Molchanov et al.，1992；Karakelian et al.，2002；Matsushim et al.，2002；汤吉等，2008；2010），其频率在百秒到数千赫兹。国内外许多学者已经通过岩石破裂实验证实在岩石破裂过程中有较强的电磁信号产生（郝锦绮等，1993；2003；郭自强等，1999；Warwick et al.，1982；Takeuchi and Nagahama，2001），在天然地震发生前也常常观测到电磁辐射异常信号（Nagao，2002；Uyeda et al.，2002；Hattori，2004；Han et al.，2015；Chang et al.，2017；Wang et al.，2018；冯丽丽，2019）。依据信号波长与传播距离的关系，周期介于几百秒到几百赫兹的信号不属于电磁波范围，地震研究人员将其称为地震磁扰动（姚休义，2018）。研究地震磁扰动有助于深入认识地壳构造运动规律，揭示地震电磁辐射产生的机理。有效提取地震磁扰动信号在地震灾害预测研究、防震减灾中有重要科学意义。

在地震磁扰动研究中，各种解析方法一直受到广泛的关注。有效的解析方法能够从较强的电磁干扰背景中提取出相对较弱的地震电磁扰动信号。近年来，应用较为广泛的方法有极化法、主成分分析法、分形分析法和梯度定向法等。

极化法是指基于谱分析，将磁场垂直分量Z和水平分量（H或G）的频谱振幅相比。岩石圈ULF电磁信号的特征表现为垂直分量Z比水平分量H或G大，即来自于岩石圈的信号主要体现在垂直分量Z上，而来自于外源场的信号主要体现在水平分量H或G上，利用二者的比值即可在突出岩石圈异常信号的同时抑制外源场的电磁信号，是目前被普遍认为提取地震磁扰动信号效果较好的方法。

甘肃省地处青藏高原东北缘，有多条大断裂带横贯省内。自西北向东南，在北西或近东西方向上，排列有阿尔金断裂、昌马断裂、龙首山北缘断裂、祁连—海原断裂、西秦岭北缘断裂、马衔山北缘断裂及东昆仑断裂等（郑文俊等，2013；崔笃信等，2007；李秋红等，2016）。在此构造背景下，无论是近代还是现代，都有文字记载的大地震发生。近年来最显著的一次地震为2013年7月22日岷县6.6级地震。

该地区在强震多震背景之下，自2007年以来，甘肃省陆续开始架设地磁秒采样观测台站。至2014年共架设了7个台、15套地磁全波形秒数据观测仪器，形成了较为完善的观测网络。截至2018年7月绝大部分仪器运行状态良好，观测质量较高。但由于分析方法等多方面原因的限制，该资料一直未能在地磁前兆分析方面得到有效的利用。

本研究拟利用地磁垂直强度极化分析方法对2014年以来甘肃省磁通门秒采样观测资料进行计算；获得该区域地磁垂直强度极化连续变化值，研究大范围高值异常时空分布特征，分析高值异常与外源场的时间关系；分析2014—2018年甘肃及周边5级以上地震前的地磁垂直强度极化异常时、空、强特征，提取异常指标。研究异常空间展布范围，异常空间分布与构造的关系，以及异常持续时间和空间分布与地震的关系。该研究可以释疑地磁垂直强度极化异常是否来源于外源场，与地震是否有关的重要科学问题，研究结果对进一步探讨地震电磁辐射异常机理具有重要意义。将该方法应用于2019年度甘青地区震情跟踪工作中，检验其预报效能。并为全国范围内的地磁垂直强度极化方法指标提取工作提供参考。

甘肃省山丹地电阻率趋势异常跟踪分析

李　娜[1]　徐　溶[1]　刘子璇[2]

1. 甘肃省地震局，甘肃兰州　730000；
2. 中国地震局兰州地震研究所，甘肃兰州　730000

山丹地电场观测台站位于河西走廊坳陷带的山丹—民乐盆地中，堆积第四系地层厚达300m。基岩岩性以上第三系砂岩、砂砾岩为主。该区域地处祁连山北缘断裂带与龙首山南缘断裂带两条逆冲断裂带之间，地震活动性较强。该台地电阻率布设有NS、EW以及N45°W三道测线，电测深曲线类似A型。资料整体年变形态完整，EW以及N45°W测道呈现夏低冬高的年周期变化，NS测道呈现夏高冬低的变化，EW、N45°W测道与NS呈反向年周期变化。

山丹台视地电阻率多年的年均值与2018年观测年均值对比发现，NS、EW以及NW向地电阻率对多年均值和2018年年均值的误差分别为0.15%、0.84%和0.24%，说明山丹地电阻率多年数据基本一致，观测资料较为可靠。2000年以来山丹台地电阻率数据对应震例两次，分别为2002年12月14日玉门5.9级地震和2003年10月25日民乐—山丹6.1级地震，三个测道在两次地震中均出现同步异常变化。NS测道观测数据按正常年变形态在年初1月、2月应下降减缓并转折上升，2017年1月、2018年1月下降仍在持续并超过往年最低值，至2019年1月重新恢复下降减缓并转折上升形态；EW测道和NW测道均于2016年3月受不明因素干扰产生阶降，随后NW向恢复正常年变，而EW向2017年、2018年年变形态完全消失。因此将EW向作为2019年度异常进行跟踪，异常信度为B。

本文选取山丹台2008—2019年4月的数据，采用付氏滑动方法进行去年变处理，然后对数据进行去倾，最后利用归一化月速率方法进行数据分析，再利用2008年至今山丹台350km范围内发生M_S4.5以上的11次地震检验归一化月速率分析结果的预测效能，其中：①NS测道和NW测道均于2010年4—5月中旬出现月速率超限异常，NS测道于两个月后继续出现为期一个半月的超限异常，2012年5月在距台站331.77km和100.44kn处分别发生M_S5.3和M_S4.8两次地震；②NW测道于2015年7月底至8月初发生超限，3个月后距台站98.35km处发生M_S5.2，5个月后距台站95.93km处发生M_S6.4。

分析结果表明：①同一震例中，三个测道并不一定出现同步异常变化；②对于半年尺度内出现两次月速率超限异常，且每次异常持续时间45天左右的情况，预计两年内在台站100~350km范围内有发生M_S4.5以上两次地震的可能；③当出现月速率超限异常持续半个月的情况时，预计3~5个月内距台站100km范围内发生M_S5以上地震可能性较大。

目前NS测道于2018年9月底出现为期两个月的超限异常，而EW测道于2018年8月出现超限异常至今并未结束，但有回落迹象，虽然没有出现半年尺度的两次超限异常，但这次超限异常已持续8个月。两个测道出现超限异常，且异常持续时间长，由此认为在2019—2020年期间山丹台350km范围内发生M_S6的可能性较大。与此同时，2019年以来在祁连山中西段存在高调制比异常，可对此结论进行辅证。

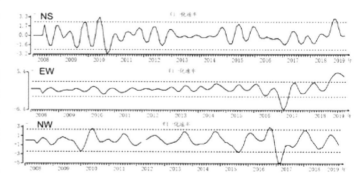

图1　山丹地电阻率（2008-2019年）归一化月速率分析结果

归一化变化速率法在地震地电阻率异常提取中的应用

史红军　赵卫星　王卓识　李　宁　朱伟楠

长春市榆树地震监测台，吉林长春　130400

地电阻率是诸多地震前兆观测手段之一，中国大陆50多年的地震预测预报实践表明，多次大地震、中等地震前记录到了地电阻率异常变化。本文主要采用归一化变化速率方法，以研究区域内（120°～135°E，40°～55°N）发生的$M_S \geq 5.0$浅源地震、$M_S \geq 6.0$深源地震为研究对象，对榆树台地电阻率数据进行异常提取分析。

1. 台站简介

榆树台所处大地构造位置为东北断块区松辽断陷沉降带的东部隆起区，位于NE向伊通—舒兰、四平—长春两个深大断裂带北延部分的中间地带，NNW向卡岔河断裂西侧2.5km的平原地区。榆树台地电阻率观测始于1993年，观测数据可靠。

2. 异常分析与统计

图1为1993～2018年榆树台地电阻率N45°E 和N45°W 归一化变化速率曲线，滑动步长均为8。由图1可见，在1999年吉林汪清$M_S 7.0$等深震以及1999年辽宁岫岩$M_S 5.4$等浅源地震前，地电阻率归一化变化速率曲线出现不同程度的异常变化：地电阻率归一化月速率值于震前2～44个月出现异常变化，异常持续时间为1～4个月，最小值为-6.37，最大值为4.78。上述$M_S \geq 6.0$深源地震震中距离榆树台260～360km，震源深度540～580km，$M_S \geq 5.0$浅源地震震中距离榆树台200～650km，震源深度7～20km。

3. 结论与讨论

1999年以来，在研究区域内发生$M_S \geq 5.0$浅源中强地震14次、$M_S \geq 6.0$深源地震3次，只有2018年5月28日松原市宁江区发生的$M_S 5.7$浅源中强地震前，榆树台地电阻率归一化变化速率未见异常，分析认为可能与2013年$M_S 5.8$震群后地下应力重新分布有关。上述$M_S \geq 5.0$浅源地震、$M_S \geq 6.0$深源地震前地电阻率归一化变化速率异常变化的可能原因为太平洋板块向NW向挤压，导致震源区及附近最大主压应力方位（或近于该方位）NW向的挤压作用突出，引起介质内部导电流体快速进入或重新分布，从而使地电阻率出现各向异性变化。

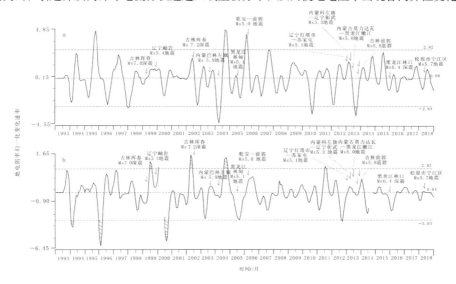

图1　榆树台地电阻率N45°E 向归一化变化速率曲线（1993.01—2018.12）

（a）N45°E 向地电阻率归一化变化速率曲线；（b）N45°W 向地电阻率归一化变化速率曲线

华北电离层斜测foF2观测到的强磁暴引起的电离层扰动

娄文宇　张学民

中国地震局地震预测研究所，北京　　100036

中国地震局地震预测研究所于2009年在中国华北建立了地震电离层监测试验网（包括5个垂测发射站和20个斜测接收站，组成了100条观测链路），覆盖华北地区主要地震构造带。通过分析foF2变化，开展了电离层斜测观测研究。我们选取了其中18条链路的F2层临界频率foF2，这些链路的反射中点位置经度范围在116°～119°E3度范围内，纬度范围在33°～42°范围内。foF2数据的时间分辨率为半个小时，空间分辨率为0.5°，研究F2层临界频率随时间和空间的变化，对典型事件foF2的演化过程进行分析。采用滑动时窗法和四分位距法，选择15天滑动窗长作为背景参考值，进行数据分析。

受2015年9月30日日冕物质抛射CME和冕洞高速流的共同影响，10月7日太阳风速度最高达到845km/s，动压达到9.5nPa，行星际磁场Bz分量最大达到南向−11.2nT，并引发强烈地磁扰动。7日Dst指数达到−100nT，8日Dst指数达到−110nT，达到了强磁暴水平。

第四幅子图，每日（北京时间）早上7：00到下午18：00，foF2数值较高，这是由于foF2的周日变化所引起。7日行星际磁场Bz分量于12：00达到了−8.7nT，地磁暴进入主相，并达到了强磁暴水平，引起了电离层F2层最大电子密度的增加，7日与6日相比foF2出现了明显的增高现象。8日，Dst指数逐渐升高，磁暴处在恢复阶段，电离层F2层最大电子密度也相应的减少，foF2数值也出现了明显的降低，并且同一时刻，foF2在纬度较高地区的数值要低于纬度较低的地区，这与电离层赤道双峰结构理论在北半球的表现相吻合。第五幅子图，为foF2的扰动变化R_foF2，$R\_foF2 = foF2 - \overline{foF2}$，其中$\overline{foF2}$为前15天此时刻foF2的中值。从时间变化特征来看，7日上午12点开始（北京时间），foF2发生了明显的正相扰动，最大值超过滑动中值的40%，发生时刻对应强磁暴的主相；8日早上7点开始（北京时间），foF2发生了明显的负相扰动，最小值低于滑动中值的40%，发生时刻对应强磁暴的恢复相。

日冕物质抛射和冕洞高速流形成高速太阳风，引发了强磁扰，同时对电离层也会产生强烈扰动。2015年10月7—8日强磁暴期间，中国华北地震电离层监测试验网F2层临界频率发生了双相扰动。其中7日foF2发生了超过滑动中值40%的正相扰动，对应强磁暴的主相，8日foF2发生了低于滑动中值40%的负相扰动，对应强磁暴的恢复相。在地磁扰动强烈7日到8日，在空间分布上foF2在纬度由高到低的分布中（尤其是8日负相扰动期间）有逐步上升的趋势，这与电离层赤道双峰结构的理论相吻合。

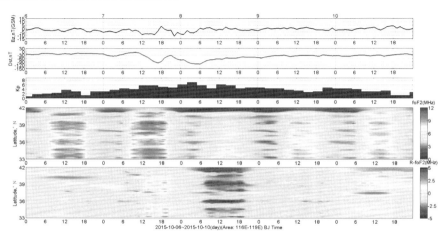

图1　2015年10月7日强磁暴引起的华北foF2变化，子图4是foF2观测值，子图5为foF2扰动变化值

| 作者信箱：lwyseis@163.com

基于FY3A的地表长波辐射（OLR）在玉树、芦山、九寨沟震前异常变化研究题研究

杨 星

四川省地震局，四川成都 610041

地表长波辐射（Outgoing Longwave Radiation，简称OLR）是指地球大气系统向外辐射出的所有长波辐射的电磁波的能量密度，OLR的辐射波长在4～120μm之间。地表和大气都无时无刻的向外辐射能量，地表的长波辐射是具有年变规律的。诸多研究都表明，在大震来临之前，长波辐射在空间上和时间序列上都会有异常出现。

大震发生前，往往会伴随明显的地表特征变化，长波辐射就是其中一种。我国的风云三代的FY3A卫星就提供了地表长波辐射的产品数据，该数据时间分辨率分为日、侯、旬、月四个尺度。由于OLR会受到云遮盖影响，因此研究采用的OLR数据为旬数据以降低云遮盖的影响。

玉树、芦山和九寨沟地震为近8年来四川及周边的7.0级以上地震，发生时间分别为2010年4月14日、2013年4月20日和2017年8月8日。三次地震均造成了不同程度的人员伤亡和财产损失，对三次地震震前OLR开展研究，可验证OLR震前的变化，寻找异常信息，积累震例，为日常震情跟踪提供新的方法，为地震前兆异常研究扩展新的思路。

通过处理数据发现，OLR在四川及周边地区（20°～40°N，90°～110°E）有着明显的年度周期性变化，因此研究中需要去除OLR背景场。以三次地震发生的时间为节点，计算震前5～6旬和震后1旬的长波辐射与背景OLR的差，背景OLR由每年该旬的平均值组成，且当旬的OLR不加入背景OLR的计算中。

玉树地震前，OLR变化出现了平静—增强—平静—增强的现象，2月并未在玉树震中区域附近出现OLR异常现象，从3月20日开始到30日，在青海、西藏和四川区域均出现了OLR明显高于历年均值的现象，这种现象在3月31日后消失，而从4月10日开始，震中附近又出现了高于背景OLR的现象，但相比于3月20日的高值区域要小很多。

芦山地震前，也出现了类似玉树震前的现象，2月与背景场的差异很小，从3月10日到20日，在川甘青交界区域存在大面积OLR高值区，这一现象在3月20日后消失，但从4月开始这一现象重新出现在青海和甘肃区域，震后高值现象在四川省内消失。

九寨沟地震震前有着明显的OLR增强现象，该情况发生于7月20—30日，四川、甘肃南部、青海东部和西藏东部出现了明显的长波辐射增强现象，该现象在7月31日后消失，且这一现象从6月10日到7月20日前均为出现。

基于支持向量机的地磁干扰事件自动判断方法研究

陈　俊[1]　张素琴[2]　李罡风[1]　何宇飞[2]

1. 安徽省地震局，安徽合肥　230031；
2. 中国地震局地球物理研究所，北京　100081

地磁数据质量监控是保障全国地磁资料质量的一项重要工作，该项工作自实行以来，完全依靠人工目视对比检查来实现。工作人员每周需对全国200多套仪器产出的数据进行两次检查，工作内容枯燥重复，急需一种准确可靠的方法实现该项工作的自动化。

数据质量监控工作就是检查预处理数据中是否存在未处理或处理不彻底的干扰事件，即只要实现对地磁干扰事件的自动判断即可。区别于正常的地磁场变化，地磁干扰事件在曲线形态上表现为尖峰脉冲、阶跃和成片错误数据，即改变了磁场数据的变化速率，且不属于大范围同步同幅度变化。笔者利用干扰事件的变化特点，结合不同类型仪器的噪声变化规律，在时域上构建了对干扰敏感的数据构建特征向量模型。

选取了2016—2018年16个台站测点观测的转换分数据和预处理分数据作为研究原始样本，根据特征向量模型提取了特征向量集，并利用转换分数据和预处理数据的关系对干扰事件进行了标记，组成了可用于监督学习的数据集，并对其进行标准化。以2016年6—12月的数据为训练集，2017—2018年两年的数据为测试集，利用红山台、太原台的FHD和GM仪器数据及16个测点数据对支持向量机分类器分别进行训练和测试。实验结果表明，支持向量机模型对于GM和FHD仪器观测数据中大于0.3nT干扰事件预测召回率均超过93%，精度超过99%，对同仪器多分量混合训练预测效果更佳，对干扰事件的召回率和预测精度均超过99%（图1），表现出了优秀的泛化能力，在干扰事件监测方面已经具备了取代人工的能力，为地磁数据质量评审和监控工作的自动化提供了技术支撑。

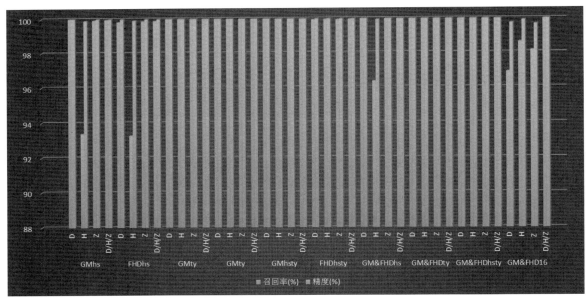

图1　支持向量机模型预测效果

 作者信箱：shanyejunjie@163.com

井下地电阻率观测关键技术

杜学彬[1]　解　滔[2]　叶　青[2]

1. 中国地震局兰州地震研究所，甘肃兰州　730000
2. 中国地震台网中心，北京　100045

　　我国于1966年河北邢台地震后引入物探电阻率法开展了地震监测预测实验，在我国政府组织下建设了大规模、长期连续观测的地电阻率（也称"视电阻率"）观测网。目前，在中国大陆人口密集、大中城市附近的地震活动区/带运行观测80多个台，多数台地电阻率日观测精度为0.1%左右。至今，我国地电阻率台网已积累了最长达50多年的连续观测资料，在方法理论、观测技术、观测数据应用等方面取得了一定进展，并在台网控制范围内几十次中等及以上地震前观测到了前兆异常，实现了对多次地震较准确的1年尺度三要素预测。但是，近10多年来近地表大极距（多数台供电极距AB=1200m左右，最大2400m）、多方位（每台两个正交观测方向或再加一个斜交观测方向）的观测受到了地表观测环境日趋恶化的威胁，甚至直接受到影响。干扰源主要有四类：①台站布极区地表杂散电流类；②台站周围城市轨道交通类；③超/特高压直流输电类；④布极区金属管/线干扰。为应对环境干扰的影响和地电阻率观测可持续性发展，井下地电阻率观测是目前的发展方向之一。2007年以来，在全国地电台网技术管理部门和地电学科专家的推动下，全国已建设了14个井下地电阻率台站，观测装置包括：井下水平向对称四极电阻率观测装置和井下垂直向电阻率对称四极观测装置。同时，开展了井下地电阻率观测方法和观测技术等多方面的研究工作。

　　井下地电阻率观测不仅是为了有效抑制地表环境干扰，也期望探测与地震等灾害事件有关的地下深部介质物理环境变化引起的地电阻率变化，同时化解地表大极距、多方位观测用地与当地经济发展用地之间的矛盾。但是，建设井下地电阻率观测装置投入资金成本大，并需要一次性建设成功。其关键技术之一是，为保障井下观测装置的长期稳定性，电极、井下线缆植入井下填埋后，电极与线缆之间应可靠的永久性良好连接，同时井下线缆对地长期绝缘。关键技术之二是，如何选择台址地下地电断面类型、层参数、电极埋深、电极安置层及层中深度、极距及其与电极埋深的匹配等。这些要素的选择直接影响到井下地电阻率观测能否有效抑制地表干扰的影响及影响程度。不同选址的台站，地下电性分层结构多种多样，差异大，合理选择上述各要素井下地电阻率观测能有效抑制地表干扰，否则抑制能力弱，还会放大地表干扰。本文在介绍目前井下地电阻率观测装置和干扰抑制效果、映震能力的基础上，重点分析、讨论了井下地电阻率观测装置建设中急需的上述两个关键技术，期望有助于今后井下地电阻率观测装置的建设。

强震前低频电磁辐射异常演化特征

张建国[1, 2]　　闫俊岗[1]　　白　燕[1]

1. 河北省地震局邯郸中心台，河北邯郸　056001；
2. 中国科学技术大学，安徽合肥　230026

地震在孕育和发生过程中往往会产生低频电磁辐射，这为地震预测提供了一种可能。地震电磁辐射现象是指伴随着地震孕育过程而产生的电磁辐射源释放出的某种电磁信号，其产生的主要原因是压电、压磁及动电效应等。目前，无论从实验室岩石试验，还是野外观测及理论研究等方面，均证明了地震前确实有低频电磁辐射信号产生。由于电磁辐射是直接来自震源的信息，而电磁波的趋肤深度大于震源深度，因此震前观测到地下电磁辐射源于孕震区的概率很大。此外，低频电磁波是从震源传到地面衰减最小的，因而它能够携带震源区发生的微破裂信息，且一般又在地震孕育的后期出现，具有临震预测的应用前景。所以，监测地震前低频电磁辐射异常，已成为不可或缺的地震短临预测方法之一。

强震前电磁辐射异常频谱变化（图1）的主要表现为：①震前电磁波频谱变化较明显，在时间上、频段上均显示了阶段性进程特征；②震前电磁波异常信号低频部分出现的时间较早；③距震中较近的台站，异常信息在高频部分相对明显；距震中稍远的台站，异常信息在低频部分相对明显；④电场较磁场异常更显著。对此变化特征，可用板块运动理论进行尝试解释，即在岩石发生局部微破裂时，伴随着岩石的破裂抖动，电磁扰动出现了较多的谐波分量；随后，岩石受力暂时平衡时，固体涌动减缓，电磁辐射异常扰动减轻，谐波成分减少；最后，当岩石破裂时，地下能量短时释放，各种谐波成分急剧增加，巨大的电磁能量涌出地面后发震。因此，表现在时间进程上就显示出了显著的阶段性变化特征，即反映了地震孕育不同阶段的变化特征。

目前，针对地震电磁辐射异常研究较多，但由于地表电磁观测资料与源传播路径、台站响应等多种因素相关，加上实际的地震孕育与发生过程的复杂性以及地球内部结构的非均匀性，当前对地震电磁辐射的认识和理解还非常有限（Huang et al., 2010），因此在研究结果上也存在着各种分歧。可能最直接的方法是利用有限元建立电磁波传播仿真模型，模拟分析不同深度、不同电磁频率的电磁波在不同分层、不同介质参数、不同结构（构造）及不同断层分布介质中的传播特性，获得可能的观测特征（频率特征、幅度特征、方向特征等），并与野外实际观测资料进行对比，进一步探索地震电磁辐射的形成、孕育及产生机理，提取"场兆"异常信息，力争"以场求源"，实现真正有减灾实效的地震预测尤其短临预测技术。

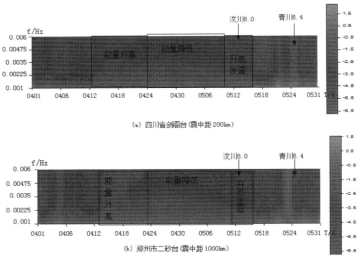

图1　汶川大地震前后电磁辐射频谱异常变化

 作者信箱：zhangjg_909@163.com

青海地区垂直强度极化分析

李　霞[1]　冯丽丽[1]　冯志生[2]　赵玉红[1]　刘　磊[1]

1. 青海省地震局，青海西宁　810001；2. 江苏省地震局，江苏南京　210014

数字化观测以来，尤其是实现地磁秒数据观测后，地磁极化法被普遍认为是震磁异常提取效果较好的方法之一，同时也取得了很多成功震例。已有观测和分析表明，当信号源自高空电离层（磁层）时，ULF磁场极化值通常小于1，而来自孕震区ULF磁场极化值大于等于1，因此，认为极化值是区别源于空间电离层（磁层）的地磁脉动与源于地下岩石层的震磁辐射的关键。

从"十二五"背景场项目建设以来，青海地区在已有的格尔木、都兰、德令哈、大武和西宁5个观测点基础上新增设金银滩、贵德和玉树巴塘3个测点，当前共有磁通门观测仪器14套，故积累了较丰富的地磁秒值观测数据。本次对青海地区观测资料稳定且品质较好的13套磁通门观测秒值资料进行垂直极化计算，具体计算步骤：①15分钟为一段，将每天秒采样数据划分为96段，计算各段周期5~100s各秒的谱及其垂直强度极化幅度值，以及日均值；②计算垂直强度极化日均值周期大于等于半年的富士拟合曲线及其残差的方差；③以周期大于等于半年的富士拟合曲线加二倍均方差为阈值线，剔除各频点垂直强度极化幅度值低于阈值的频点，计算剔除低值的极化值日均值，获得消除外空场影响后的垂直强度极化日均值；④对剔除外空场影响的垂直强度极化日均值进行周期大于等于半年的富士拟合并计算残差，获得消除外空场残余影响的垂直强度极化日均值，计算残差的5日滑动平均值以消除高频影响。对于计算得到的垂直强度极化结果在排除磁暴影响的前提下结合青海及其周边地区（90°~107°E，30°~41°N）4.5级以上地震，分析其正常背景场变化特征，进而分析高值异常与附近中强地震的对应关系，得到以下认识：①青海地区共发生13次4.5级以上地震，其中9次存在震前极化异常，映震率达到69%（9/13），4次漏报（均位于研究区边界），总体上，祁连带的预报效果最佳；②当2个或2个以上台站极化值同时出现高值后1~2个月内，尤其是1个月内，台站周边易发生4.5级以上地震，异常持续1~8天；③本次分析结果中震中距越小，异常幅度越大。

电磁信号的传播途径、地质构造和发震机制都影响着电磁异常信号，故地震前兆异常与地震的发生并非一一对应。本文的研究只是初步性的探讨，异常判据仍有待进一步分析，今后应继续关注该地区垂直强度极化计算结果变化情况，以便完善判据指标，期望能为将来该区域内震情判定提供一定的参考依据。

表1　极化异常台站震中距统计表（单位：m）

序号	地震	格尔木[1]	格尔木[B]	金银滩[3]	金银滩[4]	贵德[2]	大武[B]	大武[8]	德令哈[A]	德令哈[B]	都兰[7]	都兰[6]	西宁[4]	巴塘[1]
1	2017.12.15 泽库4.9级	650	**650**	220	**220**	**105**	**165**	165	480	**480**	370	370	150	**510**
2	2017.08.08 九寨沟7.0级	880	880	490	490	380	350	**350**	740	740	620	620	410	620
3	2016.12.05 聂荣5.1级	**510**	**510**	940	940	930	**780**	780	730	730	700	**700**	980	450
4	2016.11.18 囊谦4.8级	**440**	**440**	**650**	650	**620**	**440**	440	**540**	540	440	440	670	100
5	2016.10.17 杂多6.2级	**400**	**400**	720	720	690	530	530	550	550	**480**	480	740	**200**
6	2016.01.21 门源6.4级	600	**600**	90	**90**	190	**380**	380	380	**380**	350	350	**130**	670
7	2015.11.23 祁连5.2级	**520**	**520**	**120**	**120**	230	**390**	390	280	**280**	280	**280**	—	—
8	2015.10.12 玛多5.2级	380	380	380	380	340	**180**	180	340	340	**210**	210	—	—
9	2015.04.15 阿拉善5.8级	**1060**	**1060**	580	**580**	600	**790**	790	820	**820**	810	810	—	—

注：加粗数字表示异常台站的震中距离。

青海地区地电场异常变化特征分析

赵玉红　冯丽丽　李　霞　苏维刚　刘　磊

青海省地震局，青海西宁　810001

在日常震情跟踪工作中，探索地电场的中、短临前兆对地震预报研究具有重要意义。但从多年的观测实践表明，地电场异常和地震之间的关系并不是一一对应的，随着地电场观测技术研究的加深，以及数字化仪器的加入，虽然提高了仪器的采样率以及灵敏度，但地电场观测本身受区域电磁环境、场地条件、观测装置和仪器以及气候因素等干扰，长期连续稳定的地电场观测数据较少，故地电场的震前变化容易淹没在干扰之中。

在这种复杂的环境条件下，通过收集青海地区5个地电场观测的实际记录资料、地电场台址与断层的关系、电极及其记录环境、典型干扰等，应用大地电场潮汐波岩体裂隙水（电荷）渗流（移动）模型，运用相对稳定的潮汐谐波振幅计算得到场地岩体裂隙优势方位角（该方法具有一定抑制干扰能力），跟踪和探寻青海地区岩体裂隙结构及演变过程和特点，这是地电场理论方法研究新的需求。

其形成的物理过程是固体潮（或Sq电流）导致岩石裂隙水（电荷）沿裂隙的日周期渗流（移动），因此岩石裂隙结构改变会影响大地电场潮汐波强度、方向，这使得源于空间电流系和潮汐作用的大地电场与岩体裂隙结构密切关联。

而青海地区处于青藏高原内部，构造复杂，地震频发，不同的场地岩体裂隙结构发展不同，应用大地电场岩体裂隙水（电荷）渗流（移动）模型可以很好的跟踪分析岩体裂隙结构及变化，探寻震中附近岩体裂隙结构特点及变化。因此分析和研究大地电场岩石裂隙产生的地电场变化机理，典型干扰对岩体裂隙优势方位角的影响，并对中强地震前后的岩石裂隙优势方位角进行分析，以便为青海地区地电场短临预报方法向实用推广靠近，提出科学的总结与建议。

| 作者信箱：369740669@qq.com

沈北新区地震台井下地电阻率观测数据分析

孙素梅

辽宁省地震局, 辽宁沈阳 110031

沈北新区井下地电阻率项目自2016年11月19日开始试观测。观测初期出现探头与土层之间接触不良等情况, 经过排查维修后数据观测正常。在此期间, 仪器与原地电阻率仪器一直处于并行观测状态。通过井下地电阻率与原地电阻率数据进行地电阻率数据及地电阻率均方差数据的对比分析, 井下地电阻率数据的稳定性明显好于原地电阻率数据。

目前, 地电观测环境经常受到自然条件或人类活动的干扰, 其主要对地表地电阻率观测影响越来越大, 异常分析与识别也越来越难。王兰炜等 (2015) 我国井下地电阻率观测技术现状分析, 近年来, 电磁干扰越来越严重, 为了抑制和减小电磁干扰和环境因素的影响, 多个台站开展了试验性的井下地电阻率观测。井下地电阻率观测是把地表的长极距转化短极距, 地表电极改为井下电极, 以便台站维护、管理和电阻率异常的识别。

沈北新区地震台的地电阻率观测始于建台之初的1976年, 期间为地震预报及地震研究提供了大量的观测数据资料, 但近几年来, 随着沈北新区城市化进程的不断加快, 沈北新区地震台周边新建了许多工厂和居民区, 尤其是2013年6月, 沈阳飞机制造公司空气动力研究所在沈北新区地震台南200m处圈地兴建厂房以来, 沈北新区地震台的地电阻率观测环境受到严重的干扰和破坏, 为解决这一问题, 我们开展了井下地电阻率观测来提高抗干扰能力。

从图1可以看出, 2017年第一季度, 井下地电阻率变化幅度约为0.53%, 而原地电阻率变化幅度约为2.98%, 井下地电阻率数据的稳定性明显好于原地电阻率数据。电极埋入地下一定深度后, 离开观测场地地表电磁干扰源一定距离, 电磁干扰的影响减小了; 地表电阻率的变化 (由于降雨、灌溉、金属管线等因素影响) 对地电阻率观测结果影响也减小; 由于电极极距相对减小, 在供电电流不变时人工电位差增大, 信噪比增加, 使观测精度提高。

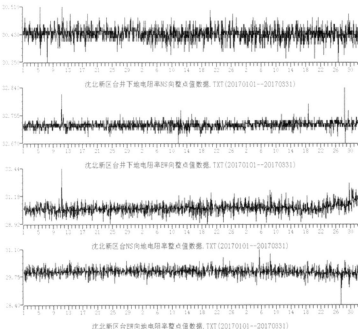

图1 2017年第一季度地电阻率数据对比分析

松原地区地震前热红外亮温异常与盆地效应研究

张志宏 李梦莹 钱 蕊 黄明威 张 丽

辽宁省地震局，辽宁沈阳 110031

为了分析松原地震前可能与地震有关的热红外亮温异常，收集了以震中为中心116°～134°E、38°～50°N范围内，2013年1月至2018年7月约5年的静止气象卫星FY–2G观测的地表亮温资料。应用连续小波变换方法计算了每一个像元的小波相对能谱，得到了分析区域内的相对能谱的时、空演化过程。结果显示，2018年5月28日在吉林松原发生M5.7地震前一周吉林—丰满断裂周围相对能谱值出现超出背景值的异常现象，随着地震的临近异常区域沿着松花江第二断裂向NW方向扩展，异常幅度随着增大。地震发生后异常幅度及面积继续增大，直至震后1个月异常逐渐消失。含油气盆地地下大量天然气对震前应力的变化较为敏感，当地震应力积蓄到一定程度，盆地周缘的活动构造带及一些微裂隙都是天然气上涌的通道，溢出地表的CH_4、CO_2等温室气体辐射增温效果明显。在震前，盆地出现大片区域的辐射增温异常可能与天然气外泄有关，这或许可以解释松原M5.7地震震中分布在异常区外边缘（图1）。由图2可见，2013年以来，研究区域亮温平均功率谱相对幅值基本在6倍均值（正常背景值）以上，2013～2017年共达6倍均值5次，但持续时间较短且幅度较小。2018年5月26日相对幅值为4.04，5月27日相对幅值达到6.13，地震发生的5月28日相对幅值为8.22，地震之后相对幅值持续增高，6月12日达到峰值为12.36，相对幅值峰值之后持续下降，直至6月27日恢复到6.01。

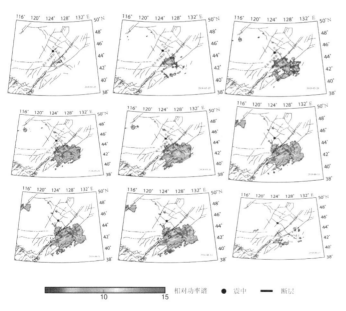

图1 松原M5.7地震前5频段小波相对功率谱的异常演化

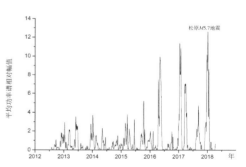

图2 松原地区地震异常区平均值相对功率谱值时序曲线

天水地电阻率高频扰动异常成因的定量分析

张丽琼　窦喜英　姜佳佳　李　娜

甘肃省地震局，甘肃兰州　730000

天水台地电阻率NW测道在2018年8月出现高频持续扰动并于9月初恢复，9月12日晚，陕西宁强发生了M_S5.3地震，天水台距离震中203km。这一异常究竟是宁强地震的前兆还是由其他因素引起，需要给出一个科学的判定。在排除观测仪器、线路及电极、气象三要素等因素后，经现场核实在测区北面省林校正在建楼施工。因此利用有限元方法结合天水台电测深曲线、岩性结构资料建立三维有限元水平层状结构物理模型，分析地基施工对观测资料的影响。

该施工地距离NW道测量的A电极仅有80m，根据地电阻率三维影响系数理论：地基铺设为钢架混凝结构，地基开挖的区域可视为无穷大的空气介质，在NW测向地电阻率测区A17、C19电极间形成一个低阻体，与原有土层介质相比该区域的电阻率升高，在9月初施工已经建到地面第三层，地下介质趋于稳定，高频扰动结束。考虑到实际观测中地基的钢架为金属，金属导线由于其电阻率非常低，在地电阻率测线附近会产生较大的干扰，因此在施工方位和位置固定的情况下，进一步确定金属导线对地电阻率观测的影响与其电阻率和横截面积有关。铁介质的电阻率为$9.78 \times 10^{-8} \Omega \cdot m$，工型钢轨的横截面积约为$0.002 \sim 0.3 m^2$，根据横截面积一般$> 1 \times 10^{-3} m^2$时干扰幅度趋于稳定，本文选取钢轨横截面积$0.01 m^2$，模型中地层选用solid69八节点热−电六面体单元，地表地电阻率观测满足Neumann边界条件，在水平和垂直方向可视为无穷远边界，模型越大计算越精确，数据计算量越大，因此需要合理选择三维有限元计算模型的尺寸。在AB=0.39km、MN=0.13km实际观测极距下，模型最低层厚度H_4=0.8km时，地电阻率模型水平边界尺寸D的变化，基本上在$D>2.4$km之后不随D的增加而变化；在水平尺寸为3km×3km时，地电阻率计算值随模型最底层厚度H_4的变化基本上在$H_4>0.8$km之后不随H的增加而变化，因此选取第四层H_4为0.9km，D=3km，最终确定的模型大小为（$3 \times 3 \times 0.9$）km³，模型水平面中心为台站观测装置布极中心。在已有模型基础上，采用能够在节点上传导热和电流的Link68二节点热−电线单元对地基结构中的钢架划分网格，钢架与地设置为接触模式，且方位的布设与实际环境中施工地的实际位置相同处于A电极附近，将钢架简化为四条导线L_1、L_2、L_3、L_4，分别计算四条导线单独及串联时地电阻率量。结果表明四条单独导线在不联通的情况下，对地电阻率的影响较小；但考虑地基中钢架必须为互相交叉搭建，通过进一步计算4号钢架由于平行且更靠近测量电极，影响量大于1号、2号钢架，3号钢架垂直且距离最远影响量最小；当四条钢架串联时电阻率影响量增加，大于四条钢架单独的影响量。

通过将施工地基的钢架结构简化为四条相互串联的金属导线模拟，虽与实际复杂的施工地基有一定的差异，但对比天水地电阻率NW测向高频扰动的异常时间与地基施工的时间，以及结合天水台地电阻率以往震例：均为NS、EW、NW三道同步高频突跳或者NS、EW两道同步NW道突跳稍弱这种异常形态，而这次异常仅为NW道高频扰动突跳，NS、EW道突跳道不明显。因此认为该高频扰动变化与施工干扰关联密切，非前兆性地震异常。

本研究由甘肃省地震局科技发展基金（KY201903005）资助。

文安地震台地磁所受干扰情况研究

杨雅慧

河北省地震局保定中心台，河北保定 071000

地磁场是地球固有的基本物理场之一，地磁场信息的采集是一个漫长的、需要累积的过程，而在这个过程中，周边环境的变化对所采集的地磁数据资料质量有着重大影响。文安地震台在地磁数据采集过程中，由于受到位于台站南侧敬老院的施工干扰，数据出现异常变化，可靠性及准确度降低。

文安地震台隶属河北省地震局，建于1967年河间6.3级地震以后，位于华北平原中部，北偏西距北京120km，处于胜芳—柳河—董村活动断裂西侧，台基为黄土覆盖层，主要为京津唐及河北平原地区的地震监测及地震分析预报提供观测数据。文安地震台于2012年11月安装FHD-2B型分量质子磁力仪，2015年7月正式入国家数据库，入库以来仪器运行平稳，数据记录完整，产出数据连续率高，具有较好的可靠性及准确性。地磁观测室西侧和北侧均为农田，少有干扰情况；东侧为废弃练车场，距离地磁观测室约60m，干扰主要来于大型车辆经过或停放；南侧为敬老院，房屋最北端距地磁观测室约20m，施工前几乎无干扰。

文安敬老院全部为彩钢板搭建的平房结构，基础和支撑材料为工字钢，建筑面积约8000m²。2016年敬老院进行房屋拆除，拆除过程干扰不明显。6月中旬，开始清运拆除的建筑垃圾，彩钢板、工字钢等钢材陆续运出，据测算，钢材总量约为450吨。在搬运过程中，干扰主要来源于来往运输车辆，造成单天数据出现台阶。以河北省红山基准台地磁资料为参考进行对比分析，做各分量数据差值曲线，可以发现：2016年6月中旬开始，垂直分量差值曲线下降，总场差值曲线上升，持续到7月初，之后差值曲线恢复平稳状态，上下浮动较小。去除年变因素后，计算地磁场数据各要素的干扰值，得到如下信息（表1）。

表1 地磁场各要素干扰值

地磁场要素	水平分量/nT	垂直分量/nT	偏角分量/°	总场/nT
干扰量	−12	26	3.8	15

依据《Guide for magnetic measurements and observatory practice》（Jerzy Jankowski，Christiansucksdorff）中给出的干扰场理论计算公式：

$$\Delta B = W\kappa B_0 / \pi dr^3 \left(1 + \kappa N\right)$$

其中，W为质量，K为磁化率，B_0为磁场强度，d为密度，N为退磁因子。取磁化率K值为1000，B_0为53900nT，密度d取为铁的密度，即$7.8 \times 10^3 kg/m^3$，N为0，r取建筑几何中心到观测室距离，为60m。计算的总场干扰理论值为456nT。由计算结果可发现，理论值与实际总场值差值较大，分析可能有以下原因：①此理论公式基于一定的假设条件，简化时高估了干扰值；②进行公式计算时磁化率及退磁因子数值选取的不准确；③干扰场与原地磁总场方向不一致。

| 作者信箱：1143950457@qq.com

悬挂式质子矢量磁力仪及可移动观测装置研制进展

居海华　夏　忠　冯志生

江苏省地震局, 江苏南京　210014

质子旋进磁力仪只能观测地球磁场总强度的绝对值, 若要用测量地磁场的分量值, 则只能借助分量线圈产生的均匀磁场, 采用抵消补偿方法或偏置合成方法测量分量值。常用的分量线圈有亥姆霍兹线圈、Fanselau线圈和球形线圈, 在产生的均匀磁场空间相同的条件下, 亥姆霍兹线圈体积最大, 球形线圈最小。目前安装分量线圈的方式主要有两种: 一种是将线圈直接支撑在底座上, 称为座钟式, 另一种是将线圈悬挂在支架上, 称为悬挂式。地磁矢量观测对分量线圈产生的磁场均匀度有严格的要求, 对分量线圈长期保持稳定的水平(垂直)状态也有很高的要求。

目前国外最好的线圈为匈牙利Eotvos Lorand地球物理研究所的L.Hegymegi教授研制的悬挂式球形分量线圈, 该线圈的长期漂移(零漂)对外宣称小于2.0nT/a, 但在我国泉州台实际运行的年漂可达10多nT/a, 长期稳定性没有对外宣称的好, 并且该仪器观测的倾角I为相对值, 不完全适合我国地震行业。我国目前最好的线圈为中国地震应急搜救中心马森林研究员等研制并生产的分量线圈, 并已装备我国100多个台站, 该分量线圈由两组正交的亥姆霍兹线圈组成, 两个线圈直接支撑在底座上, 但长期稳定性较差, 长期漂移(零漂)达10多nT/a, 远远不能满足小于分析预报要求。

我们研制成功的悬挂式质子矢量磁力仪采用的是双通道质子磁力仪主机和分体式悬挂式球形分量线圈系统。主机采用双探头和双测控系统, 两组线圈分别给两个探头提供补偿磁场和偏置磁场。采用补偿法测量水平分量绝对值, 偏置法测量磁偏角相对值。其中偏置法采用偏置磁场与总场合同的方法, 使得水平分量和偏角可以同时观测。线圈系统采用的是可旋转的悬挂式球形线圈结构。球形线圈采用多线路均匀分布于球面的布线方法, 两组线圈结构完全相同, 直径仅约28cm, 其具有体积小、重量轻、中心均匀磁场均匀度高、分量观测值稳定性好、均匀磁场对外辐射范围小(该线圈产生的磁场对外影响距离仅约10m, 远小于目前我国台站使用的亥姆霍茨线圈)等优点; 悬挂装置采用十字结构, 使得线圈姿态在基墩或支架的任意个方向上微小倾斜时不发生改变; 采用了旋转机构, 可方便调节转向差, 调节线圈的水平姿态, 得到水平分量的绝对观测值; 配备阻尼系统, 使得线圈系统具有较好的短期稳定性, 适用于多震区的观测环境。并且这种设计方案具有结构简单、稳定性好, 两组线圈相互影响小, 同一周期内测量次数增加等优点。与国外同类线圈相比, 该线圈的尺寸更小, 但产生的磁场均匀度更高, 其悬挂方法更为简洁, 采用的阻尼系统提高了该装置的短期稳定性, 可转动刻度盘装置, 方便了转向差的调试。我们在新疆乌鲁木齐地震台、山东泰安地震台和安徽蒙城地震台开展对比观测实验, 近一年来的初步试运行数据分析表明, 其噪声水平小于国内仪器噪声平均水平(该指标取决于主机噪声水平和线圈产生磁场的均匀度以及一个周期内的测量次数), 并且长期漂移(零漂)小于4.0nT, 远低于目前国内仪器达10nT/a的长期漂移幅度, 基本达到国际先进仪器的水平。

针对目前地磁台站建投资大、可用建设材料稀缺、建设难度大、无法实现快速迁建等问题, 我们研制了可移动的质子矢量磁力仪观测装置, 实现了低成本的地磁观测快速布设和迁建。该装置结构为直径约1.2m的圆柱, 高约1.4m, 顶部为半球面, 采用了双层环氧树脂复合材料, 侧面内夹隔热蜂窝材料, 底部采用无磁铜板夹层, 并设计了通气孔, 采用无磁铜螺柱与基础连接。由于悬挂式质子矢量磁力仪与基墩的微小漂移不敏感, 因此可以配合建设简易仪器墩和基础。这种方案大大降低了施工难度和成本, 可以实现批量化生产。并且这种可移动的质子矢量磁力仪观测装置无磁且强度高、风扰小、抗老化, 配合简易结构的地磁仪器墩建设, 可以很容易实现低成本快速布设我们研制的悬挂式质子矢量磁力仪。

延庆台地电阻率井下小极距装置改造

王同利　　崔博闻　　徐化超　　朱石军　　李菊珍　　王丽红

北京市地震局，北京　　100080

随着经济建设的发展，地电阻率定点观测测区环境干扰严重影响观测质量，地表大极距观测方式难以持续发展，也促使地电阻率定点观测向井下小极距观测方式发展。2018年延庆区建设北靳路、阜康路、康河路、延崇高速等一系列配套道路均位于延庆地震台地电阻率环境保护区之内。建设道路按照城市主干路标准设计，涉及道路、交通、通信、电气、绿化、给水管道、再生水管道、雨污水管道等市政配套工程，对地电阻率观测将造成明显干扰，因此我们在2018年对延庆台地电阻率装置系统进行了改造。

首先我们根据延庆地震台电测深反演了观测影响系数和观测极距、观测深度之间的变化，结果显示延庆台井下小极距地电阻率观测极距 $AB/2$ 为 $50 \sim 100m$，电极埋深 H 为 $120 \sim 180m$ 则能合理满足观测需求。考虑到目前的井下观测技术，兼顾介质电阻率变化且适当加大极距较为适宜，新建井下小极距装置系统采用多极距水平向和垂直向观测相结合的布极方式。三个水平测向分别为NS、EW和NE方向布设，每个水平向测向供电极距为 $AB=120m$，测量极距 $MN=40m$，电极埋深 $H=150m$；一个垂直测向的总井深210m，四个电极 A、M、N、B 的布设深度从上到下依次为90m、130m、170m和210m。观测装置水平向和垂直向观测相互弥补，使得该地电阻率观测在空间上满足全无限空间的有利观测，$H \geqslant AB$ 有效地远离了地表干扰源，同时，地表观测装置也远远地避让了建设公路的距离。

本文还分析了延庆台多极距井下小极距地电阻率观测装置系统改造中的电极大小、埋设等技术，以及水平向和垂直向观测装置系数的计算等，从理论上解决了井下小极距地电阻率建设的难点。它不仅减小了原有地表大极距观测的装置系统占地面积，还提高了观测对周边复杂地表环境干扰的抗干扰能力，有效地提升了地电阻率的观测效能。井下小极距地电阻率观测是地表地电阻率观测的发展，也是多年来专家学者致力于探讨的观测方式，延庆井下小极距地电阻率观测系统替代地表地电阻率观测，观测优越性大大提高。第一，它改善了大中城市经济建设和地震地电阻率观测占地面积之间的矛盾，同时对大面积地电测区环境保护难的问题也得到了很大改善。第二，延庆井下小极距地电阻率观测系统将对观测区域周边的地表环境干扰信号有很大的屏蔽作用。第三，延庆地表地电阻率半空间观测转为井下全空间观测，对本测点深部孕震信息的捕捉能力进一步提高。本次改造既能适应经济发展的需要，又能较好地为地震监测服务，建设研究结果对后续实施井下小极距电阻率观测装置系统改造的台站具有参考意义。

与地震活动相关的电离层超低频波研究

欧阳新艳

中国地震局地震预测研究所，北京　　100036

　　本研究基于DEMETER卫星从2005年5月至2010年11月约5.5年期间观测的DC/ULF频段的电场数据研究电离层超低频波与地震活动之间的关系。基于Bortnik等（2007）提出的自动波动探测算法，将其应用于DEMETER卫星电场数据以便识别电离层中的超低频波动事件。该自动探测算法包含两部分：第一部分，基于每条半轨的动态谱识别出谱峰，谱峰即指超出背景频谱至少一个量级；第二部分，将连续时段的谱峰组合成单个波动事件；波动事件中的谱峰需要满足最小持续时间（本研究中约6分钟）以及谱连续的特点。在约5.5年期间共获得41343次超低频波动事件。根据USGS地震目（https：//earthquake.usgs.gov/earthquakes/search/），2005年5月至2010年11月共发生18739次$M \geq 4.8$的地震事件。为了不混合震前和震后的效应，本研究去除了"余震"。"余震"定义为在基本相同位置，未来15天发生的任何其他地震。通过去除"余震"后，仍然剩下9420次地震事件。另外，生成随机地震目录与真实地震目录获得的结果进行比较。

　　为了研究电离层超低频波与地震活动的关系，采用地震前15天至地震后5天开展时序叠加分析。计算每个超低频扰动与每次地震的时间差以及距震中的距离，将结果放入6h×200km的网格中进行统计，并定义每个网格中超低频扰动的发生率。分别获得了9420次$M \geq 4.8$以及5796次$M \geq 5.0$地震事件的时序叠加结果，结果表明超低频扰动的发生率在靠近震中（<200km）并且在震前很短的时间内（2天内）出现增加的现象。根据Dobrovolsky公式（Dobrovolsky et al.，1979）估计地震孕育区的大小，200km以内的范围对应于震级约5.4。$M<5.4$的地震事件分别占9420次$M \geq 4.8$以及5796次$M \geq 5.0$地震目录的约79%和约66%，因而超低频扰动的显著增加发生在200km的范围内是可能的。随机地震事件的时序叠加结果表明超低频扰动的总体发生率约25%，高于真实地震事件获得的超低频扰动的发生率。随机地震的结果表明超低频波活动和地震事件之间不存在时空关联。

云南地震极低频电磁观测台网建设

张　平

云南省地震局，云南昆明　650224

利用大功率人工源极低频电磁波穿透介质和大面积覆盖的传播机理，研究地球物理电磁探测新方法，探求复杂构造和深部找矿新理论、地震电磁异常前兆新规律和机理，促进资源探测和地震预测领域具有重大科学意义的原创性成果的产生，推动我国地球物理学、空间物理学和无线电物理学等基础学科的发展，建成民用极低频发射台站等试验设施，形成基本覆盖我国国土和领海的高信噪比电磁波信号，开展地下资源探测和地震预测等方面的探索性研究和工程试验研究，为相关领域的前沿科技研究提供新的技术手段和开放性的公共服务平台（陆建勋，2013）。

"极低频探地（WEM）工程地震预测分系统"主要在我国南北地震带南段的川滇地区等地震多发区建立地震极低频电磁观测站，通过观测人工发射源及天然源的极低频电磁信号，计算其各台站电磁信号强度，视电阻率和阻抗相位，地下电磁结构参数等与时间、空间上的关系，联合地震台站其他观测数据，综合分析地震电磁异常现象和其他地震异常的关系，提升川滇地区中强以上地震电磁异常信号的监测能力。

在云南地震频发区域监测区域地壳介质结构电性参数和空间电磁场变化，为地震预测研究服务，具有广阔的应用前景。其中在云南地区建立9个地震极低频电磁台，约占全国地震极低频台站总数量的三分之一。根据云南地区多发地震的特点，在云南建设巧家、牟定、新平、大理、勐腊、景谷、丽江、盈江等9个固定地震极低频电磁监测台站。2015年土建工程竣工后，开始监测试运行，经过信号测试，全部台站完整良好地接收到了发射台发射的人工源极低频信号。根据项目分系统的技术要求，云南的9个极低频台站的设计和建设，重点考虑未来地震危险区趋势预测、地质构造背景、自然条件等因素。在云南地震频发区域开展地震极低频电磁长期组网观测，同时监测区域地壳介质结构电性参数和空间电磁场变化，实现了地震极低频电磁观测数据汇集自动化、准实时化、设备监控远程化、网络化、数据处理专业化、数据服务、数据共享行业化等功能。在项目试运行期监测云南地震活动，已获得了地震极低频电磁观测的初步结果。

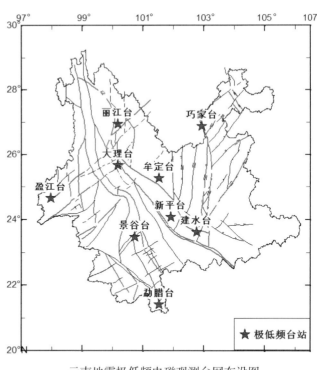

云南地震极低频电磁观测台网布设图

NOAA卫星高能粒子同期观测数据分析与震例研究

李　忠[1]　余伟豪[1, 2]　黄建平[2]

1. 防灾科技学院，河北三河　065201；
2. 中国地震局地壳应力研究所，北京　100085

NOAA卫星是美国发射的一系列极轨气象卫星，目前有多颗卫星同时在轨运行，星上搭载的高能粒子载荷指标完全相同，卫星的高度相差不到50km，降交点地方时分为上午和下午两个时段，总体指标和参数具有较好的连续性，通过虚拟星座形式的彼此配合，能弥补单颗卫星观测在时间分辨率上的不足和缺陷，更好地实施全球观测。从理论上来说，相近高度上的系列卫星在相同时间段内的观测结果总体上应该是一致的，但是目前这方面的研究还较少。

本文利用统计学方法，对同一时段NOAA15、NOAA16、NOAA17、NOAA18和NOAA19五颗卫星的高能粒子分布特征进行综合分析，获得空间高能粒子背景场信息，比较了NOAA系列卫星之间高能粒子观测结果的一致性和差异性，为分析高能粒子动力学运动特征、研究其在地震期间沉降现象的物理机制提供参考依据。在此基础上，以印尼8.6级地震事件为例，采用多颗卫星观测数据集进行了时间序列和空间序列的异常分析。

主要研究成果如下：

（1）不同卫星观测的同期同能段的高能粒子数通量基本一致。全球差值分析表明，NOAA系列卫星之间在同一时段内对同一区域观测到的固定能量段电子通量、固定能量段质子通量基本一致，通量量级误差不超过0.5个数量级（按90%的置信度）。利用概率密度分析对南大西洋异常区和南北辐射带时发现，固定能量段的电子、质子在南大西洋异常区和南北辐射带的粒子通量分布呈近似正态分布。

（2）基于虚拟星座的多卫星联合观测更利于识别地震事件变化信息。苏门答腊地震震前数据的时间序列分析发现，在震前3～4天，研究区出现大于6倍背景值的电子通量爆发；融合五颗卫星的观测结果，能够形成空间相对密集的观测，基于空间序列分析进一步确定了电子通量爆发出现在震中东南方向。

ZH-1卫星观测的VLF人工源信号特征分析与全波模拟

赵庶凡[1]　周　晨[2]　申旭辉[3]　泽仁志玛[1]　黄建平[3]　廖　力[4]

1. 中国地震局地震预测研究所，北京　100036；2. 武汉大学电子信息学院，湖北武汉　430072；
3. 中国地震局地壳应力研究所，北京　100085；4. 中国地震局地球物理研究所，北京　100081

中国地震电磁监测试验卫星张衡一号（ZH-1）已于2018年2月2日成功发射，本文利用ZH-1卫星2018年5—6月夜侧的VLF频段电场和磁场功率谱数据以及就位等离子体与高能粒子数据分析了地基VLF人工源信号在电离层中激发的电磁响应和传播特征，以及引起的电离层扰动和高能粒子沉降事件。

通过分析过位于不同L值，不同发射频谱的多个人工源上空的卫星重访轨道观测数据，得出ZH-1卫星记录的人工源信号电场和磁场变化标准差与DEMETER卫星记录的标准差几乎一致，且重访轨道均值与全波模拟计算结果数值上较为一致，说明ZH-1卫星电场和磁场功率谱数据具有较好的稳定性和可靠性。在此基础上，利用ZH-1卫星数据分析了VLF人工源上空和共轭区的电磁场分布特征及电波传播规律，结果表明VLF人工源产生的电磁辐射穿透电离层后以导管或者非导管的哨声波模向共轭区传播，因为传播过程中的朗道阻尼，共轭区的电场能量比辐射源顶空更小。VLF人工源位于$L<1.5$时，电磁波传播更容易发生非导管传播，VLF人工源信号导管传播模式在共轭区的电场响应相对于共轭点会发生一定程度北向偏移，如图1所示。此外，研究发现了2月19日一条轨道观测的电子温度增加了2倍，电子密度减小了约30%，同时伴随着电场功率谱的展宽。考虑为VLF人工源NWC引起的电离层加热现象，其机制为焦耳加热导致电子温度升高，以及电离层参数不稳定性导致的参量激发波的能量增长。利用赤道回旋共振模型计算了与19.8kHz的VLF波发生回旋共振的电子能量，与卫星观测的高能电子能谱上"尖刺"状增强结构吻合，证明该结构的确为NWC人工源导致的高能粒子沉降。通过分析NWC引起的高能电子沉降带分布，发现沉降分布相对于人工源位置有东向漂移。

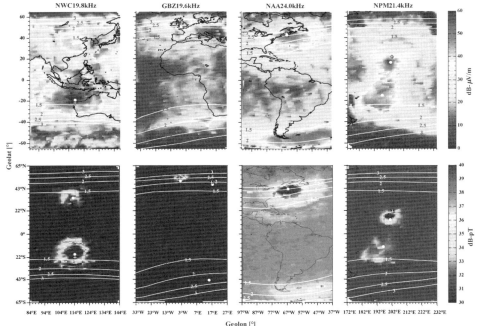

图1　ZH-1卫星记录的VLF人工源（NWC，GBZ，NAA，NPM）激发的电场（第一行）和磁场（第二行）分布。白色十字表示人工源的位置，白点表示人工源上空80km处的磁力线在卫星高度的穿刺点位置。白色实线为卫星高度的L值等值线

川滇块体遥感红外辐射异常与中、强震关系分析

路 茜 张铁宝 杨 星

四川省地震局, 四川成都 610041

　　许多研究表明中强地震前存在热辐射异常。川滇块体是震情跟踪工作一直关注的地区, 近年来中、强地震频发, 利用遥感红外辐射对川滇块体进行震前异常系统分析是十分必要的。本研究以13年MODIS/Terra卫星红外数据为基础, 采用空间距平分析法、辐射增强阈值面积指数法及辐射亮温均值低频时间序列法, 对2004年以来川滇块体及周边$M5.5$以上地震震前的红外亮温资料进行了深入分析。经过空间距平分析法和辐射增强阈值面积指数法计算分析, 发现在整个分析时段, 出现了10次超2倍标准差的辐射增强异常, 异常结束3个月内有5次对应了$M5.5$以上地震, 且大多成组发生。如果提高震级档分析, 那么除了攀枝花$M6.1$地震和康定$M6.4$地震外, 其他$M \geq 6.0$地震前3个月内均出现了月距平辐射增强的超差异常。而汶川地震前则在相邻的巴颜喀拉块体出现了辐射增强异常, 康定$M6.4$地震在川滇块体出现了辐射增强阈值面积指数法未超差的辐射增强。蒋锋云等 (2013) 通过GPS速度场计算出的结果较好的反映了川滇块体的构造特征, 在印度板块的推挤作用下, 川滇地区的主压应变围绕喜马拉雅东构造结呈顺时针方向运动, 这和该区域地壳沿东南方向挤出的构造背景是一致的, 青藏高原物质的向东挤出与阿萨姆角NEE方向的持续楔入造成川滇地区东移, 在东部相对稳定的四川盆地和华南块体的阻挡下, 整个川滇地区沿鲜水河—小江断裂带由向东转向南运动 (张希等, 2007; 方颖等, 2006)。对整个川滇块体沿其块体大致运动方向划分小区深入分析辐射亮温均值出现增强异常时, 块体内部的辐射增强变化过程以及与地震的对应关系, 通过宁蒗$M5.7$地震和鲁甸$M6.5$地震震例研究表明：①宁蒗$M5.7$地震和鲁甸$M6.5$地震震前辐射增强较高的小范围区域与震中位置有一定关联；②鲁甸$M6.5$级地震前一个月左右川滇块体存在均衡地大面积显著热辐射增强异常, 这类异常可能对该地区6.5级左右的地震具有短期指示意义。

作者信箱：lucilleqian@126.com

高光谱遥感气体CH₄影响因素分析

丁志华　　张子广　　盛艳蕊

河北省地震局, 河北石家庄　　050021

高光谱遥感气体因测量范围大，成本低，数据连续性好，逐渐被应用于地震预测预报研究中。但是，尽管有很多的震例证明震前高光谱气体异常的存在，仍有很多质疑的声音，主要因为高光谱气体干扰因素较多，对其进行提取异常后，仍有很多无法解释的高值异常区。解释高光谱气体无震高值异常的原因、探寻新的更优势的异常提取方法，是目前高光谱遥感应用于地震监测预报的瓶颈所在。

通过计算高光谱气体在不同地形（平原、山区、盆地）与不同参数的相关系数，发现在高光谱气体与温度、湿度、气压等因素有较好的相关性。主要表现为CH₄与水汽、温度、长波辐射呈较显著的负相关，而与气压呈显著正相关。山区和盆地相关系数相差不多，略低于平原。分析原因可能如下：①空气水汽多，湿度大，有利于OH自由基形成，促进CH₄光化学反应，同时温度升高、长波辐射增强可以反应太阳辐射的强弱，较强的太阳辐射有利于光化学反应的进行，因此CH₄总量与水汽、温度、长波辐射均呈反向变化；高气压相对于低气压更不利于空气垂直对流，进而抑制CH₄向平流层输送，导致CH₄增多；②CH₄背景场总量平原高于盆地，因此在平原参与相互作用的CH₄量比较大，同时，平原四季环境各参数变化更为显著，有利于相互作用，因此相关性更加明显，而盆地和山区相反。

综上，由于CH₄受水汽、温度、气压等影响，异常提取中的高值异常区域可综合考虑当地的降雨、气温、风力、风向等气象因素与污染物排放相关的大气质量指标。有利于干扰排除，识别异常。

在进行高光谱气体影响因素分析中发现，震前CH₄与气压、温度、长波辐射的相关系数升高。选取了2004年以来华北地区M_S4.5以上陆地地震11个，其中6个震前出现相关系数升高（图1）。影响机理待解释，需要补充震例，进一步计算此方法作为异常提取方法用于地震预报的可能性。

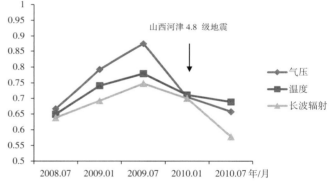

图1　山西河津4.8级地震前后CH₄与气压、温度和长波辐射相关系数绝对值变化曲线

| 作者信箱：dingzhihua685@163.com

基于GRACE数据的尼泊尔M_S8.1地震
北向重力梯度变化

尹 鹏 邹正波 吴云龙 张 毅

中国地震局地震研究所，中国地震局地震地震大地测量重点实验室，湖北武汉 430071

2015年4月25日尼泊尔中东部郎塘地区（Lamjung）发生M_S8.1地震，根据USGS发布的地震监测信息，该地震震中位于（28.1°N，84.7°E），震源深度为15km。尼泊尔M_S8.1地震发生于喜马拉雅碰撞造山带中段，历史上沿该地震带发生过多次大地震，此次地震是由欧亚板块与印度板块持续地南北向俯冲挤压逆冲造成的。

强震的发生能够造成大区域地壳形变，引起强烈的重力变化。许多研究结果已从理论上证实GRACE卫星能够检测到$M \geqslant 8.0$地震引起的重力变化，受卫星轨道误差、观测误差、模型及数据处理误差的影响，GRACE时变重力场在图像上表现出明显的"南北条带"，因此需选择一定的滤波以削弱重力场模型的噪声。去相关滤波具有较好的去条带效果（Swenson、Wahr，2006），但在削弱误差的同时也会造成真实信号的衰减，重力梯度的3个分量包含了更多的细节变化信息，东向和垂向的南北条带更加明显，而北向重力梯度对南北条带误差具有较强的压制作用，可以避免去相关滤波对真实信号的削弱（Li、Shen，2011）。

本文利用德克萨斯大学空间研究中心发布的GRACE RL05月重力场模型数据，采用300km扇形滤波，得到2015年尼泊尔M_S8.1地震北向重力梯度的时空分布，之后利用最小二乘拟合方法分析尼泊尔及其邻近区域北向重力梯度的长期变化趋势及研究区内6个特征点的北向重力梯度月变化时间序列，并结合黏弹性分层位错理论对GRACE检测尼泊尔M_S8.1地震北向重力梯度同震变化的可能性进行分析。研究结果表明：在尼泊尔M_S8.1地震发生前北向重力梯度表现出比较明显的正负异常变化，而该地震即发生在北向重力梯度正负变化的零值线附近；研究区北向重力梯度年变率在印度板块边界及其垂直方向所形成的四象限呈正负相间分布，6个特征点的北向重力梯度在2012年4月出现比较明显的跳变。由此推断，北向重力梯度的动态变化过程反映了震前区域物质迁移和震后壳幔物质黏滞性调整等问题。

苏门答腊北部M_S7.8地震前电离层扰动特征研究

胡云鹏[1] 泽仁志玛[1, 2] 申旭辉[2]

1. 中国地震局地震预测研究所，北京　100036
2. 中国地震局地壳应力研究所，北京　100085

DEMETER卫星是2004年4月由法国发射并主要应用于地震与电离层异常相关性的研究，是世界上第一颗专门用于监测地震和火山等自然灾害活动的电磁卫星。该卫星是极轨卫星，飞行高度为660km，卫星预设触发及常规观测两种模式，当卫星进入重点监测区后自动启动触发模式，实行加密观测，5年的正常运行积累了丰富的数据资料。利用DEMETER卫星数据对2010年4月4日苏门答腊北部M_S7.8强地震前后震中（2.4°N，97.1°E）上空电离层电磁扰动特进行研究，为地震与电离层扰动关系的研究积累一定的震例资料。

基于电离层影响因素的复杂性，为了最大程度区分非震因素引起的电离层扰动，对震前20天地震上空电离层磁功率谱密度（PSD）值进行统计分析，并且利用奇异值分解（SVD）法对异常轨道记录的电磁三分量数据进一步分析以研究电离层短期变化规律；统计2009—2010年内经过震区上空的4条轨道重访轨道，将震中附近4条轨道的重访轨道整理成四组时间序列数据，运用滑动四分位法统计电离层异常现象的时空特点，并且利用2008—2010年的磁功率谱数据建立背景场，研究长期背景场下电离层的扰动特点。

研究结果表明：①震前9天和震前10天震中附近上空ELF/VLF[300~800Hz]频段范围内的电离层磁场PSD明显增强。利用SVD法分析结果显示震前9天ELF／VLF[200~500Hz]震中上空电离层有明显电磁辐射异常现象，该辐射方位角Φ均值趋近20°，极角θ均值趋近125°，由此推断该电磁波的传播方向为自下而上，存在与地震相关的可能性；②通过对重访轨道统计分析发现震前9天、震前10天以及震后2天526Hz频段磁场PSD值强烈增强，同时发现2010年震中附近发生的另外两次M_S6.8以上地震前10天内526Hz频段磁PSD有明显增强现象。从分析结果推断出可能与地震相关的电离层扰动多发生在震前10天以内，这也与地震电磁扰动短临特点相对应。③利用震中±10°范围内2008—2010年3年2—4月同期观测ELF/VLF[300~800Hz]磁功率谱数据建立背景场，结果表明震前20天内最大扰动幅度超过3倍标准差，震后趋于平静。

张衡一号卫星感应式磁力仪数据地震事件分析

王桥 颜蕊 泽仁志玛 黄建平

中国地震局地壳应力研究所，北京 100085

感应式磁力仪（Search Coil Magnetometer，SCM）是中国电磁监测试验卫星（张衡一号卫星）的主要载荷之一。它用于测量沿卫星轨道位置处10Hz-20kHz频率范围的交流磁场波形和频谱。其探测原理是基于法拉第电磁感应定律，通过具有高倍磁通放大和磁通负反馈控制的传感器将空间变化的磁通信号转换为电压信号进行测量和处理。

SCM在65°N与65°S范围内开机工作，每天可获取15.2圈变化磁场数据。其工作模式主要有详查（Burst）、巡查（Survey）、定标（Calibration）和数传测试4种工作模式。可通过地面测控站上传指令进行工作模式切换。卫星在轨运行期间，SCM以巡查方式工作为主，记录频谱数据；当卫星经过中国区域上空、环太平洋和地中海—喜马拉雅两大地震带上空时，SCM开启详查工作模式，记录波形数据。张衡一号卫星SCM数据基本信息见表1，详查工作区域见图1。

表1 张衡一号卫星感应式磁力仪数据基本信息

频段名称	观测频率范围	采样率	数据类型	工作模式
ULF	10～200Hz	1024Hz	波形和频谱	巡查
ELF	200～2200Hz	10240Hz	波形和频谱	巡查
VLF	1.8k～20kHz	51.2kHz	波形/频谱	巡查/详查

张衡一号卫星于2018年2月2日发射入轨，SCM各项性能指标满足卫星工程研制总要求，工作状态正常，定标信号稳定，功能和技术指标满足要求，未发生在轨质量问题。并于2018年11月完成了在轨测试验收。目前已积累400多天数据，成功探测到2018年8月26日空间磁暴、赤道区域闪电、2018年8月几次全球7级以上地震事件、全球地面人工源发射信号等现象。

2019年4月24日4时15分在西藏林芝市墨脱县（94.61°E，28.40°N）发生6.3级地震，震源深度10km，本报告以此次事件为研究对象，重点介绍了SCM在2级数据产品基础上对空间变化磁场数据进行重采样生成全球及中国区域的重访轨道观测数据的时间序列产品的处理流程与算法，结合张衡一号卫星电场探测仪、朗缪尔探针分析仪、高能粒子探测仪等载荷数据，在系统分析了卫星平台干扰、空间电磁场背景变化、空间磁场环境等因素等SCM数据对此次地震的时间和空间响应特征。

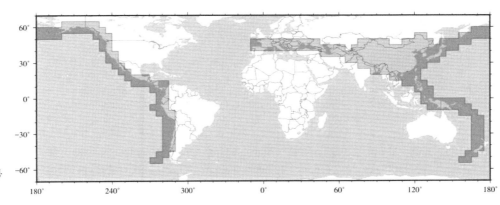

图1 张衡一号
详查工作区域

P波和S波日变化及其含义

王宝善[1,2]　杨　微[2]　王伟涛[2]　杨　军[3]　李孝宾[3]　叶　泵[3]

1. 中国科学技术大学地球和空间科学学院，安徽合肥　230026；
2. 中国地震局地球物理研究所；地震观测与地球物理成像重点实验室，北京　100081；
3. 云南省地震局，云南昆明　650224

　　监测微弱的地下介质波速变化是通过地震观测研究地球内部动态过程的有效手段。然而在长距离上的高精度波高时间分辨率波速变化测量依然非常困难。在持续一周的主动源气枪实验中，我们实现了高精度（10^{-5}）速度变化的测量。与以往关注单一震相的研究不同，我们同时观测了P波和S波波速变化。在波速变化中可以清楚地看到幅度为约$10^{-4} \sim 10^{-3}$的日变化和半日变化，这种变化最远可到8.8km。波速日变化要强于半日变化，波速变化与气温和气压的相关性强于和固体潮的相关性。我们推测气温变化引起的热应变是波速日变化和半日变化的主要原因。与通常认识不同，我们观测到P波变化强于S波，这可以用P波和S波对地下介质孔隙和饱和度变化敏感度差异解释。本文的研究强调了同时测量不同震相波速变化的重要性，也说明了利用气枪震源进行高精度波速变化测量的可靠性。

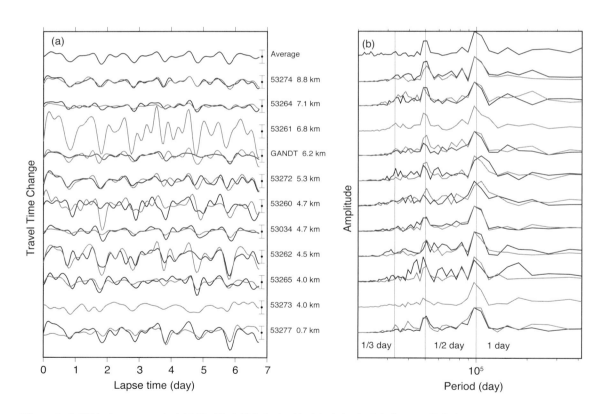

图1　（a）滤波（2～100 h）之后的P波（黑色）和S波（红色）走时变化。短棒代表了 ± 1 ms的走时变化。（b）P波（黑色）和S波（红色）走时变化的归一化频谱。日变化和半日变化可以明显地识别出来，且有少数台站（比如53272，53261和GANDT）中还可以看到1/3天的走时变化

呼图壁储气库注采气压力变化与区域
重力场响应

王晓强 艾力夏提·玉山 李 杰 刘代芹 李 瑞 陈 丽 李桂荣

新疆维吾尔自治区地震局，新疆乌鲁木齐 830011

利用呼图壁地下储气库从2013—2018年共11期流动重力观测资料，对储气库地表重力场变化特征及其影响因素进行了分析研究。研究结果表明，研究区的重力变化明显有分区特征，呼图壁断裂以南的储气库外部区域重力变化比较小，储气库区内的重力变化有交替性增减变化，尤其是库区内东侧，该地区的重力变化表现出明显的春季减小，秋季增大的变化特征。而储气库外侧以北的农田地区重力变化幅度最大，变化特征与储气库内部测点的重力变化特征相反，即春季为重力值增大，秋季为重力值减小。通过测区重力变化与储气库注采气压力变化的对比分析发现，储气库内部的测点重力变化与气井注采气压力变化正相关，当储气库处于注气期间，库区内部的测点重力值也随之增大，当储气库处于采气期间，库区内部的测点重力值呈现减小趋势。

影响地下储气库地表重力场的因素诸多，其中主要因素有地下构造运动、注采气压力变化、地下水位和土壤湿度变化和地表升降变化等。地下水位的变化是地表重力场变化影响因素中不可忽略的一个重要因素，在诸多非构造因素中地下水的活动对重力值的干扰最大。

作者信箱：wxq3842257@126.com

基于MCZT和FICP的高精度地震波速的干涉测量

杨润海[1]　谭俊卿[2]　向　涯[3]　姜金钟[1]　王　彬[1]

1. 云南省地震局，云南昆明　650224；2. 云南大学，云南昆明　650091；
3. 中国地震局地震研究所，中国地震局地震大地测量重点实验室，湖北武汉　430071

随着地震观测和数字信号处理技术的发展，可以借助于地震波波速变化了解地球内部的介质变化信息。基于人工主动源、背景噪声格林函数的相似地震是了解地壳介质性质变化的主要方法，因此，如何精确测量地震波速变化是了解地壳介质性质变化及其过程的关键问题之一。

地震波速变化测量本质上是数字信号处理的时延估计问题，常用的计算方法有互相关法、拉伸法和尾波干涉法，无论是哪一种方法都是基于互相关运算，其关键是要提高时延估计的精度。气枪震源能量有限，震中距较大台站接收到信号信噪比较低，而近距离台站记录信号波列发育短，有效信号持时短，这些因素决定了进行相关计算时只能进行较短取样。

地震信号采样率一般为100Hz，信号时延量往往小于一个采样间隔，互相关法得到的时延量只有一个采样间隔的分辨率，误差较大，需要对互相关函数的相关峰用余弦插值等方法进行插值，得到更精确的时延估计。在大容量气枪源观测中，台站记录信号为100Hz的连续采样，气枪震源的能量主要是频率2～7Hz的气泡震荡能量，时间分辨率为10ms，为了达到0.1ms的时间精度，需要对计算结果进行100倍插值。但插值计算过程与信号的信息无关，即与其谱无关，插值结果只能近似反映相关峰的形状。

本文结合改进线性调频Z变换（Modified Chirp Z Transform）和相关峰精确插值（Fine Interpolation of Correlation Peak，FICP）来细化频谱和提高插值精度，并与常用的余弦插值法和伸缩法的结果进行仿真计算对比，如图1a所示：伸缩法（Stretch）、余弦插值法（CosInter）和本文的方法（MCZT+FCIP）都能较好地恢复波速变化率的形态，但伸缩法的波速变化率与理论波速变化率相差较大，余弦插值法居中。数值模拟计算及波速变化恢复度（图1b）表明：余弦插值法和本文的方法无论从形态或者量值上都较好地恢复了波速的变化率，但本文方法略优于余弦插值法，较好地克服了短数据谱估计误差较大问题，是一种提高信号时延精度的优选方法之一。用恢复度来表示恢复的波速变化率与理论波速变化率的差异：恢复度=计算波速变化率与理论波速变化率的最大相关系数/理论波速变化率与计算波速变化率的残差绝对值。

本研究由国家自然科学基金项目（41574059）和地震动力学国家重点实验室开放基金（LED2016B06）联合资助。

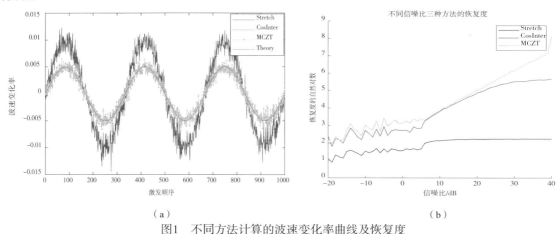

（a）　　　　　　　　　　　　　　　　（b）

图1　不同方法计算的波速变化率曲线及恢复度

基于卷积神经网络的主动源信号识别和P波初至自动拾取

徐　震[1]　王　涛[1*]　徐善辉[2]　王宝善[2,3]　冯旭平[1]　石　静[1]　杨明翰[1]

1. 南京大学地球科学与工程学院地球物理和动力学研究所，江苏南京　210046
2. 中国地震局地球物理研究所，北京　100081
3. 中国科学技术大学地球和空间科学学院，安徽合肥　230026

　　在走时成像过程中，初至拾取占用了大量的人力与机时，其准确性也是地震波速结构成像的关键所在。传统的波形拾取算法都有一定的局限性，它们或精度较低，或算法复杂，需人为参与，难以实现真正的自动化。机器学习及深度神经网络算法具有很好的泛化能力，近些年受到越来越多的关注。为了满足地震资料处理高效率和高精度的需求，我们提出了一种基于卷积神经网络（CNN）自动拾取主动源P波初至到时的方法。本文利用江西景德镇实验中由可控震源车产生的地震波信号被短周期地震仪记录到的垂向道分量数据，人工拾取了7242条P波初动到时，通过预处理之后分别截取不同时窗生成25290条地震样本和710616条噪声样本（长度均为2s）。利用这些样本，训练得到一个对地震和噪声进行自动识别的卷积神经网络。经测试，训练好的卷积神经网络具有很好的自动识别地震和噪声的能力，训练3000步的CNN对地震和噪声的检测正确率均达到了99%以上。随后本研究将训练所得的地震分类CNN扫描连续地震记录，输出不同时间窗波形为地震信号的概率，并将概率最大处对应的时刻作为P波初动到时。本文计算了STA/LTA和CNN拾取P波初至的均方根误差，测试结果显示，CNN具有P波初至高精度的自动拾取能力（拾取误差：<0.10s）。同时，与传统的短长时窗比方法（STA/LTA）相比，在对信噪比较低的记录CNN能达到更好的自动拾取效果。在未加噪声的原始波形记录中，STA/LTA和CNN方法都能较好的拾取P波初至，而随着加入噪声越来越大，STA/LTA方法拾取的误差迅速上升，而CNN方法拾取误差上升缓慢，可见CNN方法相比STA/LTA方法在拾取P波初至上具有更好的抗噪能力。卷积神经网络是一种数据驱动技术，该方法有望在不久的将来完全取代人工识别震相和手动拾取P波初至到时。该方法对于促进地震资料处理工作的智能化，提高地震成像的分辨率，以及推进主动源与被动源的联合反演均具有重要意义。

基于压缩感知的地震数据插值重建研究

张　帅　杨润海

云南省地震局，云南昆明　650224

　　针对在地震数据采集过程中，由于不规则采样造成的数据缺失情况，依据信号在某种变换域中具有稀疏性的特点，利用压缩感知方法对不规则不完整数据进行重建研究。重构后的地震数据同相轴清晰，连续性相同，振幅一致性准确，重构前后误差小。

　　地震数据缺失重建技术已经得到深入的研究和发展，主要包括以下四种类型：一是以某种稀疏变换为代表的重建方法，刘财等（2013）、郭念民等（2016）、薛念等（2011）针对数据分布不规则缺失和空间假频等问题，分别基于类小波（seislet）变换，小波变换，曲波变换对缺失数据进行插值重建，能够很好地去掉噪声和假频，提高数据的完整性。二是以基于预测滤波为代表的插值方法，Spitz等（1991）利用线性或者拟线性同相轴在f-x域内的可预测性特点，提出了f-x域反假频地震道插值方法；李学聪等（2009）提出了基于F-K偏移与反偏移的串联使用，提高了重建速度；路交通等（2012）基于F-K域主要倾角搜索进行地震数据插值，起到很好的抗假频效果。三是基于波场延拓的插值方法，RONEN J等（1987）首先提出了基于波动方程动力学的插值方法；管路平等（2009）基于此基础，提出的积分连续算子可以直接应用于缺失数据的插值问题。四是基于矩阵降秩的重建法，地震数据可用一个低秩矩阵表示。不规则的地震数据会增加频率域矩阵的秩矩阵，通过降秩可以实现重建。如Oropezaet等（2011）通过多道奇异谱分析降秩实现数据重建；周舟等（2014）利用多维FFT算法来避免Toeplitz矩阵和向量直接相乘，大大提高计算速度。

　　然而，对于非规则采样或随机缺失的地震数据，上述方法大都受 Nyquist 采样理论的限制，对于不满足采样定理的超稀疏地震数据，插值效果不佳（郭念民，2016）。根据压缩感知理论，即使是基于欠采样数据，也有可能恢复出满足一定精度要求的完整数据（唐刚等，2010）。

　　为了进一步验证该方法的适用性，模拟二维数据，如图1（a）所示。对原始数据进行60%缺失。如图1（b）所示，利用压缩感知方法对缺失数据进行重构。重建后的效果如图1（c）所示，观察到重构后的地震数据同相轴清晰，连续性相同，振幅一致性准确，重构精度较高。对重建前后数据进行误差分析如图1（d）所示。重建前后误差较小，满足重构要求。充分说明此次方法对不规则缺失数据的重构精度高，比传统的插值方法适用性强。

　　本研究由国家自然科学基金（41574059，41474048），云南省地震局青年基金（2018k09），云南省科技计划项目——宾川主动源试验区地壳介质应力场时空变化（ZX2015-01）及云南省地震局青年项目"传帮带"（C2-201704）联合资助云南省地震局青年基金（2018k09）、云南省地震局青年项目"传帮带"（C2-201704）联合资助。

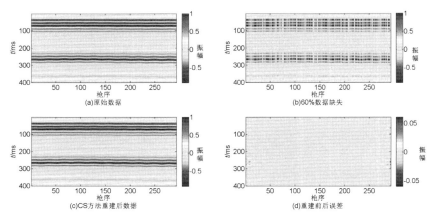

图1　不规则数据重建前后对比及误差分析

｜作者信箱：1269265107@qq.com

基于照明分析和偏移成像实验的复杂地表主动源地震观测系统设计——以朱溪矿区为例

何银娟　秦晶晶　邓小娟　王宏伟　李　稳

中国地震局地球物理勘探中心，河南郑州　450002

地震勘探数据采集是反射地震探测工作的基础环节，在实际勘探工作开始之前，进行严格的地震观测系统设计和论证，是必不可少的步骤。常规的地震观测系统设计通常利用商业软件，基于射线理论和共中心点（CMP）叠加成像原理实现，并不适用于复杂构造的情况。在中科院地学部"地下明灯计划——江西综合地球物理探矿实验"项目中，基于地震波照明分析和偏移成像实验的地震观测系统设计方法被采用，并取得了成功的经验。

研究中，地震波照明分析利用了基于双程波动方程的源—检双向照明分析方法，这种方法在处理复杂地表、复杂地下构造问题时能够更加精确地反映出断层、逆掩推覆构造、高低速体等对于地震波能量传播的影响，能够直观地反映出拟定地震观测系统的探测阴影区。相对于传统的射线法照明分析、以及单程波、单向照明分析等方法能够提供更加准确、全面的计算统计结果。地震偏移成像实验主要采用了复杂地表条件下的叠前逆时深度偏移（Reverse Time Migration，RTM）成像方法。叠前逆时深度偏移是目前公认的处理复杂构造情况下地震精确成像问题的最为合适的方法。根据前期收集到的先验信息，江西朱溪矿区地下结构复杂、速度横向变化剧烈、主要探测目标呈陡倾角展布（图1），因此有必要以叠前逆时深度偏移成像方法作为主要手段开展地震成像实验；也只有这样所取得的实验结果才能够提供更具参考价值的评估信息。

地震波照明分析和偏移成像实验的结果表明：①由于地表条件复杂，在具体激发点的地震波激发能量、垂直叠加次数等参数需要根据实际工作时的现场质量监控情况进行调整；②由于低速夹层的存在原始野外地震记录上很可能多次干扰波发育；③深部结构成像和陡倾角构造成像均需要大偏移距数据，即要求在距离探测目标较远的位置仍有震源激发点分布；④由于高速岩体（层）的屏蔽作用，岩体（层）下方成像效果可能不佳；⑤应保证震源激发点和接收点具有较高的分布密度。

后续的地震数据采集工作在本研究成果的辅助下进行，所得到的实际地震数据和数据处理结果对于本次研究所作推断和结论起到了良好的检验作用。

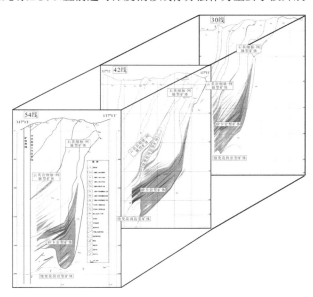

图1　朱溪矿区钻孔联合剖面图（引自陈国华等，2015）

本研究由国家重点研发计划课题（2018YFC1503205）、地震科技星火计划项目（XH18063Y）、中国地震局地球物理勘探中心青年基金项目（YFGEC2017003）资助。

甲烷气相爆轰震源激发地震波的特征分析

王伟涛[1]　王　翔[2]　徐善辉[1]　王宝善[3]　杨　微[1]　王　涛[4]　孟川民[2]　董　石[2]　王志刚[2]

1. 中国地震局地球物理研究所，地震观测与地球物理成像重点实验室，北京　100081；
2. 中国工程物理研究院流体物理研究所冲击波物理与爆轰物理实验室，四川绵阳　621999；
3. 中国科学技术大学地球与空间科学学院，安徽合肥　230026；
4. 南京大学，地球科学与工程学院，江苏南京　210023

以气枪为代表的气相震源通过瞬间释放高压气体冲击介质产生地震波，可用于主动探测地下结构，是绿色环保震源的代表。气枪的激发对水体存在一定依赖，甲烷和氧气在密闭容器中混合点火可发生爆轰反应，其产生的高压气体瞬间释放并与周围介质耦合可产生地震波，可作为一种新型人工震源。2017年12月在江西景德镇开展的主动源探测实验中，甲烷爆轰震源进行了首次测试激发，实现了水平半径10～15km的主动探测。通过对甲烷震源激发地震波特征的分析，并与小型气枪震源进行了对比，获得以下认识：①甲烷气相爆轰震源的反应产物为水和二氧化碳，对环境无害，是一种绿色环保的化学气相爆轰震源；②其产生地震波的优势频率为10～80Hz，传播距离可达15km，适用于小尺度主动探测；③甲烷气相爆轰震源可在陆地井孔内激发，使用便利，产生的振动对建筑无破坏。这些特征使得甲烷震源可用于地壳浅部结构的高分辨率主动探测。

建立系列化的气相绿色震源技术系统，针对不同研究目的选择合适震源，是主动源发展的必由之路。大容量气枪震源适用于地壳尺度的长期动态监测，小型流动气枪可实现监测系统的快速部署，而微型气爆震源可开展小尺度的结构探测。发展成系列的绿色环保气相震源，可为探测城市地下空间，监测地下介质变化等研究提供技术手段。综合多种震源，可实现对地下介质三维结构探测和四维动态监测，服务透明地壳的研究工作。

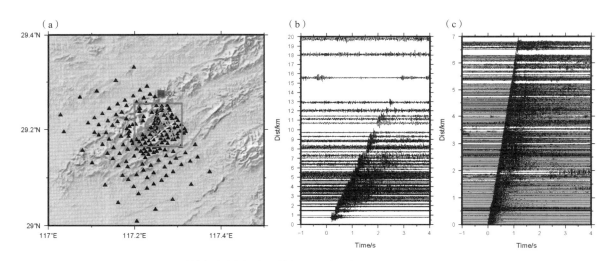

图1　甲烷气相爆轰震源激发地震波在实验观测系统中的记录

（a）实验地区的台站分布，其中黑色三角为178个短周期地震计，四条彩色线条表示由检波器组成的密集测线；（b）甲烷震源在短周期密集台阵上的记录；（c）甲烷震源在密集测线上的记录。所有记录均为垂直分量，且经过了10～80 Hz的带通滤波

利用城市通信光缆监测介质变化可行性研究

曾祥方[1]　王宝善[2]　李孝宾[3]　林融冰[1]　徐善辉[4]　许卫卫[4]　宋政宏[2]

1. 中国科学院测量与地球物理研究所，湖北武汉　430077；
2. 中国科学技术大学，安徽合肥　230026；
3. 云南省地震局，云南昆明　650224；
4. 中国地震局地球物理研究所，北京　100081

大容量气枪震源以长期高重复性的优势已经成为监测地球内部介质变化的重要手段之一。位于滇西地震预报实验场的宾川地震信号发射台自2012年建成以来，利用已有固定地震台站、水库台网、附属专用台网获得了长期可靠的记录，在气枪信号处理、地球内部介质结构及其变化等方面开展大量研究工作，获得一系列研究成果（王彬等，2015），成为开展4D地震学研究的重要实验场地。

高精度城市地区的4D地震学研究对防震减灾工作具有重要意义，也是当前4D地震学研究的一个难点。城市地区进行高密度4D地震学观测面临着的一大困难是高密度台网的布设和维护。基于分布式光纤声波传感器系统（DAS），普通通信光缆可以作为高密度观测系统，结合大容量气枪震源开展城市下方介质结构及其变化研究工作。

2018年12月在云南宾川开展了DAS观测实验，分别利用自埋光缆和通信光缆进行了为期2天的观测。自埋光缆由埋设于约30cm深的250m长的传感光缆组成L字型台阵，通信光缆则是城市下方布设于约50cm深度小口径PVC管内的5.3km长的普通通信光缆，两个台阵距离激发点的平均距离约为9km。为了增强气枪信号的信噪比，采用了时频域相位加权叠加算法进行多次叠加，两个台阵均获得了清晰的气枪信号。

DAS记录的气枪信号与邻近的地震仪记录的具有较好的可比性，S波信号的平均视速度为2987m/s。气枪信号记录的主要能量集中在2～6Hz，与气枪源激发信号频率较为接近。但是记录信号的峰值频率约为4Hz，低于激发信号的峰值频率（6Hz），这一差异可能是由于高频信号在传播路径上的强衰减导致。气枪信号的振幅呈现较为明显的横向变化，这一变化主要反映了传感光缆与周围介质的耦合关系，比如自埋光缆的耦合效率较高，因此信号强于通信光缆，部分光缆处于悬空状态，耦合效率极低导致信号较弱。

通过该次观测实验初步验证了利用DAS系统开展大容量气枪震源信号监测的可行性，综合利用高重复性的大容量气枪震源和高密度的DAS观测系统的开展长期观测，有望获得高分辨率的城市下方介质变化动态图像。

利用云南宾川气枪主动源评估地震台站的短期钟差及漂移

姜金钟[1]　杨润海[1]　王　彬[1]　向　涯[2]　庞卫东[1]　杨　军[1]　李孝宾[1]　叶　泵[1]

1. 云南省地震局，云南昆明　650224；
2. 湖北省地震局，湖北武汉　430071

震相到时（或走时）数据是地震学研究，如地震定位和走时层析成像等的基础，通常1s左右的震相拾取误差可造成数公里的地震定位误差，故而地震台站具备准确的时间系统是地震学观测、定量研究中的必要条件（Xia et al.，2015）。此外，与地震孕育、破裂等相关的地壳介质相对波速变化通常在$10^{-3} \sim 10^{-4}$量级范围（Wang et al.，2008），因此探测地壳介质波速变化相关的研究需要更高时间精度的地震数据。

一台现代数字地震仪通常包含两套时间系统：仪器内部的石英晶体震荡器时钟和外部的全球定位系统（GPS）的时间服务，GPS时间服务的精度很高（一般可达到50ns），因此可用于校正（或同步）因石英晶体震荡器的时钟漂移而引起的地震数据时间钟差。然而，当前主要有两种因素会导致地震台站的时间系统校正失败，一是外部GPS由于气象条件、台站位置等原因造成的无（或弱）信号问题，最常见的是海底地震仪（OBS）在布设完成后无法接收到GPS信号，因此回收后需要进行钟差校正；二是仪器内部自身的硬件（如石英时钟等）或者软件问题（如时间同步软件等）导致的时间系统存在钟差或者漂移，研究表明这一因素可能会影响陆地布设（inland）地震台站的时间系统。为此，地震学家提出了不同方法来评估地震台站的钟差及漂移，如基于背景噪声和远震事件P波等震相的方法（Xia et al.，2015），但这些方法的时空分辨率受背景噪声叠加时长、噪声源分布及远震震源的时空分布等诸多因素的限制。

为了更好地研究云南宾川气枪主动源的震源性质，于2017年2月14日至2月20日在宾川气枪发射台进行了一次短期气枪激发试验。试验期间两种不同的地震仪进行观测：13台长期布设的GuralpCMG–40T以及27台本次试验期间布设的QS05A地震仪共记录到62次相同激发条件（气枪沉放深度及激发气压）的高质量单枪信号。提取所有单枪信号波形后，我们发现3台QS05A的第33次气枪信号到时明显存在偏差，分析认为可能是由于地震仪存在钟差引起的。

为此，利用气枪震源激发信号在同一记录台站具有高度相似性的特征，提出了一种基于匹配滤波技术来获取待检测台站与参考台站（CKT1）记录的相同气枪信号的P波到时差（Arrival Time Differences，ATDs）的方法，并用ATDs来评估GuralpCMG-40T和QS05A两种地震仪的短期钟差及漂移。基于ATDs方法的评估结果表明：13台GuralpCMG-40T地震仪中，除了CKT2和53261台可能存在约1s的绝对时间钟差，所有的地震台站均表现出稳定且准确的时间系统，且位于基地内的CKT台与参考台的ATDs计算结果更表明该方法的精度能达到约1ms、时间分辨率可达到5分钟（气枪激发间隔）；而27台QS05A地震仪的时间系统均存在相似的线性漂移特征，试验期间平均漂移速率约为5.4ms/h，此外，另有5台QS05A地震仪（STA04、STA19、STA21、STA31和STA33）在试验期间也存在明显的绝对时间钟差。鉴于尚不能明确确定哪种因素引起地震台站的钟差或者漂移，初步分析认为GPS信号、数采模块及地震数据转换工作可能是引起两种地震仪绝对时间钟差的因素；而内部石英晶体震荡器的时钟漂移可能是引起QS05A地震仪时间系统线性漂移的因素。我们的研究工作既可以为地震仪的操作人员提供丰富的时钟信息，同时也提醒地震研究人员在处理地震数据时要注意地震仪的时间系统是否准确、稳定。

 作者信箱：jz_jiang@foxmail.com

利用主动源和密集台阵研究朱溪矿区浅部速度结构

张云鹏[1, 3]　王宝善[2]　林国庆[3]

1. 中国地震局地球物理研究所，地震观测与地球物理成像重点实验室，北京　100081；
2. 中国科学技术大学地球与空间科学学院，安徽合肥　230026；3. 迈阿密大学，美国迈阿密　33149

朱溪矿区发育在江南新元古代造山带基底之上，位于乐平晚古生代浅海相碳酸盐岩盆地中（陈国华等，2012）。朱溪是目前世界上最大的钨矿区，2016年的勘查数据显示其存储量已超过280 Mt（Pan et al.，2017）。为查明朱溪矿区浅部和深部的精细构造，探测矽卡岩的埋深、厚度和空间分布情况，我们在2017年下半年利用多种主动源（气枪、震源车、甲烷、重锤等）结合密集台阵在该矿区开展了钨矿探查实验（简称朱溪实验）。

利用这些主动源激发信号，我们系统地分析了各震源的探测能力，并对178个流动台和2310个检波器（图1）进行了初至P波震相拾取（共拾取761653条），利用simul2000（Evans et al.，1994）得到了地壳浅部精细的三维速度结构。

成像结果在0～0.5km深度内具有很好的分辨，与地层和构造具有很好的一致性，呈现NE向分布。在浅部（0km），速度分布与地形也有很好的对应关系；在0～0.5km深度范围内的高速对应于铜矿和少量的白钨矿，其中矿区的异常幅值远大于山地地形所造成的影响；从多个速度剖面可看到高低速分布大多呈现北倾的趋势，反映了其区域构造应力分布和成矿机制。

参考文献

陈国华，万浩章，舒良树，等. 2012. 江西景德镇朱溪铜钨多金属矿床地质特征与控矿条件分析. 岩石学报，28（12）：3901～3914.

Pan, X., Hou, Z., Li, Y., et al.. 2017. Dating the giant Zhuxi W-Cu deposit（Taqian-Fuchun Ore Belt）insouth China using molybdenite Re-Os and muscovite Ar-Arsystem. Ore Geology Reviews，86：719-733.

Wang, C., Rao, J., Chen, J., et al.. 2017. Prospectivity mapping for "zhuxi-type" copper-tungsten polymetallic deposits in the jingdezhen region of jiangxi province, south china. Ore Geology Reviews，S0169136816302852.

Evans J., Eberhart-Phillips D., Thurber C.. 1994. User's manual forsIMULPS12 for imaging V_p and V_p/V_s: A derivative of the 'Thurber' tomographic inversionsIMUL3 for Local Earthquakes and Explosions. Open-File Report，94-431.

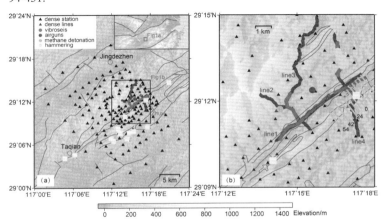

图1　朱溪实验主动源激发位置和密集台阵分布紫色、绿色、青色和红色圆点分别代表气枪（215炮）、甲烷（1炮）、重锤（44炮）和震源车（738炮）激发位置；黑色和蓝色三角分别代表密集台站和密集测线分布；黄色方块是已发现的矿区（Wang et al.，2017）

（a）中黑色实线为断层分布（Pan et al.，2017）；（b）中黑色实线为断层和地层边界分布（Pan et al.，2017）；粉色实线为钻井勘探测线

利用主动源数据研究祁连山中东段介质衰减特性变化

邹　锐[1, 2]　张元生[1, 2]　郭　晓[1, 2]　刘旭宙[1, 2]　秦满忠[1, 2]　魏从信[1, 2]

1. 中国地震局兰州地震研究所，甘肃兰州　730000；
2. 中国地震局地震预测研究所兰州科技创新基地，甘肃兰州　730000

青藏高原北部的祁连山中东段地区，位于青藏块体与阿拉善块体挤压缝合地带，该区构造活动强烈，地震活动十分频繁。据历史记载，从公元180年高台7½级地震以来，河西地区发生的$M_S \geqslant 5$地震有30多次，1900年以后就占20多次，最显著的是古浪8级、昌马7.6级和山丹7¼强震。Q值是地球介质的基本物理参数之一，通过研究地震波衰减的Q值，可进一步了解地球内部介质的特性、推断其热力学状态、解释地球内部结构组成及其变化。

虽然介质衰减计算结果受到多种因素的影响，但在震源激发子波、传播路径、接收台站固定的条件下，介质衰减变化的观测可以获得较高的精度。祁连山主动源数据每周通过叠加技术可获得信噪比较高的激发波形，这将为计算祁连山中东段地区衰减随时间的变化提供了可能。少数研究指出，地球介质的衰减特征变化较波速变化更为显著，因此，开展利用主动源数据研究祁连山中东段地区随时间的衰减特征具有积极的作用，有可能观测到地震前后震源区衰减变化特征。

本论文依托祁连山主动源气枪地震信号发射平台开展该区域内地下介质衰减特征研究，应用和叠加、波形相关等技术处理甘肃祁连山主动源气枪激发波形数据，各个台站接收到的祁连山主动源激发信号并提高信噪比，获得每个台站每周接收到的格林函数。其次，通过谱比法计算得到祁连山中东段地区衰减参数$t*$相对变化，获取该区域内分析该祁连山中东段地区中强地震前后衰减特性随时间的变化，并结合走时变化、气压变化等因素，深入分析中强地震前后衰减变化特点，探讨该区域内地震发生的孕育过程，为该地区地震前兆监测提供参考依据。

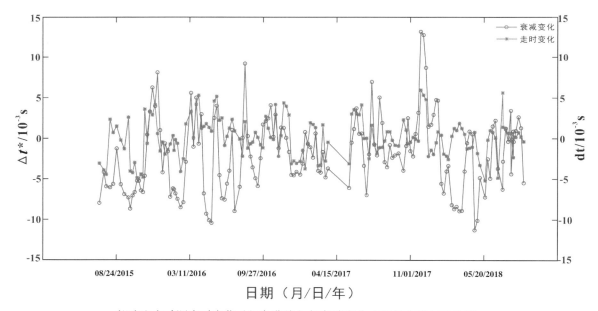

祁连山主动源走时变化（红色曲线）与衰减变化（蓝色曲线）对比图

刘家峡主动源建设进展

张元生[1,2]　秦满忠[1,2]　郭　晓[1,2]　刘旭宙[1,2]　魏从信[1,2]　邹锐[1,2]

1. 中国地震局兰州地震研究所，甘肃兰州　730000；
2. 中国地震局地震预测研究所兰州科技创新基地，甘肃兰州　730000

甘肃兰州—刘家峡所在区域位于鄂尔多斯、青藏块体和阿拉善块体等大陆活动块体交汇区域。区域内曾发生过1927年古浪8.0级地震、1920年海原8.5级地震、1654年天水南8.0级地震和1879年武都南8.0级地震多次历史强震。且该区域内人口众多，经济发达，一直是强震重点监测区。

2016年10月—2017年4月，项目组对刘家峡水库进行了多次勘选和实地测量。于2017年10月22—23日，甘肃省地震局组织，由陈顒院士等组成的专家组，对刘家峡主动源激发场址备选水库（甘肃永靖县刘家峡水库）进行实地考察和论证。专家组一致认为，刘家峡水库能够满足气枪主动源多点激发场地大水体的各项要求，同意通过论证。

2018年国家重点研发计划《重大自然灾害监测预警与防范专项》中《地震构造主动源监测技术系统研究》项目已获资助，其中课题六为《青藏高原东北缘地震危险性的多主动源监测研究》，研究内容之一为构建刘家峡气枪震源激发和观测系统。总项目资助2000余万元，其中，课题六获得资助700余万元。为了顺利完成课题要求的各项研究任务，中国地震局兰州地震研究所给予了一定的配套经费支持。

为了加快项目实施进度和高效开展刘家峡主动源重复探测工作，项目组于2019年1月在成都对高压储气系统进行了实地调研，2019年1—3月多次在甘肃中电建港航船舶工程有限公司对水上移动式实验平台进行调研，2019年4月对空压机（蚌埠、无锡、上海）、高压储气系统（蚌埠、石家庄）、移动式码头（常州）进行实地调研。在永靖县政府、地震局、林业局、环保局等的大力支持下，刘家峡主动源观测基地的征地工作进入合同签订阶段。

甘肃刘家峡主动源建设正在有序进行，建成后，将与甘肃祁连山主动源和新疆呼图壁主动源构建成多主动源联合监测技术系统（图1），开展长期连续观测，可获取青藏高原东北缘断裂带系多个关键区域介质波速变化，对正确理解青藏高原东北缘深部结构和强震孕育机制的科学认识具有重要意义。

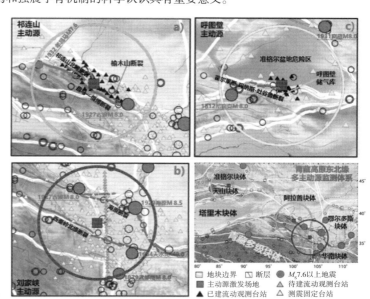

图1　多主动源联合观测体系

流体触发滑动在2017年长岛地震群中的作用探讨

王　鹏[1, 2]　王宝善[1, 3]

1. 中国地震局地球物理研究所，北京　100081；
2. 山东省地震局，山东济南　250014；
3. 中国科学技术大学地球和空间科学学院，安徽合肥　230026

　　2017年山东长岛震群是华北地区最为显著的震群活动之一，震群频次和强度已超过1976年唐山地震之前该区的活动水平，对震群的活动特征开展研究有利于认识震群的发生机理，并能更好地评估该区的地震危险性。但长岛震群发生在海域地区，受震中区附近地震台站数目少、环境噪声大和震群活动短时间集中爆发等因素的影响，势必会造成地震目录的缺失，对准确分析震源区的构造活动特征会产生一定的影响。因此本文利用基于GPU加速的模板匹配技术检测了长岛震群自2017年2月14日至5月30日期间的遗漏地震事件，选取了223个$M_L \geqslant 2.0$的地震作为模板，识别出9587个未在台网目录中列出的地震，完备了震群的地震目录，地震数目是台网目录的6倍多，使最小完整性震级从1.1级降到0.8级；又利用基于波形互相关的双差定位法对震群进行重新定位，对检测目录中的地震两两互相关，选取相关系数0.8以上且至少被4个地震台站记录到的地震事件组成事件对，在这种相对严格的条件下，最终重定位得到了2142个地震的精确位置。定位结果显示，长岛震群总体成NW向分布，但大多数地震都集中在震群中部NE向的位置上，震群由一个NE向断裂和4个平行的NW向断裂组成。震群的震源深度在11km左右，表现出沿NE向断裂自东北向西南方向的迁移特征，并伴随着4个平行的NW向断裂相继发震。在NE向断裂的深度剖面上也能明显得观察到这一特征，NW向断裂的剖面上地震集中于2个交叉方向上。利用P波初动法和CAP方法反演了震群$M_L \geqslant 3.0$以上的震源机制解，主要表现为走滑和正断机制，其中几次正断型地震集中于NE向的断裂附近，表明应力以拉张型为主。以第一个地震为起始点，考察震群所有地震事件到起始点的距离随时间的变化规律，可以看到震群的波前面拟合曲线符合流体的扩散方程 $r = \sqrt{4\pi D t}$，拟合得到迁移率$D=1m^2/s$，其中NE向断裂上地震的迁移率$D=0.1m^2/s$，而4个平行的NW向断裂上地震迁移的波前面对流体扩散方程的拟合并不好，更符合线性扩散特征。综合精确定位、震源机制和震中迁移的结果，结合区域地质构造特点，初步分析认为流体在长岛震群的发生发展过程中起着较为重要的作用。长岛地区断裂分布较为复杂，由一系列的NE和NW向的断裂组成。可能是由深部流体入侵触发了NE向的断裂，并沿NE断裂向SW方向扩散逐步引发了NW向的破裂；而在震群发展后期，是受到流体和震群前期地震引发的应力变化的双重作用。

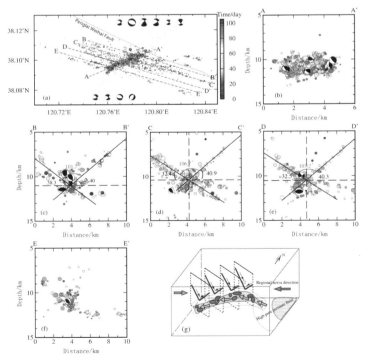

图1　长岛震群定位结果

气枪震源记录资料在波速比研究中的应用

刘自凤[1]　叶　泵[2]　陈　佳[2]　周青云[1]

1. 云南省地震局，云南昆明　650224；
2. 中国地震局滇西地震预报实验场，云南大理　671000

　　由于在地壳演化的过程中，介质的物性状态将产生一系列变化，如出现微破裂、扩容、塑性硬化及相变等，地震波通过地壳介质时，波速也会相应发生变化，这是利用波速比研究介质物性的重要依据。近年发展起来的气枪震源具有丰富的震相，通过多次激发记录叠加可获得清晰的P波和S波震相，这便使利用气枪震源研究波速比进而分析场区介质物性变化成为可能。因此，本文基于宾川大容量气枪发射台激发的气枪信号，以距离气枪发射台约97km的2016年2月8日洱源M_S4.5、M_S4.0地震、102km的2016年5月18日云龙M_S5.0、洱源M_S4.6地震为例，利用距离震中最近的两个固定台洱源台（EYA）和云龙台（YUL）、两个主动源接收台站53036台和ey16台记录的气枪信号，采用波形互相关技术拾取4个台的Pg、Sg到时数据，运用单台法计算2016年云龙—洱源地区两组中强地震前后各震中附近台站的波速比。结果表明：

　　（1）两组中强地震前各台的波速比都经历了下降—回升—快速上升的变化过程，变化的时间和幅度有所差异，震前3～12天内出现的准同步快速上升现象较为突出。（2）云龙地震前4个台的波速比出现快速上升的时间早晚与震中距远近有一定关系，最早出现上升率增大的53036台距离震中最远，而离震中最近的ey16台最晚出现快速上升，利用天然地震开展的相关研究中也提出了存在类似现象。（3）对比2016年5月18日云龙地震前位于震中不同方位的4个台站波速变化特征发现，分别位于②、④象限的ey16和53036台变化形态较为一致，穿过震中的ey16台变化比未经过震中的53036台显著；①、③象限的EYA和YUL台变化变化形态基本一致，EYA台比YUL台变化幅度要大。而2016年2月8日洱源M_S4.5、M_S4.0地震前，波速比下降过程中，位于①、③象限的EYA和YUL台的变化形态基本一致，而快速上升的过程则是位于①、④象限的EYA和53036台变化形态极为相似。

　　综合分析认为，利用气枪震源获得的波速比在强震前的变化特征与利用天然地震开展的相关研究结论相吻合，这一结果表明震情跟踪工作中可利用气枪震源计算的波速比变化监视场区地下介质物性微动态。

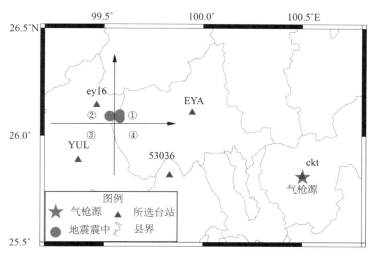

$M_S \geqslant 4.0$地震震中及所选台站分布示意图

气枪主动源信号波速变化的水位影响消除分析

向　涯[1]　杨润海[2]　谭俊卿[3]　王　彬[2]　周云耀[1]　吕永清[1]

1. 中国地震局地震研究所，中国地震局地震大地测量重点实验室，湖北武汉　430071；
2. 云南省地震局，云南昆明　650224；
3. 云南大学资源环境与地球科学学院，云南昆明　650091

　　地震是地球深部介质运动的一种表现，探索地球内部介质结构及介质变化过程对于地震学研究具有十分重要的意义。随着近年来城市化进程的快速推进，城市人口密度持续增加，区域尺度的地球结构精细成像的需求对于城市建设和工程设防显得日益突出。通过监测介质结构和状态随时间变化的"4D"地震学，为我们进一步研究地震的演变及开展后续的地震预报工作提供了重要依据和来源。

　　低频的气枪主动源重复性高、探测范围广，是研究区域尺度地球结构及介质变化的一种重要手段。对此不同的学者利用气枪信号分别进行层析成像和波速变化计算等，得到了浅层地壳的精细结构及地震前后介质的波速及应力状态变化情况。云南宾川气枪主动源信号发射台是世界上第一个开展持续激发工作的气枪震源信号固定发射台，自2011年建成以来持续激发至今，获得了大量的实验数据。发射台的水库是一座集农用和生活用水于一体的中型水库，水位随用水需求的变化而变化，气枪信号波速变化中因经常混入水位变化信息而难以反映介质真实的结构和状态变化。波速变化中的水位影响直接与主动源"4D"地震学研究的结果相关，因此水位影响的消除是一项最基本且最重要的工作，需要细化分析研究。

　　为此我们将水库水位由低水位至高水位等间隔（Δh）划分，同时将各水位所有激发数据进行叠加，得到不同水位对应的气枪激发信号，然后计算不同水位气枪信号的波速变化，并对计算结果进行最小二乘拟合得到水位与气枪信号波速变化之间的关系。对不同的水位间隔（Δh_1、$\Delta h_2 \cdots$）下的信号分别进行分析计算，结合气枪信号波速变化的年变趋势及数据量大小，选取最合适的水位间隔进行后续水位消除的分析研究。同时我们对不同震中距台站记录的信号进行分析，得到波速变化中水位影响与震中距的变化关系。通过分析我们发现：波速变化随着水位的增加而增加，即波速变化与水位变化正相关；水位影响随着震中距的增大呈现减小的趋势，即水位影响大小与震中距负相关。受远台信号低信噪比的影响，能够用于水位影响分析的台站较少，远台信号的信噪比提升还需进行后续的研究。

　　本研究由国家自然科学基金（41474059）资助。

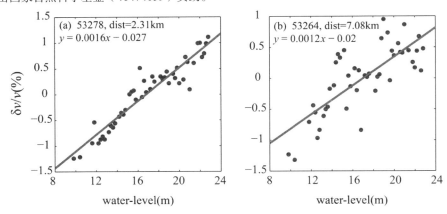

图1　不同台站的波速变化与水位变化及拟合关系

强震发生前后气枪震源Pg与Sg波波速比的变化

刘志国　张元生　刘旭宙　秦满忠

中国地震局兰州地震研究所，甘肃兰州　730000

祁连山地区是青藏块体与阿拉善块体的挤压缝合地带，该地区构造活动强烈、断裂发育、强震活动频繁。2015年11月23日祁连5.3级地震和2016年1月21日门源6.4级地震相继发生在该地区，两次强震震中相距117km，发震间隔约2个月，且都位于青藏地块与阿拉善地块的边界带的南边界带上。利用祁连山主动源探测系统，选择两次强震震中附近共9个台站的观测数据，所选各台站和主动源观测系统激发台之间的射线都穿过了发震断裂，各台站记录了地震发生前后波速比时序变化的过程，发现两次强震发生前后震源区附近台站获得的气枪震源直达波波速比存在明显变化。两次强震发生前波速比都存在下降—低值—恢复—发震的现象。具体表现为随构造活动开始活跃，压力增加，孕震区地下介质应力逐渐积累，波速增加并一直处于高值，随地下介质中应力积累到一定程度，孕震区岩石中可能出现大量微裂隙，并且孕震区岩石开始塑性化，并伴随着应力的缓慢释放，波速开始减小，由于Pg波走时相对增加量大于Sg走时相对增量，波速比下降并处于低值；随应力的继续增加，孕震区岩石性质发生较大改变，逼近破裂，微裂隙不再产生，波速随压力的增加而继续增加，Pg波速度增加量明显快于Sg波，Sg波波速增加量基本没有变化并处于低值，于是波速比上升，之后孕震区岩石破裂，发生地震。主动震源激发的Pg和Sg波速度和波速比在震前的时序变化，反映了震源区应力状态的持续积累和突然释放，正好对应于发震断裂失稳错动破裂的过程，在震前每个台站都观测到了下降—低值—恢复—发震的现象，对应着震前Sg波速度变化于Pg波速度变化规律的不同。这一观测结果对于认识地震孕育过程及判断地震发生时刻，具有重要参考意义。

本研究由国家重点研发计划（2018YFC1503206）和国家自然基金（41574044）共同资助。

青藏高原东北缘基于密集台阵的Rayleigh波方位各向异性研究

潘佳铁　李永华　吴庆举

中国地震局地球物理研究所，北京　100081

青藏高原东北缘是印度—欧亚碰撞作用由近南北方向向东、北东方向转换的重要场所，构造活动强烈，地震活动频繁。在青藏东北缘已有的研究表明，该地区地壳上地幔存在较明显的地震各向异性。通过地震各向异性我们可以获取该地区壳幔的构造变形和动力学过程等信息。

背景噪声层析成像（Ambient Noise Tomography）是研究地壳上地幔结构的有力手段之一。理论上，若噪声源在时间、空间上均匀分布，通过对两个地震台站记录到的长时间的连续数据进行互相关计算，就可以获得双台间的面波格林函数，进而测量得到面波频散（Shapiro et al.，2005；Bensen et al.，2007）。与传统地震面波成像方法相比，ANT摆脱了对震源的依赖，射线路径更为丰富，同时还能很容易提取到短周期的频散，对地球浅部结构具有良好的分辨能力，构成对传统地震面波层析成像方法的有益补充。

"中国地震科学台阵南北地震带北段"观测项目（喜马拉雅二期），在青藏高原东北缘及其相邻地区架设了674套流动地震台。这为我们在该地区开展高分辨率的噪声层析成像及Rayleigh方位各向异性研究提供了绝佳的契机。本研究收集了674个流动地震台于2013年12月至2015年3月间记录的垂直向连续记录，利用噪声互相关（Ambient Noise Cross-correlation）计算了台站间的格林函数（Estimated Green Function），并采用频时分析方法，提取了超过110000路径上的周期7~40s Rayleigh波的相速度频散曲线。进一步地利用Barmin等（2001）发展的反演方法，得到了研究区周期7~40s Rayleigh波的相速度分布图（0.5°×0.5°）及方位各向异性分布图。

研究结果显示，短周期（如<=10s）的相速度变化与地表地质构造有着很好的对应关系，低速异常主要对应沉积盆地，高速异常与山区、隆起对应较好。较长周期（如>30s）的相速度分布与地壳厚度密切相关。河套盆地在7~30s表现为明显的低速，青藏高原在中长周期（>15s）也出现了明显的低速异常。对于方位各向异性的分布，在周期7~15s快波方向与区域大型断裂的走向一致。在周期18~40s，祁连、西秦岭块体的快波主要方向为西北-东南方向，而青藏高原内部的快波方向表现为顺时针旋转的趋势。各向异性的强度在短周期（例如，≤15s）、长周期（例如，≥36s）比其他周期更强。高原内部比周缘相邻地区表现出更强的各向异性，可能暗示青藏高原内部块体的构造活动更为强烈。

本研究由国家自然科学基金（41574054）和地震行业科研专项（201308011）资助。

体波走时与重力联合反演川滇地区结构

石 磊[1]　赵 扬[2]　郭良辉[3]　李永华[1]

1. 中国地震局地球物理研究所，北京　100081；
2. 南方科技大学，广东深圳　518055；
3. 中国地质大学（北京），北京　100083

川滇地区地震活动频繁，地质背景复杂，构造活动强烈。特殊的地质构造背景使得该地区各个单元在地壳速度结构、重力异常、莫霍面深度、岩石层结构等方面存在较大差异。构建精细的地壳密度与速度结构可为研究该区域孕震环境、地球动力学与深部物质组成等提供重要依据。

地震体波走时反演是层析成像方法之一，该方法通过计算地震波射线路径来获取射线所经过的介质速度信息，由于地震波射线的特性，体波走时反演具有很高的垂向分辨率，大量交叉的地震波射线还可以很有效地减少反演的非唯一性，被广泛用于获取地下三维速度结构。然而受到地震台站分布稀疏的限制，地震波射线分布不均匀，横向分辨率不高。重力数据反演是研究地壳密度结构和物性界面起伏的重要手段，水平分辨率高，但垂向分辨率低。相比地震层析成像，布格重力异常在空间上具有良好的覆盖性，特别是全球重力异常模型EGM 2008（Pavlis et al.，2012）的发展，重力数据在空间分辨率和精度上有极大的提高。此外，重力数据三维反演算法在近些年来得到了很大的发展（Tarantola and Valette，1982；Li and Oldenburg，2003；Pidlisecky et al.，2007；Pilkington，2009；Lelièvre and Farquharson，2013），三维重力反演无论在计算速度还是反演效果都有长足的进步。然而重力数据反演是基于位场理论的算法，重力效应会随深度呈二次方衰减，即反演结果会出现密度趋附于浅层的现象，因此重力数据在垂向上尤其是深部分辨率较低。

地球内部结构复杂，单一的地球物理方法反演具有很大的不确定性，多数情况下只是对模型参数的近似估计，无法得到数学上的精确解。针对上述地震层析成像和重力数据单独反演的局限性，体波走时与重力数据的联合反演方法越来越受到科研工作者的重视（Roecker et al.，2004；Li et al.，2014；Tiberi et al.，2003；O'Donnell et al.，2011；Basuyau et al.，2013；Syracuse et al.，2016，2017）。体波走时与重力的联合反演是一种数据性质不同的地球物理联合反演方法。近震体波反演是将走时残差最小化，求得最接近真实速度模型的过程。重力数据反演过程与地震走时反演类似，是最小化观测重力值与理论值之差。进行联合反演的基础是不同的地球物理场具有同源性，即速度场与密度场存在一定的相关性。基于物理实验，不少学者提出多种不同条件下的速度与密度经验关系式，通过经验关系式可将速度模型和密度模型关联起来（Birch，1961；Christensen & Mooney，1995；Nafe & Drake，1963；Brocher et al.，2005；Gardner et al.，1974；冯锐等，1986；Maceira & Ammon，2009）。将走时与重力数据联合反演可以集二者之长，互为约束，互为补充，有利于提高反演结果的空间分辨率，并减少方程组解的不确定性和不适定性，得到能同时拟合两类数据的最优模型。

本文在双差走时成像算法（TOMODD）（Zhang et al.，2003，2006）的基础上，发展了地震体波走时与重力数据的联合反演方法，开发了联合反演程序。其次，搜集了川滇地区前人探测的38条深地震测深剖面和三维S波速度结构等，经整理构建了研究区地壳三维P波速度结构初始模型。再次，收集了研究区卫星重力数据与108个固定台站、367个流动台站记录到的22370个地震事件，挑选出有效的P波震相169625个。然后，开展研究区近震体波走时与重力联合反演，获得该区0.5°×0.5°、0～50km的地壳三维P波速度和密度结构。反演结果表明：研究区莫霍面起伏剧烈，呈现西北深东南浅的趋势，深度值介于30～65km之间；区内深大断裂发育，控制着地壳内高速低速异常的分布；地壳平均速度较低，低速层普遍发育；青藏高原东南缘与云南地区地壳结构差异小，而与四川盆地存在较大的差异；腾冲火山区的低速异常从地壳浅部一直延伸到地幔，推测与上地幔的物质组成及温度差异有关。

渭河盆地流动主动震源探测进展

惠少兴　李少睿　颜文华

陕西省地震局，陕西西安　710068

渭河盆地北靠鄂尔多斯，南依秦岭，西邻南北地震带，为第四纪时期垂直差异运动和历史地震十分强烈的新构造运动区，历史上曾发生过1556年华县8级特大地震和公元前780年岐山≥7级地震，并且由于巨厚的沉积盆地对地震的放大效应，地震灾害风险高。本研究拟在该区域布设跨活动断层的密集测线，开展高频度主动源连续观测，监测介质波速变化，有助于了解断层中浅部介质波速变化特征。

经过前期实地调研，课题选定满足气枪震源激发条件的官务水库和白家窑水库（图1中以红色五星标记）作为激发点，通过布设两条跨断层流动测线，开展高频度主动震源连续观测实验。计划在白家窑水库连续激发不少于4个月，沿北东向50km的测线上布设26套短周期地震仪（与北山山前断裂、扶风—礼泉断裂、渭河断裂和西秦岭北缘断裂走向近垂直）进行信号接收，通过高频度激发（激发频度约1组/天），分析研究跨断层短时（几个月）波速变化特征。同时在官务水库部署移动式气枪震源激发系统，在北西向约15km长的流动测线上布设11套短周期仪器（跨北山山前断裂和扶风—礼泉断裂），开展观测时长不小于1个月的连续监测。利用两个水库激发点同期激发，探索双主动源波速变化联合监测方法。联合高分辨率地下折反射剖面（点距100～500m）探测、多类型主动源（甲烷、爆轰等）激发的（点距10～20m）流动观测，以及被动源（背景噪声、天然地震等）等观测，对结构和波速变化开展综合研究，获取主干断裂地震波速时空演化特征，分析波速变化特征与断裂带中浅部结构的关系。

目标为探讨多主动源开展地下活动断裂精细结构的方法，为该地区的主动物理探测工作提供支撑和引领，也将为陕西在该领域的科学研究、团队建设和后续工作提供技术储备。

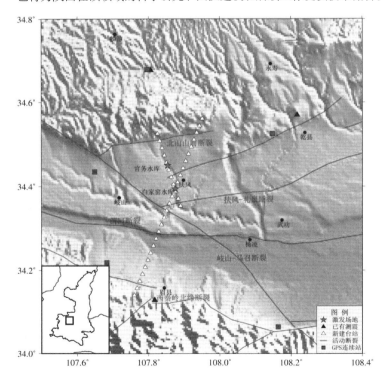

图1　研究区域与观测系统分布

小孔径台阵在重复气枪信号增强中的应用

王伟君[1]　周青云[2]　寇华东[1]

1.中国地震局地震预测研究所，北京　100036；2.云南省地震局，云南昆明　650224

重复气枪信号，是监测地下介质动态变化的一种绿色环保震源。目前在中国大陆云南、甘肃和新疆等地已经建立了固定的气枪源发射点，用于介质日常监测和地震预测研究。但高频气枪信号衰减快，和人文噪声频带重合，因此在离气枪源较远的地方，气枪信号基本被背景噪声淹没。如何压制噪声，增强信号，是气枪应用发展的一个核心问题。小孔径地震台阵的优势在于，它能够记录到高频地震波的波场信息（主要是波的传播方向和传播速度），利用这些信息可以更加有效地分离信号，或压制不需要的信号，达到增强有用信号的目的。我们在云南宾川气枪源周边进行了多个流动小孔径台阵的实验，测试了几种仪器、不同的数据处理流程；研究在不同距离和不同台阵排列情况下，对气枪信号的增强效果。实验结果表明，和单台炮叠加相比，台阵技术和炮叠加相结合能够更好地获得信噪比高，波形重复性好的气枪信号。图1是个台阵应用例子，台阵离气枪源有110多千米，上面一排是炮叠加结果，P波前存在很多虚假信号，是由于这些信号具有一定的相关性，无法在单台中有效压制，在没有前提信息的情况下，噪声甚至有可能被误识别为气枪信号；下面一排为台阵技术和炮叠加处理的结果，相关噪声被有效压制，P波信号清楚出现，气枪信号更为稳定。除了云南的台阵结果，我们也将介绍台阵技术在新疆呼图壁气枪源的应用。

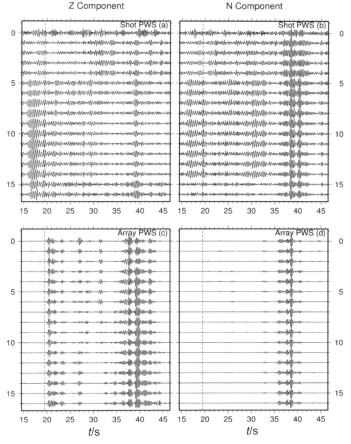

图1　叠加气枪信号对比，横坐标为时间，纵坐标为不同时间的叠加结果，台阵有7个台，近线性排列。（上排）单台炮叠加结果，（下排）台阵和炮叠加结果

新疆呼图壁气枪震源不同枪数组合激发效果对比研究

苏金波[1]　王　琼[1]　陈　昊[2]　魏芸芸[1]　张文秀[1]　王海涛[3]

1. 新疆维吾尔自治区地震局，新疆乌鲁木齐　830011
2. 中国地震局第一监测中心，天津　300180
3. 中国地震台网中心，北京　100045

为了进行深部介质结构探测，在内陆地区使用大容量气枪震源，主要依赖其丰富的低频信号和较高的重复性，因此多采用非调制气枪阵列的形式进行激发试验。理论上，气枪激发信号的能量和频率成分是由气枪阵列中的气枪数量决定的。呼图壁大容量气枪震源配备了6条容量为2000in³的气枪和一个上表面直径100m、下表面直径15m、深15m的倒圆台形水体的人工水体激发池，6条气枪组成的非调制气枪阵列一次同时激发的主要频率为2～6Hz，产生的能量相当于一次0.9级天然地震（魏斌等，2016；杨微等，2013）。那么，当组成气枪阵列的气枪数目改变时，气枪信号的频率成分和释放能量会如何改变？本研究针对这一问题，进行了一次不同枪数组合激发的实验，利用台站记录到的波形数据，对这一问题进行分析和研究。

2015年1月8日至2015年1月14日，在新疆呼图壁进行了针对性的气枪震源激发实验，采用不同枪数组合在噪声较小的夜间至次日凌晨进行连续激发的实验模式。在7天内共进行了6组实验，从6枪全部参与实验开始，将参与实验枪数逐次递减，直至最后单枪激发。每组实验均控制在每条气枪内压力15MPa时进行激发。

本研究选取实验期间呼图壁气枪震源周边160km范围内的11个台站接收到的气枪信号进行研究。每个枪数组合选择40条信号进行线性叠加，并将叠加后信号进行2～8Hz滤波，通过研究叠加后信号发现，随着同时激发枪数增加，信号的信噪比明显提高。将STZ台接收到的不同枪数组合激发的信号，按照枪数组合以1次激发为单位逐次叠加。选取每个信号P波到时之前0.5s至P波到时后2s的信号为信号段，0秒至P波到时前1秒的信号为噪声段，计算各个信号信噪比。得出不同枪数组合信噪比与叠加次数关系。随着叠加次数增加，不同枪数组合激发信号的信噪比上升速度逐渐减缓，这与理论关系很相近。

通过上述研究可以得出以下结论：①通过叠加可以有效提高台站接收到信号的信噪比，但是随着叠加次数增多，信号信噪比先快速上升，后逐渐趋于平稳。这说明随着叠加次数增多，其对信号信噪比的提高作用越来越小。由此，根据同时激发的枪数和研究区域内台站背景噪声实际情况，制定合理的实验方案，将激发次数控制在得到信噪比满足研究需求的信号，可以避免大量实验造成的资源浪费；②提高背景噪声值较高的台站的信号信噪比，较大的激发能量（同时激发气枪数）比多次叠加较小能量信号更加有效。从信噪比计算可以得出单枪36次叠加后信号的信噪比和6枪一次激发信号信噪比相当，而且，当叠加次数达到一定数量时，其对信噪比的提高作用将越来越小。因此在进行较大区域的介质结构探测时应该尽量提高气枪阵列中的气枪数量，以达到理想效果。

压缩感知在主动源激发信号走时拾取中的应用

林建民　汤云峰　郑　红

浙江海洋大学海洋科学与技术学院，浙江舟山　316021

　　针对主动源激发地震波在地下复杂介质中传播时多路径效应对走时拾取的影响，根据地震波传播路径的稀疏特性和压缩感知（Compressedsensing，简称CS）理论，提出了一种基于匹配滤波—压缩感知联合（Matched Filtering-Compressedsensing，简称MF-CS）的到时提取方法。我们利用数值模拟，通过与匹配滤波（Matched Filtering，简称MF）方法、CS方法的对比，分析MF–CS方法的性能，评估并验证其在改善主动源激发信号信噪比及多路径信号到时拾取精度等方面的效果。

　　匹配滤波实际上是对接收信号记录的相关计算，因此，对接收信号 $y(t) = \int h(\tau) x(t-\tau) \, d\tau$ 与激发信号 $x(t)$ 作相关计算，其中 $h(t)$ 为响应函数，得 $r_{xy}(t) = \int h(\tau) r_{xx}(t-\tau) \, d\tau$，其中 $r_{xx}(t) = \int x(\tau) x(\tau-t) \, d\tau$，并将其离散化之后根据响应函数的稀疏性应用压缩感知方法求解，即转化为求解 l_1 最小范数优化问题：

$$\min \|h\|_1, \qquad \text{s.t.} \qquad \|r_{xy} - R_x h\|_2^2 < \varepsilon,$$

其中 ε 为相应的最大误差，测量矩阵 R_x 为由 r_{xx} 构成，并具有Toeplitz结构而可以通过随机采样进行降阶，用于重构稀疏解。

　　我们通过数值模拟进行仿真，即利用人工合成多路径到达信号加不同强度噪声，对传统MF、直接CS和MF-CS这三种方法进行了测试与对比。结果显示，当信噪比较低时候，（如–20dB，图1），CS方法无法有效识别到达信号；MF方法结果与无噪声时的结果基本相同，能识别三个到达峰，但时间分辨率较低；而MF-CS方法在信号到时拾取中兼具较高的信噪比及时间分辨率，既有MF对噪声的宽容性，能有效抑制噪声对主动源信号的影响，也有CS对多路径信号到达时精确拾取的能力。工作较为初步，接下去将进一步开展快速有效的算法研究，以用于主动源探测中的实测数据处理。

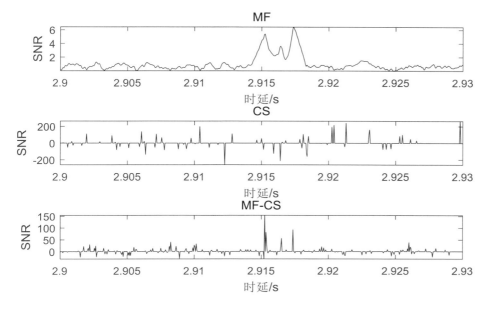

图1　人工合成多路径信号SNR为–20dB时，MF、CS和MF–CS三种方法检测信号、拾取到时的效果比较

长江断裂带安徽段上地壳及基底特征成像研究

田晓峰　王夫运　刘宝峰　郑成龙　高占永　邓晓果

中国地震局地球物理勘探中心，河南郑州　450002

由安庆经芜湖、南京至镇江沿长江存在断裂和破碎带，形成了长江断裂带，又名下扬子破碎带。该断裂带南北两侧地体在结晶基底特征上存在显著差异，而长江断裂带被认为是这两个地体的拼合过渡带，呈先锯齿状（刘湘培，1988）。其形成及演化机制，常印佛等（1991）认为最终形成于中生代，在此之前则经历了长期的形成和演化，最终成为一个具有深大断裂属性的破碎带。吕庆田等根据深地震反射的探测结果，认为长江断裂带是燕山期的陆内俯冲带，最终形成于白垩纪的一系列拆离断裂，并在燕山期经历了伸展垮塌反转为一系列的正断层或拆离断层。深地震反射结果显示，长江断裂带上地壳挤压变形强烈，以大型逆冲、叠瓦和推覆构造为主，对长江中下游成矿带的一系列的隆升（铜陵、宁镇、贵池等矿集区）与坳陷（宁芜、庐枞等矿集区）相间的构造格局（常印佛等，1991）的形成和演化发挥了控制作用（吕庆田等，2014）。

本研究以沿长江断裂带安徽段（安庆—铜陵—芜湖—马鞍山）开展的以大容量气枪为震源的深地震测深剖面为研究对象。该剖面沿长江断裂带布设短周期PDS-2型数字地震仪100台，平均观测点距2公里。沿剖面共进行了20次定点激发，每次定点激发共激发大容量气枪200～300次。定点激发产生的数据通过数据叠加的方法提取微弱信号，最终获得20张共2000道叠加记录。20个定点激发获取的记录截面，Pg震相可追踪距离在50～85km范围，PmP震相可追踪范围在70～150km范围。部分固定激发点叠加产生了清晰的Pn信号，其追踪距离最远可超过200km。所有记录经2～8Hz带通滤波后拾取初至震相Pg和Pn。震相拾取误差利用互相关算法获取，Pg震相拾取误差均值为70～100ms。

本研究采用初至波走时成像技术（Zelt & Barton，1998）对沿该剖面的Pg走时数据进行反演，获得了长江安徽段（马鞍山—铜陵—安庆西）的地壳精细结构，并利用射线方法对结晶基底进行了研究。

地壳速度结构成像结果显示，该区域整体呈结晶上地壳结构横向差异明显，中下地壳横向差异较小的特征。结合地表地质，该区域上地壳具有典型的分区差异，主要表现为典型的两隆两坳相间的特征。庐枞盆地以西的安庆一带，基底埋深较深，约为4～6km，该区测点位于长江北岸，具有较厚的沉积层覆盖，地表速度约3.5km/s，地表表现为大面积的冲积平原。庐枞盆地结晶基底埋深约4～5km，沉积盖层呈明显的坳陷盆地形态，显示了中生代以来经历的伸展坳陷过程。庐枞盆地地表速度为3.5～4.0km/s，在庐枞盆地边缘3km左右埋深处存在明显的低速异常，可能与中生代以来经历的火山-岩浆活动有关，暗示了其基底坳陷型火山盆地的特点。庐枞盆地内部埋深浅于3km的低速介质，结合在贵池区域开展的深地震反射和MT成像结果，可能对应了该区域残留的岩浆活动通道（董树文等，2010）。

测点在铜陵以东跨过长江，置于长江南岸观测，观测点跨江处近地表存在明显的速度横向变化。跨江后地表速度迅速提升，约为4.5km/s，沉积盖层明显上隆，基底埋深约2～4km。铜陵以东至芜湖沉积盖层呈明显的隆升特征，与该区域开展的深地震反射显示的上地壳复杂的户型反射相应（吕庆田等，2002），推测为褶皱、冲断和侵入构造，表明上地壳发生了强烈挤压变形。

重复激发人工地震波信号的一致性分析

武安绪　林向东　武敏捷　赵桂儒

北京市地震局，北京　100080

监测地壳介质随时间变化是现代地震学的主要方向之一。在震源、传播路径、接收台站固定条件下，地下介质属性估算中不确定性大大减小，这样介质属性变化的探测也就可以获得较高精度（Yamamura et al.，2003；Chun et al.，2004，2010；王宝善等，2016；武安绪，2016a）。利用天然重复地震资料是有效解决介质属性结果不稳的重要途径（Fremont and Poupinet，1987；Beroza et al.，1995；Chun et al.，2004，2010；Yoshimitsu et al.，2012）。但是天然重复地震数量少，且严格重复的天然地震更少。

气枪源激发信号的一致性是气枪作为一种陆地人工震源所具有的最本质特征，也是有别于天然震源和所有其他人工震源的特征。气枪震源良好的可重复性，可用来发展4D地震学研究（陈颙等，2007，2017）。因此在采用主动源信号研究地下介质波速工作中，气枪震源激发信号的可重复性与波形的一致性很重要，其对于地下介质相对变化的研究具有实际意义。

为此，本研究定义3类气枪源激发信号的可重复性与记录波形的一致性的评价模式，定量计算参考台、普通台激发序列的相关系数，综合评估波形一致性的特征及其随震中距变化的规律。以宾川气枪源为例。通过3类可重复评价模式获得的参考台三分向记录的相关系数序列对比表明：模式Ⅲ获得的序列波形一致性较高，模式Ⅰ获得的相关系数一致性相对较低，模式Ⅱ的一致性结果则介于模式Ⅰ和Ⅲ之间，但稳定性差。进一步计算普通台三分向记录的相关系数序列发现，随台站距离增加，相关性呈非线性减弱，方差变大，且水平向变异系数离散性较大，变异系数一致性变差。由以上结果综合分析认为，利用模式Ⅲ获得的气枪源激发信号、特别是垂直向记录一致性最好，能够合理评价宾川主动源激发信号的可重复性，适合描述传播过程中波形的一致性，为跟踪滇西地区地下介质的时空变化提供了可能（图1）。

综上所述，在利用主动源激发的信号开展地下介质波速变化分析时，基于速度分析方式应与模式Ⅲ评价波形一致性相匹配的原则，宜通过相邻垂直向波形记录做互相关求速度的计算方式，获得相当于一阶差分的速度值，反过来再通过速度累加，恢复原有的波速序列。采用这样的计算方式可以有效避免环境因素的影响，减小地下介质计算结果的随机跳跃现象，使获得的结果更加稳定、合理。

本文获得国家自然科学基金（41474087）以及地震科技星火计划（XH16003）项目资助。

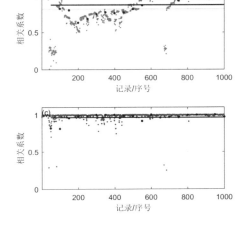

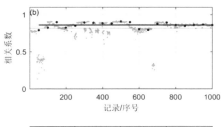

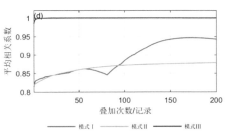

图1　三类评价模式计算的53260台垂直向记录平均相关系随叠加窗长的变化

2014年景谷地震强震动记录初步分析与场地效应研究

林国良　崔建文　杨黎薇　刘琼仙

云南省地震局，云南昆明　650224

2014年10月7日云南省普洱市景谷傣族彝族自治县发生M_S6.6地震，震源深度5km；时隔仅两个月的12月6日又在景谷（北纬23.3°，东经100.5°）先后发生M_S5.8、M_S5.9两次强余震，震源深度分别为9km、10km，两次余震震中相距1km，距主震震中约10km。在这三次地震中云南强震动台网获取了丰富的加速度记录。本文通过对强震动加速度记录的处理，从峰值特征、衰减关系等方面对地震动基本特征加以分析，了解三次地震的异同；对典型强震动台站益智台及流动场地影响台阵获取的余震数据进行分析，了解场地效应对地震动和震害现象的影响。

将三次地震共获取的97组291条加速度计记录与云南地区地震动衰减关系（崔建文，2006）进行比较，结果显示水平方向上各台站记录的加速峰值比预测值高，尤其在震中距小于50km范围内尤其明显；竖直方向上，在震中距小于50km范围内峰值比预测值高，而在较远震中距观测峰值比预测值略低，说明竖直向地震动分量衰减较快。无论水平向还是垂直向分量，地震动观测值震中距较小时偏高，初步认为与震源深度较浅和局部场地效应有关。

计算三次地震中各个台站的加速度反应谱，并对计算结果进行平均，结果显示无论水平向还是竖向，在0.1～10s周期段，M_S6.6地震反应谱值相比M_S5.8和M_S5.9地震较显著，三次地震反应谱值在周期0.2s附近有最大值，对反应谱的分析表明随震级的增加，长周期反应谱成分增多。

地震动衰减关系分析显示在三次地震中益智强震台峰值加速度均明显偏高，地震现场灾害调查结果也表明，益智台所在地区宏观烈度定位Ⅶ度，房屋损坏情况与强震动记录相吻合。采用单点谱比法（H/V）估计益智强震台的场地效应，结果表明三次地震益智台的H/V谱比形状基本相似，在5～6Hz之间，三次地震均存在明显的放大效应，其中M_S5.8地震放大效应最大，与实际观测结果一致。

地震发生后架设的4台流动设备组成的地形影响台阵获取了M_S4.7余震记录，记录分析的结果表明测点峰值加速度值有随高程增加而增大的规律，地形起伏对于观测点的峰值加速度影响明显。

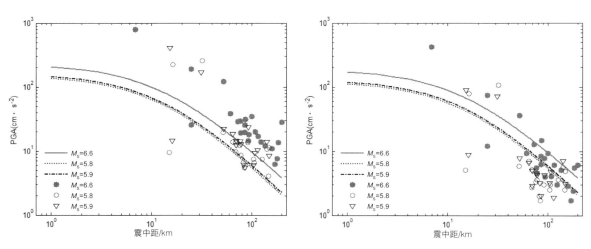

图1　三次地震水平向PGA（a）与竖向PGA；（b）衰减关系

 作者信箱：415942355@qq.com

2018年台湾花莲M_W6.4地震近断层地震动特性研究

赵晓芬[1]　温增平[1*]　谢俊举[1]　解全才[2]　李小军[3]　景国恩[4]

1. 中国地震局地球物理研究所，北京　100081；
2. 中国地震局工程力学研究所，黑龙江哈尔滨　150080；
3. 北京工业大学，北京　100124；
4. 成功大学，中国台湾　63840

　　基于2018年2月6日台湾花莲地震中断层距小于100km范围内自由场台站的强震动观测数据，研究了此次地震近断层地震动幅值特性、持时特性、速度脉冲特性以及速度脉冲产生机理。重点分析了方向性特性，并进一步讨论了方向性特性分别与震源破裂机制、断层距离和空间方位的关系。研究结果表明：①此次花莲地震中破裂前方观测到的地震动峰值加速度、速度明显大于破裂后方，且持时较短。本次地震具有较明显的方向性效应，破裂方向性影响区域的大小与震级、断层破裂长度等因素有关，与2008年汶川地震相比，花莲地震的方向性效应影响区域较小，且只在米伦断层附近区域较显著，并具有较明显的集中性。②速度脉冲记录集中分布于米伦断层附近，具有周期长、脉冲放大作用强的特点。在近断层区域（R_{rup}<5km），短周期段内（T<1.0s），NGA–West2预测模型对速度脉冲型地震动高估；长周期段内（T>1.0s），NGA–West2预测模型对速度脉冲型地震动低估。这与普遍认为在近断层区域内NGA-West2预测模型总体会对速度脉冲型地震动低估的认识有差异。此次地震中速度大脉冲的形成受到断层破裂方向性效应以及米伦断层附近高强度破裂体的共同影响。③近断层地震动随观测方向变化表现出显著的强度差异，存在明显的极大和极小作用方向。在不同观测方向上，最大加速度反应可以达到最小加速度反应的6.4倍。从空间分布来看，方向性差异最大的地震动记录集中于米伦断层附近，且大部分为速度脉冲记录。④地震动的方向性差异在T>1.0s的长周期段更为显著。在T<1.0s的短周期段，地震动随方向性变化的差异较小。地震动强度随方向变化的差异随周期的增大而增大，表现为不同方向上的加速度反应谱值的最大值与最小值之比的统计均值从周期T=0.01s时的1.6增大到周期T=7.5s时的2.5。⑤在断层距小于30km时，T>1.0s的长周期地震动的卓越方向具有垂直断层走向的特征，地震动方向性明显。此次地震中方向性影响范围明显超过Shahi和Baker基于NGA–West2强震动记录数据给出的方向性效应影响范围（R_{rup}<5km），但与谢俊举基于芦山地震强震记录给出的方向性影响范围（R_{rup}<35km）以及Bradley和Baker基于新西兰Darfield地震强震记录给出的方向性影响范围（R_{rup}<30km）相近。⑥在周期T=0.2s、0.5s、1s的较短周期段，地震动卓越方向所在方向较为随机；在周期T=3s、5s、7.5s的长周期段，地震动卓越方向与断层的相对运动方向高度吻合，但在靠近米伦断层的南段，出现了较大偏差，这可能与米伦断层南段兼具走滑和逆冲的相对运动有关。

成都平原黏性土动力学参数统计分析

史丙新[1,2] 周荣军[1] 温瑞智[2] 任叶飞[2]

1. 四川省地震局，四川成都 610041；
2. 中国地震局工程力学研究所，黑龙江哈尔滨 150080

土动力学参数的影响因素众多，为避免试验结果的离散性过大，需要对相似构造背景和沉积环境区域内的土动力试验结果进行统计研究，因地制宜地满足当地的工程建设需求。成都平原地震构造环境主要受近场中强地震和外围大地震的影响。成都平原内的第四系分布广泛，主要为河流相的砂卵石层夹黏土、粉土层，区域特征明显。这种地层在土层地震反应计算时往往产生一个峰值，具有显著的放大作用。

收集整理了107组土动力学参数的实验资料，统计分析了粉质黏土和黏土两种典型黏性土的实测土动力学参数，给出了它们在不同深度下的动剪切模量比和阻尼比的统计值（见图1）。结果表明：①不同深度的动剪切模量曲线没有交叉，对同一剪应变，不管是粉质黏土或黏土，动剪切模量比随着深度的增加而增加。②粉质黏土的阻尼比总体上随着深度的增加而增加。在大应变时，不同深度的阻尼比增加幅度不同，阻尼比曲线开始交叉。阻尼比随深度的变化关系较复杂。③不管是动剪切模量比还是阻尼比，统计值一般大于推荐值、94规范值和本地区《四川数字强震动观测网络建设》土工试验结果（以下称"十五"结果），94规范值最小。而粘土的阻尼比在大应变时开始小于规范值和推荐值。阻尼比越大，其对地震动的衰减越明显，对地震动的能量吸收的越多，土层反应计算的结果就会偏于不安全。使用规范值和推荐值可能会对工程的抗震设防产生不利的影响。

在成都地区选取典型场地进行钻探，对土样进行动三轴测试，并建立土层地震反应分析模型，以人造地震动为输入，将土层反应分析结果做为分析土动力学参数对地震动参数影响的基准值。然后，分别运用本文统计值、"十五"结果、94规范值、袁晓铭推荐值和进行地震土层反应计算，从反应谱形状、地表峰值加速度和反应谱特征周期等各个方面说明了本文统计值的适用性和针对性，结果表明在盆地内使用其他值会对工程的抗震设防产生不利的影响。

该研究成果对该地区各类工程建设的工程场地地震安全性评价工作具有一定的借鉴和参考价值。

本文由中国地震局交流访问学者计划资助。

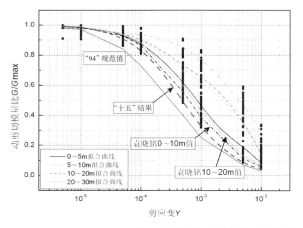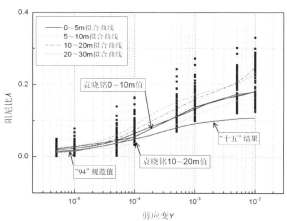

图1 粉质黏土统计值、推荐值、规范值和"十五"结果的比较

城市三维复杂场地地震效应

彭小波[1] 章小龙[2]

1. 江苏省地震工程研究院，江苏南京 210014；
2. 中国科学院海西研究院泉州装备制造研究所，福建泉州 362216

强震动观测、震害调查及数值模拟结果等都表明土层和地形对场地的地震反应有着重要的影响。在定性评价这种影响方面已经取得了一系列的共识，比如土层的放大效应、耗能影响和地形效应等，当前的研究更多集中在定量评估方面。

大部分城市市区包含深浅不一的土层和地表起伏的山体，部分城市依山而建，还有的城市虽然地表平坦却位于盆地之中，因此在以城市为对象研究场地地震效应时，将包括场地土层效应、地形效应以及盆地效应等多种因素的叠加。目前，研究土层的地震反应多采用土层水平成层的一维简化模型，对于地形和盆地影响则多采用平面应变假定的二维简化模型，这些工作可以获得初步结果和规律性的认识，但在城市三维复杂场地条件下，难以实现对城市各处系统的科学和准确的地震效应评估。在进行实际地震或设定地震的三维地震动场模拟中，模型中包括了一定土层和地形信息，但是由于其计算的频率通常在1Hz以下，对土层和地形影响的分辨率不高，而在高频部分模拟中广泛采用随机地震动场模拟的方法，实际上没有考虑局部地形的影响。目前，少数地震动场模拟中研究借助于超算平台以达到了4~5Hz，甚至18Hz，为更真实的评估地震影响提供了有力的手段，其花费的时间和成本随着频率的上升呈现出几何级数增加。另一方面，由于地震的不确定性，在评估城市场地地震效应方面将更多的需要相对效应，这样既可以反应出城市各处地震效应的差异，又可以快速评估出不同场景下实际遭受的地震影响。

针对以上情况，本文提出了一套研究城市三维复杂场地地震效应的方法，在确定研究范围之后，首先基于数字高程数据构建地表面模型，基于勘察资料构建土体分布模型，基于地质资料构建基岩面模型，综合形成四面及底部为平面的三维实体模型；其次，对三维实体模型采用四面体或六面体进行剖分，对各单元赋予相应的物理参数；然后，使用具有较宽频带的单位脉冲函数作为地震输入波，计算边界上的自由场及施加粘弹性人工边界；最后，采用有限元计算及后处理。本方法可以较好的与商业软件相结合，可使用后者成熟稳定的计算核心、丰富的介质模型以及直观的可视化分析等。图1展示了以一个范围为11km×10.5km 的城市市区为研究对象在不同时刻的地表速度波场云图，研究范围内高程差大于500m，覆盖层厚度0~50m，模型竖向厚度最高达0.52km，计算最高频率达到10Hz。图1直观给出了城市不同区域的地震反应差异，在其后对计算结果的进一步分析中，可以进一步得到各处的传递函数，构建城市地震效应传递函数库，实现对地震效应特征识别和各种地震情景下的地震强度快速评估。

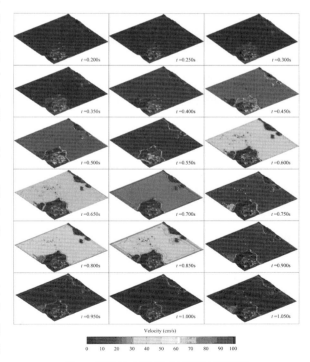

图1 场地地表地震动速度波场云图

作者信箱：xiaobo_peng@sina.com

弹性波入射时半圆弧凹陷地形对地表位移影响研究

马　荣　李永强　景立平　单振东　刘廷峻　汪　刚

中国地震局工程力学研究所，黑龙江哈尔滨　150080

本文基于数值模拟的方法系统的研究了脉冲波与正弦SH波以及正弦P波垂直入射半圆弧凹陷场地时的地表位移响应，并与其相应的解析解进行了对比分析。选取的模型为宽20000m，深2000m，凹陷半径1000m的模型，坐标轴取X向为水平向，Y向为垂直纸面方向，Z向为竖直方向，模型介质密度为1800kg/m³，剪切波速为2000m/s，泊松比为0.25。并由相关公式计算得到单元划分为一个单元尺寸为50m左右时，频率在4Hz以下的波在模型中的传播是精确的。在Y=0平面的自由表面上，每隔1000m取一个监测点。P波入射时分别监测它们的X、Z向速度和位移，SH波入射时监测它们的Y向速度和位移。数值模拟中分别垂直输入了时长为0.5s的脉冲速度波和频率为2Hz的正弦速度波。当脉冲SH波输入时，由于模型左右对称性，所以选取模型右半部分11个监测点分别监测它们的Y向位移时程，通过其Y向位移时程曲线可以看出每条曲线都有一个峰值产生，原因是脉冲SH波会在半圆弧凹陷处发生散射，并通过选取监测点Y向位移幅值处时间值进行线性拟合，所得直线斜率即为散射波在模型中的传播速度。通过直线拟合求出散射波在模型中的传播速度为2006.45555m/s。而SH波的剪切波速为2000m/s，考虑误差可认为该散射波为SH波。当脉冲P波输入时，用同样的方法监测其Z向位移时程和X向位移时程，求得散射波波速为1835.453295m/s，而由公式求得Rayleigh波波速为1835.2m/s，考虑误差可认为该波波速和Rayleigh波波速相同。当正弦SH波输入时，选取模型到达稳态后的Y向位移云图，可以观察到，模型在整个Z方向上都有散射波的生成。通过自编函数，将模型自由表面的Y向位移幅值与袁晓铭的解析解进行了对比。发现数值模拟的数值解和袁晓铭的理论解吻合的比较好，只是两者凹陷边缘处的结果有比较大的差别。可以认为数值模拟的方法以及模型建立的尺寸大小是合理的，计算结果是可信的。当正弦P波输入时，可以观察到，模型在半圆弧凹陷两侧的自由表面上有波在沿着自由表面向两侧传播，而这种波并不是在整个Z方向上都存在，进一步证实了这种波为Rayleigh波。

通过自编函数，将模型自由表面的Z向和X向位移幅值与Cao的解析解进行了对比。发现P波入射时，半圆弧凹陷场地由于P波与反射SV波的干涉产生Rayleigh波，会对场地自由表面的稳态位移响应幅值产生较大影响，而Cao的解析解中并没有考虑到Rayleigh波的生成，只考虑了反射P波和反射SV波。凹陷内部的归一化Z向位移幅值相比没有考虑Rayleigh波生成时有较大的不同，而在凹陷边缘处没有什么变化，在凹陷向两侧延伸的方向，会有压缩作用；归一化X向位移幅值在凹陷内部无太大变化，在凹陷向两侧延伸的方向，会有波动状的归一化X向位移幅值。

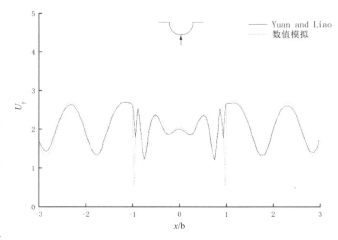

图1　归一化Y向位移幅值解析解与数值解对比

| 作者信箱：0104130221@csu.edu.cn

复杂层状场地三维地震波动快速多极边界元模拟

刘中宪　黄磊　张征

天津城建大学，天津市土木建筑结构防护与加固重点实验室，天津　300384

多次震害调查和理论研究表明，复杂场地条件下（如沉积盆地、山体、夹杂等）的工程震害相对比较严重。复杂地形地质条件容易导致地震波的局部聚焦放大效应，近地表软弱土层的存在会进一步加大地震动幅值。三维任意层状沉积盆地作为一种典型的复杂场地，在地震波传播过程中会发生多次散射、波型转换以及干涉作用，引起严重的地表震害。因此，层状沉积盆地对地震波放大作用的定量研究具有十分深远的现实意义。基于实际盆地沉积成层的特点，建立三维任意层状沉积盆地对地震波散射的计算模型，采用离散单元少、精度高、自动满足无限远处边界条件的间接边界元法（IBEM）进行精确求解。同时，引入快速多极子展开技术（FMM）以大幅度提高计算效率和有效模拟频率，通过对位势函数进行平面波展开，得到了相应的多极展开、多极传递、多极向局部展开、局部展开和局部传递公式，以将其应用于FMM的求解中去。通过精度和效率验证，证实了FM-IBEM对于层状沉积盆地地震波散射问题的适用性和所开发程序的正确性、高效性。最后，将该方法应用于半球形均质沉积盆地、上层为低波速软土层的水平层状沉积盆地和沉积交界面曲率较大的非水平层状沉积盆地（图1）在P波作用下的分析计算，以探究低波速软土层和任意沉积交界层对沉积盆地地表位移的影响。结果表明：沉积盆地地表位移响应与盆地结构、软弱沉积层等具有很强的相关性，这些因素对沉积盆地地表位移空间分布以及放大程度具有显著影响。低频波作用下，盆地主方向地表位移放大主要表现为中心聚焦效应，高频波入射下则表现为边缘放大效应。上层低波速软土层对沉积盆地地表位移具有显著的放大作用，且沉积层交界面的起伏程度对沉积盆地地表位移放大幅值有较大影响。

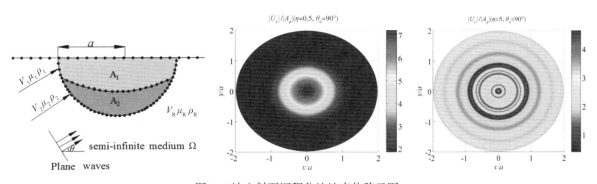

图1　P波入射下沉积盆地地表位移云图

从左至右依次是非水平层状沉积盆地计算模型图，非水平层状沉积盆地地表位移云图 $\eta=0.5$，非水平层状沉积盆地地表位移云图 $\eta=5$

工程随机地震动的物理建模及模拟

丁艳琼[1]　李　杰[2]

1. 西北农林科技大学，陕西杨凌　712100；
2. 同济大学，上海　200092

　　地震动发生的复杂物理过程是导致地震动强烈随机性的根本原因。现阶段，依赖于一条或几条地震动时程的抗震验算是对地震动复杂物理过程及其随机性难以表达这一现状的妥协。为了合理考虑地震动随机性的影响，需要抓住地震动发生及传播的本质特征，从其发生及传播的物理过程出发，实现随机地震动集合的模拟，这也正是工程地震动模拟发展的必然趋势。近年来，李杰等从物理随机系统的基本思想出发，将地震动的物理背景引入到随机动力系统中来，对工程随机地震动的物理建模及随机地震动集合的模拟进行了深入研究。

　　基于地震动发生的"震源—传播途径—局部场地"机制（图1），建立了工程随机地震动的物理模型

　　该模型具有随机函数的形式，包括幅值谱和相位谱两部分，为模型中的9个随机参数所组成的向量。以大量实测地震动记录的详细筛选和聚类分析为基础，通过参数识别和分组统计，给出了随机参数在不同地震环境下的概率密度函数，完成了工程随机地震动物理模型的参数建模，获得了能够考虑不同场地类别、震级和传播距离的完整工程随机地震动定量模型。据此，采用基于GF偏差的选点方法，确定工程随机地震动物理模型基本参数所构成的概率空间，得到了工程随机地震动物理模型所在概率空间的代表性点集合。采用窄带波群叠加方法，模拟得到各代表点处的地震动时程。结合工程随机地震动物理模型的参数建模结果，可以得到在不同场地类别下，考虑不同震级和传播距离的随机地震动集合。

　　所建立模型的优势在于：一是各组地震动能够反映不同场地类别、震级和传播距离的差异；二是每条地震动样本具有相应的赋得概率。故模拟地震动样本集合可直接用于工程结构在不同地震环境下的随机地震响应分析和抗震可靠度评价。

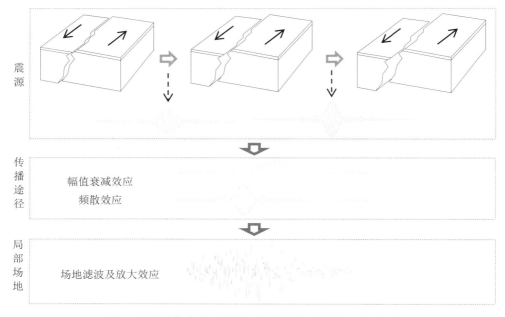

图1　地震动发生的"震源—传播途径—局部场地"机制

河谷场地地震波传播及考虑地形效应的地震动场

张　宁[1,2]　高玉峰[1,2]

1. 河海大学岩土力学与堤坝工程教育部重点实验室，江苏南京　210098；
2. 河海大学土木与交通学院，江苏南京　210098

　　我国山区占国土面积的2/3，河谷众多，河谷场地地形条件复杂、地震频发，是震害最严重的区域之一。河谷地形地震放大效应是场地工程震害严重的重要原因。1992年我国台湾翡翠河谷和1994年美国Pacoima河谷分别观测到相差2.7倍和3.8倍地形地震放大效应。涉及的关键科学问题是河谷场地地震波传播解析理论。基于经典的波函数展开法和区域匹配思想，建立了V形河谷场地地震波传播解析模型，探明了V形河谷场地的差异放大效应，揭示了不同角度地震波入射下V形河谷场地的动态散射规律，发现水平入射条件下河谷两侧地震动差异性最大；分析了台湾翡翠河谷密集台阵实测地震波，验证了V形河谷解析模型；建立了U形河谷场地地震波传播解析模型，发现了其在直下型地震作用下的谷底异常放大效应；针对平面波假设的局限性，使用柱面波来模拟近场地震震源，建立了河谷地形柱面波传播模型，揭示了入射波波前弯曲对地形效应的影响规律；建立了半圆形和月牙形沉积河谷粘弹性SH波传播模型，对河谷沉积物填充比和阻尼比进行了系统的参数分析；提出了变系数波动控制方程，建立了剪切波速以幂函数形式在河谷径向变化的非均质风化河谷地形SH波传播的理论模型；耦合了波函数展开与传递矩阵方法，建立了含任意数量风化层的河谷SH波传播模型，实现了由幂函数波速模型向任意波速模型的转变；建立了非均质风化河谷–土石坝耦合波动模型，据此修正了土石坝稳定性分析中的地震惯性力动态分布系数，发现并解释了地震SH波在土石坝坝体中的聚焦现象，探明了河谷地震放大效应对土石坝的重要影响。基于上述解析模型得到的频域幅值放大因子和相位调整因子，利用快速傅立叶变换技术，获得考虑地形效应的河谷场地地震动分布场，可为桥梁、隧道和大坝提供多点非一致地震动时程输入。

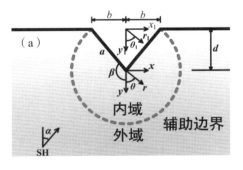
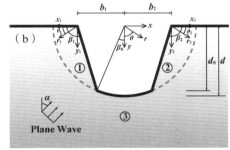
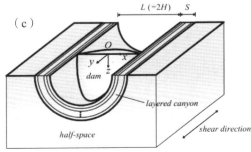

图1　河谷场地地震波传播解析模型
（a）V形河谷模型；（b）U形河谷模型；（c）风化河谷–土石坝耦合动力模型

横观各向同性饱和层状半空间凹陷地形
对平面qP1波的散射

巴振宁[1,2]　张恩玮[1,2]　梁建文[1,2]　吴孟桃[1,2]

1. 天津大学土木系，天津　300350；
2. 滨海土木工程结构与安全教育部重点实验室，天津　300350

　　基于Biot饱和多孔介质理论，采用间接边界元方法（IBEM）在频域内求解了TI层状饱和半空间中凹陷地形对入射平面qP1波的散射问题。问题的波场可以分为散射场和自由场两部分。首先利用TI饱和介质波动方程推导出TI饱和介质土层平面内精确动力刚度矩阵，并且利用直接刚度法求得层状 TI 饱和场地的自由场响应。其次推导横观各向同性（TI）饱和场地中斜线荷载动力格林函数模拟散射场，并在凹陷边界上施加虚拟荷载对散射波场进行模拟。最后，通过凹陷地形表面的应力边界条件和透水条件求解出施加的虚拟荷载密度得到散射波场。将求得的自由波场与散射波场叠加，得到地表任意位置的动力响应。本方法采用的均布荷载动力格林函数克服了传统边界元方法的奇异性问题，同时，精确动力刚度矩阵的引入使得本方法不受土层厚度的限制。

　　本文从两方面验证了方法的正确性，将TI层状饱和半空间参数分别取为①各向同性饱和半空间情况与②TI弹性半空间情况，通过与已有结果的比较进行验证。进而以基岩上单一TI饱和土层中凹陷地形为例进行了数值计算，分析了TI性质对饱和凹陷的动力响应影响、干土与透水情况对TI凹陷的动力响应影响和基岩刚度对饱和TI凹陷的动力响应影响进行了研究。结果表明：TI 饱和凹陷的动力响应与各向同性饱和介质情况有明显差异；TI 性质对地表位移的幅值大小以及空间分布的影响依赖于qP1波的入射角度、入射频率和水平与竖向剪切模量比值；土层中含水情况与凹陷边界上的透水情况对地表位移幅值具有较大影响；另外土层下基岩的刚度情况和qP1波入射频率也对沉积地形地表动力响应有显著的影响。本文对TI饱和凹陷地形的研究，为其他TI饱和场地中局部地形地震波散射研究提供了思路。本文考虑的横观各向同性饱和凹陷地形，更加符合实际工程情况，所给出的分析结论更具工程应用价值和参考价值。

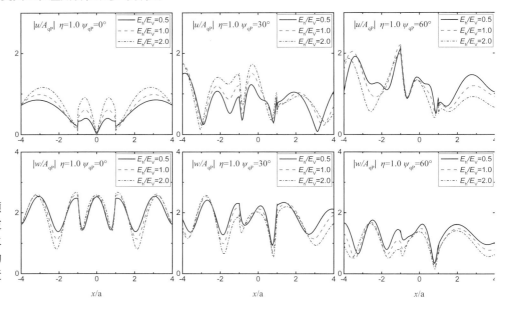

图1　无量纲频率$\eta=1.0$的qP1波入射不同土层水平竖向模量比的TI饱和凹陷附近地表位移幅值

黄土山体非典型地形效应研究

卢育霞[1,2,3]　刘琨[1,2,3]　魏　来[1]　李桐林[1]　郑海忠[1]　李少华[1,2,3]

1. 中国地震局兰州地震研究所黄土地震工程重点实验室，甘肃兰州　73000；
2. 甘肃省岩土防灾工程技术研究中心，甘肃兰州　730000；
3. 甘肃省地震局，甘肃兰州　730000

历史震害研究表明，复杂的土层地形和特殊的土体结构性，使得黄土地区的震害相对其他地区要严重得多，产生严重震害的黄土场地大多位于地形起伏的丘陵山区，局部地形因素对黄土地区的地震灾害具有显著的影响。与理想基岩的地形效应相比，黄土山体的地形地震动效应除了受到地形影响之外，还受土层结构、土体性质及断层破碎带等多种因素的综合影响，因而被称作非典型地形效应（Massa，2014）。

选择黄土地区具有代表性的几个震害场地（山前洪积台地、黄土高阶地以及黄土丘陵等）为研究对象，主要采用观测记录分析和理论模型分析等方法研究黄土山体及其周边地震动的变化特征。根据需要开展目标场地近地表速度结构（包括出露地表的地形、地下基岩形态、覆盖层厚度及其波速等）探查工作，并以此探查结果建立理论模型进行地震反应分析，最后结合场地观测资料诠释松散覆盖层与场地地形对黄土震害场地地震动参数的控制机理。主要研究结论：

（1）黄土山体的地震频谱形状本质上受到场地特征频率的制约，在地形响应频段和土层响应频段附近都产生地震动放大。地形及其上覆松散层共同作用造成随高程增加，地震动幅值增大并且持续时间延长，地震动的局部地形效应是导致黄土山体高处震害加重的主要原因。

（2）地震作用下，形状不规则的孤突黄土山体会产生偏振效应，垂直山体走向方向的水平-竖向谱比幅值明显大于走向方向的值，这也可能是造成山体顶部震害加重的另一个原因。

（3）理论模型分析结果进一步证明，黄土山体的地震动在地形响应频段和土层响应频段附近都产生放大，同时地震作用下黄土山体的标准谱比曲线与其相同厚度土层覆盖的水平场地和同样地形的基岩场地的谱比之积接近，尤其在谱比峰值和峰值频率处有较好的一致性（图1）。

（4）上述研究结果可用于预测起伏土层场地的地震动频谱变化特征，并将成为山区土地规划利用、震害预测及震害评估等方面的有利依据。

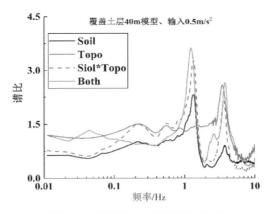

图1　山顶监测点的标准谱比曲线

喀什乌恰地区H/V谱比法的场地卓越频率研究

李文倩　何金刚　朱皓清

新疆维吾尔自治区地震局，新疆乌鲁木齐　830011

众所周知，场地条件对于结构地震动反应、地震灾害有很大的影响。最为著名的事件是1985年墨西哥地震，距离震中400km的墨西哥城很多软土层上的中、高层建筑破坏较为严重，而附近短周期的老旧建筑却完好无损。因此场地响应的详细研究对于地震工程是非常重要的。通常，我们通过钻孔得到的土层信息来计算分析场地信息，但费用昂贵且需耗费较多时间。另一方面，当台网密度较小的地区发生大震后，技术人员第一时间前往震区架设地震流动观测设备获取高质量的余震记录，这些记录在地震工程研究中场地信息是不可或缺的。

喀什乌恰地区地质构造复杂，是地震多发区。为加强该地区地震监测，"十五"期间共架设46个强震动数字化观测台站，采用ETNA型数字化强震仪，采样率200sps，长期以来已积累一批高质量、有价值的强震动记录。本文选取记录较多的21个土层强震台站作为研究场点，选取该地区震级3.5～5.5范围内，峰值加速度小于100Gal的185次地震的613条强震动记录，利用H/V谱比法开展场地卓越频率研究工作；利用伽师台55条强震动记录，采用峰值加速度分档的方法，对场地非线性反应进行初步判定，得到以下结论：

（1）研究区21个土层强震动观测台中，Ⅱ类场地13个，Ⅲ类场地8个。利用H/V谱比法，计算了21个强震台站的场地卓越频率，收集钻孔研究台站钻孔数据，与$T' = \sum_{i=1}^{n} 4h_i / V_{Si}$计算结果进行对比，发现两者结果相差不大，个别场点H/V谱比法计算结果大于四分之一波速法结果，就整体而言，采用四分之一波速法计算结果相对偏大，Ⅱ类场地结果对应好于Ⅲ类场（图1）。

（2）利用9个台站覆盖层厚度值，采用幂指数关系，拟合了场地卓越频率和覆盖层厚度的关系式，$h = 43.53 f_r^{-0.638}$，拟合结果标准差为0.061，相关系数r^2为0.865 > r（9-2）0.005=0.6664（相关系数临界表），表现出很好的相关性（图2）。

（3）选取伽师台55个强震动记录，按照峰值加速度分为6档，即0～10Gal、10～20Gal、20～30Gal、30～50Gal、50～100Gal、100Gal以上，通过H/V谱比法获得台站不同分档下场地卓越频率，对场地非线性反应进行初步判定，发现在0～50Gal之间，各档场地卓越频率没有明显变化，相差不大，在100Gal以上场地卓越频率向低频移动，发生场地反应非线性（图3）。

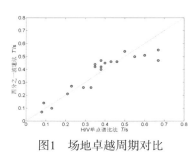

图1　场地卓越周期对比

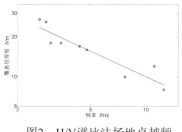

图2　H/V谱比法场地卓越频率和覆盖层厚度拟合曲线

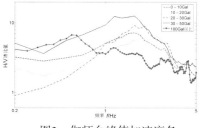

图3　伽师台峰值加速度各分档H/V谱比曲线

| 作者信箱：liwenqian526@163.com

基于NGA-WEST2强地震记录的地震动随机合成

孙晓丹 田 鹏

西南交通大学土木工程学院，四川成都 610031

工程随机地震动物理模型能较为全面地反映地震动的各项性质，有助于减轻和避免未来地震带来的危害，为重大工程的抗震分析和地震危险性分析提供技术支撑。本研究选取了来自太平洋地震研究中（PEER）NGA WEST2的上万条地震数据，经过层层筛选和滤波，得到了2571对震级范围在4.5到7.5，震中距小于300km的地震记录。在大量的样本数据下，本文先建立了基于场地的完全非平稳地震动物理随机过程模型，通过在平稳模型前面乘以一个强度包络函数得到强度的非平稳性，采用具有时变物理参数的线性滤波器脉冲响应函数考虑随机地震动的频率非稳定性。通过对模型的调制函数参数，线性滤波器的时变参数和高通滤波器参数进行识别，简化计算得到了每一条地震记录的6个主要参数（I_a；D_{5-95}；t_{mid}；w_{mid}；w'；ξ_f），对这些数据进行统计分析，拟合得到了频率分布直方图和拟合概率密度函数，比较了个模型参数的差异，然后再把所有识别出的模型参数样本值转换到标准正态空间，然后我们根据转换后的模型参数进行了基于震级和场地条件的回归分析，得到经验预测方程和相应的回归参数，并对其进行相关性分析。最后，我们有了这些经验预测方程，便进行人工地震模拟，生成了300km内16个距离每个距离50次的人工地震，如图1即为根据经验预测方程模拟出的在震级为5级，震中距为20km时的人工地震动时程，再对这些人工地震动时程进行统计分析，得到了如图2为震级为7级时的模拟出的PGA随距离衰减的情况，如图3为震级为7级、周期1s时模拟的PSA随距离衰减的情况，图4为震级为7级、周期2s时模拟的PSA随距离衰减的情况。这些在大量真实地震动下模拟得到的人工地震将对于我们的抗震设计和抗震分析提供参考。

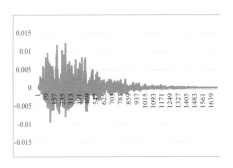

图1 模拟的5级，震中距为20km时的人工地震动时程

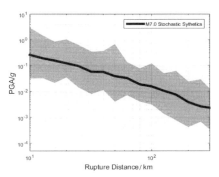

图2 7级时模拟的PGA衰减图

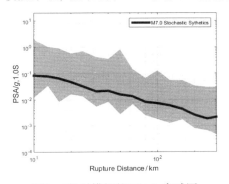

图3 7级时模拟的PSA 1s衰减图

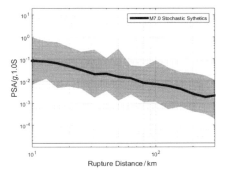

图4 7级时模拟的PSA 2s衰减图

基于NGA-West2强震数据的持时统计研究

王　豪　孙晓丹

西南交通大学 土木工程学院，四川成都　610031

　　持时是描述地震动的重要特征，虽然对处于弹性工作范围的结构物影响不大，但对于在大震作用下进入弹塑性状态的结构物，或考虑场地土的非线性反应时，持时的作用非常重要。本文基于太平洋地震工程中心NGA-West2强震数据库，选取82次地震共3212对地震动记录，对其5%～95%显著持时和不同阈值下的括号持时进行了研究。考虑到持时研究主要针对大地震近场可能出现的非线性地震反应，因此选用数据震级范围为4.53～7.62，断层距则均在300km范围内。

　　本文将计算的持时分别与震级和断层距绘制在一起，发现显著持时随震级增大并没表现出明显的上升趋势，但随断层距增加的上升趋势却较为明显。这是源于显著持时的定义，若大震Arias曲线坡度较大，就有可能得到比小震更短的显著持时数值，造成了对大震显著持时的低估。显然，这种低估对于持时的统计研究和工程结构非线性响应分析都是极为不利的。但是，一致持时却与震级表现出了明显的上升趋势，并随断层距的增加呈现不太明显的下降趋势。

　　本文进而对显著持时和括号持时数值进行了统计回归。回归采用Abrahamson和Youngs考虑随机效应的非线性回归，即回归误差分为事件内误差和事件间误差，得到的统计公式为：

$$\begin{cases} \lg(D_{5-95}) = 0.8684 + 0.07421M + 0.4384\lg R - 0.2934\lg(V_{S_{30}}) \\ \lg(D_{b01}) = 0.6164 + 0.5331M - 0.7761\lg R - 0.6252\lg(V_{S_{30}}) \\ \lg(D_{b05}) = -0.6963 + 0.649M - 1.05\lg R - 0.55513\lg(V_{S_{30}}) \end{cases}$$

式中，D_{5-95}代表5%～95%显著持时，D_{b01}和D_{b05}分别代表阈值为0.01g和0.05g的括号持时，M、R、$V_{S_{30}}$分别为震级、断层距和场地剪切波速。选取一般土层场地波速620m/s，对比震级5、6和7时本文与已有模型的估计结果，以及计算的持时数据进行比较，如图1所示。从图中可见，本文模型的估计结果与实际持时较为贴近，趋势上更接近于Bommer与Stafford模型，且未明显高于或明显低于其余三个模型。该预测公式可在适用的震级和断层距范围内为估计构造稳定区和构造活跃区的持时提供参考。

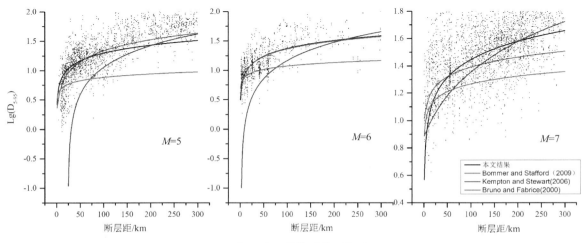

图1　与已有显著持时模型的对比

基于聚类分析算法机器识别场地非线性反应

冀 昆　任叶飞　温瑞智

中国地震局工程力学研究所，中国地震局地震工程与工程振动重点实验室，黑龙江哈尔滨　150080

谱比法在非线性地震场地反应分析评估中已经得到了广泛应用，然而根据非线性指标的经验阈值来判断某个台站是否具有非线性场地反应仍然十分低效和主观。本研究以2018年9月6日北海道东部地震（日本）为例，应用机器学习无监督聚类算法来解决这一问题。首先，我们分别使用Kik-net和K-net台网的强震动记录分别计算了井上/井下和水平/垂直谱比曲线，以主、余震之间的谱比曲线差异作为场地非线性响应的判断参考，计算了场地非线性响应绝对指标（DNL）和百分比指标（PNL）。考虑了DNL、PNL、地震动强度（钻孔PGA和地表PGA）和场地条件（$V_{S_{20}}$或$V_{S_{30}}$）作为解释变量。首先，对多个解释变量进行了交叉多重共线性诊断，最后挑选了共线性不显著的四个变量作为聚类变量。进而采用Caliński–Harabasz指标决定最佳聚类数目为2。最后采用K-均值聚类算法成功地将强震台站划分为具有非线性和线性响应的两簇。本研究从三个方面验证了聚类识别的结果：①通过主成分分析对四个非线性响应相关的解释变量进行降维处理后，三维视图直观表明了聚类结果对场地是否具有有场地非线性做了较好区分；②聚类结果与基于多次历史地震传统非线性指标经验阈值的分类结果对比结果表明，二者的吻合效果较好，且台站的主余震谱比曲线体现了典型的非线性响应特征，基础频率向低频移动和幅值缩小；③考虑归一化解释变量的十种可能的线性加权组合，得到了非线性场地反应发生概率的综合指标NL_{score}，对比本次地震非线性响应概率指标的等值线图与聚类识别结果如图1所示，结果表明该指标趋势与聚类识别的结果基本一致。上述计算结果表明聚类机器算法可以用于震后快速自动判断场地非线性反应，而且在其他的场地效应分析方面也具有较广阔的应用前景。

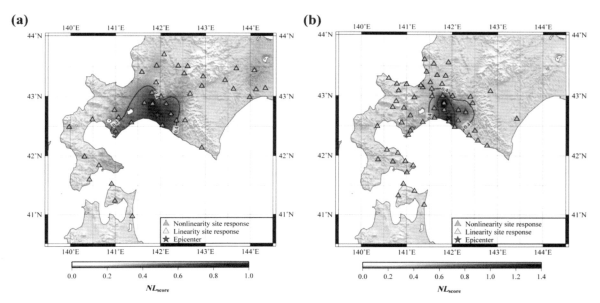

图1　日本KiK-net与K-net强震台站场地非线性反应聚类识别结果

基于强地震动的中国西南地区地震动预测方程

杨 成 刘佳欣

西南交通大学陆地交通地质灾害防治技术国家工程实验室，四川成都 610031

中国西南地区是一个地震活动强烈且特征明显的区域，但是由于早期的强地震动记录较少，在中国开展的GMPEs研究有限，有部分学者的模型是利用烈度转换的方法建立的；有部分学者选取的数据较为局限，对应建立的GMPEs仅对中小地震的适用性较好，对于大震的适应性稍差；还有部分学者是通过补充世界上其它地区的强震记录来形成中国西南地区的GMPEs，但这和该地区的固有的地震地质情况必然存在一些差异。为了得到客观可靠的统计规律，本文从中国地震局工程力学研究所"国家强震动台网中心"申请到了中国西南地区包括自2008年以来中国西南地区4次7级以上强烈地震在内的108次地震，共计8476条地震动记录，地震M_S震级范围为5.0～8.0。本文通过对收集到的强地震动数据进行处理，根据中国地震台网数据以及其他学者的研究结果确定了所选地震的断层位置，计算出震中距与断层距，从而对所收集的地震动进行筛选，筛选条件为断层距小于200km，应用这个筛选标准，选择了567个台站，共6186条地震动。接着进行震级统一校核，然后根据地震动数据，代入公式，计算出每个台站所在位置的$V_{S_{30}}$，进而确定每个台站的场地信息。最后采用全局最优的方法，建立能够考虑场地条件的地震动预测公式，从而修正了该地区的地震动预测公式，使其能够充分考虑上述强震的影响。分析结果表明：本文提出的地震动预测公式整体上能对中国西南地区震级M_S5.0～8.0，断层距在200km内的地面运动进行较好的预测。通过与既有的西南地区地震动预测模型进行对比发现，本文模型在近断层200km区段内预测值偏高。通过与美国NGA-West 2的4个模型对比发现，本文模型在0～1km和100～200km区段内预测值偏大，在5～20km区段内预测值略小，在其余区段预测值与4个NGA模型预测值较为一致。本文基于中国西南地区强地震动记录提出的地震动预测公式，能够更好的适用于该地区，同时对该地区的地震工程分析具有重要意义。

| 作者信箱：yangcheng_civil@foxmail.com

基于我国观测数据的地震动显著持时预测方程

徐培彬　任叶飞　温瑞智　王宏伟

中国地震局工程力学研究所，中国地震局地震工程与工程振动重点实验室，黑龙江哈尔滨　150080

　　工程结构的地震破坏与地震动的幅值、频谱和持时有关。地震震害调查结果（Bommer & Martínez-Pereira，1999）表明地震动对场地和结构的影响不仅与地震动的幅值和频谱有关，也与地震动的持续时间密切相关。根据研究和应用目的的不同，各国研究人员给出了几十种地震动持时的定义，一般可归纳分为4类：括号持时、一致持时、有效持时和显著持时。工程实践中应用最为广泛的是显著持时。在地震动工程领域中，国内主要针对峰值加速度和反应谱值的预测方程进行统计分析，可用于地震动持时预测的方程相对较少，本研究利用2007—2015年间我国数字强震动观测台网收集的M_W5.0 ~ 6.6地震事件中的强震动记录，综合考虑震源、传播路径及场地的影响（式1），基于Abrahamson和Young（1992）提出的随机效应回归方法，建立了适用于我国的水平向和竖向5% ~ 75%显著持时（$D_{5\text{-}75}$）、5% ~ 95%显著持时（$D_{5\text{-}95}$）和20% ~ 80%显著持时（$D_{20\text{-}80}$）的预测方程。研究表明，$D_{5\text{-}75}$和5% ~ 95%显著持时$D_{5\text{-}95}$与建筑物的抗倒塌能力密切相关，随着持时增加，结构的抗倒塌能力呈下降趋势（Hancock & Bommer，2007；Raghunandan & Liel，2013；Chandramohan et al.，2016）；$D_{20\text{-}80}$在工程中的应用很少，但是，最近的研究发现其受到噪声的影响较小，较其它形式的持时，其移除了P波的影响，更好的捕获了S波运动的持续时间（Boore & Thompson，2014）。由于$D_{5\text{-}95}$和$D_{20\text{-}80}$地震动显著持时数据进行回归分析时，a_5无置信区间的相关研究结果，参照Bommer等（2009）的研究将本研究中$D_{5\text{-}95}$和$D_{20\text{-}80}$回归系数a_5值均设定为2.5。回归分析得到的$D_{5\text{-}75}$、$D_{5\text{-}95}$和$D_{20\text{-}80}$地震动显著持时预测方程的系数（a_1 ~ a_6）及其相关的标准差见表1。残差分析以及分布假设检验结果的合理性进一步证实了回归分析得到的预测方程的可靠性。用于回归分析中所选用的数据的分布情况：①地震事件的震级范围M_W5.0 ~ 6.6；②断层距的范围$R_\mathrm{rup} \leqslant 200$km；③场地的等效剪切波速范围$V_{S_{30}}=130 ~ 649$m/s。因此，本研究中得到的显著持时预测方程需按照上述各变量的限制进行使用。与其他研究的对比结果表明本研究中预测值随各预测变量的变化与其他区域是相一致的。

$$\ln D = a_1 + a_2 M_\mathrm{W} + (a_3 + a_4 M_\mathrm{W}) \ln(\sqrt{R_\mathrm{rup}^2 + a_5{}^2}) + a_6 \ln V_{S_{30}} \tag{1}$$

式中，D为地震动显著持时；M_W矩震级；R_rup为断层矩；$V_{S_{30}}$为30m等效剪切波速；a_1 ~ a_6为回归系数。

表1　回归系数、事件间残差的标准差τ、事件内残差的标准差ϕ及总的标准差σ_total

		a_1	a_2	a_3	a_4	a_5	a_6	ϕ	τ	σ_total
水平向地震动显著持时	$D_{5\text{-}75}$	−2.9919	0.6037	0.8694	−0.0480	2.9804	−0.1300	0.4398	0.2507	0.5062
	$D_{5\text{-}95}$	0.1561	0.3647	0.4958	−0.0145	2.5*	−0.1784	0.2993	0.2386	0.3828
	$D_{20\text{-}80}$	−2.3353	0.6725	0.8848	−0.0796	2.5*	−0.2489	0.4722	0.3319	0.5772
竖向地震动显著持时	$D_{5\text{-}75}$	−3.1010	0.6170	1.1414	−0.0782	6.5077	−0.1446	0.3475	0.2383	0.4214
	$D_{5\text{-}95}$	−0.0402	0.3753	0.6755	−0.0331	2.5*	−0.1789	0.2856	0.2309	0.3672
	$D_{20\text{-}80}$	−1.0574	0.4339	0.6611	−0.0262	2.5*	−0.2397	0.4426	0.3299	0.5520

* a_5为置信区间的参数；$D_{5\text{-}95}$和$D_{20\text{-}80}$参照Bommer等（2009）将a_5值设定为2.5。

利用加速度记录获取土层模型参数的反演方法及其应用

荣棉水[1]　李小军[2,3]　喻　烟[1]　傅　磊[3]

1. 中国地震局地壳应力研究所，北京　100085；2. 北京工业大学，北京　100124；
3. 中国地震局地球物理研究所，北京　100081

利用天然地震或背景噪声等被动源的地表观测记录数据反演土层速度结构是获取土层参数信息的间接方法，这类方法随着观测数据的不断积累而得到迅速发展，并逐渐形成多种操作简便、成本相对较低的实用技术方法。根据使用数据源的不同，土层速度结构的被动源反演方法大致可分为基于背景噪声记录和基于地震记录（测震、强震动记录）两类。相比利用背景噪声记录，利用测震记录或强震动记录数据反演土层速度结构的研究则相对较少，从NHVSR扩展而来的水平与竖向谱比（Horizontal-to-Verticalspectral Ratio，以下简称HVSR）反演方法是处理这一问题的有效手段，近十余年来引起了国内外研究者的重视与持续研究。随着强震数据的快速积累，从地震动加速度记录中获取场地土层模型参数信息已具有广泛的应用前景。本文对S波HVSR机理进行了研究，利用美国和日本的多个竖向台阵观测记录检验了当前已有的HVSR理论推导式，在理论推导与实测检验的基础上给出了推荐的HVSR正演计算式。该正演计算式基于散射场理论的基本假定，适用于以地震记录中的体波成分作为数据源的情形。随后，针对当前HVSR反演算法收敛速度慢，计算效率较低的问题，本文提出了一种结合遗传和模拟退火方法优点的遗传模拟退火反演算法。基于S波HVSR的正演计算和遗传模拟退火反演算法提出了一种S波HVSR混合全局优化反演方法。该方法可实现对场地土层厚度及剪切波速的同时反演。为验证所提出方法的合理性和适用性，以IWTH08竖向台阵为例，以实测模型的理论正演HVSR为目标，开展了多次随机试验，结果表明本文方法能较为准确地重现钻孔实测模型，如图1所示。为进一步验证方法对实际观测数据的应用效果，将本文方法用于具有丰富小震记录的多个日本KiK-net竖向台阵的土层模型的反演，研究表明，反演的土层模型与实测模型较为一致，可视为更接近于地震动实际观测的场地一维等效土层模型，本文提出的S波HVSR反演方法是获取场地土层模型参数的一种有效的途径。

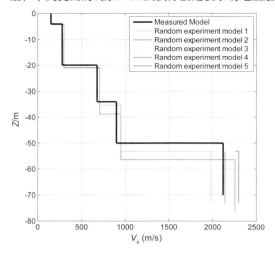

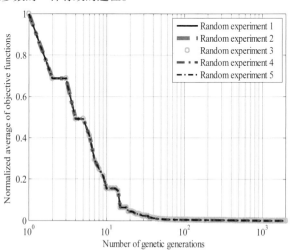

（a）实测模型和5次随机试验确定的最佳反演模型的比较　　（b）5次随机试验归一化的平均目标函数值与遗传代数的关系曲线

图1　IWTH08场地5次随机试验结果的比较

利用伽师区域小震群强震动记录初步分析区域场地特征

张振斌　　王宝柱

新疆维吾尔自治区地震局，新疆乌鲁木齐　830011

　　2018年新疆部分地区发生一系列小震群，具体为2018年9月伽师地区发生$M5.0 \sim 5.9$地震1次，$M4.0 \sim 4.9$地震1次，$M3.0 \sim 3.9$地震16次，$M2.0 \sim 2.9$地震48次，$M1.0 \sim 1.9$地震206次；2018年10月精河地区发生$M5.0 \sim 5.9$地震1次，$M4.0 \sim 4.9$地震1次，$M3.0 \sim 3.9$地震2次，$M2.0 \sim 2.9$地震9次，$M1.0 \sim 1.9$地震28次；2018年10月拜城地区发生$M4.0 \sim 4.9$地震2次，$M3.0 \sim 3.9$地震3次，$M2.0 \sim 2.9$地震7次，$M1.0 \sim 1.9$地震24次；这一系列震群发生，新疆强震台网获取了大量中小地震强震动记录，伽师震群区位于塔里木沉积盆地西北角，处于南天山地震带和西昆仑山地震带交汇的夹角区内，地表未见断层出露，地表沉积层厚，该区场地条件复杂，本文选取伽师震群新疆强震动台网获取强震动记录，对震群强震动记录特征、记录峰值比、场地地震反应做了初步分析；图1为距震群最近台站古勒鲁克台获取9次强震动记录谱比率

　　从这群强震动记录特征分析来看，伽师震群区加速度记录峰值距震中30km外衰减较快，30 ~ 100km加速度记录峰值平缓；伽师震群区地震水平向与垂直向强震动加速度峰值比值基本区间在1 ~ 3之间，均值大概在1.5左右；伽师震群区域场地共振频率在0.48 ~ 1.56之间，平均放大倍数在8.4 ~ 9.5之间。伽师地区为沉积盆地，地表覆盖层厚，地震波穿过，高频波谱衰减快，能量被吸收，而低频波谱衰减慢，使得地震波的卓越周期向低频方向移动，场地的放大效应主要在中低频段，使场地特征周期变大。

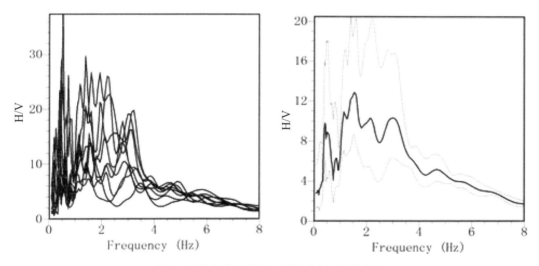

图1　古勒鲁克台获取9次强震动记录谱比率

芦山地震地震动模拟研究

刘奕君　温增平

中国地震局地球物理研究所，北京　100081

　　用改进的宽频带地震动模拟GP方法对2013年芦山地震进行了地震动模拟，对有强震观测数据的震中距160km内33个台站，进行了观测数据、模拟值和NGA–WEST2四种GMPEs预测值的PGA、PGV、反应谱及其残差的对比和分析。在以震中为中心的4°×4°范围内取1600个场点进行模拟，观察强震PGA模拟值的分布和衰减规律。验证宽频带地震动模拟方法和NGA–WEST2的经验预测方程对芦山地震地震动模拟和预测的可靠性。

　　SCEC（南加州地震中心）的Graves和Pitarka教授基于混合法，引入随机断层滑动模型和随机因子得到宽频带地震动模拟GP方法，其原理是在高于1Hz频域内采用半随机法，在低于1Hz内采用三维有限差分法，两者分别模拟后合成宽频域内地震动。考虑到实际断层破裂的影响，本文改进了震源谱，减少了随机算法的不确定因素。模拟过程中使用了芦山地区地下一维速度结构和各台站的$V_{S_{30}}$数据分别计算路径效应和场地放大效应。研究结果表明：

　　（1）模拟结果PGA、PGV、速度波形和反应谱与观测记录值符合良好，且与2014年版NGA–WEST2四种预测模型的结果更加接近（图1列举PGA部分结果）。在使用了实际震源、路径和场地参数的情况下，改进的宽频带地震动模拟GP方法能有效模拟和计算芦山地震地震动参数。

　　（2）部分台站模拟反应谱比记录值在低频成分偏低、高频成分偏高。幅值计算原理上包含了高频衰减和低频放大效应，可能是由于高低频模拟方法不同造成的。残差随台站位置的分布表明，平行断层方向部分的台站模拟值衰减比记录值慢，由于该地震动模拟方法使用一维速度结构，对与断层位置相关的三维空间各向异性体现不足。

　　（3）反应谱残差和标准差均在误差范围内。NGA–WEST2四种GMPEs的预测反应谱与记录值残差随周期单调递增，说明预测方程根据美国西部地区拟合的部分系数不适用于中国芦山地区。由于GMPEs的标准化反应谱平滑特性，NGA–WEST2预测值平均残差的标准差略小于模拟值。

　　（4）与芦山地震方向性特征的研究结果一致，1600个场点模拟结果显示断层上盘加速度峰值明显大于下盘，水平加速度峰值有垂直断层方向呈椭圆形衰减趋势。宽频带地震动模拟方法一定程度上可以体现与方向性效应。

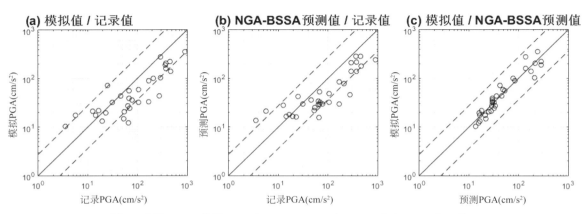

图1　观测PGA、模拟PGA及NGA–WEST2中BSSA预测PGA三者比值

脉冲型地震动位移反应谱分析及设计谱研究

徐龙军　　赵国臣

哈尔滨工业大学（威海）土木工程系，山东威海　264209

结构在强地震作用下发生屈服进入弹塑性变形阶段后，其破坏程度并不取决于瞬时的地震作用力，采用位移参数衡量结构在地震作用下的状态更为合理。基于位移的抗震设计方法更能实现结构的目标抗震性能，其被认为是现阶段实现基于性态的抗震设计理论最有效的途径之一。确定结构的地震位移需求是基于位移的抗震设计方法中的首要问题，而位移设计谱是确定结构地震位移需求的重要途径和依据。由于断层破裂的方向性效应和滑移效应，断层附近通常产生一类具有高速度、高位移幅值的脉冲型地震动。研究表明，建筑结构在该类地震动的作用下需要具有更大的强度和延性需求。为提高断层区建筑结构的抗震安全水平，应单独给出符合该类地震动特性的位移设计谱。

国内外学者在普通类型地震动位移设计谱的研究中已取得了许多进展。欧洲学者的研究工作开展的较早也比较全面，对位移设计谱形态、控制点周期的确定均提供了非常有价值的参考意见。我国学者在位移设计谱形式、谱位移衰减关系、以及位移谱阻尼比系数等方面均有大量的研究工作。但目前关于脉冲型地震动位移设计谱的研究仍较少，且主要延续普通类型地震动的研究思路，很难有效考虑该类地震动的特性。脉冲周期是描述脉冲特性的重要参数。脉冲周期与震级之间的关系已有大量的研究。但现有的位移设计谱方法并不能考虑脉冲周期与震级之间的关系，也不能基于脉冲周期的大小调整谱形态。给出一种性能更为优良且便于应用的脉冲型地震动位移设计谱方法是位移设计谱研究中急需解决的问题之一。

本文基于小波分析中的多分辨率分析方法系统分析了脉冲型地震动及其位移反应谱的特性，并提出了一种能够有效体现脉冲型地震动特性的位移设计谱方法。首先基于多分辨率分析方法将地震动划分为一系列不同频率成分的频带，并给出了每一个频带频率成分在时域内的时程，并称其为地震动分量。分析发现，不同地震动分量的双规准反应谱均相近，且地震动分量与原始地震动之间的幅值和反应谱之间存在明显的关系。基于这些特点，本文提出了一种确定脉冲型地震动位移设计谱的新思路，并给出了具体的操作步骤和计算流程。分析发现，采用本文方法得到的位移设计谱可以根据脉冲周期的大小调整谱形态，可以将前人关于脉冲周期与震级之间的研究成果考虑进设计谱。本文的研究工作能为脉冲型地震动位移设计谱方法的理论研究提供新思路，同时也能为研究设计人员采用基于位移的抗震设计方法进行断层区建筑结构的抗震设计提供指导。

面向工程特定需求的地震动时程选取平台

熊政辉[1]　李小军[2]　戴志军[1]

1. 中国地震局地球物理研究所, 北京　100081;
2. 北京工业大学, 北京　100124

0. 引言

强震动记录是地震工程学、近场地震学和防震减灾实践等领域的重要研究资料, 也是结构抗震设计中必不可少的基础数据, 具有十分广泛的应用范围。选取与工程场地相似且代表场地未来一段时期内可能遭受的地震破坏作用大小的地震动记录是评估结构抗震性能的主要依据, 也是影响抗震设计中动力时程分析结果的重要因素。

1. 强震动数据库的建立与功能实现

本强震动数据库由太平洋地震工程研究中心强震动数据库 (PEER Ground Motion Database) 的部分数据 (NGA Flatfile public version 7.3, 3551组加速度记录10575条)、国家强震动台网中心 (CSMNC) 的汶川地震主、余震数据 (407组加速度记录1221条) 和芦山地震主、余震数据 (1243组加速度记录3729条) 构成。国家强震动台网中心的记录经过基线校正、特性统计等处理分析后, 与PEER强震动数据库的记录相整合, 形成新的描述性属性表, 包括地震名称、发生时间、震级、震中位置、震源深度等地震信息, 台站位置、台站编号、震中距等台站信息, 以及等效剪切波速 ($V_{s_{30}}$)、场地条件 (Rock/Soil)、是否存在脉冲等其他信息共24个字段。本数据库可通过以上字段信息进行查询, 并可以实时显示符合查询条件的强震动记录加速度时程、反应谱 (阻尼比为0.02、0.05、0.07、0.1)、全向反应谱和全向反应谱比值图等特性; 同时提供查询结果的描述属性表导出和对应强震动记录数据的下载 (需注册、申请)。

2. 工程特定需求地震时程的选取

设计地震动时程作为结构抗震分析的输入, 尤其是动力时程分析的地震动输入, 对分析结果的准确性和可信性起着决定性作用。依托自建的强震动数据库, 生成各强震动记录的反应谱 (0.01 ~ 10s, 参考NGA中反应谱计算的结构自振周期)、傅里叶谱、速度时程和位移时程等, 主要通过反应谱匹配、综合条件选择等方法, 实现了以下4种功能进行选取工程特定需求的强震动记录。①在关键点匹配: 设置加速度反应谱最大值, 特征周期点反应谱值两个条件选取; ②自定义反应谱匹配: 根据用户自定义的反应谱来选取, 均方差最小排序选出匹配较好的记录; ③规范标准谱匹配: 通过设置峰值加速度 (PGA), 地震影响系数最大值, 特征周期 (固定参数为: 阻尼比0.05, 衰减系数0.9) 获得地震影响系数曲线, 提供三种方式: 等权并使用原始记录的反应谱; 加权 (可设置结构自振周期0.01 ~ 1s、1 ~ 4s、4 ~ 10s的权重) 且不调整加速度的反应谱; 加权 (可设置结构自振周期0.01 ~ 1s、1 ~ 4s、4 ~ 10s的权重) 且可整体缩放加速度的反应谱; ④综合条件选取: 根据PGA、PGV、PGD加速度反应谱值最大值、傅里叶谱的最大值、卓越频率, 以及是否存在速度脉冲等主要条件来选取记录。

3. 结论

依托于PEER强震数据库部分数据和国家强震动台网中心汶川地震、芦山地震的数据记录, 我们建立了整合后的强震数据库, 并实现了记录查询和特性分析的功能; 同时, 根据工程抗震方法与技术的检验与改善、结构破坏机理研究与健康诊断、土—结相互作用研究等实际工程的特定需求, 设定了不同选取时程的方法。对于此项研究, 数据库的强震记录将不断的扩充和完善, 从而使得用户可选记录更加丰富。

浅议地震动合成数值格林函数法的局限性

陶夏新[1,2]　陶正如[1]　曹泽林[2]　姜　伟[1]

1. 中国地震局工程力学研究所，中国地震局地震工程与工程振动重点实验室，黑龙江哈尔滨　150080；
2. 哈尔滨工业大学，黑龙江哈尔滨　150001

　　数值格林函数法，例如有限元法、有限差分法、谱元法等，便于表达区域地壳速度结构的复杂变化，是地震动合成研究中广泛受到关注的一种方法。工程实践中应用的困难在于大地震震源规模很大，而受一般计算资源的限制，网格尺寸不得不取得很大，致使合成的地震动频带宽度达不到工程抗震分析的高频段要求。大地震的地震动合成，只能在大型超级计算机上完成。

　　本文参考作者最近震源运动学模型研究的新成果，简要讨论震源建模中对破裂面上错动分布、震源破裂时间过程的描述对高频地震动合成的影响，通过算例说明后者的影响是主要的，前者主要对长周期地震有控制作用。

　　通过简单的数值试验，讨论网格离散的尺度对三维数值计算高频段分辨率的控制作用，探讨为确保高频可靠性对网格、时间步长的要求。计算2Hz、10Hz和30Hz单位竖向集中简谐荷载激励下，1m、2m、5m和10m四种尺寸的均匀立方体网格距振动源5～20m处的地表振动时程。振动的幅值与借助频率—波数域格林函数计算的结果比较，清楚可见，给定激励频率，网格尺寸越小，与理论解的误差越小；给定网格尺寸，激励的频率越低，误差越小。归纳数值试验的误差，建议三维离散中最大的网格尺寸不要大于所关心最小波长的1/25。结合大地震震源全局参数的估计，指出数值格林函数法合成高频地震动在一般高校、科研单位高性能计算平台上的局限性。

　　最后，简短讨论震源-传播途径-局部场地条件一体与震源-传播途径及局部场地条件两步地震动估计的利弊。针对大型沉积盆地地震反应分析要求浅部土层详细的网格划分与包括震源模型在内的计算区域范围巨大之间的突出矛盾，指出以沉积盖层的底面为界将深浅部分开建模、两步计算的解决方案，牵涉两个分模型与总体模型的等价性、根据深部模型地震反应选取浅部模型地震反应分析输入等难题。

强震动记录处理方式对结构弹塑性响应影响

汪维依　冀　昆　温瑞智　任叶飞

中国地震局工程力学研究所，中国地震局地震工程与工程振动重点实验室，黑龙江哈尔滨　150080

目前学者们提出了诸多强震动记录处理方案，但是对其研究往往局限于记录处理方式本身，并没有从工程输入和结构响应的角度对其进行系统分析，结构输入中也往往采用统一的记录处理方式进行分析。作为结构输入主要来源的破坏性地震记录往往包含着速度脉冲，永久位移等不同于普通地震记录的特点（如集集地震，汶川地震等）。本文针对强震动滤波以及基线校正方式等处理方式对结构弹塑性响应的影响进行分析，整体研究内容如图1（a）所示。首先，本文将花莲地震，集集地震，日本"3·11"地震以及El-centro波等包含不同特点的强震动记录按照是否含有速度脉冲和永久位移分为四类强震动记录，考虑Butterworth滤波方法以及基线趋势线校正方式等几种强震动记录处理方法，对处理后的强震动加速度记录进行积分得到速度时程和位移时程并进行了对比。然后将处理后的强震动加速度记录输入不同的体系得到在不同强震动记录处理方式下的弹塑性响应，分析了弹性位移反应谱、弹塑性位移反应谱以及多自由度体系下的延性系数的差异。最后采用OpenSees输入3层和15层平面RC框架结构，分析了最大层间位移角、顶点最大加速度以及底部最大剪力的差异。结论如下：①采用Butterworth滤波方法不仅会对残余永久位移造成影响，同时也会很大程度上影响速度脉冲的形状。②采用滤波处理方法的结果在长周期部分弹塑性响应与其余方法差别较大，MDOF层延性需求也出现了不同于其余处理方法的现象。③对3层和15层平面RC框架结构，含有速度脉冲的强震动记录，在采用Butterworth滤波方法处理的情况下得到的响应会明显低估最大层间位移角，顶点最大加速度及底部最大剪力也明显区别于其余方法的结果，15层RC框架结果如图1（b）所示。综上所述，对于不含速度脉冲也不含永久位移的强震动记录，记录处理与否对于弹塑性时程分析结果的影响并不显著，通过简单的Butterworth滤波滤除高低频噪声即可。对于包含速度脉冲或（及）永久位移的强震动记录，Butterworth滤波在滤除噪声的同时也对速度脉冲形状和地表永久位移的影响较大，并会传递到最后的弹塑性时程分析结果中，且对短，中，长周期结构均可能产生影响。当采用包含速度脉冲与永久位移的大震近断层强震动记录作为地震动输入时，推荐采用基于基线趋势线校正的处理方法。此外虽然不同基线趋势线校正方法得到的残余永久位移信息不同，但是对速度脉冲波形影响不大，其结构响应也并无显著差异。

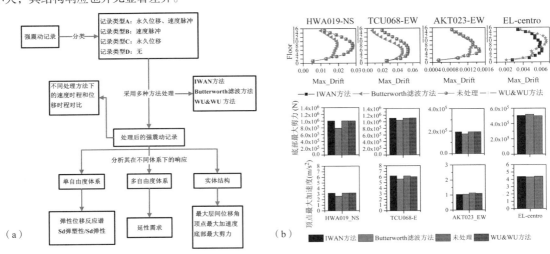

图1　研究内容框图（a）与十五层RC框架结果（b）

日本关东盆地地震动放大效应分析

李春果[1,2]　王宏伟[1,2]　温瑞智[1,2]　任叶飞[1,2]

1. 中国地震局工程力学研究所，黑龙江哈尔滨　150080；
2. 中国地震局地震工程与工程振动重点实验室，黑龙江哈尔滨　150080

　　盆地不规则的地质地形构造通常会在盆地内激发丰富的面波，显著增大地震动谱幅值并延长地震动持时，加剧盆地内工程结构的地震破坏，盆地对地震动的放大效应一直是地震工程领域研究的热点问题。本研究选取日本关东盆地作为研究对象，利用关东盆地及其附近区域110个K-NET台站在75次地壳内浅源中小地震（M_W4.5~6.5）中收集的3254组强震动记录，基于Zhao06地震动预测模型（Zhao et al.，2006）的观测记录残差分析，给出盆地内各台站周期相关的谱加速度放大系数，利用张量样条插值方法给出关东盆地不同特征周期谱加速度的放大效应模型（图1），紧邻东京北侧的盆地中部的放大效应最显著，盆地对地震动谱加速度的放大效应近似随特征周期增大而减小，这可能与关东盆地的独特地形有关（Marafi et al.，2017）。结合NASA地表高程数据及日本地震调查研究推进本部发布的地下结构剪切波速模型构建了日本关东盆地模型，系统分析了矩震级、震源距、浅层和深层场地特征参数、盆地内不同位置、地震相对盆地方位对盆地放大效应的影响。结果表明，矩震级对放大效应的影响不明显；基于震源距较小记录的残差分析得到的盆地放大效应普遍小于震源距较大记录的结果，这与距盆地较远的地震易于激发盆地内面波的结论一致；盆地放大效应随V_{S30}值单调递减；盆地放大效应与等剪切波速面深度$Z_{1.0}$、$Z_{1.5}$和$Z_{2.0}$分布的一致性较差，最大场地放大效应并非出现在覆盖层厚度最大区域，但覆盖层厚度较大区域（$Z_{1.0}$>600m）放大效应更明显；盆地边缘放大效应并不明显，这可能与关东盆地东—东南侧的开敞构造不易于产生边缘激发的面波有关；基于盆地东北侧地震观测记录残差分析得到的盆地放大效应明显高于西南侧的结果。关东盆地放大效应与其独特的地形构造有关，距离、深层和浅层场地特征及地震方位对关东盆地放大效应有关键影响，本研究结果为关东盆地放大效应模型的构建提供了基础。

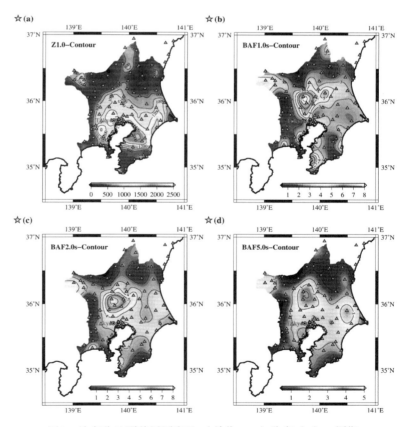

图1　关东盆地覆盖层厚度$Z_{1.0}$（单位：m）分布（a）；周期1.0s（b）2.0s（c）和5.0s（d）谱加速度放大效应分布

陕西宁强5.3级地震强震动记录特征及场地反应分析

王文才　徐　钦　李佐唐　石文兵　江志杰

甘肃省地震局，甘肃兰州　730000

2018年9月12日陕西省宁强县发生5.3级地震，中国数字强震动台网布设在陕西、四川、甘肃的39个专业台站在此次地震中触发。本文处理了捕获的117条三分向加速度记录，给出近场台站的地震动参数，绘制了震中附近区域峰值加速度等值线图，其长轴呈西南—东北方向展布。采用实际观测数据与几种常用地震动衰减关系对比，发现霍俊荣衰减预测模型能更好地反映此次地震的影响场。将峰值加速度最大的51GYD台的反应谱与我国抗震设计反应谱比较，51GYD台的EW和NS向反应谱值在0.1~0.35s的周期内高于7度罕遇地震设计谱值，在0.1~0.4s的整个平台周期内高于7度设防反应谱，可能对51GYD台附近自振周期在0.3~1s，尤其是0.3~0.5s的筑建物造成显著的破坏影响。运用H/V谱比法对51GYD土层台和51BCQ基岩台进行场地地震反应分析，认为51GYD台的H/V谱比曲线在0.6~7Hz（对应T=0.14~1.6s）的较宽频带范围内均较基岩台有显著放大，且在卓越频率3Hz（对应T=0.33s）附近其谱比曲线的放大因子达到10左右。因此，51GYD台的峰值加速度显著高于其他台站，可能是由于该台覆盖土层对地震动的放大效应引起的。通过比较62ZM地形台阵各台站H/V谱比曲线发现：随着高程的增加3个台的谱比曲线在高频段并没有太大的变化，只是62ZM1台的优势频率相对其他两个台向低频方向有所偏移，而在0.1~4Hz的低中频段内，其谱比曲线随高程的增加而显著增大。这也是62ZM山体地形对地震动的放大作用主要体现在对中频段敏感的峰值速度上，而在对高频段敏感的峰值加速度方面体现不明显的原因所在。

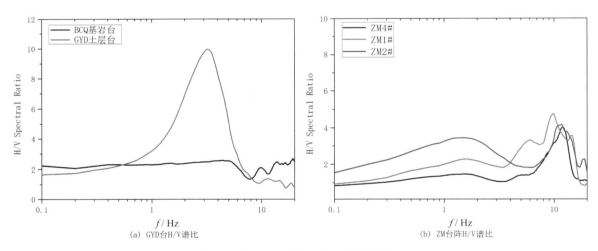

(a) GYD台H/V谱比　　　　　　　　(b) ZM台阵H/V谱比

图1　51GYD台和62ZM台阵HVSR曲线

实时校正依赖于频率的场地放大系数的研究

解全才[1]　马　强[1]　张景发[2]　于海英[1]

1. 中国地震局工程力学研究所，黑龙江哈尔滨　150080；2. 中国地震局地壳应力研究所，北京　100085

除去震源和传播因素，场地放大是决定地震波振幅的一个重要因素，在当前现有地震预警系统和烈度速报系统等实时或者近实时地震动预测系统中，许多研究利用标量值（例如峰值地面速度的放大，或者地震烈度的增加，或者根据DEM数据估算V_{s30}得到场地放大系数）来表征场地放大系数，但是这些研究没有充分的考虑依赖于频率的场地放大系数。本文首先选用日本Kik-net台网IBRH10和IBRH19台站2004—2012年间的强震记录进行处理并筛选了符合条件的208次地震的强震记录用来建模依赖于频率的场地放大系数，然后利用传统井上井下谱比法获取了IRBH10和IBRH19台站的三个方向的相对谱比，通过设计因果递归无限脉冲响应滤波器来建模依赖于频率的场地放大因子，通过对IBRH19井下加速度时程的实时滤波模拟得到IBRH19台站的地表加速度时程和傅里叶谱，统计所有模拟数据和观测数据后显示98.6%的仪器地震烈度残差小于0.5，100%的仪器地震烈度残差小于1.0，平均仪器地震烈度差为0.17。同样利用谱比法计算IBRH10和IBRH19两个台站之间的相对谱比，设计因果递归无限脉冲响应滤波器方法实现了不同台站间加速度时程和傅里叶谱的模拟，统计所有模拟数据和观测数据后显示，不同方法的对比结果如表1所示。图1展示了一个5.1级地震的模拟效果。

表1　三种方法的比较结果

方法	平均差	标准差	± 0.5	± 1.0
ARV	0.25	0.63	55%	84%
台站校正法	0.19	0.55	59%	93%
因果递归滤波器方法	0.31	0.23	93%	98%

日本气象厅报告中的统计数据显示现在运行地震预警系统11年来1度误差百分比最好结果为2017年的93.7%，最差的1度误差百分比结果为2010年的34.6%，平均1度误差百分比结果为74.74%。通过设计因果滤波器建模场地放大系数模拟分析和日本气象厅统计报告分析可以发现该方法很好的改进了标量方法针对不同地震不能产生不同的场地放大因子的现状，并且能够实时校正依赖于频率的场地放大系数，极大的提高了地震动预测的准确程度。该方法关注了振幅特征，忽略了相位特征。虽然还有如方位角问题、非线性等问题需要深入考虑和解决，但是该方法在实时或者近实时地震动预测系统中具有良好的应用潜力。

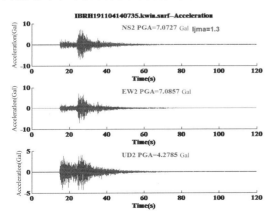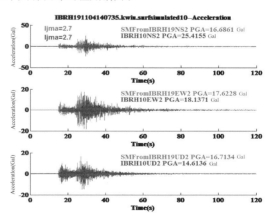

（a）IBRH19台站自由地表观测波形　　　　　　（b）IBRH10自由地表观测波形（蓝色）和模拟波形（红色）

图1　201104140735 5.1级地震的模拟结果从 IBRH19（自由地表）到 IBRH10（自由地表）

郯庐断裂带中南段地震烈度衰减关系

何奕成[1]　范小平[2]　赵启光[1]　郑雷明[2]　夏文君[1]

1. 江苏省地震局，江苏南京　210014；2. 南京工业大学交通学院，江苏南京　211816

郯庐断裂带是中国东部发育规模最大的断裂构造，其中南段隶属中国东部强震区，涉及华北平原地震带、郯庐地震带、长江中下游-南黄海地震带，历史上曾发生过1668年郯城$8\frac{1}{2}$级地震。

地震烈度衰减关系对于缺少强震记录地区地震动衰减关系的确定及震害快速评估均有重要作用。传统的烈度衰减关系多基于椭圆烈度衰减模型，通过使目标函数二范数最小的原则求解衰减参数。烈度衰减参数的计算要求在极震区附近和远场，椭圆的长轴方向和短轴方向的烈度值均相同，以往的做法一般是根据震级与震中烈度、震级与有感半径公式进行近、远场补点，采用人为增加数据点的方式使衰减曲线在近场和远场收敛。目前，针对郯庐断裂带中南段烈度衰减关系开展的工作不多，该区已有的地壳介质速度结构、衰减结构等研究结果均表明，其东侧和西侧介质结构存在明显的差异。

本研究收集郯庐断裂带中南段（30°~38°N，115°~122°E）近代以来有仪器记录的地震等震线数据，其中断裂带东侧26次地震52条等震线数据，西侧33次地震69条等震线数据，采用施加模型约束的遗传算法分别反演断裂带两侧地震烈度衰减参数。由于烈度值受诸多因素的影响且烈度等震线的量取不可能十分精确，因此参与反演的数据会存在一些异常点（outlier），所以反演时采用使目标函数一范数最小的策略；同时在反演时对烈度衰减曲线的近场和远场施加约束，以避免人为进行近场和远场补点带来的误差；遗传算法为一种全局最优化算法，较难对反演参数的不确定性进行估计，本研究通过1000次蒙特卡洛误差传递实验来给出反演结果的置信区间；此外，还将本研究结果与第五代地震动参数区划图东部强震区烈度衰减关系的结果（以下简称"五代图结果"）进行比较。结果表明，本研究的方法可以在不进行近、远场补点的前提下，烈度衰减曲线在近、远场仍能收敛。图1给出了本研究结果与五代图结果的对比，图1（a）、（b）分别为断裂带东侧长轴和短轴方向与五代图的对比结果，两者的整体衰减趋势较为一致，当M=3.0和M=4.0时，东侧结果略高于五代图结果；当M=5.0和M=6.0时，两者在震中距50km内基本一致，大于50km时，本研究结果略高于五代图结果；当M=7.0时，本研究结果在震中距小于100km时略低于五代图结果，大于100km时两者基本一致。图1（c）、（d）分别为断裂带西侧长轴和短轴方向与五代图的对比结果，两者整体衰减趋势基本一致，但本文结果在各个震级档均略高于五代图结果。断裂带两侧的衰减差异可能与断裂带两侧的土层放大效应，介质结构，衰减特性等因素的差异有关。

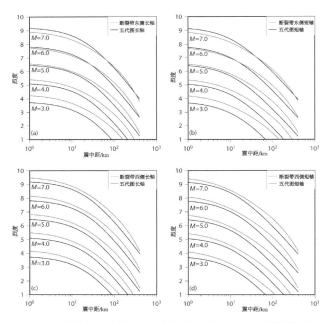

图1　本研究结果与第五代地震动参数区划图东部强震区烈度衰减关系结果的对比

作者信箱：hyckevin@mail.ustc.edu.cn

微动技术研究及其在场地效应评估中的应用

王继鑫　荣棉水

中国地震局地壳应力研究所，北京　100085

在土木工程和工程抗震等领域，场地的地震动放大效应与其近地表的地质结构特征紧密相关，而地层的横波速度结构是影响地面地震动响应特征的主要因素。因而了解地下的横波速度结构有助于我们定量分析地震放大效应和局部地震破坏作用。获取横波速度结构的方法主要有两类：侵入性方法和非侵入性方法。侵入性方法主要是通过钻孔，利用P–S波测井取得。这一方法虽然能获得较精确的速度值，但由于需要钻孔，成本高，费时长，而且对环境有一定的破坏作用。非侵入性方法主要以面波勘探为主，面波勘探技术目前有两大分支（天然源面波勘探与人工源面波勘探）。由微动（microtremor）提取面波并实用化则比较新一些。该方法通过布置一定范围内的数台地震仪同步地记录微动信号，然后以平稳随机过程为理论依据，从微动信号中提取瑞雷面波的频散特性，最后通过对频散曲线反演来推测地下的横波速度分布。该被动源反演法不依靠专门的震源、无需破坏性钻孔、可探测的深度范围大，尤其适用于人口稠密的城市及平原地区，因而受到了越来越多研究者的关注。但已有反演方法存在计算效率低、多解性强等突出问题，亟需改进及开发更高效、稳定的反演方法。本研究首先对获得的频散曲线采用简化剥层法进行场地反演，建立场地的初始模型，接着引入遗传与模拟退火算法对已有水平与竖向谱比（HVSR）反演方法进行改进，随后基于面波频散曲线与体波 HVSR 曲线建立一种综合利用面波和体波的场地土层速度结构联合反演方法。以唐山响嘡台阵场地为例，开展实测钻孔模型、面波反演模型、HVSR 反演模型、联合反演模型的比较，验证改进的联合反演方法获取速度结构模型的效果，对可能影响反演结果的参数进行不确定性分析；此后在多个流动台联合观测的基础上获得城市研究区内高精度的近地表 2D/3D 地下浅层速度结构，利用反演速度结构开展与城市断层调查和钻探资料的比较研究，将被动源速度结构反演方法应用于断层判定与场地效应的快速评估。本研究将为人口稠密的城市地区提供一种确定场地土层速度结构的经济、有效的技术手段，并可直接应用于城市隐伏断层的调查与场地效应评估，具有重要的理论意义与工程应用价值。

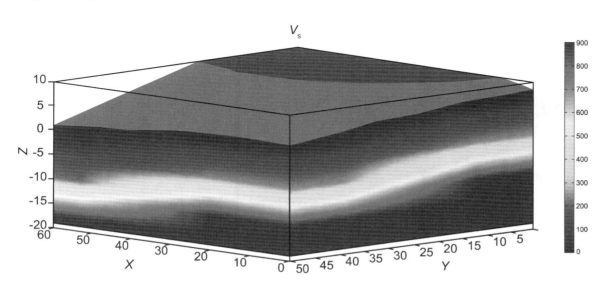

图 1　基于小型台阵联合反演得到的意大利 Ferrara 地区某场地三维浅层速度结构（Bignardi，2016）

汶川地震破裂过程联合反演研究

尹得余[1]　刘启方[2]　董　云[1]　佘跃心[1]，

1. 淮阴工学院，江苏淮安　223001；
2. 苏州科技大学，江苏苏州　215009

2008年汶川特大地震由于其巨大的伤亡成为研究的热点，也促进对大震物理机理的认识。汶川特大地震是发生在叠瓦状曲面断层上的一次复杂破裂过程，产生达300多公里的破裂长度、形成复杂的断层构造、造成两个近乎平行的断层参与破裂且存在多次破裂的现象，这为我们研究逆冲型大地震震源特性提供了绝佳的震例。本文综合考虑三维发震构造模型、余震分布和地表破裂调查结果，建立合理的三维复杂断层模型，包括北川断层和彭灌断层，走向取224°。北川断层南段由深向浅倾角依次为20°、33°、50°和65°，分为4段。北川断层南段最深处21.7km，与其上侧相邻的一段（倾角33°）在深16.6km处相交，北川断层南段和彭灌断层在深10km处相交，彭灌断层倾角33°，北川断层南段最浅段和其下方一段在深5.4km处相交。考虑小鱼洞断层在破裂扩展中的作用，采用3种可能的破裂方式，基于并行非负最小二乘法和多时间视窗技术，联合远场36个台站垂直向P波位移记录、近场43个台站三分向速度记录、120个GPS台站水平位移数据和地表破裂资料，联合反演汶川特大地震精细破裂过程。得到：①只有北川断层浅部区域从与小鱼洞断层相交处发生双侧破裂，会在虹口—映秀近地表产生与地表破裂相符的位错。②联合远场和近场资料，提高了北川断层南段高倾角部分、彭灌断层南半段区域以及北川断层北川附近滑动分布的识别能力。③反演中加入GPS资料能很好的控制断层浅部和北川断层北段的滑动分布。④联合反演结果显示，汶川地震破裂持续时间达100s，释放地震矩为1.058×10^{21} N·m，断层面上存在5个凹凸体，表明此次地震至少由5个子事件组成。滑动主要分布在北川断层上，说明北川断层是主要的破裂面。在北川断层南段上，龙门山镇下侧以及虹口—映秀近地表区域的位错以逆冲错动为主，最大滑动量达12m，位于虹口下侧；在岳家山到清平近地表附近错动以逆冲为主兼有走滑错动，最大滑动量约为10m。北川断层北段上，北川附近滑动以逆冲为主，最大滑动量10m；南坝到青川区域以走滑错动为主，最大滑动量10m。在彭灌断层上，白鹿下方区域的位错也以逆冲为主，断层深部位错达8m（图1）。

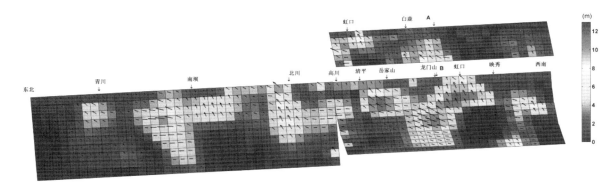

图1　汶川特大地震破裂过程联合反演位错分布图

中美抗震规范中地震动记录选取方法的比较

徐朝阳　温瑞智　任叶飞　徐培彬

中国地震局工程力学研究所，黑龙江哈尔滨　150080

国内外地震动记录的选取方法有很大差异，本文以中国GB 50011—2010和美国ASCE7—16两规范中的地震动记录选取方法为例，对比中美地震动记录选取方法的异同与优劣。针对两个设定地震（矩震级6.0、断层距30km、走滑断层和矩震级6.4、断层距50km、走滑断层）条件，开展天然地震动记录的选取，并将选取结果输入到一个4层框架结构中，进行目标谱和线性时程分析，对比分析得到的层间位移角。

图1（a）、（b）分别是设定地震条件1和设定地震条件2工况下，按照中美规范选取体系选取地震动的反应谱平均值与目标谱及其相对误差。从图中可看出，在中短周期段，即美国规范中规定的目标周期内，美国的相对误差比中国的大，这是由于在目标周期内，美国规范选取地震动记录的最大方向反应谱严格大于目标谱，是保守的，而中国规范选取体系没有规定目标周期；在中长周期段，中国的相对误差要比美国的大，美国的平均值谱均大于目标谱，而中国的均值谱总体上小于目标谱，相对不保守。图1（c）、（d）分别是设定地震条件1和设定地震条件2工况下，中美规范选取地震动时程分析结果与目标谱分析结果及相对误差。从图中可发现，美国的层间位移角的标准差小于中国的，可见美国选取体系选出的地震动记录比中国的合理；另外虽然两个体系的层间位移角均值均比各自目标谱的层间位移角小，但美国的相对误差比中国的小，说明美国选取体系选出的地震动记录与目标谱匹配度更高。

可见，美国ASCE7—16规范地震动记录的选取方法相较于中国GB 50011—2010规范的方法有选取的步骤详尽、选取的记录合理、记录与目标谱匹配度高等优点，这为我国地震动记录的选取方法的改进提供了参考。

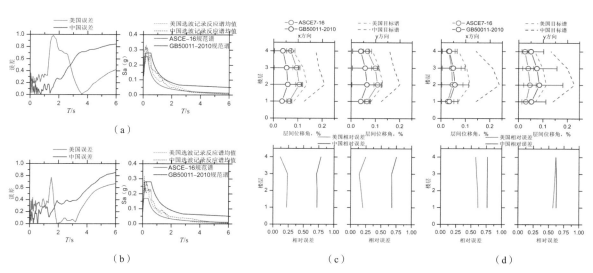

图1　中美规范在两个设定地震条件下选取的地震动和分析结果与目标谱的对比

一种改进的小波识别速度脉冲方法

周宝峰[1]　徐长琦[1]　谢礼立[1, 2]

1. 中国地震局工程力学研究所，黑龙江哈尔滨　150080；
2. 哈尔滨工业大学，黑龙江哈尔滨　150001

近年，国内外地震频发，在对强震动记录的分析中发现，一些近断层地震动中含有地震学和地震工程学上比较感兴趣的速度大脉冲，其特点在于包含较丰富的中长周期分量，周期持时较长，脉冲峰值较大。种种迹象表明，这些速度大脉冲在地震过程中已经严重威胁到结构安全，并对其造成了一定程度的破坏。因此，为了提高结构抗御各种地震的能力，需要系统地研究近断层脉冲型地震动的特性及对于工程结构的动力特性影响，并给出有效的抗震方案。但是，并非所有近断层强震动记录都存在速度大脉冲，对于速度脉冲的识别是其关键的一步。由于速度脉冲也具有一定的隐蔽性，很难直观发现，国内外很多学者对于速度脉冲记录的识别进行了探索，其中，利用小波分析的方法识别速度脉冲较为有效，然而，小波基的合理选择在速度脉冲识别中较为关键。通常采用4阶Daubechies小波用来作为母小波，因为它接近了许多速度脉冲的形状，然而，小波基的选择不具有唯一性，可能其他候选母小波更能识别速度脉冲的特性（以14种小波基分别对记录051JYH080512142801和051JYH080512142802在垂直断层方向上识别速度脉冲，见表1，除了使用db7、db8、db9和db10作为母小波不能识别速度脉冲外，其他母小波均可以识别出速度脉冲，但是，得到了不同的速度脉冲周期）。本文以汶川和新西兰地震强震动加速记录为例，分析了Baker方法识别速度脉冲的原理，研究了同一台站三分量加速记录的速度脉冲识别情况，同时研究了小波基对于速度脉冲识别的影响，并给出了改进的小波识别速度脉冲方法。研究表明：①近断层强震动记录是否具有速度脉冲特性是相对一定的方向而言的；②不同小波基的选择影响了Baker方法识别速度脉冲的效果；③选择与速度时程相关性较大的小波基识别速度脉冲则更有效。关于速度脉冲的识别方法研究，想给出通用性很强的识别方法，还需要使用大量的近断层强震动数据进行验证。

表 1　小波基对于速度脉冲识别的影响

序号	小波基	PGV.P/ (cm/s)	PGV.R/ (cm/s)	indicator	late	is_pulse	T_p/ s
1	db3	25.2	15.8	1.0	0	1	6.8
2	db4	22.4	15.8	1.0	0	1	7.8
3	db5	20.1	18.1	1.0	0	1	8.4
4	db6	20.3	18.4	1.0	0	1	7.8
5	db7	19.1	19.7	1.0	0	0	/
6	db8	18.3	20.0	1.0	0	0	/
7	db9	17.7	19.8	1.0	0	0	/
8	db10	17.4	19.8	1.0	0	0	/
9	sym5	23.3	18.1	1.0	0	1	8.1
10	sym6	22.8	17.8	1.0	0	1	7.4
11	sym7	20.9	17.8	1.0	0	1	7.6
12	sym8	22.4	17.2	1.0	0	1	8.0
13	sym9	21.2	19.4	1.0	0	1	7.5
14	sym10	22.0	17.0	1.0	0	1	7.8

一种基于实测地震记录合成空间地震动的方法

温 攀 温瑞智 任叶飞

中国地震局工程力学研究所，中国地震局地震工程与工程振动重点实验室，黑龙江哈尔滨 150080

地震动传播是一个复杂的过程，在时间和空间上均存在变异性。由于大跨度结构的平面尺寸较大，在对其进行动力时程分析时需要考虑结构不同支撑处的地震动不一致，由此引出了大跨度结构的多点输入问题。目前对于单点地震动的人工合成或天然地震动的选取技术与方法已较为成熟，但小尺度空间范围内多点地震动的合成仍需要进一步开展研究。

关于多点地震动的合成，自功率谱密度函数 $S(\omega)$ 是合成的关键参数。实际工程中需要以规范反应谱作为目标谱进行地震动合成，现有方法通常将其直接转化成自功率谱密度函数，合成的地震动缺乏实际地震动的特性，因为规范反应谱相对较为平滑。为此，本研究提出一种新的空间地震动合成方法。将目标设计谱考虑为两种因素的叠加：第一种是实际观测记录的反应谱，体现了地震动的非平稳特性；第二种是一个校正项，它的主要作用是调整所选用的实际观测记录，使合成的地震动反应谱与目标设计谱一致匹配。两种因素以向量形式合成为设计谱。其分解形式如式（1）所示：

$$u(t) = \alpha u^R(t) + u^S(t) \tag{1}$$

式中，$u^S(t)$ 表示已选的实际观测记录加速度时程，α 表示比例系数；$u^S(t)$ 为校正项对应的加速度时程。

将校正项基于随机振动理论迭代转化为目标功率谱。在小尺度空间范围内假设各点的功率谱密度相差不大，利用已有的空间相干函数生成多点的功率谱相关矩阵，合成空间各点校正项的地震动时程。最后将所生成各点的地震动时程的加速度反应谱与校正项反应谱进行匹配，引入拟合优度指数 Fg 作为校核标准，当 $Fg > 9.99$ 时输出结果，否则根据功率谱相关矩阵重新合成地震动，直至满足标准为止。然后按照式（1）叠加生成与设计反应谱匹配一致的空间各点地震动时程。

图1给出了平面内3个场点的空间地震动合成示例，两点之间分别相距50m，显示了合成的各点加速度时程以及其与目标设计谱的匹配情况。

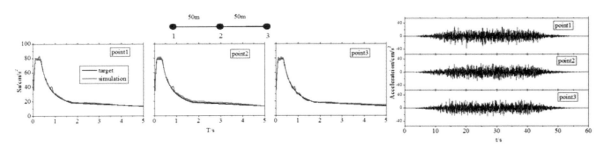

图1 采用本研究给出方法合成的空间三点加速度时程及其与目标设计谱的匹配情况

应力降对地震动不确定性的定量影响研究

王宏伟[1, 2]　任叶飞[1, 2]　温瑞智[1, 2]　徐培彬[1, 2]

1. 中国地震局工程力学研究所，黑龙江哈尔滨　150080；
2. 中国地震局地震工程与工程振动重点实验室，黑龙江哈尔滨　150080

应力降（$\Delta\sigma$）是标定地震震源物理的关键参数，其不确定性与地震危险性密切相关。为揭示地震应力降的变化性与其引起的地震动不确定性之间的定量关系，本研究基于随机经验格林函数方法给出了2013年M_W6.6芦山地震的16个观测台站的模拟地震动，其中芦山地震的应力降设定为估算方法相关的7组不同结果（1.5～6.425MPa）。首先，探讨了随机破裂过程引起的模拟地震动谱幅值的不确定性τ'，结果表明，模拟地震动谱幅值服从对数正态分布，τ'与地震应力降的大小无关，周期$T<2.0$s的谱幅值不确定性随周期增大逐渐由约0.05增大至约0.14（log10单位），回归分析得到$\tau' = 0.024\cdot\ln(T) + 0.120$。其次，重点分析了仅由应力降引起的地震动不确定性，结果表明，应力降对模拟地震动有显著的影响，模拟地震动谱幅值近似与$\Delta\sigma^b$线性相关（图1），也就是说地震动谱幅值的不确定性与应力降的不确定性线性相关，即$\text{Sigma}_{log10}(\text{PSA}) = b\text{Sigma}_{log10}(\Delta\sigma)$，回归分析给出上述经验关系的$b$值，周期相关的$b$值可近似表示为$b = 0.702\exp(-0.062T)$，在短周期处$b$值收敛约0.7，周期从0.05s增大至2.0s的过程中，b值由约0.7减小至约0.6。最后，利用蒙特卡洛采样方法构建服从对数正态分布，但对数标准差不同的多个随机应力降样本集，基于随机经验格林函数方法给出各随机应力降样本集的芦山地震模拟地震动，分别计算各组随机应力降样本集的模拟地震动谱幅值的标准差，证实了应力降变化性与模拟地震动谱幅值不确定性的定量关系的可靠性。假设地震动的事件间标准差主要由随机破裂过程和应力降控制，鉴于随机破裂过程与应力降变化性引起的地震动谱幅值不确定性的不相关性，地震动事件间标准差可表示为随即破裂过程和应力降分别引起的地震动不确定性的矢量叠加，利用全球范围内不同地区的地壳内浅源地震地震动预测模型给出的地震动谱幅值的事件间标准差，估计的地震应力降标准差$\text{Sigma}_{log10}(\Delta\sigma)$约0.2～0.3，明显低于地震震源谱分析给出的地震应力降标准差。应力降不确定性对地震动事件间标准差的贡献随周期增大逐渐减小，应力降变化性对$T=0.05$s的地震动谱幅值不确定性的贡献约为55%～67%，在地震动预测模型中合理考虑地震应力降也是降低地震动标准差的一种有效途径，可有效提高地震危险性分析结果的可靠性。

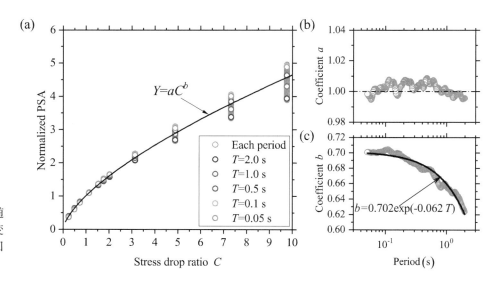

图1　归一化PSA随应力降比值C的变化及系数a、b的回归结果

地震滑坡发生概率研究

许 冲

中国地震局地质研究所，活动构造与火山重点实验室，北京 100029

本研究利用贝叶斯概率方法与机器学习模型开展了地震滑坡发生真实概率研究，制作了中国地震滑坡发生概率图。基于9个真实的地震触发滑坡案例开展研究，包括1999年台湾集集、2005年克什米尔、2008年汶川、2010年玉树、2013年芦山、2013年岷县、2014年鲁甸、2015年尼泊尔、2017年九寨沟地震，这9次地震中7次发生在中国，2005年克什米尔与2015年尼泊尔地震均发生在中国邻区，可以更好地控制模型预测精度。这些地震事件均有详细完整的记录，利用面要素标识的地震滑坡数据，共有306435处真实的地震滑坡记录。考虑到真实的地震滑坡发生区域，滑坡面积规模的差别，滑坡与不滑样本的比例等因素，共选取了5117000个模型训练样本。选择绝对高程、相对高差、坡度、坡向、斜坡曲率、坡位、地形湿度指数、土地覆盖类型、植被覆盖度、与断层距离、地层、年均降水量、地震动峰值加速度共13个地震滑坡影响因子。采用贝叶斯概率方法与机器学习模型相结合，建立地震滑坡发生的多因素影响模型，得到各个连续因子的权重与分类因子的各个分类的权重。再将模型应用到整个中国研究区。地震动峰值加速度因子为触发因子，分别考虑研究区在经历不同地震动峰值加速度（0.1~1g，每0.1g一个结果，共10个结果）下的地震滑坡发生真实概率。此外，还结合中国地震动峰值加速度分布图，得到了中国地震动峰值加速度背景下的地震滑坡发生概率分布。可按照不同阈值将结果进行分级展示（图1）。研究提供了一种基于贝叶斯方法与机器学习方法的地震滑坡概率分析方法，模型考虑了海量的真实地震滑坡数据，还具有灵活性与鲁棒性的特点，后续可以进一步增加震例数据、提高影响因子图层分辨率与采用更合理的模型。

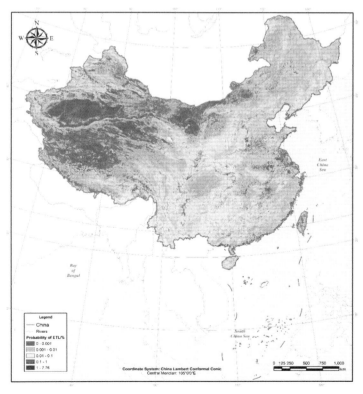

图1 中国地震滑坡发生概率图

地震作用下岩质斜坡结构劣化效应的振动台试验研究

刘汉香　许　强

成都理工大学，地质灾害防治与地质环境保护国家重点实验室，四川成都　610059

我国是一个多山、多地震的国家，尤其是西部山区地形和地质构造复杂，强震频发，且地震易诱发滑坡、崩塌、泥石流等斜坡次生地质灾害，造成大量的人员伤亡和财产损失。随着西部大开发战略和"一带一路"战略合作的陆续实施，更多的重大基础设施将建在地质条件复杂和构造运动活跃的山区。斜坡在地震作用下的动力稳定性问题研究显得紧迫和艰巨。斜坡地震动力响应是斜坡动力稳定性问题研究的基础。本研究借助大型地震模拟振动台试验，以2008年"5·12"汶川地震震区斜坡发育的典型岩性和岩体结构类型为重点模拟内容，先后开展了针对10个具有不同特征模型斜坡动力响应规律的试验研究。这些模型斜坡，按照岩性类型可分为软岩斜坡、硬岩斜坡和软硬岩组合型斜坡，按照岩体结构类型可分为均质斜坡、含层状结构斜坡和含软弱夹层斜坡。斜坡作为一个非线性结构体系，在地震响应过程中，坡体结构将发生一系列变化，而这种变化可以通过试验监测到的加速度、位移、应力等物理量表现出来。为了研究坡体结构劣化对斜坡地震响应规律的影响，基于试验监测数据，首先采用传递函数法，获得了坡体结构劣化的证据，即随着激振强度的增加，模型斜坡的固有频率呈现出降低趋势。依据模型斜坡固有频率的降低程度和宏观变形破坏出现的早晚，将不同模型在相同激振条件下的结构劣化程度分为低、中、高三个等级，与此相对应地，激振强度对斜坡动力响应规律的影响也截然不同：①在结构轻度恶化的均质硬岩模型斜坡中，各高程点的加速度峰值及其放大系数、Arias强度及其放大系数和水平向位移，均随着激振强度增加而增加；②在结构中度恶化的均质软岩模型斜坡中，各高程点的加速度峰值、Arias强度及水平向位移随着激振强度增加而增加，但它们相对台面响应的放大系数在出现一段时期的增加后，在坡体的上段出现下降趋势；③在结构高度恶化的上软下硬组合型模型斜坡中，各高程点的加速度峰值和Arias强度也随着激振强度增加而增加，它们相应的放大系数在振动开始不久后便逐渐降低，直至最终稳定在一个数值范围内。依据水平分量动力响应强度随激振强度的变化规律，大致可将模型斜坡的动力响应过程划分为三个阶段：响应孕育阶段，对应加速度激振幅值小于0.3g，Arias强度幅值小于0.15m/s；响应触发阶段，对应加速度激振幅值范围为0.3~0.6g，Arias强度幅值范围为0.15~1.5m/s；响应突变或稳定阶段，对应加速度激振幅值大于0.6g，Arias强度幅值大于1.5m/s。研究结果以期能为岩质斜坡的地震动力问题研究及抗震稳定性分析提供一定的参考。

 作者信箱：lengyunxue@foxmail.com；xuqiang_68@126.com

和田市土层剪切波速与土层埋深关系统计分析

阿里木江·亚力昆　唐丽华　刘志坚

新疆维吾尔自治区地震局，新疆乌鲁木齐　830011

土层剪切波速是判定场地类别和确定覆盖层厚度的重要指标，也是场地地震工程地质条件评价、土层反应分析的重要基础数据。本文收集了和田市已有的土层钻孔剪切波速实测数据，按照地貌单元划分，按不同岩性分别采用线性函数模型、一元二次函数模型及幂函数模型等三种模型进行土层剪切波速与土层埋深的统计回归分析，给出拟合参数和拟合优度 R^2，从而得到和田市各工程地质单元各类土层剪切波速与土层埋深关系公式。并对统计回归分析结果进行了显著性检验，在此基础上计算出了场地覆盖层厚度计算值，将土层剪切波速预测值与实测值、覆盖层厚度计算值与实测值进行对比，验证统计回归关系式的合理性和适用性。结果表明，和田市城区各工程地质地貌单元各类土类型剪切波速与土层埋深有显著地相关性，Ⅰ区卵石地层和Ⅱ区粉砂地层剪切波速沿土层埋深变化采用一元二次函数模型拟合，Ⅱ区卵石地层采用幂函数模型拟合能得到较令人满意的效果。通过在和田市区不同地貌单元分别选取没有参加统计分析的钻孔进行检验，实测结果与预测结果具有较好的一致性，并分别用前面所得到的各工程地质单元各类土层剪切波速与土层埋深关系公式计算出场地覆盖层厚度预测值，覆盖层厚度计算值都在实测值范围内，因此前面得到的和田市各工程地质单元各类土层剪切波速与土层埋深关系公式较为准确可靠。

今后在和田市区工程抗震工作中缺少测试资料、深度波速及覆盖层厚度时，可用本文中得到的关系公式对该地区地层剪切波速进行推测，并且计算获得场地覆盖层厚度预测值，这些推测资料能满足一般建设工程建筑的场地类别划分需要。此外，目前昆仑山山前工程地质条件评价工作比较薄弱，现场工作受场地条件影响，在本次工作的基础上，以后的研究工作中，将结合沿着昆仑山山前皮山、于田、民丰等地的工程地质实测数据，为综合分析研究昆仑山山前场地工程地质条件提供数据资料和参数。

基于径向基神经网络的黄土地震滑坡快速评估方法

常晁瑜[1,2]　薄景山[1,2]　杨　顺[3]　焦淙湃[1]

1. 防灾科技学院，河北三河　065201；2. 中国地震局工程力学研究所，黑龙江哈尔滨　150080；
3. 宁夏回族自治区地震局，宁夏银川　750001

黄土因其特有的动力易损性，地震发生时，会引发数量众多的地震滑坡，这些滑坡具有有数量多、分布广等特点，往往造成严重的灾害。做好地震滑坡风险的评估，是黄土地区必须给予高度重视并予以科学解决的重要安全问题。现行的评估方法可以针对单体斜坡准确评估滑坡灾害风险，但耗时较长，无法对整个地区进行快速评估。在震后应急和城市初期建设规划等工作中，往往不需要或来不及对区域内的斜坡进行精准的预测，需要依据已有的资料或简单的野外调查给出黄土地震滑坡的快速评估。

径向基函数（Radial Basis Function）神经网络是具有训练简洁、学习收敛速度快等优点的前馈型神经网络，在处理随机性数据和非线性数据方面具有明显优势，适合用于训练地震滑坡的快速评估。在野外调查获取的890组斜坡坡形C、坡高H、坡角A及估计烈度值I的数据基础上，运用径向基神经网络分析方法训练得到黄土边坡地震的快速评价方法。其中700组数据用于训练神经网络（表1），87组用于模型内验证训练神经网络的准确性（表2），103组用于模型外检验（表3）。通过这种分析方法训练可以得到快速评价陇西黄土地区斜坡地震稳定性的方法，经判别校验应用表明，这种方法可以较好地适用于快速评价研究区内的黄土边坡的地震稳定性，具有一定工程实践意义。

表1　径向基神经网络分析结果统计表

	校验结果		
	稳定性判别		百分比（%）
	稳定 0	滑动 1	
参与判别稳定斜坡 0	270	34	88.8%
参与判别滑动斜坡 1	6	390	98.5%
平均百分比（%）			93.7%

表2　径向基神经网络校验判别结果表

	校验判别结果		
	稳定性判别		百分比（%）
	稳定 0	滑动 1	
参与判别稳定斜坡 0	44	6	88.0%
参与判别滑动斜坡 1	4	33	89.2%
平均百分比（%）			88.5%

表3　径向基神经网络区内判别校验结果表

	校验结果		
	稳定性判别		百分比（%）
	稳定 0	滑动 1	
参与判别稳定斜坡 0	22	1	95.7%
参与判别滑动斜坡 1	0	80	100%
平均百分比（%）			99.0%

基于离心机振动台试验梯形河谷场地地震动效应研究

李 平 张宇东 辜俊儒 朱 胜

防灾科技学院，河北三河 065201

研究河谷场地地震效应对场地选址和抗震设计具有重要的指导意义。本文通过交通运输部天津水运工程科学研究院的500GT大型离心机上的振动台，采用层状剪切模型箱，输入峰值加速度为0.05g、0.15g 的El Centro 波和0.1g、0.2g、0.3g Kobe波，开展了基岩和有覆盖层的两组梯形河谷场地试验，研究梯形河谷场地地震动响应规律。结果表明：基岩河谷场地对地震动有一定的放大效应，放大效应随着地形的变化而变化（图1），但放大效应不显著，场地不同位置对反应谱的影响较小；基岩—土模型基岩面地震动放大倍数明显增大，不同输入地震动情况下放大倍数不同，各个场点对频段为0.5～2.5s的地震动有明显的放大作用，对地震动放大频域范围明显加大，这与纯基岩场地有明显不同，虽然各个场点的反应谱形状有一定的差别，但是反应谱的平台值和特征周期相差不大；由于河谷场地地形小，河谷场地地表峰值加速度随着地形的变化，放大倍数随之变化，阶地级数越高，放大倍数越大，谷底放大倍数最小（由下表可知，不同输入地震动作用下二级阶地放大倍数平均值2.09，一级阶地为1.63，谷底为1.33）；随着输入地震动强度的增加，阶地级数越高，反应谱的平台值越高，特征周期越大。

表 基岩–土模型PGA放大倍数

输入地震动		EL0.05g	Kobe0.1g	EL0.15g	Kobe0.2g	Kobe0.3g	平均值
基岩表面	二级阶地	3.17	3.61	3.72	3.43	3.34	3.46
	一级阶地	3.03	3.50	3.85	3.01	2.91	3.26
	谷底	3.13	3.21	3.71	2.74	2.55	3.07
河谷场地地表	二级阶地	2.14	1.53	1.92	2.30	2.55	2.09
	一级阶地	1.78	1.48	1.63	1.51	1.73	1.63
	谷底	1.20	1.27	1.47	1.31	1.41	1.33

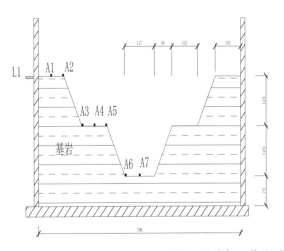
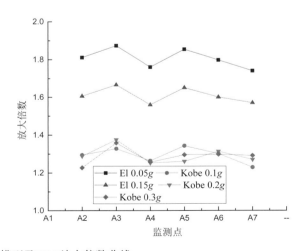

图1 基岩场地物理试验模型及PGA放大倍数曲线

礼县黄土接触面滑坡失稳机理及稳定性动态模拟研究

马紫娟　张有龙　刘小丰　王文丽　郑　龙

中国地震局兰州地震研究所，甘肃兰州　730000

黄土接触面滑坡是黄土地区分布最广、发生最频繁的滑坡类型之一，此类滑坡破坏力强，灾害损失惨重，目前专门针对黄土接触面滑坡失稳机理的研究还较少；礼县位于甘肃陇南山区北部，境内广泛分布着黄土接触面滑坡，严重威胁了当地群众的生命财产安全。为此本文在对礼县黄土接触面滑坡的发育分布特征、形成条件、诱发因素等调查的基础上，以礼县陈庄滑坡为例，采用工程地质力学分析和Geostudio数值模拟对礼县黄土接触面滑坡的失稳机理及稳定性进行了动态模拟研究，得出以下结论。

（1）礼县县城境内发育着7处黄土接触面滑坡。这些滑坡以大型为主，多位于河流沟谷两岸斜坡的中下部，坡度为25°～40°，滑坡厚度与黄土厚度基本一致，为中层或浅层。这些滑坡呈现出如下的特征：滑坡平面形态为舌形或簸箕形，剖面形态为阶梯状或凹形。后壁呈陡峭的圈椅状或舌状，侧壁多呈直立状，部分不明显，表面分布着羽状张裂缝，前缘有大量黄土堆积，坡内发育着众多冲沟，落水洞及裂缝。滑坡上覆结构松散，垂直节理发育，透水性好的第四系风成黄土，为潜在滑体，下伏表面风化破碎的第三系泥岩或板岩，为滑床，潜在主滑带位于二者接触面处，为弧形，厚度为0.25～6.3m，多为粉质黏土或碎石土。

（2）陈庄滑坡长约1250m，宽约1300m，高约330m，厚约30m，坡度约30°，体积约4875×10^{4}m^3，属巨型滑坡。分析其在不同诱因下的动态应力、应变、位移、稳定系数等指标参数的变化情况，得出：

① 陈庄滑坡在天然工况下，应力位移分布基本符合自重应力场分布规律：应力等值线平行于坡面，坡体后缘潜在滑动面处和坡面局部极小范围内出现了X向拉应力，滑坡一定范围内的土体有整体向坡外滑动的趋势，最大位移发生在坡体顶部后缘和坡面中段黄土堆积层较厚处。该滑坡在自然工况下沿主滑动面和前缘潜在滑动面都处于稳定状态。

② 陈庄滑坡在各开挖工况（垂直开挖进尺20m、30m、40m、50m、60m、70m、80m、90m、100m、110m、120m、130m、140m、150m、160m、180m、200m、220m、240m、260m）下变形破坏模式为拉剪滑移破坏模式。失稳机理过程可概括为：开挖坡脚→坡面中前段受拉裂缝形成、坡脚受剪节理裂隙产生→持续开挖，裂缝向下、节理裂隙向上扩展→二者贯通→滑坡失稳。

陈庄滑坡在开挖诱因下稳定性结果为：对于原主滑面，开挖对其安全系数的影响不大。对于前缘潜在滑面当垂直开挖坡脚进尺达到80m后滑坡处于基本稳定状态，110m时为欠稳定状态，140m后（即抗滑段全部被挖除）滑坡失稳。故该滑坡的极限开挖进尺是140m。

③ 陈庄滑坡在各降雨工况（降雨强度100mm/d、200mm/d、300mm/d，持时0.5～7天）下变形破坏模式为拉剪的累进式扩展变形破坏模式。失稳机理过程可概括为：雨水入渗→接触面抗剪强度减小，潜在滑带形成→潜在滑带主滑段上部蠕动变形→牵引段受拉演化为滑带后部的陡倾段→潜在滑带饱和，滑带加速扩展，贯通后部与中前部滑面→潜在滑带蠕动变形伸至滑坡前缘，剪出口出现→潜在滑带完全贯通→滑坡失稳。

陈庄滑坡在降雨诱因下稳定性结果为：在降雨强度300mm/d下，滑坡在降雨3天后沿主动滑面和前缘潜在滑面都处于欠稳定状态，4天后处于不稳定状态。故滑坡的极限降雨量是1200mm（降雨强度300mm/d下）。

④ 陈庄滑坡在各地震工况（50年超越概率63%、10%、2%的人工计算场地基岩地震动时程作用）下变形破坏模式为受拉和受剪的复合破坏模式。失稳机理过程可概括为：地震作用→底部岩体受张拉→潜在滑面主滑段上部剪应力增大→剪应变集中带出现→剪应变集中带延伸扩展贯通→滑坡失稳。

陈庄滑坡在地震诱因下的稳定性结果为：随着输入地震动的增大，最小平均安全系数逐渐减小，其中在50年超越概率2%的基岩地震动时程下滑坡处于不稳定状态。

本研究由中国地震局兰州地震研究所地震科技发展基金（2016M02）资助。

山区地震诱发滑坡堰塞坝稳定性快速评估方法

年廷凯[1] 吴 昊[1] 陈光齐[2] 郑德凤[3] 张彦君[1] 李东阳[1]

1. 大连理工大学，土木工程学院，辽宁大连 116024；2. 九州大学，土木与结构工程系，
日本福冈 812-8581；3. 辽宁师范大学，城市与环境学院，辽宁大连 116029

随着国家"十三五"西部大开发战略的深入实施和"一带一路"基础设施建设的迫切需要，大型工程活动势必向西南山区及周边延伸。地震触发的滑坡堰塞坝灾害频发于该区域，为这一地区的防灾减灾提出了严峻的考验。由于这类灾害的孕育发展具有极强的突发性、隐蔽性和破坏性，如何快速评价滑坡堰塞坝稳定性，以便为应急抢险工作提供决策支持，一直是工程界亟待解决的突出问题。然而，当前缺少有效的滑坡堰塞坝稳定性快速评估模型，现有的评估模型样本分析数据较少，预测效果难以满足工程需求。此外，滑坡堰塞坝触发因素复杂，尚未有针对地震条件下的滑坡堰塞坝稳定性快速评估方法。

针对上述问题，首先通过文献案例汇编，建立了含全球1328例滑坡堰塞坝详细资料的大型数据库，探明滑坡堰塞坝的成因、触发因素、方量分布、形态特征、寿命规律及多参数间的内在关联性，通过主成分分析，识别了影响地震型滑坡坝稳定性的关键参数，分析了坝体几何参数、堰塞湖库容等因素对滑坡堰塞坝稳定性的影响规律。在此基础上，应用逻辑回归原理，建立坝长、坝宽及堰塞湖库容三参数定量表征模型，提出地震型滑坡堰塞坝稳定性快速评估方法。进一步地，分别定义了谎报率、误报率以及综合准确率，通过与常用的预测模型对比评价了本文预测模型的有效性，并开展了5例案例研究，对国内外典型地震型滑坡堰塞坝稳定性进行评估，验证该方法的适用性。结果表明：本预测模型的综合准确率达到86.7%，且模型的误报率仅为5.1%，模型预测结果与实际结果吻合较好。上述成果能够为山区地震诱发的滑坡堰塞坝应急抢险地质处置及区域防灾减灾规划提供有益的参考。

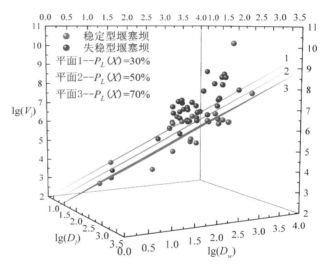

地震型滑坡堰塞坝形态参数与稳定性关系

地震型滑坡堰塞坝稳定性快速评估结果

形成时间	地点	名称	库容/10⁶m³	坝长/m	坝宽/m	I_e	是否稳定
1933年	叠溪	小海子	0.5	2350	700～800	−4.53	是
1999年	台湾	Tsao-Ling	46	5000	600	−0.75	是
2008年	汶川	唐家山	31.6	803	612	1.10	否
2010年	云南	红石岩	260	753	78～286	4.07	否
2014年	尼泊尔	Sunkoshi	11.1	300	600	1.27	否

浅析海原大地震诱发黄土地震滑坡的几种滑动机制

杨　顺[1]　薄景山[2]　常晁瑜[2]

1. 宁夏回族自治区地震局，宁夏银川　750001；
2. 防灾科技学院，河北三河　065201

　　1920年海原大地震在宁夏南部及甘肃部分地区诱发了大量的黄土地震滑坡，其绝大部分具有低角度、大规模、群发性强等特点，本文通过大量的野外调查现象及理论分析，在总结前人研究基础上，初步提出了振动拉裂—剪切滑动破坏、震陷软化—剪切滑动破坏、振动液化—流滑破坏、震陷软化剪切—振动液化复合滑移破坏四种滑坡滑动机制。研究滑坡发生机制对滑坡的稳定性评价及治理等有着重要的意义。

　　振动拉裂—剪切滑动破坏型滑坡在研究区内发育极少，此类滑坡的破坏机理一般表现为：水平层理发育的高陡泥岩斜坡在经受强烈地震动时，斜坡后缘岩土体发生受拉破坏，持续强地震动作用下，斜坡发生整体切层剪切破坏。

　　震陷软化—剪切滑动破坏型滑坡占区内滑坡的70%左右，其机制总体上可以概括为："P"波作用下黄土微观结构发生震陷破坏→饱水接触面加剧软化，强度急剧降低→滑坡体局部细观产生变形→"S"波作用下斜坡宏观上剪切滑动破坏。大量震害表明，晚更新世黄土以及全新世黄土具有的特殊物质组成及大孔隙、弱胶结的结构特性，使其表现出强烈的水敏性及地震易损性。研究区内晚更新世的马兰黄土"地毯式"覆盖于第三纪红色泥岩之上，黄土与泥岩的接触面为相对薄弱的结构面。马兰黄土孔隙大，透水性强，而泥岩则具有隔水性质，这使得在接触面容易形成富水的饱和层。饱水状态下，泥岩强度急剧降低，加之黄土的水敏性，使得接触面强度急剧降低。地震作用下，初至的P波作用使得上覆黄土发生震陷破坏，饱水接触面震陷软化加剧，当S波到达地表时，坡体沿泥岩与黄土接触面发生剪切破坏。

　　黄土液化与砂土液化在机理上不尽相同，黄土浸水处于饱和状态时，饱和度一般在80%～95%之间，通常低于砂土的饱和度。地震作用时，饱和黄土中的可溶性盐加剧溶解，使得中、大强度降低而崩溃，粉粒物质散离，落入孔隙中，孔隙体积减小，孔隙水来不及排出导致孔压升高，作用于土骨架的有效应力急剧降低，土的强度急剧降低至完全丧失，这使得黄土表现出宏观的大面积下沉或流动。研究区位于黄土高原西北边缘，黄土颗粒砂粒含量高，呈粉砂质，因此在饱和条件下，强烈的地震动作用会使得其发生液化现象。

　　震陷软化剪切—振动液化复合滑移型滑坡主要呈滑坡群发育于黄土堖中，如张湾村西坡堖、韩家堖、台子堖等，此类滑坡滑距远，滑体体积大，可达上千万方。黄土堖是研究区内特殊的地貌之一，三面环梁，呈长条状，上覆黄土覆盖于槽形泥岩层上，堖内汇水条件良好，谷底泥岩黄土接触面处饱和状态。地震作用时，后缘三侧坡体剪切滑动汇聚至谷底，在持续强地震作用下，谷底接触面黄土发生液化，托浮着上覆滑体整体向谷外滑移。

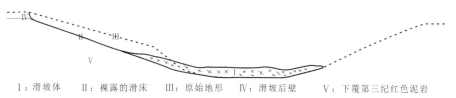

典型震陷软化–剪切滑动破坏型滑坡滑动剖面示意图

Ⅰ：滑坡体　Ⅱ：裸露的滑床　Ⅲ：原始地形　Ⅳ：滑坡后壁　Ⅴ：下覆第三纪红色泥岩

强震地表破裂对黏土地基上独立基础的震害试验分析

张治州　张建毅　王　强

防灾科技学院，河北三河　　065201

　　发震断层在合适条件下产生地表破裂并引起附近建筑物地基基础及上部结构破坏。现阶段，对强震地表破裂下独立基础的破坏机理及其避让距离研究较少。本文通过大尺寸MTS模型加载平台开展断层错动诱发上覆黏土地基中的独立基础破坏试验，在不同工况下详细测量了地表土体变形特征，黏土内部和独立基础下土压力、基础应变数值。试验数据表明：①断层上盘效应明显，在不断的断层错动下，地表出现一定深度和宽度的裂缝，而在基岩处沿上盘与位错倾角形成大角度向地表不断延伸的裂缝，裂缝之间形成剪切破碎带，破碎带内土压力随着不同基岩位错变化明显，最大变化值达到20kPa；②沿着地表主破裂迹两侧，上盘独立基础在不同基岩位错下的倾斜在0.0012°～0.10°之间，下盘基础倾斜在0.0012°～0.05°之间，而紧邻主破裂迹线独立基础的倾斜无较大变化，最大仅为0.03°；③地表破裂主迹线两侧，上盘独立基础在不同基岩位错下的基底压力增加量在0.01～0.5kPa之间，下盘基础基底压力增加量在0.01～0.2kPa之间，其中主破裂迹线附近基础下压力变化明显，变化值最大达到0.5kPa；④在不同基岩位错下，偏离破裂主迹线较远的独立基础应变变化值无明显变化，最大仅为8με，紧邻主地表破裂迹线的基础应变值变化明显，变化值最大达到250με，这似乎表明紧邻强震地表破裂带的独立基础以强度破坏为主，与地震现场紧邻破裂带的不少采用独立基础的建筑结构震害表现较一致。

覆盖层1m断层倾角60°基岩位错120mm工况下，独立基础下黏土破裂图

苏堡村滑坡场地土层频谱特性研究

李孝波[1]　彭　达[2]　王　欣[1]　常晁瑜[1]

1. 防灾科技学院，河北三河　065201；
2. Clarkson University，Potsdam，New York　13699

地震滑坡是一种常见的地震地质灾害，具有"规模大、滑距长、滑面缓、滑体碎、损失重、风险高"等特点，常会造成重大的人员伤亡和经济损失。研究典型滑坡场地土层频谱特性对进行地震滑坡灾害防治、减轻灾害损失至关重要。苏堡村滑坡位于宁夏西吉县的震湖乡（105.52°E，35.86°N），为1920年海原8.5级特大地震诱发的巨型地震黄土滑坡。滑坡平面形态不规则，长约1435m、宽约400m、平均厚度约30m、原始坡高153m、原始坡度12°，为一典型低角度滑坡。滑坡地处地震烈度IX度区，破坏模式为剪切液化型，属于黄土接触面滑坡。

为开展苏堡村滑坡场地土层频谱特性研究，采用美国Basalt四通道数字式强震仪，在滑坡体、滑坡床以及滑坡两侧斜坡岩土体上分别进行地脉动测试。地脉动是由气象、海洋、地壳构造活动的自然力和交通等人为因素所引起的地球表面固有的微弱振动，为一种稳定的非重复性随机波动，相当于白噪声激励下的场地土层动力响应。通过对地脉动测试结果的频谱分析，可以得出：①滑坡两侧斜坡岩土体傅氏谱曲线多为单峰型，主峰峰值高且宽度窄，反映斜坡场地岩性较为均一，土层卓越频率集中在2.10～3.32Hz之间，并随土层厚度不同而逐渐发生变化，HVSR值2.24～5.07，较好地体现了地形对地震动放大的影响；②滑坡体土层傅氏谱曲线以多峰型为主，谱型复杂且杂乱，无明显卓越频段，部分位置高、低频都较为突出，HVSR值0.73～2.00，地形效应体现不明显；③滑坡床出露位置处傅氏谱曲线为单峰型，卓越频率2.5Hz左右，各点岩性差异不大，HVSR值5.38～6.05，地形效应现象明显；④与滑坡两侧稳定斜坡岩土体相比，滑坡土体结构复杂，频谱信息控制因素较多，不能很好地体现滑坡场地土层的频谱特性。因此，本文认为滑坡两侧斜坡岩土体的频谱特征是进行滑坡场地动力稳定性研究的可靠依据，这不仅为斜坡地质力学模型的建立提供合理性的判据，也为基于地震滑坡反演地震动场提供了重要的合成参数，具有较高的理论价值。

维西—乔后段泥石流的发育成因分析

代博洋　常祖峰　毛泽斌

云南省地震局，云南昆明　650224

泥石流灾害高发的根本原因是其特殊的区域工程地质环境。在深入认识泥石流发生机制与详细的野外调查分析、统计基础上，从时间和空间上对研究区泥石流的成因特征进行分析，探索泥石流灾害的区域差异性。

本次研究区域为维西县永春乡一带澜沧江支流弓江流域，该区域泥石流发育，野外调查泥石流、滑坡点共19处，主要沿维西—乔后断裂两侧分布在永春乡—河西乡一带10km左右范围内，分布密度高。该区域断层发育，主要分布有北西向的维西—乔后断裂，弓江断裂、拖枝—罗古箐断裂和北东向的兰坪—永平断裂等，区域内构造复杂，活动强烈，相互交切。境内河谷深切，地势高差大，岩石较为破碎。本区域内出露地层多为上新统，加之上新统特殊的地层因素，风化程度深，区域内泥石流沟极为发育和活跃，这在云南地区极为罕见。区域内泥石流类型主要沿澜沧江及其支流分布，属于山坡型泥石流。泥石流沟谷发育在山地斜坡上，沟谷深切，横断面以"U"形谷或"V"形谷为主，平均坡降大，整体表现为年青的冲沟地貌。物源区、汇水区、径流区、堆积区相对明显。

经调查分析，泥石流沿维西—乔后断裂两侧平均2～3条/千米。该区域泥石流较为发育的地方，多为上新统地层。该套地层为灰白色夹黑色黏土岩、粉砂岩，半固结，极易风化。加之断裂活动的影响，该套地层风化强烈，区域内大小冲沟均有此风化堆积层分布。此次调查泥石流点主要分布在沟谷的下游，具有宽阔的汇水面积，多为山坡型泥石流。沟谷坡度较大，约30°～40°，沟谷两侧山体碎屑物质较多，溜土坡、倒石堆发育，为泥石流提供了丰富的物源。此外，该区域平均海拔2500m以上，山高坡陡，植被稀疏矮小，年均降水极为不均匀，主要集中在6～8月，进一步促进泥石流的发育。

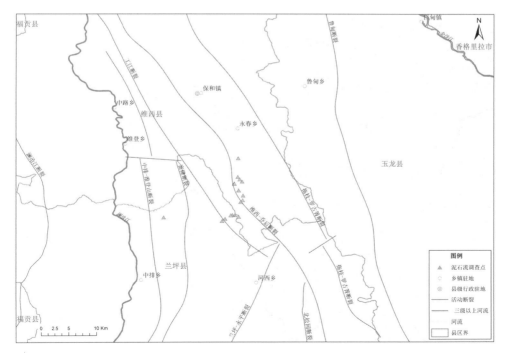

泥石流调查点区域分布

西吉黄土动剪切模量与阻尼比试验研究

张莹允[1]　薄景山[1, 2]　李孝波[1]　乔　峰[2]　杨元敏[1]　吴良杰[1]

1. 防灾科技学院，河北三河　065201；
2. 中国地震局工程力学研究所，黑龙江哈尔滨　150080

　　动剪切模量和阻尼比是研究土动力特性的两个重要模型参数，也是土层反应分析和场地地震安全评价的基本依据。为研究宁夏西吉地区黄土的动力特性，对获取的原状黄土土样进行动三轴试验，探讨不同围压以及固结比对中等应变范围内黄土动剪切模量和阻尼比的影响。试验仪器采用GCTSsTX-200电液伺服控制双向动三轴测试仪，该仪器最大轴向加载力为45kN，轴向应变范围为$10^{-4} \sim 10^{-2}$。试验所用的土样规格为直径38mm，高76mm，围压分别为100kPa、200kPa、400kPa，固结比分别为1.0、1.5、2.0，动荷载选用振动频率为1Hz的正弦波，试验在固结不排水条件下进行。

　　试验结果表明：对试验数据分析显示动剪切模量的倒数$1/G_d$与动剪应变γ_d的拟合关系曲线呈直线线性关系，得Hardin-Drnevich双曲线模型能较好地拟合黄土动应力应变关系曲线，其中模型参数a、b的数值随着围压和固结比的增加而减小，但参考剪应变随之增大。不同固结比的原状黄土试样在100kPa围压下动剪切模量G_d与剪应变γ_d的关系见图1，一定围压和固结比条件下，动剪切模量随剪应变的增加而减小，解释为在剪应变产生初期，土体抵抗剪切变形的能力较强，动剪切模量随剪应变的增加，减小的速率较慢；随着剪应变的不断增大，土体内部结构破坏，动剪切模量显著降低。由图可得，固结比对动剪切模量的影响随剪应变的增加而减小。另分析最大动剪切模量发现：在双对数坐标中，最大动剪切模量与平均有效主应力呈直线线性关系；最大动剪切模量随围压和固结比的增加而增大，原因是随着围压和固结比的增大，土样被压密，颗粒之间接触更紧密，发生相对错动比较困难，抵抗土体变形的能力也就越强。阻尼比反映了动荷载作用下土体变形发生内摩擦时能量损失的程度，所以在围压一定的条件下，剪应变增大，消耗的能量增加，阻尼比随之变大。围压和固结比都会对黄土的阻尼比产生影响：随着围压和固结比的增加，有利于地震波的传播，减少能量的衰减，导致阻尼比减小。在半对数坐标里，研究表明随着剪应变的增加，不同围压和固结比下的阻尼比也在增加，并且阻尼比与剪应变两者之间呈近似线性关系。以上成果能够为宁夏黄土地区动力反应分析提供基本的基础数据，也对基础建设的防震减灾具有重要的现实意义。

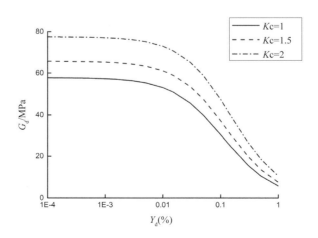

图1　不同固结比下动剪切模量与剪应变关系曲线

 作者信箱：mujinhuakai429@163.com

正断层错动对黏土覆盖层场地上条形基础动力响应分析

王　拓　张建毅　王　强

防灾科技学院，河北三河　065201

强震的发生往往都伴随着活断层的错动，继而引发地表破裂，通常会对工程结构造成严重危害。本文以"条形基础—黏土覆盖层"场地为研究对象，通过4850mm×1850mm×2100mm大平台模型试验箱体模拟加载正断层下的基岩位错输入，通过监测位移、土压力、基底应变的数值变化，得到了土体破裂过程及其内部动力响应的初步结果：①断层不同位错输入时，上盘效应明显；②断层错动在不同工况下，地表形成多条向下延伸至一定深度的裂缝，上盘沿着基岩处形成与位错倾角成一定大夹角并向上延伸至地表处的裂缝，两裂缝之间形成剪切破碎带；③沿着地表破裂主迹线两侧，上盘条形基础在不同位错工况下的局部倾斜在0.05°~0.2°之间，下盘基础的局部倾斜在0°~0.05°之间；④沿着破裂主迹线两侧，上盘条形基础在不同位错工况下的基底压力减少量在0~3kPa之间，下盘基础的基底压力增加量在0~0.5kPa之间，根据分析实验数据得知，尤其是当条形基础处在破裂迹线上时，其压力值变化更为明显，最大可达到5kPa；⑤沿着破裂主迹线两侧，上盘条形基础在不同位错工况下的基底应变在-15~5με之间，下盘基础的基底应变在-10~25με之间，但此时，破裂迹线上的基础基底应变变化相较两侧上下盘基础，并不明显，仅在-5~5με之间；这和强震地表破裂带紧邻的条形基础震害调查结果较吻合。

覆盖层50cm断层倾角60°基岩位错50mm工况下，黏性土破裂剖面图

钻孔联合地质剖面探测中几个问题的探讨

贺为民

中国地震局地球物理勘探中心，河南郑州　450002

钻孔联合地质剖面探测是获取第四纪沉积物覆盖区隐伏活动断层的位置、上断点埋深、最新活动年代、（晚第四纪）活动性质、位移量、滑动速率、断层面产状、近地表变形带宽度等信息的主要手段，是隐伏活动断层探测中断层活动性鉴定的主要工作，其成果为建设规划、土地利用、抗震设防、应急救灾提供基础科学依据。依据《活动断层探测》（GB/T 36072—2018）、《活动断层探测》（DB/T 15—2009），结合近年断层活动性鉴定实践和相关成果文献，对钻孔联合地质剖面探测中资料收集分析、钻孔布置、终孔深度确定、岩性分类、断层楔判别、非断层面辨别等问题进行了探讨。

在钻孔联合地质剖面探测前，要充分收集地质构造资料特别是水文地质报告等第四纪地质资料，归纳前人对全新统、上更新统、中更新统和下更新统的地质成因、底板埋深、厚度、分层岩性、颜色、包裹体、孢粉分析等的介绍，分析评价其第四划分依据的可靠性。

对一个钻孔联合地质剖面场地而言，仅靠一条浅层地震勘探测线难以确定隐伏活动断层的走向；为了使钻孔联合地质剖面能够探测到隐伏活动断层，钻孔应沿浅层地震勘探测线布置，尽量不要偏离浅层地震勘探测线。一般以浅层地震勘探探测到的隐伏活动断层上断点在地面的投影为中心点，在其两侧各40～50m之处先施工2个钻孔ZK1、ZK2。当钻探揭示断层位于钻孔ZK1、ZK2之间时，后续钻孔应采用雷启云等提出的"对折法"进行布置和施工。当钻孔ZK1、ZK2之间没有发现断层时，应及时对浅层地震勘探资料进行重新分析，结合场地地形地貌，重新解释断层上断点的埋深和在地面的投影位置，在钻孔ZK1、ZK2连线之延长线上再布置钻孔来追踪隐伏断层。钻孔布置要施行边施工、边分析研究、边布孔的信息化施工和动态布置模式。断层两盘应至少各有3个钻孔，因此，一条一个断点的钻孔联合地质剖面应至少有6个钻孔，一条两个断点的钻孔联合地质剖面应至少有9个钻孔。

终孔深度应取满足下列条件的最大值：①所有钻孔的孔深应不小于浅层地震勘探给出的上断点埋深之下10m；②断层两侧至少应各有2个钻孔穿透上更新统底界至中更新统内5m；③任务书、合同、实施方案中确定的钻探深度或进尺。钻孔联合地质剖面探测不要求每个钻孔的深度都相同。由于一些地区的全新统、上更新统的层面不都是呈水平层状的，是有起伏和甚至倾斜的（例如阶地面、古斜坡面等），因此，为了减少对断层及其上断点位置的误判，终孔深度应尽可能大些，深孔应尽可能多些。

第四系的岩性分类宜采用《岩土工程勘察规范》（GB 50021—2017）的分类方案，从细到粗将土划分为黏土、粉质黏土、粉土、粉砂、细砂、中砂、粗砂、砾砂、圆（角）砾、卵（碎）石、漂（块）石，每一种土都有定量标准，也有野外现场初步鉴别方法。

钻遇断层楔是在钻孔联合地质剖面探测中钻遇断层面的主要标志，也是识别断层的重要直接标志。鉴别岩芯中"斜面"为断层楔的判据有：①"斜面"上、下岩芯颜色或岩性不同；②"斜面"具有一定厚度；③"斜面"上有断层擦痕；④"斜面"以下同层位地层存在落差。上述4项中至少满足3项，"斜面"可基本判别为断层楔。当然，较硬的土层岩芯在钻进过程中受到扰动也可以在岩芯中形成"斜面"，这些"斜面"上、下岩芯颜色或岩性一般相同，也往往不具有一定厚度。钻遇"斜面"时要认真辨别，以免误判。

2018年8月通海两次地震强地震动特征

崔建文　赵　昆　李世成　钟玉盛　段建新

云南省地震局，云南昆明　650224

中国地震台网中心测定，2018年8月13日01：44 am 和 14日03：50 am，在云南通海的四街镇分别发生了两次M_S5.0地震。两次地震发震地点相同，均为NNE向为正走滑断层，具有相似的震源机制。两次地震发生在通海断陷盆地西北边缘，从走向上看，疑为小江断裂西支的延续。

两次地震中，中国数字强震动台网分别获取45个和32个强震动记录。获取的最大PGA为0.46g，台站距震中最近的距离为3kg。震中区为人口密集区，虽然遭遇了强地震动作用，但在震中区，地震并未造成严重损害。

虽然中国地震台网中心测定的两次地震震级均为M_S5.0，但震源机制解显示出，13日01：44am发生的地震矩震级为M_W5.0，14日03：50am的为M_W4.8，震级大小有差异。这种差异在两次地震的强震动记录中也有明显的反映，第二次地震获取的强震动记录台站数明显减少，表明其影响范围更小，并且，其获取的最大PGA也小得多。

两次地震获取的 地面PGA具有衰减快的特点，近震中时0.46g的PGA，在近100km时，已衰减到0.002g的水平。与现有的几种地震动衰减关系对比（图1），吻合程度都不是很好，震中距20km后，WangSY的结果有较好的吻合度，如果考虑PGA数据包含了局部场地影响，则CuiJW的结果吻合更好。

这次地震序列，位于通海四街的场地台阵获取了4个地面观测点、1个井下（–60m）观测点的强震动记录，两次大的地震的最大PGA均由场地台阵获取。场地台阵主要位于通海湖积相场地上，地震中场地显示出较强烈的非线性响应特征：从频谱来看，相对小的地震，两次大的地震频谱明显向低频端偏移；就非线性响应DNL定量指标而言，对M_W5.0和M_W4.8，DNL分别为5.56和5.07。

反应谱分析显示出，M_W5.0地震时，场地台阵2#、3#观测点的加速度反应谱在民房的周期范围内超过了罕遇地震设计谱，对按照常遇地震设计的4街镇民房且与2#、3#观测点具有相同震中距的民房，应该有较大影响，但实际影响并不严重，这与2#、3#的场地有较大的放大有很大的关系，也与地震动的快速衰减有关，就3#观测点而言，相对于地下–60m，地面水平向地震动的傅里叶谱放大近15倍，而3#、4#点虽然距2#点不到1km，但反应谱的强度已下降很大，3#点仅非常小的部分超过罕遇地震设计谱，4#点已完全在罕遇地震设计谱内，而其他观测点的反应谱则主要位于设计地震谱内。

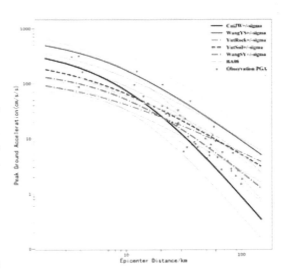

图1　M_W5.0 PGA与一些地震动衰减关系的对比

Collectors强震动台网数据处理系统的设计及实现

吴华灯[1,2,3]　叶春明[1,2,3]　黄　晖[1]　丁莉莎[1]　廖一凡[1]　叶世山[1]

1. 广东省地震局，广东广州　510070；
2. 中国地震局地震监测与减灾技术重点实验室，广东广州　510070；
3. 广东省地震预警与重大工程安全诊断重点实验室，广东广州　510070

"Collectors强震动台网数据处理系统软件"是一套基于地震事件传输的强震动台网专业数据处理软件，该系统软件能够适配常用强震动记录器的接口，较好地满足了当前强震动观测台网的日常业务需求。具体的功能包括全网台站运行状态准实时监控、地震事件数据自动汇集、强震动事件参数（PGA、PGV、PGD、I_{PGA}、I_{PGV}、反应谱）自动处理、设备远程控制、报表自动生成（远程通讯检查表、强震动记录报告单、强震动记录分析结果表、强震动观测简报）等。系统软件已经在云南、四川、新疆、青海等近20个省、自治区局部署运行多年，全流程自动化处理。除自动完成日常的智能化监控和常规标定外，在应对地震事件时，系统软件一般能在2~5分钟内自动完成地震事件数据回收并产出强震动参数处理结果，较大程度地提高了地震事件汇集与处理的速度，大大降低了强震动观测台网工作人员的劳动强度，也方便了科研人员获取强震动观测记录用于研究，取得了较好的使用效果。该软件的总体设计思路如下：

为了更好地实现系统的各项功能，采用可跨平台部署的JAVA语言和Eclipse集成开发平台、MySQL数据库、Navicat、MySQL Workbench和地图API等工具构建了软件开发及运行环境。

（1）使用Navicat规划、设计包括15个数据表组成的底层数据库。系统软件在初始化时，将从系统配置表中读取相关配置信息，从台网信息表、台站信息表和设备信息表中提取台网、台站、设备等元数据信息，用于标识身份、匹配仪器接口、绘制台站位置、网络连接建立、属性信息提示。

（2）用Eclipse集成开发平台开发包括ETNA、K2、GDQJ、MR-2002、GSR-18、GSMA-2400IP、Basalt、MR-3000、EDAS-24IP、EDAS-24GN、130REN、TDE等强震动记录器的数据接口和通信控制接口，集成到强震动台网数据处理系统上，以客户端套接字的方式连接台站的设备，实现地震事件数据的自动汇集；实现台站运行状态的多指标、精细化的监控和设备的远程控制；驱动存储机制实现有关报表信息的自动生成和运行率统计等。

（3）当汇集地震事件时，触发解码模块解码三分向数据，然后驱动强震动参数计算模块，按照基线校正、计算主要频率、积分速度和位移时程、数字滤波、记录合成的数据处理流程计算PGA、PGV、PGD、I_{PGA}和I_{PGV}等强震动参数，再经地震消息匹配出对应台站的台站信息、地震信息、记录处理结果信息，生成强震动观测记录报告单和产出仪器烈度分布图件，进行地震烈度速报。与此同时，驱动数据同步模块，通过数据库同步或基于文件传输协议方式，实现各省强震动台网中心到各区域分中心，再到国家强震动台网中心的分级数据同步。

STALTA+BIC综合捡拾P波到时与STALTA+AIC综合捡拾P波到时对比探讨

杨黎薇[1]　邱志刚[2]　林国良[1]

1. 云南省地震局，云南昆明　650224；
2. 昆明学院，云南昆明　650214

随着区域数字地震台网和地震台阵的建立发展，我国地震监测能力在不断提高，随之产出数据也越来越多，无论是地震预警或者烈度速报，快速检测地震初至P波并利用P波极短时间内的信息进行参数速报与震害分析，都需不断改进震相自动识别方法。故而，快速、准确、可靠的震相自动识别，不仅可为政府震后决策提供快速可靠的地震信息，还对减轻地震灾害损失、提高公众对政府可信度具有较大价值。

从震相自动识别的发展研究来看，时域分析方法、模式识别法以及综合分析方法更为实用。时域分析方法应用广泛，其中最具有代表性的就是长短时平均方法，此法既可检测地震事件，又能捡拾震相到时，计算简单，可快速判定P波初动。但该方法的拾取精度不高，当信噪比低或初动不明显时，其捡拾初至震相效果不理想。模式识别法是根据研究对象的特征属性，应用算法系统分析其类别，尽可能令分类识别的结果符合真实情况，常用的模式识别系统的关键在于特征提取与特征选择，目前的主流以统计模式识别、模糊数学方法、神经网络法以及人工智能为主。但该法对研究对象的数量与质量要求较高，不同对象与目的，采用的模式识别理论与方法各不相同。由于单一识别方法抗干扰信号能力弱，现有预警系统广泛采用综合分析法来弥补单一算法的不足，其主要思想是联合多种方法进行震相识别，在信号的不同属性中满足初至震相的特征，避免出现干扰信号引起错误触发，以此提高震相捡拾结果的可靠性。该方法克服了单一分析法的限制与缺点，综合不同算法的优点提高了识别的精度与效率，但算法也较为复杂费时。

本文以云南强震动台网实际观测记录为基础，选取了2008年至2017年期间震级在M_L5.0～7.0间共计20余次地震事件，借鉴国内外P波震相自动拾取的相关研究，用最常用的长短时平均STA/LTA结合AIC准则综合捡拾法、长短时平均STA/LTA结合BIC准则综合捡拾法这两种不同的综合分析方法，将涵盖了云南盈江、腾冲、彝良、洱源、景谷等地震多发区域的记录P波到时捡拾，并对捡拾准确度、可靠度以及相应速率进行对比探讨。

统计分析结果表明：在精确捡拾部分中，相比AIC准则，BIC准则的构架与算法更加灵活简单，且其抗干扰信号能力强，能有效避免干扰信号引起的误触发，可在漏捡拾与误捡拾之间寻求最佳平衡，对地震数据实现快速有效的实时处理，更利于云南省内地震预警发展。

本研究由云南省地震局自主立项课题（2018ZX05ZL）资助。

场地对地震动放大作用的时间非平稳性讨论

卢 滔 霍敬妍

防灾科技学院，河北三河 065201

场地对地震动放大作用的合理估计是合理确定地表地震动大小的关键环节，现有研究主要采用基于傅里叶谱比的传递函数（Transform Function）或地表HVSR（Horizontal-to-Verticalspectral Ratio）峰值及其对应的频率（或周期）来予以表达。

现有研究中主要采用三种思路来开展分析。其一为计算土层场地地表地震动水平分量的傅里叶谱相对基岩露头处对应谱值一半之比作为土层场地传递函数（TF）；其二为忽略下行波作用计算场地竖向台阵记录到的地表地震动水平分量的傅里叶谱相对基岩测点处对应谱值作为传递函数（TF'）；其三为按照Nakamura方法计算土层场地地表地震动水平分量的傅里叶谱相对竖向分量对应谱值，即HVSR看作传递函数；在采用这三种分析过程中，大多选用对应的地震动分量整个时程数据或者根据经验选择记录时程中的S波部分开展分析。因为傅里叶变换过程中实际是将地震动过程视为时间平稳过程，因此选用整个地震动时程开展分析时同样也是无法考虑地震动非平稳特性；而选用S波部分分析，实际是想考虑S波放大效应并部分考虑地震动的非平稳特性；但实际地震动非平稳特性对传递函数和HVSR计算的影响有多大，还有待于讨论。

本文涉及工作开展中采用日本Ashigara台阵KNS测井的地表和基岩地震动记录作为分析对象，选用CMOR小波开展小波分析得到对应通道的小波时频谱；并分别选取P波作用峰值和S波作用峰值对应时刻t_P、t_S，以及以P-S峰值到时差dt为因数的t_S+2dt、t_S+4dt、t_S+6dt共计5个时间点的TF'和HVSR值；通过对不同时刻的TF'和HVSR值的比较对场地对地震动放大作用的时间非平稳性进行讨论。

分析结果表明，对于该场地在0.2～30Hz区间内：

（1）同一时刻，对应水平分量的TF'值与HVSR值曲线形状类似，但HVSR值普遍小于TF'值；

（2）同一参数，不同时刻曲线整体形状类似；

（3）相对于傅里叶幅值谱而言，TF'与HVSR作为比值，在不同频率点上值的变化趋势未随对应取值时间t的加速度时程$a(t)$绝对值大小变化规律呈单增或单减趋势。

（4）基于本次分析数据，该场地对水平地震动放大作用表征参数TF'、HVSR的时间非平稳特性不明显。

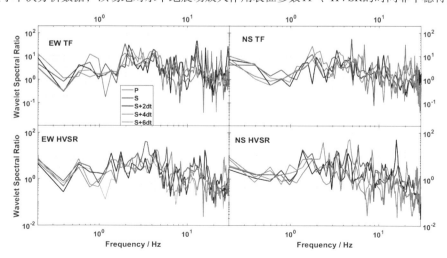

同一组地表和基岩强震动记录数据计算得到不同时刻不同谱比值比较

 作者信箱：lutao@cidp.edu.cn

低成本高精度MEMS强震观测技术研究

胡星星　滕云田　汤一翔

中国地震局地球物理研究所，北京　100081

在地震烈度速报、地震预警等工程中需要高密度布设安装方便、体积小巧、成本低廉、功耗低的地震传感器，在中强地震来临时能够快速和准确进行地震烈度速报或预警。而另一方面为了提高仪器的利用效率，同时也为了地震预警的准确性和可靠性，需要能够以较高精度记录幅度较小的地震P波到时，以及提高小地震和远震的信噪比。而低成本的MEMS加速度计分辨率低，满足不了地震烈度速报80dB动态范围的需要。为了兼顾低成本和高分辨率的要求，本文提出了采用多片低成本低分辨率的数字MEMS加速度计并联平均（相关平均）的方法以提高对小信号的分辨率。分析计算表明，采用N个传感器并联平均后其动态范围可以提高$10\lg N$（dB），或自噪声可减小至单个传感器的$1/\sqrt{N}$。下图是采用4个传感器并联时的自噪声与单个传感器自噪声的功率谱。

研制的MEMS强震观测仪采用低功耗高性能的ARM嵌入式处理器和Linux操作系统，构建了低功耗数据采集系统；内置32GB大容量SD卡本地数据存储器，在200SPS采样率时可循环存储4个月的实时数据；集成有线IP网络通讯数据传输功能，具有远程实时波形监控、远程FTP数据下载及远程仪器参数设置和软件升级功能；具有高精度GPS校时和定位功能；内嵌地震信息实时处理算法，具备自动检测地震事件、自动计算PGA、PGV等地震动参数等功能模块。具有成本低、功耗小、小型化、智能化的特点，是一种集传感器、数据采集、数据存储、数据计算处理、通讯传输一体化的小型数字强震仪。

采用4传感器研制的MEMS强震仪具有±2.5g测量范围，在50SPS采样率下自噪声有效值（RMS值）约为0.06mg，可以清晰地记录$M_S3.0$以下的地震。此外还具有幅频响应平坦、线性特性好、频带宽等特点，能够满足中国地震台网对烈度速报的要求，达到了设计目标。在四川省布设的地震监测试验网记录到了多次地震事件，记录波形清晰。

本文资助项目：中国大陆综合地球物理场观测仪器研发专项Y201703。

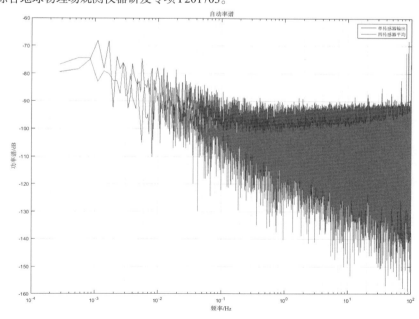

单个传感器和4个传感器并联平均后的自噪声功率谱对比

基于对数动骨架曲线的时域地震反应本构研究

周正华　董　青

南京工业大学，江苏南京　211816

　　土层地震非线性反应的等效线性化方法会高估高、低频的非线性效应，且土体的塑性变形无法体现，尤其不适用于含软夹层及厚软土层场地。本文从土层场地一维时域非线性地震反应分析出发，提出一种基于G/G_0、λ-γ实验曲线确定新型动态对数骨架曲线代替动态双曲骨架曲线的函数表达式。方法通过改变本构的骨架曲线，得到以对数函数为骨架曲线的对数动骨架本构函数表达式。在此基础上，提出了基于对数动骨架本构的交叠差分格式一维土层地震反应时域分析方法，以Microsoft Visual C++ 6.0为开发平台，自行编制了一维土层地震反应分析程序Soilresp1D，并应用于3种土层场地的时域非线性地震反应分析。同时，亦给出了基于动态骨架本构的时域分析结果及等效线性化分析结果，以用于论证本文提出的对数动骨架曲线的合理性。数值结果表明，基于对数动骨架本构的时域土层地震非线性反应分析方法可用于不同土层场地地震反应分析，且尤其表现为对数动骨架曲线滞回圈较宽和$K(\gamma_0)$较大，残余应变明显，土的阻尼效应和塑性特性得到较好的体现。

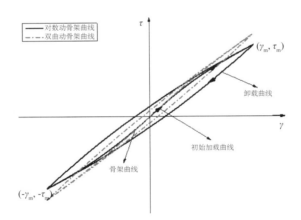

对数动骨架本构的应力—应变关系曲线示意图

作者信箱：2458810997@qq.com

基于集集地震强震动记录的地震动空间相关性研究

田秀丰　潘章容　张卫东　袁　洁　张　璇　石文兵

甘肃省地震局，甘肃兰州　730000

随着地震反应分析、地震风险分析由单一结构建筑向特殊结构及空间分布结构建筑的转变，地震动参数的空间相关性研究引起了地震学和地震工程学界的广泛关注。对于大跨度桥梁、输油管网、核电站以及其他复杂的生命线工程及特殊结构，考虑地震动的空间分布特性，开展地震动参数的空间相关性研究显得尤为重要。

本文选取台湾集集地震的399个观测台站的强震动记录（数据来源于美国太平洋地震工程研究中心NGA West2 数据库），采用K.Goda提出的利用地震动参数残差对的半方差来计算空间相关系数的方法，按照 $\rho_\varepsilon(\varDelta)=\exp(-\alpha g\varDelta^\beta)$ 形式计算并拟合了峰值加速度PGA、峰值速度PGV和加速度反应谱$S_a(T)$（T=0.3s、0.5s、1.0s、2.0s）的空间相关曲线，得到了各个地震动参数的空间相关距离值（图1、表1）。由图1和表1可以看出，各个地震动参数的空间相关性随着距离的增加逐渐减小。其中，PGA和PGV的空间相关曲线差别不大，PGA的空间相关距离略大于PGV；对于$S_a(T)$而言，随着周期的增大，空间相关曲线衰减得越慢，空间相关距离也相应越大。

表1　拟合参数对比

地震动参数	拟合参数α	拟合参数β	空间相关距离/km
PGA	0.1339	0.8942	9.47
PGV	0.1825	0.7850	8.73
S_a（0.3s）	0.3485	0.5866	6.03
S_a（0.5s）	0.2125	0.7140	8.75
S_a（1.0s）	0.1653	0.7600	10.68
S_a（2.0s）	0.1656	0.7215	12.09

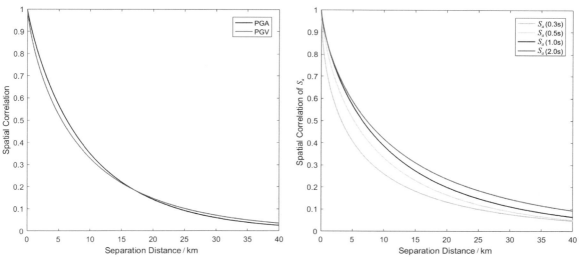

图1　PGA、PGV及$S_a(T)$的空间相关曲线

近场加速度记录零线校正方法

于海英[1,2]

1. 中国地震局工程力学研究所，黑龙江哈尔滨　150080；
2. 中国地震局地震工程与工程振动重点实验室，黑龙江哈尔滨　150080

本文对数字强震仪记录进行了误差分析，并对国家强震动台网入网的5种型号数字强震仪系统做了振动台对比试验，分析了该系统加速度记录积分后速度和位移时程零线漂移的原因。本文提出了加速度记录的零线漂移校正方法和校正准则。为了印证零线校正方法的可靠性，对振动台试验中强震仪记录到的加速度两次积分得出位移时程与试验时记录到的绝对位移进行比较，计算位移和振动台绝对位移完全一致；对2008年5月12日汶川8.0级大地震和1999年9月21日台湾集集7.6级地震现场加速度记录两次积分后得出永久位移与两次大地震的GPS同震位移进行比较。结果表明，该方法对大地震时近场仪器墩发生倾斜或产生永久位移时加速度记录的零线校正有明显效果，可以给出加速度积分后的速度和位移并符合校正准则。本文方法解决了对大地震近场地面运动的研究停留在对峰值加速度和反应谱的研究阶段的困惑，满足了结构抗震对地面永久位移的需求。

部分强震台站和GPS台站对比信息以及用本文方法计算的速度倾斜时刻和永久位移

台站名称	台站代码	测量方向	速度倾斜时刻 T/s	加速度峰值时间 Ta_{max}/s	速度峰值时间 Tv_{max}/s	$T-Ta_{max}$/s	$T-Tv_{max}$/s	计算永久位移 pd/cm	GPS台码	GPS同震位移 dis/cm	强震台与GPS台距离/km	位移差/cm
郫县走石山	51PXZ	EW	50.01	49.12	48.855	0.89	1.155	-57.5	PIXI	-56.3	0.190	1.2
茂县叠溪	51MXD	EW	50.96	49.765	71.645	1.195	-20.685	25.1	Z040	31.0	0.241	5.9
小金地办	51XJD	EW	74.095	32.54	53.33	41.555	20.765	16.2	2031	16.3	0.779	0.1
绵竹清平	51MZQ	EW	34.755	46.865	38.11	-12.11	-3.355	-127.6	Z126	-122.1	15.225	5.5
荣经石龙	51YAL	EW	92.185	45.875	70.8	46.31	21.385	-2.7	YAAN	-0.4	17.063	2.3
松潘	51SPT	NS	35.25	54.7	64.015	-19.45	-28.765	-5.8	2018	-3.8	19.495	2.0
松潘川主寺	51SPC	NS	12.595	111.615	66.135	-99.02	-53.54	-0.9	H025	-4.1	23.620	3.2

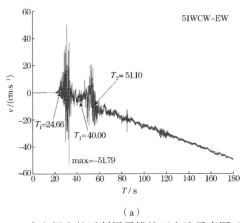

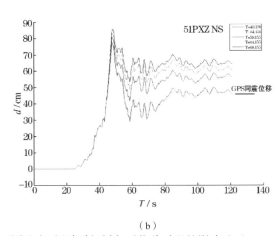

（a）　　　　　　　　　　　　　　　（b）

本文提出的近断层零线校正方法示意图（a）；不同速度时程倾斜时刻T对位移时程的影响（b）

/ 作者信箱：haiyingyu@126.com

考虑场地条件影响的抗震设计反应谱建议

王玉石[1, 2]　李小军[3, 2]　刘爱文[1, 2]　王　宁[1, 2]　李祥秀[1, 2]

1. 中国地震局地球物理研究所，北京　100081；
2. 中国地震风险与保险实验室，北京　100081；
3. 北京工业大学建筑工程学院，北京　100124

地震场地效应，即浅地表软弱覆盖土层对地震动的选频放大作用，是增大地面运动强度、加重工程结构破坏程度的主要因素，需要在工程抗震设防地震动输入确定时予以考虑。为了工程应用方便，通常做法是在抗震设计规范中给出地震影响系数曲线（规准化反应谱），对具体工程则考虑地震地质环境和场地条件分类等因素予以选用。例如，在规准化反应谱选用过程中，我国建筑抗震设计规范要求考虑地震动强度（地震影响系数最大值）、场地类别和地震地质环境（设计地震分组）三个因素；欧洲标准Eurocode8仅考虑峰值加速度和场地类别的影响；美国国家地震减灾计划委员会NEHRP相关导则中多个地震动参数需要查区划图获得，但其本质也是地震动强度、场地类别和地震地质环境三个因素。虽然中欧美所考虑因素基本相同，但在参数数值选取中存在差异，特别是在较长周期段区别显著，有必要利用强震动记录对参数选取的合理性进行检验。

基于NGA–West2数据库中3584条加速度记录的统计分析，发现反应谱谱型主要受震级控制，与距离、地震动强度等参数的相关性较弱；我国现行规范中规准化反应谱水平段结束周期（特征周期）对于受大震控制的地区取值较小而偏于冒险，而直线下降段取值则过于保守，并根据统计结果给出了我国Ⅰ、Ⅱ、Ⅲ类场地上规准化反应谱曲线修改建议，如图1所示。在应用中，需要考虑控制目标场址地震动强度的潜在震源区的震级上限，当震级上限不大于6.0时，选取第一组对应的形状参数；当震级上限为6.5和7.0时，选取第二组对应的形状参数；当震级上限为7.5、8.0和8.5时，选取第三组对应的形状参数。

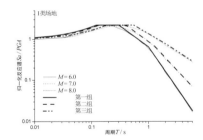 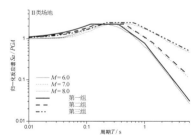 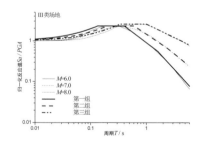

图1　不同类型场地上设计反应谱比较

梁式桥地震行为可控制设计准则及实现技术

王君杰　　高昊　　刘慧杰

同济大学，上海　200092

梁式桥是我国公路交通路网的重要组成部分，其抗震安全性能是工程设计中需要考虑的一个重要问题。针对连续梁桥体系的特点，本文介绍了连续梁桥地震行为可控设计的准则及实现的技术途径，见图1。

行为可控设计思想的出发点是，支座相对结构其他构件易于更换，允许支座作为"牺牲单元"发生破坏，以释放上部结构的地震力，保证墩柱、桩基不发生损伤。通过一系列摩擦、缓冲和耗能装置的合理分级组合在不显著增加地震力的同时，控制结构关键点的位移在可接受的范围内。本文的主要结论与观点如下：

（1）提出的设计原则是：允许支座作为"牺牲单元"发生破坏，来释放上部结构的地震力，减小地震在下部结构中产生的地震反应，保证墩柱、桩身均不发生损伤；

（2）通过摩擦、缓冲装置耗散传递上来的部分振动能量；如果位移仍然很大，可进一步利用减震装置来消耗地震能量，将位移控制在可接受的范围内。

（3）地震破坏过程中，力求元件的破坏次序可控，后续地震行为可预测，因此对"牺牲构件"的全过程地震力学行为必须提供合理的、可量化的本构模型（或广义力—位移关系）；

（4）发展针对行为可控的抗震装置是实现行为可控的重要方面，本文提供了一种有效的技术形式。

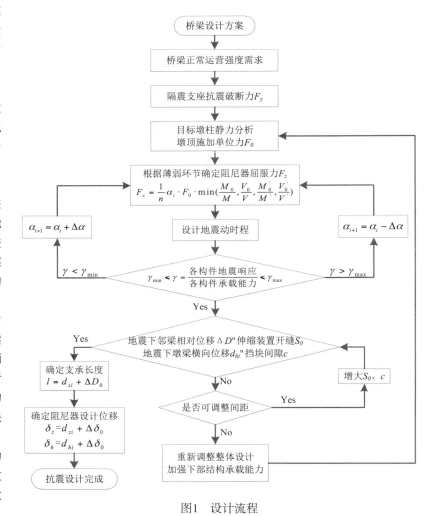

图1　设计流程

破裂方向性对强地震动影响的窄带效应特征

谢俊举[1]　安　昭[1]　李小军[2]　温增平[1]

1.中国地震局地球物理研究所，北京　100081；2.北京工业大学建筑工程学院，北京　100124

地震断层破裂的方向性效应会对地震动产生显著影响，美国最新一代的地震动区划图已经开始考虑方向性效应的影响（Olsen et al.，2006；Graves et al.，2008；Petersen et al.，2014；Field et al.，2014）。目前世界范围内关于方向性效应对强地震动影响的定量模型及其预测结果之间还存在较大争议，尤其对于逆冲断层的地震事件（Spudich et al.，2013，2014）。上一代的考虑方向性效应的模型采用无量纲的几何距离参数，但此无量纲参数在破裂尺度较长的大地震情况下会导致明显不合理的物理意义，目前考虑方向性效应的模型均采用破裂距离来定量描述方向性效应的影响（Somerville et al.，1997；Spudich et al.，2014）。

本文基于近年世界范围内发生的浅地壳地震中获取强震动观测记录，研究破裂方向性对近场强地震动空间分布和衰减特征的影响，将观测结果与美国NGA-West2地震动预测模型进行对比，揭示破裂方向性对强地震动影响的窄带特征。基于实际观测结果的考虑，采用Xie等（2017）提出的方向性效应定量预测模型，该模型可同时定量分析破裂传播前方的放大效应和后方的减弱作用。研究发现：

（1）破裂方向性对近场强地震动空间分布有显著影响，周期1.0s以上的长周期地震动在断层的不同方位有系统性差异，在破裂传播前方，周期大于1.0s时的反应谱明显高于美国NGA-West2地震动经验预测模型，在破裂传播后方，周期大于1.0s时的反应谱低于经验预测模型。

（2）破裂传播的方向性效应主要影响周期超过1.0s的长周期，对PGA以及周期小于1.0s的短周期地震动影响较弱。在破裂传播前方，周期1.0~10.0s的加速度反应谱值被显著放大；在破裂传播后方，周期1.0~10.0s的加速度反应谱值要低于观测平均水平。

（3）地震破裂方向性效应的影响表现出明显的窄带效应，破裂方向性的影响（包括破裂传播前方的增强作用和破裂传播后方的减弱作用）在特定的周期达到最大，不同地震具有不同的峰值周期以及随周期变化显著不同的特点。总体上方向性效应影响的峰值周期随震级增大而增大，但受到震源破裂过程的细节特征（如破裂初始位置、破裂方向、破裂模式及破裂的连续性）的影响。

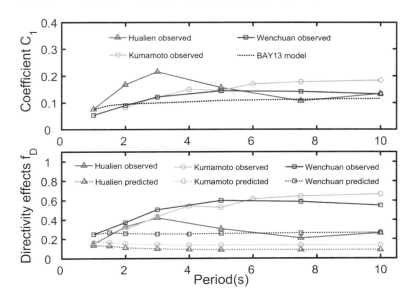

破裂方向性对不同周期强地震动影响的放大系数曲线

强震动流动观测发展及相关问题讨论
——以云南为例

李世成　　林国良　　崔建文

云南省地震局，云南昆明　650224

强震动流动观测是利用强震仪在目标区开展的以获取地震时强地面运动过程及在地震作用下工程结构反应情况为目的的一种短期性观测。强震动流动观测是我国首创的观测方法之一。在我国固定台网不能覆盖所有地震活动区、台站密度不高的情况下，流动观测是获取强震动记录行之有效的手段。

强震动的短时流动式观测与永久固定台站式观测的目的一样，即捕获地震动记录。但流动观测具有观测方案灵活与观测实施机动性强的特点，可根据震情与观测环境及对象的实情而针对性调整确定观测（台阵）方案。几十年来强震动观测的实践表明，我国大陆一些典型和重要的强震动记录主要是由流动观测所获取。　随着"十五"以来，准实时传输的数字强震观测技术得到广泛应用，获取的强震动观测数据也大量增加。强震动观测不再局限于为地震学及地震工程学研究提供基础数据，也迅速拓宽到服务于减轻地震灾害实践，诸如地震预警及其紧急处置、结构健康诊断监测、地震动强度速报、震害快速评估、地震应急反应技术支撑等领域。使其在防震减灾事业中的作用与地位大幅提升。随着观测仪器设备及观测技术的进步，强震动流动观测不仅要作为捕获近场强震动记录的手段，更要作为解决地震基础研究与地震工程应用难题的一种获取基础资料的重要途径。

现阶段，强震动流动观测在震灾预防与地震应急救援中均发挥着独特的作用。

不论是震前预布式流动观测、还是震后的应急式流动观测，都是利用天然地震试验场，针对地震工程和地震科学研究中尚未解决的难题，结合震区的自然环境（地形、地质、地震构造、局部典型场地）和地表建（构）筑（大型桥梁、大坝、隧道、典型（超）高层建筑、核电站、地域代表性结构等等），有目的地布设适宜的专业性观测台阵，以获取亟须的强震动观测数据，为提升它们的抗震能力提供基础数据服务。而且在近场地震学研究中，强震动的观测记录能提供更直接的有关震源特征的信息。

当破坏性地震发生后，强震动流动观测作为地震应急现场工作的一部分，为应急救灾提供技术支撑服务。在地震应急中的具体工作内容包括：

（1）及时提供震区各强震动观测点的地震动峰值参数。

（2）把震区强震动流动台与固定台组网，提供震区地震动强度（PGA/PGV）分布图、仪器烈度分布图。并可据此判断宏观震中或极震区大致位置，直接服务于应急救灾。同时，仪器烈度等值线图像可用于判断地震的破裂方位，为震害评估布局提供依据。

（3）同时也可利用震区强震动（流动）台密度大的优势，提供基于强震动记录数据计算得到的地震参数和震源特征参数，可为震区地震趋势判断服务。

1970年通海M7.8地震发生后，国家地震局工程力学研究所派人员携带强震仪赴震区进行流动观测，取得云南省第一批强地面运动记录资料。自此至今，云南省先后完成了三十多次地震的强震动流动观测，包括云南省的通海M7.8、龙陵M7.3、M7.4、澜沧—耿马M7.2、M7.6、丽江M7.0大震以及鲁甸M6.5特大破坏性地震，也包括汶川M8.0和芦山M7.0外省地震。

强震动流动观测所具有的灵活机动性强的特点是固定台观测无可比拟或代替的。在震灾预防、减轻灾害风险、提升社会抵御地震灾害的综合防范能力等方面，可发挥独特的作用。

基于强震动观测和互联网的地震应急决策辅助系统

陈志耘　徐　扬

北京瑞辰凯尼科贸有限公司，北京　100043

地震应急期间在缺乏必要信息的情况下进行决策有可能做出不必要的混乱，增加恐慌、伤亡以及损失。

基于强震动观测和互联网的地震应急辅助决策系统可以在地震应急期间提供必要的辅助决策信息，帮助应急指挥者做出正确的决策，并和灾民进行有效的沟通。

美国凯尼公司研制的OASIS系统就是这样一种由强震动观测系统和信息系统构成的地震应急辅助决策系统。

建筑物在地震灾害中的破坏，是造成人身与财产损失的重要原因。应急指挥的决策者首先需要根据强震动观测的数据判定受灾地区中建筑物的受损程度，并据此来进行是否需要及时进行人员疏散的决策。

另外，系统可以通过互联网与灾民进行有效的沟通。系统可以根据可以来自灾民的手机签到和灾情报告及时提供全面的灾情。决策者可以通过手机应用程序发送疏散警报和疏散路线，指导灾民有序的进行疏散。当居民到达安全地点后可以通过手机及时更新本人当前的安全状况信息。

系统的工作流程如图1所示。

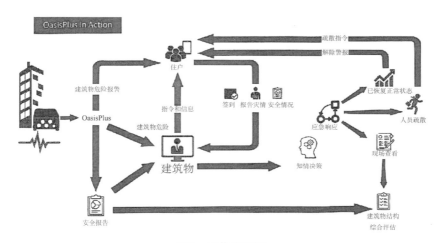

图1　工作流程图

系统构成和主要功能：

仪器设备

传感器：24个(50层以内的建筑物)或36个(>50层的建筑物)；Kinemetrics数字强震仪；Oasis软件；Autopro软件。

建筑安全性评估

现场研究和档案查阅；非线性有限元分析（FEM）；地震事件后建筑物评估方案和实施步骤。

信息与通信工具

OasisPlus 建筑平面图；OasisPlus 手机应用程序；OasisPlus 管理控制台；安全性报告。

时域滞回非线性场地土体动力特性反演研究

陈学良[1, 2]　金　星[2, 3]　陶夏新[2, 4]

1. 中国地震局地球物理研究所，北京　100081；2. 中国地震局工程力学研究所，黑龙江哈尔滨　150080；
3. 福建省地震局，福建福州　350003；4. 哈尔滨工业大学，黑龙江哈尔滨　150001

Loh & Yeh（1992）对场地地表和井下基岩的强弱地震动进行了场地反应识别。采用进化功率谱分析方法，应用连续回归分析和扩展的Kalman滤波技术相结合，对假设的双线性场地系统进行模态参数识别（反演分析），得到了场地土的两刚度和小屈服位移。但是，双线性模型毕竟比较简单。应该说，合理有效地反演场地土体的时域滞回非线性的土体动力特征参数，是一项有挑战性的研究工作。

日本Kik-net强地震动台网提供了TOYOKORO场地的钻井台阵TKCH07（42.81°N，143.52°E）的详细资料，该台阵在地表和基岩处均设置了三分量宽频带强震仪，记录到两次高质量地震动20041129 M_J7.1和20030926 M_J8.0两次地震动。M_J7.1地震的震源深度为48km，震中为（42.94°N，143.52°E），台站震中距为144km，地表地震动峰值为125.6Gal。M_J8.0地震的震源深度42km，震中为（42.78°N，144.08°E），震中距为123km，地表地震动峰值为345.9Gal。根据地震震中与台站TKCH07的位置关系，得到两次地震的反向方位角分别为85°和156°，根据反向方位角和钻井基岩、台站地表的南北和东西两水平方向地震动，计算得到出平面振动波场（SH波型总场）。选取底边界为刚性边界条件，即保证基岩地震动与出平面振动SH波场相同，并认为地震动由基岩向上传播，到达地表后反射折回。近地表的14m厚的黏性土和黏性土之下24m厚的砂土的参考剪应变γ_r（10^{-4}）、最大阻尼比λ_{max}和阻尼比曲线形状参数M为反演参数，共计6个。为减少不确定性，位于底部剪切波速较大的砂砾石层以及基岩的土工试验参数值设为已知。

进行先期反演试验后选取适当的参数范围，利用我们提出的考虑试验阻尼比的土体动力双型抛物线本构模型（$A_d = 0.5$），结合遗传算法–单纯形法这一混合优化算法，尝试和探索性地给出了一种反演土体非线性动力特性的方法。详细的反演结果见陈学良博士学位论文（2006）。在此只给出简要结论：

（1）该方法可以反演出强地震动大应变时与剪应变有关的土体非线性特征。反演的砂土和黏性土的剪切模量比随剪应变的变化曲线基本处于实验室土工试验的曲线变化范围。砂土的阻尼比与实验阻尼值大致相当，但是，黏性土的阻尼比值与Kokusho试验阻尼比值在[10^{-3}, 10^{-2}]范围有些差别，但大致位于Seed-Idriss（1970）阻尼比范围的下限。总体而言，反演结果与土工试验结果是基本一致的。

（2）从地震波形的相似程度、时域滞回非线性本构曲线以及最终非线性反演结果可知，土体动力双型抛物线非线性本构模型适于原位实际场地的土体非线性动力参数的反演分析，通过多次强震记录直接进行时域滞回动力非线性的反演方法是可行的，反演结果对土工试验可起到强有力的辅助、补充甚至是指导作用。

（3）时域滞回非线性场地土体动力特性反演方法，可以再现出平面强地震动作用下场地土体的时域滞回非线性动力本构历程，可以预测和估计场地的地震动速度时程，并可揭示场地土体的动位移时程及永久位移机制。

总之，研究给出了黏性土和砂土的剪切模量比及阻尼比随着剪应变的变化关系曲线的关键参数，并与国内外公认的土工实验成果进行比较，说明了结果的可靠性，验证了方法的可行性。

新西兰M_W7.8地震动参数分布研究

刘　盼　何明文

陕西省地震局，陕西西安　710068

　　根据中国地震台网中心测定，北京时间2016年11月13日19时02分在新西兰南岛北段凯库拉地区发生M_W7.8地震，震中位置为（42.53°S，173.05°E），震源深度为10km。新西兰位于太平洋板块与澳大利亚板块交界处，地质构造十分复杂，受两大板块的相互作用，地震活动强烈。本次地震的震源机制解为走向219°，倾角38°，滑动角128°，表明该地震为一次发生在板块边界的逆冲型地震，断层从震中位置向新西兰南岛东北方向破裂，破裂长约120km。

　　地震发生后，新西兰地质与核科学研究所（GNS）发布了200多条强震记录。记录中震中距最小为8.3km，最大为300km。为了更完整地对地震动进行分析，利用强震动观测数据与地震动预测方程进行比较。如图1所示，图中实线为D类场地的中值，虚线分别为16%和84%偏差。从图1可以看出，在10km内的近断层台站，只有1个台站记录低于地震动预测值，与震源破裂的滑移量是相对应的，在100km以内，地震动预测方程与观测值有较好的对应关系，但随着断层距的增加，在100km以上，观测值逐渐低于地震动预测方程，这也是由于本次地震发震断层多，在沿破裂方向克服断层摩擦做功消耗较大，对外的辐射能较少，在断层破裂方向两侧记录到的强地面运动值小于预测预测值。

　　利用强震动数据，取记录两个水平向加速度记录的几何平均值，分别计算本次地震的累积绝对速度CAV和Arias烈度。计算结果表明，CAV有两个峰值区，主要集中在断层滑动量最大的两个区域，其中最大CAV位于WDFS台站，为37.38m/s，位于震中附近的WTMC台站，CAV的值为20m/s，CAV的影响范围主要集中在北岛北部断层发生滑移的区域，沿着破裂方向进行扩展，在滑移量最大处达到峰值，在断层破裂的反方向，CAV几乎没有太大影响。Arias烈度的分布与CAV的分布相似，有两个峰值区，同样受到断层滑动分布和断层距的影响，极值区位于WDFS台站附近，最大烈度为46.6m/s，震中区的WTMC台站的Arias烈度为m/s，在受断层发生滑动位移影响范围的区域，Arias烈度较大，烈度值在20m/s以上，而超出该范围，烈度值基本在20m/s以下，特别是在断层破裂反方向，Arias烈度迅速衰减到零。

　　综合分析CAV分布和Arias烈度分布结果表明，本次地震的影响范围主要集中在南岛东北部，具有明显的方向性，断层沿震中向东北向滑动，在东西两侧造成的影响较小，但由于发震断层多，滑动速率慢，使得沿断层滑动方向上地震动峰值大，在方向性效应和破裂产生滑移量的共同作用下，造成了两个峰值区，在断层滑移量影响范围外，CAV和Arias烈度迅速衰减到零，说明本次地震的破坏力较小。

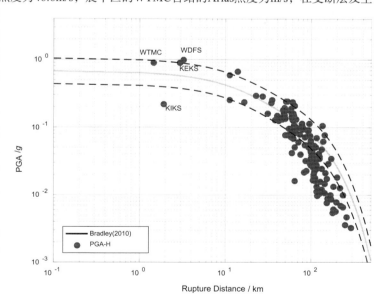

图1　强地面运动水平值与地震动预测值对比

邢台平原地区长周期地震动特征分析

贾晓辉　王　龙　刘爱文

中国地震局地球物理研究所，北京　100081

沉积平原地表存在的沉积层是长周期地震动产生的关键因素，而长周期地震动会对长周期建筑造成严重威胁和震害。基于1966年邢台7.2级地震震源模型，地壳速度模型分别选用Crust 2.0模型和含地表沉积层的一维真实速度模型，采用离散波数法，对邢台地区完成合成地震图计算。

对Crust 2.0模型和含地表沉积层的一维真实速度模型产生的地震动记录对比分析，在相同的场点，用Crust 2.0模型合成的地震波形中未见大振幅、长周期的地震面波。而在真实速度模型中，相同场点的地震波形在高频体波之后，出现含有大振幅、长周期的地震波，并且长周期地震波持续时间很长，占据波形的主要部分。从速度波形的振幅看，当震中距小于等于35.7km时，长周期地震动面波幅值小于体波幅值；当震中距大于55.7km时，长周期地震动面波幅值大于体波幅值，甚至可达体波幅值的2～3倍。

对获得的长周期地震动记录绘制加速度反应谱对比曲线，并将模拟记录的加速度放大系数谱与我国抗震设计规范放大系数谱、我国华北地区短轴方向的地震动反应谱衰减关系谱对比，曲线对比如图所示。加速度反应谱的峰值主要集中在1～5s周期段；随着震中距增加，加速度反应谱峰值呈现逐渐减小的趋势，并且在震中距66.5km以后，加速度反应谱的峰值曲线部分趋于重合，基本不再衰减。另外，震中距小于55km的台站产生的放大系数谱在1.5～4s周期内超过抗震设计规范谱，反应谱放大系数值在周期值2s附近达到峰值，模拟记录放大系数谱曲线随着震中距增加而整体下移。我国建筑抗震设计规范中，对于长周期部分建筑的抗震设防尚未特别规定和说明，邢台地区震中距55km范围内1.5～4s周期的加速度反应谱超过规范值。

在研究区建立80多个台站，计算震后地震动场和周期2～7s的加速度反应谱。从计算的反应谱分布看，反应谱峰值（2～7s）均位于震中东南区域的宁晋南、新河等地区，邢台东南地区是1966年邢台7.2级地震所圈定的VIII度区，也是当时地震的极震区，反应谱峰值区域与极震区重合的一致性验证计算结果的可靠性。随着周期增加，反应谱的峰值逐渐减小，反应谱的峰值主要集中在2～3s周期范围内；随着周期的变化，反应谱峰值基本位于宁晋南地区，峰值区域未发生明显变动，加速度反应谱峰值的分布存在类似盆地效应的"聚焦效应"。

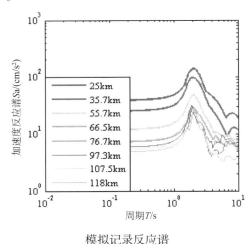

模拟记录反应谱

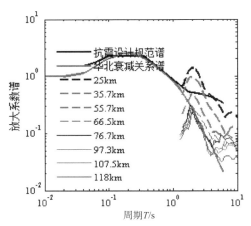

模拟记录放大系数谱与规范谱的对比

一体化数字力平衡加速度传感器

李彩华[1]　　滕云田[1]　　王玉石[1]　　李小军[2]

1. 中国地震局地球物理研究所，北京　100081；2. 北京工业大学，北京　100124；

本文介绍一款新型的数字化力平衡加速度传感器，该传感器能够独立完成震动加速度信号模拟测量、高精度数据转换、数据固态存储及多端口数据通讯等功能。该传感器包含力平衡加速度信号模拟测量部分、高精度模数转换电路部分、多通讯端口的高速ARM控制板，并将该仪器实际应用于地震动观测。

该传感器具有一体化的机械振动传感器底座部分，在一整块纯铁上嵌入东西向底座、南北向底座和垂直向底座，在最小体积范围内实现了彼此两两正交的三分量磁缸，各自配合相应的反馈线圈形成三个分量的力平衡反馈系统。然后以各自独立的模拟信号调制解调电路和放大电路解调出代表每个分量振动加速度的电压输出信号。在最小体积范围内实现了±3g测量范围、高达130dB动态范围的震动加速度测量。

高精度模数转换电路部分将传感器机械底座与模拟测量部分检测到的电压信号转换为高精度数字信号。首先三道独立的前置调理电路将电压信号调至−2.5V至+2.5V范围，然后由高精度模数转换器完成模拟电压到24位数字输出的模数转换。由于三通道模数转换由一组控制信号操控，所以三通道模数转换完全同步。转换后的数据由ARM控制板通过数据读取接口顺序读取。该高精度模数转换电路实现了最大量程为±20V、动态范围≥130dB的数据采集。

多通讯端口的高速ARM控制板是该数字化加速度传感器的CPU板，也是我们自主设计的核心电路板。该ARM控制板采用恩智浦的RT1050ARM芯片作为核心控制模块，其高达600MHz的运行速度为大量数据实时处理、高速实时数据通信等多种操作提供了保障。该电路板内部具有两套时间系统，分别为实时时钟系统和高精度GPS时钟系统。内部嵌入高达128GB的大容量存储卡，可以连续存储至少2月的震动监测数据；为增强该仪器的适用性，该电路板扩展了USB通讯端口、网络通讯端口及WiFi通讯端口，实现稳定数据通讯，使得该传感器能够适应野外强震动流动观测、固定台站强震动观测及各种结构震动观测等多种观测。图1为该仪器在云南大理地区的震动测试数据波形。

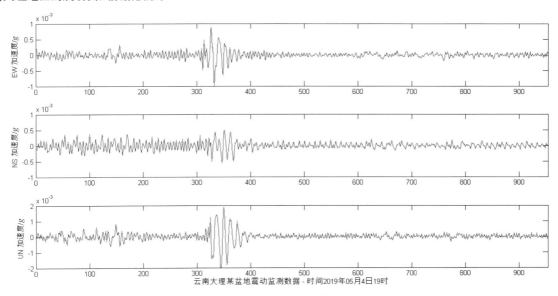

云南大理某盆地震动监测数据 - 时间2019年05月4日19时

图1　震动数据波形曲线

作者信箱：2289900276@qq.com　*399*

一种改进的设计反应谱标定方法

韩　昕[1]　薄景山[1,2]　常晁瑜[1,2]　牛　洁[1]　李雪玉[1]

1. 防灾科技学院，河北三河　065201；
2. 中国地震局工程力学研究所，黑龙江哈尔滨　150080

　　抗震设计反应谱是工程结构抗震设计的主要依据，忠实地反映地震放大系数随周期的变化是设计反应谱的基本要求和准则。目前，我国建筑抗震设计规范中的设计反应谱形式为三段式函数表达，分别由直线上升段、平台段、指数下降段组成。其中设计反应谱的平台值仅根据抗震设防烈度划分，中国地震动参数区划图（GB 18306—2015）考虑了场地类别的影响，但各类场地上反应谱的平台值仍是一种平均意义上的定值。在大量的场地安全性评价报告中给出的场地相关反应谱的曲线形状是复杂不规律的，现行规范中这种对反应谱的简单平均势必会削弱地震动的峰值特性和频谱特性，不能真实反应场地相关反应谱的频谱变化特征。

　　针对以上问题，笔者对传统的标定方法做出改进。本文对汶川地震中487条强震记录，按场地类别划分为四组，根据各类场地的平均放大系数谱曲线，随机分段进行曲线回归拟合，确定反应谱标定后的形状，基于遗传算法，对谱形控制参数和设计反应谱曲线标定，将标定结果与初始分段结果对比后，改进分段标准直到标定结果与初始分段相等。利用这一方法总结出以三段式曲线拟合的新标定模型，如公式（1）所示，式中a、T_0、T_g、γ、b、d、h、f、g为设计谱标定参数，表1为Ⅰ～Ⅳ类场地遗传算法标定模型标定参数的取值。将改进

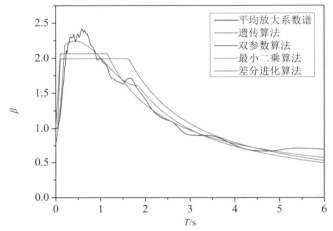

图1　Ⅲ类场地标定曲线对比图

的方法标定得到的特征参数和算法精度与传统的三种算法进行对比分析，如图1所示，新反应谱标定模型给出的设计反应谱曲线更符合实际反应谱曲线随频率的变化特征。

$$\beta(T) = \begin{cases} aT^2 + bT + c & 0 \leq T \leq T_0 \\ dT^3 + hT^2 + fT + g & T_0 \leq T \leq T_g \\ I(T)^{\gamma} & T_g \leq T \leq T_m \end{cases} \quad (1)$$

表1　遗传算法得到的设计谱标定参数表

标定参数 场地类别	a	T_0	T_g	γ	b	c	d	h	f	g	I
Ⅰ类场地	−7.54	0.14	0.66	−0.87	12.87	0.81	−0.04	−0.55	−1.26	2.65	0.92
Ⅱ类场地	8.24	0.13	0.99	−0.97	10.39	0.77	1.59	−2.38	−0.38	2.35	1.17
Ⅲ类场地	28.92	0.19	1.80	−0.85	3.29	0.26	0.32	−1.71	2.10	1.59	2.79
Ⅳ类场地	26.11	0.20	1.83	−0.91	1.38	0.40	2.36	−3.43	2.64	1.34	15.76

一种基于全P波窗的特征周期震级快速估算方法

彭朝勇[1]　杨建思[1]　郑钰[1]　朱小毅[2]　徐志强[1]　陈　阳[2]

1. 中国地震局地球物理研究所，北京　100081；
2. 中国地震局地震预测研究所，北京　100036

地震预警技术作为一种震灾预防的手段，已经在多个地震多发国家和地区引起重视并得到应用，并在近几年发生的几次破坏性地震中发挥了重要的作用，获得了实际的减灾实效。目前，在我国的首都圈、兰州、福建、川滇等地区已经建立了实验性、示范性地震预警系统，"十三五"国家地震烈度速报与预警工程正处于实施阶段。地震预警系统中的一个关键核心问题，就是如何快速有效地开展预警震级。目前，国际上已发展形成了一些实用的预警震级实时计算方法，这些方法主要根据P波触发后3秒数据计算的地震波特征参数与震级的拟合关系来进行震级快速估算，可大致分为三类，即与周期相关算法、与幅值相关算法以及与强度相关的算法。在实际使用中发现，这些方法通常存在"预警震级偏差大、大震震级严重低估"的问题。

针对该问题，我们通过对数据处理方式进行改进，提出了一种新的特征周期震级估算方法。该方法采用整个P波段（P波触发至S波到达之间的数据段）的数据进行拟合，并对震级和震源距范围进行了扩展。在对数据进行滤波处理时，提高了巴特沃斯（Butterworth）滤波器的阶数，将传统采用的2阶更改为4阶。结果表明，相对于P波3秒关系式，利用P波段获取到的关系不仅发散性最小，而且相关系数（0.8261）、标准偏差（0.1589）都是最好的，并且没有观察到明显的大震震级低估现象。此外，对于5级以下的地震事件，该拟合关系对应震级估算结果的偏差得到了大大压制，非常有助于降低由于小震震级估高带来的误报问题。

在利用已有地震事件数据开展离线模拟时，采用首台P波触发后第1秒数据就参与震级估算、并逐渐扩展P波窗和多台结果取平均，直到S波到达为止的震级计算方式。对于2013年四川芦山M_S7.0和2014年云南鲁甸M_S6.5两次中强地震，在震后不到10秒的时间，估算的结果就非常接近于实际的参考震级，且随着P波时间窗长的扩展和更多触发台站的加入，估算结果更加稳定。对于2008年四川汶川M_S8.0地震，由于其离震中30km范围内的台站数量极少，震后20s的结果才只能达到7.0级。随着时间的推移，其结果逐渐稳定至7.6级，而采用P波3s关系式估算的结果最高只能达到7.1级。因此，我们相信采用本方法进行预警震级估算的效果更好，中小地震可以更快地发出高可靠预警信息，大地震也能更快地获取到稳定的结果且不会出现明显的低估问题。同时，可有效地避免S波信息对震级估算结果的影响。

随着"十三五"国家地震烈度速报与预警工程建设的开展，未来台站的数量将会大大增加，达到万台以上，四大预警区的台间距也会提高至10~12km。在如此高密度的地震台网下建设的国家地震预警系统，利用本文提出的方法将会显著提高预警时间、有效缩小盲区的范围，更快地为用户发出更加稳定可靠的地震预警信息。

城市建筑群地震灾害风险分析方法探索

徐 超 温增平

中国地震局地球物理研究所，北京 100081

我国新时期明确了"两个坚持三个转变"的防灾抗灾救灾原则，"坚持以防为主、防抗救相结合"是"两个坚持"的原则之一。同时，《国家综合防灾减灾规划（2016—2020）》提出要突出灾害风险管理工作。根据新时期国家的防震减灾工作思路，中国地震局制定了"国家地震科技创新工程"发展计划，明确指出"城市地震灾害脆弱性是现阶段城镇化进程中制约城市可持续发展的核心问题之一。只有科学评估全国地震灾害风险并采取降低地震灾害风险的综合有效措施，才能不断促进我国地震安全发展"。

城市中海量的房屋建筑是城市地震灾害的主要承灾体，在地震发生前充分有效评估其所面临的地震灾害风险，并在工程和社会两方面积极采取防御措施，将有效降低城市地震灾害风险。以嘉兴市示范区为例，开展了城市建筑群地震灾害风险分析方面的探索工作，主要包括以下几个方面的内容：①基于无损地球物理探测技术，结合钻孔资料及浅层地球物理勘探数据联合建立区域浅层三维速度结构模型；②根据示范区及邻区的地震构造环境建立合理的震源破裂模型，联合采用确定性方法和随机振动方法开展地震动数值模拟，给出示范区内反映场地特征的宽频带地震动影响场；③开展多概率水准地震危险性分析，给出50年超越概率63%、10%、2%和0.5%的地表地震动参数及地震动时程；④开展基于设定地震及多概率地震危险性下的群体建筑物地震反应分析及震害模拟，并对震害情景进行3D展示。给出基于设定地震及多概率地震危险性下房屋建筑的破坏分布情况，统计各类房屋的易损性及直接经济损失，在此基础上计算房屋建筑地震灾害风险指数；⑤给出地震灾害风险排查、管理方面的对策和建议。

研究工作旨在探索城市地震灾害风险评估的有效方法，为地震灾害风险管理提供科技支撑。

| 作者信箱：xuchao@cea-igp.ac.cn

大地震对经济体系短期影响的评估方法

陶正如[1]　陶夏新[2, 1]

1. 中国地震局工程力学研究所，中国地震局地震工程与工程振动重点实验室，黑龙江哈尔滨　150080；
2. 哈尔滨工业大学，黑龙江哈尔滨　150001

　　风险管理的基础是风险识别，地震灾害风险管理以工程地震风险评估为依据。我国工程地震风险评估主要包括直接经济损失评估和间接经济损失评估两部分。直接经济损失定义相对明确、易于量化；间接经济损失的定义则相对模糊，所包含的内容不尽相同，定义的深度和广度不同，延伸得越多，影响因素越多，估计起来越困难。目前，一般用一定比例的直接经济损失简单估计，例如，《地震灾害间接经济损失评估方法》（GB/T 27932—2011）中规定，区域间接经济损失为直接经济损失的0.5～2.5倍，比例系数由当地经济发展情况和直接经济损失与区域GDP之比确定。随着经济和社会迅猛发展，承灾体中经济关联性日趋复杂，损失评估逐渐从对人员伤亡、直接经济损失等的估计向对社会和经济体系的影响发展。

　　地震对经济体系的影响，从时间上看，包括长期影响和短期影响。相对于短期影响的研究，对长期影响的研究较少，对经济增长的影响是正是负，一直是讨论的焦点。这些理论上的争议集中在对多个国家的实证研究，即检验灾害事件对经济增长及其他宏观经济指标的影响，结论则不一致。从空间上看，可以分为宏观影响和微观影响。宏观经济影响是对国家层面甚至全球的影响，微观经济影响是对各个行业、甚至各个企业的影响。

　　从社会经济的角度看，地震造成经济影响的评估方法大多基于投入-产出或社会核算矩阵模型；从计量经济的角度，可以分为以事件研究为主的统计学方法和以时间序列建模为主的经济学方法。本文直接将经济体系作为研究对象，不区分直接经济损失和间接经济损失，而是通过代表性经济指标是否异常波动，评估对经济体系及各个行业造成的影响。这个影响可能来自于承灾体的直接破坏，也可能与之没有直接关系，是经济体系中各个节点相互影响的结果。借助事件研究法和时间序列分析方法，以破坏性地震为例，从宏观和微观上分层次量化对整个股票市场、不同板块和个别公司股价的短期影响。

大数据在市县防震减灾中的应用研究

蔡宗文

福建省地震局，福建厦门　350003

随着信息技术的高速发展，已经进入了大数据时代。在防震减灾中，特别是各种平台热力图的出现以及各种新型移动互联网平台的出现，也积累了大量来自于社会群体的震情反馈数据，为开展智能化防震减灾工作提供了全新的机遇。与此同时，诸如数据挖掘、机器学习等大数据技术也为高效地处理地震学相关数据、开发新型防震减灾应用技术提供了支撑。为解决市县防震减灾应用过程数据获取、数据处理以及数据应用提供基础数据支撑，随着数据挖掘和分析技术的不断提高，基于大数据方法的研究日益增多，大数据对市县防震减灾工作应用具有重要的现实意义。本文将结合在过去为市县建设防震减灾平台的基础上，提出市县防震减灾系统在大数据应用过程中的数据培育、数据挖掘以及数据应用的初步方法，为市县防震减灾系统建设开发提供基础支撑，为市县服务社会大众、应急指挥决策提供服务。

本文通过分析自主研发的以震情服务为中心，主动为社会大众提供震后行为指导服务系统。集震感服务、科普服务、灾情反馈于一体的地震微信公众服务平台的用户行为分析，通过吸引用户参与，实现年服务超亿次，利用主动给予再获取之理念，为广大社会大众主动提供地震震情以及震后行为指导服务，让用户主动、自愿参与防震减灾灾情反馈服务，实现地震灾害大数据培育。通过图像灰度识别以及数据类比技术，通过数据爬虫技术自动获取卫星影像地图等基础数据实现数据库化以及栅格化入库整合与加工。系统自动会连接到网络服务器获取百度、高德、谷歌或天地卫星影像或地图，得到市县基础人口数据分布，解决市县基础数据更新获取之困难，可以实时获取市县不同季节、不同时段的人口分布特征，为市县地震震害评估计算提供依据。充分把大数据培育以及挖掘而获得数据，结合新媒体技术，植入到传统的地震快速反应系统以及应急指挥决策系统建设中，实现了基于大数据的地震快速反应系统以及移动应急指挥系统建设，为市县防震减灾应用提供技术支撑，进一步提升大数据应用的广度及深度。

| 作者信箱：caisinfo@126.com

地震次生坠物情境人员疏散模拟

杨哲飚[1]　陆新征[1]　谢昭波[1]　许　镇[2]

1. 清华大学，北京　100084；
2. 北京科技大学，北京　100083

城市区域建筑和人员密集，地震中非结构构件破坏的现象突出，以往地震中出现了大量次生坠物导致人员伤亡的例子，除此之外，坠物覆盖了道路，在建筑密集区域严重阻碍了交通。人员在前往应急避难场所的过程中受到坠物等周围环境的影响时，行进速度也会发生变化。因此，在进行地震疏散模拟时，需要综合考虑两个问题：①坠物的分布规律；②坠物分布对人的行进速度的影响。

本研究提出了考虑坠物影响的区域地震疏散模拟的框架，包括四个模块（图1），分别为：①区域建筑和道路基础数据库；②区域建筑非线性时程分析；③坠物分布计算；④疏散情境构建与模拟。

区域建筑和道路基础数据库是建筑响应计算以及疏散场景建构的基础，数据库中包含建筑信息、道路信息、避难场所位置、人员数量等，利用GIS平台存储和管理这些数据。区域建筑非线性时程分析为坠物分布计算提供基本数据，本研究采用非线性MDOF剪切层模型和弯剪耦合模型，根据建筑基本属性信息确定MDOF模型的所有参数，兼顾计算精度和效率。由此建立区域建筑MDOF模型，并进行非线性时程分析，得到建筑的地震响应结果。在坠物分布计算方面，以往震害调查结果显示，地震中填充墙的破坏较为严重，墙体坠物覆盖道路会影响人员通行。因此，本研究选择砌体填充墙作为坠物分布研究的对象。由于砌体落地后砌体与地面以及砌体之间会发生碰撞，坠物最终的位置与初次落地位置不同，以往研究未考虑坠物落地后的运动。本研究提出了考虑砌体落地后运动及分布的方法，并给出了坠物分布的公式。疏散情境构建包括疏散环境和人员行为两部分。在有坠物覆盖的区域，人员的行进速度会受到影响，而行进速度的变化会对疏散过程产生较大影响。为了考察坠物对人员速度的影响，本研究设计了不同障碍物占比下的人员运动试验，拟合得到人员行进速度和障碍物密度之间的关系。在获得不同区域人员的运动行为后，即可在疏散环境中设置人员速度，由此完成疏散情境构建，进行人员疏散模拟。

应用本研究提出的模拟方法，以清华校园教学区为例，实现了地震下坠物分布以及人员疏散的模拟。相关结论如下：①坠物存在与否对总体的疏散时间的影响更大，而层间位移角限值的影响较小；②建筑密集区域的道路处于高坠物风险中，对于附近建筑内的部分人员来说，坠物的存在会显著增加疏散距离和疏散时间；③当考虑砌块落地后的运动时，坠物的范围远大于未考虑时的范围，因此有必要在计算坠物分布时加以考虑。

本研究提出的方法能够计算地震下建筑的坠物分布情况，识别高坠物风险的道路并量化坠物对人员疏散的影响，可以为震后应急疏散、城市规划提供决策依据和技术支持。

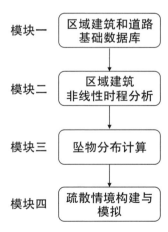

模块一　区域建筑和道路基础数据库

模块二　区域建筑非线性时程分析

模块三　坠物分布计算

模块四　疏散情境构建与模拟

图1　疏散模拟框架

海原大地震遗迹保护现状及保护方案研究

张元芳　马尔曼　陈　珊

甘肃省地震局，甘肃兰州　730000

　　1920年的海原8.5级地震，在中国地震史上罕见，也是世界上最大的地震之一，强度之大震惊了中外地学界。地震带来了巨大的灾难和损失，也留下了珍贵的地震遗迹。地震遗迹也因这场灾难形成著名的堰塞湖、沙河断层等，成为了吸引世界各国学者回顾和研究的"活教材"。翻阅海原县县志史料，地震遗迹均未见完整详细的记载，历史过去了一个世纪之久，不少遗迹已经被破坏，沿地震带追索，地震遗迹明显可见，但是目前还有多少地震遗迹被保存，如何保存，并没有普查统计，数量不清，遗憾很多，本文通过对海原地震遗迹野外调研，了解了遗迹现状及保护情况，探讨地震遗迹保护和开发方案。

　　海原大地震遗迹和遗址景观代表性的有13处，目前，海原县在对唐家坡田埂错动、哨马营古柳遗迹等11处大地震留下来的自然景观进行保护的同时，还广泛搜集整理与地震相关的民间传说、"花儿"等民俗文化资料，为申报国家级地震地质公园作准备。然而，海原地震遗址实物档案多少年来损毁日益严重，如何保护这鲜活的历史印记，使这些记录发挥功能，是给我们的紧迫使命。

　　海原大地震遗迹中有大幅度的地震断裂带水平及垂直方向位移、有堰塞湖、滑坡、地裂缝、错断、震柳及古城遗址等大量地震遗迹信息。这些丰富且完整的遗迹保留了地震对地表事物的破坏特征，遗迹实物也为地球物理学、地质学、灾害学等理论研究和教学实践提供了鲜活的实例，有极其珍贵的科研教学价值。对地震遗迹的保护，应尽量减少人为因素对遗迹本身的干预，真正做到维持原状。基于博物馆、生态保护区的旅游参观性质，保护设施应包括围栏、栈道、观景台等设施。对于显著地震遗迹的保护可以设置室内或半室内保护形式，但是对于地裂缝、地堑、堰塞湖等的永久保存是个难题。海原大地震遗迹保护是一项持久而紧迫的工作，需要更多的理论和方法的支持。

基于Internet+的地震灾害风险评估方法研究
——以唐山地区房屋为例

齐文华　　苏桂武

中国地震局地质研究所，北京　　100029

自然灾害风险随着地区社会经济的发展也呈现出动态变化，因此，针对特定区域，要制定科学、合理的自然灾害风险降低措施和对策，及时认识并准确掌握相关风险的变化至关重要，甚至是最核心的问题之一。地震灾害更是如此。目前，地震灾害风险评估方法大致可分为三类：①基于综合指标体系的评估方法；②传统震害预测方法；③借助遥感等新技术手段的评估方法。其中，基于综合指标体系的评估方法确实能实现大尺度和快速的地震灾害风险，但所得风险结果物理意义不明确，从而难以指导地区具体的地震灾害风险降低对策；传统震害预测方法得到的地区地震灾害风险结果物理意义清晰、明确，但其耗时耗力耗资，致使这种方法难以捕捉快速社会经济发展变化背景下的地震灾害脆弱性与风险的快速变化（特别是关注范围较大时）这一问题。遥感技术能快速获取大范围地物属性信息，随着遥感技术的快速发展，借助遥感手段开展地震灾害风险评估的研究发展迅猛。由于遥感影像只能直观反映地物表面特征，因此，多数研究聚焦在房屋数量属性（平面面积、高度/层数、总建筑面积）的手动、半自动和自动提取，且提取精度已能满足地震灾害风险评估的精度；关于利用遥感推断房屋脆弱性/易损性方面的研究还不成熟，但也开展了大量的尝试。

针对上述单独借助遥感数据不能较好解决大范围房屋地震灾害风险快速评估的问题，本文以唐山地区为例，尝试引入房屋相关的多源免费网络公开数据（谷歌影像、街景、房屋相关网络信息等），发展了基于"Internet+"的房屋地震灾害风险快速评估方法。该方法由房屋数量估算和房屋脆弱性/易损性诊断两个主要部分组成（本文以房屋的结构类型作为诊断其脆弱性的主要指标）。该方法首先借助谷歌高分影像、腾讯/百度街景等网络公开数据，发展了快速提取房屋暴露数量（含每栋房屋的平面面积、高度/层数和总建筑面积）的技术/方法；然后整合房屋相关网络信息（众包数据/自发地理信息/房屋中介网站等的文本和图片）和其他本地知识（房屋规范、地方文化和建造习惯等），快速提取房屋结构类型、用途、建造年代等属性信息，发展了基于地理位置匹配的房屋地震灾害脆弱性诊断方法。唐山地区的示范研究与系统验证表明：基于该方法进行的建筑物暴露和脆弱性分析精度较好，房屋总建筑面积的总体相对误差为4.6%，结构类型判断一致性达97.5%（Kappa = 0.94）；除良好的可靠性外，该方法还适用于大范围地震灾害风险分析，并具有较高的时效性和经济性。

基于机器学习算法的地震人员伤亡评估

贾晗曦　林均岐　刘金龙

中国地震局工程力学研究所，中国地震局地震工程与工程振动重点实验室，黑龙江哈尔滨　150080

地震是一种能造成严重破坏的自然灾害，往往在一瞬间可以导致大量人员伤亡。因此在地震后短时间内快速评估死亡人数，可以对震后应急工作进行科学指导，使赈灾人员和物资分配更合理，有效降低不必要的经济损失和因救援不及时导致的人员伤亡率。本文基于1992年至2017年的中国大陆地震灾害损失评估资料，选取其中大部分地震震例，以地震动相关参数及人口密度等影响因素作为输入层，以地震死亡人数为输出层，建立深度学习模型，对地震死亡人数进行快速评估。

其中优化算法选取滑动平均模型机制，即在更新参数的时候防止参数更新发生突变情况，在一定程度上可以提高模型在测试集上的准确率。通过tensorflow框架中的Exponential Moving Average函数来实现，函数对每一个变量会维护一个影子变量，影子变量的初始值就是相应变量的初始值，而每次运行变量同时更新影子变量值。其中shadow variable是影子变量，decay是滑动平均衰减率，variable是待更新的变量。本模型的影子变量为深度学习网络的权重w和b。滑动平均衰减率决定模型更新速度，decay越大，影子变量占比就越大，对新的影子变量更新幅度就越小。为使模型在训练前期可以更新得更快，函数提供num_updates参数来动态设置滑动平均衰减率的大小。随着迭代次数增加，decay也逐渐趋向于1，这样在迭代后期，模型可能已经收敛到最优点附近，却保证了模型不会出现非正常的参数更新的情况。

模型的输入层为发震时刻、震级、震中烈度、震源深度和人口密度等相关参数，可根据具体情况进行调节。输出层为地震死亡人数（受伤人数）。因此输入层和输出层节点数分别为5和1。中间层为隐藏层，增加隐藏层数可以有效降低网络误差，提高精度，但也使网络复杂化，从而增加网络训练时间并可能出现"过拟合"现象。一般优先考虑3层网络（即只有1个隐藏层）。靠增加隐藏层节点数来获得较低的误差的训练效果比增加隐藏层数更容易实现。本模型数据量小，但特征较为复杂，综合考虑选择两个隐藏层，经过多次试验优化，最终选择第一隐藏层节点数为40，第二隐藏层节点数为5。

预测结果与线性方法相比较，除个别极具破坏性的地震外，机器学习模型的结果准确率更高，证明模型可以作为应急救援时的参考。

区域金融突发事件应急能力建设

刘晓静　王慧彦

防灾科技学院，河北三河　065201

金融突发事件是指金融媒介、金融市场和金融基础设施突然发生无法预期或难以预期的、严重影响或可能会严重影响经济社会稳定，需要立即处置的金融事件。当前我国经济正处于结构调整和转型升级阶段，金融业改革全面深化，金融机构活力进一步提高。但伴随综合经营模式发展以及互联网技术的融入，导致金融突发事件的不确定性因素也不断变化，金融突发事件显现出跨部门、跨省市、跨行业等特点。

从应急管理角度出发，并结合现阶段金融业的发展特点，区域金融突发事件应急能力建设应重点放在跨部门协调联动、监测预警以及政府在金融应急管理中的角色定位等关键问题。第一，跨部门协调联动。我国金融业采取"垂直管理，分业监管"模式，但当今金融业综合经营趋势明显，很多大中型银行、证券公司和保险公司通过设立、并购其他金融行业子公司和开展以资产管理业务为代表的交叉性金融业务，跨行业跨市场开展"大金融"式综合经营，因此金融应急也需要跟随形势变化，构建跨部门协调联动机制；第二，凸显监测预警。金融活动因其业务特殊性，扩散效应较强，一旦突发事件出现，例如突发挤兑或者集中退保等，其影响极易通过金融机构、金融市场以及媒体宣传等迅速扩大，事中处置和事后恢复成本都比较高。如果能及时识别金融风险，控制事件发展演变，将金融突发事件遏制在萌芽状态，既可以避免事态扩大，提升应急管理效果，又可降低应急管理工作成本；第三，明确政府在金融应急管理中的定位。鉴于金融行业的特殊性，我国在20世纪90年代确立了金融业分业经营、分业监管体制，其监督监管工作主要由一行三会负责，风险控制和应急处置工作也由其承担。但由于金融业跨业融合创新趋势愈演愈烈，银行、证券、保险等行业交叉和融合逐渐深化，准金融机构和类金融机构业务创新速度快，监管具有时滞性。而这些领域却是近几年爆发金融突发事件的"重灾区"，受损投资者多数会选择到当地政府部门上访或者聚集维权。因此，急需由地方政府协调辖区内中央外派机构之间协力合作，共同应对金融突发事件。

区域金融突发事件的应急能力建设将对地方政府辖区内中央金融垂直管理和地方政府属地管理之间的协调配合提供契合点，为区域金融安全保驾护航。

全球地震死亡人数时间序列特征研究

吴昊昱[1] 吴新燕[2] 路 尧[1] 李宏伟[1]

1. 山西省地震局，山西太原 030021；2. 中国地震局地球物理研究所，北京 100081

破坏性地震给灾区带来巨大的人员伤亡和经济损失以及难以估量的间接损失。研究其震后死亡人数的变化显得尤为重要，不仅可以为应急物资的分配提供参考，对于应急救援和医疗救援的人力安排，以及震后人员安置和重建方案的制定也具有一定的参考价值。

本文选取了1996年以来全球61次地震并造成人员死亡的震例，其中包含中国的18次地震震例，主要利用新浪网（http://news.sina.com.cn/zt/index.shtml）设立的关于地震报道的专题，统计了自1996年到2018年新浪网对地震死亡人数的报道，时间以新浪网网页发布时间为准。选择同一个网站平台系统来研究地震死亡人数的时间进程，是为了研究得到的震例数据比较一致，具有可比性。

通过观察最近20多年来地震死亡人数随时间变化的情况，发现地震刚发生的数天内死亡人数呈快速增长趋势。随着时间的推移和救援工作的深入，发现生还者的可能性逐渐减少，死亡人数的增速逐渐缓慢，直至趋于饱和值。尤其是特大地震发生后，道路和通讯中断，地震造成的真实人员伤亡数字不可能在短时间内全部报送到上级部门，地震前几天政府发布的官方数据可能是局部生命损失，直到大批救灾部队进入重灾区全面开展救援后，死亡数据才得以完全呈现。上述规律符合时间序列长期趋势预测模型中的对数函数所描述的现象，本文就利用对数函数对震例进行数据拟合：

$$D = b \times \ln t \pm a$$

式中，D为地震死亡人数；t为震后时间（h）；a和b为拟合系数。

利用对数函数对震例进行了数据拟合，结果（图1）表明：①全球地震死亡人数与震后报出的时间呈现有着很好的相关性曲线，即死亡人数越多，确定最终死亡人数的震后时间越长。②地震死亡人数接近总数震后报出时间越短，表明救援响应越及时，救援能力越强。③根据震例数据拟合线显示我国的应急救援能力及响应时间优于全球平均水平，我国地震造成的人员死亡人数低于全球平均水平。

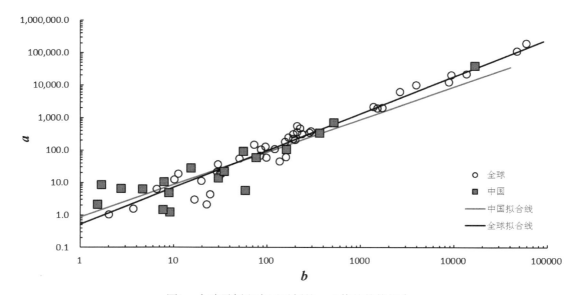

图1 全球震例和中国震例的a、b值的趋势拟合

渭南市地震情景构建：基于参与式方法和国际经验的示范

苏桂武[1]　Janise Rodgers[2]　沈文伟[3]　Philip England[4]　John Young[5]　齐文华[1]　李志强[1]

王东明[6]　Emilyso[7]　Barry Parsons[4]

1. 中国地震局地质研究所，北京　100029；2. 美国国际地灾，美国加州；3. 香港理工大学，中国香港；
4. 牛津大学，英国牛津；5. 英国海外发展研究所，英国伦敦；6. 中国地震灾害防御中心，
北京　100029；7. 剑桥大学，英国剑桥

　　"渭南市地震情景构建示范"是国家自然科学基金国际合作项目"鄂尔多斯地区地震灾害风险的参与式评估与治理（PAGER-O）"的核心工作，由中国国家自然科学基金委员会（NSFC）和英国自然环境研究理事会（NERC）及社会经济研究理事会（ESRC）联合资助；执行期2016年1月—2018年12月。PAGER-O项目特别关注我国防震减灾工作存在的以下两点广泛不足：一是政府层面自上而下减灾对策与民众及社会基层自下而上办法间相互衔接与促进上的不足，二为科学研究向实际减灾对策转化上的不足。为此，项目以陕西省为研究区，以系列化的多尺度地震灾害韧性和地震灾害意识等方面的基线与社会科学调查研究为基础，将工作重心聚焦在采用有地方人员广泛参与的"泛参与研究范式（Pan-participatory approach）"，通过融合国际经验，为陕西省渭南市示范构建了一个内容丰富的地震情景。期间，来自国内外众多学科领域的研究者与"当地诸减灾相关部门/单位"一起，通过大跨度的多学科与多工作领域人员间的密切合作，共同诊断了渭南存在的主要地震灾害风险与隐患，共同提炼了提升当地防震减灾能力的针对性对策（建议），研发了示范应用产品；从而实现了对以上两点广泛不足的有益探索与弥补推动示范。

　　PAGER-O项目已发表十数篇科学论文，详细阐述了渭南市地震情景构建所涉及的一系列科学技术问题及所取得的认识与结果。以此为基础，以宣传教育为主要目标，项目创作了两版针对不同读者对象的地震情景叙事读本（图1），旨在推动"弥补科学研究向实际减灾对策转化的不足"。两版内容与形式均有显著差别的叙事读本，其一面向政府人员使用（中英两版），其二面向社会民众阅读（中英两版），旨在推动政府自上而下对策与民众及基层自下而上办法间的相互衔接与促进。两读本均含三方面内容：①一则虚构农村留守儿童家庭的可能地震情景遭遇故事（政府版安排文字完整版，公众版安排连环画故事梗概），情节凸显了渭南面临的主要地震灾害风险或隐患；②渭南地震情景构建所取得的结果/认识/建议（政府版概括呈现所有主要内容，公众版仅含少量）；③地震灾害和实用防震减灾基础知识（公众版）和政策/对策信息（政府版）。其中，后两部分均围绕"故事"的主线与情节进行编排，以期借助"故事"帮助读者理解那些基础知识/实用技能/专业内容，激发读者感受"故事"的同时，增强减灾意识，进而能共同采取行动，推动自上而下和自下而上两个方向上的减灾能力建设，从而使渭南地区和渭南民众及他们的家更安全。

图1　渭南市地震情景构建工作应用产品——地震情景叙事读本：政府版（左两图）和公众版（右两图）

"8·8"九寨沟地震震后无人机影像滑坡自动识别与空间特征分析

李　强　张景发　焦其松　罗　毅

中国地震局地壳应力研究所，北京　100085

2017年8月8日发生的7.0级九寨沟地震诱发九寨沟熊猫海附近产生大量的滑坡体，造成道路阻塞，严重影响地震应急救援进度。地震造成的滑坡具有分布范围广、数量多的特征，由于灾情的紧迫性，传统多人目视解译的工作模式不能满足地震应急时效性的需求。

为快速准确地识别滑坡分布范围并提供给现场救援人员，在深入分析滑坡遥感影像特征的基础上，引入面向对象的方法，实现震后滑坡体的自动识别。通过多尺度分割算法获取滑坡多层次影像对象，综合利用对象的光谱、纹理、形状等特征，利用SEaTH算法自动构建每一层次特征规则集，实现基于不同层次分析的滑坡体自动识别。与人工目视解译相比较，基于面向对象的滑坡自动识别方法提取精度可达94.8%，Kappa系数为0.827，在电脑配置相同的情况下，自动识别方法的效率是人工目视解译效率的一倍。

基于滑坡识别结果，分析地震同震滑坡在地形、活动断层等因子中的空间分布特征，表明：地震滑坡的空间分布与斜坡坡度、地形起伏度呈正相关关系，与地表粗糙度存在负相关关系，研究区滑坡体分布存在断层效应，推断主要受塔藏断裂控制，控制因子的确定分析，可为地震滑坡预测与危险性评价奠定基础。

 作者信箱：liqiang08@163.com

地震应急测震流动观测50年历程及展望

杨建思

中国地震局地球物理研究所，北京　100081

我国地震应急流动观测可以追溯到1966年邢台地震，从那时起，地震应急测震流动观测在地震应急工作、地震观测技术发展、地震科学研究中发挥了重要作用。

观测技术方面：由单台独立地震现场观测然后将各台站地震图纸汇总到一个地方综合分析发展到多台实时组网传输到一个中心记录并准实时分析；由模拟滚筒纸记录发展到数字化记录；由有限某个频带范围发展到宽频带范围观测；由不到50dB的动态范围发展到120dB以上的大动态范围记录；不仅如此，还通过虚拟动态台网方式将流动观测网和常规观测网合为一体，将流动观测数据实时共享到地震后方的观测机构和研究单位。

在地震数据分析处理方面：从单台初步分析、每天或固定时间将各流动台站观测资料汇总到一个地方分析，处理一天的观测记录常常要数日。一位在1976年盐源7.2级地震现场观测的人员亲身经历过分析一天的地震记录图用了一个月的时间。而现在，余震序列的目录仅仅是延迟几个小时。

在科研成果方面：密集—平静这一唯一世界认可的地震前兆是1966年邢台地震现场观测所总结出来的。以后的地震现场流动观测结果，不仅在时间序列上得出了一系列地震序列发展趋势的规律，积累了判断主震—余震、前震、震群等地震序列性质的知识与经验，还在空间上揭示了每一次地震的空间特点。与此同时，也发现了地震区地下介质性质及应力变化，并能刻画出发震断层及相关构造。

而目前，地震现场流动观测的发展趋势是在资料处理方面自动化、现场流动观测手段上综合化、仪器进一步大动态及小型化以及地震前后工作方协同化；并将以极端现地预警方式直接服务于社会。

地震应急基础数据库近期发展特点研究

李志强　李晓丽

中国地震台网中心，北京　100045

地震应急是指破坏性地震发生前所做的各种应急准备以及地震发生后采取的紧急抢险救灾行动。快速、准确、全面地掌握地震灾区灾情信息是各级政府开展地震应急工作、做出抗震救灾决策特别是科学决策救援行动的重要基础和依据。

由于震后通讯网络的普遍破坏，灾情快速评估是进行地震救援和应急行动的重要依据。灾情快速评估的一个重要基础是地震应急数据。地震应急数据是各级地震部门开展应急工作的基础，完善的基础数据能为地震应急提供有力的支持和保证。

针对地震应急，需要首先明确地震应急需要怎样的数据，这决定了我们应该如何利用这些数据做出正确的应急指挥决策。地震发生后对于灾区经济、人口、房屋建筑、重要目标、学校、医院、救灾队伍、疏散场地、交通等信息掌握得越详细越能制定出行而有效的决策，基于这些年来对于地震应急数据的收集及其应用工作的认真探讨，提出几点问题：一、什么样的数据才能更加明显地反映灾区的真实情况；二、什么样的数据才能给地震专家一个对灾区由感性认识到理性认识的过程；三、什么样的数据才能为地震应急提供详尽的决策依据（解决去哪里救、怎么救的问题）。

地震应急基础数据库建设的基本单元前后经历了单体，乡、街道，公里格网三个阶段。1994年，我国第一个重点监视防御区大中城市震害预测及防震减灾对策示范工程——乌鲁木齐市天山区震害预测及减灾对策项目实施后，我国开始广泛在各个大中城市开展以单体为基础的大中城市震害预测项目。如"九五"期间，中国地震局和福建省政府防震减灾重点项目——闽南地区综合防震减灾示范工程。

"九五"时期，首都防震减灾示范区项目工程在农村以乡为承灾体最小单元、城市以街道为最小单元（部分城市以区为基础），我们第一次实现了覆盖地市以上区域的所有管辖范围内各类信息的综合地震应急基础数据库。

"十五"期间，以《中国数字地震网络项目》以依托，国家在31个省（直辖市、自治区）建立了全国一体化的地震应急与救灾指挥技术体系，其中地震应急基础数据是整个地震应急指挥系统进行抗震救灾指挥决策的基础和核心，最小地震应急承灾体为乡镇一级的面状数据。

"十一五"期间，中国地震局开始发展基于公里格网的地震应急承灾体研究。国家地震社会服务工程项目之一——地震应急联动协同灾情数据库建设，开始把公里格网数据作为地震应急基础数据库的组成部分开展工作。

随着我国高分辨率资源探查卫星和无人驾驶小飞机的迅速普及，随着全国地理国情普查、国土资源大调查等相关工作的全面展开，全国范围的地震应急承灾体——居民地的研究成为可能。

由于居民地跟震害预测中的单体一样，是最直接的承灾体，所以利用居民地承灾体数据能够取得较为精确的预评估结果（人口伤亡、建筑物损毁情况等），同样利用居民地承灾体能够实现高效、精确的应急救援（解决去哪里救、何种方式去救的问题）。

从地震应急承灾体研究的基本单元的前后变化——单体—乡—公里格网—居民地中可以看出，地震应急从最开始提供人口伤亡、经济损失评估等基本信息到现在为应急和救援行动指挥提供更精细化、准确化的决策依据的不断转化和深化。

目前，基于居民地的地震应急承灾体数据库研究刚刚开始，已经收到了良好的效果。

| 作者信箱：lzhq@ies.ac.cn

地震应急灾情遥感评估最新进展

王晓青　窦爱霞　袁小祥　丁　香

中国地震局地震预测研究所，北京　100036

　　随着遥感技术的快速发展，遥感在数据源类型、时空分辨率和波谱分辨率等方面得到迅速提高，这为遥感在地震应急中的应用提供了重要基础。遥感技术及其在地震应急灾情评估中的应用进展主要表现出如下特点：①遥感信息源越来越丰富，尤其以国产卫星遥感、小卫星遥感、无人机遥感，以及丰富的传感器类型为特点；②基于遥感的地震灾情信息的提取方法得到快速发展，特别是高性能计算、大数据、深度神经网络等技术的应用，提高了房屋建筑震害、地震滑坡和堰塞湖等次生灾害、道路震害等信息提取的准确性和时效性；③空—天—地结合的灾情提取和评估技术得到发展，综合卫星遥感、航空遥感、地面台网观测、地震现场调查等多种手段，点—面结合、优势互补，进一步提高了地震灾情评估的准确性；④提高了灾情信息在地震应急响应、应急指挥决策和现场应急救援中应用的针对性；⑤开展空—天—地结合灾区获取，灾害信息提取与评估、地震应急指挥对策、应急救援对策、地震应急服务的系统初步研发；⑥通过编制和发布系列行业标准，提高了应急遥感分析处理、信息服务的标准化程度；⑦通过在全球范围特别是"一带一路"国家，以及包含地震地质灾害、气象洪水灾害等多灾种的应急应用，扩大了应急遥感综合应用的能力和实效性。本文结合国家重点研发项目初步成果、地震行业标准"地震灾害遥感评估"（2018年12月26日发布）、2017年8月8日九寨沟7.0级地震、2017年11月18日米林6.9级地震、2018年7月23日老挝溃坝、2018年9月28日印度尼西亚中苏拉威西省7.4级地震等震后应急遥感监测评估，以及若干历史重大破坏性地震灾害评估最新研究成果，展示了最新的地震应急遥感评估研究与应用成果，并对地震灾害遥感技术发展及其应用进行了展望。本研究得到国家重点研发项目课题"'一带一路'重特大地震地质灾害协同监测应急响应示范"（2017YFB0504104）的支持。

地震重点危险区损失预评估信息
服务系统研究与应用

刘　军[1,2]　谭　明[2]　宋立军[2]　王新刚[2]　任华育[1]

1. 贵州省地震局，贵州贵阳　550001；
2. 新疆维吾尔自治区地震局，新疆乌鲁木齐　830011

随着经济建设的不断发展，人民生活水平的迅速提高，破坏性地震造成的损失正在快速攀升。在地震发生后，迅速确定灾害影响范围，判断灾害损失规模，对政府迅速开展抗震救灾部署起到了非常重要的作用。然而，由于当前损失预测等基础研究还不够完善，一定程度上难以准确快速评估人员伤亡和直接经济损失，这在一定程度上加剧了指挥长和专家对灾情研判和救援决策的难度，不利于政府对灾情的迅速响应和处置；同时，经现场调查修正后的损失预测相对于系统初评估的结果来说具有更好的科学性和实用价值。

近年来，地震危险区损失预评估现场调查作为震前科技准备打下了坚实的基础，在地震应急中发挥了积极的作用，同时也积累了大量基础资料，但是也存在几方面问题，主要表现在如下几个方面：①现场调查资料并未得到充分利用和挖掘；②资料未统一管理、共享性差，甚至宝贵的现场资料遗失；③资料管理、展示形式差。因此，收集和整理重点危险区内现场调研资料和损失预测数据，建立一套预评估信息管理系统，震后为指挥长和专家进行灾情研判和救援决策具有非常现实的意义。

为了实现历年重点危险区损失预评估调研资料信息化管理，震后能友好地展示预评估损失，系统应用Spring/Struts/Hibernate 轻量级架构，基于百度地图和MySQL数据库，研发了一套地震重点危险区损失预评估信息管理系统，能快速对年度重点危险区内已开展的人员伤亡、灾区人口、各类物资需求等损失预测的快速查询服务。该系统主要包括登陆口令验证、调研资料管理、预评估信息服务、震中位置参数配置和系统设置等5个功能模块构成。

系统采用如下技术思路设计与实现：①对年度重点危险区的调研资料进行统计和分析，将文档、图片、影像等分类存档，并收集和整理已开展的预评估数据和结果；②建立预评估信息数据库，本系统采用MySQL为后台数据库，这是一个小型、开放源码的关系型数据库管理系统，其运行速度快、执行率高，而且易于使用；③采用B/S模式，在Web服务器Tomcat上基于JSP＋MySQL技术开发一套管理信息软件，采用客户端/服务器的架构。客户端负责客户端界面显示，服务器负责数据接收和存储；将数据展示在百度电子地图上，根据预评估触发的地震的空间位置和真实地震的相对关系，快速调出相关快评结果，并为指挥长和专家提供服务。

本系统开发的重点危险区损失预评估信息系统，充分利用重点危险区预评估资料，为应急技术人员建立一套直观、快速响应的预评估信息展示平台，实现了对年度地震重点危险区预评估的信息化管理和调研数据的共享，在震后快速了解灾区基本信息后，提供发震地区（同区县）的损失预测，来宏观分析和把握地震灾情的规模，采取有的放矢的对策，为震害和灾情快速研判提供科学依据。

通过建立的震害预测数据库和调查资料管理信息系统，将经过现场调查修正后的损失预测快速展示在百度地图上，便于指挥长对灾情进行研判，将该结果与当前"十五"系统和社服系统进行对比，本系统具有如下特点：

（1）提供结果的时间更快。直接从数据库里调出并展示在百度地图上，不需要系统从头开始进行繁杂的计算；

（2）结果科学性和准确性更高。因为损失评估是结合现场的房屋抗震性能、人口分布及震害特征调查且进行了修正的，从结果上对比来看，比系统直接计算的结果更为准确。

| 作者信箱：392436911@qq.com

基于QGIS的地震应急专题图符号库制作与应用

陈雅慧 李志强 李晓丽 高小跃

中国地震台网中心，北京 100045

地震应急专题图是震后应急的重要产出产品，是应急专家和领导实施应急指挥决策的重要基础图件资料。地图符号是表达地图内容的基本手段，规范美观的地图符号库能够改进地图制图效果，丰富制图表达细节。在震前完成统一的地图符号库制作，能够提高地震应急期间的产出效率。

本次地震应急专题图符号库制作以开源软件QGIS为基础，具有要素加载更快速、颜色渲染更美观等优势，对于复杂符号提供SVG填充设计方式。符号库以基础底图要素、地震相关要素为数据源，主要分为点、线、面三类，具体包括：国界、省界、市州界、县区界、乡镇界，及其对应的居民点数据，交通、水系、兴趣点、活动断裂、震中、等震线等。制作过程中，对于单一符号，采用简单标记，通过填充、描边、大小、角度、偏移操作进行修改；对于复杂符号（如国界线用"工字段"短线和点交替的符号），采用多层叠加，通过设置标记线间隔、自定义横线样式等方式，按比例调整符号。在制图时应根据实际情况，按照地图比例尺及出图幅面确定要素符号和注记大小。

不同地震产出的图件所包含的具体底图要素与地震震级密切相关，震级越大影响范围越大，比例尺越小，要素的密度越大，相应的地图符号也要随之变小。此外，东西部地区也存在着疏密差异，这时就需要对乡、村一级的数据按比例尺范围设置可见性，以确保要素疏密得当，避免出现地图符号压盖遮挡的情况。当地震影响范围区域过于稀疏时，要添加水系等底图要素，保证在能够清晰显示地震烈度的同时，丰富专题图内容，增强地图可视化效果。

实际应用发现，QGIS制作的地图符号库符合国家标准与行业规范，能够满足地震应急专题图制图需求，在今后的地震应急工作中有良好的发展前景。

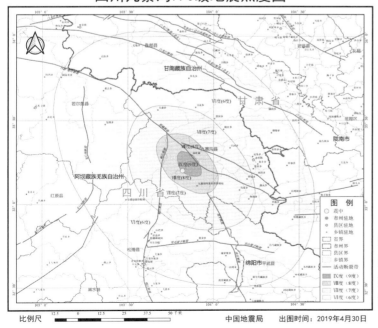

四川九寨沟7.0级地震烈度图（QGIS制作）

基于变差函数纹理特征的极化SAR建筑物震害信息提取

肖修来　翟　玮　郭　晓

中国地震局兰州地震研究所，甘肃兰州　730000

快速评估建筑物地震灾害信息对地震应急救援工作有着指导意义，而极化SAR具有全天候、全天时的特点，因此，利用极化SAR图像提取震害信息已逐渐成为研究热点。虽然极化SAR具有丰富的极化信息，然而极化SAR上还有清晰的纹理信息不可忽略，尤其是完好的人工建筑物在图像上呈现规则的纹理特征，而倒塌建筑区域纹理分布杂乱，因此，结合纹理信息也可以很好地提取建筑物信息。本文以2010年玉树地区的全极化SAR数据为研究对象，利用Yamaguchi分解中的体散射分量P_V提取了SAR图像中的建筑物区域，在此基础上基于变差值提取完好建筑物和倒塌建筑物区域，为了对比分析，本文利用Yamaguchi分解中的二次散射分量P_D提取了完好建筑物区域，最后发现，结合纹理信息的震害信息提取精度较高。

首先，对SAR图像进行建筑物和非建筑物区分，在P_V分量图像上的建筑物区域和非建筑物区域分别选取100个样本矩阵，计算样本矩阵均值后，基于最小误差求得建筑物和非建筑物区域的阈值，根据阈值将建筑物区域和非建筑物区域分别提取；其次，在建筑物区域，分别选取完好建筑物和倒塌建筑物的样本矩阵计算变差值，再绘制变差曲线（图1）。确定变程a=11后，对建筑物区域进行变差计算，并且对计算结果采用FCM算法分别将完好建筑物和倒塌建筑物提取出来；为了对分类结果进行对比分析，基于P_D分量，采用K–M算法将完好建筑物、倒塌建筑物区域分别提取出来，并将提取结果和基于变差函数纹理特征法的结果作对比分析；最后，结合Google Earth历史影像对提取的完好建筑物和倒塌建筑物进行校对并计算提取精度。

本文结尾，讨论了基于Yamaguchi四分量分解法和变差函数法提取结果的不足，并提出结合地理信息数据以期进一步提高震害评估精度的想法。

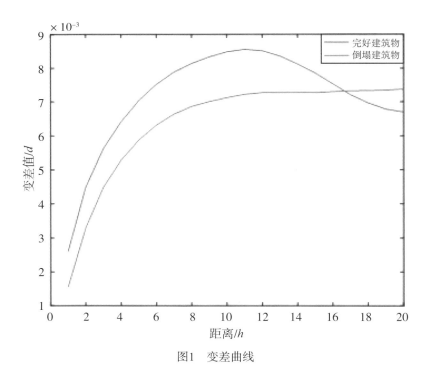

图1　变差曲线

基于城市抗震弹塑性分析和实测地震动的地震破坏力评估

程庆乐[1] 陆新征[2] 孙楚津[1] 顾栋炼[1] 许 镇[3]

1. 清华大学北京市钢与混凝土组合结构工程技术研究中心，北京 100084；
2. 清华大学土木工程系土木工程安全与耐久教育部重点试验室，北京 100084；
3. 北京科技大学土木与资源工程学院，北京 100083

地震后准确快速地评估建筑的破坏情况对抗震救灾有着重要意义。震后，灾区往往通讯不通畅，现场缺乏组织，短时间内难以有足够的专业人员对建筑震损进行评价，同时网络上不实言论的传播可能干扰正常救灾信息的获取和决策。因此，需要提出科学、客观、及时的震损评价方法。现有的震损评价方法往往存在如下问题：①单一的地震动参数输入较难全面地考虑地震动的动力特性；②基于易损性的震害分析方法对于缺乏实际震害数据的地区较难给出准确的震害预测结果；③基于静力推覆的能力—需求分析方法难以考虑地震动的持时、速度脉冲等特性。

针对以上问题，本文基于实测地面运动记录和城市抗震弹塑性分析方法，提出了一套近实时的地震破坏力评价方法。该方法的框架如图1所示，主要包括以下步骤：①通过密布地震台站获取发震地区实测地面运动记录；②根据当地建筑宏观统计信息，建立发震地区典型的区域建筑数据库；③运用城市抗震弹塑性分析方法，将实测地面运动记录输入到目标区域建筑分析模型中进行动力弹塑性时程分析，进而得到地震破坏力和人员加速度感受的分布，根据分析结果评价本次地震对该地区带来的影响。同时，为了便于每次的地震速报工作，开发了相应的地震破坏力速报系统Real-time Earthquake Damage Assessment using City-scale Time-history analysis（RED–ACT）。

本文所提出的方法在国内外50多次地震中得到成功应用，其中，2017年8月的九寨沟地震和2018年11月的阿拉斯加地震为典型应用案例。主要结论如下：①本文建议的方法基于实测地面运动记录，能较好地解决地震输入的不确定性问题；②该方法基于动力弹塑性时程分析，可以充分考虑地震动的幅值、频谱和持时特征以及不同建筑物的刚度、强度和变形特征；③本文建议的方法对目标区域进行分析，可以评价地震对目标区域建筑群的破坏能力；④本文所建议的近实时地震破坏力评价方法及相应的地震破坏力速报系统，在地震发生后短时间内给出地震破坏力评估结果，为科学制定抗震救灾决策和普及公众防灾减灾知识提供了有力手段。

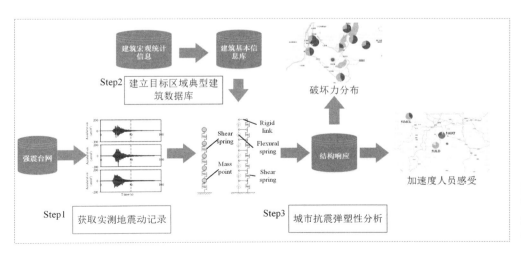

图1 本文建议的近实时地震破坏力评价方法

基于强震动观测和互联网的地震应急辅助决策系统

陈志耘　徐　扬

北京瑞辰凯尼科贸有限公司，北京　100043

地震应急期间，在缺乏必要信息的情况下进行决策，有可能造成不必要的混乱，增加恐慌、伤亡以及损失。

基于强震动观测和互联网的地震应急辅助决策系统可以在地震应急期间提供必要的辅助决策信息，帮助应急指挥者做出正确的决策，并和灾民进行有效的沟通。

美国凯尼公司研制的OASIS系统就是这样一种由强震动观测系统和信息系统构成的地震应急辅助决策系统。

建筑物在地震灾害中的破坏，是造成人身与财产损失的重要原因。应急指挥的决策者首先需要根据强震动观测的数据判定受灾地区中建筑物的受损程度，并据此来做出是否需要及时进行人员疏散的决策。

另外，系统可以通过互联网与灾民进行有效的沟通。系统可以根据来自灾民的手机签到和灾情报告及时提供全面的灾情。决策者可以通过手机应用程序发送疏散警报和疏散路线，指导灾民进行有序的疏散。当居民到达安全地点后可以通过手机及时更新个人当前的安全状况信息。

系统的工作流程如下图：

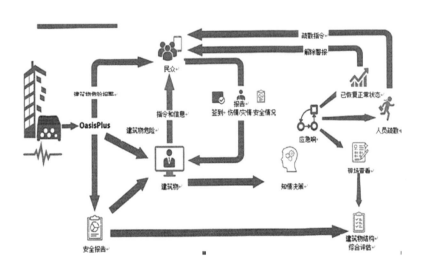

系统构成和主要功能

仪器设备

传感器：24个（50层以内的建筑物）或36个（>50层的建筑物）；Kinemetrics数字强震仪； Oasis软件；Autopro软件。

建筑安全性评估

现场研究和档案查阅；非线性有限元分析（FEM）；地震事件后建筑物评估方案和实施步骤。

信息与通信工具

OasisPlus 建筑平面图；OasisPlus 手机应用程序；OasisPlus 管理控制台；安全性报告。

作者信箱：mc@richenkine.com

基于深度学习和面向对象的建筑物自动提取研究

荆帅军[1]　帅向华[2]

1. 中国地震局地震预测研究所，北京　100036；
2. 中国地震台网中心，北京　100045

　　地震后快速、准确评估建筑物震害信息对灾害评估和应急救援具有重要作用。本文结合面向对象多尺度分割算法与深度学习卷积神经网络训练模型，研究自动快速提取灾区建筑物的新方法。基于遥感影像的地物提取最主要的两个内容是目标地物分割和地物分类，面向对象分割算法根据多个分割尺度将不同地物分割到不同的对象中，很好地解决了地物分割不开的难题，但是它对影像地物特征的学习能力弱，不能够全面地描述对象，过于依赖解译人员的专业知识和经验，需要结合影像手动进行大量的试验选取最佳特征阈值，造成了目标地物识别分类不准确。伴随着深度学习卷积神经网络模型的发展和被应用于遥感领域，它在地物识别分类方面展现了巨大的特征学习表达能力，它通过自动对样本集中分割对象不断的深层次学习，获取地物高层次的抽象特征，掌握了不同地物的纹理、形状属性信息，弥补了地物特征信息分类提取的不足。

　　本文使用分辨率10cm的无人机遥感影像，首先设置3层尺度集转换模型，使用多尺度分割算法进行动态分割，解决了多尺度分割需要多次调整尺度参数和建立多层次模型的问题。然后选取200×200尺寸像素大小图片构建训练样区，将训练样区分为三类：建筑物图片标签为1，非建筑物和背景图片标签分别为2和3。采用卷积神经网络VGG–16模型对样区进行特征学习和训练，在模型训练时，通过调整差异度和分类置信度参数，探索最佳的分类模型。模型训练成功后，选择softmax分类器自动提取研究区域的建筑物如图1（a），同时使用传统的支持向量机（svm）选择相同的分割尺度及形状紧致度参数、分类特征和样本进行分类如图1（b）。结果显示，基于传统的svm分类算法提取的建筑物难以将道路与建筑物分离，提取结果精度低，而基于面向对象和深度卷积神经网络提取的建筑物很好地将建筑物与其他地物分离，提取精度高。

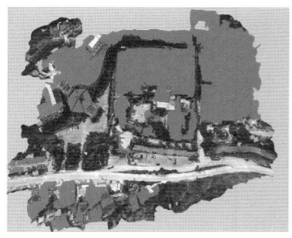 

（a）基于面向对象和ICNN的建筑物提取结果　　　　　（b）基于svm的建筑物提取结果

图1　基于两种分类方法的建筑物提取结果

基于手机信令信息的地震有感范围研判

李华玥¹ 聂高众² 范熙伟² 夏朝旭²

1. 中国地震台网中心，北京 100045；
2. 中国地震局地质研究所，北京 100029

重大地震灾害发生后，根据震后上报灾情、历史地震灾情和烈度与衰减关系经验公式等圈定地震有感范围是震后应急救援处置的首要任务之一。但多年应急救援的事实告诉我们，尤其大震发生后，通信联络处于失联状态，震后灾情的快速获取存在黑箱期，而经验关系又不适用于构造复杂区域，这些直接影响震后应急救援决策效率。近年来，随着移动端技术服务的迅猛发展和智能手机的极大普及，使得基于位置分享服务的人口热力图应用于震后快速判断震区人口密度成为可能。如何有效挖掘震前、震后手机信令数据资源，分析对比地震前后人群活跃点的变化情况，将人口热力图应用于地震的有感范围研判，将为救援工作提供数据支撑。

本文收集整理2017年四川九寨沟7.0级、2017年青川5.4级两次地震震前120分钟、震后180分钟的手机信令数据，用Geohash网格划分格网，绘制不同节点在地震发生前后活跃WIFI、无线网络联网设备、在线设备、活跃基站等数量的时序变化图，进一步对比震前、震后信令数据的变化特征，寻找时空突变点，然后将这些突变点所包围的范围视为有感范围。研究结果显示：多种数据中，活跃WiFi数据量最大，地震后数据变化明显，对地震事件敏感；无线网络联网设备数据实时性好，可及时反映出地震事件的影响。震后网络活跃度可作为有感范围的判别指标。选取震前不同时段、不同时刻作为参考标准，对地震有感范围判别有影响。

提高地震灾害应急救援效率的关键因素是迅速、准确地获取灾情信息，特别是人口分布情况、人员伤亡情况和建筑物受损情况等，为应急指挥工作的开展提供翔实可靠的基础数据。基于手机位置信息的信令数据将有更为丰富的应用，例如对可获取的用户GPS信息，深入分析区域平均移动速度、瞬时移动速度和异常震动设备数等数据，可进一步解决极震区判别、地震影响场判别和震后道路交通条件研判等问题，更好地服务于地震应急工作。

基于无人机正射影像的房屋震害识别研究

付　博[1]　李志强[2]

1. 湖北省地震局，湖北武汉　430071；
2. 中国地震台网中心，北京　100045

地震发生带来的众多破坏中，人员伤亡最受到关注。而人员的伤亡往往是由于震后倒塌的房屋所导致的。因此，获取震后房屋的整体震害情况对于地震的应急救援与评估有着十分重要的作用。传统获取震害信息的主要手段是利用高分辨的遥感影像进行信息的提取与识别。近年来伴随着无人机技术的飞速发展，在获取高分辨率影像方面也变得更加方便快捷。相比传统遥感技术，无人机遥感技术具有分辨率高、获取影像速度快、成本低等特点，在震后信息获取中的应用越来越广泛。

本研究选取2015年皮山6.5级地震后的无人机正射影像进行建筑物震害识别。利用面向对象技术与多尺度分割对皮山地区的无人机影像进行分割操作，通过多次试验后，最终确定了最优分割尺度为300像素单元。对于分割之后的影像，地物类别主要包含了道路、植被裸地以及建筑物四种类别。由于无人机影像缺少近红外波段数据，本文采取了绿叶指数GLI代替NDVI指数进行植被提取，选取GLI值大于0.015的部分划分为植被类型。在剩余的地物类别中，按照长度大于500个像素值并且长宽比大于4的对象划分成道路类别。在剩下的裸地与建筑物类别中，采取模糊分类中的最邻近分类方法进行类别划分，正确提取建筑物达到90%。

对于提取后的建筑物，本文按照震害等级将建筑物划分为基本完好、破坏与倒塌三类。针对218个建筑物样本，计算了包括灰度共生矩阵熵在内的11个基本参数。通过共线性检验排除了有序多分类logistic回归模型，选用了岭回归模型处理共线性问题。根据岭回归模型自变量筛选原则，最终选取了不对称性、密度、矩形度、灰度共生矩阵同质性、灰度共生矩阵对比度、边界指数6个特征参数作为自变量建立岭回归模型。利用建立的岭回归模型对218栋建筑物进行了验证，总体精度为81%，kappa系数为0.67。结果显示利用面向对象技术提取建筑物后，通过岭回归模型将建筑物划分为三类震害等级，在一定程度上可以满足震后快速评估的要求。

无人机低空遥感技术可以为地震应急与震害提取提供可靠的数据来源。通过建立适合于震后建筑物的统计模型，可以对建筑物的震害等级做出判断，提高了识别效率与速度。大部分受损程度较严重的建筑物，通过屋顶信息可以准确识别。但仅利用正射影像在进行建筑物震害等级判定时存在一定的缺陷，需借助一定的辅助信息才能保证分类的准确性。通过进一步的研究，探索无人机影像震害分类的等级标准具有较好的研究前景。

基于新浪微博的震后社交媒体灾情时空特征分析

薄 涛[1,2] 李小军[3,4] 高 爽[4]

1. 中国地震局工程力学研究所，黑龙江哈尔滨 150080；2. 北京市地震局，北京 100080；
3. 北京工业大学，北京 100124；4. 中国地震局地球物理研究所，北京 100081

伴随着移动互联网技术的迅速发展，蕴含海量数据的社交媒体平台为开展地震灾情获取和研判提供了一种全新的视角。社交媒体具有实时性、互动性、强扩散及空间分布广泛等特点，挖掘震后用户自发贡献的海量社交媒体数据可有效提升地震灾情获取能力，辅助应急指挥决策。掌握灾情数据的时空特征规律，对于受灾范围和人数的判定、舆情监控有一定的参考意义和促进作用。本文以新浪微博移动端为数据源，遵循地震应急指挥快速评估系统启动原则，通过网络爬虫与API并行的策略抓取了我国大陆地区2010年以来的206次破坏性地震震后72小时（东部4.0级以上，西部5.0级以上）灾情数据700余万条。对于上述数据进行结构化处理后，进一步开展了时间特征分析、空间特征分析以及基于热力图的位置微博时空特征变化分析，较为全面地挖掘出了近年来我国破坏性地震社交媒体端灾情数据的统计特征和规律，得出如下结论。

1. 总体时间特征

整体上，峰值时间点出现在震后2小时，经济不发达地区，如西藏，峰值出现明显延后；震后6小时左右，大部分地震灾情出现下滑。6.0级以上的产生严重灾情的破坏性地震，其灾情持续时间较长，并且受昼夜因素影响，特征曲线呈现较为规律的锯齿状（或者U型），而发生在夜间的地震，峰值时间出现明显延后。震后72小时内，地震谣言、纪念日以及新发生的地震也会对本次地震的灾情产生影响，使得已经下降的灾情热度再次升高。

2. 总体空间特征

灾情分布范围与震级呈正相关，6.0级以上的地震在全国范围都会有灾情相关信息产生和传递，体现出了社交媒体在信息传播上的裂变式网络结构。灾情占比上，震中所在省份占比最多，其次为有感地区省份；而四川、云南等多震省份对于非本省发生的地震讨论热度依然很高。若震级相同，则东部地区的灾情分布范围明显强于西部地区。经济发达地区的灾情分布范围明显大于欠发达地区，这说明社交媒体灾情受经济因素影响和互联网基础建设影响较大。北京在历次地震中均有灾情分布，分析原因主要是因为在京机构和媒体较多，对于历次地震的震情灾情有较多的转发。

3. 位置微博时空变化特征

该特征主要针对位置微博（带有具体经纬度坐标的微博数据）。位置微博集中于极震区和城市地区，分布不均匀；分布方向上表现出了和烈度分布图长轴方向一致的特性；震后0～2小时是位置微博热度最大的时间段，随着时间的推移，有感地区的位置微博热度降低程度大于极震区；受昼夜因素影响明显，0：00—4：00基本没有位置微博出现。位置微博在分布上受人口密度影响，但同时与现实中的灾情存在一定的一致性，位置微博较为集中的地区同时是受灾严重或影响范围较强的地区。

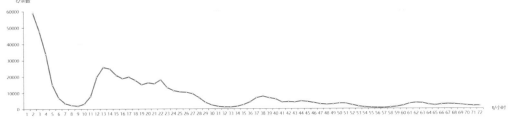

2017年8月8日九寨沟7.0级地震地震灾情时间特征曲线

| 作者信箱：botao@bjseis.gov.cn

近24年来中国大陆地震灾害损失时空特征分析

李晓丽[1,2]　　杨建思[1]　　李志强[2]

1. 中国地震局地球物理研究所，北京　100081；
2. 中国地震台网中心，北京　100045

　　我国是全世界地震活动最强烈、地震灾害最严重的国家之一，有近 1/3 以上的国土、近 1/2 的城市、近 2/3 百万以上人口的特大城市位于Ⅶ度以上的高地震烈度区。地震灾害对我国的社会经济影响巨大，对已有地震灾害损失信息进行系统梳理、探讨其时空差异性，对地震灾害损失趋势变化分析和地震防灾减灾工作的开展具有重大的意义。本文在对1993—2016年中国大陆地震灾害信息收集和整理的基础上，从表征灾害强度的三个绝对指标（人员伤亡、直接经济损失和受灾人口）和两个相对指标（直接经济损失/GDP，直接经济损失/地震释放的能量 E）入手，借助于灰色系统理论中的灰色关联度分析方法分别从时间（逐年）和空间（逐省）的尺度对中国大陆地震灾害损失时空特征展开分析。

　　统计结果表明：1993年至2016年期间共发生了306次灾害地震，造成直接经济损失12800亿元（2016年价格），死亡（含失踪）92034人，受灾人口1.58亿人。在这24年中，地震灾害造成的直接经济损失的绝对值呈增长趋势，其中2008年直接经济损失最大，2010、2013、2014、2015年高于平均水平；GDP的年均损失率（巨灾汶川地震不计入在内）整体也呈现增长的趋势，但不显著（$R^2 = 0.0851$，$p = 0.17$）；这与近年来社会经济的飞速发展及社会财富的暴露程度增大有关。直接经济损失/E的指标值在2012年达到峰值，2012年后呈现下降趋势，这一方面与经济发展带来的设防水平提高有关，另一方面与政府近年来尤其是汶川地震以来采取的一系列防震减灾的举措如安居房、隔震技术的推广等有关。从地域上来看，83.6%的灾害地震发生在中国的西部，西部的GDP损失率最大，中部次之，东部最小。从直接经济损失/E的指标值来看，中部最高，所面临的地震灾害损失风险最大。

　　灰色关联度分析法用灰色关联来描述因素间关系的强弱、大小和次序，与传统的多因素分析方法相比，该方法对数据要求较低且计算量较小，该方法在灾情评估和经济领域内取得了较好的应用效果。本文分别从时间（图1）和空间（图2）的尺度以人员伤亡、直接经济损失、受灾人口、直接经济损失/GDP、直接经济损失/E为指标计算了各年和各省的灰色关联度，并对灾害程度进行了分级。分析结果显示：2008年与2013年为极重灾年，1996年与2010年为重灾年，1995年、1998年、2003年和2014年为中灾年。从空间来看，四川、云南为极重灾省，青海为重灾省，西藏、新疆、广东为中灾省（区）。

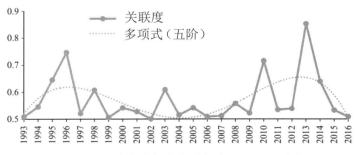

图1　地震灾害损失年度关联度（1993—2016年）

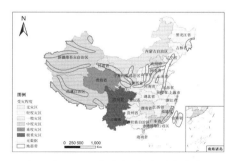

图2　全国地震灾害损失关联度分布图

矩阵转发技术在融合视频会议系统中的应用

林向洋　高小跃　甄　盟

中国地震台网中心，北京　100045

中国地震局应急指挥中心（原国务院抗震救灾指挥部，以下简称"指挥中心"）作为地震系统在震后重要指挥场所，承担震后指挥调度和信息汇聚的枢纽功能。特别是应急管理部成立以来，应急指挥通讯要求不断提高，各部属单位视频会议系统与应急管理部视频会议系统融合工作逐步开展。应急管理部在中国地震局部署了专线专用视频终端，已实现与中国地震局视频会议连通，但无法与非专线网络环境下的地震系统其他视频节点统一组会。在实现应急管理部和地震行业视频会议系统音视频流实时交汇的基础上，指挥中心可以分别接收到两套视频会议系统的音视频流进行双向转发，通过物理的方式实现跨网段视频会议融合。物理转发技术按连接方式主要有视频会议终端"背靠背"直连和通过矩阵转发两种方案（表1）。

表1　转发技术方案对比

对比项	终端"背靠背"连接	矩阵转发
视频质量	1080p，720p	1080p，720p
协议支持	H.263，H.264等	H.263，H.264等
转发信号源	视频会议终端	摄像机、工作站和视频会议终端等
信号源种类	HDCI	HDCI、VGA、DVI和HDMI等
双流模式	不支持	支持
主要优势	实施简单、快速实现	信号丰富、功能便于拓展
主要不足	信号单一、功能拓展能力弱	硬件设备要求高

由于指挥中心对视频会议系统的应用拓展要求高，结合指挥大厅现有高清音视频矩阵硬件条件，适宜采用矩阵转发技术对两套视频会议系统汇入指挥中心的音视频流和其他数据信息码流进行双向转发，完成应急管理部与地震系统多层级跨网段视频会议系统的融合（图1），实现视频会议通讯和信息数据的互联互通。本文介绍的矩阵转发技术方案，可供类似的应用场景参考。但融合视频会议系统应用过程中要求各层级多点控制单元（MCU）对各自组会做好控制，指挥中心再通过矩阵对实时传输的MCU混码流进行转发。由于MCU混码流在转发过程中受画面组合模式的限制，实际应用中存在操作不便利和对指定画面传输不灵活等问题。可结合电视墙服务器技术的应用对矩阵转发功能和视频会议效果进一步优化。

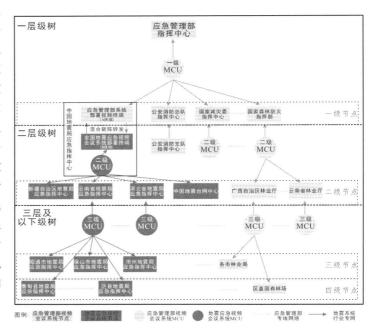

图1　应急管理部融合视频会议系统拓扑结构图

｜作者信箱：linxy@seis.ac.cn

考虑近断层地震动的城市燃气管网地震情景分析

贾晓辉　王　龙　刘爱文

中国地震局地球物理研究所，北京　100081

地震灾害情景分析是通过建立地震灾害场景，构建地震灾害应对任务模型，依据应对模型计算应急需求并对灾害预防、应急准备不断优化的防灾减灾手段，是一种情景式的应急准备模式，为日美中等国家的政府决策部门所采用。然而，情景分析工作在地震发生过程、地震动传播分布方面尚待深入研究，并且具体到某种类型的工程，需要考虑工程特殊性。

本文以城市燃气管网系统为研究对象，建立近断层地震动场的震时情景，作为管网面状结构的输入，完成震时燃气管网系统结构破坏、功能失效、燃气泄漏扩散和次生火灾的地震灾害场景构建，成果可为应急、救援对策优化提供建议。

在近断层地区，建立综合考虑震源、传播路径和场地效应等因素的计算模型，实现强地震动场的模拟。对计算的地震动场分析表明，在断层附近，近断层地震动十分强烈，且沿断裂呈细条状；最大峰值加速度产生在震源附近或断裂前方。模拟的地震动场能体现近断层地震动的集中性、破裂的向前方效应，因而计算的地震动能反映实际地震时的情景，可为工程抗震分析和灾害预测提供地震动输入。

研究区位于断层南侧10～16km范围内近断层区，对研究区域网格化，完成燃气网络系统地震灾害场景计算。分析表明，燃气管网破坏状态到达严重破坏状态以上，输气功能基本丧失，管网需大修或重建，得到的破坏结果超出预期。管网破坏状态、失效范围、燃气泄漏点，与地震动强度呈正相关。这说明近断层地震动对燃气管网的破坏不容忽视，结合近断层地震动特性有做深入研究的必要。

结合构建的地震情景和燃气系统震后特点，在地震应急处置预案中，对于燃气系统要做好震时停止制气供气、切断输气、关闭用气，及时应急抢修和消防灭火，实施强制措施处理燃气泄漏点而避免燃爆事故发生等工作。

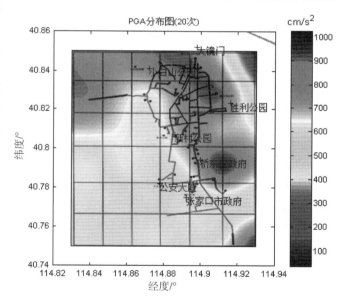

图1　燃气管网与对应的地震动峰值分布网格图

离线式地震应急专题图快速生成技术研究与应用

谭庆全

北京市地震局，北京　100080

1. 研究背景

地震应急专题图作为一种重要的信息表达和传递手段，在地震应急的各时段都发挥着重要的作用。因而，专题图的制作是地震应急指挥中心面临的一项重要业务工作。传统的制图方法是由专业技术人员利用专业GIS软件（或基于专业GIS软件二次开发的软件），实时连接基础数据库进行制作完成。为了提高制图效率，摆脱制图工作对专业人员和专业软件的依赖性，本研究提出一种新型的离线快速制图技术，其特点为：①对操作人员无专业GIS技能要求；②不依赖第三方商业GIS软件支持；③不需要实时连接应急基础数据库；④存储于U盘后，在普通的电脑上可以即插即用，适用于任意应急场景。

2. 关键技术

本研究的主要实现思路为：根据专题图制作模板需要，将每一类专题图的地理底图进行分层级预处理，建立一系列预存储的地图切片数据，在使用时，脱离GIS软件环境和基础数据，在自主研发的软件中利用这些预存储的切片数据再拼接出需要的地理底图，并与实时计算的灾情数据进行叠加，最后完成批量制图输出。本研究实现的关键技术包括：①离线专题地图数据生成技术；②大量离线专题地图数据存储管理技术；③可视化专题图配置与批量输出技术；④图层叠加分析与空间计算技术。

值得一提的是，上述各个关键技术模块，均基于自主研发的软件进行开发实现，并且各模块可以作为独立运行的软件进行运行。比如，利用模块（1）的软件，可以新增或重新生成某一类专题图的底图数据，在模块（3）软件中，可以自动识别新生成的数据，自动进行相应图件的输出。另外，基于面向对象的设计与编程方法，专题图的各个要素（图名、图号、比例尺、指北针、图例、单位、时间、人员、图框，等等）都可以通过可视化界面进行人工选择或配置。

3. 研究结果

在Visualstudio 2010集成开发环境中，自主设计研发了地震应急专题图离线生成软件，该研究打破了传统制图思维定势，解决了离线式应急制图所需要的全链条的关键技术，其"离线"特征可以从三个层面来理解：①从数据层面看，不需要连接基础数据库、不需要基础地理数据的实时叠加和渲染，基于离线的预存储数据即可进行可视化制图表达；②从软件平台层面看，不需要商业GIS平台软件及后台数据库软件的支撑，基于自主研发的软件和算法即可完成所有制图工作；③从应用层面看，研究结果可以部署于移动存储设备，不依赖特定的软硬件环境，针对不同应用场景，在普通PC机上实现即插即用。

该研究先后得到地震科技星火计划和北京市自然科学基金的资助，均以"优秀"通过专家组验收，并且入选北京市自然科学基金优秀成果。目前，软件已经在全国几十家单位进行了推广应用。

4. 讨论与展望

该离线制图技术是将制图过程中最复杂、最耗时的图层解析与渲染过程进行提前分层预处理（需要更多的存储空间），基于离线存储的底图数据进行简单的重新拼接与剪裁后完成制图输出（显著提高效率），这种以"空间换取时间"的策略显然是划算的。在现有研究基础上，还需要在以下三个方面开展更深入的研究工作：①基于震后动态震情灾情信息（余震、救灾进展、灾情统计等）的自动综合制图；②可视化动态标绘与自动制图；③集成快速评估模型与其他离线基础数据，实现快速评估、报告生成、制图表达、应急指挥于一体的离线应急应用软件。

人口数据精度对地震灾害人员伤亡评估的影响定量分析

陈文凯 李 雯 朱 瑞 苏浩然 王紫荆

中国地震局兰州地震研究所，甘肃兰州 730000

地震因其突发、影响范围广、破坏程度大等特点，位居自然灾害之首。减轻地震造成的损失是抗震救灾的主要目标，经过学者长期的理论研究和工作实践证明，实现这一目标的有效手段为震后采取科学高效的应急救援措施。如何采取科学高效的应急救援措施关键在于能否在最短时间内获得准确的地震灾情信息支持（安基文等，2015）。目前常采用地震灾情快速评估系统进行灾情快速评估，为各级政府及应急管理部门震后指挥决策提供科学依据。地震灾情快速评估系统中最重要的模型为人员伤亡评估模型，该模型产出结果直接影响政府启动的应急响应级别、应急救援队伍及救灾物资的调配，是震后应急指挥决策技术支撑的核心。地震灾害人员伤亡评估结果主要依据评估模型和基础数据。一般在评估模型确定的情况下，基础数据精度对评估结果的影响很大（陈振拓，2012），尤其是在地广人稀的中国西部区域，采用县级统计数据会造成较大评估误差。目前有很多机构和学者对人口空间化数据进行了研究（董南等，2016），获得了高精度的人口空间数据，如美国能源部橡树岭国家实验室制作的LandScan全球人口动态数据库（Bhaduri et al.，2007），欧洲100×100m的人口格网数据（Batista esilva et al.，2013），中国公里格网人口数据（安基文等，2015）等。相关研究主要关注人口数据精度及其空间化方法，对相关领域内的人口数据应用效果及其影响研究较少，尤其是针对地震灾害快速评估领域目前尚未公开发表的论文。本文以2008—2018年甘肃省及其周边发生的实际地震为例，研究不同精度人口数据对地震灾害快速评估中人员伤亡评估结果可靠性进行分析，评价不同精度的人口数据对评估结果的影响程度，为震后快速评估结果可靠性提供定量的评价依据，为各级政府和应急管理部门抗震救灾提供科技支撑。将四种数据源的人口数据根据实际地震烈度进行空间计算，得到每个烈度区内不同数据源的人口数据。文中为了能够定量分析数据误差，将人口公里格网数据定为基准数据（即标准值），对其他三类数据进行误差分析，结果表明：①相对于人口公里格网数据，乡镇驻地、乡镇区划、区县区划三类人口数据都有一定的误差，误差范围在0.23%～531.91%之间；区县区划人口数据总体误差偏大，尤其是在景泰—天祝6.2级地震、永登5.8级地震的震区总人口、各烈度区人口误差非常大，最高达到531.91%，最小的区域人口误差也达到72.26%。②以实际震例计算灾区总人口、各烈度区人口时发现，这三类数据相对于人口公里格网都会存在不同程度的误差，区县数据误差波动大，且误差也最大；乡镇驻地误差波动范围居中，误差次之；乡镇区划数据误差波动范围最小，误差也最小。③灾区面积直接影响三类数据的精度，灾区面积越大，三类数据都呈现误差减小的趋势；灾区面积越小，三类数据误差都增加，区县误差增加幅度最大，乡镇驻地次之，乡镇区划数据误差增加幅度最小，说明乡镇区划数据在这三类数据中具有较好的稳定性。④三类数据精度与人口实际分布息息相关，存在人口分布越稀疏，数据误差越大，而人口分布越密集，数据误差越小的规律。

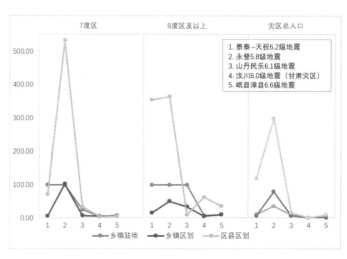

图1 实际地震各烈度区人口精度评价

我国地震应急指挥技术发展

帅向华

中国地震台网中心，北京　100045

地震应急是指为应对突发公共事件——破坏性地震，尽可能地保护和挽救人民生命财产，减少人员伤亡和重大次生灾害威胁，维护社会稳定，各级政府所采取的震前应急准备、预警应急防范和震后应急指挥与救灾抢险等应急行动。地震应急指挥是指当破坏性地震发生时，各级政府根据震情、灾情的实际情况，迅速调度指挥一切可以救灾的资源（队伍、物资），进行针对性救灾工作的决策过程，其目的是为了最大限度减少灾害损失，稳定灾区社会秩序。

我国地震应急指挥技术的发展已经历了三个阶段，分别是起步阶段、发展阶段和成熟与深化阶段。我国地震应急指挥技术起步于"九五"期间，最初称为地震应急快速响应系统，依托"九五"项目，建成我国第一个地震应急快速响应系统，初步实现地震灾害的快速评估和辅助决策处理；与此同时，开展了针对城市的防震减灾信息管理和辅助决策系统示范项目，包括新疆乌鲁木齐市区、安徽合肥市中区、四川自贡市区、天津滨海区、山东泰安市区与东营市区、福建省闽南示范区（漳州市区、厦门市区、泉州市区及南安市区）、福州市区、大连市开发区等，实现单独针对城市的震害预测与辅助决策。在首都圈防震减灾示范项目中，建设了北京市、天津市和河北省的8个中心城市（石家庄、唐山、保定、秦皇岛、张家口、廊坊、沧州、承德）的防震减灾示范系统，首次构建了针对区域的地震应急快速响应系统。2000年2月24日，正式成立国务院抗震救灾指挥部，为了给国务院抗震救灾指挥部提供技术支撑，中国地震局建成了国务院抗震救灾指挥部地震应急指挥技术系统雏形，初步实现了地震应急指挥的基本功能，针对中国大陆地震，在40分钟内，根据地震灾害应急基础数据和地震应急相关理论模型给出地震灾害可能造成的地震影响范围、人员伤亡和经济损失等快速评估结果、制定出相应的辅助决策意见，为国务院抗震救灾指挥部提供通信、综合信息服务、应急指挥等技术支撑。基本做到提供信息、出好主意、发布命令。我国的地震应急指挥技术发展阶段体现在"十五"期间，依托国家投资建设的中国数字地震观测网络项目，建成了覆盖全国的地震应急指挥技术系统，包括1个国家中心和31个省（市）地震应急指挥技术系统、60个重点城市的灾情上报系统、地震频发和一些经济发达地区的地震现场应急指挥技术系统，形成国家、区域、城市和现场四级层次的地震应急指挥体系，为国务院和各省政府开展地震应急、实施抗震救灾指挥提供指挥场所和各种必要的技术手段，地震发生后，依据经验模型，结合地震应急基础数据和现场信息，迅速给出地震规模、影响范围、人员伤亡、经济损失等和在此之上的科学决策和调度方案等，提高应急指挥和决策技术水平，最大限度减轻震时混乱和人员伤亡。2008年汶川地震之后，应急指挥技术系统经历了严峻的考验，经过对汶川地震的应急剖析以及2010年玉树地震的应急应对等经验分析，地震应急指挥技术在经验模型、应急流程和应急产出方面经过逐步改进和完善，进入了一个相对成熟期，各省市政府在100多个地市建立了综合性的地震应急指挥技术系统，包括地震监测、日常办公和地震应急等相关业务，为地方政府全面应急提供了技术支撑。同时，在现场灾情收集方面充分利用微博、微信、互联网、灾情速报员、移动终端等进行灾情信息的快速收集与分析，为地震应急指挥提供信息服务；国家地震社会服务工程项目在震害防御与地震应急技术建设方面进一步扩展和完善，尤其是在与国家公共安全平台、各级政府、相关联动部门等互联互通、协同应急等方面做了大量工作。

随着第三次信息化浪潮的到来，大数据和云计算的发展，为满足我国政府体制改革的需求，我国地震应急指挥技术也必将经历一场革命性的变迁，要从政策制度、管理模式、服务理念和技术手段四个层次重塑业务。要建立统一规范的地震应急管理时空数据支撑体系，形成稳定可靠的地震应急管理时空服务开放平台，形成基于互联网+思维的跨平台群服务模式的智慧地震云生态体系。

坝基—土石坝—库水系统三维弹塑性大变形地震反应分析研究

李永强[1]　景立平[1]　江亚洲[1]　梁海安[2]　刘春辉[3]

1. 中国地震局工程力学研究所，地震工程与工程振动重点实验室，黑龙江哈尔滨　150080；
2. 东华理工大学 土木与建筑工程学院，江西南昌　330013；3. 烟台大学 土木工程学院，山东烟台　264005

汶川地震中土石坝震损数量大、分布广、险情重、险情种类多，本研究调查分析了汶川地震中土石坝的典型震害现象与破坏特征，选取了破坏严重的代表性土石坝，建立了计算模型，完成了土石坝的三维弹塑性地震反应分析，主要研究成果如下：①基于汶川地震水库大坝震害调查资料，建立了高危以上险情水坝震害数据库，总结了土石坝典型震害现象与破坏特征，分析了土石坝震害影响因素。土石坝典型震害现象包括坝体纵横向裂缝、塌陷、滑坡、渗漏，起闭设施损坏及其他放水设施、溢洪道、管理房不同程度的震损。溃坝险情土石坝大多位于山前盆地边缘的过渡带，绝大部分位于发震断裂的东南侧，大体沿北东向狭长展布，坝基局部地形与场地条件对土石坝的震害有着较大影响。②基于交变移动模型（CM模型），引入饱和度作为状态变量，发展了可连续描述非饱和与饱和土体静动力学特性的弹塑性本构模型。通过转换应力法，将模型从试验应力状态拓展到一般应力状态，从而使得本构模型可用于土石坝三维弹塑性地震反应分析。针对该模型研发了精密试验系统并建立了标准试验方法，新方法可准确可靠地获取模型参数，为后续研究奠定了良好的软硬件基础。③对有限元—有限差分大变形计算程序进行二次开发，在土—水—气三相介质动力方程中引入上述改进的本构方程，并在程序中引入了人工边界，使得计算程序适用于土石坝的三维弹塑性地震反应分析。④基于震害调查获知了四川绵阳安县丰收水库大坝的震前运行状况和震害详细资料；通过现场查勘，获取了坝体及其周围局部场地的地质、地貌和水文资料；通过室内实验，给出了土石坝与坝基岩土体的材料参数。基于上述工作，构建了土石坝与坝基的三维整体计算模型。⑤数

值模拟了丰收水库大坝的地震破坏过程，模拟结果与实际震害吻合较好。分析了土石坝滑坡、纵横向裂缝等震害的空间分布特征，探讨了土石坝与坝基的三维弹塑性动力相互作用规律。研究表明，三维坝基条件对土石坝的震害分布和程度有着较大影响，地震动在坝顶中部相对于基岩放大了3倍左右，致使土石坝在此处产生严重震损。土石坝的存在也会对坝体下局部范围内的地震动强度有所影响，体现了相互作用的存在。但在稍远离坝体的场地上，地震动很快减弱到正常地震动水平，说明这种相互作用于存在着较小的作用范围内。最后，对比研究了输入地震动特性对土石坝弹塑性地震反应分析结果的影响。

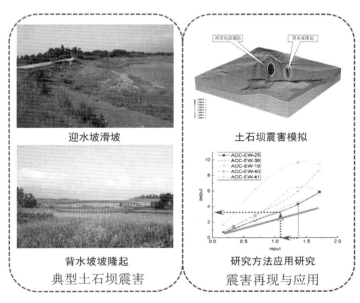

迎水坡滑坡

土石坝震害模拟

背水坡坡隆起
典型土石坝震害

研究方法应用研究
震害再现与应用

汶川地震土石坝震害三维再现

渤海海域典型土体动剪切模量和阻尼比试验研究

张　岩[1]　陈国兴[1]　彭艳菊[2]　吕悦军[2]

1. 南京工业大学岩土工程研究所，江苏南京　210009；
2. 中国地震局地壳应力研究所，北京　100085

随着我国海洋战略的实施，与日俱增的海洋工程正投入建设。地震作用下海洋工程的稳定性是海洋工程设施能够安全使用的重要保障。土体动剪切模量和阻尼比是工程场地地震安全性评价的重要参数。为探究渤海不同区域典型土体土动力学特征，利用HX–100型动三轴仪开展了渤海辽东湾、渤海湾和中央盆地粉质黏土、粉土和细砂的动力学参数试验研究，分析了不同海域、深度、种类的土体最大动剪切模量G_{max}、动剪切模量G、动剪切模量比G/G_{max}及阻尼比λ的变化规律。试验结果表明：不同海域的三类土体的G_{max}均随深度H的增加而增大。随着剪应变的增大，三类土体的G减小，λ增大，当剪应变较小时，变化幅度较小，剪应变增大到一定程度后，变化速率加快。相同剪应变下，G随着H的增大而提高，λ则随着H的增大而减小。不同深度、海域及土类的G/G_{max}变化较小。对比分析了不同海域下的三类典型土体动剪切模量与阻尼比特性的差异性。深度相同时，渤海湾粉质黏土和粉土的G最大，辽东湾次之，中央盆地最小；λ则反之。深度相同时，辽东湾细砂的G最大，渤海湾次之，中央盆地最小，λ则反之。利用Davidenkov模型对渤海海域土体动剪切模量和剪应变的关系进行拟合，结果表明，渤海土体的A值均接近于1，深度和土类相同时，A的不确定性引起的G/G_{max}不确定性可以忽略，G/G_{max}的不确定性主要是参考剪应变和B引起的。推荐使用A为1的两参数Davidenkov模型拟合动剪应变和模量的关系。根据三类典型土体的试验结果，建立了考虑深度对G_{max}和参考剪应变影响的G值预测方程，给出了不同区域不同土体G值预测方程的参数，将预测结果与实际结果进行对比，证实了预测方程的合理性。

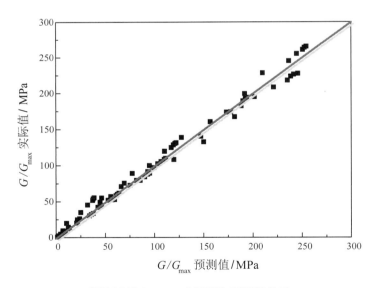

渤海湾粉土G/G_{max}实际值与预测值关系

作者信箱：zzzzyan123@163.com

层状TI饱和场地中三维点源动力格林函数

巴振宁[1,2]　吴孟桃[1,2]　梁建文[1,2]

1. 天津大学土木系，天津　300350；2.滨海土木工程结构与安全教育部重点实验室，天津　300350

弹性半空间动力格林函数是解决地震工程和工程波动相关问题的一种有效手段，目前针对表面或埋置集中荷载力源下层状横观各向同性（TI）饱和场地动力响应问题的研究，尚未见文献报道。基于Biot流体饱和多孔介质理论，推导了层状TI饱和场地中三维点源动力格林函数。方法采用周向Fourier级数展开结合径向Hankel变换求解了柱坐标系下TI饱和介质的波动方程，进而引入平面内和平面外的精确动力刚度矩阵，利用直接刚度法求得了集中荷载（水平x向、水平y向、竖向）和孔压作用下层状TI饱和场地的动力格林函数。集中力源作用下层状场地中任意点动力响应的求解步骤为：首先将荷载作用土层上下表面固定，在波数域内求解固端反力，该反力可通过叠加齐次解和特解求得；然后在土层上下端面反向施加固端反力，利用直接刚度法求得土层交界面上的位移分量，即反力解对应的层间位移分量；接着，通过齐次解、特解和反力解对应的土层层间位移分量可分别计算来波和去波的位移幅值系数，由此求得每一土层的位移和应力响应；最后，利用Hankel逆变换，将波数域内的解转化为空间域内的解。本文动力格林函数的推导在柱坐标系下进行，物理概念清晰、过程严谨，且相比于直角坐标系，可以减少一重积分，提高计算速度。

文中通过与文献给出的各向同性饱和场地和TI弹性场地动力响应结果的比较验证了方法的正确性，并进行了数值计算分析，重点研究了介质的各向异性对动力格林函数的影响。结果表明：TI饱和场地的动力响应与各向同性介质情况差异显著，且介质的各向异性参数对动力响应有重要影响，无量纲位移均随着水平与竖向剪切模量比值的增大而减小；TI性质对地表位移的幅值大小以及空间分布的影响依赖于荷载类型和荷载频率，不同荷载作用下的幅值分布完全不同，更高荷载频率下的幅值分布变得十分复杂。本文所给格林函数构成了TI饱和介质的边界型方法的一组完备基本解，为后续建立边界型数值方法进而求解层状TI饱和场地中三维不规则地形对弹性波散射以及饱和土—结构动力相互作用等问题奠定了基础。

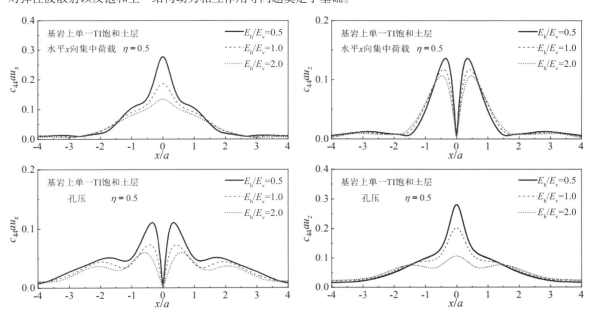

无量纲频率η=0.5时水平集中荷载和孔压作用下地表位移的空间分布

场地非线性地震反应的弱耦合有效应力法及其验证

王彦臻[1, 2]　赵丁凤[3]　赵　凯[1, 2]　陈国兴[1, 2*]　庄海洋[1, 2]

1. 南京工业大学岩土工程研究所，江苏南京　210009；
2. 江苏省土木工程防震技术研究中心，江苏南京　210009；
3. 中交上海航道勘察设计研究院有限公司，上海　200120

砂性土体场地地震反应应考虑土体非线性特性及土体液化耦合作用引起的动强度损失。砂性土体场地的严重震害，如土体塌陷、流滑等，多由地震作用下土体液化引起。因此，可液化场地在强震作用下的地震反应，需考虑场地土的两相介质特性，并对可液化场地进行流固耦合分析，有必要使用行之有效的有效应力分析方法。

考虑流固耦合作用的计算方法较为复杂，在进行复杂二维或三维场地地震效应分析时，工作量巨大。地震动作用是一个非等幅不规则加卸载过程，非线性本构模型应能描述此加载过程的特点。孔压模型的选取是解耦有效应力分析方法中的另一关键问题。振动发生过程中，土骨架强度损失主要由土骨架塑性变形产生的残余孔压引起。弱耦合有效应力分析方法，采用非线性本构模型描述可液化土体的动力特性的同时，引入不排水试验下的孔压增长模型，探究孔压增长与土体强度的相互影响，以此得到的土体材料模型更合理，计算更为简便，应用十分广泛。

在此基础上，本文以DCZ非线性本构模型描述土体的非线性特性，剪切—体积应变耦合的孔压增量模型描述土体在动力荷载下液化行为，将等效剪应变作为中间变量耦合两模型，提出了用于计算可液化场地非线性地震反应的弱耦合有效应力法。基于ABAQUS显式求解器，开发了相应的材料子程序。通过循环三轴实验的3D数值仿真，对比数值计算与试验得到的孔压比时程、偏应力时程及轴向应力—应变滞回曲线表明，在简单应力状态下，提出的方法和程序计算的结果与试验吻合度较高。选取Kobe Port Island钻孔作为计算模型，以该钻孔Hyogo-ken nanbu地震中井下实际地震记录为输入，将数值模拟结果与实际井上记录的加速度时程、加速度反应谱对比分析，验证了提出的弱耦合有效应力法在实际场地计算中的有效性，并探讨了土层非线性与孔压发展程度对场地反应的影响。

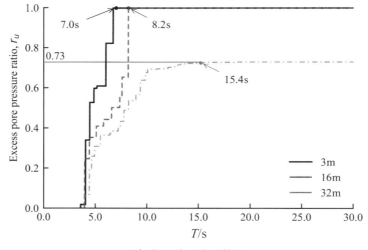

目标位置孔压发展情况

地下结构地震坍塌机理及渐进式破坏模式研究

董 瑞 景立平

中国地震局工程力学研究所，黑龙江哈尔滨 150080

近年来为缓解交通拥堵问题，我国许多城市开始兴建地铁工程，地下空间的开发为人们的生活提供了极大的便利。1995年阪神地震中Daikai车站站台层发生了整体坍塌，Daikai车站的震害事例刷新了全世界的地震工程学者和工程师们对地下结构抗震性能的认识。地下结构在地震中并非是万无一失的，同样存在较高的地震破坏甚至完全坍塌的可能性。由于地下结构的密闭性以及人流密集等特点，地下结构的震害往往会造成更大生命财产损失。因此，地下结构的抗震性能较地面结构更加重要。为了完善地下结构抗震分析方法，国内外众多学者对Daikai车站的破坏机理进行了大量的数值模拟研究。现有研究中所采用的数值模型均存在很大程度的简化，多数模型未考虑或仅考虑了部分土体和结构的非线性，难以合理模拟土体对地下结构的地震作用以及钢筋混凝土的破坏，因此无法重现Daikai车站的破坏过程。针对目前对于地下结构地震响应研究所采用模型的不足，本文提出了一个便于工程应用的土体非线性本构模型，并建立了三维非线性数值分析有限元模型，采用时域动力显式有限元分析方法重现了Daikai车站在双向地震动共同作用下的坍塌过程及"M"型破坏模式。分别采用Daikai车站顶板和底板间相对变形以及混凝土损伤作为衡量地震响应的指标对Daikai车站的坍塌机理进行了分析并绘制了车站横断断面混凝土损伤云图（图1），模拟结果为：①中柱混凝土在4s时产生严重的损伤，中柱混凝土材料抗压强度损失66.1%；②Daikai车站在中柱失效后受到多次剪切作用，在11.1s时顶板发生完全坍塌；③顶板和底边水平相对位移为15.27cm发生在6.9s，中柱失效时水平相对位移为2.2cm。模拟结果表明Daikai车站中柱在双向地震动共同作用下失效，且竖向地震动作用是引起中柱失效的主要原因，中柱失效后顶板未立即坍塌表明其仍具有足够的竖向承载力；由于失去了中柱的约束作用，顶板刚度急剧减少，在多次水平剪切作用下顶板混凝土损伤逐渐发育至承载力无法承担上覆荷载而最终发生完全坍塌。中柱失效是造成Daikai车站站台层完全坍塌的重要诱因，且Daikai车站坍塌过程为中柱—顶板渐进式破坏。

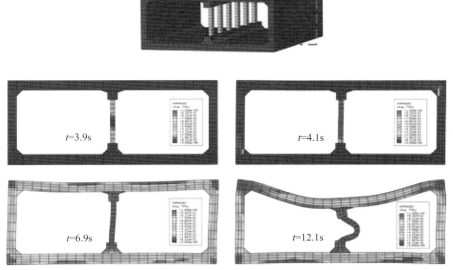

图1 混凝土压损伤云图

作者信箱：mrdongrui@126.com

高昌故城内城墙墙体土遗址动力响应分析

李桐林[1]　石玉成[*1]　刘　琨[1,2]　卢育霞[1,2]　唐洪敏[1]

1. 中国地震局兰州地震研究所，甘肃兰州　730000；
2. 中国地震局（甘肃省）黄土地震工程重点实验室，甘肃兰州　730000

　　高昌故城作为第一批全国重点文物保护单位，是我国现存规模最大、形制最为复杂、保存较好的古代都城，其包括外城、内城和宫城（可汗堡）三重城，本次研究主要通过对高昌故城北侧内城墙进行现场脉动测试，得到其墙体的频率特性，通过频谱图得出其自振频率，校验数值计算模型的准确性。选取高昌故城内城墙两个测试点傅里叶谱进行土建筑遗址动力放大特性的研究，测试点从底部到中部速度均有不同程度的放大效应，放大倍数大约为2～4倍之间，并由有限元模型计算结果显示，两点速度之比为1.5倍左右，整体放大趋势相一致，但模型的速度放大效应与实际测试放大倍数略小，可能是由于模型细观尺寸造成的偏差。通过对模型西侧、南侧和北侧最大速度提取，从内城墙底部由顶部速度逐渐增大，但在3～9m之间，速度有小幅下降的趋势，而在9m之后速度迅速增大。且顶部速度最大，相对于底部速度，放大倍数约为2倍，内城墙中部凹陷处减缓速度的放大趋势甚至衰减速度强度。在地震作用下，位移由下到上逐渐增大，最大位移出现在中部缺陷处，且中部凹陷处使得位移出现连通扩展；高昌故城内城墙凹陷、孔洞处存在应力集中，墙体局部产生拉应力，最大应力为82kPa，部分墙体已接近危险状态。因此需对墙体凹陷、孔洞处进行修补加固，以防止土遗址文物的进一步损坏。通过对墙体中部凹陷处进行补砌处理，对加固后的墙体再次进行数值模型，并对比加固前后位移与应力分布变化情况，加固效果明显，有效增强墙体抗震能力，为今后类似病害情况的土遗址体抗震稳定性加固提供依据。但本次研究中仍存在一些不足之处，现场脉动测试受环境和建筑形状等影响较大，自振频率出现一定差异，不排除外部干扰的可能，因此后续应进一步测试验证。数值计算中对于现实土建筑遗址中的细小裂隙和孔洞的无法全面还原，需进一步研究验证。

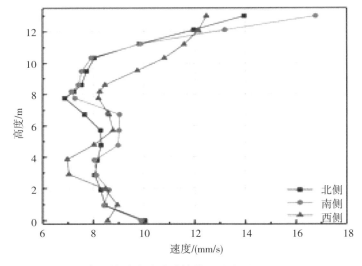

高昌故城内城墙计算模型速度对比图

表1　高昌故城测试墙体土遗址动力特性测试结果

序号	名称	卓越频率/Hz			备注
		顺墙向	垂直墙向	竖直向	
2	高昌故城内城墙	4.80	4.38	3.40	位于高昌故城北侧内城墙西段旁

| 作者信箱：957323493@qq.com

基于不同场地条件下核电结构非线性响应分析

吕　昊　陈少林

南京航空航天大学，江苏南京　210016

选取AP1000核岛结构标准设计地基的五类场地，采用Davidenkov骨架曲线的本构模型，在时域内开展非线性土—结相互作用分析。本文核岛结构在ANSYS中采用Newmark法进行分析；半无限地基通过集中质量显式有限元法结合黏弹性边界予以考虑，通过自编的Fortran程序进行分析。结构和土体可采用不同的时间步距。该程序中结构通过调用ANSYS进行分析，单独设置进程，因此结构和土体的同时进行计算，能有效节省计算时间。本文分别考虑土体线性和非线性情形时的核岛土—结构相互作用分析，对比两种情形时的反应，结果表明：对于五类场地，考虑非线性时，其基础的位移响应幅值均下降明显；同时随着场地土质变软，土体非线性越明显，基础的位移响应越小，说明在考虑土体非线性时，土体阻尼特性增强，使得结构在地震作用下偏于安全。当考虑土体非线性时，结构的自振周期变长，同时阻尼增大，与现有研究结论吻合。传统核电设计中考虑线弹性的抗震设计方法相对保守，考虑土体非线性的核岛土—结构相互作用分析更能反映结构真实受力状态。

本文采用一种非线性土—结相互作用高效分析的并行计算方法，并以实际场地核电模型进行分析。该方法的特点如下：①结构和土体的分析分别采用隐式和显式积分格式，两者可采用不同的时间步距；②土体非线性采用显式瞬态分析，由于时间步距较小，可用切线模量近似割线模量，不需进行迭代；③可以方便地实现并行计算；④土体无限域通过人工边界条件（透射边界、粘弹性边界等）进行考虑。

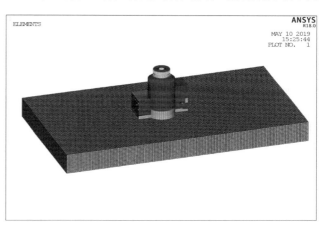

核电整体模型示意图

五类场地核岛结构基础X方向位移响应对比

场地类别	位移响应最值/m		差值/%
	线性	非线性	
硬岩（FR）	1.84E-3	1.42E-3	22.8
软岩（SR）	1.60E-3	1.19E-3	25.6
上限软土–中等（SUB）	1.29E-3	0.78E-3	39.4
软土–中等（SMS）	1.00E-3	0.56E-3	44.3
软土（SS）	0.64E-3	0.36E-3	44.5

基于现场剪切波速测试数据的唐山地区Vs$_{30}$预测模型研究

方　怡[1,2]　陈国兴[1]　吕悦军[2]　彭艳菊[2]

1. 南京工业大学，江苏南京　211816；2. 中国地震局地壳应力研究所，北京　100085

$V_{S_{30}}$（地表以下30m深度切范围内土层等效剪波速）在工程地震领域有着极其广泛的应用，但受经费、时间和测量装置等因素的限制，工程场地剪切波速测试深度无法达到30m甚至没有剪切波速数据。另一方面目前我国仍采用$V_{S_{20}}$（地表以下20m深度切范围内土层等效剪波速）与覆盖层厚度相结合的方式作为场地特征指标，导致与国外规范等衔接极为不便，因此如何有效地进行$V_{S_{30}}$预测十分必要。唐山地区作为京津冀地区典型的重工业性城市，地震地质构造复杂且地震活动性强，曾发生过1976年7.8级地震，因此对该地区进行$V_{S_{30}}$预测模型研究不仅能为该地区场地效应评估提供依据，且具有国家重大民生需求与公共安全需求的意义。

本文收集了唐山地区419个剪切波速钻孔资料，其中343个钻孔深度大于30m，$V_{S_{30}}$范围为169～325m/s，首先对比了国外多种VS30预测模型在唐山地区的适用性，并分别基于地形坡度和V_{S_z}（地表以下深度为z的土层等效剪切波速，$z<30m$）进行了唐山地区的Vs30预测模型研究，最后采用对数似然法对新的预测模型进行了优度排序，主要结论如下：①基于日本KiK-net数据库建立的Boore（2011）模型高估了唐山地区的$V_{S_{30}}$，而基于加州数据的Boore（2004）模型在则低估了唐山地区的$V_{S_{30}}$。表明唐山地区的剪切波速随深度的梯度变化弱于日本而强于加州，且$V_{S_{30}}$预测模型具有一定地域性；②唐山地区$V_{S_{30}}$与30m及90m分辨率的地形坡度关联性均较弱，这主要是由于地形坡度预测$V_{S_{30}}$的能力较其他地质特征弱，且唐山地区地形地貌以平原为主不利于地形坡度法的使用，另外城市地区通过DEM计算坡度通常会受到冠层效应的显著影响也是原因之一；③采用对数似然法进行预测模型的优度排序（图1）发现本文建立的三种新的$V_{S_{30}}$预测模型：常数外推预测模型、线性模型、条件独立模型，均具有一定的$V_{S_{30}}$预测能力，其中常数外推预测模型在所有深度范围内的预测能力较为有限，而线性模型适用于$z\leqslant18m$，而条件独立模型在$z>18m$时表现出良好的预测性，所以本文建议：当$z\leqslant18m$时和$z>18m$时，分别选用线性模型和条件独立模型作为唐山地区的$V_{S_{30}}$预测模型。

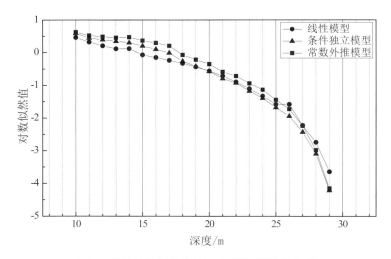

图1　基于对数似然法的$V_{S_{30}}$预测模型优度排序

考虑"场地—城市效应"的北京CBD建筑震害分析

田 源[1] 陆新征[2] 许 镇[3] 程庆乐[1]

1. 清华大学北京市钢与混凝土组合结构工程技术研究中心，北京 100084；
2. 清华大学土木工程系木工程安全与耐久教育部重点试验室，北京 100084；
3. 北京科技大学土木与资源工程学院，北京 100083

地震不仅会引起建筑结构的破坏，也会造成大量的人员伤亡，并带来巨大的经济损失。尤其是在人口与财富高度密集的区域，地震造成的损失将尤为严重。为了应对地震的潜在威胁，区域建筑震害分析逐步成为土木工程领域的研究热点。在众多区域震害分析方法中，凭借着对地震动以及建筑特性的准确把握，动力时程分析方法已经得到了广泛认可。传统的动力时程分析法往往直接采用自由场地地面运动作为每栋建筑的输入。而对于人口密集的区域，众多结构紧密分布，建筑群与场地之间的"场地—城市效应"（简称SCI效应）会显著改变地震波的传播，建筑的底部输入地震动与自由场地工况具有显著差别，因此SCI效应在区域建筑震害分析中的引入十分必要。近年来，作者提出了一种考虑SCI效应的区域建筑震害耦合模拟方法，并通过振动台试验验证了方法的准确性。本文将以分布大量高层建筑的北京CBD区域为例，开展考虑SCI效应的建筑震害分析。

本次分析选取北京CBD区域2km×2km范围，场地深度取为350m，考虑范围内54栋高度不小于20m的建筑。根据相关勘资料，建立案例分析区域的场地和建筑模型，并考虑每栋建筑的基础。分析中选取以下2条地震波作为目标自由场地地面运动，并通过SHAKE软件反演得到模型底部基岩单向输入地震动：①由PEER数据库提供的El Centro波（Imperial Valley-02，5/19/1940，El Centro Array #9，180）。②由中国地震局地球物理研究所提供的三河—平谷地震在北京CBD区域表面的地震动模拟结果。分析中考虑3组工况：①场地模型采用北京典型土层分布，目标自由场地地面运动为三河—平谷地震动；②场地模型采用上海典型土层分布，目标自由场地地面运动为三河—平谷地震动；③场地模型采用北京典型土层分布，目标自由场地地面运动为El Centro波。每组工况分别考虑自由场地工况（将自由场地下建筑基础所在位置地震动作为输入计算建筑的响应）以及SCI效应工况（考虑建筑与基础对于输入地震动的影响）。

案例分析结果表明：①高层建筑会显著降低底部输入地震动的峰值加速度，并向四周辐射地震波，但对于峰值速度的改变有限；②相比于自由场地工况分析结果，考虑SCI效应后高层建筑峰值屋顶位移响应一般会有所降低，但是高度越大，降幅越不明显；③相比于自由场地工况分析结果，考虑SCI效应后建筑的峰值屋顶位移增长率与建筑—场地频率比（建筑基本频率与场地上覆30m土层频率的比值）相关性较大，如图1所示。

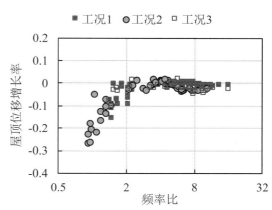

图1 建筑—场地频率比与建筑峰值屋顶位移增长率的关系

松软地基—群桩—承台—AP1000核岛结构体系
三维非线性地震反应特性分析

朱升冬[1, 2] 陈国兴[1, 2] 蒋鹏程[1, 2] 高文生[3]

1. 南京工业大学岩土工程研究所，江苏南京　210009；
2. 江苏省土木工程防震技术研究中心，江苏南京　210009；
3. 中国建筑科学研究院地基基础研究所，北京　100013

核电作为一种高效稳定的新型清洁能源，很多国家将其列为新型能源开发的重点。随着核电建设的发展，优质基岩场地日益减少，目前已有的对于非基岩条件的核岛结构地震反应特性的研究，通常场地条件相对良好，鲜有针对于松软地基条件的研究，但现实情况是有的核电站恰恰需要建于松软地基上，并采用群桩基础进行地基加固。本文以某松软地基条件下拟建核电站为背景，以AP1000设计控制文件中给出的标准化集中质量—梁杆模型为基准，提取出模型各部件的基础坐标（node）、结构材料属性（material）、单元参数（element）、单元特性（element type）、截面或构件特性（real constant numbersets）、单元间的耦合（coupling）及相互作用关系（constraints）等信息。基于ABAQUS/Explicit平台，选择合适的单元类型进行建模，采用精细的集中质量—梁杆模型模拟AP1000核岛结构，如：采用三维两节点的B31梁单元模拟梁构件、三维两节点的T3D2桁架单元模拟杆构件、空间两节点线性管单元PIPE31模拟管道构件等。采用八节点线性减缩积分单元C3D8R模拟土体与承台，采用线性梁单元B31模拟桩，且桩与承台、岩土体的约束视为嵌入的方式；将混凝土视为弹性材料，土体视为黏弹性滞回材料，选取具有不同频谱特性的近场、中场和远场的强地震记录作为基岩输入地震动，设定基岩峰值加速度0.10g、0.15g和0.20g为弱震、中震和强震，对松软地基—群桩—承台—AP1000核岛结构体系进行三维地震反应的对比分析，结果表明：由于核岛结构自身的刚性特性，对高频丰富的近场地震动作用更为敏感，其加速度反应更为强烈；而低频丰富的远场地震动作用时，松软场地的加速度反应较大，但核岛结构对远场地震动作用的敏感性较低；与近、中场地震动作用相比，远场地震动作用时核岛结构的位移反应明显更大。此外，核岛结构的水平向峰值加速度和变形随输入地震动强度的增大而增大，但其加速度反应的放大系数则与此相反。

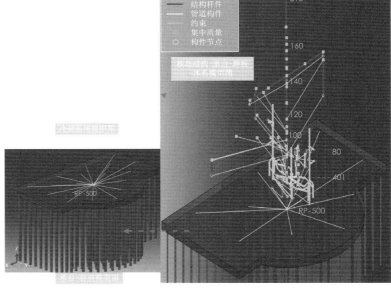

基于ABAQUS的AP1000核岛结构
模型图

| 作者信箱：sd_zhu@sina.cn

惯容系统耗能增效公式

张瑞甫[1]　潘　超[2]　赵志鹏[1]　五十子幸树[3]

1. 同济大学结构防灾减灾工程系，上海　200092；
2. 烟台大学土木工程学院，山东烟台　264005；
3. 东北大学灾害科学国际研究所，日本仙台　980-0845

　　耗能增效是惯容系统乃至惯性吸振减震系统的一个重要特征，本研究提出从耗能增效角度阐释惯容系统的本质机理并用以指导惯容系统的参数设计，进而更充分有效地利用惯容系统实现耗能器耗能效率的提高。

　　在动力荷载激励下，由于惯容器、弹簧和耗能器组成的振动子系统与主体结构的振动不同步，惯容系统内部自由度的变形可能会大于其安装位置处结构的相对变形（图1）。这样，对于同一耗能器，将其设置在惯容系统中与直接安装在结构上相比可耗散更多的振动能量，即其耗能效率可以得到显著提升，这就是惯容系统的耗能增效特性，也是惯容与传统耗能器相比的一个显著优势。

　　本研究以耗能增效率这一无量纲参数来描述惯容系统的耗能增效特性，同时以减震比作为结构减震效果的指标参数。基于随机振动理论，得到了单自由度惯容减震结构随机响应、耗能增效率及减震比的解析表达式，并经过严格的数学推导发现和证明了惯容系统的耗能增效公式，该公式以一种简洁的方式描述了惯容系统耗能增效与结构响应之间的本质关系。式中：是目标减震比，是主结构的固有阻尼比，是惯容系统的名义阻尼比，是耗能增效率。参数研究发现，耗能增效率在一定的情况下，存在一个最小的惯质比，这也是参数设计的重要依据。

　　在理论研究的基础上，本研究提出了惯容减震结构基于耗能增效的设计策略。根据给定的耗能增效率和减震比，可以直接利用耗能增效公式求得惯容系统的阻尼比；然后结合最小惯质比原则可以确定惯容系统另外两个参数，即惯质比和刚度比。通过实例验证和说明了耗能增效设计策略的可行性与高效性。

　　确定惯容系统的耗能增效率时，需要了解给定设计条件下耗能增效率的上限值。在性能需求约束条件下，采用数值优化算法进行了惯容系统耗能增效率最大值的求解。根据计算结果，训练了具有高拟合精度的人工神经网络，用于最大耗能增效率以及最大耗能增效率原则下惯容系统参数的快速计算。

　　简言之，耗能增效公式具有明确的物理意义，可以直观、清晰地解释惯容系统的减震机理，同时又能够简化惯容系统的参数设计，开拓了惯容系统设计的新思路，是惯容系统理论研究的重要进展。研究所提出的耗能增效设计策略，可以在考虑性能需求的同时有效利用惯容系统的耗能增效特性，为高效计算惯容系统关键参数提供方便快捷的手段。

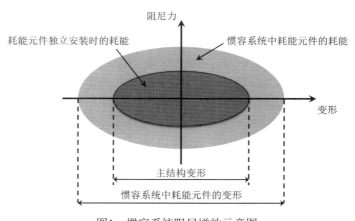

图1　惯容系统阻尼增效示意图

考虑土—结构相互作用的核电厂地震分析方法研究

唐　晖

生态环境部核与辐射安全中心，北京　　100082

核能作为高效、稳定的清洁能源，逐步成为解决能源短缺和环境污染等问题的重要方法。为了满足地方经济发展的需求，同时受制于人口密度、水源以及气候环境等众多条件的限制，出现了越来越多的非基岩复杂核电厂备选厂址。为了评价这类场地条件下核电厂地震安全性，须考虑土—结构相互作用效应对核电厂地震响应的影响。考虑土—结构相互作用效应的核电厂地震响应分析方法主要有集中参数法、子结构法和直接法等，其中，直接法直接模拟土—结构整个系统，可以更直观地获得场地和结构的动力响应，对于各种复杂场地条件具有良好普适性，随着计算机技术的发展逐渐成为人们关注的发展方向。当采用直接法模拟考虑土—结构相互作用效应的核电厂地震响应，求解加速度时程或楼层反应谱时，土—结构整体模型较大，基于振型叠加法的时程分析往往比较困难，因此，多采用逐步积分的时程分析法或者复频响应分析法，这两种方法各有优、缺点。复频响应分析法计算量较小，可针对结构中不同的材料分别指定材料阻尼比，从而避免由材料阻尼系数转化为瑞利阻尼而引入的误差，而逐步积分的时程分析法则在模拟材料的非线性分析和地震波的斜入射等方面具有明显优势，但是，对于土—结构这类多种材料系统，该方法无法采用相应不同的材料阻尼比模拟阻尼效应。

鉴于此，本文针对AP1000标准设计中需要考虑土—结构相互作用的五类场地建立自由场地计算模型，分别采用复频响应分析法结合粘性边界和基于粘性边界的时程分析法模拟其地震响应，需要特别指出的是，包括AP1000标准设计在内的许多实际核电工程中地震动输入的控制点位于自由地表面，即定义的地震动输入是自由场地表地震动，在数值计算中首先将定义在地表处的地震动利用SHAKE91反演至模型基底，然后，通过上述方法正演计算获得结构响应。容易判断，计算获得的自由场地地表地震动在理想状况下应与定义的输入一致。因此，通过对比最终计算获得的与最初定义的自由地表地震动可以分析该计算方法对结构地震响应计算结果的影响，以期为核电厂的设计、建设和安全评审提供有益的参考。结果显示，采用这两种方法基于三维模型计算获得的自由场地表地震动与定义的地震动之间基本趋势一致，竖向地震动差异较水平向大一些，这可能是由于等效线性化时仅得到了等效剪切模量，而弹性模量是通过假定泊松比获得；采用复频响应分析法时，通过三维有限元模型计算获得的地表地震动误差主要出现在场地的自振频率附近；对于较为均匀的场地条件，两者的计算结果趋势较为一致，存在的差距可能与在采用基于粘弹性人工边界的直接法开展时程分析时需要将材料阻尼系数转化为瑞利阻尼而产生的误差引起；当不均匀场地弹性模量尤其是阻尼比差距较大时，这一差别更为巨大，因此，对于场地条件不均匀程度较为明显的场地条件下开展考虑土—结构相互作用效应的核岛厂房抗震分析时，采用基于时程分析法的直接法时需要谨慎选择等效瑞利阻尼系数。

| 作者信箱：tanghui1978@163.com

黏滞阻尼器考虑激励频率影响附加阻尼比简化计算

刘伟庆　　王曙光　　杜东升

南京工业大学, 江苏南京　211816

目前减震结构的附加阻尼比计算都基于经典的能量比方法, 需要先计算出减震结构的非线性动力反应, 而且仅考虑激励频率等于结构基频的情况。本文基于非线性黏滞阻尼器, 提出了一种能够考虑激励频率影响且不需计算结构动力反应, 而只根据结构特性、激励频率和阻尼器参数直接求解结构附加阻尼比的计算方法。

在经典能量比法的基础上推导出了减震体系在简谐激励和地震激励情况下, 共振时附加阻尼比的计算公式（1）和（2）, 利用该公式可以不需要计算结构动力反应, 且不需要迭代过程即可求出减震结构的附加阻尼比。

$$\zeta_{sd,res}=\frac{1}{2m\omega}\left[\frac{\lambda}{\pi}\left(\frac{1}{a_0m}\right)^{1-\alpha}c_\alpha\right]^{\frac{1}{\alpha}} \tag{1}$$

$$\zeta_{sd,res}=\frac{\lambda}{\pi}\frac{c_\alpha}{2m\omega^{2-\alpha}}\frac{1}{\left(f_1\cdot\ddot{u}_{g0}/2\omega^2\zeta_{sd,res}\right)^{1-\alpha}} \tag{2}$$

式中, m 为结构质量, ω 为结构基频, λ 为与 α 有关的常数, α 和 c_α 分别为阻尼指数和阻尼系数, $\zeta_{sd,res}$ 为结构共振时黏滞阻尼器的附加阻尼比, f_1 为比例系数, $\ddot{u}_{g0}$ 为地震激励的峰值加速度。图1给出了阻尼指数 $\alpha=0.50$ 和不同阻尼系数 c_α 下, 黏滞阻尼器附加阻尼比与简谐激励峰值加速度 a_0 的关系曲线, 从图中可以发现, 经典的能量比法的计算结果和上述公式的计算结果吻合较好。

利用经典能量比方法计算出了减震结构附加阻尼比随频率比的变化规律, 结果表明减震结构的附加阻尼比在共振时最小, 且在频率比 $\Omega_m/\omega<1$ 时随着频率比增大而减小, 在频率比 $\Omega_m/\omega>1$ 时随着频率比增大而增大。以反应谱平均周期作为激励频率 Ω_m, 在公式（2）的基础上拟合出了减震结构在非共振情况下附加阻尼比简化计算公式（3）:

$$\begin{cases}\zeta_{sd}=a_1(\Omega_m/\omega-1)^2+\zeta_{sd,res} & \Omega_m/\omega<1\\ \zeta_{sd}=\zeta_{sd,res} & \Omega_m/\omega=1\\ \zeta_{sd}=a_2(\Omega_m/\omega-1)+\zeta_{sd,res} & \Omega_m/\omega>1\end{cases} \tag{3}$$

图2给出了阻尼指数 $\alpha=0.50$, ζ_{sd} 和 Ω/ω 的关系曲线, 对比了经典能量比法和公式（3）的计算结果, 从图中可以看出, 公式（3）的计算结果与能量比法的计算结果吻合较好, 具有一定的工程精度。

附加阻尼比的计算是进行结构减震分析的核心环节, 本研究为附加阻尼比的计算提供了更为简便和准确的计算方法。

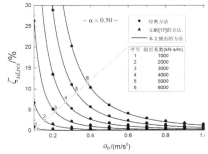

图1　阻尼指数 α 为0.50, 不同阻尼系数 c_α（kN·s/m）, 两种方法计算附加阻尼比结果对比

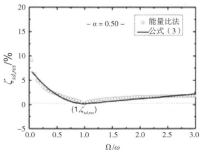

图2　阻尼指数 α 为0.50, 附加阻尼比 ζ_{sd} 与频率比 Ω/ω 的变化曲线

农村房屋地基砂垫层隔震系统振动台试验研究

尹志勇[1,2]　景立平[1,2]　孙海峰[3]

1. 中国地震局工程力学研究所，黑龙江哈尔滨　150080；
2. 中国地震局地震工程与工程振动重点实验室，黑龙江哈尔滨　150080；
3. 黑龙江省地震局，黑龙江哈尔滨　150090

砌体结构是我国农村房屋中数量最多的结构形式，由于砌体结构抗震性能较差，房屋倒塌是造成人员伤亡和经济损失的重要原因之一，开展有关农村房屋防震减灾技术方面的研究具有重要的意义。目前，农村房屋的防震减灾途径主要有两种：一是加圈梁构造柱、墙体加固等的抗震措施；二是减隔震技术。在适用于农村房屋的减隔震技术的国内外研究中，绝大部分是以基础为研究对象，且部分研究成果已在实际工程中应用，而以地基为研究对象的相对较少，尚无实际工程应用。近年来，以地基为研究对象的研究中，存在不足之处，如在振动台试验研究中简化上部结构以刚体质量块替代，没有考虑基础回填土与结构基础之间的相互作用对隔震效果的影响。我们在现有以地基为研究对象的砂垫层隔震研究的基础上，制作了1/4缩尺比例的一层砖砌体结构模型，提出在基础周围回填砂土的措施，考虑基础回填土与结构基础之间的相互作用，采用课题组自行研制的叠层剪切土箱进行了有无隔震措施的大型振动台对比试验。试验采用1940年El-Centro波的南北分量，依次输入0.1g（小震）、0.2g（中震）、0.4g（大震）幅值的地震波对模型进行水平激励。对地震作用下地基砂垫层隔震技术的隔震效果进行了探讨，为进一步推进地基砂垫层隔震技术在农居工程建设中的应用，提供了一些理论上的依据。试验结果表明：在大震作用下，隔震试验结构基础与地基土之间发生了相对滑移运动，解耦了地震动向上部结构的传递，提出的回填砂土措施既促进了结构基础与地基土之间的相对滑移，又对上部结构的滑移位移起到了较好的限位作用；在小震和中震时，地基砂垫层隔震系统主要依靠砂垫层的塑性变形，消耗部分地震能量，从而减少了上部结构的地震反应；在大震时，地基砂垫层隔震系统一方面依靠砂土的塑性变形消耗部分地震能量，另一方面由于结构基础与地基土之间的相对滑移运动，限制了地震动向上部结构的传递；地基砂垫层隔震系统可有效减小结构的加速度、层间位移、基底剪力，且减小程度随地震动的强度增大而随之增大，在大震作用下，楼板加速度的减小率为35%，层间位移的减小率为59%，基底剪力的减小率为34%。

农村房屋地基砂垫层隔震系统振动台试验模型

| 作者信箱：iemyzy@163.com

曲线梁桥主梁与桥台间的摩擦碰撞分析

李文山　黄　勇

中国地震局工程力学研究所，黑龙江哈尔滨　150080

在强烈地震作用下，桥梁结构构件之间的碰撞往往是造成曲线梁桥破坏的主要因素。碰撞主要有两种表现形式，一是主梁与桥台之间的碰撞，二是梁与梁之间的碰撞。本文主要围绕主梁与桥台之间的碰撞展开研究。针对曲线梁桥主梁与桥台的接触与碰撞将触发一种独特的旋转机制，作者在前人研究工作的基础上，依靠曲线主梁与桥台间在梁端角的滑（slip）或粘（stick）初始的条件，采用非光滑刚体方法（Non-smooth rigid body approach）以及集值定律（set-valued force laws），进行了深入的理论推导和分析。首先本研究将曲线主梁视为水平面上移动的刚性体，假设相邻部分之间的相互作用是单侧接触，采用牛顿碰撞定律和库仑摩擦定律以集值定律的形式来描述这种相互作用（假设冲击在法向上是牛顿碰撞定律，在横向上是库仑摩擦定律），将带有摩擦的多点碰撞问题表述为线性互补问题（Linear Complementarity Problem，LCP）进行理论推导。然后利用曲线梁桥的几何关系把可能接触点的相对距离和相对速度表示成广义坐标的函数，得到曲线梁桥可能产生碰撞的类型及物理量几何量的关系式。再针对考虑摩擦和不考虑摩擦两种情况，分别考虑单点和多点碰撞，利用线性互补公式在多种可能的状态中检测出唯一的实际滞滑状态，提出了理论上可能的多种状态以及区分每种情况的标准，并给出了各个情况下的动力学特征。研究表明在曲线梁桥桥面桥台碰撞后，曲线梁桥旋转（从而脱离）的趋势不仅仅是倾斜角的一个因素，而是平面内的整体几何形状加上恢复系数和摩擦系数。最后给出了曲线梁桥在主梁与桥台接触处可能发生碰撞、旋转、滑移的理论关系图，以供曲线梁桥抗震设计者使用参考。

燃料循环设施构筑物抗震设计方法研究

赵 雷

生态环境部核与辐射安全中心，北京 100082

燃料设施构筑物指民用核燃料生产、加工、贮存和后处理设施的构筑物。依据我国核安全法规HAF301—1993民用核燃料循环设施安全规定的要求，这类构筑物的核安全标准包括两方面的要求，即厂址安全要求和设计建造安全要求，其核心目的是确保构筑物在寿期内，有效防范外部灾害风险，避免放射性污染的发生。导致放射性灾害发生的最直接外部灾害就是地震。

美国燃料循环设施构筑物的设计过程具有完备的法规标准和规范，其核心内容是以风险分级办法确定结构安全分级，通过结构分级原则确定厂址选择要求，再根据厂址条件和结构分级的性能要求确定设计方案。其构筑物设计是基于结构性能开展设计。其结构设计主旨是抗震设计，把所有燃料循环设施构筑物按结构安全性能要求分为12个级别，根据安全级别确定选址要求；再根据厂址特征，按照对应级别的要求进行结构性能设计。其方法在考虑结构、系统和构件（SSCs）的抗震能力的同时，给出该性能在特定失效概率条件下满足设定的年超越概率，其特点在于较传统的抗震设计方法，该方法能体现出结构的抗震裕量。

国际原子能机构（IAEA）在《除核电厂之外的其他核设施设计中对外部事件（以地震为主）的考虑》（TECDOC—1347）给出了划分安全分类级别的原则。鉴于各成员国核设施选址原则和规范设计方法的不同，该文件未提供进一步的结构设计方法要求。

我国在厂址安全要求方面和设计建造安全要求方面制定了一系列的标准和规范，但彼此间衔接不完善，未搭建成完整的理论体系，需在以下方面进行改进完善：

（1）以风险分级确定燃料循环设施构筑物的结构安全分级。对已有燃料循环设施构筑物进行安全分级。

（2）针对拟建新厂址，根据厂址内最重要构筑物分类级别，与厂址地震安全性评估级别（I，II，III，IV级）建立对应关系，开展厂址安全评估，确定相关厂址地震参数。

（3）对已建核燃料循环设施构筑物应在寿期内开展定期评估，确保其安全运行。我国有不少老旧设施，按新的标准法规去要求显然是不合适的。建议对老旧设施在寿期内定期开展结构安全检查评估，及时发现薄弱环节，进行修缮加固。

输油气埋地管道抗震设计规范的新老版本比较

刘爱文[1]　贾晓辉[2]

1. 中国地震局地球物理研究所，北京　100081；
2. 河北省地震局，河北石家庄　050021

　　长距离油气输送管道是关系国计民生的重要生命线工程之一，一旦在地震中发生破坏，除了带来直接经济损失，还可能造成严重的次生灾害和巨大的社会影响。2018年我国开始实施了新版本的《油气输送管道线路工程抗震技术规范》（GB/T 504070—2017），代替老版本GB 50470—2008，通过抗震规范的实施达到保障输油气管道地震安全的目的。在新版本的规范里，采纳了管道抗震应变设计方法的一些最新成果，借鉴了国内外最新规范的相关规定，并总结了近年来输油气管道工程的抗震设计和施工的经验。规范共有9章6个附录，主要内容包括：总则，术语和符号，基本规定，抗震设防要求，工程勘察及场地参数，管道抗震设计，抗震措施，管道抗震施工和管道抗震交工等。

　　在新版抗震规范中，输油气管道的抗震设防目标为管道主体在基本地震动作用下可继续使用，在罕遇地震动作用下不破裂。一般区段的管道按第五代中国地震动参数区划图确定的基本地震动参数（50年超越概率10%）进行抗震设计，重要区段内的管道按1.3倍的基本地震动峰值加速度及速度计算地震作用；然后一般区段的管道和重要区段的管道都采用罕遇地震动参数（50年超越概率2%~3%，约1.9倍的基本地震动参数）进行抗震校核。输油气管道在地震动作用下的抗震验算方法和容许应变均延续了上一版本的方法和思路。

　　管道通过活动断层、以及地震时可能发生液化、软土震陷等地质灾害地段，新版本的抗震设防目标为：在低于设防位移的情况下管道主体不破裂。对于地震活动断层的设防位移，与老版本不同的是，新版本将管道的设防位移分成了两类，即位于重要区段的管道，其设防位移应为预测的活动断层在管道穿越处的最大位移量；而对于一般区段的管道，其设防位移则可以设定为断层的平均位移量。断层的设防位移量一般由管道工程场地的地震安全性评价工作确定。目前多数管道地震安全性评价工作只是提供断层在未来100年可能出现的最大位移量。管道的抗断验算在新版本规范中考虑了压力的影响，针对无内压和有内压（设计压力）两种工况分别进行验算。管道的材料模型采用Ramberg-Osgood模型，而非三折线模型。对于管道通过逆冲断层以及可能发生大变形的情况，规范推荐采用有限元方法。有限元方法可采用梁单元、管单元、弯管单元或者壳单元建立有限元模型；对于发生大变形的管道部分，管道单元的长度不应大于管道的直径。当采用固定边界时，分析管道的长度应满足管道在两个固定端的应变接近于0；当采用等效边界时，应对在断层附近发生大变形、长度不少于60倍管径的管段进行有限元分析。管土之间的相互作用推荐采用管轴方向土弹簧、水平横向土弹簧和垂直方向土弹簧进行模拟。有限元分析得到的管道轴向最大拉伸应变和最大压缩应变应分别小于或等于管道容许拉伸应变和容许压缩应变。新版本的容许压缩应变也采用了新的计算公式，该公式考虑了管道的内压、应变强化、径厚比等多种因素。

圆形空心钢筋混凝土桥墩抗震性能研究

李忠献[1]　杜春雨[1]　梁　晓[2]　赵　博[1]

1. 天津大学，天津　300350；
2. 天津城建大学，天津　300384

　　圆形空心钢筋混凝土桥墩具有截面积小、自重轻、刚度和强度高的特点，适用于高墩大跨桥梁体系。桥梁抗震要求空心墩作为延性构件设计，通过在桥墩塑性铰区域合理地配置箍筋，有效提高桥墩的延性抗震性能。本文对4个圆形空心钢筋混凝土桥墩进行了水平低周反复荷载作用下的拟静力试验，探讨了不同壁厚比和箍筋配置形式对圆形空心钢筋混凝土桥墩抗震性能的影响，为圆形空心桥墩的箍筋设计提供了合理建议。主要研究内容包括：

　　（1）设计了4个圆形空心钢筋混凝土桥墩试件，并对其进行了拟静力试验。试件S1和S2采用单层箍筋约束核心混凝土的配置形式，其壁厚比分别为0.1和0.125。试件S3和S4采用内、外双层箍筋约束核心混凝土的配置形式，其壁厚比均为0.2。其中，试件S3的内、外层箍筋直径相同，对应内、外层箍筋截面积比为5：5；在保持试件S3和S4体积配箍率不变的情况下，试件S4的内层箍筋直径小于外层箍筋直径，对应内、外层箍筋截面积比为4：9。试验现象表明：由于单层箍筋无法有效约束内壁混凝土，试件S1和S2的极限破坏状态为内壁混凝土压碎；试件S3的极限破坏状态为核心混凝土压碎；试件S4的极限破坏状态为纵筋断裂。

　　（2）基于空心墩试件S1和S2的试验结果，对比分析了不同壁厚比对圆形空心钢筋混凝土桥墩抗震性能以及圆形空心截面核心混凝土约束作用的影响。结果表明：相比于壁厚比为0.1的试件S1，壁厚比为0.125的试件S2具有更高的位移延性系数；由于箍筋在抑制混凝土受压过程中的变形趋势时产生拉力，为核心混凝土提供约束作用，而在最大位移荷载等级下，试件S2的箍筋应变实测值大于试件S1，因此在配置单层箍筋的圆形空心墩中，箍筋对核心混凝土的约束作用随着壁厚的增加而增大。

　　（3）基于空心墩试件S3和S4的试验结果，对比分析了不同箍筋配置形式对圆形空心钢筋混凝土桥墩抗震性能以及圆形空心截面核心混凝土约束作用的影响。结果表明：相比于试件S3，试件S4的核心混凝土压碎深度减小，且试件S4的位移延性系数和耗能能力得到提高；试件S3和S4的内层箍筋拉力值小于外层箍筋拉力值，表明内层箍筋对核心混凝土的约束作用小于外层箍筋，减小内层箍筋直径的设计合理；与现行规范中有关空心截面箍筋设计的要求不同，为提高内、外双层箍筋对核心混凝土的约束作用，内层箍筋用量应小于外层箍筋用量。

 作者信箱：zxli@tju.edu.cn

中庭式地铁车站地震动力响应试验研究

张志明[1]　袁　勇[1,2]　赵慧玲[3]　禹海涛[1,4]

1. 同济大学 地下建筑与工程系，上海　200092；2. 同济大学 土木工程防灾国家重点实验室，上海　200092；
3. 上海大学 土木工程系，上海　200072；4. 同济大学 岩土及地下工程教育部重点实验室，上海　200092

中庭式地铁车站由于其站厅能为乘客和入住商户提供更大、更明亮的建筑空间，成为城市轨道交通建设中受欢迎的车站选型之一。中庭式车站区别于常见的框架式车站之处主要在于，其站厅层和站台层用大量的、具有一定间隔的横梁取代连续的楼板（每层楼板开口率均约为50%），以满足建筑引进地面自然光的要求。这样带来一个担忧，结构的横向承载力是否足以抵抗水平向地震作用。鉴于此，本文考虑不同类型、不同幅值的地震波和白噪声激励，针对中庭式地铁车站结构，开展了土—地下结构动力相互作用振动台试验，测试与分析了模型地基的水平位移、水平加速度和车站结构的水平和竖向加速度、应变，及土—结构接触面上的动土正应力等物理量，探明了中庭式地铁车站的抗震薄弱环节。试验结果表明：Loma Prieta波输入下，随着振幅增大，土体和车站结构的加速度放大系数均呈递减趋势，且递减幅度均越来越小，显示了土体阻尼的不断累积；土体加速度傅里叶谱的主频变得越来越不卓越，主要谱成分从处于较窄的频带趋向于处于更宽的频带内；中庭式车站各构件的峰值动拉应变均呈现递增趋势，但不同构件的递增幅度不同，最大动拉应变发生在站厅层横梁两端，且站台层柱顶和横梁两端的动拉应变亦较大；车站侧墙上的峰值动土正应力总体呈递增趋势，当输入地震波的振幅达到一定水平，沿车站侧墙的峰值动土正应力分布形状将发生变化，说明地震动强度较大时，土和结构接触面上的应力状态将产生一定变化；由于天然或人工地震波的复杂性，尽管场地和结构保持对称，车站结构左、右侧墙的动土正应力分布并不相同；中庭式地下车站存在明显的Rocking振动模式，且随着水平输入地震动的幅值增大，Rocking加速度也不断增大。输入同等强度的Kobe波、El Centro波、Loma Prieta波和上海人工波时，土体或车站结构的各类响应（加速度、动拉应变、动土正应力）均不一样，说明地震动频谱特性对土和结构动力响应影响显著；对比四种地震波下的响应大小，发现车站峰值动拉应变的大小排序与车站峰值加速度的大小排序两者不一致；四种不同地震波下，结构动应变最大位置均为站厅层横梁两端，显示该部位为抗震薄弱环节，建议加强其抗震设计和构造措施。试验结果有助于理解中庭式地铁车站在地震作用下的动力响应特征，为类似中庭式地下结构的抗震设计提供有益参考。

自由场试验　　　　中庭式地铁车站模型　　　　模型箱吊装

模型土填至预定高度　　　放置中庭车站模型　　　模型土填至车站底部

自由场和中庭式地铁车站模型
振动台试验过程

地震—连续倒塌综合韧性防御组合框架试验与理论分析

张 磊[1] 陆新征[1] 林楷奇[2]

1. 清华大学，北京 100084；2. 福州大学，福建福州 350116

　　钢混组合框架结构是目前常用的建筑结构体系之一，地震灾害和偶然局部破坏引起的连续倒塌是影响钢混组合框架结构安全的主要灾害。目前，多灾综合防御和韧性防灾是土木工程领域最新国际发展趋势。钢混组合框架结构在连续倒塌工况下，由于压拱效应的存在，会使得框架梁中轴力过大而过早发生局部屈曲，从而严重影响了结构抗连续倒塌的功能可恢复性能。因此，如何缓解钢混组合框架结构在连续倒塌工况下的压拱效应，并实现其地震—连续倒塌综合韧性防御，还需要进一步展开深入研究。针对近年来受到高度关注的韧性防灾的需求，在已提出的第一代地震—连续倒塌综合防御钢混组合框架（MHRSCCF-1）的基础上进行了优化，并引入新的构造，提出了面向韧性的地震—连续倒塌综合韧性防御钢混组合框架（MHRSCCF-2），其节点区域构造如图1（a）所示。相比于MHRSCCF-1结构，MHRSCCF-2结构在三个地方进行了改进：①在梁端和柱之间预留15mm空隙，以释放压拱效应引起的梁中轴力；②在角钢及加劲肋板中设置椭圆孔，允许加劲角钢耗能构件与梁之间发生相对滑动；③加强梁的轴向承载力，确保其不会在压拱效应引起的轴力下发生破坏。该设计意在通过压拱阶段框架梁与耗能构件间的滑移来释放梁中轴力，同时通过对框架梁及其与耗能构件间摩擦力的合理设计，使得地震工况下梁与耗能构件之间不发生相对滑动，保证地震作用下节点的承载力，并保证框架梁在发生滑移时保持弹性，如图1（b）所示；在连续倒塌工况下，梁与耗能构件之间发生相对滑动，并释放压拱效应，保证主体结构（梁与柱）不发生破坏，如图1（c）所示，从而实现结构在抗震与连续倒塌工况下的功能可恢复，保证灾变过程稳定、有序、可控、易修复。在此基础上，进行了MHRSCCF-2的抗震子结构及抗连续倒塌子结构的试验研究，并对以下内容展开分析：①MHRSCCF-2与MHRSCCF-1和常规钢混组合框架的抗震性能及抗连续倒塌性能差异，以及MHRSCCF-2的破坏机理；②MHRSCCF-2梁柱连接（包括预力钢绞线和可更换耗能构件）的受力模式及初始刚度和屈服弯矩的理论计算公式。并通过试验结果，验证了本文提出的理论计算公式的可靠性。

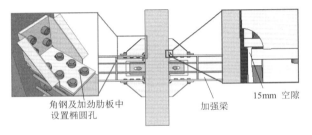

（a）改进构造示意图

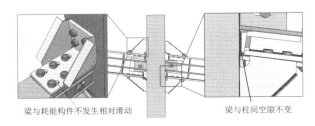

（b）地震工况变形示意图

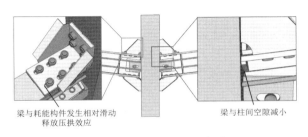

（c）连续倒塌工况变形示意图

图1　面向韧性的地震—连续倒塌综合韧性防御钢混组合框架示意图

地震韧性方向的国际高水平研究现状

许 镇 魏 炜 靳 伟

北京科技大学，北京 100083

本文从Web ofscience网站中选取SCI核心数据集，在"地震韧性"（Earthquake Resilience）主题下检索得到近400余篇SCI期刊论文。以此作为分析基础，调研地震韧性方向的国际高水平研究现状。

通过对这些SCI期刊论文的量化分析，本文总结了地震韧性方向的国际高水平研究现状，具体如下：

（1）从SCI论文发文量来看，自2010年后，地震韧性主题的发文量处于显著上升阶段，而且我国学者的发文量近几年也成扩大趋势。

（2）从国家影响力来看，中美绝对是当前地震韧性方向的研究主力。从图1来看，中美发文量和相互引用关系都是最多的。其次，日本、新西兰和意大利也在地震韧性方面做了很多工作。

（3）从研究单位影响力来看，根据发文量和引文量的综合比较，地震韧性研究排名第一的是SUNY Buffalo，也就是美国纽约布法罗大学。然后依次为：华盛顿大学（Univ. Washington），加州大学Irvine分校（Univ. Calif. Irvine），科罗拉多大学（Univ. Colorado），南加州大学（Univ.so. Calif.），康奈尔大学（Cornell Univ.）也都很强。这些研究机构都是美国高校，可见美国在地震韧性方面影响力巨大。

（4）从研究关键词来看，社区Community、灾害Disaster、可持续性Sustainability、框架Framework和易损性vulnerability等相关关键词研究相对较多。

（5）从作者影响力来看，排名第一的是美国纽约布法罗大学（SUNY Buffalo）的Michel Bruneau教授。他于2003年在Earthquakespectra上发表的论文*A framework to quantitatively assess and enhance theseismic resilience of communities*被引用了2053次（Googlescholar数据），做出了地震韧性方向的奠基性工作。

（6）从期刊影响力来看，排名第一的是Earthquakespectra，这是美国地震工程研究院Earthquake Engineering Research Institute （EERI）的主办刊物。其次，Engineeringstructure，Structure and Infrastructure Engineering，Structuralsafety，IEEEsystems journal（电网地震韧性相关论文居多）等期刊在地震韧性方向的影响也比较强。

综合来看，地震韧性目前依然是地震工程领域的研究热点。美国在地震韧性的高水平研究上具有显著优势和巨大影响力。不过，目前地震韧性相关研究还不够深入，不少研究还是以Framework为主。地震韧性是一个很复杂的系统问题，目前的研究只是开始，未来还有很大的发展空间。

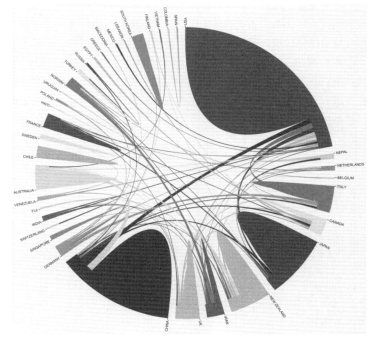

图1 地震韧性方向各国高水平论文发文量与引用关系

基于CNKI数据库的国内韧性城市研究现状及热点分析

季婉婧

甘肃省地震局，甘肃兰州 730000

近年来，我国许多城市在极端天气气候事件影响下，出现了城市内涝、高温热浪、雾霾等新型和复合型城市灾害，居民的生命财产和生命线基础设施屡遭威胁，城市安全备受挑战。因此，越来越多的学者开始对韧性城市（Resilient Cities）展开了相关研究，从文献计量角度对我国韧性城市研究发展的整体脉络、研究现状等方面的分析有助于我们了解我国韧性城市研究的主要内容和研究热点，从而有助于完善我国韧性城市研究的发展方向。本次主题检索的检索条件设定为：主题="韧性城市"，时间从2011年至2018年（数据入库时间至2018年12月），期刊来源类别为全部期刊（包括SCI来源期刊，EI来源期刊，北大核心期刊，CSSCI期刊），分析工具采用Excel。

在对数据库近年来（2011—2018年）的韧性城市研究相关文献进行统计后发现，在2011年到2018年的这八年中，在CNKI中发表的文献数量除个别年份略有起伏之外，整体呈增长趋势，如图1所示。发文量的变化分为两个阶段，2015年前整体发文并不活跃，2015年之后突然发生数量上的迅猛增长，可见近四年来，我国对韧性城市研究的关注程度在持续扩大。

韧性城市相关研究主要涉及"工程科技"和"经济与管理科学"两个学科。通过对关键词的统计，可以发现研究人员主要关注的问题除"韧性"之外，韧性城市研究所涉及的主要关键词包括：气候变化、灾害风险、城市规模、城市建设、城市研究、基础设施、城市公园、城市设计、城市系统、灾害风险管理、应急避难场所、城市理论、指标体系、防灾规划、城市区域等。从主要关键词的中心性来看，韧性城市研究主要围绕气候变化、灾害风险、城市规模、城市建设、韧性城市规划等展开。

总体来看，我国韧性城市相关研究才刚刚开始，近两年内文献数量增长很快。目前韧性城市主要应用于灾害和气候变化、城市和区域经济韧性、城市基础设施韧性、空间和城市规划等领域。其研究的内容主要集中在韧性城市演化机理、韧性城市评价、韧性城市规划等方面。需要说明的是，其一，本次文献统计的数据仅来源于CNKI，漏掉部分知网没有收录的极少数期刊，所以统计所得的文献数据并不能代表该年份发表论文的实际最高值；其二，由于数据清洗带有一定的主观性，可能漏掉个别有价值文献；其三，由于我国对于韧性城市的相关研究近几年才刚刚开始，文献数据量较少，本次研究对象的数据量不大但主题集中，因而统计分析符合文献计量规范。

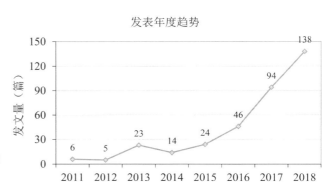

图1　2011—2018年我国韧性城市研究年度CNKI发文量变化

基于振动台试验的移动通信系统
关键设备地震易损性研究

毛晨曦　冯利飞

中国地震局工程力学研究所，中国地震局地震工程与工程振动重点实验室，黑龙江哈尔滨　150080

在过去的十年间，移动通信系统飞速发展，极大程度地改变了商业运行的模式，从而对人们的日常生活形成了重要的影响。移动通信系统的地震灾害评估结果可以服务于震前的地震保险方案设计，以及震后的应急损失评估，因而具有重要意义。然而，移动通信系统是一个复杂的网络系统，其地震后的损坏和损失评估立足于对系统中关键节点的地震易损性的研究。移动通信节点机房是网络系统中的重要节点，因而对节点机房中关键通信设备的地震易损性的研究就成为移动通信系统地震灾害评估的基础问题之一，目前相关研究还较少。

本文以节点机房中常用的蓄电池组为研究对象，采用振动台试验的手段，考虑地震动的随机性，获得蓄电池组的地震易损性曲线。之所以采用振动台试验作为研究手段，是因为每一台通信设备均是由其内部的各个设备元件组成的小系统，其功能失效原因复杂，难以通过数值模拟的方法进行研究。

振动台试验的对象是两台完全相同的蓄电池柜，尺寸为560mm×800mm×2260mm，每台蓄电池柜中安装有24块铅酸蓄电池。地震动记录的选择采用了FEMA P695建议的方法（以确保所选择到的地震动记录对蓄电池组是较为不利的地震动激励），从美国太平洋地震工程研究中心的强震数据库选择了6条地震记录，每台蓄电池组输入3条地震记录。在振动台试验过程中，为实现双向加载，将与所选出的六条地震动方向垂直的另外一条地震动记录一起选出来，作为一组地震动分别施加在电池组的x向和y向。每一条地震动的幅值从0.1g逐渐增大至1.0g，每次增幅0.1g，以观察和记录蓄电池组在不同幅值的地震动下的反应特征。在每个幅值的地震动全部施加完毕后，对蓄电池组进行一次白噪声扫频，以观察蓄电池组自振频率的变化。试验中在电池柜的1/2高度处和柜顶分别布置了一个三向加速度传感器和两个位移传感器，用以测量电池柜在这两个高度沿水平x向和y向的加速度和位移。此外，在振动台的台面还布置了一个三向加速度传感器和两个位移传感器，测量台面沿水平x向和y向的加速度和位移。

试验中，地震动强度达到0.3g时，蓄电池柜背板开始出现弯曲变形；地震动强度达到0.4g时，机柜门框底部角部开始出现裂缝，且裂缝不断发展，第七层的电池挡板开始松动；地震动强度达到0.5g时，蓄电池组1第七层的挡板被蓄电池撞掉，1块蓄电池掉出电池柜。因为蓄电池组中的各块电池是相互串联为机房内设备供电的，因此只要1块电池掉出，蓄电池柜即发生功能失效。

根据试验中对蓄电池组损伤现象的观察，以及电池组地震反应数据的分析，提出将蓄电池组的地震损伤状态划分为基本完好、轻微破坏、严重破坏（即功能失效）三个水平。对于轻微破坏状态，由于是电池柜发生了过大的变形导致的，因而提出采用蓄电池柜顶端相对柜底的位移角作为损伤指标；对于严重破坏状态，是因为电池柜内的蓄电池遭受了过大的加速度，在惯性力的作用下甩出电池柜，导致蓄电池组功能失效，因而采用柜顶绝对加速度为损伤指标。根据对试验数据的分析，给出了轻微破坏状态柜顶位移角损伤指标的数值为1.2%，而严重破坏状态柜顶绝对加速度损伤指标的数值为5.57g。基于这两个损伤指标的数值，对振动台试验中两台蓄电池组的地震反应数据进行统计分析，得到了这种规格的蓄电池组的地震易损性曲线。

双向摇摆自复位钢筋混凝土框架
抗震性能的振动台试验研究

毛晨曦[1]　王振营[2]

1. 中国地震局工程力学研究所，黑龙江哈尔滨　150080；
2. 哈尔滨工业大学 土木工程学院，黑龙江哈尔滨　150001

　　为了研究自复位钢筋混凝土框架结构在不同场地条件下各水准地震动的抗震性能，本文完成了一幢单跨两层双向自复位框架结构（1/2缩尺比）振动台试验。整个框架结构设计包括三种类型自复位节点：柱—基础节点、普通梁—柱节点（结构X向）和顶铰梁—柱节点（结构Y向）。采用无粘结后张预应力筋为结构提供自复位能力，并且柱—基础节点和顶铰梁—柱节点采用外置可替换的低碳钢（MS）阻尼器作为耗能装置，普通梁—柱节点采用角钢作为耗能装置。从PEER NGA-West2 强震数据库共选取4条地震动，每条地震动包含两条水平分量，并设定PGA较大的水平分量为主方向。按照场地剪切波速Vs$_{30}$和断层距，地震动可分为：II类—远场（"II-FF"），II类-近场（"II-NF"），III类-远场（"III-FF"），IV类-远场（"IV-FF"）。试验输入双向地震波，主方向与从方向地震动幅值之比为1∶0.85。采用逐级增大加速度峰值的加载方法，主方向地震动加速度幅值如表1所示。每级幅值下，主方向地震动先沿普通梁框架（结构X向）输入，然后再沿顶铰梁框架（结构Y向）输入。

表1　主方向地震动加速度幅值

PGA /g	小震	中震	大震	超大震1	超大震2	超大震3	超大震4
原型结构	0.10	0.20	0.40	0.60	0.80	1.00	1.20
模型结构	0.13	0.26	0.52	0.78	1.04	1.30	1.56

　　试验结果表明：①层间位移角随着地震动幅值的增加而增大，结构普通梁框架（结构X向）层间位移角小于顶铰梁框架（结构Y向），如图1所示；结构2层层间位移角稍大于1层层间位移角，结构楼层位移近似呈线性分布，一阶振型起主要作用；对于II类场地，结构在近场地震动下的反应大于远场地震动，在超大震4幅值下，层间位移角最大值分别达到3.18%和1.47%；对于远场地震动，结构在IV场地下的层间位移角大于II类和III类场地，在超大震4幅值下，层间位移角最大值分别达到2.14%、1.47%和1.49%；②虽然在超大震幅值下，结构层间位移角已经超过了抗震规范中2.0%限值，但主体框架结构损伤不严重，仅在混凝土梁和柱上产生大量肉眼可见的微裂缝；结构在震后残余层间位移角比较小，结构能够实现自复位；③节点开口转动随着地震动幅值的提高而增大，数值近似等于峰值层间位移角，结构变形能够集中在节点开口位置；④随着节点开口位移的增大，预应力增量逐渐增加，但同时存在预应力损失，预应力筋未达到屈服；节点处的阻尼器也同时发挥作用，其中，顶铰梁—柱节点MS阻尼器在变形过程中杆端会发生弯曲破坏，柱—基础节点MS阻尼器作用效果更明显。

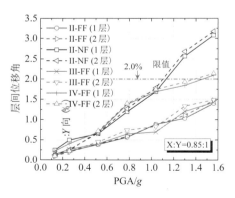

图1　结构层间位移角峰值：结构Y向

| 作者信箱：maochenxi@iem.ac.cn

波浪作用下海底斜坡稳定性的定量化评价

刘 博[1,2] 郑德凤[3] 刘 敏[1,4] 年廷凯[1]

1. 大连理工大学海岸和近海工程国家重点实验室，辽宁大连 116024；2. 中国建筑东北设计院有限公司，辽宁沈阳 110006；3. 辽宁师范大学自然地理与空间信息科学省重点实验室，辽宁大连 116029；4. 中铁四局集团设计研究院，安徽合肥 230000

海底滑坡是海洋地质灾害中的主要形式，在人类开发海洋、利用海洋资源的过程中，海底滑坡更是频繁发生，严重威胁着海洋工程结构及相关人员的生命安全。因此，对海底斜坡稳定性及海底滑坡机制的研究已成为当前海洋工程与海洋地质灾害领域的研究热点问题。目前，对海底斜坡稳定性的评价绝大多数采用极限平衡方法，但该法尚存一定的不足，给出的解答只能是近似解。

本文引入基于运动学定理的极限分析上限方法，将对数螺线破坏机构作为水下边坡的潜在破坏模式，联合抗剪强度折减技术，将孔隙水压力以外荷载的形式引入到虚功率方程中，建立考虑孔隙水压力效应的水下边坡极限状态方程。通过搜索最小安全系数与临界滑动面，对水下边坡整体稳定性进行定量化分析和评价。进一步，建立一阶波浪作用下海底斜坡极限平衡状态方程，结合相应的临界破坏机构，确定海底斜坡整体稳定性的安全系数及潜在滑动面。通过简化一阶波浪理论中波浪荷载对海床压力分布的理论公式，并将其应用于波浪作用下海底斜坡极限状态方程中，解析两种不同波浪加载模式下海底斜坡的安全系数和潜在滑动面，对比分析其影响效果及优劣；进而深入探讨不同波浪荷载控制参数（如波长、波高、水深等）条件下的海底斜坡稳定性及相应的破坏模式。进一步地，基于有限元程序ABAQUS中的荷载模块，通过开发一阶波浪力的加载模式，实现了波浪作用下海底斜坡整体稳定性的弹塑性有限元分析与强度折减数值计算，并对其破坏模式进行了深入探讨，以此检验极限分析解析方法的合理性。结合具体工程实例，深入探讨有限元强度折减法在海底斜坡实际工程中的应用效果，该成果可为海底斜坡稳定性评估及防护加固等提供初步的设计依据。

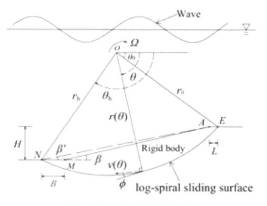

波浪力下海底斜坡破坏机构

数值与解析方法的对比分析

波流与地震作用下海洋工程结构的响应分析

陈少林　程书林

南京航空航天大学土木工程系，江苏南京　210016

海底地震动的模拟以及海洋工程结构在波流和地震作用下的反应分析中，涉及到海水、饱和海床、弹性基岩、结构之间的相互耦合。本文采用Fluent软件模拟波流作用下结构和海床表面的压力时程，将其施加在结构和海床表面。对于地震作用，经传递矩阵方法得到海水—海床—基岩体系的自由场，作为地震输入。海水—海床—结构体系的耦合分析采用分区并行算法：结构采用隐式积分格式，海水—海床—基岩体系采用显式积分格式，两者可采用不同的时间步距，采用透射边界考虑无限域的影响。对于海水—海床—基岩体系的耦合分析，传统的方法分别采用声波方程描述理想流体、Biot方程描述饱和海床、弹性波方程描述基岩，分别考虑相互之间的耦合，十分不便。本文基于理想流体、固体分别为饱和多孔介质的特殊情形（如图1所示，孔隙率分别为1和0），以饱和多孔介质方程为基础，考虑不同孔隙率的饱和多孔介质之间耦合的一般情形，建立了该情形的集中质量显式有限元求解方法，进一步论证了该一般情形可分别退化到流体与固体、流体与饱和多孔介质、固体与饱和多孔介质间的耦合情形，从而将流体、固体、饱和多孔介质间的耦合问题纳入到统一计算框架，并编制了相应的三维并行分析程序。以P-SV波垂直入射时，半无限海水—饱和海床、海水—弹性基岩、海水—饱和海床—弹性基岩三种情形的动力分析为例，验证了该统一计算框架的有效性以及并行计算的可行性。本文未考虑波流和地震的耦合影响，波流与结构和海床间是单向耦合。编程实现了波流与地震作用下海水—海床—结构体系的耦合分析，并以港珠澳青州航道桥为例进行了分析。

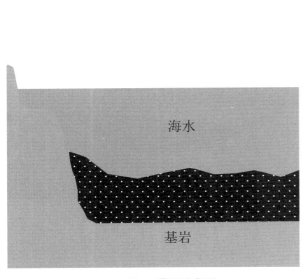

图1　模型示意图

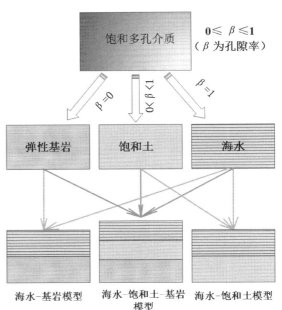

图2　统一计算框架示意图

| 作者信箱：iemcsl@nuaa.edu.cn

大连湾海底隧道建设工程隧道
——北岸岸边段抗震分析

蒋园豪　尹训强　王桂萱

大连大学土木工程技术研究与开发中心，辽宁大连　116622

随着我国经济水平的不断增长以及沿海、沿江城市交通发展的需要，水下沉管隧道工程建设的迫切性不断提高，其抗震性能也是一直备受关注的重要内容。近些年更是由于全球地震活动的频繁，沉管隧道抗震研究更显得迫在眉睫。在沉管隧道抗震分析研究中，由于地基土–水域–沉管隧道体系的复杂性和困难性，现场试验及振动台模型试验都有很大的难度，所以大部分采用数值方法来研究。目前，对于沉管隧道的数值抗震研究大部分是沉管隧道或是沉管隧道–土体系统分析。而在沉管隧道下面有桩基础却不多见，并且在接头部位考虑设置剪力杆更是少之又少了。本文以大连湾海底隧道建设工程隧道北岸岸边段为工程研究背景，基于ANSYS软件建立沉管隧道–土体–桩基–沉箱三维有限元模型，整体模型网格划分为309975个单元，338544个节点。其中沉管隧道主要由4个管节组成，总长度为52.5m，宽度为43.5m，高度为12.35m，外墙壁厚1m，上下壁厚1.4m。管节接头主要由中埋式止水带、OMEGA止水带及抗剪构件组成，其抗剪构件设置124根剪力杆加套筒连接。在ANSYS建模中采用combin39单元模拟止水带和剪力杆，通过非线性F–D曲线模拟其物理力学性能。桩土部分使用等价线性法来模拟土体非线性，选用无厚度接触单元对桩土间的接触效应进行描述，通过在人工边界处设置粘弹性人工边界来反映远场地基辐射效应。综合考虑荷载作用效应组合，输入委托单位提供的设防地震和罕遇地震的地震动时程，对隧道整体进行横向和纵向地震响应分析，以此来研究分析在不同地震作用下管节接头相对位移。计算结果表明，依据管节接头的相对位移分析，水平切向x的最大相对位移为0.80mm，垂直切向x的最大相对位移为-0.51mm，法向z的最大相对位移为0.94mm，满足设置伸缩缝的要求。本文对设计断面的合理性进行验证，为结构设计和安全评价提供基础依据，具有一定的借鉴作用。

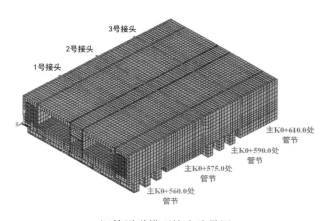

沉管隧道模型接头编号图

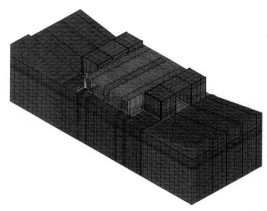

北岸段沉管结构—地基抗震分析整体模型

低温环境下海底滑坡–油气管线耦合作用数值模拟

郭兴森　年廷凯　范　宁

大连理工大学海岸和近海工程国家重点实验室，辽宁大连　116024

海底管线是海洋油气开发中不可或缺的输运工具，极易受到海底滑坡的冲击，造成不可估量的经济损失与环境污染。近年来，准确预测海底滑坡对管线的冲击作用，已引起海洋工程界的广泛关注。目前，在流体力学的理论框架下，基于小尺度模型试验与数值模拟，建立起阻力系数与雷诺数的关系是非常有效的研究方法。然而，在试验与数值模型设计方面，当前学者很少考虑海底滑坡流变模型的适用范围，导致计算中的流变模型剪切速率严重超过范围，且模型雷诺数与工程原型存在显著差距。基于雷诺相似准则，在模型雷诺数与原型等价的前提下，考虑海底滑坡流变模型的适用范围，经过系统的理论推导，建立了滑坡冲击管线模型尺寸与冲击速度的计算公式。基于此，提出了一种同时满足流变模型和雷诺准则的海底滑坡–油气管线耦合作用模型设计方法。

基于低温环境下南海北部陆坡区海底泥流的流变模型，将其嵌入ANSYS CFX中实现CFD计算，结合上述数值模型的优化设计理论，开展大量海底滑坡冲击悬浮管线的模拟计算。基于数值结果发现：峰值与稳定值对管线的受力结果有显著差异；与22℃海底泥流对管线冲击作用相比，0.5℃环境下管线受到的拖曳力最大可提高26.0%，升力最大可提高70.3%。据此，分别建立了拖曳力与升力的峰值与稳定值计算公式。进一步，通过对管线在位情况的调查，发现服役期内管线不可避免地出现不同程度的悬浮。基于此，开展了具有不同悬跨高度的管线受滑坡冲击的数值模拟，提出了管线受海底滑坡冲击作用中拖曳力与升力随时间变化的三种模式并给出作用机理，系统地探讨了悬跨高度对管线受力状态的影响，发现升力系数最大提高近20倍。此外，还发现在平铺工况下，管线受到升力的峰值与稳定值最大变化量达572%，拖曳力的最大变化量达158%，不容忽视。最后，引入悬跨高度比，完善了评估升力与拖曳力的计算公式，为海底管线的设计与建造提供理论依据。

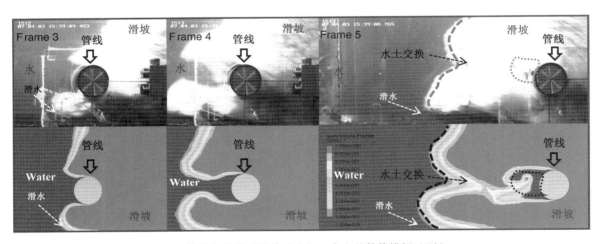

Zakeri等的物理模型试验（上）；本文的数值模拟（下）

低温环境下海洋土流变模型及海底滑坡模拟

郭兴森[1]　年廷凯[1]　范宁[1]　赵维[1]　鲁双[1,2]

1. 大连理工大学海岸和近海工程国家重点实验室，辽宁大连　116024；
2. 沈阳工学院能源与水利学院，辽宁抚顺　113122

随着海洋工程建设如火如荼展开，海洋基础在位安装与地质灾害评估所面临的海洋土流变强度问题正吸引着广泛关注，例如：海底锚固系统中鱼雷锚（直径0.76~1.2m）的安装过程，其贯入速度可达30m/s，海洋土的剪切速率达40s⁻¹；海底管缆系统（直径0.1~1m）受海底滑坡冲击评估，滑坡体的冲击速度可达10m/s，海洋土的剪切速率达100s⁻¹。可见，海洋土的流变强度参数（强度、剪切速率、表观黏度）对海洋油气资源开发过程中的地质灾害评价、油气开采平台的锚固系统及海底管缆等结构物的设计建造起着至关重要的作用。然而，当前传统土体强度测试手段仅能达到10⁻¹量级的剪切速率，难以满足当前工程需求。此外，天然海洋土所处的温度环境有着显著差异，陆坡与海盆区多为低温环境，现有的研究忽视了海底低温效应。

基于化学性质稳定的海洋软土模拟材料——高岭土，采用自行设计的新型全流动贯入仪与RST旋转流变仪，开展系统的强度测试，验证了两种测试方法的有效性，据此提出了海洋土流变强度的组合测试技术。进一步，基于南海北部陆坡软黏土原状样制备海底泥流，开展不同含水量条件下海洋土的低温流变试验，发现低温环境下泥流的剪应力与表观黏度平均变化量可达35%以上。通过微观试验，基于布朗运动与粒际作用，很好地解释了不同温度、含水量条件下海底泥流的流变特征及其内部的变化机理。引入Herschel-Bulkley模型对流变参数进行深入探讨，提出了考虑温度效应海底泥流屈服应力与稠度系数的计算公式，再结合泥流的含水量条件，进一步完善了屈服应力、稠度系数、流变指数的公式，建立了低温与含水量耦合作用下海底泥流的流变模型。基于建立的海底泥流流变模型，利用CFD数值模拟方法，再现海底滑坡的运动与沉积过程，分析了滑坡体含水量、密度、强度、速度、剪切速率等动态变化情况，探究了滑坡体高速、长距离运移的机理。上述成果可为海洋基础设计与在位安装、海底滑坡运动过程模拟以及滑坡灾害预测提供科学依据。

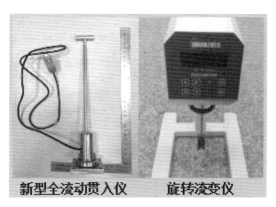

海洋土流变强度测试方法

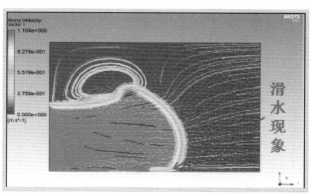

海底滑坡运动过程模拟

地震和波浪联合作用深水大跨桥梁动力特性研究

王亚伟　朱　金　郑凯锋

西南交通大学土木工程学院，四川成都　610031

随着我国经济的不断快速发展，沿江和沿海地区涌现出越来越多的深水大跨桥梁。深水大跨桥梁具有基础尺寸大、主跨轻柔、阻尼小、刚度小等特点，不仅对风、浪等日常环境作用以及桥上车流等运营荷载作用非常敏感，还会时常受到地震、台风、海啸等极端天气的袭击。这些日常荷载的长期持续作用以及偶发极端天气的突然作用会直接影响深水大跨桥梁结构的安全性和耐久性。

当突发地震时，地震会伴随着海床的运动，海床的运动会进一步加剧波浪的运动，导致地震–波浪–桥梁耦合振动机理十分复杂。鉴于此，本文针对处于运营阶段的深水大跨桥梁结构在突发地震时地震–波浪–桥梁耦合振动机理进行了深入的研究，并系统地研究了波浪和地震联合作用下深水大跨桥梁结构的振动特性。首先基于非线性Morison方程，建立了地震作用下桥墩波浪力模型，该模型能较好地模拟地震对波浪场及相应桥梁波浪力的影响。其次，考虑到运营阶段的车辆和风荷载，在作者建立的风–车–桥耦合振动分析平台的基础上，本文建立了针对运营阶段的深水大跨桥梁的地震–波浪–桥梁耦合振动分析框架。本文以主跨为1088m的全漂浮公路斜拉桥为例，基于建立的地震–波浪–桥梁振动分析框架，探究了地震–波浪–桥梁耦合振动机理，揭示了波浪和地震联合作用对深水大跨桥梁振动特性的影响规律。本研究采用谱分量法对随机波浪场进行了模拟，在地震动输入模拟中，考虑了行波效应、部分相干效应和局部场地效应。此外，考虑到斜拉桥的纵向位移较大，本文还进一步研究了在该斜拉桥塔梁间设置粘滞阻尼器的减震效果。通过本文的研究，可为波浪–地震联合作用下深水大跨桥梁动力响应分析提供参考。

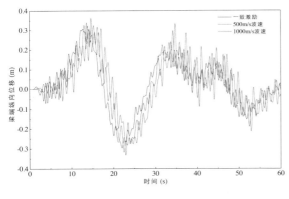

不同地震波速下梁端纵向位移

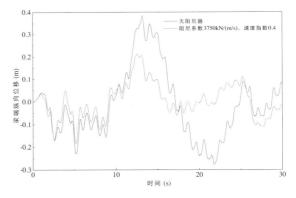

有无阻尼器时梁端纵向位移

作者信箱：hbuwyw1991@sina.com

复杂地基条件下核电取水口结构地震响应及稳定性分析

温林莉 赵 杰 王桂萱

大连大学土木工程技术研究与开发中心，辽宁大连 116622

核电作为一种新型清洁型能源，具有广阔的发展前景，对于解决目前我国能源问题等具有重要意义，随着核电在我国的快速发展，沿海地区符合核电厂标准设计的厂址资源日益减少，部分我国在建或者拟建核电厂选址于复杂非均匀场地和高烈度地区，或者采用桩基础加固的软土地基上，这类结构的地震反应特征分析需合理考虑土—结构相互作用的影响。本文以某复杂地基条件下核电取水口结构为背景，基于ANSYS建立近场含不均匀地层的复杂地质区域结构–地基系统三维有限元计算模型，在计算分析中考虑设计水位、内外水压力、结构自重、厂址地震波、地基–结构相互作用、阻尼等因素的影响，通过在人工边界处设置粘弹性人工边界来反映远场地基辐射效应，分别采用实体单元和结构梁单元来模拟嵌岩桩，通过三维有限元静动力分析，模拟取水口结构在地震动作用下各个构件的应力和变形变化规律，最终给出取水头部各个构件的危险截面及对应的控制工况，得出结构的薄弱部位。通过场址地震波的输入，探索取水口结构的地震响应特点，给出不同工况下结构整体的应力分布云图、位移变形分布云图。同时对取水口地基进行在无桩基和有桩基两种情况下的稳定性分析，得出地基滑动面位置和动力安全系数时程曲线。

数值模拟结果表明：取水头部结构超过极限拉应力主要分布在上部闸门井边缘、承台边缘以及墙体与底板的交接处（闸门槽底部边缘），这些部位为结构的薄弱环节，需要进行配筋加强；超过极限压应力主要发生在桩头部位，最大值达到–19.0MPa，满足极限压应力要求；地震作用下取水头部结构两个水平方向最大变形分别为12.1mm和18.6mm，均位于取水头部上部结构墙顶；取水头部地基整体稳定性满足核电厂抗震设计规范要求。本文的分析方法和结论对以后类似核电项目抗震设计有一定的参考和借鉴意义。

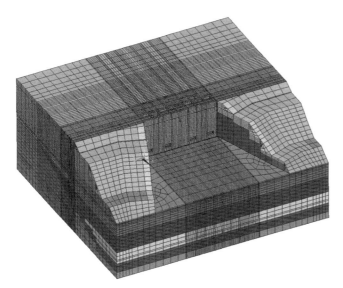

图1 取水头部结构-地基抗震分析整体模型

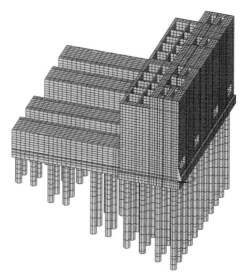

图2 取水头部结构抗震分析模型

海底滑坡–流线型管道耦合效应及减灾设计方法

范　宁　年廷凯　焦厚滨　郭兴森

大连理工大学海岸和近海工程国家重点实验室，辽宁大连　116024

　　海底管道是将海底油气能源输送至陆地的长距离结构物，其在服役期内的稳定性直接影响着海洋油气开采、作业人员生命财产及海洋生态环境的安全，也被认为是海洋油气开发中最具挑战的技术环节之一。然而，海底管道也面临着愈加复杂多变的灾害地质环境，其中海底滑坡是一种频繁发生、影响区域广泛、潜在威胁性较大的典型海洋土体灾害，其将导致管道结构承担额外的强荷载、周期性振动等作用，加之受海底复杂地形条件、油气能源贮藏位置等影响，海底管道的敷设路线往往难以绕离潜在滑坡区，因此，研究如何降低海底滑坡灾害对管道的冲击破坏作用具有重要的现实意义和推广价值。针对海底管道易遭受滑坡破坏的现状，本文首先将流线型设计思想引入到海底能源管道的结构设计和工程建设中，提出一种适用于海底潜在滑坡区的能源管道流线型设计方法，并给出了四种具体的流线型式（翼状流线型、双椭流线型、弧角四边流线型和弧角六边流线型）和对应的尺寸设计；然后，采用计算流体动力学（CFD）方法，分析了新型管道在滑坡冲击作用下的减灾效果与降阻机制，且与常规圆形管道进行了深入对比，经研究发现，流线型海底管道可以延缓边界层的分离，降低卡门涡街对管道的振动影响，有效地降低了滑坡冲击管道产生的拖曳力和升力，最大可使拖曳力降低60%以上，升力降低30%以上，并给出了各型式流线型管道的滑坡冲击作用力预测模型；最后，探讨了流线型设计对海底能源管道各阶段工程性能的影响，并针对海底管道设计阶段的偶然荷载评价，举例讨论了流线型海底管道对管道工程关键设计参数（海底管道的最大弯曲应力、最大张拉应力、最大法向变形和最大轴向变形）的影响，结果可见，流线型管线有效地降低了设计参数指标，其中最大张拉应力的设计值可降低60%以上，故海底管道的流线型设计不仅有利于降低滑坡的灾害作用，也可以减少项目预算，为海底能源管道的安全防护与减灾设计提供了新思路。

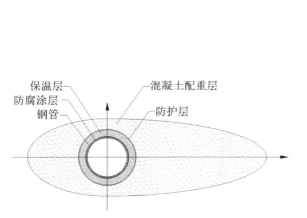

海底管道的流线型设计方案（以双椭流线型为例）

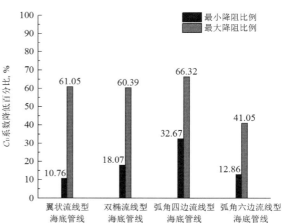

流线型管道的滑坡作用力系数降低比例

海底水合物分解诱发斜坡破坏的实验模拟

宋晓龙　年廷凯　赵　维　焦厚滨　郭兴森

大连理工大学海岸和近海工程国家重点实验室，辽宁大连　116024

天然气水合物是一种非常规天然气资源，以固态形式赋存于深海沉积物中和永久冻土地区，资源量巨大，且99%存在于海洋中，海洋天然气水合物成为许多学者关注的热点。自然温压条件变化、油气开采或水合物开采会引起水合物沉积层中水合物分解，并释放大量的气体（$1m^3$水合物会释放$164m^3$甲烷和$0.8m^3$水）。在海底高压条件下气体被压缩，孔隙压力会迅速增加，形成的高压流体会降低土体的有效应力，有可能导致大规模的海底滑坡等灾害，毁坏海底电缆或海洋石油钻井平台等海底工程设施。考虑到天然气水合物分解诱发海底斜坡破坏的危险性，充分认识其失稳演化机制具有重要意义。

当前对水合物分解诱发海底斜坡破坏的内在机制仍缺乏认识，本文通过自主设计研发的实验装置，根据南海海底沉积物强度测试数据，采用通气的方式模拟水合物分解后产生的高压流体对斜坡的影响，对海底斜坡在模拟水合物分解条件下的破坏过程进行研究，开展了不同土体强度、水合物埋深、气体流量及分解范围组合条件下的多组模型实验。结合图像测量技术，深入分析了坡面及坡体内部的变形演化过程，初步揭示了模拟水合物分解条件下海底黏土质斜坡的变形破坏特征，以及内部高压流体的运移规律。据此将斜坡的破坏过程分为：气压累积、弹性压缩、土体破坏隆起和变形稳定四个阶段，为深刻理解海底能源土斜坡的灾变全过程提供了重要参考。在此基础上，利用极限平衡方法，建立了海底斜坡破坏时的临界气体压力解析式，从理论上解释了斜坡变形破坏过程中出现的临界气压值，揭示了其失稳演化机制。研究成果为深入认识水合物分解条件下海底斜坡的变形破坏机制，发展稳定性分析理论和评价方法提供有益参考。

临界压力解析解与实验结果对比

实验编号	Test1	Test2	Test3	Test4	Test5	Test6
解析值kPa	20.6	20.6	13.4	13.4	8.7	14.5
实验值kPa	16.9	17.3	8.5	7.8	7.4	11.4

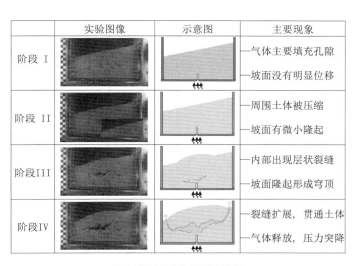

	实验图像	示意图	主要现象
阶段 I			—气体主要填充孔隙 —坡面没有明显位移
阶段 II			—周围土体被压缩 —坡面有微小隆起
阶段III			—内部出现层状裂缝 —坡面隆起形成穹顶
阶段IV			—裂缝扩展，贯通土体 —气体释放，压力突降

海底斜坡破坏过程及特征

海底斜坡地震稳定性评价的数值与解析方法

年廷凯[1]　焦厚滨[1]　霍沿东[1,2]　刘　敏[1,3]

1. 大连理工大学海岸和近海工程国家重点实验室，辽宁大连　116024；
2. 辽宁省交通规划设计院有限责任公司，辽宁沈阳　110166；
3. 中铁四局集团设计研究院，安徽合肥　230000

近年来，随着全球范围内海洋开发活动日益频繁及破坏事件的增多，海底斜坡稳定性研究成为海洋工程地质领域的重要课题。地震是引起海底滑坡最常见且频繁的触发因素，地震动会增加斜坡土体的下滑力以及降低土体的抗剪强度，故在地震力作用下海底斜坡极易发生滑动，进而破坏海洋油气平台、海底电缆等基础设施，给人类生命财产安全造成巨大损失。

基于极限分析上限方法，考虑水平、竖向地震荷载，分别对海底层状、非均质粘性土边坡开展地震稳定性上限分析。进一步，考虑了地震荷载和土体强度的非均质性，对海底层状粘性土边坡的局部滑动机制进行了深入探讨。具体研究内容如下：首先，基于对数螺线破坏机构和直角坐标建模方法，推导了层状边坡的重力功率与内能耗散率的表达式；并结合最优化方法和强度折减技术，改进了滑动面搜索方式和破坏机构，实现了海底层状边坡及非均质海底边坡安全系数和临界滑动面的求解；在此基础上，探讨了不同水平地震条件下两种组合土层海底斜坡的整体和局部稳定性，并深入解析了地震荷载对局部滑动机制的影响。其次，改进了含软弱夹层边坡的破坏机构，提出了一种对数螺线—直线复合破坏机构，并对该破坏机构下的外力功率和内能耗散率进行了推导，实现了含软弱夹层海底边坡稳定性的上限分析。然后，在考虑拟静力地震荷载及其对孔隙水作用的基础上，建立了地震作用下海底层状边坡稳定性的临界状态方程，并分别讨论了水平和竖向地震力对海底边坡的影响，结果表明水平地震加速度较大时，竖向地震力的影响变得十分显著，此时必须考虑竖向地震力的影响。进一步，基于Newmark滑块位移法，采用极限分析上限方法实现了海底层状边坡地震屈服加速度的求解，并结合经验回归公式快速求解地震滑移量，进而实现海底边坡地震危险性的快速评估。最后，将极限分析上限方法应用于海底斜坡工程实例，对保障我国海洋平台建设、油气工程路由选线、水下基础设施安全运营及长期防灾减灾具有重大的现实意义。

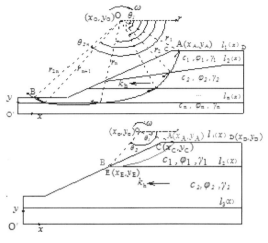

考虑地震效应的多土层海底斜坡破坏机构

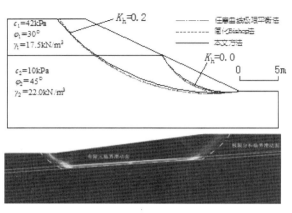

基于解析与数值解的临界滑动面对比

滑坡冲击作用下海底能源管道的纵向位移与力学响应

范　宁[1, 2]　W.C. Zhang[2]　F.sahdi[2]　年廷凯[1]　M.F. Randolph[2]　郭兴森[1]　焦厚滨[1]

1. 大连理工大学海岸和近海工程国家重点实验室，辽宁大连　116024；
2. Centre for Offshore Foundationsystems, University of Western Australia, Australia, Perth, WA 6009

近年来，随着我国海洋能源开发利用步伐的加快，海底油气能源传输管道的铺设数量、布设长度和作业水深不断增加，已然成为海洋能源开发过程中的关键传输手段和必要设施，其在服役期内的安全与稳定至关重要。然而，海底滑坡灾害对能源管道设施的工程安全性而言极具威胁，其往往表现出易于触发、破坏力强、难以预测等特征，尤其是海底滑坡冲击管道产生的强作用力和纵向周期性波动特征，致使海底能源管道存在冲破、冲断、疲劳、共振等破坏风险。尽管以往学者对海底滑坡与管道间相互作用开展了许多有价值的研究工作，但均未考虑滑坡灾害作用下海底管道可能发生的位移变化及其对滑坡作用力的影响，因此，海底滑坡对管线的灾害作用评价工作仍有待完善，有必要综合探讨海底滑坡对能源管道的耦合灾害作用（包括管道潜在位移和滑坡作用力的改变）。基于此，本文首先根据真实海底能源管道的灾害事故案例，对海底滑坡冲击管道的双向耦合作用过程进行了数学描述。然后，基于ANSYS-CFX数值分析软件，采用任意拉格朗日-欧拉法，实现了该双向流-固耦合过程的数值模拟，详细介绍了其进行流-固耦合模拟的理论基础与实现流程，并通过模拟流体力学经典颗粒沉降过程对其进行了验证。进一步，根据ANSYS-CFX流-固耦合数值方法，研究了海底滑坡冲击作用下管道的纵向位移特征与规律，且通过管道周围流场和滑坡作用力两个方面，与忽略管道位移的固定管道工况进行差异性分析。最后，根据考虑位移与固定管道两种工况条件下遭受滑坡冲击作用力的差异，探讨了滑坡冲击作用下管道的纵向位移可能对海底能源管道工程设计参数（最大弯曲应力、最大张拉应力、最大法向变形和最大轴向变形）产生的影响，阐明了考虑滑坡-管道耦合作用对工程设计和项目预算的重要性，也为修正当前海底管道相关工程设计规范提供了借鉴。

考虑管道纵向位移对海底能源管道工程设计参数的影响（以RenonNewtonian=124为例）

	滑坡作用力q	管道最大弯曲应力σ_b / E	管道最大张拉应力σ_t / E	管道最大法向变形y_{max} / B	管道最大轴向变形s / B
位移管道	2648N（5296N/m）	0.000387	0.000133	0.080	20.04
固定管道	2937N（5874N/m）	0.000398	0.000143	0.084	19.51
差异百分比	约11%	约3%	约8%	约5%	约3%

基于ANSYS的大连国贸中心大厦结构地震响应分析

王桂萱　孙兰兰　尹训强

大连大学土木工程技术研究与开发中心，辽宁大连　116622

超高层建筑有利于缓解城市用地的紧张，但是安全隐患也不容忽视。对建筑物进行弹塑性分析，使其满足"大震不倒"的要求，作为结构设计中重要的一环也被提上结构设计者的日程。大连国贸中心大厦属于超限高层建筑，对其进行强震作用下的动力响应分析是需要关注的重点内容。本文以有限元软件ANSYS为计算平台，运用UPFs二次开发工具，并结合Newmark积分算法的隐式求解特点，建立了考虑土—结构相互作用的国贸大厦结构静动力联合分析模型。进而，通过获取强震作用下结构的最大顶点位移、最大层间位移及最大基底剪力等，研究该超限高层结构的变形形态、构件的塑性及其损伤情况，以及整体结构的弹塑性行为，论证结构整体在设计大震作用下的抗震性能，寻找结构的薄弱层或（和）薄弱部位，对结构的抗震性能给出评价，并对结构设计提出改进意见和建议。弹塑性时程分析表明，结构始终保持直立，结构最大层间位移角未超过1/100，满足规范"大震不倒"的要求。

分析结果显示，连梁大部分破坏，其受压损伤因子均超过0.97，说明在强震作用下，连梁形成了铰机制，起到良好的屈服耗能作用。结构大部分剪力墙墙肢混凝土受压损伤因子较小（混凝土应力均未超过峰值强度），处于弹性工作状态。仅在结构剪力墙墙肢截面收缩及厚度发生变化处发生局部损伤，破坏范围较小。楼板大部分未出现损伤破坏，加强层处楼板出现部分损伤。设置的加强层桁架（特别是结构中、上部加强层桁架）对于结构加强层及其相邻楼层位置的钢筋混凝土核心筒墙体有一定不利影响，建议对上述墙体采取适当措施予以加强。作为超高层建筑结构抗震性能的分析，本文的研究可供结构设计人员进行参考，同时作为规范相关条文的执行案例，对基于抗震性能的动力弹塑性分析提供一定的技术参考。

模型总览

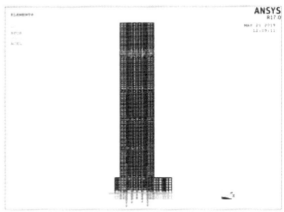

结构动力响应计算

| 作者信箱：2652215048@qq.com

基于GIS技术的海域地震滑坡易发性评价

郭兴森[1]　郑德凤[2]　年廷凯[1]　焦厚滨[1]

1. 大连理工大学海岸和近海工程国家重点实验室，辽宁大连　116024；
2. 辽宁师范大学自然地理与空间信息科学省重点实验室，辽宁大连　116029

　　海底斜坡失稳及失稳后滑移体的高速运移，不但对海域内离岸工程设施的建设与安全运营造成严重威胁，还可能诱发灾难性的海啸危害近岸公众的生命与财产安全。诱发海底滑坡的原因众多，其中地震是最频繁的触发因素之一。因此，海底斜坡的地震稳定性评价是当前国内外研究的热点话题之一。然而，地震触发海底斜坡失稳的机理相当复杂，虽已对具体海底斜坡的稳定性评价开展了大量的工作，取得了相当可喜的研究成果，但海底滑坡难以监测与控制，以防（事前评估）为主仍是研究的重点。对于海底设施的选址、选线等实际工程应用，海底斜坡地震稳定性的宏观、直接、大尺度的区域定量评价应处于先行地位，但此项研究十分匮乏。

　　基于此，提出一种区域性的海底斜坡地震稳定性评估方法，并给出直观的海域内滑坡易发性分布图，具体步骤如下：首先，考虑拟静力双向地震作用与地震作用下海底土层的强度弱化效应，采用极限平衡法的无限坡滑动模式，推导了多土层海底斜坡稳定性评价公式；然后，依据GIS技术，在全球水深数据的基础上，获取评价区域内的地形坡度，并结合评价区域内土层的物理力学特性参数，计算出海域内有限站位（离散站位）海底斜坡的安全系数；最后，将离散站位的数据作为样本点，在反距离权重插值理论框架下，依靠GIS平台形成全区域的海底滑坡易感性评估图，给出不同地震作用条件下评价区域的风险分布情况。进一步，以南海东北部陆坡区为视角加以应用，基于GIS技术初步建立了海底地震分布、地形分布数据库。通过室内全流动贯入强度测试、原位十字板强度测试及文献汇编，初步掌握了南海东北部陆坡区海底表层土强度特性。基于上述建立的区域海底斜坡地震稳定性与滑坡易发性评价方法，开展了南海东北部陆坡区大尺度地震稳定性评价，这一成果对南海东北部陆坡区的工程选址、路由选线以及工程风险分析与评估具有重要意义。

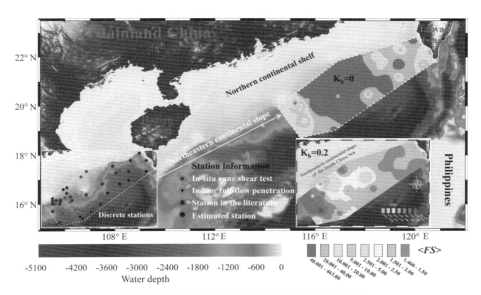

地震作用下南海东北部陆坡区海底滑坡易发性图

基于四心圆弧模型的珊瑚砂力学性能离散元模拟

秦建敏　程晓颖

大连大学土木工程技术研究与开发中心，辽宁大连　116622

　　珊瑚砂是一种碳酸钙含量高达95%以上的颗粒材料，多分布于热带或亚热带气候的大陆架和海岸线一带。从微观角度上看，珊瑚砂多孔隙（含有内孔隙）、形状不规则、易破碎且易胶结。又由于珊瑚砂大多未经长途搬运，其磨圆度没有石英砂的高，在描述珊瑚砂颗粒形状时不能简单地用球形来表示。目前，大量物理实验和数值模拟主要采用圆形或球形来描述珊瑚砂的几何形状。这两种几何体虽然数学方程简单、计算效率高，但与实际颗粒形状差别较大，还存在易滚动的缺点，无法真实反映颗粒材料中的互锁现象。因此，得到的结果往往与实际颗粒材料的力学性能存在一定的差别。

　　根据陈海洋和汪稔对珊瑚砂形状实验的结果，珊瑚砂90%以上为块状和纺锤体。本文以四心圆弧组成的纺锤体来对珊瑚砂进行双轴压缩离散元数值模拟。四心圆弧模型是一种组合型颗粒模型，是由Wang于1997年首次提出的，并于1999年扩展到三维颗粒。其主要思想是由四段圆弧（二维）组合形成一个近似椭圆形的颗粒，进一步通过旋转得到三维组合型颗粒。Scott等在Wang的组合圆弧方法基础之上加以改进，又提出了等价接触圆形的建模方法，使这种组合圆弧颗粒在表示非圆形颗粒时无论是接触判断还是计算颗粒模型的比较定性方面都表现良好。这种模型的特点是：①颗粒表面连续，没有奇点和不可微分的点，不会导致接触判定异常问题；②表示方法简洁，只需要很少的变量来描述颗粒的形状（2个半径，2个主轴，1个平移位置向量，1个圆弧顶点向量）；③因为平面上所有点轨迹都可以用一系列的圆弧来定义，所以各个点的曲率半径和相应的表面法向量是已知的。通过离散元数值计算，来研究颗粒形状对珊瑚砂力学性能的影响，分别给出了计算时间、应力应变关系曲线、通用接触模型、微观结构的演化过程。结果表明，四心圆弧模型能反映真实颗粒材料之间的互锁现象、强度高、稳定性好、计算效率高，仅用两个参数就可以生成不同形状的珊瑚砂颗粒，并且可以推广到复杂三维颗粒模型中，用于多种接触模型中，引入非线性接触本构关系，进一步发展更加通用的、多形态并存的颗粒集合体模型，同时尽量降低内存需求、节省计算时间，使其能够适应大量颗粒群体的离散元数值计算。

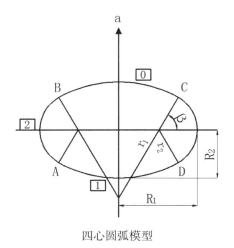

四心圆弧模型

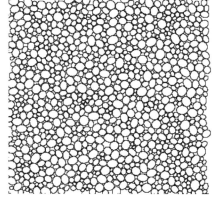

纺锤体颗粒模型

考虑土体强度空间变异性的海底斜坡可靠度分析

朱　彬　裴华富　杨　庆

大连理工大学海岸和近海工程国家重点实验室，辽宁大连　116024

随着海洋资源的开发和海洋工程的建设，对于海底斜坡的稳定性评价越来越重要。海床稳定性分析中涉及许多不确定性，因此有学者提出了使用可靠度方法来代替确定性分析对斜坡的稳定性进行评价。自然界中的土体存在空间变异性，海洋沉积物参数也不例外。由于长期沉积和有效上覆压力的作用，海洋土的不排水抗剪强度存在随深度增加的趋势。为了在评价海底斜坡稳定性的同时考虑海洋沉积物强度的空间变异性，本文使用Karhunen-Loeve（KL）展开离散随机场并与极限平衡法相结合进行可靠度分析。分别选取一维无限长边坡模型和二维斜坡模型进行了研究。在一维模型中，考虑了静态与地震荷载作用两种情形。使用KL展开分别模拟了三类随机场，即①土体强度参数的均值和方差均不随深度变化的平稳随机场；②强度参数的均值随深度增加但方差不随深度变化的非平稳随机场；③强度参数的均值和方差均随深度增加的非平稳随机场。对三种随机场的分析结果进行了对比研究，同时研究了随机场垂直相关距离以及水平地震加速度对失稳概率的影响。二维可靠度分析模型如图1所示，使用二维随机场离散土体的材料参数并映射到极限平衡法中，使得不同条带处的剪切强度不同，土体强度的空间变异性得以考虑。在海底斜坡稳定性评价中，使用蒙特卡洛模拟（MCS）获得海底斜坡失稳概率。由于海底斜坡失稳概率较小，所需的MCS抽样次数较多，若使用直接MCS进行求解则计算量巨大，效率较低。因此引入一种基于高斯过程回归（GPR）的新型响应面法（RSM）来构建替代模型。GPR对于高维与高度非线性的功能函数拟合效果较好，与其他可靠度方法的对比列于下表。由表中可知，基于GPR的RSM具有更高的计算精度，并且由于对确定性分析的调用次数大大减少，计算效率显著提升，因此所提方法对于海底滑坡这类小概率事件预测更加有效。

(a) 极限平衡法

(b) 非平稳随机场

(c) 考虑抗剪强度空间变异性的可靠度分析

考虑土体强度空间变异性的斜坡稳定性分析示意图

各类可靠度方法计算结果比较

可靠度方法	失稳概率Pf[10-3]	相对误差[%]	极限状态函数调用次数	来源
直接MCS	3.62	—	108	基准
基于线性多项式的RSM	2.74	24.31	—	
基于二次多项式的RSM	3.45	4.7	—	Kim和Na
使用矢量投影取样点的RSM	3.56	1.66	31	
基于Kriging的RSM	3.47	4.14	—	Kaymaz
基于RBF的FORM	3.37	6.91	289	Deng
基于RBF的MCS	3.84	6.08	289	
基于GPR的RSM	3.61	0.28	18	本文方法

马尼拉区域海啸潜源地震活动性研究

刘　也　任叶飞　温瑞智　张　鹏

中国地震局工程力学研究所，中国地震局地震工程与工程振动重点实验室，黑龙江哈尔滨　150080

近年来我国地震海啸危险性分析工作已逐步展开，海啸潜源地震活动性参数的计算是概率海啸危险性分析中重要环节之一。马尼拉海沟是中国南海规模最大的区域海啸潜源，在以往的地震海啸危险性研究中，计算马尼拉海沟的海啸潜源地震活动性参数仅考虑了一定震级范围内地震年发生率，鲜有考虑其他震源特征对海啸产生的影响。

本研究在总结地震诱发海啸所需条件基础上，考虑震源深度、震源机制的影响，计算马尼拉海沟能引发海啸的地震年发生率并给出计算流程。首先，统计了USGS数据库中马尼拉海沟1976—2015年历史地震记录2212个，震级范围为3.1～7.3，拟合G-R分布并计算马尼拉海沟在震级7.0～9.0之间的地震年发生率。随后，根据全球历史海啸数据库提供的海啸产生原因、信息可靠性、海啸波高和震源深度等信息，确定地震诱发海啸的震源深度上限为60km，并根据历史地震分布（图1）得到马尼拉海沟0～60km震源深度范围内的地震所占比例为80%。最后，统计GCMT给出的马尼拉海沟历史地震的应力轴倾角，绘制三元相图区分震源机制（图1），确定马尼拉海沟逆冲型地震所占比例为49%。最终采用贝叶斯公式计算得到能引发海啸的地震年发生率为0.0108。

以广东大亚湾作为算例，综合考虑马尼拉区域海啸潜源和我国近海局地海啸潜源的影响，采用概率海啸危险性分析方法计算该地区地震海啸危险性，与前人研究结果进行对比发现，由于马尼拉海啸潜源活动性高于局地海啸潜源，马尼拉海啸潜源对目标场点海啸危险性的贡献相对局地潜源较大，当考虑震源深度和地震类型对海啸发生的条件限制后，马尼拉海啸潜源的地震活动性降低，导致计算场点的海啸波高年超越概率降低，马尼拉海啸潜源对最终结果的影响也随之减弱。本研究结果表明，在确定海啸潜源地震活动性参数时，有必要考虑震源深度、地震类型等因素对海啸发生限制条件的影响，确保概率海啸危险性分析得到较为科学的结果。

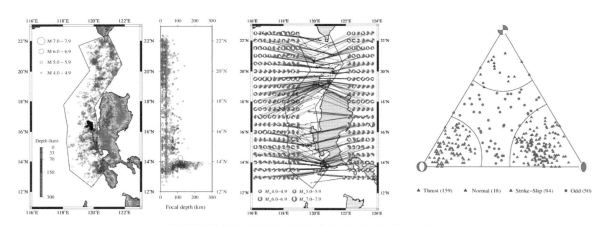

马尼拉海沟历史地震震源深度分布与震源机制三元相图

｜作者信箱：ly324001@hotmail.com

某海底沉管隧道南岸风塔及下部结构抗震性能分析

臧　麒　赵　杰　王桂萱

大连大学, 辽宁大连　116622

伴随我国海洋工程及近海工程的发展, 沉管隧道的应用越来越普及, 针对类似工程的抗震研究就显得尤为重要, 国内外研究沉管隧道的成果丰硕, 也包括由于近年来跨海隧道技术的日益成熟, 相关的研究内容都日趋完善。风塔结构作为过海隧道的排风换气附属结构物, 其依附在主体结构之上, 且考虑人防工程会设有人防井等附属设备, 其应对多重荷载组合作用下的安全稳定性就显得十分重要, 然而针对隧道风塔–下部结构–隧道的特殊体系却鲜有代表性的抗震影响研究成果, 为研究某海底隧道南岸风塔及下部结构体系在塑性阶段下的损伤破坏形态及特点, 并探讨在多重荷载作用下的弹塑性静动力响应对结构的影响, 本文利用有限元软件建立风塔及下部结构的大型三维有限元模型, 并依据能量原理推导混凝土塑性及其损伤本构模型, 该模型基于各向同性假设, 依据混凝土材料的受拉、受压塑性区本构及能量损失原理, 采用比例应变法对模型进行构建, 借助大型有限元软件ANSYS及ABAQUES分别对结构进行不同地震条件下的动力时程分析, 对比分析数值计算所得出的

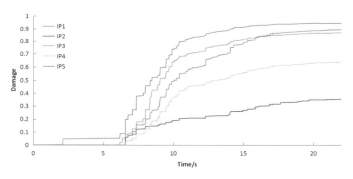

压缩破坏系数曲线

振型、层间位移角、塑性阶段应变及较为完整的塑性损伤破坏系数曲线。研究表明: 设防地震的作用下, 结构整体性良好, 振型及层间位移角满足规范要求; 罕遇地震的作用下, 混凝土塑性应变及拉压损伤最大时刻均发生在20s, 主要破坏区域在风塔与人防井及下部立柱的接触位置, 且拉伸破坏系数明显高于压缩破坏, 虽然该薄弱区域已进行了加强设计, 然而分析结果显示其接触部位依旧是结构整体的薄弱区。以上研究内容, 可以为类似近海沉管隧道工程抗震设计提供一定的依据与指导。

罕遇地震波条件下的最大拉压破坏系数

项目	压缩破坏系数	拉伸破坏系数
人工波	0.896	0.944
唐山	0.890	0.939
EL_Centro波	0.762	0.891

南海软黏土的动力学特性及结构特征

焦厚滨　年廷凯　范　宁　郭兴森

大连理工大学海岸和近海工程国家重点实验室，辽宁大连　116024

随着"一带一路"国家战略的实施，南海能源开发和岛礁建设的步伐加快，为了确保近海和海岸环境中所构建基础设施的安全性，亟须对海洋软黏土进行系统的科学研究。首先，海洋软黏土在独特的沉积环境作用下，形成了特别的结构构造，包括颗粒和孔隙的大小、形状、排列及它们之间的接触和联结关系，这一系列的骨架结构和孔隙分布，会极大地改变海洋软黏土的力学特性；其次，海洋环境复杂多变，由地震、波浪流、人类活动等极端条件产生的动力荷载极易破坏海洋软黏土的结构特征，从而影响其力学特性，诱发海底土体失稳，给海洋基础设施运营和工程建设带来巨大威胁。因此，加强南海地区软黏土的动力学特性研究，已经成为一项极其紧迫的任务。

基于南海北部陆坡原状软黏土，采用全数字闭环控制气动式反复加载动三轴仪开展了一系列不排水循环动三轴试验，探究了动荷载作用下海洋软黏土试样的残余动应变、残余动孔压与循环振次的变化规律；综合考虑试验过程中残余动应变和残余动孔压的关联性，提出了基于动应变–孔压模式的动三轴试验破坏标准，并采用SEM和MIP方法分别测定结构性海洋软黏土动荷载前后的微观形貌和孔径分布变化规律，从宏–微观结合的角度解析海洋结构软黏土的动力破坏过程，论证了结构性对软黏土动力行为的影响规律。研究发现，在不同动荷载作用下具有天然结构性的原状软黏土动应变ε_a–动孔压u_d曲线的变化趋势差异性较大，结合二者的关联曲线，将传统的应变值破坏标准扩展至由应变–孔压曲线拐点控制的破坏区间，可以有效界定破坏振次并描述试样的完整破坏过程，揭示动荷载条件下试样内在的有效应力–应变–孔压互馈机制；而SEM微观形貌及MIP孔径分布变化显示原状样在动荷载作用下的结构变化主要由中孔隙压缩变形为小孔隙所贡献，这也从微观层面的孔径分布变化反映出结构性黏土宏观层面的动力行为演化方式。上述研究成果将为南海北部陆坡软黏土软化–孔压模型的建立、海洋地质灾害评价与预测、海洋工程基础设计提供可靠参考，并可为结构软土微观尺度结构性参数的选择提供有效借鉴。

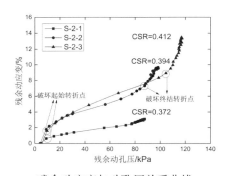

残余动应变与动孔压关系曲线

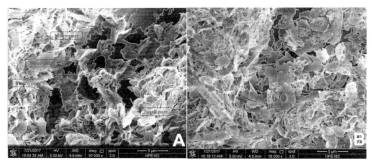

加载前后微观孔隙演化图（A.加载前，B.加载后）

| 作者信箱：jiaohoubin@mail.dlut.edu.cn

破碎波浪对钢管桩的作用研究

赵汝博　马玉祥　董国海

大连理工大学海岸和近海工程国家重点实验室，辽宁大连　116024

目前研究波浪对桩柱结构的作用主要集中在未破碎波浪，对于卷破波，其卷舌部位具有巨大的能量，与结构作用时会对结构产生巨大的水平冲击力，对结构物的安全构成威胁，但是结构物在破碎波作用下的破坏机理认识不清，因此亟须开展破碎波对桩柱结构的作用研究。本研究结合工程资料和相关破碎理论，基于ABAQUS有限元分析软件，建立卷破波作用下的钢管桩–地基相互作用模型，并应用此模型进行了破碎波作用下的桩的破坏分析，研究了不同水深、不同波高共同导致的破碎波变化对钢管桩Mises应力和泥面处位移的影响，并采用不同学者提出的冲击力公式以作比较。分析结果表明，卷破波冲击力大小和位置的变化对钢管桩破坏作用影响明显，对于同一钢管桩，卷破波对钢管桩的破坏作用大小主要受破碎波高的影响，当破碎波高在一定范围内时，破碎波高越大，卷破波对钢管桩的破坏作用也越大，但当大于一定值时，卷舌部位的水体只有一部分作用在钢管桩上，卷破波对钢管桩的作用则会减小。进一步分析了钢管桩桩径和壁厚对水平承载力的影响，发现增加桩径和壁厚可能提高桩的承载力，从而可以增加破碎波作用下桩的安全。

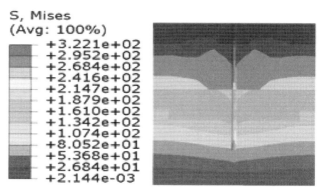

波高14m、水深24.5m工况时土体Mises应力云图

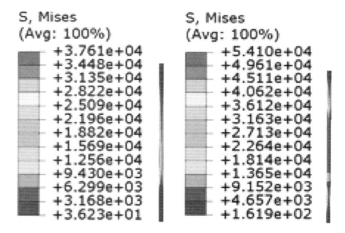

波高14m、水深24.5m工况时钢管桩Mises应力发展云图

弱形式时域完美匹配层
——滞弹性近场波动数值模拟

谢志南　郑永路　章旭斌

中国地震局工程力学研究所，中国地震局地震工程与工程振动重点实验室，黑龙江哈尔滨　150080

本文旨在构建适用于滞弹性近场时域波动有限元模拟的高精度人工边界条件：完美匹配层（Perfectly Matched Layer：PML），其中阻尼介质时域本构基于广义标准线性体建立。与以往研究不同，本文采用复坐标延拓技术变换弱形式波动方程构建了可直接用有限元离散的弱形式时域PML，规避以往独立对无限域内波动方程及界面条件进行延拓可导致的PML场方程和界面条件匹配不合理引发数值失稳、计算精度低下等问题。其次，针对PML中多极点有理分式与频域函数乘积的傅里叶反变换难以计算的问题，利用PML精度对复坐标延拓函数中延拓参数微调不敏感这一特点，明确给出了参数微调准则以规避多重极点，进而利用有理分式分解给出了一种普适、简便的计算方法，极大地简化了PML计算。基于该方法可实现任意高阶PML。最后，将本文构建滞弹性PML与高阶勒让德谱元（高精度集中质量有限元）结合得到滞弹性近场波动谱元离散方案。基于算例验证了滞弹性PML的计算效率、精度及新离散方案的长持时稳定特性。新离散方案可应用于考虑滞弹性固体介质阻尼的海域地震动数值模拟。

数值算例：给定两层介质参数，上覆软基岩介质参数：密度ρ_1=2000kg/m³，P波波速V_1^P=1800m/s，S波波速V_1^s=1040m/s，Q_1^κ=120，Q_1^μ=50，覆盖层厚度为500m。下卧基岩半空间介质参数为：ρ_2=2550kg/m³，P波波速V_2^P=4500m/s，S波波速V_2^s=2630m/s，介质品质因子Q_2^κ=680，Q_2^μ=263。自由表面位于y=0m处。在（5000m，–6000m）处施加位错震源，矩震级M_w=3.3，地震矩张量为$\begin{pmatrix} M_{xx} & M_{xz} \\ M_{zx} & M_{zz} \end{pmatrix} = M_0 \begin{pmatrix} 0 & 1 \\ 1 & 0 \end{pmatrix}$，$M_0$=1×10²¹dyne.cm。震源时间函数为主频$f_0$=1Hz的Ricker子波。在$x$=0m，20000m，$y$=–10500m处设置人工边界截断无限域。采用包含2个标准线性体的广义标准线性体在[0.1～10Hz]频带范围近似滞弹性介质本构。在采用最小误差的非线性优化方法拟合广义标准线性体系数过程中，将弹性波速作为ω=∞Hz处参考波速。基于单位插值函数为4阶，单元节点数为25的正方形勒让德谱元对有限计算区进行空间离散。单元长度设为100m，时间离散采用Newmark-Beta预估校正法（β=0，γ=1/2），时间离散步长取8×10^{-4}。在人工边界处设置三类人工边界条件：（a）弹性PML，（b）滞弹性PML，（c）黏性边界。总计算时长为80s，即迭代步数100000步。图1给出接收点处（3700m，0m）和（15700m，0m）处位移时程，如图1所示，滞弹性PML能有效吸收由于介质分界面存在而导致的复杂外行波动，吸收精度远优于粘性边界。计算所得接收点位移时程与大区域解几乎完全一致。

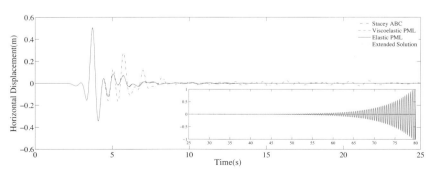

图1　基于不同人工边界条件建立滞弹性近场波动数值模拟方案计算所得观测点（3700m，0m）处水平以及竖直分量的位移时程。"-."、"--"、实线为人工边界条件采用粘性边界、滞弹性PML的位移时程，弹性PML对应的位移时程，"."代表大区域解

作者信箱：xiezn@iem.ac.cn

珊瑚岛礁岩土体动力特性的研究进展

王桂萱　赵文燕　尹训强

大连大学土木工程技术研究与开发中心，辽宁大连　116622

珊瑚岛礁工程建设与国家海洋权益问题息息相关，开展相关研究具有重大战略意义。海洋岛礁的环境导致施工机械及建筑原材料运输困难，工程建设必须尽可能地就地取材以降低成本，利用钙质砂为骨料，研究其强度、耐久性以及动力特性成为一条可行之道路。珊瑚岛礁开发及基础设施建设对我国经济和社会发展具有巨大推动作用，与此同时，岛礁岩土动力特性是地震工程研究的热点问题。本文从珊瑚礁工程地质特性入手，通过钙质砂特殊的压缩性与颗粒破碎特性影响承载力这一性质，利用室内和现场实验，同时建立理论模型进行分析，综述了钙质砂的动力物理力学性质、钙质砂的动力试验研究、钙质砂颗粒破碎的影响以及钙质砂动力本构关系等方面的研究现状。可以得出，钙质砂是一种内部多孔隙，形状不规则，并且颗粒易破碎是其最重要的特性，同时与其动力力学性质也存在密切的内在联系。另外，如何在体现钙质砂动力特性及控制性参数基础上完善土的等价线性化其动力学模型、孔压上升模型以及残余变形规律表述等方面亟须开展相应的研究工作。珊瑚岛礁岩土体动力特性的进一步研究将为珊瑚礁工程的场址选择、布局规划、工程设计、地基处理、边坡保护等提供更加完善的科学依据。最后，总结珊瑚岛礁工程特性的相关成果可以发现，相关研究初具规模效应，但仍然有很多的不足，针对当前研究中的不足之处，简要提供了建议和展望，为了推动珊瑚岛礁岩土工程特性研究进展，应尽快制定珊瑚岛礁岩土工程勘探、测试与施工的相关技术规范，加强现场试验，逐步将微生物固化技术应用到钙质砂的固化处理中，改进固化工艺、降低成本，提高技术的可行性。

钙质砂比重统计表

测试方法	比重瓶法		浮称法	虹吸管法
	纯水介质	煤油介质		
比重 G_S	2.80	2.73	2.53 ~ 2.71	2.25 ~ 2.33

动力三轴测试方法

水域环境下长大隧道地震响应及减震控制研究进展

兰雯竣　赵　杰　王桂萱

大连大学土木工程技术研究与开发中心，辽宁大连　116622

由于沿海、江经济区交通的需要，水下隧道以其独特优势在国内外多个跨海、江交通工程中得到应用，因此抗震研究就显得至关重要。当前水域长大隧道主要包括沉管隧道和盾构隧道。基于两种不同的水域隧道，本文针对国内外水域长大隧道抗震研究所面临的纵向抗震理论、大规模地震响应分析方法、结构–土体耦合分析等科学难题，在分析国内外水域长大隧道抗震研究现状的基础上，阐述目前面向水域长大隧道抗震设计中，影响水域环境下长大隧道地震反应的因素、水域环境下长大隧道的分析计算方法及地震响应分析和水域环境下长大隧道的减震理论新进展。介绍目前影响水域环境下长大隧道地震反应的因素的研究，并指出影响效果；归纳、总结常见的水域隧道计算分析方法，对不同分析模型和分析方法的优缺点、适用条件进行对比和说明，并探讨在建立动力有限元分析模型中土体本构模型的选取及动力人工边界条件的设置等问题；分别介绍水域环境下隧道在管段处和接头处的减震理论和方法，对比分析不同的减震方法。

对于水域长大隧道的动力响应的影响效果，最后根据不同水域环境的实际情况和多种研究分析方法，对水域长大隧道的抗震分析提出了一些结论和建议，旨为类似工程的抗震设计提供参考。

水下盾构隧道

水下沉管隧道

 作者信箱：1198421616@qq.com